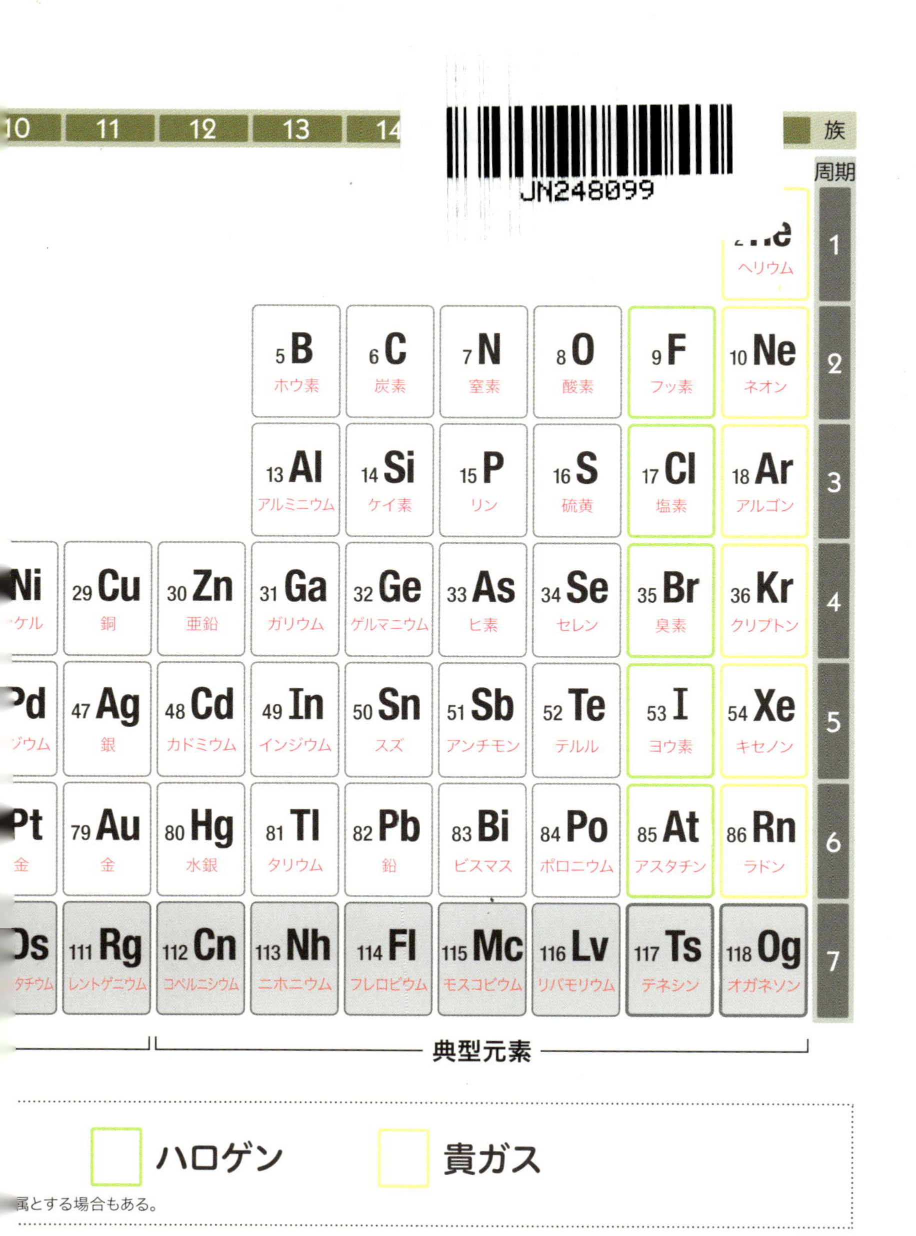

10
11
12
13
14
JN248099
族
周期
1
2
3
4
5
6
7
ヘリウム
5 B ホウ素
6 C 炭素
7 N 窒素
8 O 酸素
9 F フッ素
10 Ne ネオン
13 Al アルミニウム
14 Si ケイ素
15 P リン
16 S 硫黄
17 Cl 塩素
18 Ar アルゴン
Ni
29 Cu 銅
30 Zn 亜鉛
31 Ga ガリウム
32 Ge ゲルマニウム
33 As ヒ素
34 Se セレン
35 Br 臭素
36 Kr クリプトン
47 Ag 銀
48 Cd カドミウム
49 In インジウム
50 Sn スズ
51 Sb アンチモン
52 Te テルル
53 I ヨウ素
54 Xe キセノン
Pt
79 Au 金
80 Hg 水銀
81 Tl タリウム
82 Pb 鉛
83 Bi ビスマス
84 Po ポロニウム
85 At アスタチン
86 Rn ラドン
111 Rg レントゲニウム
112 Cn コペルニシウム
113 Nh ニホニウム
114 Fl フレロビウム
115 Mc モスコビウム
116 Lv リバモリウム
117 Ts テネシン
118 Og オガネソン
典型元素
ハロゲン
貴ガス
属とする場合もある。

大学受験 一問一答シリーズ

2nd edition

化学一問一答【完全版】

東進ハイスクール・東進衛星予備校 講師
橋爪健作（はしづめけんさく）

東進ブックス

はしがき

本書の前身である『化学一問一答【完全版】』を出版し，6年が経過しました。この6年間の入試の変化として目立つのは，思考力を試す問題を出題することで問題の分量が増えた大学が多くなったことです（受験生にとって厳しい変化ですね）。そこで，時代の変化に対応した改訂を行いました。大きく改訂したのは，次の2点です。

(1)　入試問題に対する即答力がつくこと

(2)　思考力が自然と身につくこと

これらは，本書を繰り返し演習することで達成できます。加えて，皆さんが本書に特に期待してくれている無機物質，有機化合物，高分子化合物の各内容についてはさらなる充実を図りました。

また，『化学基礎 一問一答【完全版】』とあわせて使っていただけると「化学基礎・化学」を完全にカバーするパーフェクトな一問一答になるようにも工夫して執筆しました（化学基礎と化学で重複している分野は，違う問題を扱っています）。

本書の執筆については，次のように行いました。

〜〜〜〜〜〜〜〜〜〜〜〜〜〜〜〜〜〜〜〜〜〜〜〜〜〜〜〜〜〜〜〜〜〜〜〜〜〜

まず，**約80校の大学（共通テストや旧センター試験を含む）の過去問を多年度にわたって取得し，問題を分野別に並べ，用語問題を中心にデータベース化し，その中から頻出問題を中心に抽出**しました。

次に，**データに基づき選んだ問題の中からベスト問題を選び，このベスト問題をただ並べるのではなく，意味をもたせた問題配列**にしました。意味をもたせるというのは，問題に答えながら入試に必要な用語が身につくようにするだけでなく，**問題文を読み，問題を解く中で思考過程も身につくような問題配列**にしました。

〜〜〜〜〜〜〜〜〜〜〜〜〜〜〜〜〜〜〜〜〜〜〜〜〜〜〜〜〜〜〜〜〜〜〜〜〜〜

そして，次の方針の下，**「暗記だけではない一問一答」**を作成しました。

▼**本書の方針**

① 入試問題をそのまま収録することで，実戦力がつくようにする。
② 厳選したベスト問題を余すところなく有効に利用する。
③ 問題演習により，教科書や参考書を熟読する効果が得られる。
④ わかりやすさを追求するため，計算問題は数値と単位を併記し，計算過程を省略しないようにする。
⑤ 計算問題はもちろんのこと，用語問題も思考過程をマスターできる工夫をする。
⑥ 暗記しなければいけない用語は，反復学習により確実に覚えられるような構成を目指す。

電車・バスの通学時間や学校・塾の休み時間など，すきまの時間を有効活用して，本書を繰り返し演習してください。そうすれば，必要とされる思考力や用語知識が身につき，柔軟に入試問題に対応できるようになり，試験本番でどのような問題が出題されても自信をもって解答できるようになるはずです。

勉強をしていると，その途中にはつらいことがたくさんあると思います。そのつらさを乗り越えて最後まで頑張ることで，皆さんが目標とする「共通テストでの高得点」や「第一志望校合格」に確実に近づきます。最後の最後まであきらめず，自信をもって試験に臨んでください。応援しています。

最後になりましたが，執筆について適切なアドバイスをくださった東進ブックスの中島亜佐子さん，松尾朋美さんには，この場をお借りして感謝いたします。

2021 年 3 月

橋爪健作

本書の使い方

本書は，下図のような一問一答式（空欄１つにつき解答は１つ）の問題集である。大学入試に必要な『化学』（化学基礎・化学のうちの化学）の知識（用語の知識など）を，全６部（全26章）に分け，余すところなくすべて収録している。

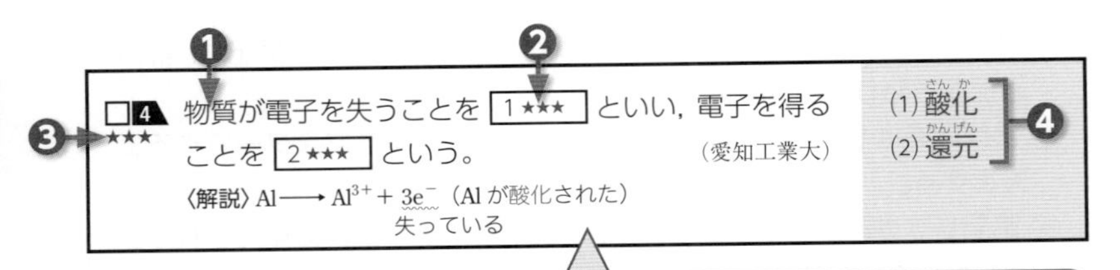

①…**問題文**。膨大な大学入試問題をデータベース化し，一問一答式に適した問題を厳選して収録。問題文はできる限り**そのままの形**で収録していますが，抜粋時の都合や解きやすさを考えて改編したところもあります。問題文のあとには出題された**大学名**を表示。なお，問題文の下には**解説**が入る場合もあります。

※入試問題は，『化学』（化学基礎・化学のうちの化学）の分野で旧課程時のものを含みます。

②…**空欄（＋頻出度）**。重要な用語や知識が空欄になっています。空欄内の★印は，大学入試における頻出度を３段階で表したもので，★印が多いものほど頻出で重要な用語となります。また，同じ用語で★印の数が異なる場合は，その用語の問われ方の頻出度のちがいです。なお，数字など用語以外で★印のものは，同内容の問題の頻出度を表します。

頻出度【低】 ★ ＜ ★★ ＜ ★★★ **【高】**

- ★★★ …超頻出の基礎用語。全員必修。
- ★★ …頻出用語。共通テストだけの生徒も，国公立大二次・私大志望の生徒も，基本的に全員必修。
- ★ …応用的な用語。「高得点（9割以上）は狙わない」という生徒は覚えなくてもよい。

※同じ答えが入る空欄は，基本的に同じ番号（1～9など）で表示されています。

③…**問題の頻出度（平均）**。各空欄の頻出度の平均を表示。★は0.1～0.9を表し，★＜★★＜★★＜★★★＜★★★と★印が多いものほど頻出で重要な問題です。

④…**正解**。問題の正解です。正解は赤シートで隠し，１つ１つずらしながら解き進めることもできます。問題に特に指定がない場合は，物質の名称と元素記号・化学式などを併記し，どちらで問われても対応できるようにしました。

【その他の記号】

発展 …**発展マーク**。国公立二次試験などに必要な発展的知識であるという意味。

[別]…**別解マーク**。直前にある正解の「別解」として考えられる解答。

使い方はいろいろ。工夫して使ってほしい。

1 ふつうの一問一答集として使う

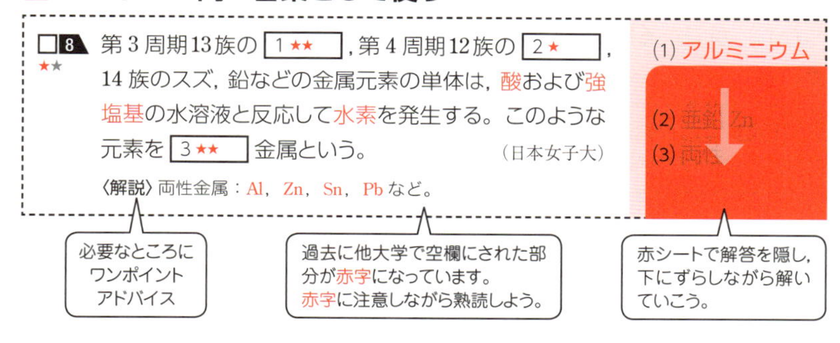

2 1つの問題を効果的に利用する

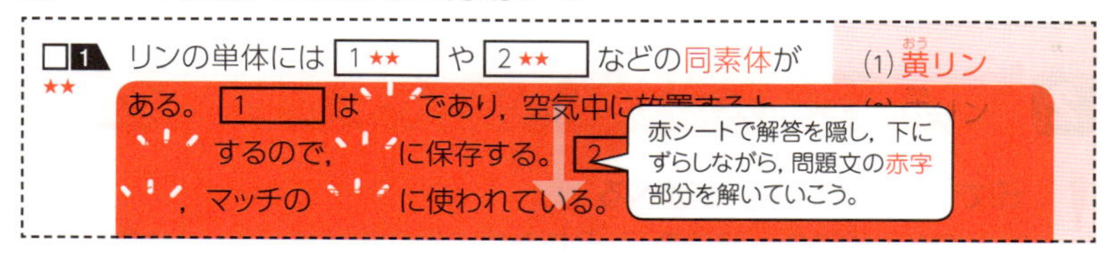

3 計算問題は，赤シートを上から下，左から右へずらして思考過程をマスターする

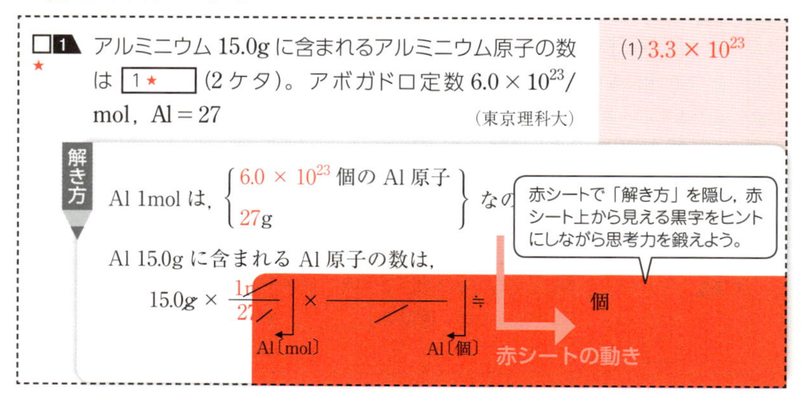

本書の特長

1 必要な知識を完全網羅!!

テーマ別に配列し，入試に必要な知識を完全収録。体系的な理解（流れをつかむ）ができる構成で，教科書を熟読する効果＆反復学習の効果が得られる。

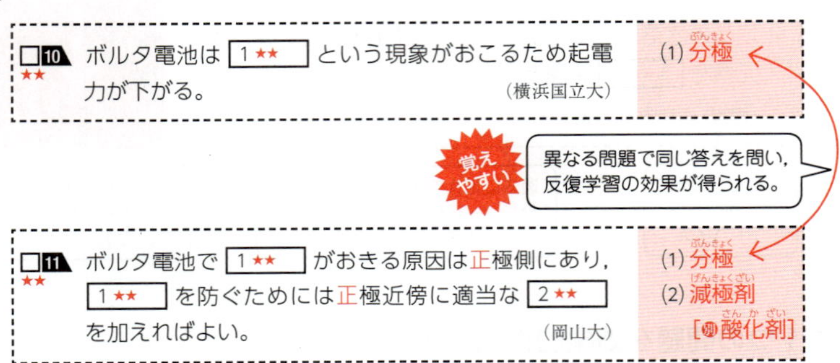

2 短期間で最大の効果をあげる!!

! ★印で「覚える用語」を選べる

頻出度を３段階の★印で表示。どれを重点的に覚えればよいかがわかる。

! テーマごとに，「基礎→応用」という流れで問題を配列

読み進めていくだけで，応用力が身につく。

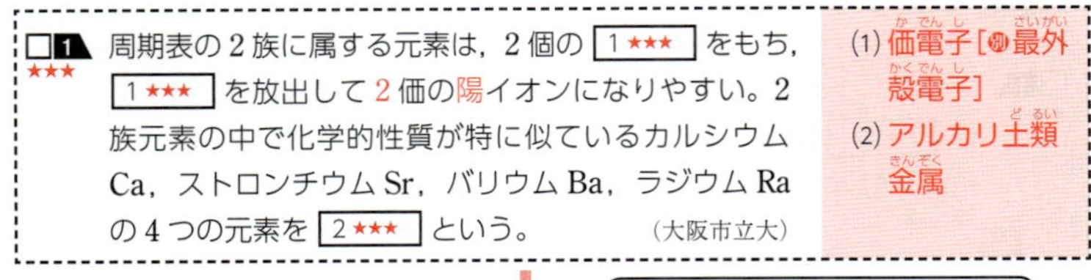

1で理解した用語を2で応用し，さらに理解が深まる。

□2 ★★ アルカリ土類金属元素の単体は，アルカリ金属元素の単体に比べ，同一周期では，密度は［1★★］，融点は［2★★］。（大阪大）

(1) 大きく（おお）

(2) 高い（たか）

3 「試験に出る」形で覚えられる!!

! 入試問題をそのまま収録

実際の試験でどのように問われるのかがわかり，実戦力がつく。

! 入試で問われる図が満載。しかもキレイ！

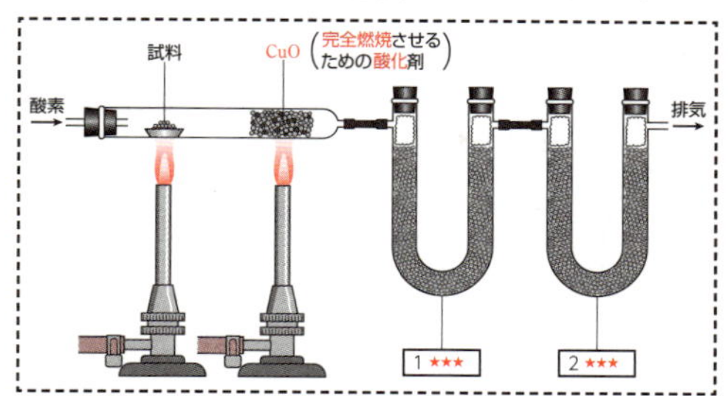

図で理解すると忘れにくい!

4 詳しい解説だから徹底的に理解できる!!

! 覚えにくい内容にはゴロ合わせを紹介

〈解説〉Cl^-は，Ag^+，Pb^{2+}などと沈殿する。
「現(Ag^+)ナマ(Pb^{2+})で苦労(Cl^-)する」と覚えよう。

暗記しやすいように工夫

! 計算問題の「解き方」には単位を併記し，わかりやすさを追求

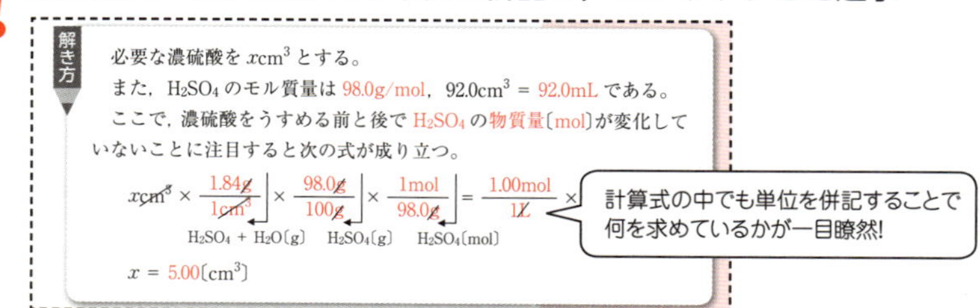

解き方

必要な濃硫酸を $x$cm^3 とする。

また，H_2SO_4 のモル質量は 98.0g/mol，92.0cm^3 = 92.0mL である。

ここで，濃硫酸をうすめる前と後で H_2SO_4 の物質量〔mol〕が変化していないことに注目すると次の式が成り立つ。

$$x\text{cm}^3 \times \frac{1.84\text{g}}{1\text{cm}^3} \times \frac{98.0\text{g}}{100\text{g}} \times \frac{1\text{mol}}{98.0\text{g}} = \frac{1.00\text{mol}}{1\text{L}} \times$$

$H_2SO_4 + H_2O$〔g〕　H_2SO_4〔g〕　H_2SO_4〔mol〕

$x = 5.00$〔cm^3〕

計算式の中でも単位を併記することで何を求めているかが一目瞭然!

! 「考え方」で思考方法を紹介

化学的思考力が身につき，さまざまな問題に応用が可能。

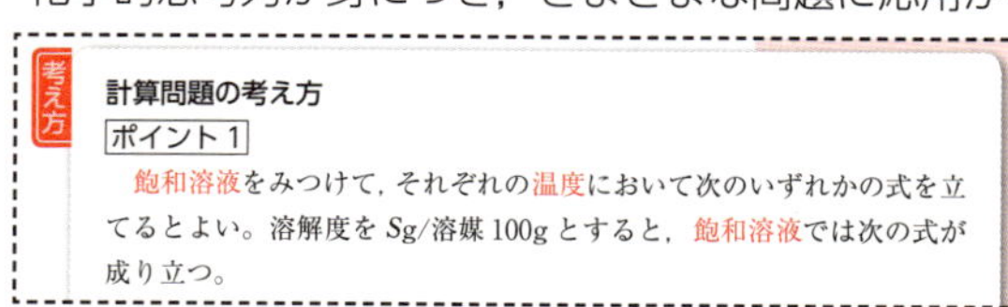

考え方

計算問題の考え方

ポイント 1

飽和溶液をみつけて，それぞれの温度において次のいずれかの式を立てるとよい。溶解度を Sg/溶媒 100g とすると，飽和溶液では次の式が成り立つ。

5 圧倒的な入試カバー率

共通テスト（旧センター試験）や国立大学，私立大学の入試に出題された『化学』（化学基礎・化学のうちの化学）用語を，本書に収録されている『化学』用語がどのくらいカバーしているのかを表したのが「カバー率」です。

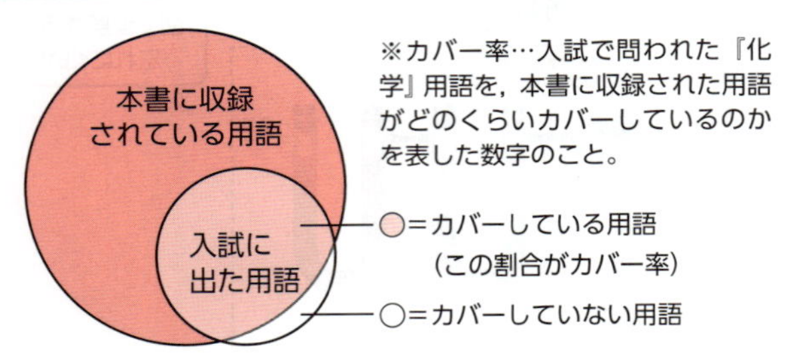

例えば，大学入試で「疎水コロイド」「核酸」など，**『化学』用語**が合計100語出題されたとします。その100語のうち98語が本書に収録されてあった（残りの2語は収録されていなかった）とすれば，カバー率は98％となります。入試に出た用語の98％を本書はカバーしているという意味です。

◆カバー率の集計方法

カバー率の集計作業は下記の通りに行いました。そして，共通テスト（旧センター試験），主要な国立大学，私立大学の入試問題について，この方法で用語のカバー率を算出し，一覧にしたのが右ページの表です。

❶ 共通テスト（旧センター試験）・主要国立・私立大学の入試から，カバー率の対象となる『化学』用語（以下参照）を抜き出す。

- 選択肢にあるすべての用語（正解含む）
- 設問文で問われている用語
- 問題文中の下線が引かれてある用語
- その他，正解のキーワードとなる用語

→ これらの用語（＝対象用語）を抜き出す

※つまり，「その用語の知識があれば正解がわかる（絞り込める）」という用語を抜き出す。

❷ 対象用語と本書の用語データをコンピュータで照合する。

対象用語が
- 本書の用語データにある→◎（カバーしている）
- 本書の用語データにない→×（カバーしていない）

❸「◎の数÷対象用語の数＝カバー率」という計算でカバー率を出す。

例：「対象用語＝65語　◎＝60語　×＝5語」のとき，60÷65≒92.3％ ←カバー率

▼大学入試別カバー率一覧表

		大学名	学部	カバー語数／総語数	カバー率
共テ・センター	1	共通テスト（本試）	2022 年度	167 ／ 167	100.0%
	2	〃	2021 年度	117 ／ 117	100.0%
	3	センター試験（本試）	2020 年度	157 ／ 157	100.0%
	4	〃	2019 年度	135 ／ 135	100.0%
	5	〃	2018 年度	153 ／ 153	100.0%
国立大学	6	東京大学	理科一類，二類，三類	87 ／ 90	96.7%
	7	京都大学	理系学部全体	49 ／ 51	96.1%
	8	北海道大学	理系学部全体	137 ／ 141	97.2%
	9	東北大学	理系学部全体	135 ／ 138	97.8%
	10	東京工業大学	全学院	132 ／ 136	97.1%
	11	名古屋大学	理系学部全体	144 ／ 147	98.0%
	12	大阪大学	理系学部全体	55 ／ 55	100.0%
	13	神戸大学	理系学部全体	49 ／ 49	100.0%
	14	九州大学	理系学部全体	71 ／ 73	97.3%
	15	筑波大学	理系学部全体	88 ／ 93	94.6%
	16	千葉大学	理系学部全体	78 ／ 78	100.0%
	17	新潟大学	理系学部全体	120 ／ 125	96.0%
	18	金沢大学	理系学部全体	149 ／ 158	94.3%
	19	三重大学	理系学部全体	70 ／ 70	100.0%
	20	岡山大学	理系学部全体	96 ／ 101	95.0%
	21	広島大学	理 ほか	109 ／ 109	100.0%
	22	熊本大学	理系学部全体	54 ／ 56	96.4%
私立大学	23	早稲田大学	基幹理工 ほか	96 ／ 98	98.0%
	24	慶應義塾大学	理工	70 ／ 70	100.0%
	25	上智大学	理工	91 ／ 91	100.0%
	26	東京理科大学	理	95 ／ 95	100.0%
	27	明治大学	理工	112 ／ 114	98.2%
	28	青山学院大学	理工	53 ／ 53	100.0%
	29	立教大学	理	85 ／ 85	100.0%
	30	法政大学	理工 ほか	47 ／ 47	100.0%
	31	中央大学	理工	55 ／ 55	100.0%
	32	関西大学	化学生命工 ほか	71 ／ 71	100.0%
	33	関西学院大学	理工（旧）ほか	79 ／ 79	100.0%
	34	同志社大学	理工（機械理工 ほか）ほか	102 ／ 103	99.0%
	35	立命館大学	理工 ほか	104 ／ 108	96.3%

*「理系学部全体」は，化学の試験を課している理系学部を指します。
*国立大学，私立大学は 2020 年度の試験問題を対象としています。
*「総語数」とは，左ページにある「対象用語」の総語数です。

目次

第1部 理論化学①
——物質の状態——

第2部 理論化学②
——物質の変化——

第3部 理論化学③
——物質の変化と平衡——

理論化学①

——物質の状態——

THEORETICAL CHEMISTRY

溶液の性質

1 溶液

▼ ANSWER

□1 ★★★
塩化ナトリウムのように水溶液中で電離する物質を 1★★★ ，スクロースのように電離しないで溶ける物質を 2★★★ という。 （香川大）

(1) 電解質（でんかいしつ）
(2) 非電解質（ひでんかいしつ）

□2 ★★
塩化ナトリウムの結晶はイオン間の強い結合によって高い融点を示すが，水には溶けやすい。水中では，例えば Na^+ のまわりには，水分子内で 1★★ の電荷をいくらか帯びた 2★★ 原子が引きつけられる。このようにイオンと極性をもつ水との間に引力がはたらき，イオンが水分子に囲まれる。この現象を 3★★★ といい，これによってイオンが溶液中に拡散する現象が溶解である。 （名古屋大）

(1) 負（ふ）[別マイナス]
(2) 酸素（さんそ） O
(3) 水和（すいわ）

〈解説〉

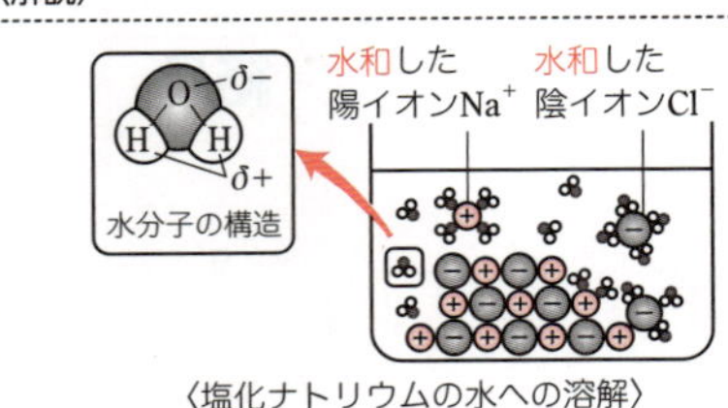

〈塩化ナトリウムの水への溶解〉

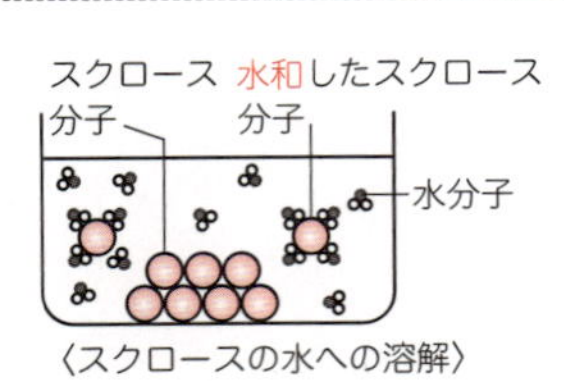

〈スクロースの水への溶解〉

□3 ★★
エタノール C_2H_6O の分子には極性が大きい 1★★★ 基と極性が小さい 2★★ 基が存在し，水分子と水素結合をつくり水和している。一般に 1★★★ 基のように水和しやすい部分を 3★★★ 基， 2★★ 基のように水和しにくい部分を 4★★★ 基という。 （三重大）

(1) ヒドロキシ
(2) エチル
[別アルキル，炭化水素（たんかすいそ）]
(3) 親水（しんすい）
(4) 疎水（そすい）[別親油（しんゆ）]

〈解説〉

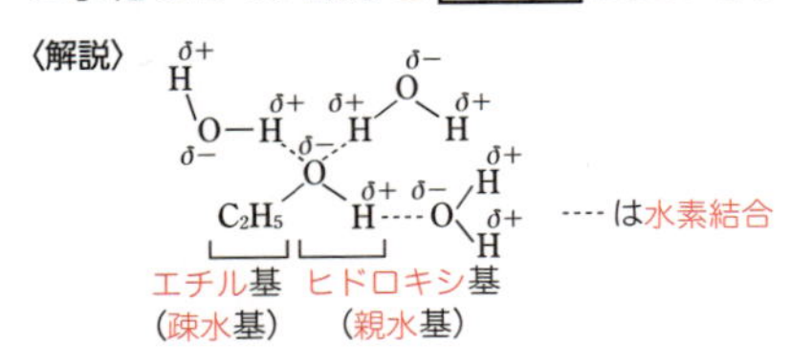

□4 ★★★ スクロースが水によく溶けるのは，両者の間に [1 ★★★] が存在するからである。ヨウ素が水にほとんど溶けないのは，両者の [2 ★★★] が大きく異なるからである。一方，ヨウ素にヨウ化カリウムを添加すると，[3 ★] を生じて，水に溶けるようになる。 （三重大）

〈解説〉黒紫色の I_2 は無色の KI 水溶液には I_3^- となり溶け，溶液は褐色になる。

$$I_2 + I^- \rightleftarrows I_3^-$$

極性分子からなる溶媒を極性溶媒，無極性分子からなる溶媒を無極性溶媒という。

(1) 水素結合(すいそけつごう)
(2) 極性(きょくせい)
(3) 三ヨウ化物イオン(さんヨウかぶつイオン) I_3^-

□5 ★★★ 溶媒の種類と温度が同じであるなら一定量の溶媒に溶かすことのできる溶質の量は一定となる。そこで，溶解度を溶媒 100g に溶かすことのできる溶質のグラム単位の質量で表したりする。[1 ★★★] では，固体から溶け出す量と溶液から析出する量が同じになって，見かけ上，溶解と析出が止まった状態になっている。この状態を [2 ★★] という。 （熊本大）

〈解説〉固体の溶解度は溶媒が水のとき，ふつう S〔g/ 水 100g〕と表す。

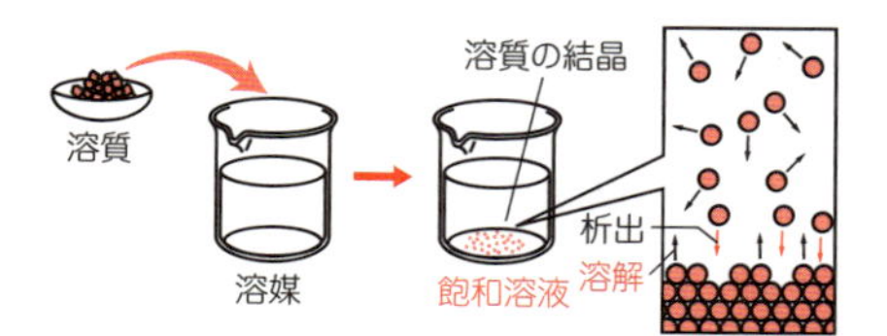

(1) 飽和溶液(ほうわようえき)
(2) 溶解平衡(ようかいへいこう)

□6 ★★★ 塩化カリウムの水に対する [1 ★★★] は [2 ★★★] の増加とともに [3 ★★] している。これは [2 ★★★] の増加とともに [4 ★★★] が進むことを示しているので，[5 ★★★] から，溶解反応は [6 ★★] である。 （徳島大）

〈解説〉$KCl(固) + aq = K^+aq + Cl^-aq - Q kJ$

温度を高くすると，ルシャトリエの原理より吸熱方向である右方向に平衡が移動し溶解が進む。多くの物質では，水に対する固体の溶解度は，温度が高くなると大きくなる。

(1) 溶解度(ようかいど)
(2) 温度(おんど)
(3) 増加(ぞうか)
(4) 溶解(ようかい)
(5) ルシャトリエの原理(げんり)［別 平衡移動の原理(へいこういどうのげんり)］
(6) 吸熱(反応)(きゅうねつ(はんのう))

□7 ★★★ 物質が溶解している水溶液の条件を変えて目的とする固体を析出させることで物質を精製する方法を [1 ★★★] という。 （北海道大）

(1) 再結晶(さいけっしょう)

□8 ★★★

塩化銀の [1★★★] 水溶液に塩化ナトリウムを加えると [2★★] の濃度が高くなるため，[2★★] の濃度が減少する方向に平衡が移動し，塩化銀の固体が析出する。この現象を [3★★] という。 （大阪市立大）

〈解説〉 $AgCl \rightleftarrows Ag^+ + Cl^-$ …（＊）
NaCl を加えると $[Cl^-]$ が大きくなり，（＊）の平衡が左へ移動し，AgCl が析出する。

(1) 飽和(ほうわ)
(2) 塩化物(えんかぶつ)イオン Cl^-
(3) 共通(きょうつう)イオン効果(こうか)

□9 ★★★

溶媒 100g に溶かすことのできる溶質の質量〔g〕を [1★★★] とよび，この値は温度と共に変化し，この [1★★★] と温度との関係を示す曲線を [2★★★] という。 （慶應義塾大）

(1) 溶解度(ようかいど)
(2) 溶解度曲線(ようかいどきょくせん)

□10 ★★

試験管(ア)，(イ)，(ウ)に，水 5.0g を正確にはかってそれぞれ入れた。次に，硝酸カリウムの結晶を，(ア)には 1.6g，(イ)には 3.2g，(ウ)には 5.5g それぞれ加えた。試験管を温め，硝酸カリウムを完全に溶解させた後，試験管を冷却し，結晶が析出しはじめる温度を測定した。その結果，(ア)，(イ)，(ウ)の試験管では，それぞれ 20℃，40℃，60℃で析出がはじまった。この結果から，硝酸カリウムの溶解度は，試験管(ア)の条件では [1★★] 〔g/水 100g〕，(イ)の条件では [2★★] 〔g/水 100g〕，(ウ)の条件では [3★★] 〔g/水 100g〕であることがわかった。 （立命館大）

(1) 32
(2) 64
(3) 110

解き方

溶解度〔g/水 100g〕をそれぞれ S_1, S_2, S_3 とすると，

(ア) $\dfrac{1.6\text{g}}{\text{水 }5.0\text{g}} = \dfrac{S_1\text{g}}{\text{水 }100\text{g}}$ より，$S_1 = 1.6 \times \dfrac{100}{5.0} = 32$

(イ) $\dfrac{3.2\text{g}}{\text{水 }5.0\text{g}} = \dfrac{S_2\text{g}}{\text{水 }100\text{g}}$ より，$S_2 = 3.2 \times \dfrac{100}{5.0} = 64$

(ウ) $\dfrac{5.5\text{g}}{\text{水 }5.0\text{g}} = \dfrac{S_3\text{g}}{\text{水 }100\text{g}}$ より，$S_3 = 5.5 \times \dfrac{100}{5.0} = 110$

考え方

計算問題の考え方

ポイント 1

飽和溶液をみつけて，それぞれの温度において次のいずれかの式を立てるとよい。溶解度を Sg/溶媒 100g とすると，飽和溶液では次の式が成り立つ。

$$\frac{\text{溶質の質量〔g〕}}{\text{溶媒の質量〔g〕}} = \frac{S}{100} \cdots \text{(A)}$$

$$\frac{\text{溶質の質量〔g〕}}{\text{飽和溶液の質量〔g〕}} = \frac{S}{100 + S} \cdots \text{(B)}$$

ポイント 2

うわずみ液（うわずみの溶液）に注目する。

うわずみ液とは，溶質が溶けきれなくなって，ビーカーの底に析出したときの液体のみの部分をいう。

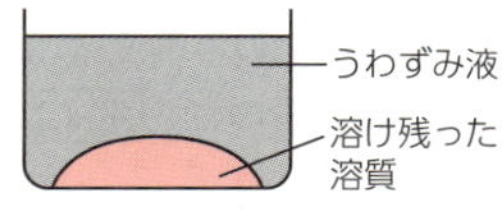

うわずみ液は，これ以上は溶質が溶けない（➡つまり，限界まで溶けている）ので，飽和溶液になる。

ポイント 3

水和水をもつ物質は，無水物と水に分ける。

例えば，水和水をもつ物質には，$CuSO_4 \cdot 5H_2O$ がある。$CuSO_4$ = 160，H_2O = 18 なので，$CuSO_4 \cdot 5H_2O$ = 250 で，$CuSO_4 \cdot 5H_2O$ が Xg あったとすると，次のように無水物 $CuSO_4$ と水 H_2O に分けることができる。

$CuSO_4$	H_2O

$CuSO_4 \cdot 5H_2O$ Xg

$CuSO_4$：$X\text{g}_{CuSO_4 \cdot 5H_2O} \times \frac{160\text{g}_{CuSO_4}}{250\text{g}_{CuSO_4 \cdot 5H_2O}}$

$= \frac{160}{250} X\text{g}_{CuSO_4}$ $\boxed{CuSO_4}$

H_2O：$X\text{g}_{CuSO_4 \cdot 5H_2O} \times \frac{(5 \times 18)\text{g}_{H_2O}}{250\text{g}_{CuSO_4 \cdot 5H_2O}}$

$= \frac{90}{250} X\text{g}_{H_2O}$ $\boxed{H_2O}$

★★

60℃の硝酸ナトリウムの飽和水溶液200gには，［1★★］g（整数）の硝酸ナトリウムが溶けており，この水溶液を20℃に冷却すると，［2★★］g（整数）の硝酸ナトリウムが析出する。ただし，60℃および20℃における硝酸ナトリウムの溶解度（水100gに溶ける溶質のg数）を，それぞれ124および88とする。

（早稲田大）

(1) 111
(2) 32

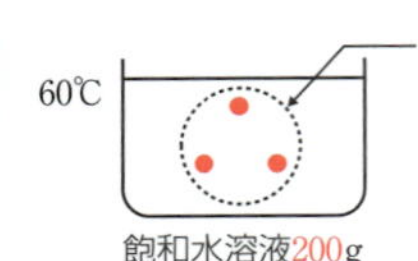

60℃の溶解度は $NaNO_3$ 124g/水 100g で，飽和水溶液の質量がわかっているので，［ポイント1］の(B)式を立てる。

$$\frac{\overset{\text{溶質}}{x}\,\text{g}}{\underset{\text{飽和水溶液}}{200}\,\text{g}} = \frac{\overset{\text{溶解度}}{124}\,\text{g}}{100 + \underset{\text{溶解度}}{124}\,\text{g}} \qquad x = 110.7 \fallingdotseq 111\,\text{〔g〕}$$

60℃の $NaNO_3$ 飽和水溶液200gを20℃に冷却すると，

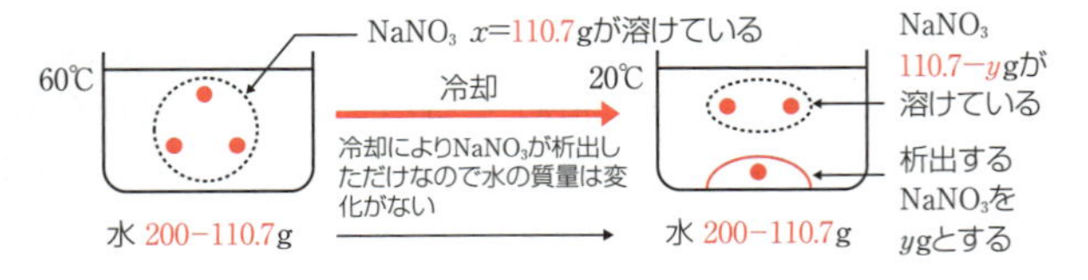

となり，20℃では水 200 − 110.7g に 110.7 − yg の $NaNO_3$ が溶けている。20℃の溶解度は $NaNO_3$ 88g/水 100g なので，［ポイント1］の(A)式を立てる。

$$\frac{\overset{\text{溶質}}{110.7 - y}\,\text{g}}{\underset{\text{溶媒}}{200 - 110.7}\,\text{g}} = \frac{\overset{\text{溶解度}}{88}\,\text{g}}{100\,\text{g}} \qquad y \fallingdotseq 32\,\text{〔g〕}$$

無水炭酸ナトリウム(Na_2CO_3:式量106)の水に対する溶解度は25℃で30〔g/水100g〕である。十水和物($Na_2CO_3 \cdot 10H_2O$:式量286)を用いて25℃の飽和水溶液130gをつくるのに必要な水の質量は 1 ★★ g(整数)である。 (中央大)

(1) 49

解き方

ポイント3より，水和水をもつ物質は，無水物と水に分ける。

$Na_2CO_3 \cdot 10H_2O$ = 286，Na_2CO_3 = 106，H_2O = 18なので，25℃で飽和水溶液130gをつくるのに$Na_2CO_3 \cdot 10H_2O$ xgを用いたとすると，無水物と水は，

Na_2CO_3 | H_2O

$Na_2CO_3 \cdot 10H_2O$ xg → Na_2CO_3 $\frac{106}{286}x$g, H_2O $\frac{180}{286}x$g

となる。つまり，25℃の飽和水溶液130g中にNa_2CO_3は$\frac{106}{286}x$gが溶けているので，ポイント1の(B)式を立てる。

$$\frac{\overbrace{\frac{106}{286}x\text{g}}^{\text{溶質}}}{\underbrace{130\text{g}}_{\text{飽和水溶液}}} = \frac{\overbrace{30\text{g}}^{\text{溶解度}}}{100 + \underbrace{30\text{g}}_{\text{溶解度}}}$$

$x \fallingdotseq 80.9$〔g〕

よって，25℃の飽和水溶液130gをつくるのに必要な水の質量は，

$130 - 80.9 \fallingdotseq 49$〔g〕

130：飽和水溶液〔g〕　80.9：用いた十水和物〔g〕

炭酸ナトリウムの十水和物には，水和水の一部を失う 1 ★★★ という性質がある。 (福島大)

〈解説〉$Na_2CO_3 \cdot 10H_2O$(無色結晶)が，白色粉末状の$Na_2CO_3 \cdot H_2O$になる。

(1) 風解(ふうかい)

Na_2CO_3は白色の固体で，水に溶けて，加水分解によって水溶液は 1 ★★ 性を示す。 (信州大)

〈解説〉$CO_3^{2-} + H_2O \rightleftarrows HCO_3^- + OH^-$

(1) (弱)塩基(じゃくえんき)

2 濃度

▼ANSWER

□1 ★★★ 20℃における塩化カリウム結晶の溶解度34g/水100gを，モル濃度［1★★★］mol/L，質量モル濃度［2★★★］mol/kgで示せ(2ケタ)。なお，20℃における溶解平衡時の溶液の密度を$1.2g/cm^3$, KCl = 75とする。（徳島大）

(1) 4.1
(2) 4.5

解き方

(1) KClのモル質量が75g/mol，$1cm^3 = 1mL$より密度$1.2g/cm^3$は1.2g/mLとも書くことができる。よって，

モル濃度〔mol/L〕= 溶質〔mol〕÷ 溶液〔L〕

$$= \underbrace{\left\{34\cancel{g} \times \frac{1mol}{75\cancel{g}}\right\}}_{溶質〔mol〕} \div \underbrace{\left\{(100+34)\cancel{g} \times \frac{1\cancel{mL}}{1.2\cancel{g}} \times \frac{1L}{10^3\cancel{mL}}\right\}}_{溶液〔L〕}$$

$$= \frac{\frac{34}{75}\,mol}{134 \times \frac{1}{1.2} \times \frac{1}{10^3}\,L} \fallingdotseq 4.1〔mol/L〕$$

(2) 質量モル濃度〔mol/kg〕= 溶質〔mol〕÷ 溶媒〔kg〕

$$= \underbrace{\left\{34\cancel{g} \times \frac{1mol}{75\cancel{g}}\right\}}_{溶質〔mol〕} \div \underbrace{\left\{100\cancel{g} \times \frac{1kg}{10^3\cancel{g}}\right\}}_{溶媒〔kg〕} = \frac{\frac{34}{75}\,mol}{\frac{100}{1000}\,kg} \fallingdotseq 4.5〔mol/kg〕$$

□2 ★★★ 14mol/Lのアンモニア水の質量パーセント濃度は［1★★★］%(2ケタ)となる。ただし，このアンモニア水の密度は$0.90g/cm^3$とし，$NH_3 = 17$とする。（センター）

(1) 26

解き方

NH_3のモル質量が17g/mol，$1cm^3 = 1mL$より密度$0.90g/cm^3$は0.90g/mLとも書くことができる。よって，

$$\frac{\overbrace{14\cancel{mol} \times \frac{17g}{1\cancel{mol}}}^{NH_3〔g〕}}{\underbrace{1\cancel{L} \times \frac{10^3\cancel{mL}}{1\cancel{L}} \times \frac{0.90g}{1\cancel{mL}}}_{NH_3 + H_2O〔g〕}} \times 100 \fallingdotseq 26〔\%〕$$

3 ★★ 硫酸のモル質量を Mg/mol とする。質量パーセント濃度で a%の硫酸水溶液の密度が d g/cm^3 であるとき，この水溶液の硫酸のモル濃度は [1 ★★] mol/L であり，質量モル濃度は [2 ★★] mol/kg である。（明治大）

(1) $\frac{10ad}{M}$

(2) $\frac{1000a}{(100-a)M}$

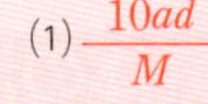

解き方

質量パーセント濃度は，溶液 100g の中に溶けている溶質の質量〔g〕を表すので，

$$\frac{a\,\text{g}\ H_2SO_4}{100\text{g 水溶液}}$$

と表せ，1cm^3 = 1mL なので水溶液の密度は dg/mL とも表すことができる。よって，硫酸のモル濃度は，

$$\frac{a\,\text{g} \times \frac{1\text{mol}}{M\text{g}}}{100\text{g} \times \frac{1\text{mL}}{d\,\text{g}} \times \frac{1\text{L}}{10^3\text{mL}}} = \frac{10ad}{M}\text{〔mol/L〕}$$

（分子：H_2SO_4〔mol〕，分母：$H_2SO_4 + H_2O$〔L〕）

であり，質量モル濃度は，

$$\frac{a\,\text{g} \times \frac{1\text{mol}}{M\text{g}}}{(100-a)\,\text{g} \times \frac{1\text{kg}}{10^3\text{g}}} = \frac{1000a}{(100-a)M}\text{〔mol/kg〕}$$

（分子：H_2SO_4〔mol〕，分母：H_2O〔kg〕，$(100-a)$：水）

4 ★★ 98.0%の濃硫酸 H_2SO_4（式量 98.0，密度 1.84g/cm^3）を用いて，1.00mol/L の希硫酸 92.0cm^3 をつくるのに，濃硫酸は [1 ★★] cm^3（3 ケタ）必要である。

（宮崎大）

(1) 5.00

解き方

必要な濃硫酸を $x$cm^3 とする。

また，H_2SO_4 のモル質量は 98.0g/mol，92.0cm^3 = 92.0mL である。

ここで，濃硫酸をうすめる前と後で H_2SO_4 の物質量〔mol〕が変化していないことに注目すると次の式が成り立つ。

$$x\text{cm}^3 \times \frac{1.84\text{g}}{1\text{cm}^3} \times \frac{98.0\text{g}}{100\text{g}} \times \frac{1\text{mol}}{98.0\text{g}} = \frac{1.00\text{mol}}{1\text{L}} \times \frac{92.0}{1000}\text{L}$$

（$H_2SO_4 + H_2O$〔g〕，H_2SO_4〔g〕，H_2SO_4〔mol〕，H_2SO_4〔mol〕）

x = 5.00〔cm^3〕

3 気体の溶解度

▼ANSWER

□1 ★★
水に気体を溶かした場合，一般に，一定圧力のもとでは，溶質である気体の溶解度は，温度が高くなると [1★★] する。（埼玉大）

(1) 低下 [㊗減少]

□2 ★★
一般に，溶媒への気体の溶解度は温度が低くなると [1★★] くなる。温度が低いときは気体分子の熱運動がおだやかであるため，溶媒分子と気体分子の間にはたらく [2★★] のために，多くの気体分子が溶媒中に存在する。一方，温度が高くなると，気体分子の熱運動がはげしくなり，[2★★] を振り切って，溶媒から飛び出していく気体分子が多くなる。（甲南大）

〈解説〉気体の溶解度は，①温度が高く　②圧力が低いほど小さくなる。

(1) 大き [㊗高]
(2) 分子間力

□3 ★★★
水に対する気体の溶解度は，通常，圧力が一定のとき温度が低くなると [1★★] なる。また，一定温度で一定の液体に溶ける気体の物質量は，温度が変化しなければ，一般に液体に接している気体の [2★★] に比例する。これを [3★★★] の法則という。（大分大）

〈解説〉物質量〔mol〕はもちろん，質量〔mg, g〕も比例する。

(1) 大きく [㊗高く]
(2) 分圧 [㊗圧力]
(3) ヘンリー

□4 ★★
ヘンリーの法則は，溶解度が [1★★] く，溶媒と [2★★] しない気体に対して，圧力のあまり高くない範囲で成り立つ。（甲南大）

〈解説〉水に非常によく溶ける塩化水素 HCl やアンモニア NH_3 については成り立たない。

(1) 小さ [㊗低]
(2) 反応

□5 ★★
気体分子が液体に溶けると，[1★★] が著しく低下し，その分が [2★★] に変換される。すなわち，気体の溶解は [3★★] を伴う過程である。（立教大）

(1) 運動エネルギー [㊗熱運動]
(2) 熱(エネルギー)
(3) 発熱

□6 ★
酸素が大量の水に溶けるときに発生する熱量は 15.9kJ/mol である。酸素が水に溶解する過程を熱化学方程式で示せ。[1★]（島根大）

〈解説〉O_2 の水への溶解は発熱反応なので，ルシャトリエの原理から低温ほど O_2 は水によく溶けることがわかる。

(1) O_2 (気) + aq =O_2aq+15.9kJ

□7 ★★★
気体分子の運動エネルギーは，液体に溶けると著しく低下し，その分だけ [1 ★★] に変換される。つまり，気体の溶解現象は [2 ★★] 反応であり，ルシャトリエの原理により，高温になれば平衡は [3 ★★★] 方向に移動するので，気体の溶解度は高温ほど [4 ★★] する。
（岐阜大）

(1) 熱（エネルギー）
(2) 発熱
(3) 吸熱
(4) 低下［㊀減少］

□8 ★★★
混合気体の場合，気体間に反応がおこらない場合には，一定温度下における各成分気体の溶解量はそれぞれの気体の [1 ★★★] に比例する。例えば，空気を窒素と酸素が体積の比で 4：1 の混合気体とみなした場合，1.01 × 10^5Pa の空気中の窒素と酸素の [1 ★★★] はそれぞれ [2 ★★★] Pa と [3 ★★★] Pa（ともに 3 ケタ）であり，窒素と酸素の溶解量はこの値によって決まる。すなわち，着目した気体の溶解量に関しては，他の気体の存在を無視して計算することができる。
（岐阜大）

(1) 分圧
(2) 8.08×10^4
(3) 2.02×10^4

解き方

圧力，温度一定では，「体積比＝物質量〔mol〕比」となるので，$N_2 : O_2 = 4:1$（mol 比）となり，分圧＝全圧×モル分率より，

$$P_{N_2} = 1.01 \times 10^5 \times \frac{4}{5} = 8.08 \times 10^4 \text{〔Pa〕}$$

$$P_{O_2} = 1.01 \times 10^5 \times \frac{1}{5} = 2.02 \times 10^4 \text{〔Pa〕}$$

□9 ★★★
気体の圧力が P〔Pa〕のとき，一定量の水に溶解している気体の物質量を n〔mol〕とすると，温度一定のままで気体の圧力を 3 倍にしたとき，溶解した気体の物質量〔mol〕は [1 ★★★] 〔mol〕になる。
（神戸薬科大）

(1) $3n$

〈解説〉水に溶解する気体の物質量〔mol〕は，その気体の圧力に比例する。

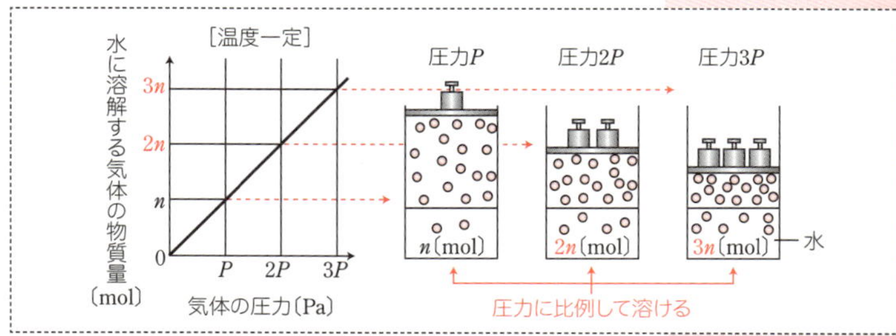

□10 ★★ 空気は O_2 と N_2 が 20：80 の体積比で混合した気体とみなせる。20℃で 1.00L の水に 1.01×10^5Pa の空気が接しているとき，この水の中に溶けている O_2 は [1 ★★] mg（3ケタ）となる。ただし，20℃での 1.00L の水への O_2 の溶解度は，O_2 の分圧が 1.01×10^5Pa のとき，1.40×10^{-3}mol であり，O_2 = 32.0 とする。

（甲南大）

(1) 8.96

〈解説〉ヘンリーの法則を利用して計算する場合，問題文で与えられている条件を，

$$\frac{\text{水に溶ける気体の物質量〔mol〕または質量〔mg, g〕}}{\text{気体の圧力〔Pa〕・水の体積〔mL, L〕}}$$

の形で表し，単位を消去しながら計算していけばよい。
よって，本問の場合，20℃での酸素 O_2 の水への溶解度は，

1.01×10^5Pa の下，水 1.00L に溶解する量〔mol〕

$$\frac{1.40 \times 10^{-3}\text{mol 溶解する}}{1.01 \times 10^5\text{Pa の下で・水 1.00L に対して}} \cdots (*)$$ と表すことができる。

酸素 O_2 の分圧

解き方

O_2 の分圧は $1.01 \times 10^5 \times \frac{20}{20 + 80} = 2.02 \times 10^4$〔Pa〕となり，この水の中に溶けている O_2 は，O_2 = 32.0 つまり 32.0g/mol と（＊）より，

$$\frac{1.40 \times 10^{-3}\text{mol}}{1.01 \times 10^5\text{Pa} \cdot \text{水 } 1.00\text{L}} \times 2.02 \times 10^4\text{Pa} \times 1.00\text{L} \times \frac{32.0\text{g}}{1\text{mol}} \times \frac{10^3\text{mg}}{1\text{g}}$$

（＊）より　水の体積は 1.00L なので　O_2 の分圧が 2.02×10^4Pa で水 1.00L に溶けている O_2 の物質量〔mol〕　O_2 の質量〔mg〕

$$= 1.40 \times 10^{-3} \times \frac{2.02 \times 10^4}{1.01 \times 10^5} \times \frac{1.00}{1.00} \times 32.0 \times 10^3 = 8.96 \text{〔mg〕}$$

□11 ★★★ 溶解度の小さい気体では，一定温度で一定量の溶媒に溶け込む気体の [1 ★★] は，その気体の圧力 P に比例する。これを [2 ★★★] の法則という。また [2 ★★★] の法則は，「一定温度で一定量の溶媒に溶ける気体の [3 ★★] は，[4 ★★] の変化に関係なく一定である」と表すこともできる。

（防衛医科大）

(1) 物質量（ぶっしつりょう）〔mol〕
［別 質量（しつりょう）］
(2) ヘンリー
(3) 体積（たいせき）
(4) 圧力（あつりょく）

□12 ★★ 0℃で水1.0Lに溶解する窒素の体積は，0℃，1.0×10^5Paで，22.4mLであるとすると，0℃，5.0×10^5Paで，水1.0Lに溶ける窒素について，そのときの温度，圧力下で溶解した体積は［1 ★★］mLである。（立命館大）

(1) 22.4

〈解説〉圧力を変えたときに溶ける気体の体積は，溶かしたときの圧力のもとで測れば，圧力に関係なく一定である。

□13 ★★ 大気圧を1.0×10^5Pa，標準状態における気体1molの体積を22.4Lとする。

分圧1.0×10^5Paの二酸化炭素は，標準状態に換算して25℃の純水1Lに0.75L溶解する。大気中の二酸化炭素の体積百分率を0.036%とすると，大気中の二酸化炭素の分圧は［1 ★★］Pa(2ケタ)である。二酸化炭素の溶解はヘンリーの法則に従うものとすると，大気中において純水に溶解した二酸化炭素の濃度は［2 ★★］$\times 10^{-5}$mol/L (2ケタ)となる。（東京理科大）

(1) 36

(2) 1.2

解き方

25℃，1.0×10^5Paで純水1Lに溶解するCO_2の物質量〔mol〕は，その体積が標準状態に換算されているので，

$\frac{0.75}{22.4}$ mol ◀標準状態で気体1molの体積は22.4Lなので

となり，与えられている条件は，$\dfrac{\frac{0.75}{22.4}\text{ mol}}{1.0 \times 10^5\text{Pa}・\text{純水 1L}}$

と表すことができる。

大気中のCO_2の分圧は，$P_{CO_2} = 1.0 \times 10^5 \times \frac{0.036}{100} = 36$Pa

であり，純水1Lに溶解したCO_2の物質量〔mol〕は，

$$\frac{\frac{0.75}{22.4}\text{ mol}}{1.0 \times 10^5\text{Pa}・\text{純水 1L}} \times 36\text{Pa} \times \text{純水 1L}$$

$\fallingdotseq 1.2 \times 10^{-5}$〔mol〕

となる。純水1LにCO_2 1.2×10^{-5}molが溶解した水溶液の体積はほぼ1Lなので，純水に溶解したCO_2の濃度は，

1.2×10^{-5}mol/Ⓛ── 水溶液1Lあたり

となる。

4 蒸気圧降下／沸点上昇

▼ANSWER

□1 ★★★ 不揮発性の物質が溶けた水溶液と純粋な水(純水)を比べた場合，不揮発性の物質が溶けた水溶液では，水溶液中の水分子の割合が，純水に比べて [1★★] し，同じ温度の純水に比べて蒸気圧は [2★★★] なる。このような現象を [3★★★] という。（名古屋大）

(1) 減少
(2) 低く
(3) 蒸気圧降下

〈解説〉蒸気圧降下のようす

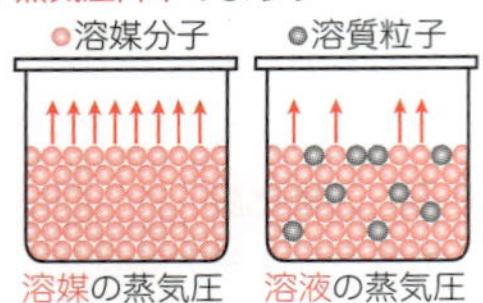

□2 ★★★ 純粋な液体は，それぞれの温度において固有の蒸気圧(飽和蒸気圧)を示す。これに不揮発性の物質を溶かして溶液にすると，その溶液の蒸気圧は純粋な液体(溶媒)より [1★★★] くなる。この現象を [2★★★] という。そのため，大気圧下における溶液の沸点は溶媒の沸点より [3★★★] くなる。この現象を [4★★★] といい，溶媒と溶液の沸点の差を [5★★★] という。（福岡大）

(1) 低
(2) 蒸気圧降下
(3) 高
(4) 沸点上昇
(5) 沸点上昇度

〈解説〉蒸気圧降下と沸点上昇

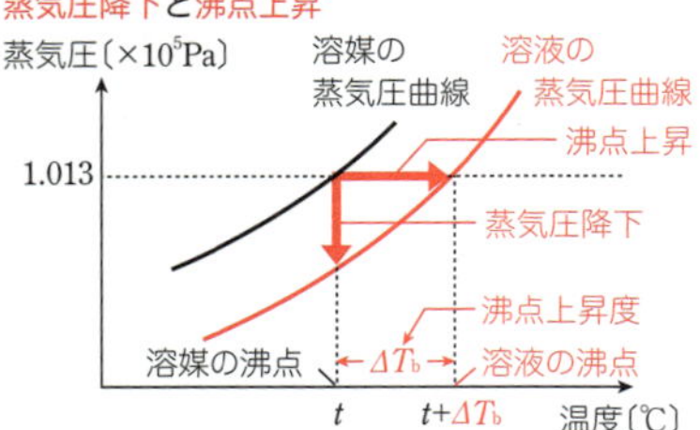

□3 ★★★ 沸点とは外圧(大気圧)と [1★★★] が等しくなる温度である。富士山山頂では横浜国立大学キャンパス内よりも外圧が低いため沸点は [2★★★] なり，同じ外圧でも食塩水は純水よりも [1★★★] が低いため，沸点は [3★★★] なる。（横浜国立大）

(1) (飽和)蒸気圧
(2) 低く
(3) 高く

□4 ★★★ 溶液の沸点と純溶媒のそれとの差を 1★★★ という。溶質が非電解質の場合，1★★★ は溶液の 2★★★ に比例する。この比例定数を 3★★ といい，4★★★ の種類によって決まる。電解質溶液では溶質の一部はイオンに電離するので，1★★★ は溶液中に存在するすべての粒子（分子とイオン）の 2★★★ に比例する。

（帯広畜産大）

(1) 沸点上昇度（ふってんじょうしょうど）
(2) 質量モル濃度（しつりょうのうど）
(3) モル沸点上昇（ふってんじょうしょう）
(4) 溶媒（ようばい）

□5 ★★ 不揮発性の非電解質の希薄溶液の質量モル濃度を m〔mol/kg〕，沸点上昇度を ΔT_b〔K〕，モル沸点上昇を K_b〔K·kg/mol〕とすると，m，ΔT_b，K_b の間には 1★★ の関係が成り立つ。

（東京薬科大）

(1) $\Delta T_b = K_b \times m$

□6 ★★★ 尿素の 1.0mol/kg 水溶液の沸点が純水と比べて 0.52K ずれるとき，塩化ナトリウムの 1.0mol/kg 水溶液の沸点は 1★★ K（3 ケタ）ずれることになる。これは水溶液中で塩化ナトリウムが 2★★★ するためである。

（金沢工業大）

(1) 1.04
(2) 電離（でんり）

解き方

電解質溶液の場合，m には電離後の全溶質粒子（全イオン）の質量モル濃度を代入する。

尿素は電離しないので，$\Delta T_b = K_b \times 1.0 = 0.52$ となり，$K_b = 0.52$ とわかる。塩化ナトリウム NaCl は $\underbrace{NaCl}_{1mol が} \longrightarrow \underbrace{Na^+ + Cl^-}_{2mol に電離する}$

と電離するので $\Delta T_b = \underbrace{0.52}_{K_b} \times 1.0 \times 2 = 1.04$〔K〕

□7 ★★★ 純粋な溶媒に物質を溶かすと，一般に溶媒の蒸気圧は 1★★★ 。また，沸点は 2★★★ 。下記の溶液について，大気圧下での沸点が高いものから順に並べると 3★★ のようになる。H = 1.0，C = 12，O = 16

A　0.08mol/kg 塩化カリウム水溶液

B　34.2g のスクロース（$C_{12}H_{22}O_{11}$）を 1kg の水に溶かした溶液

C　0.05mol/kg 硫酸ナトリウム（Na_2SO_4）水溶液

（中央大）

(1) 低下する（ていか）
(2) 上昇する（じょうしょう）
(3) A > C > B

解き方

電離後の質量モル濃度が大きいほど ΔT_b が大きくなり，沸点が高くなる。

A　KCl ⟶ K^+ + Cl^- と電離し，0.08 × 2 = 0.16〔mol/kg〕

B　スクロースは電離せず，$C_{12}H_{22}O_{11}$ = 342 つまり 342g/mol より，

$$\frac{\frac{34.2}{342}\text{mol}}{1\text{kg}} = 0.10\text{〔mol/kg〕}$$

C　Na_2SO_4 ⟶ $2Na^+$ + SO_4^{2-} と電離し，0.05 × 3 = 0.15〔mol/kg〕

すべての粒子(分子とイオン)の質量モル濃度は，

A　0.16〔mol/kg〕＞ C　0.15〔mol/kg〕＞ B　0.10〔mol/kg〕

の順になる。

★★

不揮発性で，分子量 M の非電解質 w〔g〕の溶質を，W〔g〕の溶媒に溶かす。この溶液の沸点上昇度を Δt〔K〕とし，質量モル濃度を m〔mol/kg〕，モル沸点上昇を K_b〔K・kg/mol〕とすると，$\Delta t = K_b m$ となり，この関係から分子量 M を求めると，M = [1 ★★] となる。

（福岡大）

(1) $\dfrac{1000K_b w}{\Delta t W}$

解き方

この溶液の質量モル濃度〔mol/kg〕は，

$$m = \frac{w\text{g} \times \frac{1\text{mol}}{M\text{g}}}{W\text{g} \times \frac{1\text{kg}}{10^3\text{g}}}$$

であり，これを $\Delta t = K_b m$ に代入すると，

$$\Delta t = K_b \times \frac{\frac{w}{M}}{\frac{W}{1000}} \text{ なので，} M = \frac{1000K_b w}{\Delta t W}$$

5 凝固点降下

▼ ANSWER

□1 ★★

保温器の中で，0℃の水に0℃の氷を入れたとき，とける水分子の数と，こおる水分子の数とは [1 ★]，氷の量は変化 [2 ★] ように見える。0℃の水のかわりに，水に他の物質（溶質）を溶かして0℃にした水溶液に0℃の氷を入れたとき，溶かした溶質に水分子が [3 ★★★] するため，水分子の割合が減るので，こおる水分子の数が [4 ★] なり，氷の量は [5 ★] る。（信州大）

〈解説〉このとき，温度をさらに下げることで，固体から溶媒分子が溶け出す数を減少させると，固体と溶液のつり合った状態になる。すなわち，溶液の凝固点は溶媒の凝固点より低くなる。この現象を凝固点降下という。

(1) 等しく
(2) しない
(3) 水和
(4) 少なく
(5) 減

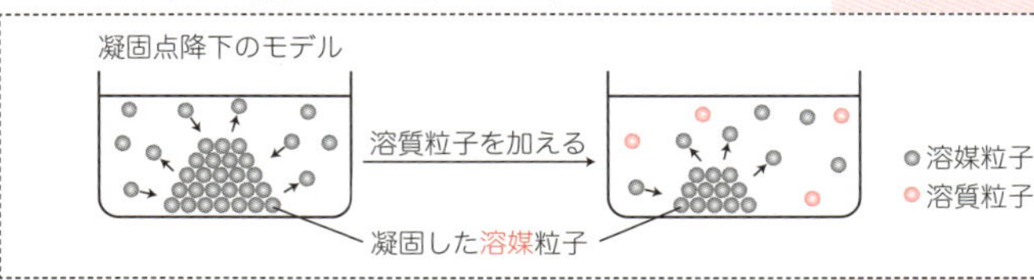

□2 ★★★

水は0℃で凝固するが，食塩水は0℃よりも [1 ★★★] い温度で凝固する。この現象を [2 ★★★] という。非電解質の希薄溶液の場合，溶媒と溶液の凝固点の差は，溶質の種類に関係せず，一定量の溶媒に溶けている溶質の [3 ★★★] に比例する。（岡山理科大）

〈解説〉凝固点降下度（凝固点の差）ΔT_f〔K〕は，一定量の溶媒に溶けている溶質の物質量つまり質量モル濃度 m〔mol/kg〕に比例する。

$\Delta T_f = K_f \times m$ （K_f〔K·kg/mol〕は，溶媒の種類で決まる比例定数）
（K_f：モル凝固点降下）

(1) 低
(2) 凝固点降下
(3) 物質量〔mol〕

□3 ★★★

純溶媒と溶液との凝固点の差を [1 ★★★] という。（千葉大）

(1) 凝固点降下度

□4 ★★★

非電解質の希薄溶液の凝固点降下度は，[1 ★★★] の種類には無関係で，その質量モル濃度に [2 ★★★] して変化する。溶質の濃度が1mol/kgの溶液の凝固点降下度をモル凝固点降下といい，[3 ★★★] に固有の値になる。（東邦大）

〈解説〉$\Delta T_f = K_f \times \underset{m}{1} = K_f$ となる。

(1) 溶質
(2) 比例
(3) 溶媒

□5 ★★★

凝固点降下度は，モル凝固点降下と希薄溶液の質量モル濃度の積で与えられることが知られている。溶質が電解質の場合は，その [1★★★] を考慮した質量モル濃度を考える必要がある。そのため，0.100mol/kg の塩化ナトリウム水溶液に対しての凝固点降下度は [2★★] K (3ケタ) となる。ただし水のモル凝固点降下は 1.85K・kg/mol とする。（甲南大）

(1) 電離（でんり）
(2) 0.370

解き方

塩化ナトリウム NaCl は $NaCl \longrightarrow Na^+ + Cl^-$ と電離するので，
$\Delta T_f = K_f \times m = 1.85 \times 0.100 \times 2 = 0.370$〔K〕となる。

□6 ★★★

非電解質の希薄溶液の凝固点降下度は，溶質の種類に無関係で溶液の質量モル濃度に [1★★★] する。スクロース（分子式：$C_{12}H_{22}O_{11}$）1.0g を 10g の水に溶かした水溶液 A のスクロースの質量モル濃度は [2★★] mol/kg (2ケタ) である。水溶液 A の凝固点が－0.54℃であることから，水のモル凝固点降下は [3★★] K・kg/mol (2ケタ) と計算される。ただし，$C_{12}H_{22}O_{11} = 342$ とする。（山口大）

(1) 比例（ひれい）
(2) 0.29
(3) 1.8

解き方

$C_{12}H_{22}O_{11} = 342$ つまり 342g/mol から，その質量モル濃度は，

$$\frac{\frac{1.0}{342}\ \text{mol}}{\frac{10}{1000}\ \text{kg}} = 0.292 \fallingdotseq 0.29\ \text{〔mol/kg〕}$$ となる。

スクロースは電離せず，水溶液 A の凝固点が－0.54℃であることから

$\Delta T_f = 0 - (-0.54) = 0.54$〔℃〕$=$ 0.54〔K〕

0：純粋な水の凝固点　－0.54：水溶液 A の凝固点　（＝）温度差を考えるときは℃＝K となる

$\Delta T_f = K_f \times m$ より $0.54 = K_f \times 0.292$ となり，$K_f \fallingdotseq 1.8$〔K・kg/mol〕

□7 ★★★

液体を凝固点以下に冷却しても，凝固がおこらない場合がある。こうした現象を [1★★★] と言う。この状態で結晶を投入するなどの刺激を与えると，液体は一気に凝固を始め大量の凝固熱を [2★★] する。（筑波大）

(1) 過冷却（かれいきゃく）
(2) 放出（ほうしゅつ）

8 ★★★

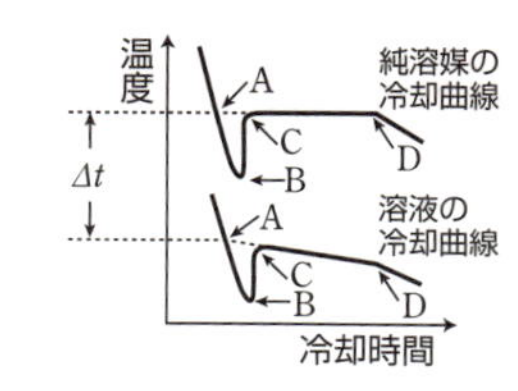

図は，液体が純溶媒とある物質の希薄溶液のときの冷却曲線を表している。点 A は，直線 CD の延長線と冷却曲線との交点であり，Δt は凝固点降下度である。液体を冷却していくと，時間と共に液体の温度は低下し，[1 ★★★] 点で凍り始めた。冷却曲線に極小がみられる現象は [2 ★★★] によるものである。B 点を過ぎると温度は C 点まで上昇した。この現象は，状態変化にともない [3 ★★★] 熱が放出されたことによる。

（鹿児島大）

〈解説〉～ A ～ B ……液体のみ存在（A ～ B 過冷却）
B ……凝固が始まる点
B ～ C ～ D ……液体と固体が共存
D ～ ……固体のみ存在
純溶媒の A 点の温度は純溶媒の凝固点，溶液の A 点の温度は溶液の凝固点。
B ～ C で温度が上昇している理由：固体を加熱すると液体になるので，固体＋ QkJ ＝液体と表せる。右辺から左辺に向かってみると，液体＝固体＋ QkJ となる。この液体が固体になる（凝固する）ときに発生する熱（QkJ）を凝固熱という。この凝固熱が放出されたため。

(1) B
(2) 過冷却（かれいきゃく）
(3) 凝固（ぎょうこ）

9 ★★★

1.01×10^5Pa のもとで不揮発性の溶質を溶かした希薄水溶液（水溶液 A とする）をゆっくりと冷却すると，図の冷却曲線のように変化する。水溶液 A の凝固点は，純水の凝固点より [1 ★★★] なる。この現象を [2 ★★★] という。a 点から b 点の間は，生じた氷の分だけ溶液全体に対する [3 ★★★] の割合が減少するため，溶液の濃度が [4 ★★★] なり，さらに [2 ★★★] が進むことで温度が下がっていく。

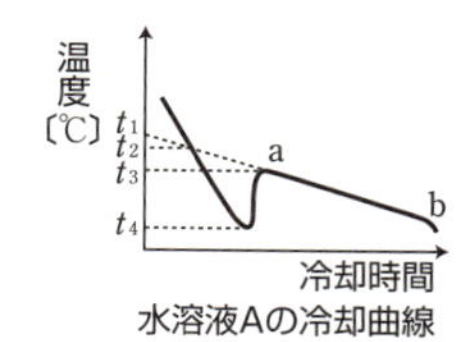

水溶液Aの冷却曲線

水溶液 A の凝固点は図中の t_1 ～ t_4 のうちの [5 ★★★] となる。

（大阪府立大）

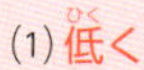

(1) 低く（ひく）
(2) 凝固点降下（ぎょうこてんこうか）
(3) 溶媒［㊙ 水］（ようばい／みず）
(4) 大きく（おお）
(5) t_2

6 浸透圧

▼ ANSWER

□1 ★★★

U字管を水分子は通すが溶質分子は通さない [1 ★★★] で仕切って，左側に水，右側に水溶液を入れ，液面の高さが同じになるようにした。この状態で長時間放置すると，水分子が移動するため，水溶液側の液面が [2 ★★] し，水側の液面が [3 ★★] し，一定の高さで止まる。このような水分子が移動する現象を浸透という。

水溶液側と水側の液面に高さの違いが生じるのは，[1 ★★★] を境にして，[4 ★★] 側から [5 ★★] 側に液面の高さの差の分だけ圧力が作用しているからである。この液面の高さを同じにするためには，[5 ★★] 側の液面に圧力を加えなければならない。これに相当する圧力を浸透圧という。一方で，この浸透圧よりも大きい圧力を [5 ★★] 側に作用させると，上記とは異なる浸透となる。この現象は，逆浸透と呼ばれ，工業排水の再利用などに応用されている。 （昭和薬科大）

(1) 半透膜（はんとうまく）
(2) 上昇（じょうしょう）
(3) 下降（かこう）
(4) 水（みず）
(5) 水溶液（すいようえき）

〈解説〉溶液の浸透圧

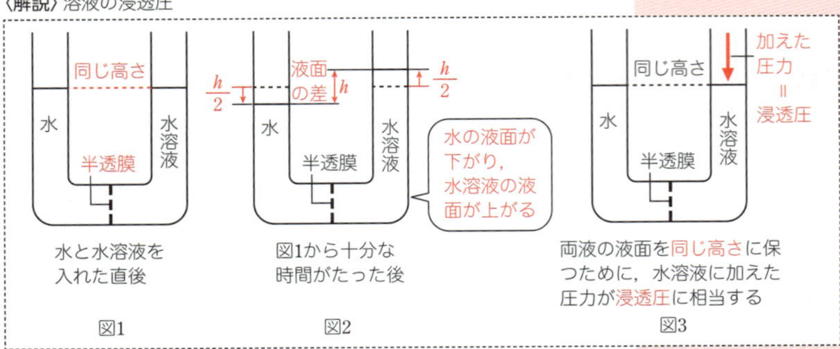

□2 ★★★

希薄溶液の浸透圧を Π〔Pa〕とすると，希薄溶液の体積 V〔L〕，溶質の物質量 n〔mol〕，気体定数 R〔Pa・L/(K・mol)〕，絶対温度 T〔K〕との関係は Π＝ [1 ★★★] となる。 （大分大）

(1) $\frac{n}{V}RT$

〈解説〉気体の状態方程式と同じ形の式になる。

□3 ★★★ 溶液の浸透圧 Π〔Pa〕は，溶液の濃度をモル濃度 c〔mol/L〕と表し，R〔Pa・L/(mol・K)〕を気体定数，T〔K〕を温度とすると，Π = [1 ★★★] と表される。ここで，溶液の体積を V〔L〕，溶質の質量を w〔g〕，分子量を M とすると，M = [2 ★★★] となる。なお，電解質溶液の場合には，電解質が溶液中でイオンに電離するので，その影響を考慮する必要がある。（福岡大）

(1) cRT

(2) $\dfrac{wRT}{\Pi V}$

解き方

溶質の物質量を n〔mol〕とする。

$\Pi V = nRT$ は，モル濃度 c〔mol/L〕を用いると，

$$\Pi = \frac{n}{V} \times RT = cRT$$

となり，浸透圧は溶液のモル濃度と絶対温度に比例する。

また，$n = \dfrac{w}{M}$ と表すことができるので，

$$\Pi \times V = \frac{w}{M} \times R \times T$$ となり，

$$M = \frac{wRT}{\Pi V}$$

□4 ★★★ 希薄溶液の浸透圧は，溶媒や溶質の種類に無関係で，溶液のモル濃度と絶対温度に比例する。これを [1 ★★★] の法則という。（大分大）

(1) ファントホッフ

□5 ★★ すべての溶液の密度は 1.00g/mL とし，気体定数は 8.30×10^3Pa・L/(K・mol) を用いよ。

5.04%（質量パーセント濃度）のブドウ糖（分子量180）を含む水溶液のモル濃度は [1 ★★] mol/L（3ケタ）で，27℃での浸透圧は，[2 ★★] kPa（3ケタ）となる。同じ浸透圧を示す塩化ナトリウム（式量58.5）水溶液を100mLつくるには，[3 ★★] g（3ケタ）の塩化ナトリウムが必要である。なお，塩化ナトリウムの電離度は1.00とする。（東京理科大）

(1) 0.280

(2) 697

(3) 0.819

ブドウ糖を含む水溶液のモル濃度〔mol/L〕は，ブドウ糖のモル質量が180g/mol，水溶液の密度が1.00g/mL より，

$$\frac{5.04\text{g} \times \frac{1\text{mol}}{180\text{g}}}{100\text{g} \times \frac{1\text{mL}}{1.00\text{g}} \times \frac{1\text{L}}{10^3\text{mL}}} = 0.280 \text{〔mol/L〕}$$

となる。

よって，浸透圧は，

$$\Pi = 0.280 \times 8.30 \times 10^3 \times (273 + 27) = 697200 \text{〔Pa〕}$$

$$697200\text{Pa} \times \frac{1\text{kPa}}{10^3\text{Pa}} \fallingdotseq 697 \text{〔kPa〕}$$ ◀ $1\text{kPa} = 10^3\text{Pa}$

塩化ナトリウム水溶液が27℃で0.280〔mol/L〕のブドウ糖水溶液と同じ浸透圧を示すには，全溶質粒子のモル濃度が0.280〔mol/L〕となればよい。必要な NaCl（式量 58.5）を xg とし，NaCl が完全に電離することに注意すると次の式が成り立つ。

完全に電離し，NaCl 1mol から Na^+ と Cl^- を合わせて 2mol 生じるので

$$0.280 \text{〔mol/L〕} = \frac{\frac{x}{58.5} \times 2\text{mol}}{\frac{100}{1000}\text{L}} \qquad x = 0.819 \text{〔g〕}$$

□6 ★★ 次の図に示すように断面積 S〔cm^2〕であるU字管のA側とB側を半透膜で仕切り，A側に分子量 M の非電解質 W〔g〕を水に溶かして V〔mL〕とした水溶液を入れ，B側に純水を V〔mL〕入れた。絶対温度 T〔K〕でしばらく放置したところ，U字管の両液面の高さの差が h〔cm〕となった。水溶液および純水の密度を d〔g/cm^3〕，水銀の密度を13.6g/cm^{3}とすると，浸透圧 Π〔Pa〕＝ 1 ★★ （3ケタ）と表される。ただし，大気圧 1.013×10^5Pa のとき，水銀柱の高さは76.0cm とする。また，このときの浸透圧 Π〔Pa〕については，

$$\Pi \times (\boxed{2\ ★★}) \times 10^{-3} = \frac{W}{M} \times R \times T$$

が成り立つ。

(1) $98.0hd$

(2) $V + \frac{Sh}{2}$

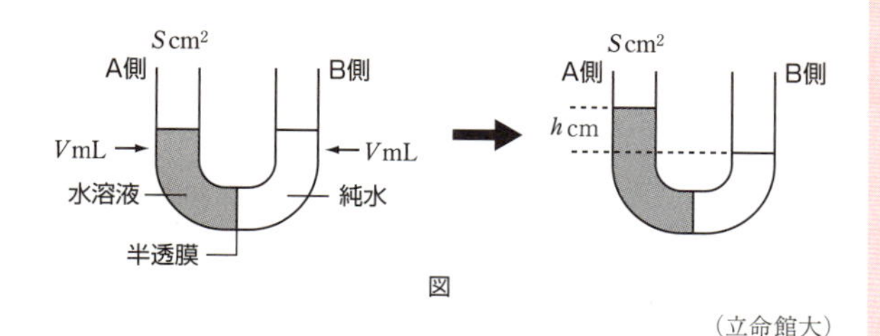

図

（立命館大）

解き方

大気圧 1.013×10^5Pa は，76.0cm の水銀柱（密度 13.6g/cm^3）の圧力と等しい。また，純水が浸透して濃度が薄くなった水溶液（密度 dg/cm^3）の浸透圧 Π〔Pa〕は，液面差 $h$cm から求めることができる。ここで，

$$圧力と\frac{底面積\times高さ\times密度}{底面積}=高さ\times密度が比例するので,$$

次の比が成り立つ。

$$\underbrace{1.013\times10^5\text{Pa}}_{大気圧}:\underbrace{\Pi}_{浸透圧}=\underbrace{76.0\times13.6}_{高さ\times密度}:\underbrace{h\times d}_{高さ\times密度}$$

$$よって，\Pi=\frac{1.013\times10^5\times hd}{76.0\times13.6}=98.0hd〔\text{Pa}〕$$

純水の浸透によって，水溶液（A 側）の液面が $\frac{h}{2}$cm 高くなり，純水（B 側）の液面が $\frac{h}{2}$cm 低くなることで，両液面の高さの差が $h$cm になる。つまり，水溶液の体積は，

$\underbrace{S}_{断面積}\times\underbrace{\frac{h}{2}}_{高さ}$〔cm^3〕増加する。よって，純水が浸透して濃度が薄くなった

水溶液の体積は，$\left(V+\frac{Sh}{2}\right)\times10^{-3}$〔L〕になる。

この体積を用いることで，ファントホッフの法則が成り立つ。

7 コロイド

▼ANSWER

□1 ★
コロイド粒子は直径が 10^{-9} ～ 10^{-7}m 程度の大きさを持ち，他の物質に均一に分散している。コロイド粒子を分散させている物質を [1★] といい，コロイド粒子となっている物質を [2★] という。（三重大）

(1) 分散媒（ぶんさんばい）
(2) 分散質（ぶんさんしつ）

□2 ★★
セッケンやデンプンなどのコロイド溶液は，わずかににごって見える。コロイドはふつうのろ紙を通ってしまうが，セロハンなどの半透膜を通ることはできない。分散媒が気体のコロイドを [1★] といい，固体のコロイドを固体コロイドという。また，液体状態のコロイドをコロイド溶液または [2★★] といい，ゼリーのように流動性を失った状態を [3★★] とよぶ。（熊本大）

(1) エーロゾル（エアロゾル，気体（きたい）コロイド）
(2) ゾル
(3) ゲル

□3 ★★★
デンプンは分子内に多くの [1★★★] 基をもっており，そのコロイドは [1★★★] コロイドと呼ばれる。また，デンプンのような高分子化合物は，分子1個でコロイド粒子の大きさをもつことから [2★★] コロイドとも呼ばれる。セッケン水は，小さなセッケン分子が [3★★] の部分を外側にして多数集まり集合体を形成して水中に分散している。このようなコロイドは [4★★] コロイドと呼ばれる。（近畿大）

(1) 親水（しんすい）
(2) 分子（ぶんし）
(3) 親水性（しんすいせい）［㊀親水基（しんすいき）］
(4) 会合（かいごう）［㊀ミセル］

□4 ★★★
分散コロイドは，本来混ざり合わない2つの物質の一方が分散質であるコロイド粒子，他方が分散媒となっているものである。分散コロイドのコロイド粒子の多くは何らかの理由で同符号の電荷を帯び，その反発によって互いに集まりにくくなっている。分散コロイドの表面には [1★★★] 性の基は少ないため，[1★★★] コロイドに対して [2★★★] コロイドと呼ばれる。

（大阪医科大）

(1) 親水（しんすい）
(2) 疎水（そすい）

〈解説〉

分散コロイド
（難溶性微粒子）
例 Au，S，$Fe(OH)_3$

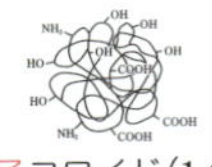

分子コロイド（1分子）
例デンプン，タンパク質，ゼラチン

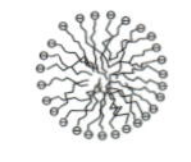

ミセルコロイド
（分子が集合）
例セッケン

疎水コロイド　　親水コロイド

□5 ★★★ 水酸化鉄(Ⅲ)のコロイド粒子は，水との親和力が小さく [1 ★★★] コロイドとよばれ，その表面が正の電荷を帯びているので，互いに反発して沈殿しにくいが，コロイド溶液に少量の電解質を加えると沈殿を生じる。この現象を [2 ★★★] という。一般にコロイド粒子のもつ電荷と反対符号の電荷をもち，その価数の [3 ★★★] イオンほど少量でコロイド粒子の沈殿をおこさせやすい。

一方，デンプンのコロイド水溶液では，コロイド粒子が水分子と強く結びついているので，少量の電解質を加えても沈殿しない。このようなコロイドを [4 ★★★] コロイドという。しかし，多量の電解質を加えると [4 ★★★] コロイドのコロイド粒子も沈殿してくる。これを [5 ★★★] という。（東邦大）

(1) 疎水（そすい）
(2) 凝析（ぎょうせき）
(3) 大きい（おお）
[㊿大きな]
(4) 親水（しんすい）
(5) 塩析（えんせき）

〈解説〉

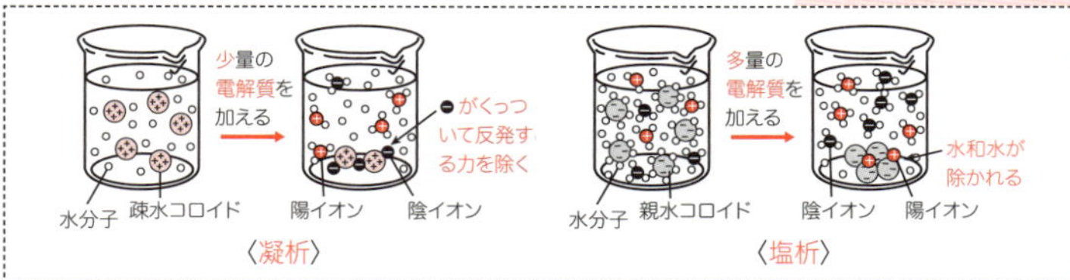

□6 ★★★ 水酸化鉄(Ⅲ) $Fe(OH)_3$ のコロイド溶液について，同じ物質量で，このコロイド粒子を沈殿させる効果が最も大きいイオンは，次の (a) ～ (f) のうちの [1 ★★★] である。

(a) Na^+　(b) Cl^-　(c) NO_3^-
(d) Mg^{2+}　(e) SO_4^{2-}　(f) Al^{3+}　（防衛大）

(1) (e)

〈解説〉凝析効果

“反対符号”で“その価数の大きい”イオンの効果が大きい。

㊞ $Fe(OH)_3$（＋に帯電）… $PO_4^{3-} > SO_4^{2-} > Cl^-$，$NO_3^-$

粘土　（－に帯電）… $Al^{3+} > Mg^{2+} > Na^+$

□7 ★★★ 墨汁には炭素の析出を防ぐ目的で，にかわが添加されている。にかわのような作用を有する［1★★★］コロイドを特に［2★★★］コロイドという。（明治薬科大）

(1) 親水（しんすい）
(2) 保護（ほご）

〈解説〉疎水コロイドの安定化のために加える親水コロイドを保護コロイドという。保護コロイドには，インキ（疎水コロイド）に加えるアラビアゴムや，墨汁（疎水コロイド）に加えるにかわがある。

にかわ

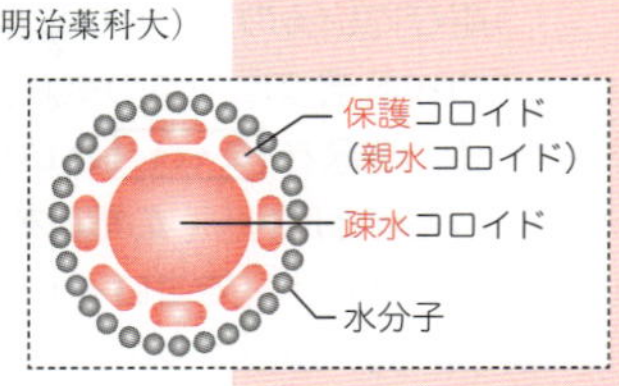

□8 ★★★ 水酸化鉄（Ⅲ）コロイド粒子は，溶液内で互いに反発し合い［1★★］する。水酸化鉄（Ⅲ）のコロイド溶液をガラスビーカーに入れレーザー光をあてると，レーザー光がコロイド粒子により［2★★］されるため，光の通路が見える。これは［3★★★］とよばれる。（東北大）

(1) 分散（ぶんさん）
(2) 散乱（さんらん）
(3) チンダル現象（げんしょう）

〈解説〉

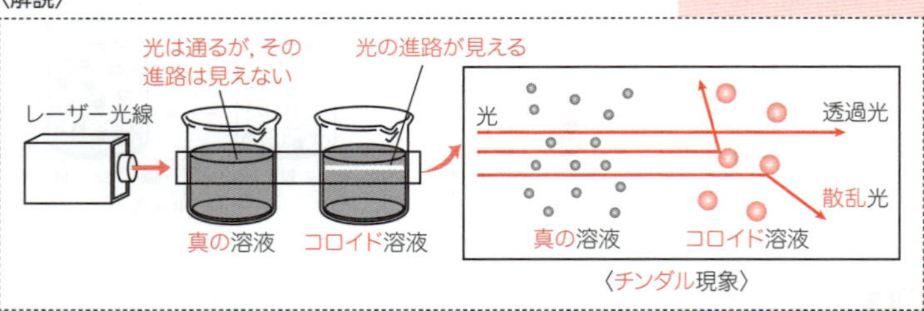

〈チンダル現象〉

□9 ★★★ 水酸化鉄（Ⅲ）のコロイド溶液に横から強い光をあてると，光の進路が光って見える。この現象を［1★★★］という。また，水酸化鉄（Ⅲ）のコロイド溶液を限外顕微鏡で観察すると，光った粒子が不規則に運動しているのが確認できる。この運動を［2★★★］という。（帝京大）

(1) チンダル現象（げんしょう）
(2) ブラウン運動（うんどう）

〈解説〉

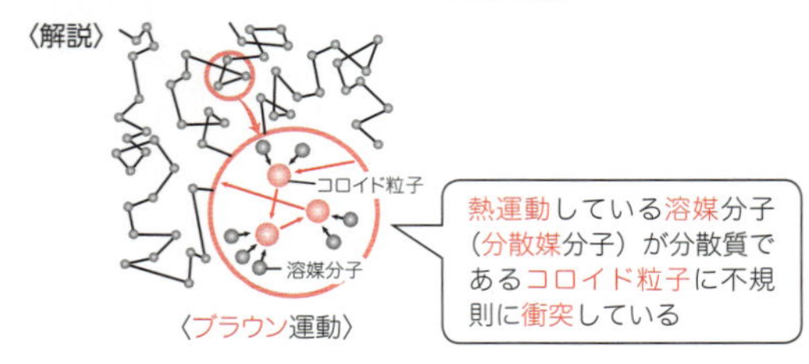

コロイド粒子
溶媒分子
熱運動している溶媒分子
（分散媒分子）が分散質で
あるコロイド粒子に不規
則に衝突している

〈ブラウン運動〉

□10 ★★★ 塩化鉄(Ⅲ)水溶液を沸騰水中に滴下すると，[1 ★★★]色の[2 ★★★]のコロイド溶液Aが得られる。次に，Aをセロハン袋にとり，ビーカーに入れた純水中に浸しておくと，袋中の小さい分子やイオンのみが除かれる。この操作を[3 ★★★]といい，このとき，ビーカー内の水溶液に硝酸銀水溶液を加えると[4 ★★★]色の[5 ★★★]が沈殿する。 （摂南大）

(1) 赤(褐)（あか(かつ)）
(2) 水酸化鉄(Ⅲ)（すいさんかてつ） $Fe(OH)_3$
(3) 透析（とうせき）
(4) 白（はく）
(5) 塩化銀（えんかぎん） AgCl

〈解説〉 $FeCl_3 + 3H_2O \longrightarrow Fe(OH)_3 + 3HCl$
コロイド　不純物

このコロイド溶液をセロハン膜(半透膜)の袋に入れる。

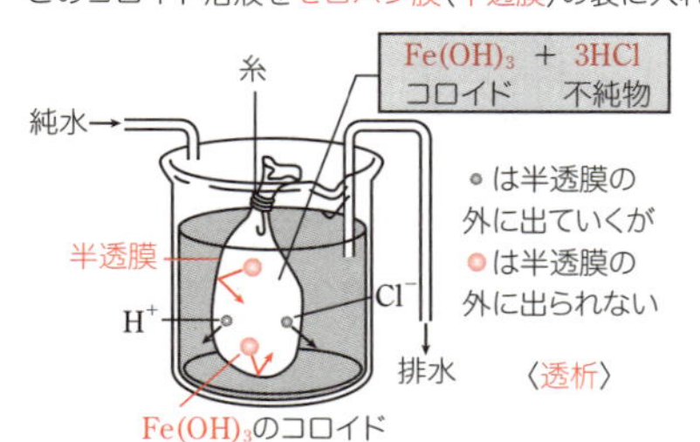

硝酸銀 $AgNO_3$ 水溶液を加えると，$Ag^+ + Cl^- \longrightarrow AgCl\downarrow$(白)の反応が起こる。

□11 ★★★ 精製した水酸化鉄(Ⅲ)コロイドの溶液をU字管に入れて直流電源につないだ電極を入れると，このコロイド粒子は[1 ★★]極の方へ移動する。このような現象を[2 ★★★]という。 （岡山理科大）

(1) 陰（いん）[例マイナス]
(2) 電気泳動（でんきえいどう）

〈解説〉

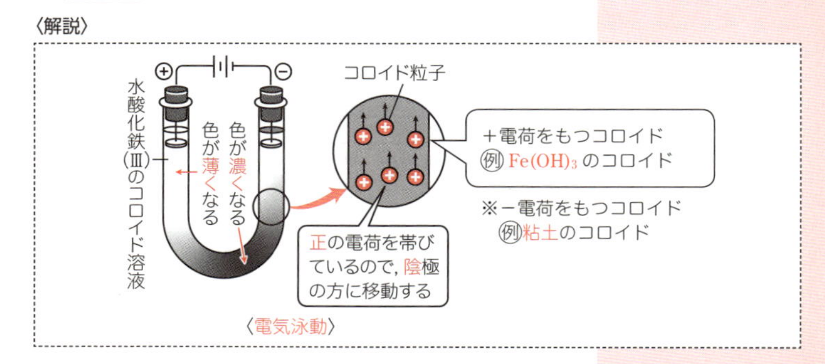

第02章

物質の三態と状態変化

1 物質の三態

▼ ANSWER

□1 ★★★ 真空であるピストン状容器に分子結晶をつくっているある物質1molを入れ，容器に1.0×10^5Paの圧力を加えて，温度t_1から加熱したとき，加えた熱量と温度の関係が図のようになった。

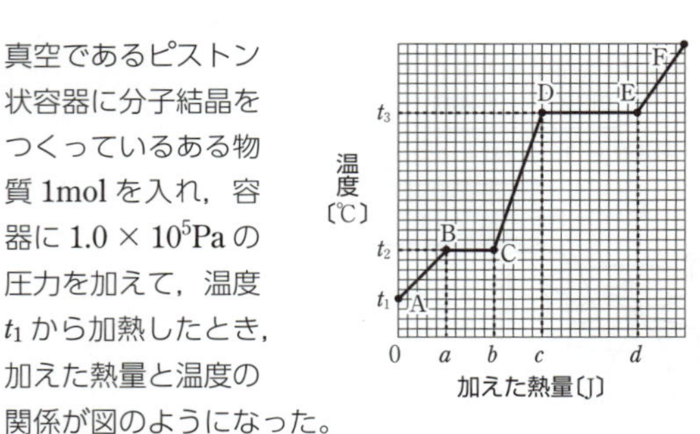

物質の状態はAB間では 1★★★ ，BC間では 2★★★ ，CD間では 3★★★ ，DE間では 4★★★ ，EF間では 5★★★ である。また，温度t_2は 6★★★ ，t_3は 7★★★ であり，熱量$(b - a)$は 8★★★ ，$(d - c)$は 9★★★ とよばれている。（名城大）

(1) 固体(こたい)(のみ)
(2) 固体(こたい)と液体(えきたい)(が共存(きょうぞん))
(3) 液体(えきたい)(のみ)
(4) 液体(えきたい)と気体(きたい)(が共存(きょうぞん))
(5) 気体(きたい)(のみ)
(6) 融点(ゆうてん)
(7) 沸点(ふってん)
(8) 融解熱(ゆうかいねつ)
(9) 蒸発熱(じょうはつねつ)

□2 ★★★ 物質は，一般に 1★★★ ， 2★★★ および 3★★★ （(1)〜(3)順不同）の3種類の状態をとる。これを物質の三態という。三態間の変化は，温度および圧力を変えることでおこる。例えば，氷を加熱すると水になる。このような変化を 4★★★ ，その逆を 5★★★ という。水から水蒸気になる変化を 6★★★ ，その逆を 7★★★ という。この他，氷が直接水蒸気になる変化およびその逆を 8★★★ という。（岩手大）

〈解説〉水蒸気（気体）から氷（固体）への直接の変化を凝華ということもある。

(1) 固体(こたい)
(2) 液体(えきたい)
(3) 気体(きたい)
(4) 融解(ゆうかい)
(5) 凝固(ぎょうこ)
(6) 蒸発(じょうはつ)
(7) 凝縮(ぎょうしゅく)
(8) 昇華(しょうか)

□3 ★★★

図(i)は水，図(ii)は二酸化炭素の状態図である。3本の曲線(あ)〜(う)のうち，(い)は [1★★★] 曲線，(う)は [2★★★] 曲線という。3本の曲線で分けられた領域X，Y，Zのうち，Xは [3★★★] 体の状態で存在する。同様に，Yは [4★★★] 体，Zは [5★★★] 体の状態で存在する。線が途切れた点(ア)を [6★★] といい，それ以上の温度，圧力を表す領域Wでは，物質は [4★★★] 体と [5★★★] 体の中間的な性質をもつ。

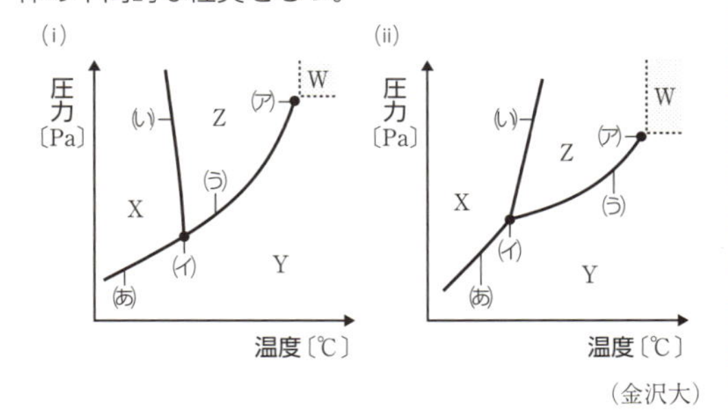

（金沢大）

〈解説〉点(イ)は三重点，(あ)は昇華圧曲線，領域Wの状態の物質は超臨界流体。

(1) 融解（ゆうかい）
(2) 蒸気圧（じょうきあつ）
(3) 固（こ）
(4) 気（き）
(5) 液（えき）
(6) 臨界点（りんかいてん）

□4 ★★ 図は水の状態図を模式的に示したものである。空欄にA，B，Cのいずれかを入れよ。

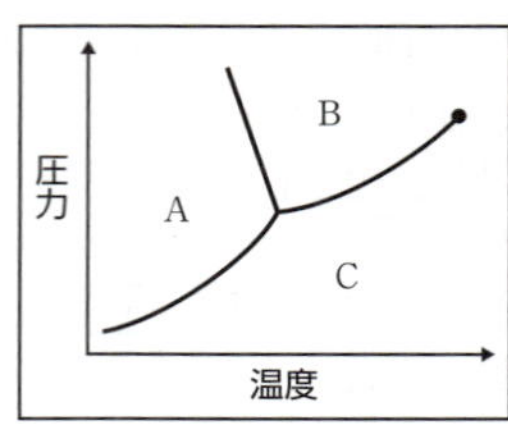

i）液体の水を加熱すると沸騰して水蒸気になる。この現象は図中の 1★★ から 2★★ への変化である。

ii）アイススケートでは，スケート靴に取り付けられている金属製の刃と氷の間に発生する圧力により，氷の一部が液体の水に変化し，氷と金属の刃の間に液体が生じるのでなめらかに滑ることができるとされている。これは図中の 3★★ から 4★★ への変化を利用したものである。

iii）インスタントコーヒーはフリーズドライという方法で製造することが多い。これはコーヒーの成分を水で抽出した後に凍結させ，減圧下で氷を昇華させて水分を除く方法である。昇華を用いるこの方法は，図中の 5★★ から 6★★ への変化を利用したものである。（明治大）

〈解説〉ii) 水の融解曲線は負の急な傾きをもっているため，氷に圧力が加わると水に変化する。

(1) B
(2) C
(3) A
(4) B
(5) A
(6) C

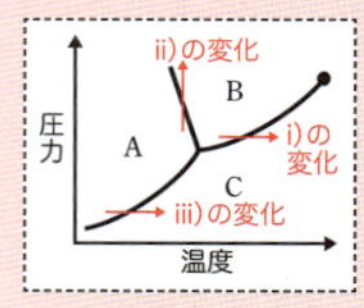

□5 ★★★ 水と水蒸気を分ける曲線は蒸気圧曲線で，水と氷を分けるのは 1★★★ 曲線である。1★★★ 曲線の傾きが負であることから，0℃，1.013×10^5Paの状態にある氷におもりをのせると 1★★★ することが分かる。この負の傾きは，氷が溶けると水素結合が切れてすき間が埋められ，体積が 2★★ することに関係している。（名古屋大）

(1) 融解（ゆうかい）
(2) 減少（げんしょう）

□6 ★★

二酸化炭素の状態図の概略を示す。状態図からわかるように，二酸化炭素の液化は [1★] ℃以下ではおこらない。二酸化炭素は大気圧（1.0×10^5Pa）のもとで，低温であれば固体状態で存在し，ドライアイスとして食品の保冷剤に使用されている。温度一定で液化炭酸ガスの圧力を [2★★] することにより，ドライアイスに変えることができる。大気圧（1.0×10^5Pa）のもとで，ドライアイスは [3★★★] とよばれる状態変化をおこす。そのときの温度は [4★] ℃であるが，圧力を上げるとその状態変化の温度は [5★★] なる。二酸化炭素の状態図において，状態Ⅱと状態Ⅲの境界になる線は，温度 31.0℃，圧力 7.4×10^6Pa のところで途切れる。二酸化炭素は，それ以上の温度と圧力では超臨界状態という液体と気体の両方の特性をもった特殊な状態になり，コーヒーや紅茶からカフェインを除去する抽出溶媒などに使用されている。（名古屋工業大）

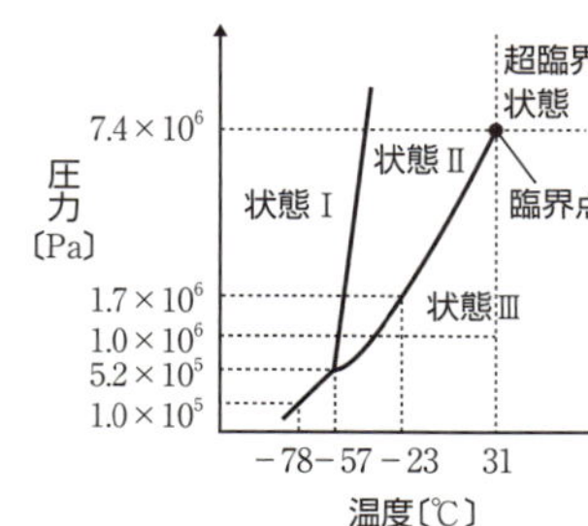
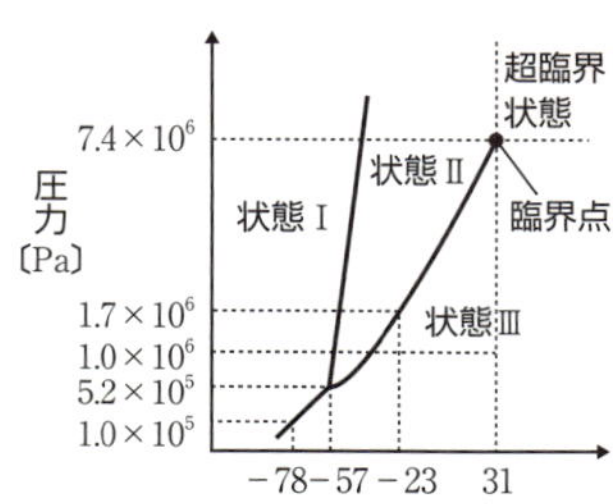

〈解説〉二酸化炭素の融解曲線は正の傾きをもっている。

(1) −57
(2) 高く
(3) 昇華
(4) −78
(5) 高く

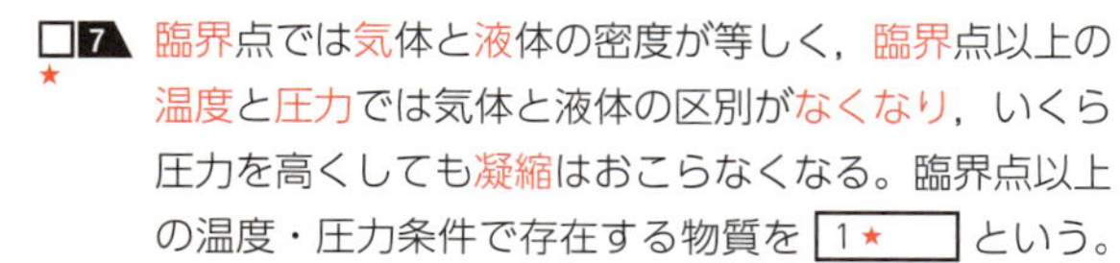

□7 ★

臨界点では気体と液体の密度が等しく，臨界点以上の温度と圧力では気体と液体の区別がなくなり，いくら圧力を高くしても凝縮はおこらなくなる。臨界点以上の温度・圧力条件で存在する物質を [1★] という。

（早稲田大）

〈解説〉蒸気圧曲線は三重点から発して臨界点で終わる。

(1) 超臨界流体

2 気液平衡／蒸気圧

▼ANSWER

□1 ★★★

体積が変化しない真空容器内に適当な量の水を入れてしばらく放置すると一部の水が [1★★★] し，容器上部の空間は水蒸気で飽和する(飽和状態)。このとき，単位時間あたりに [1★★★] する水分子の数と，[2★★★] する水分子の数は等しくなり，見かけ上 [1★★★] と [2★★★] が止まっているように見える状態となる。この状態を [3★★★] という。この状態になっていれば，液体の水が残っている限り，容器上部の空間の水蒸気の圧力は温度によって決まる値となり，この圧力を [4★★★] という。(甲南大)

(1) 蒸発(じょうはつ)
(2) 凝縮(ぎょうしゅく)
(3) 気液平衡(きえきへいこう) [㊊蒸発平衡(じょうはつへいこう)]
(4) 蒸気圧(じょうきあつ) [㊊飽和蒸気圧(ほうわじょうきあつ)]

〈解説〉気液平衡

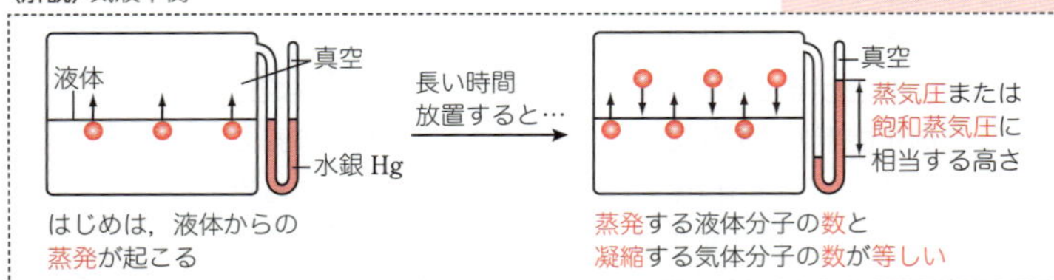

はじめは，液体からの蒸発が起こる

蒸発する液体分子の数と凝縮する気体分子の数が等しい

□2 ★★★

蒸気圧は温度のみに依存し，物質によって固有の値をとる。一般に，温度が高いほど，液体分子の [1★★★] が激しくなって蒸発が盛んになり，容器内の気体分子の数が増える。同時に気体分子の [1★★★] も激しくなるので，蒸気圧は [2★★] くなる。また，蒸気圧は，他の気体が存在しても影響を受けない。(埼玉大)

(1) 熱運動(ねつうんどう)
(2) 大き(おお) [㊊高(たか)]

□3 ★★

蒸気圧は温度が上がると増加するが，同じ温度における物質の蒸気圧は，一般に，分子間力の [1★★] い物質ほど低くなる。(同志社大)

(1) 強(つよ) [㊊大き(おお)]

〈解説〉分子間力の強い物質ほど蒸発しにくい。

 4 ★★★

図は液体 a～c の蒸気圧曲線である。液体 a～c の中で，蒸発熱が最も小さいものは 1★★★ で，分子間力が最も大きいものは 2★★★ である。

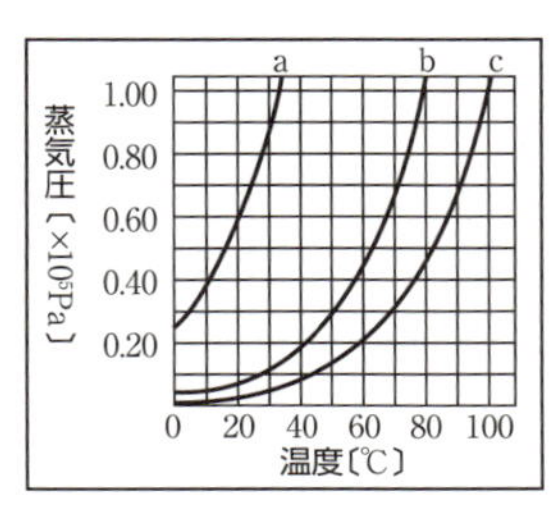

（日本女子大）

(1) a
(2) c

〈解説〉蒸発熱が小さいと蒸発しやすく，同じ温度で蒸気圧が高くなる。また，分子間力が大きい（強い）と蒸発しにくく，同じ温度で蒸気圧が低くなる。

 5 ★

図のように，一端を閉じた十分に長いガラス管に水銀（密度 13.6g/cm^3）を満たし，水銀の入った容器の上に倒立させたところ，管内の水銀柱の高さ h は 76.0cm となった。この実験を，同じ気圧下において，水銀の代わりに水（密度 1.00g/cm^3）を用いて行うと，水柱の高さは 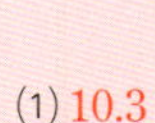 1★ m（3ケタ）になる。

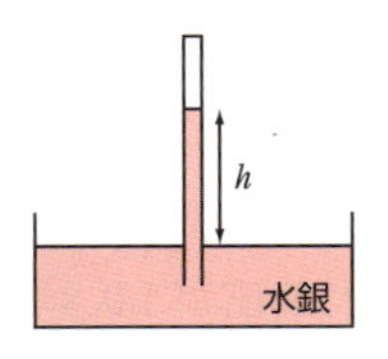

（芝浦工業大）

(1) 10.3

解き方

水銀にはたらく大気圧は，76.0cm の水銀柱にはたらく重力による圧力とつり合う。

つまり，1.013×10^5Pa ＝ 1atm ＝ 76.0cmHg ＝ 760mmHg となる。

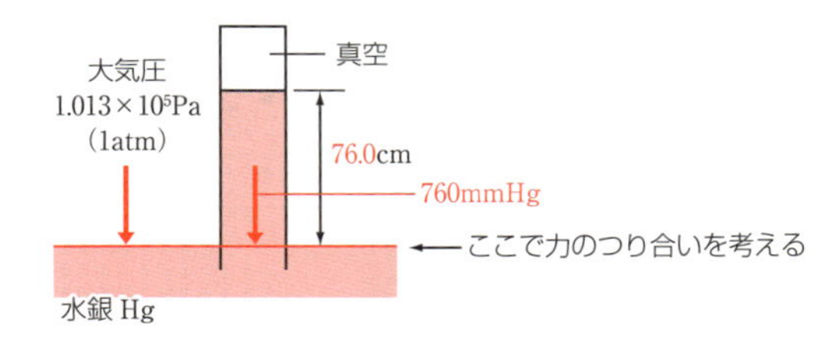

水銀 Hg の代わりに水 H_2O を用いると，

$$\left(76.0 \times \frac{13.6}{1.00}\right)\text{cm} \times \frac{1\text{m}}{10^2\text{cm}} \fallingdotseq 10.3\text{〔m〕}$$ になる。

↑ 水（1.00g/cm^3）は，水銀（13.6g/cm^3）よりも $\frac{13.6}{1.00}$ 倍高くなる

□6 ★★★ 開放容器内に液体を入れて加熱すると，液体の表面から分子が蒸発する。さらに温度を高くすると，液体の内部からも分子が盛んに蒸発する。この現象を沸騰といい，このときの温度が沸点である。液体が沸騰するのは蒸気圧が 1★★★ と等しくなるときである。

（埼玉大）

(1) 外圧(がいあつ)［別 大気圧(たいきあつ)］

〈解説〉沸騰のようす

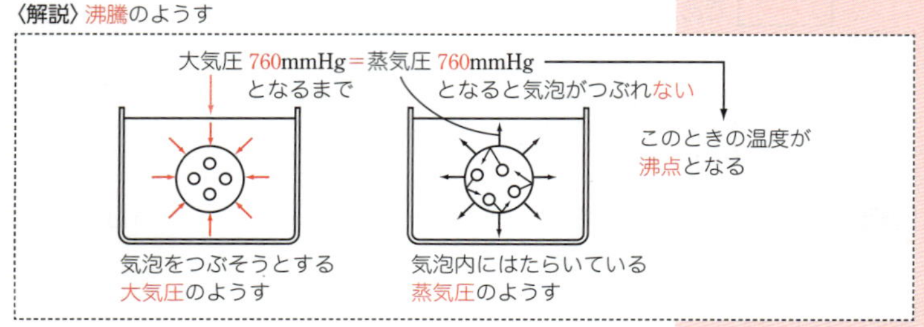

□7 ★★★ 水の沸点は，大気圧が 1.0×10^5Pa のもとでは 1★★★ ℃である。これは，水の飽和蒸気圧が 1★★★ ℃で大気圧と等しくなるからであり，気圧の低い高山では水の沸点は 1★★★ ℃より 2★★★ なる。

（立命館大）

(1) 100
(2) 低(ひく)く

〈解説〉高山での水の沸点

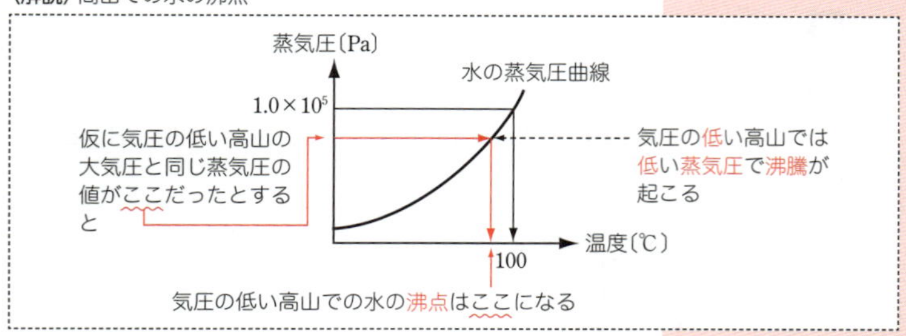

第03章

気体

1 気体／蒸気圧計算／実在気体

▼ANSWER

□1 ★★
気体を容器内に導くと，気体分子は [1★★] をすることにより拡散し，容器内の濃度が一定になる。（徳島大）

(1) 熱運動（ねつうんどう）

□2 ★★★
次の(1)〜(3)の法則を表すグラフとして適切なものを図の(A)〜(D)の中から選び，記号で答えよ。
(1)ボイルの法則 [1★★★]　(2)シャルルの法則 [2★★★]
(3)アボガドロの法則 [3★★★]

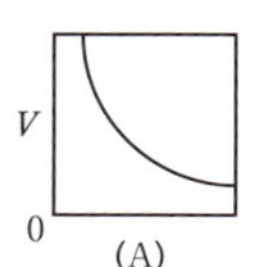

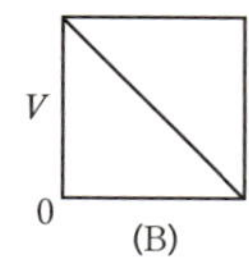

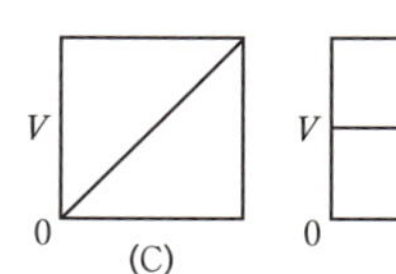

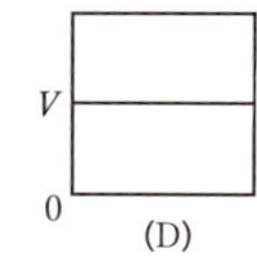

横軸は圧力 P，温度 T，あるいは物質量 n のいずれかを示す。（岩手大）

〈解説〉(3)温度と圧力が一定のとき，V と n は比例する。

(1) (A)
(2) (C)
(3) (C)

□3 ★★
1662年ロバート・ボイルは，一定 [1★★] 下において，一定物質量の気体の体積が [2★★] に反比例して変化することを見いだした。（防衛医科大）

(1) 温度（おんど）
(2) 圧力（あつりょく）

□4 ★★
1787年，フランスの [1★★] は，圧力一定のとき，一定物質量の気体の体積 V は，その温度を1℃上昇させるごとに，0℃のときの体積 V_0 の1/273だけ増加することを発見した。この関係を [1★★] の法則という。ボイルの法則と [1★★] の法則を一つにまとめたものは [2★★] の法則とよばれる。（広島市立大）

(1) シャルル
(2) ボイル・シャルル

□5 ★★★
ボイルの法則の関係式 [1★★★] ＝(一定)，シャルルの法則の関係式 [2★★★] ＝(一定)，およびボイル・シャルルの法則の関係式 [3★★★] ＝(一定)を V，P，T を用いてかけ。（徳島大）

〈解説〉T は，セルシウス温度 t〔℃〕に273を加えた絶対温度 T〔K〕を用いる。T〔K〕$= t$〔℃〕$+ 273$ となる。

(1) PV
(2) $\dfrac{V}{T}$
(3) $\dfrac{PV}{T}$

□6 ★★
ボイル・シャルルの法則や気体の［1★★］方程式に厳密にしたがう気体を理想気体という。（岐阜大）

(1) 状態（じょうたい）

□7 ★★★
気体の状態方程式 $PV = nRT$ (P：圧力，n：物質量)の R は［1★★★］とよばれ，8.3×10^3〔Pa·L/(K·mol)〕の値をもっている。この式を用いると，27℃で 15L を占める 2.0mol の気体の圧力は［2★★★］Pa (2ケタ)となる。（京都産業大）

(1) 気体定数（きたいていすう）
(2) 3.3×10^5

解き方
R の単位から，P は Pa，V は L，T は K，n は mol を代入する。

$$P \times 15 = 2.0 \times 8.3 \times 10^3 \times (273 + 27)$$

$$P \fallingdotseq 3.3 \times 10^5 \text{〔Pa〕}$$

□8 ★★★
温度 0℃，圧力 1.013×10^5Pa の条件（標準状態）において，1.00mol の気体の体積 V は，$V = 22.4$L である。気体定数 R〔Pa·L/(K·mol)〕を求めると［1★★★］(2ケタ)となる。（岩手大）

(1) 8.3×10^3

解き方
$PV = nRT$ より，

$$R = \frac{PV}{nT} = \frac{1.013 \times 10^5 \text{Pa} \cdot 22.4 \text{L}}{1.00 \text{mol} \cdot (273 + 0) \text{K}} \fallingdotseq 8.3 \times 10^3 \text{〔Pa·L/(K·mol)〕}$$

□9 ★★★
気体の質量を w〔g〕，モル質量を M〔g/mol〕とすれば，その物質量は［1★★★］〔mol〕である。気体の圧力を P〔Pa〕，体積を V〔L〕，温度を T〔K〕，気体定数を R〔Pa·L/(K·mol)〕とすると，理想気体の状態方程式より M = ［2★★★］〔g/mol〕が得られる。（大阪府立大）

〈解説〉物質量：n〔mol〕$= w\cancel{g} \times \dfrac{1\text{mol}}{M\cancel{g}}$ を $PV = nRT$ に代入して M について求める。

(1) $\dfrac{w}{M}$
(2) $\dfrac{wRT}{PV}$

□10 ★★
混合気体では，気体を構成する成分の比を使って平均した分子量を考えると便利である。これを［1★★］という。混合気体は，［1★★］をもつ単一成分の気体と同じように扱うことができる。（熊本大）

(1) 平均分子量（へいきんぶんしりょう）
［別 見かけの分子量（みかけのぶんしりょう）］

気体Aの分子量を a とし，気体Bの分子量を $2a$ とする。この混合気体の総物質量に対する気体Aの物質量の割合（気体Aのモル分率）を x としたとき，気体Bのモル分率を x を用いて表すと［1★★］となり，この混合気体の平均分子量 M を a と x を用いて表すと［2★★］となる。（静岡大）

(1) $1-x$
(2) $M=a(2-x)$

〈解説〉 $\text{モル分率} = \dfrac{\text{成分気体の物質量〔mol〕}}{\text{混合気体の全物質量〔mol〕}}$

気体Aと気体Bの混合気体の平均分子量＝気体Aの分子量×気体Aのモル分率＋気体Bの分子量×気体Bのモル分率

$$M = a \times x + 2a \times (1-x)$$
$$= a(2-x)$$

空気を窒素と酸素のみからなる混合気体（物質量比4：1）とみなすと，空気の（平均）分子量は［1★★★］（3ケタ）となる。この空気で内部が満たされている容積831mLのフラスコを考える。大気圧を 1.00×10^5Pa，温度を300Kとすると，フラスコ内部の空気の質量は［2★★★］g（3ケタ）となる。N＝14.0，O＝16.0，$R=8.31\times10^3$〔Pa・L/(K・mol)〕とする。（弘前大）

(1) 28.8
(2) 0.960

解き方

求める質量を w〔g〕とする。
空気の（平均）分子量を $\bar{M}$ とすると，$N_2=28.0$，$O_2=32.0$ より，

$$\bar{M} = 28.0 \times \frac{4}{4+1} + 32.0 \times \frac{1}{4+1} = 28.8$$

と求められる。これを，

$PV = \dfrac{w}{\bar{M}}RT$ に代入すると，

$$1.00\times10^5 \times \frac{831}{1000} = \frac{w}{28.8} \times 8.31\times10^3 \times 300$$

$$w = 0.960 \text{〔g〕}$$

□13 ★★ 絶対温度 T〔K〕において，圧力 P〔Pa〕の混合気体の密度は d〔g/L〕であった。このとき，この混合気体の平均分子量 M を P，T，d および気体定数 R〔Pa·L/(K·mol)〕を用いて表すと M = [1 ★★] となる。

（静岡大）

(1) $\dfrac{dRT}{P}$

解き方

気体の質量を w〔g〕とすれば，その物質量は $\dfrac{w}{M}$〔mol〕となり，

$PV = \dfrac{w}{M}RT$ が成り立つ。

$PM = \dfrac{w}{V}RT$ とすれば，d〔g/L〕$= \dfrac{w〔g〕}{V〔L〕}$ より，

$M = \dfrac{dRT}{P}$

□14 ★★★ 一定温度で，200kPa の二酸化炭素 2L と 300kPa の一酸化炭素 1L を内容積 5L の容器に入れた。混合後の二酸化炭素の分圧を P_{CO_2} とすると，二酸化炭素について混合前後でボイルの法則が成り立つので，P_{CO_2} = [1 ★★★] kPa（整数）となる。

一酸化炭素についても同様にすると，全圧は [2 ★★★] kPa（整数）と求まる。

（九州産業大）

(1) 80
(2) 140

気体計算の解き方

①問題文の操作を簡単な図で表現する。

②$PV = nRT$ の中で，操作の前後で変化していない値（一定の値）を探し，□をつけ，まとめることで新しく得られる式を使う。（P:圧力，V:体積，n：物質量〔mol〕，R：気体定数，T：絶対温度〔K〕）

(1)

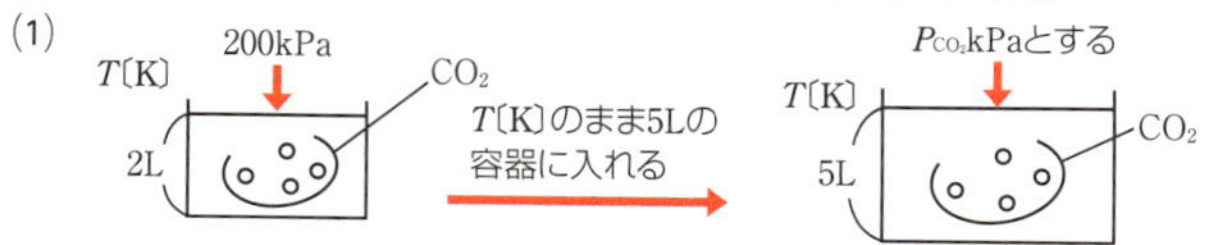

2つの容器の温度 T〔K〕，CO_2 の物質量 n〔mol〕，気体定数 R が変化していないので，$PV = \boxed{n}\boxed{R}\boxed{T}$ より $PV =$ 一定（ボイルの法則）となり，PV の値が操作の前後で等しくなることがわかる。

$PV = 200 \times 2 = P_{CO_2} \times 5$　よって，$P_{CO_2} = 80$〔kPa〕

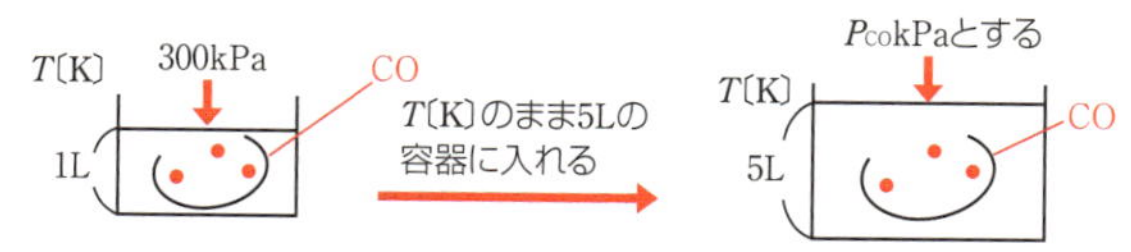

CO_2 のときと同様，T，n，R が変化していないので $PV = \boxed{n}\boxed{R}\boxed{T}$ となり，$PV = 300 \times 1 = P_{CO} \times 5$　よって，$P_{CO} = 60$〔kPa〕

(2)　V，T：一定で分ける

CO_2 や CO がそれぞれ単独で混合気体と同じ体積を占めたときに，CO_2 や CO が示すそれぞれの圧力 P_{CO_2}，P_{CO} を CO_2 の分圧，CO の分圧といい，混合気体が示す圧力を全圧 P という。

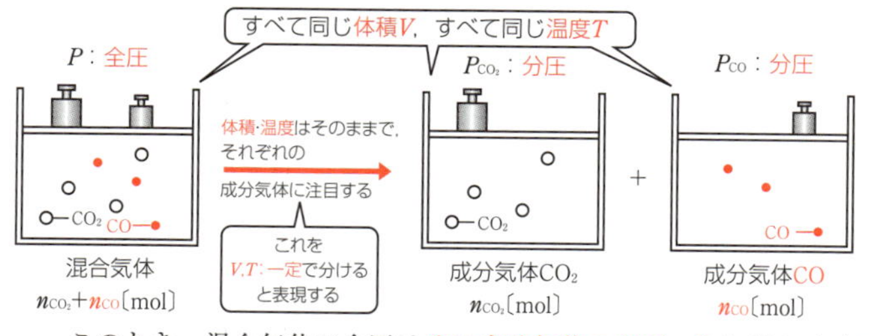

このとき，混合気体の全圧はその成分気体の分圧の和に等しく（ドルトンの分圧の法則）なる。

$P = P_{CO_2} + P_{CO} = 80 + 60 = 140$〔kPa〕　◀圧力を足すことができる

また，圧力比＝物質量〔mol〕比も成り立つ。

$P : P_{CO_2} : P_{CO} = (n_{CO_2} + n_{CO}) : n_{CO_2} : n_{CO}$　◀圧力と物質量〔mol〕が比例する

□15 ★★★ 容積 4.0L と 2.0L の 2 つの容器 V と W がコックを閉じた状態で連結されている。V には酸素が 3.0×10^4Pa の圧力で，W には窒素が 1.2×10^5Pa の圧力で詰められている。温度を一定に保ったまま，コックを開けて，2 つの気体を混合した。酸素の分圧は [1★★★] Pa（2 ケタ）であり，混合気体の全圧は [2★★★] Pa（2 ケタ）である。また，この混合気体の平均分子量は [3★★]（2 ケタ）である。N = 14，O = 16 （早稲田大）

(1) 2.0×10^4
(2) 6.0×10^4
(3) 29

解き方

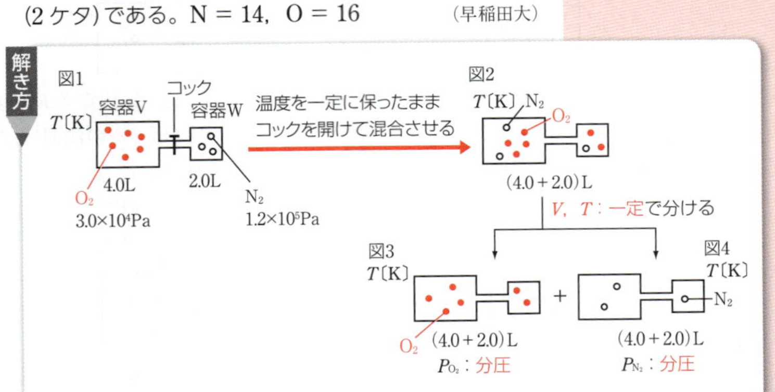

O_2 については図 1 と図 3 を比較すると，n，R，T が変化していないため $PV = \boxed{n}\boxed{R}\boxed{T}$ となり，

$PV = 3.0 \times 10^4 \times 4.0 = P_{O_2} \times (4.0 + 2.0)$

$P_{O_2} = 2.0 \times 10^4$〔Pa〕

N_2 については図 1 と図 4 を比較すると，n，R，T が変化していないため $PV = \boxed{n}\boxed{R}\boxed{T}$ となり，

$PV = 1.2 \times 10^5 \times 2.0 = P_{N_2} \times (4.0 + 2.0)$

$P_{N_2} = 4.0 \times 10^4$〔Pa〕

全圧 P は図 3 と図 4 より，

$P = P_{O_2} + P_{N_2} = 2.0 \times 10^4 + 4.0 \times 10^4 = 6.0 \times 10^4$〔Pa〕

V，T：一定で分けたとき圧力比＝物質量比より，

$n_{O_2} : n_{N_2} = 2.0 \times 10^4 : 4.0 \times 10^4 = 1 : 2$

となり，$O_2 = 32$，$N_2 = 28$ よりこの混合気体の平均分子量は，

$$\underbrace{32}_{O_2の分子量} \times \underbrace{\frac{1}{1+2}}_{O_2のモル分率} + \underbrace{28}_{N_2の分子量} \times \underbrace{\frac{2}{1+2}}_{N_2のモル分率} \fallingdotseq 29$$

□16 ★★★ 理想気体は分子自身に [1 ★★★] がなく，分子間の [2 ★★★] が存在しないと仮定された気体である。

（近畿大）

(1) 体積［㊍大きさ］
(2) 引力

□17 ★★★ 現実に存在する気体を実在気体という。実在気体は，厳密には気体の状態方程式には従わない。しかし，実在気体の振る舞いは，十分に [1 ★★★] 温・かつ [2 ★★★] 圧になると理想気体に近づく。（名古屋市立大）

(1) 高
(2) 低

□18 ★★★ 実在の気体は，[1 ★★★] 温，[2 ★★★] 圧では状態方程式に従わないが，[3 ★★★] 温になると運動エネルギーの大きな分子の割合が増して分子間力の影響が小さくなり，理想気体に近づく。また，[4 ★★★] 圧では一定体積の気体に含まれる分子数が [5 ★★★] ので分子自身の体積の影響が小さくなり，理想気体に近づく。

（中央大）

(1) 低
(2) 高
(3) 高
(4) 低
(5) 少ない

□19 ★★☆ 実在気体の性質は，物質量 n〔mol〕の気体の体積 V〔L〕を，一定温度 T〔K〕のもと圧力 P〔Pa〕を変えながら測定し，Z 値（式 1）を計算することにより調べることができる。

$$Z = \frac{PV}{nRT} \cdots \text{（式 1）}$$

R：気体定数 8.31×10^3〔Pa·L/(K·mol)〕

いま，3 種類の純粋な気体 A～C（各 1.00mol）それぞれについて $T = 273$K における Z 値と P の関係を調べた（右図）。ただし，気体 A～C は，水素，二酸化炭素，メタンのどれかに該当する。

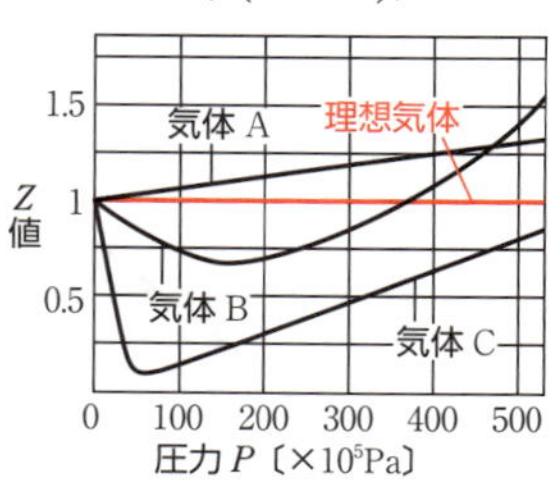

理想気体では圧力によらず $Z = 1$ となるが，実在気体の Z 値は 1 からずれている。気体 A においては，[1 ★★★] の影響が現れず主に [2 ★★★] の影響が現れているため，Z 値は理想気体の値よりも大きくなり，圧力の上昇に伴い単調に増加している。気体 B において

(1) 分子間力
(2) 分子自身の体積［㊍分子の大きさ］

は，Z 値は低圧領域では理想気体の値より小さくなっている。これは，低圧領域では 3★★★ の影響が大きいためである。一方，圧力を高くしていくと，Z 値は増加する傾向を示す。これは，高圧領域では 4★★★ の影響を強く受けるからである。気体 C においては，加圧していくと，Z 値は低圧領域では急激な減少を示す。これは，気体 C の凝縮によるものである。その後，圧力が 50×10^5Pa の付近で曲線が折れ曲がり，Z 値は上昇する。よって，気体 A は 5★★ ，気体 B は 6★★ ，気体 C は 7★★ となる。（北里大）

〈解説〉分子量が大きいほど分子間力が大きい。

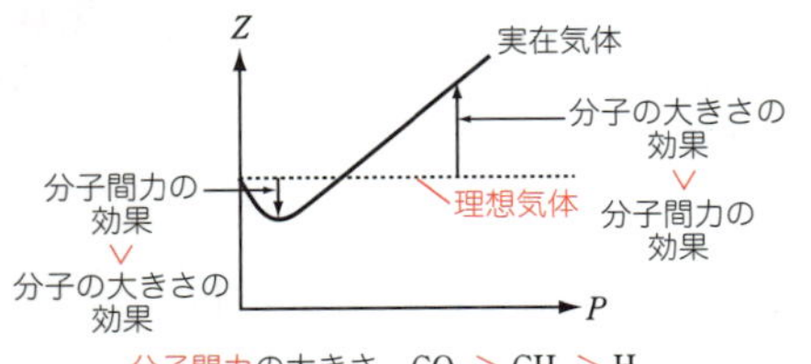

分子間力の大きさ　CO_2 > CH_4 > H_2

(3) 分子間力（ぶんしかんりょく）
(4) 分子自身の体積（ぶんしじしんのたいせき）［㊀分子の大きさ］
(5) 水素（すいそ） H_2
(6) メタン CH_4
(7) 二酸化炭素（にさんかたんそ） CO_2

□20 ★★ 図は，ある一定温度での CO_2 について，圧力 P に対する圧縮係数 Z の変化を示したグラフである。ただし曲線①，②，③は温度が異なる。曲線①，②，③を温度の高い方から順に並べよ。 1★★

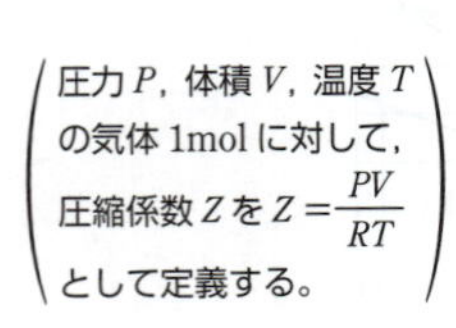

圧力 P，体積 V，温度 T の気体 1mol に対して，圧縮係数 Z を Z = PV/RT として定義する。

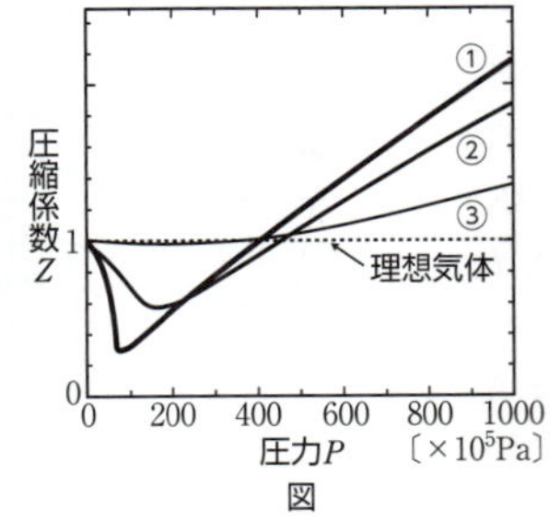

図

（弘前大）

〈解説〉温度が高くなるほど，実在気体は理想気体に近づく。

(1) ③，②，①

□21 ★★★ ファンデルワールスの状態方程式 $(P+\frac{a}{V^2})(V-b)=RT$ は，1mol の実在気体の圧力 P，体積 V，絶対温度 T，および気体定数 R の間の関係だけでなく，気体が液化する現象も近似的に表す。ここで定数 a，b はどちらも正の値をもち，a は分子間に働く［1 ★★★］の効果を，また b は分子の［2 ★★★］が無視できない効果を表し，それぞれ理想気体からのずれに対して相反する性質を示す。　（慶應義塾大）

(1) 引力（いんりょく）
(2) 体積［⑩大きさ（おお）］（たいせき）

〈解説〉理想気体の状態方程式を補正してつくったファンデルワールスの状態方程式は実在気体でも成り立つ。
1mol の実在気体なので，問題文ではファンデルワールスの状態方程式

$$(P_{実}+\frac{n^2}{{V_{実}}^2}a)(V_{実}-nb)=nRT$$

に $n=1$ を代入している。定数 a，b はファンデルワールスの定数とよばれる。

□22 ★★ ジエチルエーテルと乾いた空気を密閉容器内に入れ温度を20℃に保ったところ，ジエチルエーテルの液体が残った状態で平衡状態になった。容器内の圧力が 1.0×10^5Pa であったとすると，容器内の空気の分圧は［1 ★★］$\times10^4$Pa（2ケタ）となる。ただし，20℃でのジエチルエーテルの飽和蒸気圧は 0.60×10^5Pa とする。　（東北学院大）

(1) 4.0

解き方

液体が存在する限り，ジエチルエーテルの分圧は飽和蒸気圧 0.60×10^5Pa を示す。

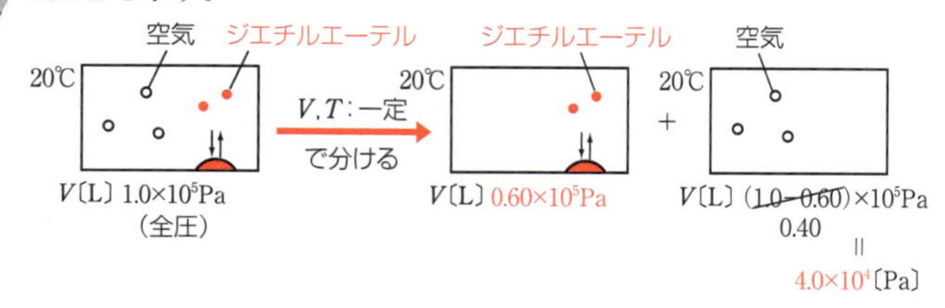

★★★

容積 10L の容器 A の内部を真空にして水 3.6g を注入し，容器内の温度を 90℃に保ったとき，容器 A 内の圧力は [1 ★★★] Pa (2 ケタ) となる。

ただし，90℃における飽和水蒸気圧を 7.0×10^4Pa，気体定数は 8.3×10^3〔Pa·L/(K·mol)〕，H_2O = 18 とする。

（東京薬科大）

(1) 6.0×10^4

〈解説〉

すべて気体と仮定したときの仮の圧力≦飽和蒸気圧➡すべて気体
すべて気体と仮定したときの仮の圧力＞飽和蒸気圧➡一部が液体として存在
↑
（気液平衡）

解き方

容器 A に注入した H_2O 3.6g × $\frac{1\text{mol}}{18\text{g}}$ = 0.20mol がすべて気体であると仮定して仮の H_2O の圧力 P_{if} を求める。

$P_{if} \times 10 = 0.20 \times 8.3 \times 10^3 \times (273 + 90)$

よって，$P_{if} \fallingdotseq 6.0 \times 10^4$〔Pa〕

90℃における飽和水蒸気圧は 7.0×10^4Pa なので，

$P_{if} \fallingdotseq 6.0 \times 10^4$〔Pa〕$< 7.0 \times 10^4$〔Pa〕

となり，仮定が正しかったことになる。つまり，容器 A 内には気体の H_2O だけが存在していて，容器 A 内の圧力は，

6.0×10^4〔Pa〕

となる。

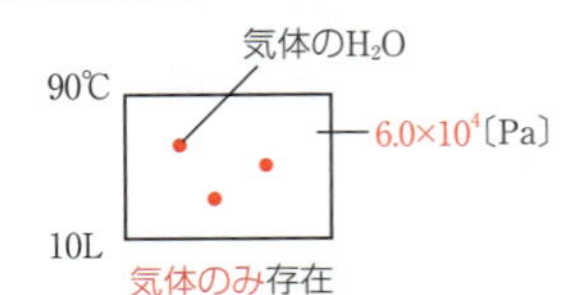

24 ★★ 容積 10L の容器 A の内部を真空にして水 3.6g を注入後，容器内の温度を 60℃に保ったとき，容器 A 内に液体として存在する水は [1 ★★] g（2 ケタ）となる。

ただし，60℃における飽和蒸気圧を 2.0×10^4Pa，気体定数は 8.3×10^3〔Pa·L/(K·mol)〕，$H_2O = 18$ とする。

（東京薬科大）

(1) 2.3

解き方

液体の H_2O と気体の H_2O が共存していることを確かめるために，容器 A に注入した H_2O 3.6g × $\frac{1\text{mol}}{18\text{g}}$ = 0.20mol がすべて気体であると仮定して仮の H_2O の圧力 P_{if} を求める。

$$P_{if} \times 10 = 0.20 \times 8.3 \times 10^3 \times (273 + 60)$$

よって，$P_{if} \fallingdotseq 5.5 \times 10^4$〔Pa〕

60℃における飽和水蒸気圧は 2.0×10^4Pa なので，

$$P_{if} \fallingdotseq 5.5 \times 10^4\text{〔Pa〕} > 2.0 \times 10^4\text{〔Pa〕}$$

となり，仮定が誤っていたことになる。つまり，容器 A 内には液体の H_2O と気体の H_2O が共存していて，容器 A 内の圧力は，

2.0×10^4〔Pa〕

となる。

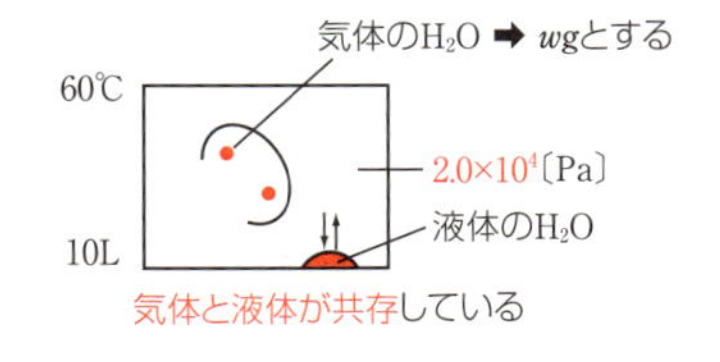

このとき，容器 A 内に気体として存在する H_2O を w〔g〕とすると，$PV = nRT$ より，次の式が成り立つ。

$$2.0 \times 10^4 \times 10 = \frac{w}{18} \times 8.3 \times 10^3 \times (273 + 60)$$

$w \fallingdotseq 1.30$〔g〕

よって，容器 A 内に液体として存在する H_2O は，

$3.6 - w \fallingdotseq 2.3$〔g〕

となる。

★★

水素を発生させて水上置換で捕集したところ，27℃，757mmHg で，350mL の体積を得た。捕集した気体中の水素の分圧は [1 ★★] mmHg（整数）となり，このとき得られた水素は [2 ★★] mol（2ケタ）となる。ただし，27℃での水の飽和蒸気圧は 27mmHg，気体定数 $R = 8.3 \times 10^3$〔Pa·L/(K·mol)〕，1.0×10^5Pa = 760mmHg とする。 （千葉工業大）

(1) 730
(2) 1.4×10^{-2}

解き方

水上置換で H_2 を捕集したときには，容器内は H_2 と H_2O の混合気体となっている。

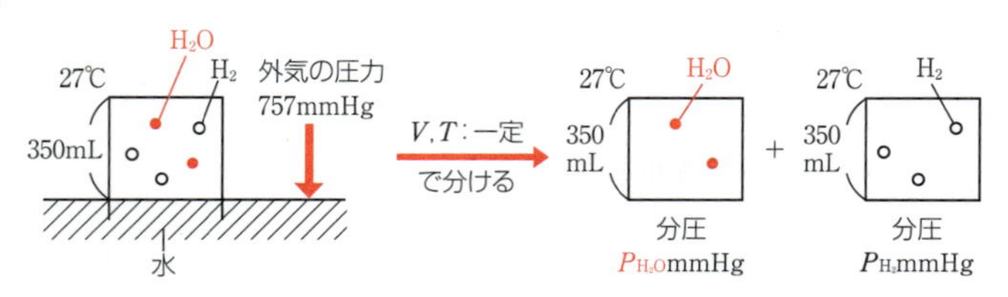

水上置換で捕集したときには，H_2O の分圧は水の飽和蒸気圧になる。

$P_{H_2O} = 27$mmHg

ここで，外気の圧力と容器内の全圧は等しくなるから，次の式が成り立つ。

$$\underbrace{757}_{\text{外気の圧力}} = \underbrace{27}_{\text{水の飽和蒸気圧}} + \underbrace{P_{H_2}}_{\text{水素の分圧}}$$

$P_{H_2} = 730$〔mmHg〕

$PV = nRT$ より，

$$730\cancel{\text{mmHg}} \times \frac{1.0 \times 10^5\text{Pa}}{760\cancel{\text{mmHg}}} \times \frac{350}{1000}$$

$$= n_{H_2} \times 8.3 \times 10^3 \times (273 + 27)$$

$n_{H_2} \fallingdotseq 1.4 \times 10^{-2}$〔mol〕

結晶

1 結晶の種類

▼ANSWER

□1 ★★ 原子，分子，イオンなどが立体的に規則正しく繰り返し配列した固体を結晶という。結晶は，金属結晶，イオン結晶，分子結晶，共有結合の結晶に分類することができる。一方，ガラスのように粒子配置が不規則な固体を [1★★] という。（愛媛大）

〈解説〉固体 ┬ 結晶
　　　　　　└ 非晶質（アモルファス，無定形固体）

(1) 非晶質（ひしょうしつ）[別アモルファス，無定形固体（むていけいこたい）]

□2 ★★★ 金属結晶：金属原子が価電子を共有することで，原子間に結合が生じて結晶が形成されている。価電子は，特定の原子に固定されず，多数の原子間を容易に移動でき，[1★★★] とよばれる。（島根大）

(1) 自由電子（じゆうでんし）

□3 ★★★ イオン結晶：陽イオンと陰イオンとの間にはたらく [1★★★] 力とよばれる力によって結晶が形成されている。この結晶の代表的なものに，塩化ナトリウムがある。イオン結晶は，電気を通さないが，加熱して融解させたり，水に溶解させると電気を通す。（島根大）

(1) 静電気（せいでんき）[別クーロン]

□4 ★★★ 分子結晶：[1★★★] 力とよばれる弱い力で分子どうしが引き合って結晶が形成されている。この結晶は，融点や沸点が [2★★★] ものや，軟らかいものが多い。（島根大）

(1) 分子間（ぶんしかん）[別ファンデルワールス]
(2) 低い（ひく）

□5 ★★★ 共有結合の結晶：ダイヤモンドや黒鉛のように，原子間の共有結合によって結晶が形成されている。ダイヤモンドと黒鉛は，ともに炭素の単体で互いに [1★★★] の関係にあるが，構造も性質も異なっている。（島根大）

(1) 同素体（どうそたい）

□6 ★★★ 天然に存在する水晶やケイ砂の化学式は [1★★★] であり，その固体中では，ケイ素(Si)原子と酸素(O)原子からなる正四面体が，三次元的に規則的に繰り返し結合している。（慶應義塾大）

(1) SiO_2

2 金属結晶の構造

▼ANSWER

□1 ★★★ 金属結晶では，金属原子から放出された 1★★★ は，すべての金属原子に共有されている。このような 1★★★ を特に 2★★★ という。 （金沢大）

(1) 価電子（かでんし）
(2) 自由電子（じゆうでんし）

□2 ★★★ 金属結晶では，自由電子が金属原子を規則正しく結びつけている。このような結合を特に 1★★★ 結合という。金属は，結晶全体を自由に動くことができる自由電子のため， 2★★★ および 3★★★ （順不同）の伝導性が高く，光をよく反射する。 （静岡大）

(1) 金属（きんぞく）
(2) 熱（ねつ）
(3) 電気（でんき）

□3 ★★★ 1★★★ が周囲の特定の原子と結合をつくっていないので，外部から力を加えると，金属の変形がおきる。金属をたたくと薄く箔状に広がる性質を 2★★★ ，引っ張ると細い線状にのびる性質を 3★★★ という。このような性質を利用して，金箔や銅線がつくられている。 （新潟大）

(1) 自由電子（じゆうでんし） [㊞価電子（かでんし）]
(2) 展性（てんせい）
(3) 延性（えんせい）

□4 ★★★ 金属は原子半径が 1★★★ ほど，また価電子数が 2★★★ ほど金属結合が強くなり，融点や沸点が 3★★★ なる。一般に，典型元素の金属より遷移元素の金属の方が融点や沸点が 4★★★ ，密度の 5★★★ ものが多い。 （横浜国立大）

(1) 小さい（ちい） [㊞短い（みじか）]
(2) 多い（おお）
(3) 高く（たか）
(4) 高く（たか）
(5) 大きい（おお）

□5 ★★★ 金属結晶の構造には， 1★★★ 格子， 2★★★ 格子（順不同）， 3★★★ 構造などがある。結晶構造の繰り返しの最小単位を単位格子という。 （早稲田大）

(1) 体心立方（たいしんりっぽう）
(2) 面心立方（めんしんりっぽう）
(3) 六方最密（ろっぽうさいみつ）

〈解説〉

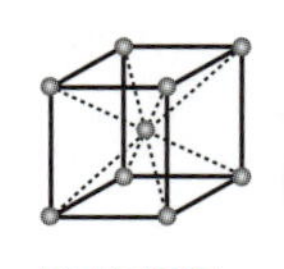

体心立方格子（たいしんりっぽうこうし）
㊞Na，Kなどのアルカリ金属

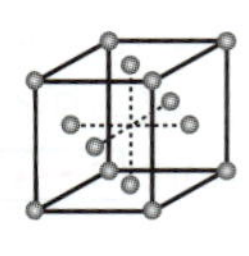

面心立方格子（めんしん）
㊞Cu，Ag，Al

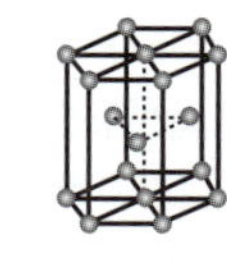

六方最密構造（ろっぽうさいみつこうぞう）
（六方最密格子
六方最密充填）
㊞Mg，Zn

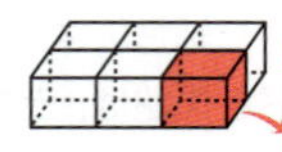

これを調べて全体のようすとする

★★★

単位格子中の原子数は，体心立方格子では [1★★★] 個，面心立方格子では [2★★★] 個，六方最密構造では [3★★★] 個である。（早稲田大）

(1) 2
(2) 4
(3) 2

解き方

【単位格子に含まれる原子の個数】

体心立方格子

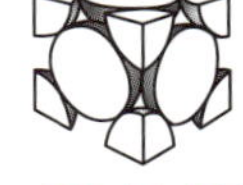
面心立方格子

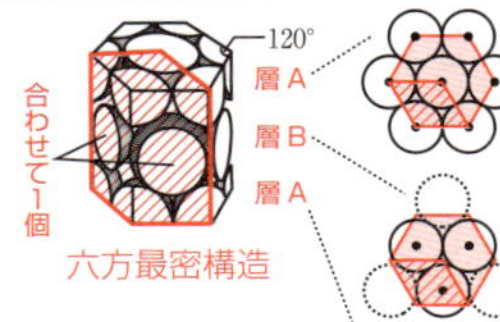

六方最密構造

層A，層Bにおける原子の配列（上から見た図）

体心立方格子：$\frac{1}{8} \times 8 + 1 = 2$〔個〕
（$\frac{1}{8}$：頂点の原子，1：格子内の原子）

面心立方格子：$\frac{1}{8} \times 8 + \frac{1}{2} \times 6 = 4$〔個〕
（$\frac{1}{8}$：頂点の原子，$\frac{1}{2}$：面上の原子）

六方最密構造の場合，

$$\frac{1}{6} \times 12 + \frac{1}{2} \times 2 + 1 \times 3 = 6〔個〕$$

（$\frac{1}{6}$：頂点の原子，$\frac{1}{2}$：面上の原子，1：正六角柱内の原子）

の原子が正六角柱内に含まれている。ただし，六方最密構造の単位格子はこの正六角柱の3分の1に相当するので，

$6 \div 3 = 2$〔個〕

の原子が単位格子に含まれている。

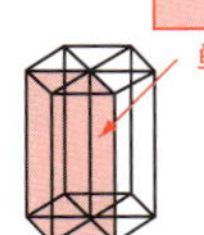

単位格子を横から見た図　単位格子を上から見た図

★★☆

結晶構造中で，ある原子に接している周囲の原子の数を [1★★] という。体心立方格子，面心立方格子，六方最密構造の [1★★] は，それぞれ [2★★★]，[3★★★]，[4★★★] である。（早稲田大）

(1) 配位数（はいいすう）
(2) 8
(3) 12
(4) 12

【第1部】理論化学①ー物質の状態ー　**04** 結晶

〈解説〉

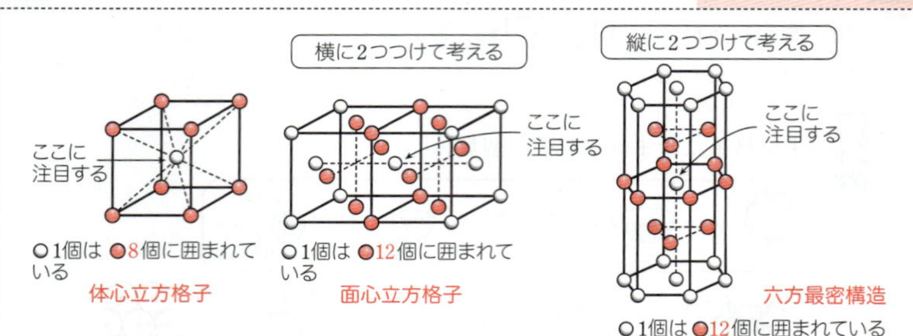

○1個は●8個に囲まれている

○1個は●12個に囲まれている
面心立方格子

○1個は●12個に囲まれている
六方最密構造

8 ★★★ リチウム，ナトリウム，カリウム，セシウムなどのアルカリ金属は柔らかく，結晶構造は［1 ★★★］格子である。これに比べ，金，銀，銅などの貴金属は固く，結晶構造は［2 ★★★］格子である。（奈良女子大）

(1) 体心立方（たいしんりっぽう）
(2) 面心立方（めんしんりっぽう）

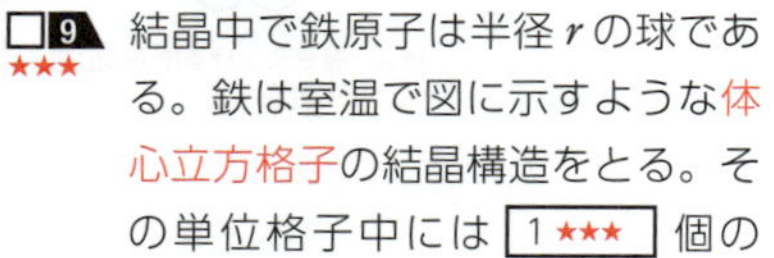

9 ★★★ 結晶中で鉄原子は半径 r の球である。鉄は室温で図に示すような体心立方格子の結晶構造をとる。その単位格子中には［1 ★★★］個の鉄原子が含まれ，単位格子の1辺の長さは［2 ★★★］となる。（関西大）

体心立方格子

(1) 2
(2) $\dfrac{4\sqrt{3}}{3}r$
［別 $\dfrac{4}{\sqrt{3}}r$］

解き方

原子の半径 r と単位格子1辺の長さ a との関係は，単位格子の切断面に注目して求める。

下図より，$4r = \sqrt{3}\,a$ となり，1辺の長さ $a = \dfrac{4}{\sqrt{3}}r = \dfrac{4\sqrt{3}}{3}r$

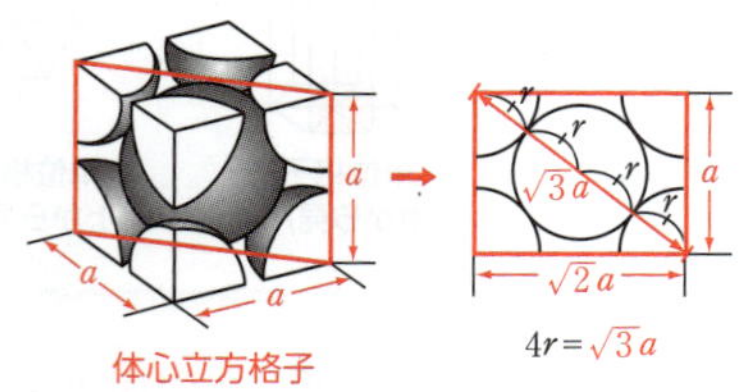

体心立方格子

$4r = \sqrt{3}\,a$

10 ★★ 鉄原子を大きさが一定の球とすると，体心立方格子における原子の充填率は［1 ★★］%(整数)となる。なお，$\sqrt{3} = 1.73$，$\pi = 3.14$ とする。（愛媛大）

(1) 68

〈解説〉原子を球と考えたとき，球が空間に占める体積の割合を充填率という。

$$\text{充填率}〔\%〕= \frac{\text{単位格子中の原子の体積}}{\text{単位格子の体積}} \times 100$$

解き方

$$\text{体心立方格子の充填率} = \frac{\frac{4}{3}\pi r^3 \times 2}{a^3} \times 100$$ （原子の半径を r，単位格子1辺の長さを a とする）

$$= \frac{\frac{4}{3}\pi\left(\frac{\sqrt{3}}{4}a\right)^3 \times 2}{a^3} \times 100$$ ◀ $4r = \sqrt{3}\,a$ なので，$r = \frac{\sqrt{3}}{4}a$ として代入する

$\fallingdotseq 68〔\%〕$ ◀ $\pi = 3.14$，$\sqrt{3} = 1.73$ を利用する

□11 ★★★

ナトリウムの結晶は図のような構造で，ナトリウム結晶の単位格子の1辺の長さは 4.3×10^{-8}cm である。この結晶 1cm^3 中に［1 ★★］個（2ケタ）のナトリウム原子が含まれ，このナトリウムの結晶の密度は［2 ★★★］g/cm^3（2ケタ）となる。ただし，Na = 23.0，アボガドロ定数 6.0×10^{23}/mol，$(4.3)^3 = 80$ とする。（弘前大）

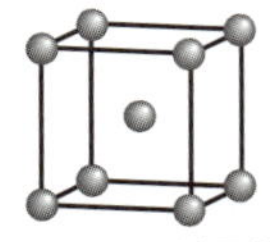

ナトリウムの結晶構造

(1) 2.5×10^{22}
(2) 9.6×10^{-1}

解き方

個 ÷ cm^3 で個 /cm^3 つまり 1cm^3 中のナトリウム原子の個数が求められる。体心立方格子であるナトリウムは，単位格子中に2個の原子を含む。

よって，$\underbrace{2\text{個}}_{\text{単位格子中の原子の個数}} \div \underbrace{(4.3 \times 10^{-8})^3\,\text{cm}^3}_{\text{単位格子の体積〔cm}^3〕} \fallingdotseq 2.5 \times 10^{22}$〔個 /$\text{cm}^3$〕

また，g ÷ cm^3 で g/cm^3 つまり 1cm^3 あたりの質量〔g〕（密度）が求められる。

よって，$\underbrace{\left\{2\,\text{個} \times \frac{1\,\text{mol}}{6.0 \times 10^{23}\,\text{個}} \times \frac{23.0\,\text{g}}{1\,\text{mol}}\right\}}_{\text{単位格子の質量〔g〕}} \div \underbrace{(4.3 \times 10^{-8})^3\,\text{cm}^3}_{\text{単位格子の体積〔cm}^3〕}$

$\fallingdotseq 9.6 \times 10^{-1}$〔$\text{g/cm}^3$〕

（別解）(1)の結果を利用して求めることもできる。

$$\frac{2.5 \times 10^{22}\,\text{個} \times \frac{1\,\text{mol}}{6.0 \times 10^{23}\,\text{個}} \times \frac{23.0\,\text{g}}{1\,\text{mol}}}{1\text{cm}^3} \fallingdotseq 9.6 \times 10^{-1}〔\text{g/cm}^3〕$$

12 ★★ 面心立方格子を図の色塗りした面で切断した断面の原子配置を示せ。

（東北大）

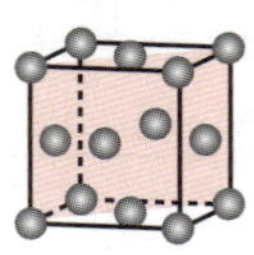

(1)

13 ★★★ 面心立方格子をもつ金属単体の結晶の単位格子を考える。原子が球であり，互いに接していると仮定すると，原子半径は単位格子の1辺の長さ a を用いて 1 ★★★ a と表される。（京都大）

(1) $\frac{\sqrt{2}}{4}$

解き方

原子の半径 r と単位格子1辺の長さ a との関係式は，図のように単位格子の面の部分に注目して求める。

$4r = \sqrt{2}\,a$ より，$r = \frac{\sqrt{2}}{4}a$

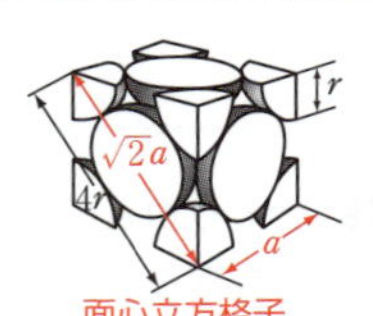

面心立方格子

14 ★★ 銅の単体は面心立方格子をとる。単位格子の1辺の長さが 0.36nm のとき，最近接原子間距離は 1 ★★ nm (2ケタ) である。なお，$\sqrt{2} = 1.4$ とする。

（横浜市立大）

(1) 0.25

解き方

原子の半径を r とすると，最近接原子間距離は $2r$ になる。

単位格子の1辺の長さを a とすると，$a =$ 0.36nm であり，$\sqrt{2}\,a = 4r$ より，

$$2r = \frac{\sqrt{2}}{2}a = \frac{1.4}{2} \times 0.36 \fallingdotseq 0.25 \text{〔nm〕}$$

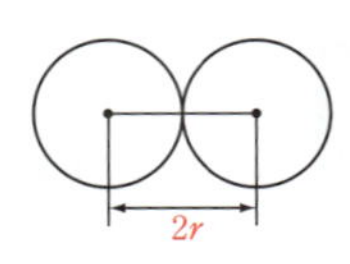

★★★

Ptの単位格子は，図の面心立方格子である。単位格子中にPt原子は，1 ★★★ 個含まれる。図の単位格子の1辺の長さ a は，3.92×10^{-8} cmであるのでPtの密度は 2 ★★★ g/cm^3（3ケタ）と求まる。原子量は，Pt＝195.0とし，アボガドロ定数は 6.02×10^{23}/molとせよ。（大阪大）

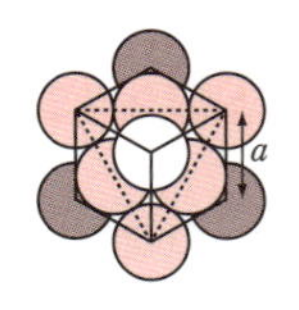

(1) 4
(2) 21.5

解き方

単位格子中のPt原子は，$\underset{頂点}{\frac{1}{8}} \times 8 + \underset{面}{\frac{1}{2}} \times 6 = 4$ 個なので，

Ptの密度〔g/cm^3〕は，

$$\frac{4\,個 \times \dfrac{1\,mol}{6.02 \times 10^{23}\,個} \times \dfrac{195.0\,g}{1\,mol}}{(3.92 \times 10^{-8})^3\,cm^3} \fallingdotseq 21.5〔g/cm^3〕$$

となる。

★★★

面心立方格子の単位格子の中の原子の数は 1 ★★★ 個で充填率は 2 ★★ ％（整数）である。なお，$\sqrt{2} = 1.41$，$\pi = 3.14$ とする。（横浜国立大）

(1) 4
(2) 74

〈解説〉充填率〔%〕＝ $\dfrac{単位格子中の原子の体積}{単位格子の体積} \times 100$

解き方

$$面心立方格子の充填率 = \frac{\frac{4}{3}\pi r^3 \times 4}{a^3} \times 100$$

（原子の半径を r，単位格子1辺の長さを a とする）

$$= \frac{\frac{4}{3}\pi\left(\frac{\sqrt{2}}{4}a\right)^3 \times 4}{a^3} \times 100$$ ◀ $4r = \sqrt{2}\,a$ なので，$r = \dfrac{\sqrt{2}}{4}a$ として代入する

$\fallingdotseq 74$〔%〕◀ $\pi = 3.14$，$\sqrt{2} = 1.41$ を利用する

（参考）最密充填構造である面心立方格子（立方最密構造ともいう）と六方最密構造の充填率は同じ74％になる。

3 イオン結晶の構造

▼ANSWER

□1 ★★★ 陽イオンと陰イオンの間の [1★★★] 力による結合を [2★★★] 結合という。[2★★★] 結合によってできている結晶を [2★★★] 結晶とよぶ。（大阪市立大）

(1) 静電気（せいでんき）［㊞クーロン］
(2) イオン

□2 ★★★ イオン結晶は固体のままでは電気伝導性がないが，[1★★★] したり [2★★★] したり（順不同）すると電気伝導性を示す。（弘前大）

(1) 融解（ゆうかい）
(2) 溶解（ようかい）

□3 ★★ イオン結合性の化合物は，一般に高い融点を示し，その固体は電気伝導性を示さない絶縁体である。また，特定の面に沿って割れやすい [1★★] 性があり，水によく溶けるものが多い。（東北大）

(1) へき開（かい）

〈解説〉

力を加える

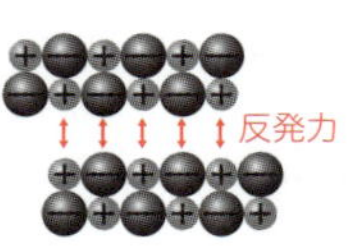

□4 ★★★ [1★★★] 結晶の融点を表に示す。陽イオンと陰イオンの並び方は，すべて同じである。[2★★★] 力は，イオン間の距離が大きいほど [3★★]。ハロゲン化物イオンの半径は，ハロゲンの原子番号が大きくなるにつれて [4★★] なる。したがって，[2★★★] 力は原子番号が大きくなるにつれて [5★★] なり，融点は原子番号が大きくなるにつれて [6★★] なる。

	NaF	NaCl	NaBr	NaI
融点〔℃〕	993	801	747	651

（大阪市立大）

(1) イオン
(2) 静電気（せいでんき）［㊞クーロン］
(3) 弱（よわ）い
(4) 大（おお）きく
(5) 弱（よわ）く
(6) 低（ひく）く

〈解説〉①イオン半径：$F^- < Cl^- < Br^- < I^-$
②イオン結晶の融点は，静電気力（クーロン力）が強くはたらくほど，高くなる。イオン間にはたらく静電気力は，イオン間の距離（$r^+ + r^-$）が短いほど強くなり，イオンの価数（a，b）が大きいほど強くなる。

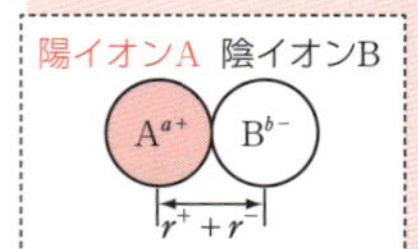

□5 ★★★ 塩化ナトリウム結晶の単位格子を図に示す。この単位格子は立方体で，単位格子1個あたり，ナトリウムイオンと塩化物イオンは，それぞれ正味 [1 ★★★] 個ずつ入っている。

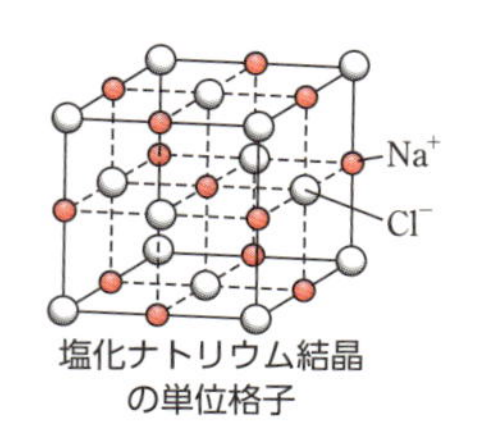

塩化ナトリウム結晶の単位格子

（広島市立大）

(1) 4

〈解説〉

□6 ★★★ 塩化ナトリウム結晶において，Na^+に最も近接するCl^-の数，およびCl^-に最も近接するNa^+の数はそれぞれ [1 ★★★] である。（龍谷大）

(1) 6

解き方

イオン結晶の場合，ふつう「●の最も近くに存在する○の数」を「●の配位数」，「○の最も近くに存在する●の数」を「○の配位数」とよぶ。

NaCl：下図から，●の配位数は6，○の配位数は6

あと $\frac{1}{2}$ 格子加えた図から考える

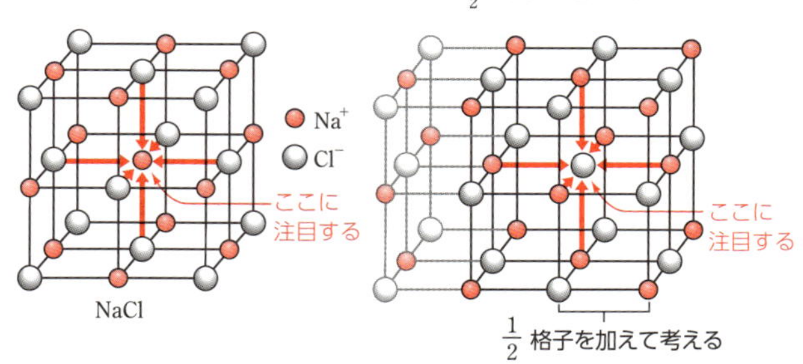

□7 ★★★ イオン結晶中において，イオンが接している反対符号のイオンの数を [1 ★★★] という。イオン結晶は，[1 ★★★] が大きいほど安定であるが，陰イオンに対して陽イオンが小さくなりすぎ，陰イオン同士が接するようになると結晶は不安定になる。（筑波大）

(1) 配位数（はいいすう）

□8 ★★★ 塩化ナトリウム型のイオン結晶では，陽イオンと陰イオンはそれぞれ 1 ★★★ 格子を形成するように配列し，両イオンは静電気的引力により互いに引き合って結びついている。 （慶應義塾大）

(1) 面心立方（めんしんりっぽう）

〈解説〉NaCl 型について，Cl^- や Na^+ に注目して考える。

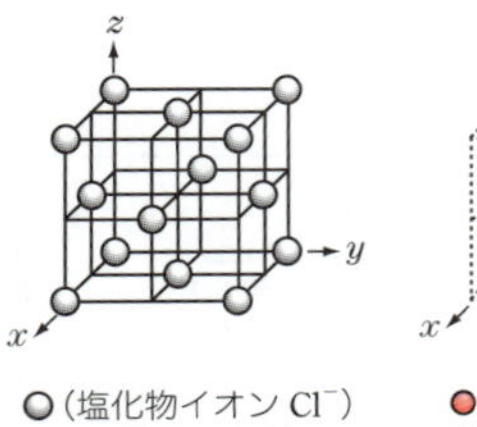

○（塩化物イオン Cl^-）だけに注目した図

$\frac{1}{2}$ 格子加える

●（ナトリウムイオン Na^+）だけに注目した図

□9 ★★★ 塩化ナトリウムの結晶の単位格子の1辺の長さは 5.64 × 10^{-8}cm であるので隣接するナトリウムイオンと塩化物イオンの中心間の距離は 1 ★★★ cm（3 ケタ）となる。 （千葉工業大）

(1) 2.82 × 10^{-8}

解き方

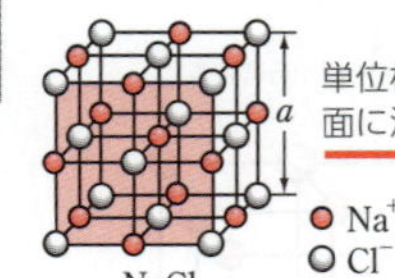

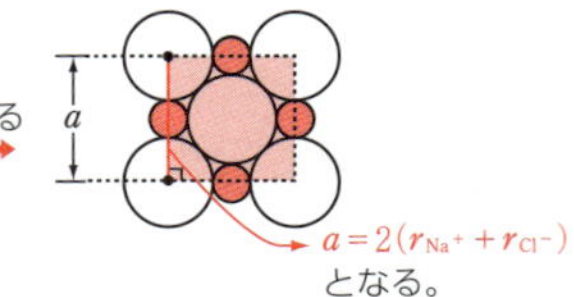

$a = 2(r_{Na^+} + r_{Cl^-})$ となる。

よって，$r_{Na^+} + r_{Cl^-} = \frac{a}{2}$ となり，$a = 5.64 \times 10^{-8}$cm なので，

$$r_{Na^+} + r_{Cl^-} = \frac{5.64 \times 10^{-8}}{2} = 2.82 \times 10^{-8}\ \text{〔cm〕}$$

★★

図は塩化ナトリウム型のイオン結晶において陰イオンと陰イオン，陽イオンと陰イオンがともに接している状態を示している。イオン半径比 $\left(\frac{r}{R}\right)$ の値が図の状態のイオン半径比 $\left(\frac{r}{R}\right)_c$ よりも小さくなると塩化ナトリウム型の構造が不安定になり，閃亜鉛鉱型の結晶構造をとりやすくなる。$\sqrt{2}=1.41$ より，$\left(\frac{r}{R}\right)_c$ の値は [1 ★★] (2ケタ)となる。　（北海道大）

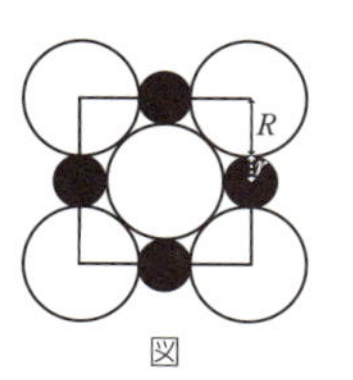

図

(1) 0.41

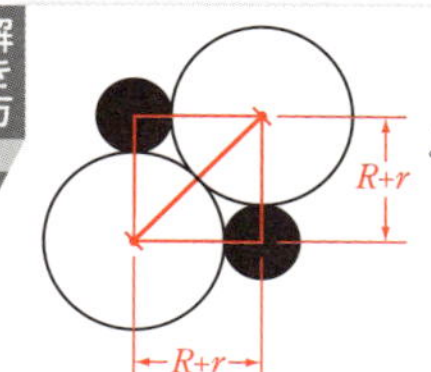

より $\underbrace{2R}_{対角線} = \underbrace{(R+r)}_{一辺} \times \sqrt{2}$ より

$$\left(\frac{r}{R}\right)_c = \sqrt{2}-1 \fallingdotseq 0.41$$

★★★

Na^+ および Cl^- のイオン半径をそれぞれ，0.10nm，0.18nm，$1nm = 10^{-9}m$，アボガドロ数を 6.0×10^{23}，Na = 23.0，Cl = 35.5 とすると，NaCl 結晶の密度は [1 ★★★] g/cm^3 (2ケタ)と求められる。　（山口大）

(1) 2.2

$1nm = 10^{-9}m = 10^{-7}cm$，

$a = 2(r_{Na^+} + r_{Cl^-}) = 2(0.10 + 0.18) = 0.56nm$，

NaCl = 23.0 + 35.5 = 58.5　つまり 58.5g/mol となり，単位格子中に Na^+ 4個と Cl^- 4個，つまり NaCl が4個含まれていることから密度〔g/cm^3〕は，

$$\frac{4\,\text{個} \times \frac{1\,\text{mol}}{6.0 \times 10^{23}\,\text{個}} \times \frac{58.5g}{1\,\text{mol}}}{\left(0.56\,\text{nm} \times \frac{10^{-7}cm}{1\,\text{nm}}\right)^3} \fallingdotseq 2.2\,〔g/cm^3〕$$

□12 ★★ 塩化セシウムの結晶の単位格子の構造を，セシウムイオンを黒丸，塩化物イオンを白丸として，示せ。
1 ★★ （お茶の水女子大）

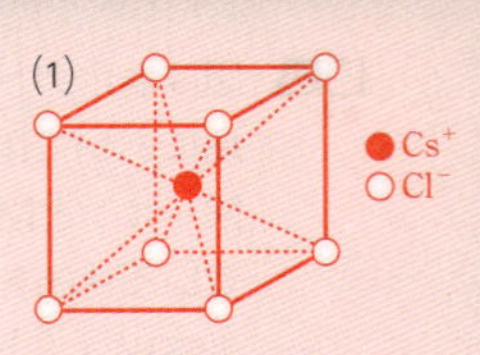

□13 ★★★ 塩化セシウムの結晶において，単位格子中に含まれるセシウムイオンは 1 ★★★ 個，塩化物イオンは 2 ★★★ 個である。 （お茶の水女子大）

(1) 1
(2) 1

〈解説〉12の解答より，

Cs^+●は 1 個，Cl^-○は $\frac{1}{8} \times 8 = 1$ 個
（格子内）（頂点）

□14 ★★ 塩化セシウムの結晶におけるセシウムイオンの配位数は 1 ★★ ，塩化物イオンの配位数は 2 ★★ となる。
ただし，配位数とは1つのイオンに最も接近した他のイオンの数である。 （お茶の水女子大）

(1) 8
(2) 8

〈解説〉CsCl 型の配位数の考え方

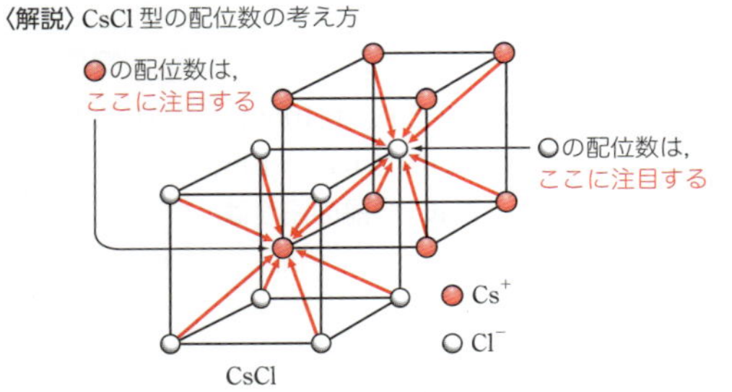

□15 ★★★ 塩化セシウムの単位格子の1辺の長さ a をセシウムイオンの半径 r_{Cs^+} と塩化物イオンの半径 r_{Cl^-} で表すと，a ＝ 1 ★★★ となる。 （予想問題）

(1) $\frac{2}{\sqrt{3}}(r_{Cs^+} + r_{Cl^-})$
[別 $\frac{2\sqrt{3}}{3}(r_{Cs^+} + r_{Cl^-})$]

〈解説〉CsCl 型の a と r の関係式

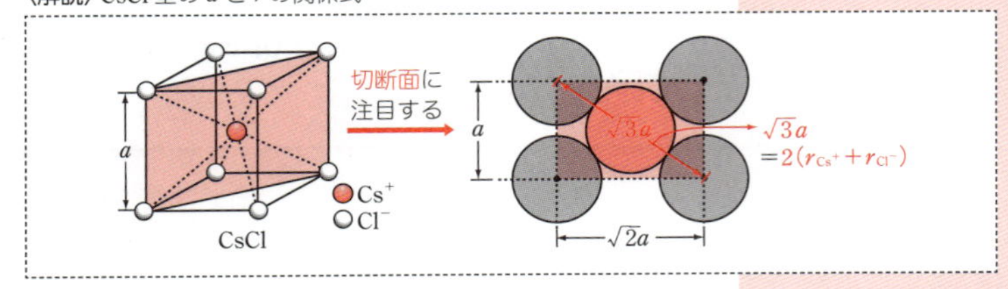

16 ★★ Cs = 133, Cl = 35.5, アボガドロ数 6.0×10^{23}, 単位格子の1辺の長さを 4.1×10^{-8}cm とすると, 塩化セシウムの密度は [1 ★★] g/cm^3(2ケタ)となる。

(金沢大)

(1) 4.1

解き方

単位格子中には Cs^+ 1個, Cl^- 1個, つまり CsCl が 1 個分含まれており, CsCl = 168.5 つまり 168.5g/mol より, その密度〔g/cm^3〕は,

$$\frac{1\text{ 個} \times \dfrac{1\text{mol}}{6.0 \times 10^{23}\text{ 個}} \times \dfrac{168.5\text{g}}{1\text{mol}}}{(4.1 \times 10^{-8})^3\text{cm}^3} \fallingdotseq 4.1〔g/cm^3〕$$

17 ★ 右の図は, 亜鉛の鉱物である閃亜鉛鉱の結晶構造である。1辺の長さが a の単位格子において, 硫黄原子 S は面心立方格子と同じ位置に原子が配置し, 亜鉛原子 Zn は各辺を 2 等分してできる体積 $\frac{a^3}{8}$ の小立方体の体心を 1 つおきに占めている。

図の単位格子中に Zn^{2+} は [1 ★] 個, S^{2-} は [2 ★] 個存在することから, その組成式は [3 ★] と表される。閃亜鉛鉱は, イオン結晶に分類される。

(松山大)

(1) 4
(2) 4
(3) ZnS

〈解説〉

Zn^{2+} ● $\underset{\text{格子内}}{1} \times 4 = 4$ 個, S^{2-} ○ $\underset{\text{頂点}}{\frac{1}{8}} \times 8 + \underset{\text{面}}{\frac{1}{2}} \times 6 = 4$ 個

$Zn^{2+} : S^{2-} = 4 : 4 = 1 : 1$

18 ★★ 閃亜鉛鉱型における陽イオンの配位数は [1 ★★], 陰イオンの配位数は [2 ★★] となる。

(北海道大)

(1) 4
(2) 4

04 結晶 3 イオン結晶の構造

〈解説〉ZnS 型の配位数の考え方

S^{2-}
Zn^{2+}
ここに注目する
横に2つつけて考える
ここに注目する

□19 ★★ ZnS 結晶の単位格子は一辺の長さが 0.54nm の立方体であるとして，Zn^{2+} と S^{2-} の結合距離は [1 ★★] nm (2 ケタ) となる。なお，$\sqrt{3}$ ＝1.7 とする。（九州大）

(1) 0.23

解き方

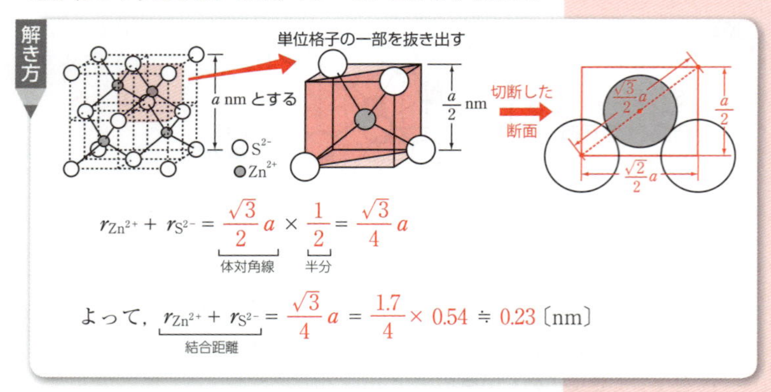

$$r_{Zn^{2+}} + r_{S^{2-}} = \underbrace{\frac{\sqrt{3}}{2}a}_{\text{体対角線}} \times \underbrace{\frac{1}{2}}_{\text{半分}} = \frac{\sqrt{3}}{4}a$$

よって，$\underbrace{r_{Zn^{2+}} + r_{S^{2-}}}_{\text{結合距離}} = \frac{\sqrt{3}}{4}a = \frac{1.7}{4} \times 0.54 \fallingdotseq 0.23$〔nm〕

□20 ★ 閃亜鉛鉱型の硫化亜鉛の単位格子の１辺の長さを a〔nm〕とすると，硫化亜鉛の密度〔g/cm^3〕は a を用いて $\frac{[1 ★]}{a^3}$〔g/cm^3〕(2 ケタ) のように表される。なお，Zn = 65.4, S = 32.0, アボガドロ定数 6.0×10^{23}/mol，1nm = 1×10^{-9}m である。（北海道大）

(1) 0.65

解き方

1nm = 10^{-9}m = 10^{-7}cm

ZnS = 65.4 + 32.0 = 97.4 つまり 97.4g/mol となり，単位格子中に Zn^{2+} 4 個と S^{2-} 4 個，つまり ZnS が 4 個含まれていることから密度〔g/cm^3〕は

$$\frac{4\text{個} \times \frac{1\text{mol}}{6.0 \times 10^{23}\text{個}} \times \frac{97.4\text{g}}{1\text{mol}}}{\left(a\text{nm} \times \frac{10^{-7}\text{cm}}{1\text{nm}}\right)^3} \fallingdotseq \frac{0.65}{a^3}\text{〔g/cm}^3\text{〕}$$

4 分子と共有結合

▼ ANSWER

□1 ★★★ 一般に，2個の原子が，最外殻にある 1★★★ を1個ずつ出し合って，2★★★ をつくってできる結合を共有結合という。異なる種類の原子間に形成された共有結合では，2★★★ はどちらかの原子に引きつけられて，電荷のかたよりができる。このとき，結合は 3★★★ をもつといい，原子が電子を引きつける強さの尺度を 4★★★ という。（防衛大）

〈解説〉 $\overset{\delta+}{H}-\overset{\delta-}{Cl}$ ◀ 電気陰性度は，Cl > H

(1) 価電子（かでんし） [別 不対電子（ふついでんし）]
(2) (共有)電子対（きょうゆう でんしつい）
(3) 極性（きょくせい）
(4) 電気陰性度（でんきいんせいど）

□2 ★★★ 異なる2原子間の共有結合では 1★★★ はどちらかの原子の方へより強く引きつけられている。この引きつける強さを相対的な数値で表したものを原子の 2★★★ という。2★★★ は，周期表（18族を除く）で同じ族の元素間では周期の番号が小さくなるほど 3★★★ なり，また同じ周期の元素間では族の番号が 4★★★ なるほど大きくなる傾向にある。（昭和薬科大）

(1) 共有電子対（きょうゆうでんしつい）
(2) 電気陰性度（でんきいんせいど）
(3) 大きく（おお）
(4) 大きく（おお）

□3 ★★★ 結合している原子が電子を引きつける能力である 1★★★ が大きい原子と小さい原子が結合した場合，2★★★ にかたよりが生じる。これを結合の 3★★★ という。1★★★ が異なる原子からなる二原子分子は 3★★★ をもつ。分子全体として電荷のかたよりをもつ分子を 4★★★ という。一方，同一の原子からなる二原子分子の場合は 2★★★ のかたよりがない。また，2★★★ にかたよりがあっても，分子の形の対称性により分子全体の 3★★★ が打ち消される分子もある。これらを 5★★★ という。（早稲田大）

(1) 電気陰性度（でんきいんせいど）
(2) 共有電子対（きょうゆうでんしつい）
(3) 極性（きょくせい）
(4) 極性分子（きょくせいぶんし）
(5) 無極性分子（むきょくせいぶんし）

□4 ★★★ 一般に，HF，HClのように異なる原子からなる二原子分子は 1★★★ の例であり，H_2，Cl_2，N_2 のように同じ原子からなる二原子分子は 2★★★ の例である。一方，CO_2 は異なる原子からなる三原子分子であるが，その構造は 3★★★ であるため 2★★★ である。それに対して H_2O は 4★★★ 構造をとるため 1★★★ である。（新潟大）

(1) 極性分子（きょくせいぶんし）
(2) 無極性分子（むきょくせいぶんし）
(3) 直線形（ちょくせんけい）
(4) 折れ線形（おれせんけい） [別 V字形（じけい）]

〈解説〉極性分子と無極性分子

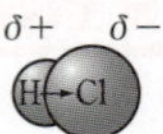

塩化水素

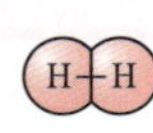

水素

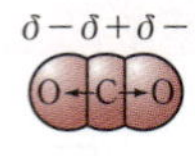

二酸化炭素

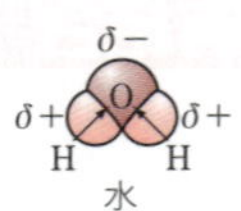

水

□5 ★★★ メタンは正四面体の重心と4つの頂点にそれぞれ炭素原子と水素原子が配置された分子形状をもち，炭素に共有電子対がかたよる。しかし，4つの共有結合における電荷のかたよりの方向と大きさがそれぞれ打ち消し合い，メタンは［1★★★］分子となる。（横浜国立大）

(1) 無極性（むきょくせい）

〈解説〉メタン CH_4 の形と結合の極性

$H^{\delta+}$
δ－ C
$\delta+$ H　H $\delta+$
$H^{\delta+}$

□6 ★★★ 分子全体の極性は，分子を構成する各結合の極性と分子の立体構造の両方がわかれば，ほぼ正確に決めることができる。例えば分子が直線形の窒素・二酸化炭素および［1★★★］構造の四塩化炭素は［2★★★］分子であり，直線形の塩化水素・フッ化水素や［3★★★］形の水・二酸化硫黄および［4★★★］構造のアンモニアは［5★★★］分子である。（昭和薬科大）

(1) 正四面体（せいしめんたい）
(2) 無極性（むきょくせい）
(3) 折れ線（おれせん）［㊙V字（じ）］
(4) 三角すい（さんかく）
(5) 極性（きょくせい）

〈解説〉分子の形と結合の極性

N≡N　　$\overset{\delta-}{O}=\overset{\delta+}{C}=\overset{\delta-}{O}$　　$Cl^{\delta-}$ / $\overset{\delta-}{Cl}-\overset{\delta+}{C}-\overset{\delta-}{Cl}$ / $Cl^{\delta-}$　　$\overset{\delta+}{H}-\overset{\delta-}{Cl}$　　$\overset{\delta+}{H}-\overset{\delta-}{F}$

窒素　二酸化炭素　四塩化炭素　塩化水素　フッ化水素

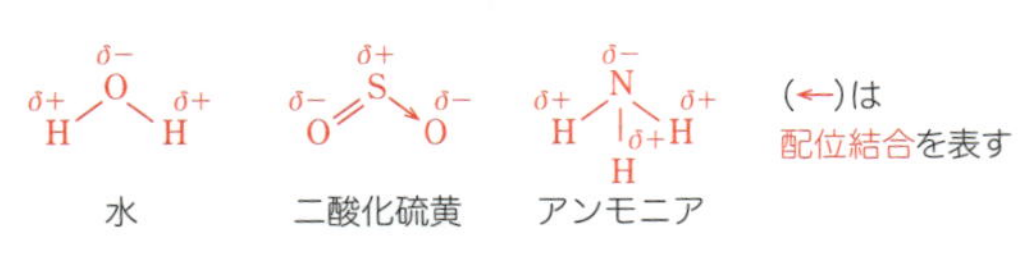

水　二酸化硫黄　アンモニア

★★★

メタン，アンモニア，水は，それぞれ，炭素，窒素，酸素の水素化合物である。これらの分子の形を決める要因として，電子対どうしの［1★★］があげられる。電子は負の電荷を持っていることから，電子対どうしが互いに［1★★］しあい，分子内で最も［2★★］位置関係になろうとする。すなわち，［3★★★］電子対や［4★★★］電子対の間に生じる［1★★］を考えれば，分子の形や隣り合う2個の結合のなす角度(結合角)を予想することができる。メタン分子では，4個の価電子を持つ炭素原子が1個の価電子を持つ水素原子4個と4組の［3★★★］電子対をつくり，分子が形成される。この4組の［3★★★］電子対が互いに最も［2★★］位置になるために，4個の水素原子を考えるとメタン分子は［5★★★］形となり，H-C-Hの結合角はいずれも約109.5°となっている。また，アンモニア分子には3組の［3★★★］電子対と1組の［4★★★］電子対が存在し，それぞれの電子対どうしが［1★★］することから，アンモニア分子は［6★★★］形となる。ここで，アンモニア分子のH-N-Hの結合角は約106.7°となり，メタン分子の場合よりも小さい。これは電子対どうしの［1★★］する力が，電子対の種類の組み合わせによって異なるためである。水分子も同様に，［3★★★］電子対と［4★★★］電子対の組の数を考えると折れ線形となり，H-O-Hの結合角は約104.5°となる。また，アンモニア分子や水分子は，水素イオンH^+と［7★★★］結合すると，それぞれ，［8★★］形のアンモニウムイオン，［9★★］形のオキソニウムイオンを形成する。　（東京農工大）

(1) 反発（はんぱつ）
(2) 遠い（とお）
(3) 共有（きょうゆう）
(4) 非共有（ひきょうゆう）
(5) 正四面体（せいしめんたい）
(6) 三角すい（さんかく）
(7) 配位（はいい）
(8) 正四面体（せいしめんたい）
(9) 三角すい（さんかく）

〈解説〉電子対どうしが反発する力の順は，非共有電子対どうし＞非共有電子対と共有電子対＞共有電子対どうしになる。

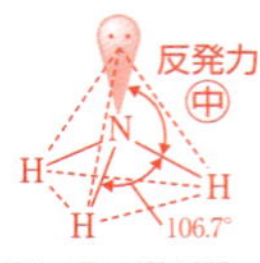

メタン CH_4
（正四面体形）

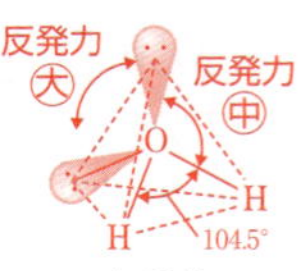

アンモニア NH_3
（三角すい形）

水 H_2O
（折れ線形）

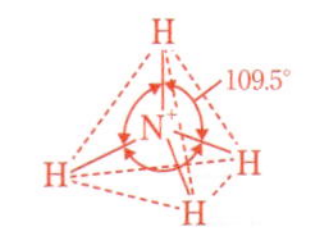

アンモニウムイオン NH_4^+
（正四面体形）

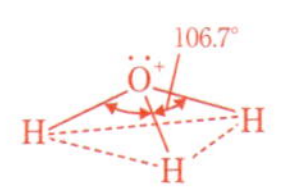

オキソニウムイオン H_3O^+
（三角すい形）

□8 ★★★
濃アンモニア水に濃塩酸を近づけると，空気中で反応し塩化アンモニウムの白色の煙を生ずる。この反応では，［1★★★］分子中の［2★★★］電子対に［3★★★］が結合しており，このときできる結合は［4★★★］結合とよばれる。（東京理科大）

〈解説〉$NH_3 + HCl \longrightarrow NH_4Cl$（固）
白煙

(1) アンモニア NH_3
(2) 非共有［⊗孤立］
(3) 水素イオン H^+［⊗陽子］
(4) 配位

□9 ★★★
オキソニウムイオンは水素イオンが水分子に［1★★★］結合して生成される。オキソニウムイオンに含まれる共有電子対の数は［2★★］組，非共有電子対は［3★★］組である。（中央大）

〈解説〉オキソニウムイオン中の3つのO-H結合は，すべて同等であり，どれが配位結合によるものかは区別できない。

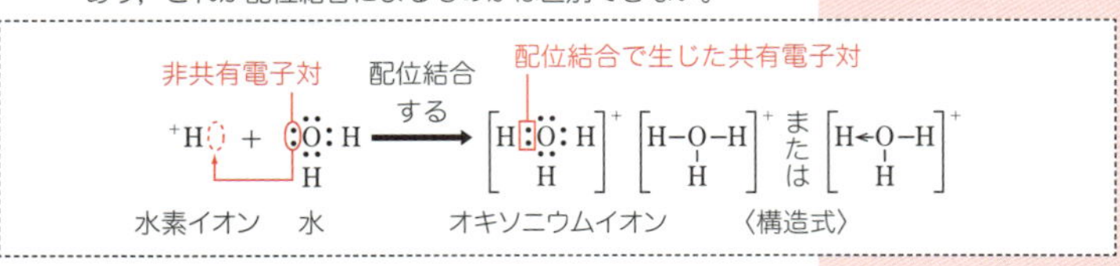

(1) 配位
(2) 3
(3) 1

5 分子間にはたらく力

▼ ANSWER

□1 ★★★ 大気を構成している酸素や窒素は [1 ★★★] 結合による分子である。酸素や窒素は常温で気体であるが，分子間には弱い [2 ★★★] がはたらいているため，低温にすると液体になる。一般に，[2 ★★★] は分子量が [3 ★★★] ほど強くなる。（熊本大）

(1) 共有（きょうゆう）
(2) ファンデルワールス力（りょく）
[別 分子間力（ぶんしかんりょく）]
(3) 大きい（おお）

□2 ★★★ ヨウ化水素のような [1 ★★★] をもつ分子の間には，主に静電気力による引力がはたらいて液体や固体を形成している。一方，[1 ★★★] をもたない窒素分子やヘキサン分子のような [2 ★★★] 分子の間にも引力がはたらく。[2 ★★★] 分子の間にはたらく分子間力を [3 ★★★] とよんでいる。ハロゲンやアルカンのような [2 ★★★] 分子では，一般に [4 ★★★] が大きいほど [3 ★★★] は強くなり，これらの物質の融点と [5 ★★★] がともに高くなる傾向にある。（名古屋大）

(1) 極性（きょくせい）
(2) 無極性（むきょくせい）
(3) ファンデルワールス力（りょく）
(4) 分子量（ぶんしりょう）
(5) 沸点（ふってん）

〈解説〉

分子間力 ─┬ ファンデルワールス力
　　　　　├ ※極性分子間にはたらく静電気的な引力　$^{\delta+}H-I^{\delta-}\cdots{}^{\delta+}H-I^{\delta-}$
　　　　　└ 水素結合

注※の引力もまとめてファンデルワールス力とよぶこともある。

□3 ★★★ 水素原子が，酸素，フッ素，窒素のような [1 ★★★] の大きい原子と結合し，H_2O，HF，NH_3 のような分子を生成するとき，その水素原子は他の分子中の [1 ★★★] の大きい原子と結合することができる。このような，水素原子を介した分子間の結合を [2 ★★★] という。（新潟大）

(1) 電気陰性度（でんきいんせいど）
(2) 水素結合（すいそけつごう）

〈解説〉H_2O，HF，NH_3 の水素結合のようす

□4 ★★★ 水素結合は一般に，共有結合，イオン結合，金属結合などの化学結合に比べてはるかに弱い結合であるが，分子の結晶構造や化学的性質，さらには生体内の諸現象に重要な役割を果たしている。水素結合は，水素原子Hよりも [1★★★] の大きな原子XとYがH原子を仲立ちとして引き合うことで生じるものであり，X－H…Yの形で示される。ここで，実線(－)は単結合を，点線(…)は水素結合を表す。また，XとYは互いに同じ原子であっても異なる原子であってもよい。

（九州大）

〈解説〉X，Yは，F，O，Nのいずれか。

(1) 電気陰性度（でんきいんせいど）

□5 ★★★ 水 H_2O は16族元素の水素化合物の一つであるが，その融点と沸点は同族の水素化合物で，より大きな分子量をもつ H_2S，H_2Se，H_2Te の融点と沸点に比べて異常に [1★★★] 。これは H_2O 分子の間に水素結合が存在しているためである。すなわち H_2O 分子では，O原子とH原子の [2★★★] の違いから，O原子はわずかに [3★★] の電荷を帯び，H原子はわずかに [4★★] の電荷を帯びるため，H_2O 分子間には O－H…O の形で表される水素結合が生じている。（九州大）

〈解説〉16族元素の水素化合物の沸点の順

$H_2O \gg H_2Te > H_2Se > H_2S$

分子量が大きいほど沸点が高い

(1) 高い（たか）
(2) 電気陰性度（でんきいんせいど）
(3) 負（ふ）[例マイナス]
(4) 正（せい）[例プラス]

□6 ★★★ 酸素原子の [1★★★] は水素原子より大きいので，エタノール分子内のヒドロキシ基では水素原子側に正の電荷がかたよっている。この水素原子は隣のエタノール分子内の酸素原子と [2★★★] とよばれる分子間力で結合している。ジメチルエーテルの沸点は－25℃であるのに同じ分子量のエタノールの沸点が78℃であるのは，エタノールでは [2★★★] が大きくはたらき，分子間の結合を切断するのにジメチルエーテル分子より大きなエネルギーを必要とするためである。（山口大）

〈解説〉エタノール C_2H_5－$\overset{\delta-}{O}\overset{\delta+}{H}$（ヒドロキシ基）　ジメチルエーテル CH_3-O-CH_3

(1) 電気陰性度（でんきいんせいど）
(2) 水素結合（すいそけつごう）

 □7 ★ 安息香酸は水素結合を介して二量体を形成する。この二量体の構造を，構造式で書け。 1★ （名古屋大）

〈解説〉2つの分子が結合したものを二量体という。

安息香酸

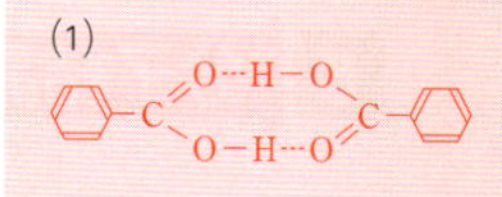

(1)

□8 ★★★ 右の図はいろいろな水素化合物の1気圧(1013hPa)における沸点を示したものである。一般に，分子構造が似ている物質では， 1★★★ が大きいほど分子間力が強く，沸点は高くなる。H_2O，HF および NH_3 の沸点が異常に高いのは，分子間に引力を生じる原子の間で 2★★★ の差が大きく，分子間に 3★★★ が形成されるためである。 3★★★ の強さはファンデルワールス力の約 4★ 倍，共有結合の強さの約 5★ である。 （星薬科大）

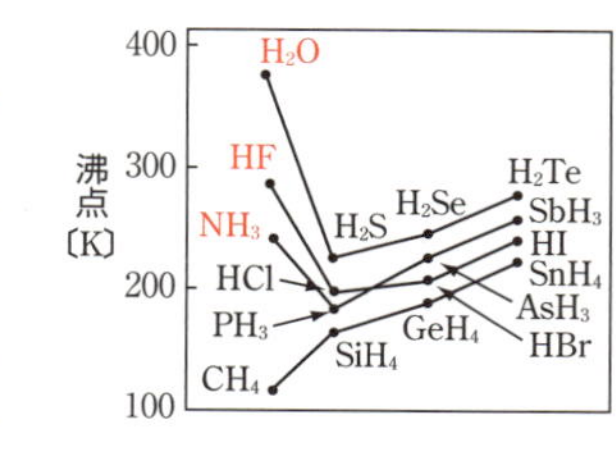

〈解説〉粒子の間にはたらく力の大きさの順
共有結合≧イオン結合，金属結合≫水素結合＞ファンデルワールス力

(1) 分子量(ぶんしりょう)
(2) 電気陰性度(でんきいんせいど)
(3) 水素結合(すいそけつごう)
(4) 10
(5) $\frac{1}{10}$

□9 ★★★ 14族元素の水素化合物は分子が 1★★★ 形をした無極性分子であり，分子量が大きいほど分子間力の一つである 2★★★ 力が強くなるため，沸点が高くなる。このように，一般に構造のよく似ている分子では分子量が大きいほど 2★★★ 力が大きく沸点が高くなる傾向がある。 （名古屋市立大）

(1) 正四面体(せいしめんたい)
(2) ファンデルワールス

6 分子結晶

▼ ANSWER

□1 ★★★ ドライアイスに代表される［1★★★］結晶では，構成粒子間に［2★★★］とよばれる力が作用して結合を形成する。氷も［1★★★］結晶の一例だが，氷では特に［3★★★］結合とよばれる力が作用して結晶を形成している。（琉球大）

(1) 分子
(2) ファンデルワールス力［別 分子間力］
(3) 水素

□2 ★★ ヨウ素の分子結晶は［1★★］原子分子からなり昇華性のある黒紫色の固体である。硫黄は［2★★］原子分子からなる安定な黄色の分子結晶をつくる。（東京理科大）

(1) 2
(2) 8

〈解説〉斜方硫黄 S_8

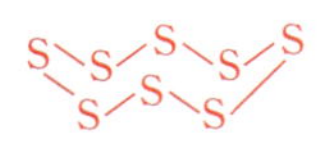

□3 ★★★ 二酸化炭素分子の形は［1★★★］構造である。二酸化炭素の固体は［2★★★］とよばれ，常圧では−79℃で固体から直接気体になるので，保冷剤として使われている。［2★★★］は［3★★★］によって分子が互いに結びついて固体を形成しているため，木づちでたたくだけで容易に砕ける。また，［2★★★］の分子結晶の単位格子は1辺が 5.6×10^{-8}cm の立方体で，各面の中心と各頂点に分子が配列している［4★★★］である。したがって，単位格子中には［5★★★］個の分子が存在することになる。（鳥取大）

(1) 直線
(2) ドライアイス
(3) ファンデルワールス力［別 分子間力］
(4) 面心立方格子
(5) 4

〈解説〉ドライアイス（面心立方格子）の単位格子中の分子の数

$$\underbrace{\frac{1}{2}}_{\text{面}} \times 6 + \underbrace{\frac{1}{8}}_{\text{頂点}} \times 8 = 4 \text{ 個}$$

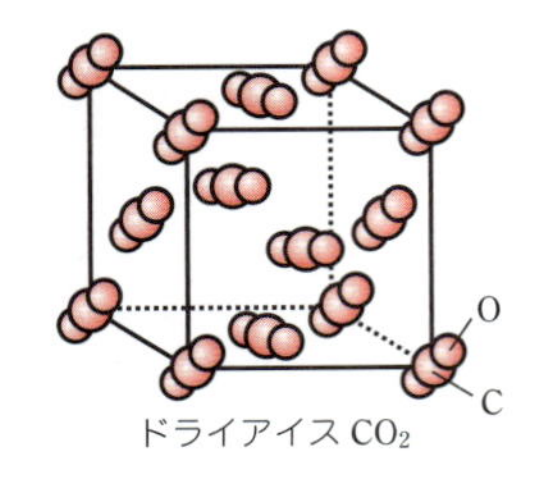

ドライアイス CO_2

4 ★★ CO_2 の分子結晶は面心立方格子を形成し, C 原子が単位格子の頂点と面心を占めている。CO_2 結晶の単位格子の1辺の長さは 0.56nm であった。この結晶において, 1 つの CO_2 分子に含まれる C 原子から最も近い位置に存在する C 原子までの距離は [1 ★★] nm (2 ケタ) である。なお, $\sqrt{2} = 1.4$ とする。 (京都大)

(1) 0.39

解き方

中心間距離 $2r$〔nm〕を求める。面心立方格子では, 単位格子の一辺の長さを $a$nm とすると, $\sqrt{2}a = 4r$ が成り立つ。よって, $a = 0.56$nm, $\sqrt{2} = 1.4$ より,

$$2r = \frac{\sqrt{2}}{2}a = \frac{1.4}{2} \times 0.56 \fallingdotseq 0.39 \text{〔nm〕}$$

5 ★★★ ドライアイスは, 二酸化炭素の分子が [1 ★★★] により規則正しく配列した [2 ★★★] である。この結晶格子は面心立方格子で, 格子の1辺は 0.56nm ($1\text{nm} = 10^{-9}$ m) であるので, その密度は [3 ★★] g/cm^3 (2 ケタ) である。ただし, $CO_2 = 44$, アボガドロ定数 6.0×10^{23}〔/mol〕とする。 (早稲田大)

(1) ファンデルワールス力(りょく)
[別 分子間力(ぶんしかんりょく)]
(2) 分子結晶(ぶんしけっしょう)
(3) 1.7

解き方

単位格子中の CO_2 分子は, $\underbrace{\frac{1}{8}}_{頂点} \times 8 + \underbrace{\frac{1}{2}}_{面} \times 6 = 4$ 個

よって, ドライアイスの密度〔g/cm^3〕は,

$$0.56\text{nm} \times \frac{10^{-9}\text{m}}{1\text{nm}} \times \frac{10^2\text{cm}}{1\text{m}} = 0.56 \times 10^{-7}\text{cm より,}$$

$$\frac{4\text{ 個} \times \frac{1\text{mol}}{6.0 \times 10^{23}\text{ 個}} \times \frac{44\text{g}}{1\text{mol}}}{(0.56 \times 10^{-7})^3\text{cm}^3} \fallingdotseq 1.7 \text{〔g/cm}^3\text{〕}$$

□6 ★★★
氷では，ひとつの水分子が [1★★★] 個の水分子に囲まれていて，一つひとつの水分子が [2★★★] の頂点に位置してダイヤモンドに類似した構造の結晶をつくっている。この構造は水分子間の [3★★★] でつくられている。 （明治大）

(1) 4
(2) 正四面体（せいしめんたい）
(3) 水素結合（すいそけつごう）

〈解説〉氷 H_2O

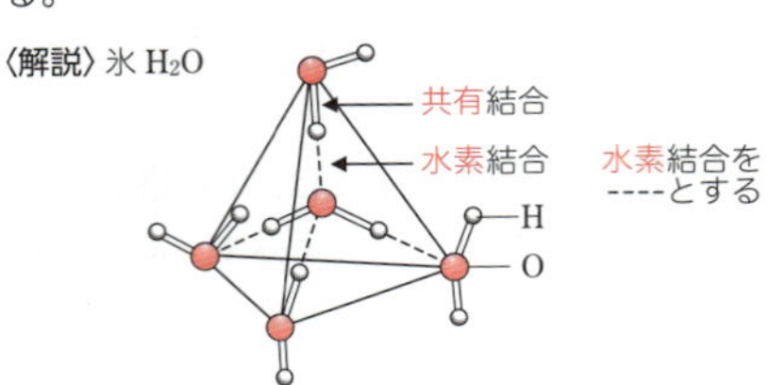

□7 ★★
通常，同一物質における固体の密度は液体の密度よりも [1★★] が，構造中のすき間のできやすさの違いにより，氷の密度は水よりも [2★★] 。 （岩手大）

(1) 大きい（おお）
(2) 小さい（ちい）

□8 ★★★
水が凝固して氷になると，密度が [1★★] する。これは，氷では1個の水分子に対して [2★★★] 個の水分子が [3★★★] 結合で結びついた [4★★★] 結晶になり，隙間の多い構造となるからである。 （信州大）

(1) 減少（げんしょう）
(2) 4
(3) 水素（すいそ）
(4) 分子（ぶんし）

□9 ★★★
氷では，水分子の2個の水素原子は他の水分子の酸素原子と [1★★★] をつくることから，水1分子が4個の水分子と弱く結合して正四面体構造を形成し結晶となる。固体としては軽く，軟らかいという特徴もこの構造に由来する。温度が上がると [1★★★] の一部が切れ，結晶構造がこわれて氷は融解し，密度は [2★★] する。 （北海道大）

〈解説〉氷が融解して水になると，すき間が少なくなり体積が減少するので密度は増加する。

(1) 水素結合（すいそけつごう）
(2) 増加（ぞうか）

□10 ★★★
水の単位体積あたりの質量，つまり密度は [1★★] ℃のとき最 [2★★] で $1 g/cm^3$ である。氷が水面に浮くのは，密度が [3★★★] なるからである。氷は外から圧力を加えると，その圧力から逃げようとして，体積のより [4★★] い液体の [5★★] になる。 （信州大）

(1) 4
(2) 大（だい）
(3) 小さく（ちい）
(4) 小さ（ちい）
(5) 水（みず）

7 共有結合の結晶

▼ ANSWER

□1 ★★★

炭素やケイ素のように，[1★★]価の原子価をもつ原子は，多数の原子が[2★★★]で結合し，結晶をつくることがある。このような結晶を[2★★★]の結晶といい，炭素およびケイ素の単体や[3★★★]のような化合物が知られている。[3★★★]は石英，水晶，けい砂などとして天然に存在している。これらの結晶は，一般的に[4★★★]が非常に高く，硬いものが多い。(信州大)

(1) 4
(2) 共有結合
(3) 二酸化ケイ素 SiO_2
(4) 融点

〈解説〉共有結合の結晶の例

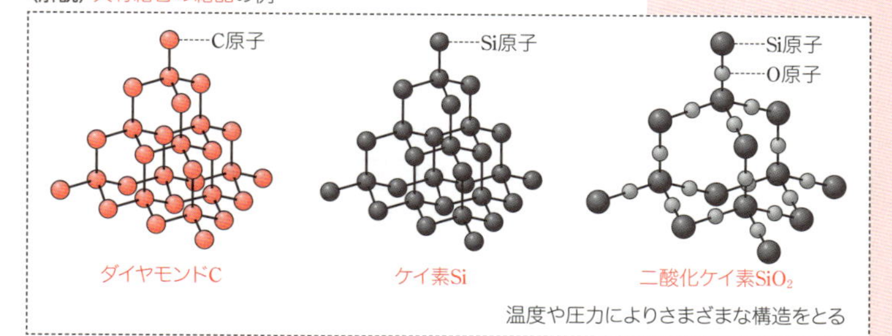

□2 ★★★

炭素は価電子を[1★★★]個もつ。炭素の単体であるダイヤモンドの結晶は，炭素原子が他の[2★★★]個の炭素原子と結合して巨大な分子となっている。黒鉛は，価電子のうち[3★★]個が他の炭素原子と結合して，網目状の[4★★]構造をつくり，この[4★★]がいくつも重なり合っている。このため黒鉛は，各炭素原子の残りの[5★★]個の価電子が[4★★]構造の中を動くので，[6★★]を示す。(横浜国立大)

(1) 4
(2) 4
(3) 3
(4) 平面
(5) 1
(6) 導電性[別 電気伝導性]

〈解説〉$_6$C　K(2) L(4)
価電子

平面構造は弱い分子間の力で積み重なっているために，軟らかくて，薄くはがれやすい。

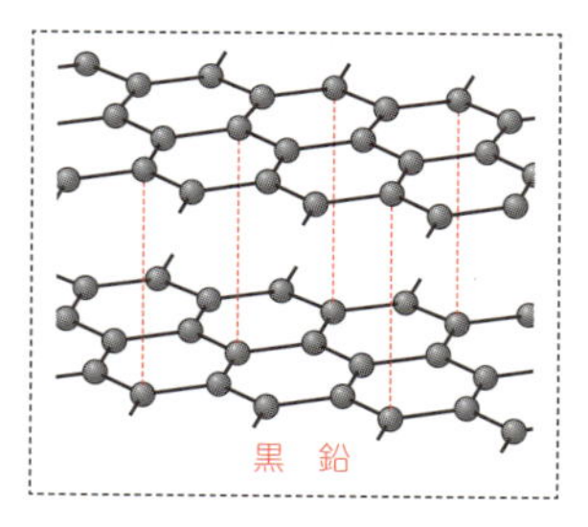

□3 ★★ 二酸化ケイ素の結晶は，ケイ素原子を中心として［1★★］個の酸素原子を頂点とする［2★★］が連なってできる三次元網目構造をもつ。組成式は SiO_2 と表され，1個のケイ素原子は［3★★］個の酸素原子と結合し，1個の酸素原子は［4★★］個のケイ素原子と結合している。

（東京理科大）

(1) 4
(2) 正四面体（せいしめんたい）
(3) 4
(4) 2

□4 ★★ ダイヤモンドの結晶は，図1の模式図に示した単位格子をもっている。図1中の黒丸●の位置にあるC原子は面心立方格子を形成し，白丸○の位置にある4つのC原子はその面心立方格子の内側に完全に入っているため，ダイヤモンドの単位格子に含まれるC原子の数は［1★★］個となる。

立方体型の二酸化ケイ素では，Si原子が図1のC原子と同じ位置を占めて，その間に酸素(O)の原子が入り込むことでSi原子とO原子が［2★★★］結合する。この二酸化ケイ素は図2の模式図に示した立方体型の単位格子を形成する。したがって，この二酸化ケイ素単位格子に含まれるSi原子の数は［3★］個であり，O原子の数は，二酸化ケイ素の化学式から考えると，［4★］個であることがわかる。

図1
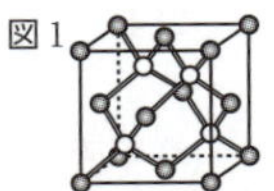
ダイヤモンドの単位格子
●と○はC原子の位置を示す。

図2
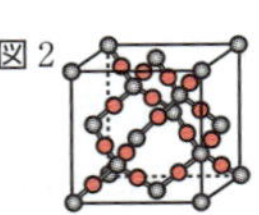
立方体型二酸化ケイ素の単位格子
●がSi原子，●はO原子の位置を示す。

図1および図2の● ○や●は原子の大きさを表すものではない。

（埼玉大）

(1) 8
(2) 共有（きょうゆう）
(3) 8
(4) 16

解き方

ダイヤモンドの単位格子に含まれるC原子の数は，

$$\underbrace{\frac{1}{8}}_{\text{頂点●}} \times 8 + \underbrace{\frac{1}{2}}_{\text{面上●}} \times 6 + \underbrace{1}_{\text{格子内○}} \times 4 = 8〔個〕$$

二酸化ケイ素 SiO_2 の単位格子に含まれるSi原子の数は，Si原子が図1のダイヤモンドの単位格子のC原子と同じ位置を占めるので8個となり，O原子の数（→ x 個とする。）は二酸化ケイ素の化学式 SiO_2 から考えると，

Si : O = 1 : 2 = 8 : x　より　x = 16〔個〕

□5 ★★★ 右図のダイヤモンドの単位格子は立方体で，面心立方格子を作る白丸の炭素原子に黒丸の炭素原子が加わった構造である。ダイヤモンドは炭素原子がすべて [1★★★] で結合し，[2★★★] の構造をとっている。単位格子には炭素原子が [3★★★] 個含まれている。単位格子の一辺の長さは 0.357nm であるため，ダイヤモンドの密度は [4★★★] g/cm^3（2ケタ）である。また，ダイヤモンドの炭素原子間距離は [5★★★] nm（2ケタ）となる。ただし，C=12.0，アボガドロ定数 6.02×10^{23}/mol，$(357)^3=4.55\times10^7$，$\sqrt{3}=1.73$，1nm=10^{-7}cm である。

（東京理科大）

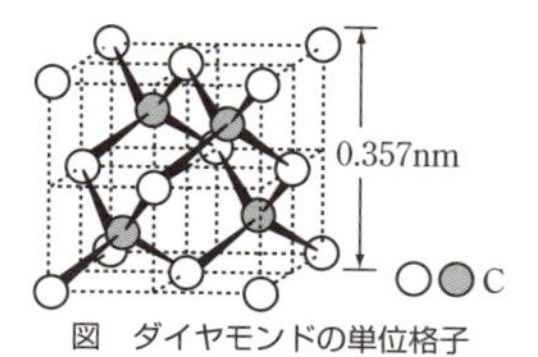

図　ダイヤモンドの単位格子

(1) 共有結合（きょうゆうけつごう）
(2) 正四面体（せいしめんたい）
(3) 8
(4) 3.5
(5) 0.15

解き方

単位格子中の炭素原子は，$\underbrace{\frac{1}{8}}_{\text{頂点}}\times8+\underbrace{\frac{1}{2}}_{\text{面上}}\times6+\underbrace{1}_{\text{格子内}}\times4=8$〔個〕

0.357nm = 0.357×10^{-7}cm = 357×10^{-10}cm であり，ダイヤモンドの密度〔g/cm^3〕は，C = 12.0 より

$$\frac{8\text{個}\times\dfrac{1\text{mol}}{6.02\times10^{23}\text{個}}\times\dfrac{12.0\text{g}}{1\text{mol}}}{(357\times10^{-10})^3\text{cm}^3}=\frac{\dfrac{8\times12.0}{6.02\times10^{23}}\text{g}}{4.55\times10^7\times10^{-30}\text{cm}^3}\fallingdotseq3.5\text{〔g/cm}^3\text{〕}$$

原子半径を r〔nm〕として，単位格子の一部を拡大した図の断面に注目すると，

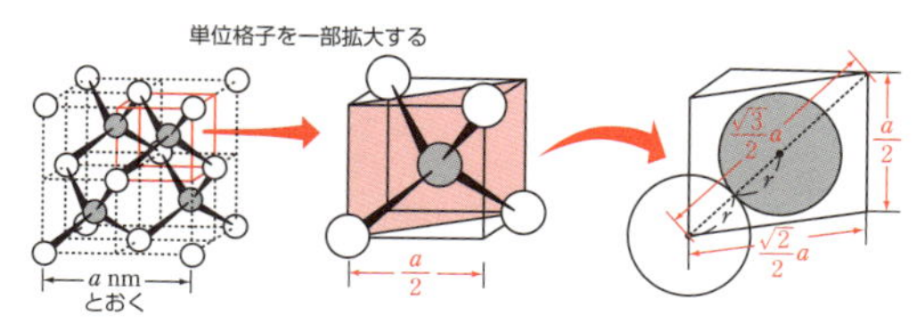

上図のようになり，原子間距離 $2r$〔nm〕は，

$$2r=\underbrace{\frac{\sqrt{3}}{2}a}_{\text{体対角線}}\times\underbrace{\frac{1}{2}}_{\text{半分}}=\frac{\sqrt{3}}{4}a\quad\text{よって，}2r=\frac{1.73}{4}\times0.357\fallingdotseq0.15\text{〔nm〕}$$

理論化学②

——物質の変化——

THEORETICAL CHEMISTRY

熱化学方程式と反応熱

1 熱化学方程式／反応熱／化学発光 ▼ANSWER

□1 ★ 化学反応にともなって，放出されたり吸収されたりする熱量を 1★ という。 (信州大)

(1) 反応熱（はんのうねつ）

□2 ★ 反応熱は温度・圧力に依存するので，通常，温度 1★ ℃，圧力 2★ hPa のときの熱量で表す。 (早稲田大)

(1) 25
(2) 1013

〈解説〉h（ヘクト）＝ 10^2。よって，1013hPa は，1013×10^2Pa つまり 1.013×10^5Pa となる。

□3 ★★ 化学反応式の右辺に 1★ を書き，化学反応の左辺と右辺を 2★★ で結んだ式を 3★★★ という。 (早稲田大)

(1) 反応熱（はんのうねつ）
(2) 等号（とうごう）（＝）
(3) 熱化学方程式（ねつかがくほうていしき）

〈解説〉熱化学方程式の例

水素の燃焼：H_2（気）＋ $\frac{1}{2}$ O_2（気）＝ H_2O（液）＋ 286kJ

□4 ★★★ 反応熱が＋で表される場合は 1★★★ 反応であり，－で表される場合は 2★★★ 反応である。 (早稲田大)

(1) 発熱（はつねつ）
(2) 吸熱（きゅうねつ）

□5 ★★ 熱化学方程式の左辺に書かれた反応物のエネルギーの総量が生成物のエネルギーの総量よりも 1★★ 場合は発熱反応となり，反応物のエネルギーの総量が生成物のエネルギーの総量よりも 2★★ 場合は吸熱反応となる。 (静岡大)

(1) 大（おお）きい
(2) 小（ちい）さい

〈解説〉エネルギー図の読み取り方

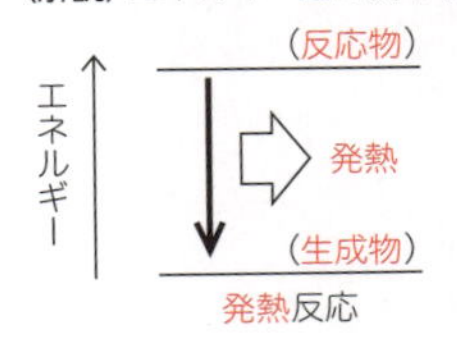

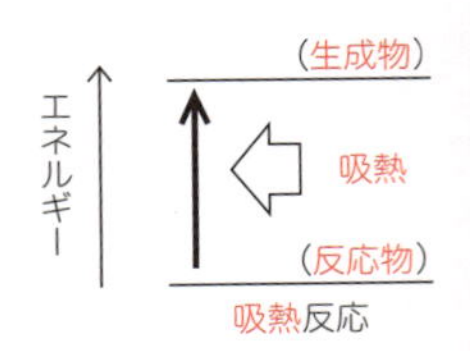

□6 ★
物質の状態により反応熱は異なるので，気体，液体，固体，水溶液を区別する記号，(g)，(l)，(s)，［1★］や物質名を化学式に書き添える。（早稲田大）

(1) aq

〈解説〉(g)は(気)，(l)は(液)，(s)は(固)と書いてもよい。
g は gas，l は liquid，s は solid，aq は aqua(水)の略。

□7 ★★★
生成熱とは化合物 1mol が，成分元素の［1★★★］から生成するときに［2★★★］または［3★★★］((2)(3)順不同)する熱量をいう。燃焼熱は燃焼する物質 1mol が，酸素と反応して完全燃焼するときに［4★★★］する熱量をいう。（大阪市立大）

(1) 単体（たんたい）
(2) 発生（はっせい）
(3) 吸収（きゅうしゅう）
(4) 発生（はっせい）

〈解説〉生成熱は物質により正の値をとる場合と負の値をとる場合があるが，燃焼熱は常に正の値をとる。

□8 ★★
0℃，1.01×10^5Pa の条件下で 1.12L の体積のメタンを，25℃，1.01×10^5Pa の条件下で，空気中で完全燃焼させたときに発生した熱量は，44.6kJ であった。これより，メタンの燃焼熱は［1★★］kJ/mol(整数)となる。（神戸大）

(1) 892

〈解説〉kJ/mol は kJ ÷ mol で求められる。

0℃，1.01×10^5Pa(標準状態)の条件下，1mol の気体は 22.4L なので，$\frac{1.12}{22.4} = 0.0500$mol となり，メタンの燃焼熱は 44.6kJ ÷ 0.0500mol = 892〔kJ/mol〕になる。

□9 ★★★
反応熱には，溶質 1mol を多量の溶媒に溶かしたときに発生または吸収する熱量である［1★★★］がある。（静岡大）

(1) 溶解熱（ようかいねつ）

□10 ★★
塩化ナトリウム 1.00×10^2g を大量の水に溶かすと，6.63kJ の熱量が吸収される。塩化ナトリウムの水への溶解熱は－［1★★］kJ/mol(3 ケタ)となる。NaCl = 58.5（筑波大）

(1) 3.88

$$6.63\text{kJ} \div \frac{1.00 \times 10^2}{58.5}\text{mol} \fallingdotseq 3.88〔\text{kJ/mol}〕$$

NaCl(固) + aq = NaClaq − 3.88kJ

□11 ★★★ 酸と塩基との反応で1molの水が生成するときに発生する反応熱を 1★★★ 熱といい，溶質1molを多量の溶媒に溶かしたときに出入りする反応熱を 2★★★ 熱という。

希塩酸と水酸化ナトリウム水溶液との反応における 1★★★ 熱は56.5kJ/molである。一方，希塩酸と固体の水酸化ナトリウムとを直接反応させて水が生成する際の反応熱は101.0kJ/molである。以上から，水酸化ナトリウムの 2★★★ 熱は 3★★ kJ/mol(3ケタ）となり，これは 4★★ 反応であることがわかる。

（立命館大）

(1) 中和（ちゅうわ）
(2) 溶解（ようかい）
(3) 44.5
(4) 発熱（はつねつ）

解き方

中和熱は，強酸と強塩基の希薄溶液どうしでは，酸や塩基の種類に関わらずほぼ一定で，56.5kJ/molとなる。(→①式)

HClaq ＋ NaOHaq ＝ NaClaq ＋ H_2O（液）＋ 56.5kJ…①

HClaq ＋ NaOH（固）＝ NaClaq ＋ H_2O（液）＋ 101.0kJ…②

②式は，NaOH(固)の溶解熱と中和熱の和を表しているので，NaOH(固)の溶解熱は 101.0 － 56.5 ＝ 44.5〔kJ/mol〕の発熱とわかる。

□12 ★ 多くの錯塩では可視光のうち特定の波長の光を吸収して，吸収されなかった残りの光の色が見える。この色は，吸収された色の補色である。様々な色の補色はおおよそ図の直線で結んだ色の対どうしになるものとする。すなわち，例えば黄緑色に対応する光の吸収がある錯塩は紫色に見える。このとき，錯塩A（黄色），B（赤紫色），C（緑色）が吸収する光の色は， 1★ ， 2★ ， 3★ である。（東京理科大）

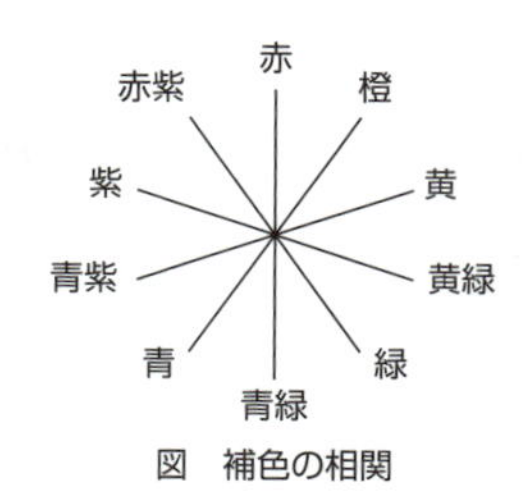

図　補色の相関

〈解説〉人間の目は，吸収された色の補色を色として認識する。

(1) 青紫（あおむらさき）
(2) 緑（みどり）
(3) 赤紫（あかむらさき）

□13 ★
光の色は波長によって異なる。次の選択肢の中から最も短波長の色 [1★] および最も長波長の色 [2★] を選べ。

① 黄　② 緑　③ 紫　④ 赤　⑤ 青

（立命館大）

〈解説〉波長が短いほどエネルギーは大きくなる。また，紫色より波長の短い光は紫外線，赤色より波長の長い光は赤外線といい，いずれも目には見えない。

(1) ③
(2) ④

□14 ★★★
葉緑体をもつ植物は，[1★★★] によって [2★★] と水からグルコースを合成している。（金沢大）

〈解説〉光合成は，CO_2 と H_2O からグルコース $C_6H_{12}O_6$ などの糖を合成し，O_2 を発生させる。

(1) 光合成(こうごうせい)［㊙光(ひかり)］
(2) 二酸化炭素(にさんかたんそ) CO_2

□15 ★★★
ハロゲン化銀は [1★★★] によって分解し，銀を遊離する。このような特性を利用して，写真フィルムには主に [2★★] が利用されている。（千葉大）

〈解説〉$2AgBr \xrightarrow{光} 2Ag + Br_2$

(1) 光(ひかり)
(2) 臭化銀(しゅうかぎん) AgBr

□16 ★★
化学反応では，反応物と生成物の間に化学的なエネルギー差があるため，反応時に，熱や光，電気などの形でエネルギーの出入りを伴う。光の吸収によって起こる反応を [1★] といい，ルミノール反応などのように光を放出する反応を [2★★★] という。（高知大）

〈解説〉化学発光を示す反応の多くは酸化還元反応である。

(1) 光化学反応(こうかがくはんのう)
(2) 化学発光(かがくはっこう)［㊙化学(かがく)ルミネセンス］

□17 ★★
ホタルやオワンクラゲなどの出す光が生物発光の例であり，科学捜査における血痕の鑑識法である [1★★] 反応などが化学発光の例である。[1★★] は，血液中の成分などを触媒として，塩基性溶液中で過酸化水素などによって酸化されると青く発光する。（立命館大）

(1) ルミノール

□18 ★★
酸化チタン(Ⅳ) TiO_2 は，白色顔料やペンキ材料として製品化されているほか，光(紫外線)が当たると有機化合物を分解する [1★★] としても利用されている。たとえば TiO_2 をコーティングした窓ガラスに太陽光や蛍光灯の光が当たると，表面に付着した汚れや細菌などは電子を奪われ分解する。（徳島大）

(1) 光触媒(ひかりしょくばい)

2 温度と熱量／結合エネルギー

▼ANSWER

□1 ★★★

液体1molが蒸発するときに吸収する熱量を［1★★★］という。逆に気体1molが凝縮するときには，［1★★★］に等しい熱量である［2★★］が発生する。（予想問題）

〈解説〉㊎ H_2O(液) + 44kJ = H_2O(気)
水を加熱すると水蒸気となるので，左辺側にプラス

よって，　H_2O(液) = H_2O(気) − 44kJ(蒸発熱)◀吸収する
また，　H_2O(気) = H_2O(液) + 44kJ(凝縮熱)◀発生する

(1) 蒸発熱（じょうはつねつ）
(2) 凝縮熱（ぎょうしゅくねつ）

□2 ★★★

固体1molが融解するときに吸収する熱量を［1★★★］という。逆に液体1molが凝固するときには，［1★★★］に等しい熱量である［2★★］が発生する。（予想問題）

〈解説〉㊎ H_2O(固) + 6.0kJ = H_2O(液)
氷を加熱すると水となるので，左辺側にプラス

よって，　H_2O(固) = H_2O(液) − 6.0kJ(融解熱)◀吸収する
また，　H_2O(液) = H_2O(固) + 6.0kJ(凝固熱)◀発生する

(1) 融解熱（ゆうかいねつ）
(2) 凝固熱（ぎょうこねつ）

□3 ★★★

物質を加熱したとき，物質が受け取るエネルギーを熱エネルギーといい，その量を熱量という。物質1gの温度を1K(1℃)上げるのに必要な熱量を［1★★★］という。［1★★★］が［2★★］ほど，その物質は温まりにくく，冷めにくい。（防衛大）

(1) 比熱(容量)（ひねつ(ようりょう)）
(2) 大きい（おお）

□4 ★★★

反応熱は熱量計により測定される。1.0Lの水を含む熱量計中で，ある反応をおこさせたところ，水の温度が15℃上昇した。1gの水の温度を1℃上げるのに必要な熱量を4.2Jとすると，この反応の反応熱は［1★★★］kJ(整数)となる。（神奈川大）

〈解説〉物質1gの温度を1℃上げるのに必要な熱量を，その物質の比熱（比熱容量）という。解き方のように分数式で表して，単位に注目しながら計算するとよい。

(1) 63

解き方

$$\text{熱量[J]} = \underbrace{\frac{4.2\text{J}}{1\text{g}\cdot 1℃}}_{\text{比熱}} \times \underbrace{\text{g}}_{\text{質量}} \times \underbrace{\Delta t\,℃}_{\text{温度変化}}$$

より水1.0L ≒ 1000gなので，

$$\frac{4.2\text{J}}{1\text{g}\cdot 1℃} \times 1000\text{g} \times 15℃ \times \frac{1\text{kJ}}{10^3\text{J}} = 63\text{[kJ]}$$

となる。◀単位に注目すること

★★★

図は，1013hPa のもとで単位時間あたりに一定量の熱を加え続けたときの，水の温度と加熱時間との関係の概略図である。水の状態は AB 間では [1★★★]，CD 間では [2★★★]，EF 間では [3★★★] である。また，1013hPa で 0℃の氷 90.0g をすべて 100℃の水蒸気にするとき，必要な熱量は [4★★] kJ（3 ケタ）となる。ただし，H_2O = 18.0，0℃での氷の融解熱は 6.01kJ/mol，100℃での蒸発熱は 40.7kJ/mol，および 0℃から 100℃までの水の比熱は 4.18J/(g·℃) とする。

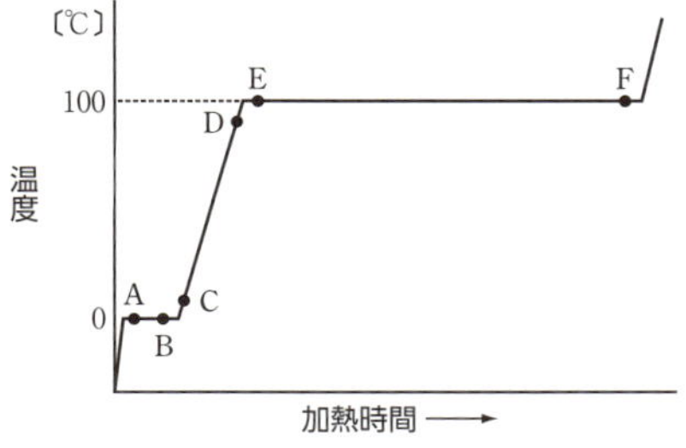

（大阪工業大）

(1) 固体と液体(が共存) [㊞ 氷と水(が共存)]
(2) 液体(のみ) [㊞ 水(のみ)]
(3) 液体と気体(が共存) [㊞ 水と水蒸気(が共存)]
(4) 271

解き方

氷 90.0g ＝水 90.0g となり，その物質量は $90.0\text{g} \times \frac{1\text{mol}}{18.0\text{g}} = 5.00\text{mol}$

① 0℃の氷 90.0g (5.00mol) がすべて 0℃の水 90.0g (5.00mol) に変化するまでに加える熱量〔kJ〕は，

$$\frac{6.01\text{kJ}}{1\text{mol}} \times 5.00\text{mol} = 30.05\text{〔kJ〕}$$

② 0℃の水 90.0g がすべて 100℃の水 90.0g に変化するまでに加える熱量〔kJ〕は，

$$\frac{4.18\text{J}}{1\text{g}\cdot 1\text{℃}} \times 90.0\text{g} \times (100 - 0)\text{℃} \times \frac{1\text{kJ}}{10^3\text{J}} = 37.62\text{〔kJ〕}$$

③ 100℃の水 90.0g (5.00mol) がすべて 100℃の水蒸気 90.0g に変化するまでに加える熱量〔kJ〕は，

$$\frac{40.7\text{kJ}}{1\text{mol}} \times 5.00\text{mol} = 203.5\text{〔kJ〕}$$

よって，求める熱量は①＋②＋③より，

$$30.05 + 37.62 + 203.5 \fallingdotseq 271\text{〔kJ〕}$$

□6 ★★★ 化学反応では原子間結合の切断と化合物の生成がおこり，熱の出入りを伴う。例えば，1mol の水素に 436kJ のエネルギーを与えると，2mol の水素原子に解離する。このように，気体分子内の 1mol の [1 ★★] を切断するのに必要とするエネルギーを [2 ★★★] という。（東京理科大）

(1) 共有結合（きょうゆうけつごう）
(2) 結合エネルギー（けつごう）

〈解説〉結合エネルギー：気体分子内の共有結合 1mol を切り離すのに必要なエネルギーのこと。

㊋ H－H の結合エネルギー 436kJ/mol は，次の熱化学方程式で表せる。

H－H(気) ＋ 436kJ ＝ H(気) ＋ H(気)

気体状　左辺にエネルギーを加えて結合を切断する　バラバラになっても気体状のまま

よって，H_2(気) ＝ 2H(気) － 436kJ

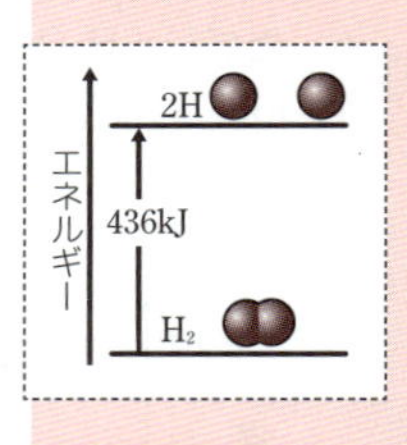

□7 ★★★ 分子中の 2 個の原子間の共有結合を切断するのに必要なエネルギーを結合エネルギーという。例えば，1mol の酸素分子 O_2 は 490kJ の熱量を吸収して 2mol の酸素原子 O になる。したがって，O＝O の結合エネルギーは [1 ★★★] kJ/mol（整数）である。（摂南大）

(1) 490

〈解説〉O_2(気) ＝ 2O(気) － 490kJ

□8 ★★★「結合エネルギーは，ばらばらの状態にある [1 ★★★] を基準として，それらから結合が生じるときの反応熱である」といえる。（愛媛大）

(1) (気体状)原子（きたいじょう げんし）

〈解説〉㊋ 2O(気) ＝ O_2(気) ＋ 490kJ

□9 ★★★ C＝O の結合エネルギーが 804kJ/mol であるとき，二酸化炭素 1mol 中の結合をすべて切って，原子をばらばらにするために必要なエネルギーは [1 ★★★] kJ（整数）となる。（広島大）

(1) 1608

解き方

このエネルギーは，解離エネルギーともいう。結合エネルギーの合計を求めればよい。CO_2 1 分子(1mol)中には C＝O 結合が 2 か所(2mol)あるので，

$$\frac{804\text{kJ}}{1\cancel{\text{mol}}} \times 2\cancel{\text{mol}} = 1608\ \text{〔kJ〕}$$

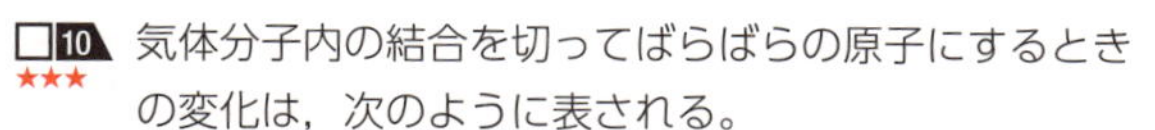

□10 ★★★ 気体分子内の結合を切ってばらばらの原子にするときの変化は，次のように表される。

CO_2(気) = C(気) + 2O(気) − 1608kJ

H_2O(気) = 2H(気) + O(気) − 928kJ

CH_4(気) = C(気) + 4H(気) − 1655kJ

結合エネルギーは，C=O が [1 ★★★] kJ/mol，O−H が [2 ★★★] kJ/mol，C−H が [3 ★★★] kJ/mol（整数）となる。　（高知大）

(1) 804
(2) 464
(3) 414

解き方

CO_2(気) + 1608kJ = C(気) + 2O(気) より CO_2 の解離エネルギーは 1608kJ なので，C=O の結合エネルギーは，

$$\frac{1608\text{kJ}}{\text{C=O } 2\text{mol}} = 804\,[\text{kJ/mol}]$$ ← O=C=O　C=O の結合は 2 か所

同様に，$$\frac{928\text{kJ}}{\text{O−H } 2\text{mol}} = 464\,[\text{kJ/mol}]$$ ← H−O−H　O−H の結合は 2 か所

また，$$\frac{1655\text{kJ}}{\text{C−H } 4\text{mol}} \fallingdotseq 414\,[\text{kJ/mol}]$$ ← H−C(H)(H)−H　C−H の結合は 4 か所

□11 ★★ プロパン C_3H_8 は，[1 ★★] 個の C−C 結合（結合エネルギー 348kJ/mol）と [2 ★★] 個の C−H 結合（結合エネルギー 414kJ/mol）からできている。したがって，1mol のプロパンが，孤立した状態の成分原子（気体の状態）から生成することを表す熱化学方程式は，

[3 ★★] + [4 ★★]
　= C_3H_8(気) + [5 ★★] kJ（整数）

と書くことができる。　（岩手大）

(1) 2
(2) 8
(3) 3C（気）
(4) 8H（気）
(5) 4008

解き方

H H H
H−C−C−C−H　プロパン　↓ …348kJ/mol
H H H　　　　　　　　　↓ …414kJ/mol

348 × 2 + 414 × 8 = 4008〔kJ〕ですべてバラバラになる。

05 熱化学方程式と反応熱 2 温度と熱量／結合エネルギー

3 ヘスの法則

▼ANSWER

□1 ★★★ 反応熱は化学反応の途中の経路に依存せず，最初と最後の状態だけで決まる。この法則は発見者にちなんで［1★★★］の法則とよばれ，直接測定が困難な反応熱の決定に用いられる。（早稲田大）

〈解説〉ヘスの法則は，総熱量保存の法則ともいう。反応熱は，「①連立方程式の要領」，「②エネルギー図を使う」，「③公式に代入する」などの方法で求めることができる。

(1) ヘス

「①連立方程式の要領」で求める場合

▶ kJ を求める熱化学方程式に含まれていない単体や化合物を消去するように加減してみよう。

□2 ★★ 水酸化ナトリウムの固体を十分量の希硫酸と反応させると，硫酸ナトリウムと水を生じる。この反応は，下記の熱化学方程式で示すことができる。

$2NaOH$ (固) + H_2SO_4aq
　= Na_2SO_4aq + $2H_2O$ (液) + ［1★］kJ…①

式①の反応をもう一つの経路で考える。まず，水酸化ナトリウムの固体を多量の水に溶かし，その後得られた水酸化ナトリウム水溶液と希硫酸を反応させ硫酸ナトリウムと水を得たとする。これらの反応は，下記の熱化学方程式で示すことができる。

$NaOH$ (固) + aq = $NaOHaq$ + 44.5kJ…②
$2NaOHaq$ + H_2SO_4aq
　= Na_2SO_4aq + $2H_2O$ (液) + 112kJ…③

このように一連の化学反応の経路が異なったとしても，反応熱の総和は反応の最初と最後の状態だけで定まる。これを［2★★★］の法則と呼ぶ。式③より，水酸化ナトリウム水溶液と希硫酸とが中和して水 1mol が生じるときには，［3★★］kJ の［4★★］反応となりこの熱量を中和熱という。強酸と強塩基の薄い水溶液の中和は，一定の値（［3★★］kJ/mol）の［4★★］反応となる。一方で，弱酸や弱塩基が関わる中和反応では，弱酸・弱塩基の電離が［5★★］反応であるため，中和熱は［3★★］kJ/mol より［6★］くなる。

（立命館大）

(1) 201
(2) ヘス
［別 総熱量保存（そうねつりょうほぞん）］
(3) 56
(4) 発熱（はつねつ）
(5) 吸熱（きゅうねつ）
(6) 小（ちい）さ

解き方

①式に含まれていない NaOHaq を②式と③式から消去すればよい。
②式 × 2 + ③式より，

$2NaOH$（固）+ H_2SO_4aq = Na_2SO_4aq + $2H_2O$（液）+ 201kJ

また，中和熱は H_2O（液）1mol あたりであり，③式 ÷ 2 から求める。

112kJ ÷ 2mol = 56kJ/mol

□3 ★★

H_2O_2（液）⟶ H_2O（液）+ $\frac{1}{2}O_2$（気）（式 1）

式 1 の反応の反応熱を求めよ。 1 ★★

ただし，H_2O（気）および H_2O_2（液）の生成熱は，それぞれ 242kJ/mol，188kJ/mol とする。また，H_2O の蒸発熱は 44kJ/mol とする。（大阪大）

(1) 98kJ/mol

解き方

H_2O（気）の生成熱が 242kJ/mol であることから，

H_2（気）+ $\frac{1}{2}O_2$（気）= H_2O（気）+ 242kJ …①

H_2O_2（液）の生成熱が 188kJ/mol であることから，

H_2（気）+ O_2（気）= H_2O_2（液）+ 188kJ …②

H_2O の蒸発熱は 44kJ/mol であることから，

H_2O（液）= H_2O（気）− 44kJ …③

ここで，（式 1）に含まれていない H_2（気）や H_2O（気）を消去する。

まず，H_2（気）を消去するために①式 − ②式より，

$-\frac{1}{2}O_2$（気）= H_2O（気）− H_2O_2（液）+（242 − 188）kJ

H_2O_2（液）= H_2O（気）+ $\frac{1}{2}O_2$（気）+ 54kJ …④

次に，H_2O（気）を消去するために，③式 − ④式より，

H_2O（液）− H_2O_2（液）= $-\frac{1}{2}O_2$（気）+（− 44 − 54）kJ

よって，H_2O_2（液）= H_2O（液）+ $\frac{1}{2}O_2$（気）+ 98kJ と求められる。

「②エネルギー図を使う」または「③公式に代入する」ことで求める場合

▶次の4つのパターンをおさえ，エネルギー図を描き分けて解いてみよう。

パターンⅠ 生成熱のデータを利用して問題を解く場合

(a)次のようなエネルギー図をつくって解く。

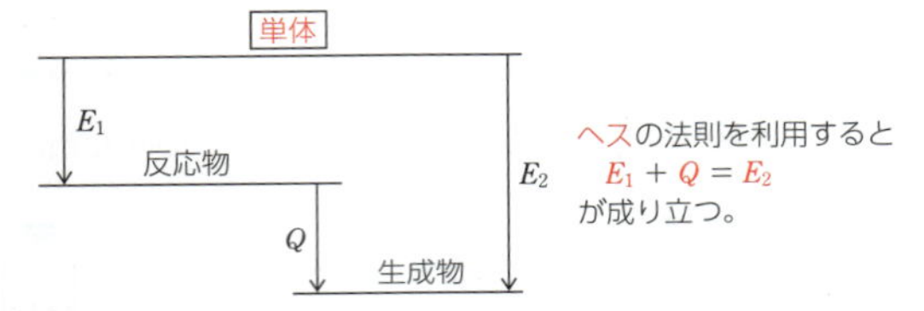

ヘスの法則を利用すると
$E_1 + Q = E_2$
が成り立つ。

(b)または，次の公式に代入して解く。

反応熱＝(右辺にある生成物の生成熱の総和)－(左辺にある反応物の生成熱の総和)

つまり，$Q = E_2 - E_1$

パターンⅡ 燃焼熱のデータを利用して問題を解く場合

(a)次のようなエネルギー図をつくって解く。

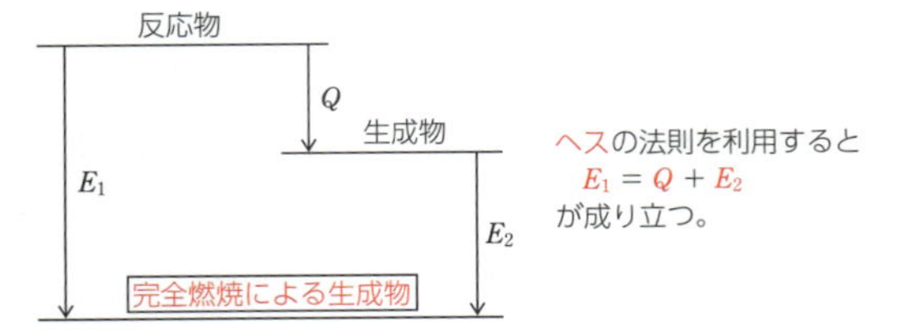

ヘスの法則を利用すると
$E_1 = Q + E_2$
が成り立つ。

(b)または，次の公式に代入して解く。

反応熱＝(左辺にある反応物の燃焼熱の総和)－(右辺にある生成物の燃焼熱の総和)

つまり，$Q = E_1 - E_2$

パターンⅢ 結合エネルギーのデータを利用して問題を解く場合

(a)次のようなエネルギー図をつくって解く。

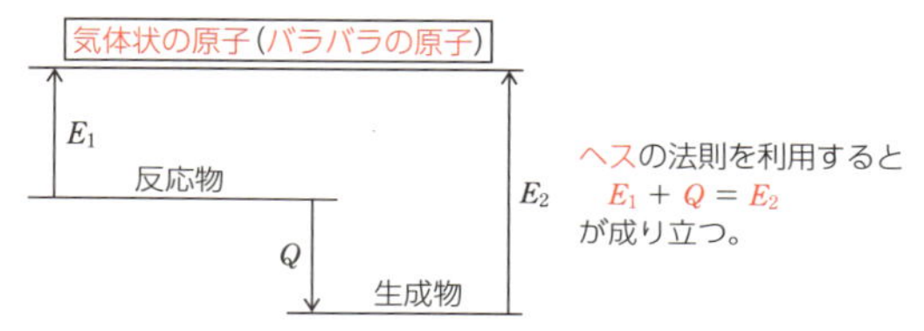

ヘスの法則を利用すると
$E_1 + Q = E_2$
が成り立つ。

(b)または，次の公式に代入して解く。

反応熱＝（右辺にある生成物の結合エネルギーの総和）－（左辺にある反応物の結合エネルギーの総和）

つまり，$Q = E_2 - E_1$

注ただし，この公式は反応物と生成物がすべて気体のときにだけ成立する。

パターンⅣ 格子エネルギーのデータを利用して問題を解く場合

(a)エネルギー図をつくって解く。

1mol のイオン結晶のイオン結合を切断して，気体状態のバラバラのイオンにするのに必要なエネルギーを格子エネルギーという。塩化ナトリウム NaCl の結晶の格子エネルギー Q は次式で表される。

$NaCl$ (固) = Na^+ (気) + Cl^- (気) − Q 〔kJ〕

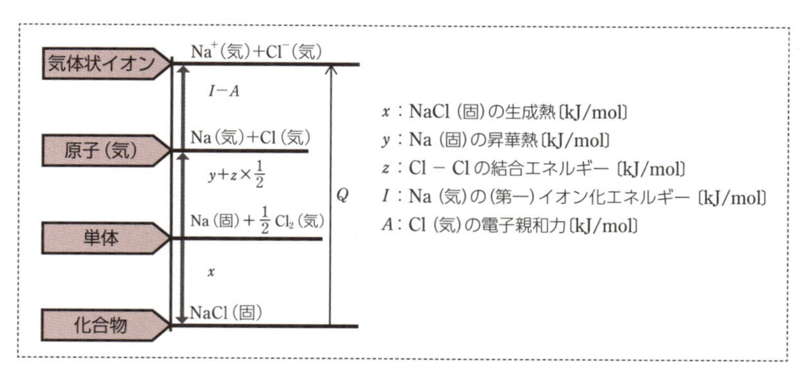

ヘスの法則を利用すると

$$Q = x + y + \frac{1}{2}z + I - A$$

が成り立つ。

★★★ 二酸化炭素，水およびメタノールの生成熱を①，②，③式とするとき，

$$C(黒鉛) + O_2(気) = CO_2(気) + 394kJ \quad \cdots\cdots①$$

$$H_2(気) + \frac{1}{2}O_2(気) = H_2O(液) + 286kJ \cdots\cdots②$$

$$C(黒鉛) + 2H_2(気) + \frac{1}{2}O_2(気) = CH_3OH(液) + 240kJ \cdots③$$

メタノールの燃焼反応を熱化学方程式で表すと④式となる。

CH_3OH(液) + [1 ★★★] O_2(気)
= [2 ★★★] CO_2(気) + [3 ★★★] H_2O(液) +
[4 ★★★] kJ…④

（東京理科大）

(1) $\frac{3}{2}$
(2) 1
(3) 2
(4) 726

解き方

メタノールの燃焼熱を QkJ/mol とすると，④式は次のようになる。

$$CH_3OH(液) + \frac{3}{2}O_2(気) = \underbrace{CO_2(気) + 2H_2O(液)}_{完全燃焼による生成物} + QkJ \cdots④$$

①，②，③式は生成熱のデータなので パターンⅠ にあてはめるとよい。

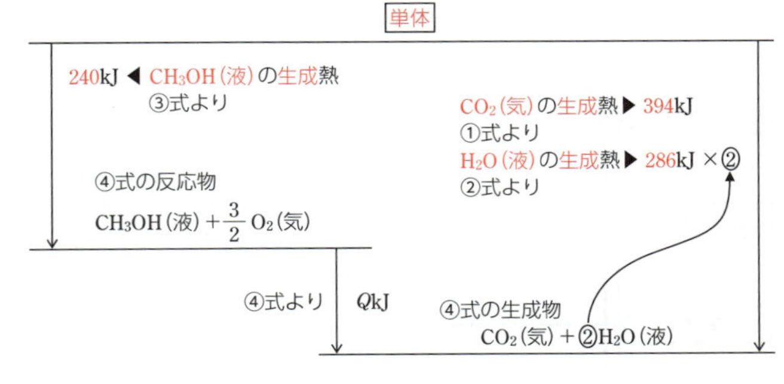

となり，240 + Q = 394 + 286 × 2　よって，Q = 726kJ

または，④式を見ながら公式に代入する。

Q（反応熱） = (394 + 286 × 2)（CO_2(気)とH_2O(液)の生成熱の総和（右辺）） − (240)（CH_3OH(液)の生成熱（左辺）） = 726kJ

★★

水素 H_2，シクロヘキセン C_6H_{10}，シクロヘキサン C_6H_{12} はいずれも気体とし，それぞれの燃焼熱は表に示したとおりである。

物　質	燃焼熱〔kJ/mol〕
水素 H_2	286
シクロヘキセン C_6H_{10}	3787
シクロヘキサン C_6H_{12}	3953

シクロヘキセン C_6H_{10} 1mol に水素 H_2 を反応させてシクロヘキサン C_6H_{12} をつくるときの熱化学方程式を書け。 1 ★★　（千葉大）

(1) C_6H_{10} (気) + H_2 (気) = C_6H_{12} (気) + 120kJ

解き方

求める熱化学方程式は次のようになる。

C_6H_{10}(気) + H_2(気) = C_6H_{12}(気) + QkJ…①

表のデータは燃焼熱のデータなので パターンII にあてはめるとよい。

①式の反応物 + xO_2
C_6H_{10}(気) + H_2(気) + xO_2(気)

QkJ　①式の生成物 + xO_2
C_6H_{12}(気) + xO_2(気)

3787kJ ◀ C_6H_{10}(気)の燃焼熱
286kJ ◀ H_2(気)の燃焼熱
C_6H_{12}(気)の燃焼熱 ▶ 3953kJ

完全燃焼による生成物

となり，3787 + 286 = Q + 3953　よって，Q = 120kJ

または，①式を見ながら公式に代入する。

Q = (3787 + 286) − (3953) = 120kJ

- Q：反応熱
- (3787 + 286)：C_6H_{10}(気)と H_2(気)の燃焼熱の総和（左辺）
- (3953)：C_6H_{12}(気)の燃焼熱（右辺）

□6 ★★★ 表に結合エネルギーを示した。この表の値を用いて求めると HCl(気体)の生成熱は [1 ★★★] [kJ/mol] (3ケタ)となる。

(1) 92.5

結合エネルギー〔kJ/mol〕

H－H 436	H－O 463
H－C 413	H－Cl 432
H－N 391	Cl－Cl 243

(神戸薬科大)

解き方

HCl(気体)の生成熱を QkJ/mol とすると，その熱化学方程式は次のようになる。

$$\frac{1}{2}H_2(気) + \frac{1}{2}Cl_2(気) = HCl(気) + Q\text{kJ} \cdots ①$$

単体　化合物

表の値は結合エネルギーのデータなので パターンⅢ にあてはめる。

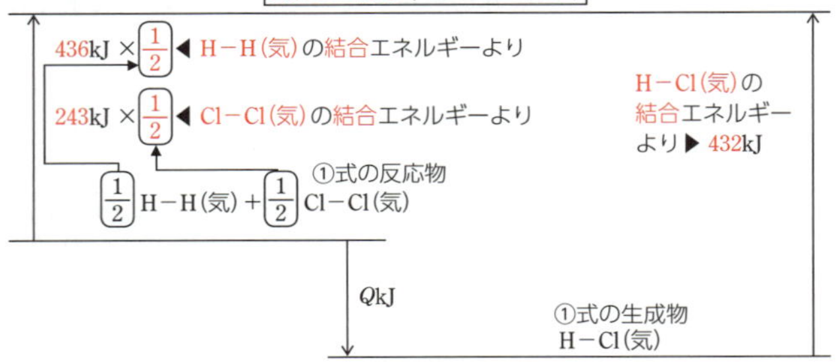

となり，$436 \times \frac{1}{2} + 243 \times \frac{1}{2} + Q = 432$　よって，$Q = 92.5$kJ

または，①式を見ながら反応物と生成物がすべて気体であることを確認して，公式に代入する。

$$Q = (432) - \left(436 \times \frac{1}{2} + 243 \times \frac{1}{2}\right) = 92.5\text{kJ}$$

反応熱

$\frac{1}{2}H_2$(気)と$\frac{1}{2}Cl_2$(気)の結合エネルギーの総和(左辺)

HCl(気)の結合エネルギー(右辺)

★★

1モルのイオン結晶のイオン結合を切断して，気体状態のばらばらのイオンに分離するのに必要なエネルギーを格子エネルギーというが，格子エネルギーの値を直接測定することは困難である。しかし，たとえば(1)～(5)に示すエネルギーの値を用いると，［1 ★★★］の法則を用いた計算により，格子エネルギーの値を間接的に求めることができる。

(1) Na(固)のNa(気)への昇華熱は92kJ/molである。

(2) Cl_2(気)の結合エネルギーは244kJ/molである。

(3) NaCl結晶の生成熱は411kJ/mol(発熱)である。

(4) Na(気)の第一イオン化エネルギーは496kJ/molである。その熱化学方程式は Na(気) = Na^+(気) + e^- − 496kJ で与えられる。

(5) Cl(気)の電子親和力は349kJ/molである。その熱化学方程式は Cl(気) + e^- = Cl^-(気) + 349kJ で与えられる。

以上より，NaCl結晶の格子エネルギーは［2 ★］kJ/mol(整数)になる。 (法政大)

(1) ヘス
(2) 772

解き方

NaCl結晶の格子エネルギーをQkJ/molとし，(パターンⅣ)にあてはめる。

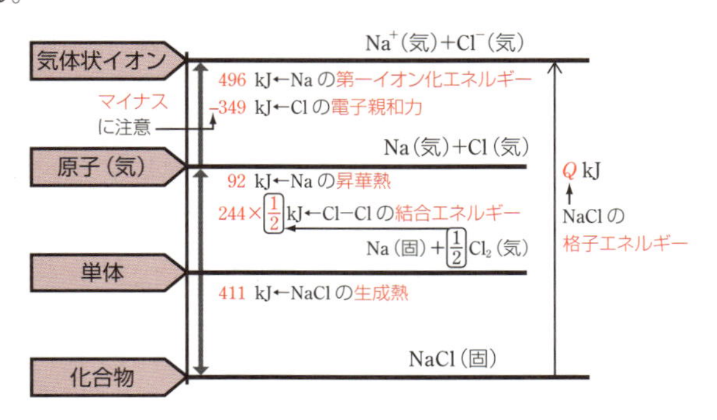

となり，$Q = 411 + 92 + 244 \times \frac{1}{2} + 496 - 349 = 772$〔kJ/mol〕

第06章

電池と電気分解

1 電池・ボルタ電池・ダニエル電池

▼ANSWER

電池

□1 ★★ 酸化還元反応に伴って発生するエネルギーを電気エネルギーに変換する発電装置を [1★★] という。

（関西大）

(1) 電池［⑳化学電池］

□2 ★★★ 異なる2種類の金属を導線で結び，これらの金属を電解質水溶液に浸すと，イオン化傾向の [1★★] 金属から [2★★] 金属に電子が移動する。このとき，2種類の金属を電池の電極といい，導線へ電子が流れ出る電極を [3★★★]，導線から電子が流れ込む電極を [4★★★] と呼ぶ。電池の両極に回路を接続して電流を取り出すことを電池の [5★★★] といい，[3★★★] と [4★★★] の間に生じる [6★] を電池の起電力という。

（東京海洋大）

(1) 大きな［⑳大きい］
(2) 小さな［⑳小さい］
(3) 負極
(4) 正極
(5) 放電
(6) 電位差［⑳電圧］

□3 ★★★ 電池には，正極と負極があり，その間を導線で結び，電子の流れを電流として外部に取り出している。導線に電子が流れ出る [1★★★] 極では [2★★★] 反応がおこり，導線から電子が流れ込む [3★★★] 極では [4★★★] 反応がおこる。

（岡山大）

(1) 負
(2) 酸化
(3) 正
(4) 還元

□4 ★★★ 電池内で酸化還元反応に直接関わる物質を [1★★] といい，負極で [2★★★] としてはたらく物質を [3★★]，正極で [4★★★] としてはたらく物質を [5★★] という。

（東京海洋大）

(1) 活物質
(2) 還元剤
(3) 負極活物質
(4) 酸化剤
(5) 正極活物質

□5 ★★ 一般に電流が0（ゼロ）における正極と負極との間の電位差を電池の起電力といい，両極板に用いる金属のイオン化傾向の差が大きいほど起電力は [1★★] なる。

（東京理科大）

(1) 大きく

□6 ★★★ 電池は放電すると元の状態に戻すことができない [1 ★★★] と，充電により元の状態に戻すことができる [2 ★★★] に大別される。 （鳥取大）

(1) 一次電池
(2) 二次電池 [別 蓄電池]

ボルタ電池　⊖ Zn ｜ H_2SO_4aq ｜ Cu ⊕　起電力 1.1V

□7 ★★★ 1800年頃にイタリアの [1 ★★★] が最初の電池を製作し，電気化学の研究が進展するきっかけとなった。[1 ★★★] 電池は希硫酸に浸した亜鉛板と銅板を導線で結んだもので，およそ1Vの起電力を示したが，実用的ではなかった。 （福岡大）

(1) ボルタ

〈解説〉ボルタ電池

Zn は Cu よりもイオン化傾向が大きい（陽イオンになりやすい）ので，Zn が Zn^{2+} になるとともに，亜鉛板から銅板に向かって電子 e^- が流れる。この流れてくる e^- を銅板の表面上で H^+ が受け取って H_2 が発生する。

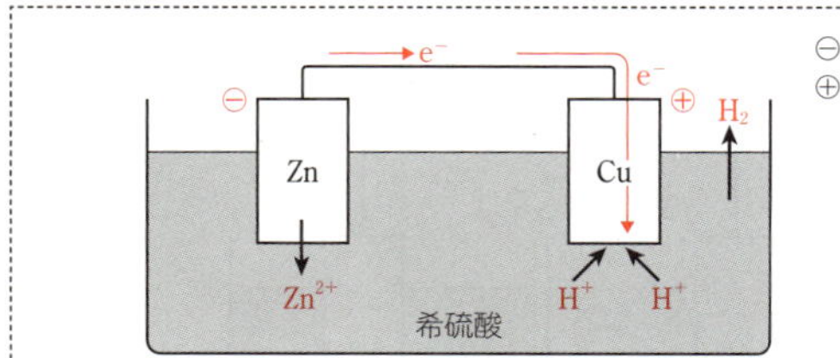

⊖ $Zn \longrightarrow Zn^{2+} + 2e^-$
⊕ $2H^+ + 2e^- \longrightarrow H_2$

□8 ★★★ 希硫酸中に銅と亜鉛を離して浸したものがボルタ電池である。このとき，イオン化傾向の大きな [1 ★★★] が負極，イオン化傾向の小さな [2 ★★★] が正極となる。 （奈良女子大）

(1) 亜鉛(板) Zn
(2) 銅(板) Cu

□9 ★★ 希硫酸に銅板と亜鉛板を浸しただけの簡単な構造をしたボルタ電池では正極で気体の [1 ★★] が発生する。 （自治医科大）

(1) 水素 H_2

□10 ★★★ ボルタ電池の起電力は約1.1Vであるが，放電を始めるとすぐに電圧が低下する。このような現象を電池の [1 ★★★] という。電池の [1 ★★★] を防ぐ一つの方法として，二クロム酸カリウムなどの酸化剤が用いられる。この酸化剤は減極剤とよばれ，[2 ★★] 極で電子を受け取り，気体である [3 ★★] の発生を抑える。 （奈良女子大）

(1) 分極
(2) 正
(3) 水素 H_2

ダニエル電池

⊖ Zn | $ZnSO_4$aq | $CuSO_4$aq | Cu ⊕　起電力 1.1V

□11 ★★★ ダニエル電池やボルタ電池では，イオン化傾向の大きな金属が [1 ★★★] となる。（神戸薬科大）

(1) 負極（ふきょく）

□12 ★★★ 亜鉛板を浸した硫酸亜鉛水溶液と，銅板を浸した硫酸銅(Ⅱ)水溶液を，両溶液が混合しないように隔膜(素焼き板やセロハン膜)で仕切り，両金属板を導線でつなぐと電子が [1 ★★] 板から [2 ★★] 板に流れる。この電池は [3 ★★★] 電池とよばれる。（甲南大）

(1) 亜鉛（あえん） Zn
(2) 銅（どう） Cu
(3) ダニエル

〈解説〉ダニエル電池
亜鉛 Zn 板を浸した硫酸亜鉛 $ZnSO_4$ 水溶液と銅 Cu 板を浸した硫酸銅(Ⅱ) $CuSO_4$ 水溶液を素焼き板で仕切り，導線で結んだ電池である。Zn は Cu よりもイオン化傾向が大きい(陽イオンになりやすい)ので，還元剤である Zn が Zn^{2+} になるとともに，Zn 板から Cu 板に向かって電子 e^- が流れる。この流れてくる e^- を Cu 板の表面上で酸化剤である Cu^{2+} が受け取って Cu が析出する。

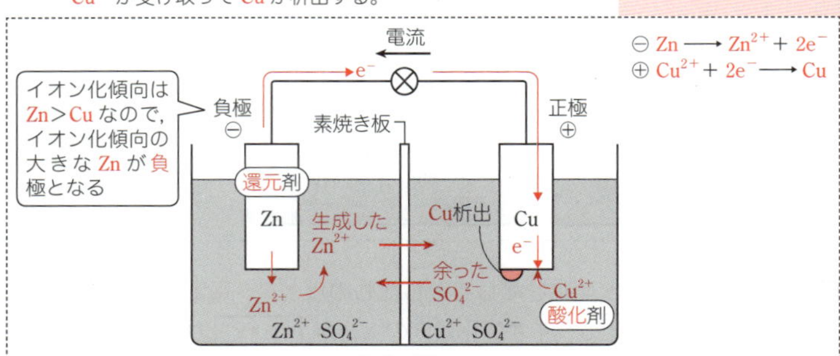

□13 ★★ ダニエル電池の負極では [1 ★★] が還元剤としてはたらき，正極では [2 ★★] が酸化剤としてはたらく。（日本女子大）

(1) 亜鉛（あえん） Zn
(2) 銅（どう）(Ⅱ)イオン Cu^{2+} [別 硫酸銅（りゅうさんどう）(Ⅱ) $CuSO_4$]

□14 ★★ ダニエル電池を放電すると，銅板上では [1 ★★] イオンが還元される。（熊本大）

(1) 銅（どう）(Ⅱ) Cu^{2+}

〈解説〉正極：銅板上では還元反応　Cu^{2+} + $2e^-$ ⟶ Cu　が起こる。

□15 ★★★ 「ダニエル電池」では負極活物質は [1★★★] であり，正極活物質は [2★★★] である。放電すると素焼き板でできた隔壁を介して陰イオンは [3★★★] 側へ移動する。隔壁を取り去ると起電力は小さくなるが，これは亜鉛板表面で [4★] の反応が起こるためである。

（東京理科大）

(1) 亜鉛(あえん) Zn
(2) 銅(どう)(Ⅱ)イオン Cu^{2+} [別 硫酸銅(りゅうさんどう)(Ⅱ) $CuSO_4$]
(3) 負極(ふきょく)
(4) $Zn + Cu^{2+} \longrightarrow Zn^{2+} + Cu$

□16 ★★ ダニエル電池が放電しているとき，電流が素焼き板を通り抜けて流れなければならない。この電流は，素焼き板を通って [1★★] イオンが正極側から負極側へ移動することや [2★★] イオンが負極側から正極側へ移動することによって流れている。 （大阪府立大）

(1) 硫酸(りゅうさん) SO_4^{2-}
(2) 亜鉛(あえん) Zn^{2+}

□17 ★★ 両極の電解質のモル濃度が等しいダニエル電池を作成したとする。装置の大きさを変えずにこれよりも電池を長持ちさせるには，それぞれの電解質のモル濃度をどのように調整すればよいか。「濃く」または「薄く」で答えよ。

硫酸亜鉛の濃度を [1★★] して，硫酸銅(Ⅱ)の濃度を [2★★] する。 （東京海洋大）

(1) 薄(うす)く
(2) 濃(こ)く

□18 ★ ダニエル電池において，1モルの電子が流れると，正極の金属の質量が [1★] g(3ケタ)だけ [2★] 。Cu = 63.6 （大阪府立大）

(1) 31.8
(2) 増(ふ)える

解き方

正極では，$Cu^{2+} + 2e^- \longrightarrow Cu$ の反応が起こる。

よって，e^- 2mol が流れると Cu 1mol が析出することがわかるので（Cu = 63.6 より）

$$1\,\text{mol} \times \frac{1\,\text{mol}}{2\,\text{mol}} \times \frac{63.6\,\text{g}}{1\,\text{mol}} = 31.8\,[\text{g}]$$

流れた e^-[mol]　析出した Cu[mol]　析出した Cu[g]

の Cu が析出する。

□19 ★ ダニエル電池，Zn | $ZnSO_4$ aq | $CuSO_4$ aq | Cu，の金属電極およびその金属イオン水溶液の種類を変えたものを [1★] 電池という。 （鹿児島大）

(1) ダニエル型(がた)

□20 ★★★ 素焼き板で仕切った容器の一方には硝酸銅(Ⅱ)水溶液を入れ銅板を電極とし，他方には硝酸銀水溶液を入れて銀板を電極とした電池をつくると，銀板が 1 ★★★ となった電池が得られる。（自治医科大）

〈解説〉ダニエル型電池：イオン化傾向の大きな方の金属板が負極になる。

⊖ Cu ｜ $Cu(NO_3)_2$ 水溶液｜ $AgNO_3$ 水溶液｜ Ag ⊕

イオン化傾向 Cu ＞ Ag

⊖ $Cu \longrightarrow Cu^{2+} + 2e^-$　⊕ $Ag^+ + e^- \longrightarrow Ag$

(1) 正極（せいきょく）

□21 ★★ Zn ｜ $ZnSO_4$ 水溶液｜ $CuSO_4$ 水溶液｜ Cu の起電力は，Zn ｜ $ZnSO_4$ 水溶液｜ $AgNO_3$ 水溶液｜ Ag の起電力より 1 ★★ 。（鹿児島大）

〈解説〉ダニエル型電池：イオン化傾向の差が大きいほど起電力が大きい。イオン化傾向は Zn ＞ Cu ＞ Ag となるので Zn と Ag の組合せの方が Zn と Cu の組合せより起電力が大きい。

(1) 小さい（ちい）

2 鉛蓄電池

▼ ANSWER

鉛蓄電池 ⊖ Pb ｜ H_2SO_4aq ｜ PbO_2 ⊕ 起電力 2.0V

□1 ★★★ 鉛蓄電池は [1 ★★★] を負極，[2 ★★★] を正極とし，これらの電極を希硫酸に浸したものである。この電池を放電すると両極に [3 ★★★] が析出する。（関西大）

(1) 鉛（なまり） Pb
(2) 酸化鉛（さんかなまり）(Ⅳ) PbO_2
(3) 硫酸鉛（りゅうさんなまり）(Ⅱ) $PbSO_4$

〈解説〉鉛蓄電池
Pb が還元剤で負極，PbO_2 が酸化剤で正極となる。e^- が流れると Pb および PbO_2 は，ともに Pb^{2+} に変化した後に希硫酸中の SO_4^{2-} と結びつき，水に不溶な $PbSO_4$ となって，極板の表面に析出する。

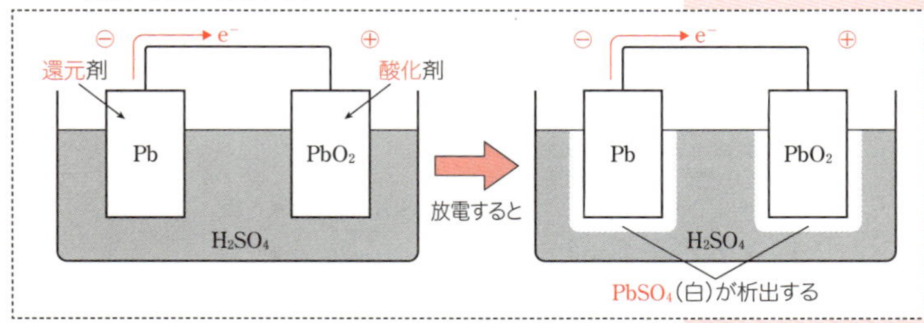

□2 ★★ 鉛蓄電池の放電時には，両極の表面に水に溶け [1 ★★] い [2 ★★★] 色の [3 ★★★] が析出する。（鳥取大）

(1) にく
(2) 白（はく）
(3) 硫酸鉛（りゅうさんなまり）(Ⅱ) $PbSO_4$

□3 ★★ 鉛蓄電池の負極と正極で次の反応がおこっている。

（負極）[1 ★★] + SO_4^{2-} ⟶ [2 ★★] + $2e^-$

（正極）[3 ★★] + $4H^+$ + SO_4^{2-} + $2e^-$
⟶ [4 ★★] + $2H_2O$（名城大）

(1) Pb
(2) $PbSO_4$
(3) PbO_2
(4) $PbSO_4$

〈解説〉負極と正極の反応式のつくり方

⊖極 $Pb \longrightarrow Pb^{2+} + 2e^-$ ◀ Pb は Pb^{2+} へ
+) SO_4^{2-} SO_4^{2-} ◀ Pb^{2+} が SO_4^{2-} と結びつく
$Pb + SO_4^{2-} \longrightarrow PbSO_4 + 2e^-$

⊕極 $PbO_2 + 4H^+ + 2e^- \longrightarrow Pb^{2+} + 2H_2O$ ◀ PbO_2 も Pb^{2+} へ
+) SO_4^{2-} SO_4^{2-} ◀ Pb^{2+} が SO_4^{2-} と結びつく
$PbO_2 + 4H^+ + SO_4^{2-} + 2e^- \longrightarrow PbSO_4 + 2H_2O$

□4 ★★ 鉛蓄電池は，負極活物質に鉛，正極活物質に酸化鉛(Ⅳ)，電解液には希硫酸が使われている。放電すると，負極では Pb の酸化数が [1★★] から [2★★] へ，正極では Pb の酸化数が [3★★] から [4★★] へと変化する反応がおこり，両極の表面に [5★★] が生じて，電解液の硫酸の濃度が次第に [6★★] くなる。
（日本女子大）

〈解説〉Pb は $PbSO_4$，PbO_2 は $PbSO_4$ に変化し，H_2SO_4 が減少し H_2O が増加する。
（Pb：0，$PbSO_4$：+2，PbO_2：+4，$PbSO_4$：+2）

(1) 0
(2) +2
(3) +4
(4) +2
(5) 硫酸鉛(Ⅱ)（りゅうさんなまり） $PbSO_4$
(6) 小さ［別 低］（ちい／ひく）

□5 ★★ 鉛蓄電池の放電時には，硫酸鉛(Ⅱ)が両極の表面に生じる。

$$Pb + [1★★] + 2H_2SO_4 \longrightarrow 2[2★★] + 2H_2O$$

（秋田大）

〈解説〉鉛蓄電池全体の反応式のつくり方
⊖極と⊕極の反応式を加える

$Pb + SO_4^{2-} \longrightarrow PbSO_4 + 2e^-$ ◀⊖極
+) $PbO_2 + 4H^+ + SO_4^{2-} + 2e^- \longrightarrow PbSO_4 + 2H_2O$ ◀⊕極

$Pb + PbO_2 + 4H^+ + 2SO_4^{2-} \xrightarrow{e^-\ 2mol} 2PbSO_4 + 2H_2O$
（$4H^+ + 2SO_4^{2-}$：まとめる）

(1) PbO_2
(2) $PbSO_4$

□6 ★★ 鉛蓄電池の放電時には，正極では [1★★] 反応，負極では [2★★] 反応がおこり，両極の表面は [3★★] でおおわれ，放電を続けると起電力が [4★] する。
（日本女子大）

〈解説〉（負極） 還元剤 ⟶ 生成物 + ne^- （酸化反応）
（正極） 酸化剤 + ne^- ⟶ 生成物 （還元反応）

(1) 還元（かんげん）
(2) 酸化（さんか）
(3) 硫酸鉛(Ⅱ)（りゅうさんなまり） $PbSO_4$
(4) 低下（ていか）

□7 ★★ 鉛蓄電池では，正極と負極の質量は，放電により，ともに [1★★] する。
（東京工業大）

〈解説〉正極では PbO_2 が $PbSO_4$ へ，負極では Pb が $PbSO_4$ へ変化する。
（PbO_2 + SO_2 → $PbSO_4$，Pb + SO_4 → $PbSO_4$）

(1) 増加（ぞうか）

□8 ★★ 鉛蓄電池を放電すると，電解液の硫酸の濃度は [1★★]。
（名古屋大）

〈解説〉$Pb + PbO_2 + 2H_2SO_4 \xrightarrow{e^-\ 2mol} 2PbSO_4 + 2H_2O$
左辺・右辺を見ると，H_2SO_4 が減少し，H_2O が生成することがわかる。

(1) 低くなる（ひく）［別 小さくなる（ちい）］

□9 ★★ いま，鉛蓄電池を放電させ，0.20molの電子が流れたとする。このとき，正極ではPbO_2が [1 ★★] g(2ケタ)減少するが，同時に$PbSO_4$が析出するので，放電前に比べて正極の質量は [2 ★★] g(2ケタ)増加する。
H = 1.0，O = 16，S = 32，Pb = 207　(関西大)

(1) 24
(2) 6.4

解き方

正極における反応は次のようになる。

$$1PbO_2 + 4H^+ + SO_4^{2-} + 2e^- \longrightarrow PbSO_4 + 2H_2O$$

よって，e^-が2mol流れるとPbO_2(分子量239)が1mol減少するので，正極ではPbO_2が，

$$\underbrace{0.20\text{mol}}_{e^-[\text{mol}]} \times \underbrace{\frac{239\text{g}}{2\text{mol}}}_{\text{減少した }PbO_2[\text{g}]} \fallingdotseq 24\ [\text{g}]$$

減少するが，同時に$PbSO_4$が析出している。放電前に比べて正極はe^-が2mol流れると$PbSO_4 - PbO_2 = SO_2$(式量64)の分だけ増加するので，正極の質量は，

$$\underbrace{0.20\text{mol}}_{e^-[\text{mol}]} \times \underbrace{\frac{64\text{g}}{2\text{mol}}}_{\text{増加した正極}[\text{g}]} = 6.4\ [\text{g}]$$

増加する。

□10 ★★ 鉛蓄電池のように起電力を回復する操作により，繰り返して使用できる電池を蓄電池または [1 ★★] 電池といい，繰り返して使うことのできないマンガン乾電池やアルカリ乾電池のような [2 ★★] 電池と区別している。　(岡山理科大)

(1) 二次(にじ)
(2) 一次(いちじ)

□11 ★★★ 鉛蓄電池では，外部直流電源に接続して，放電時とは逆向きの電流を通じることにより，放電時の逆反応を進行させて，電池を元の状態に回復できる。この操作を [1 ★★★] という。　(岡山理科大)

(1) 充電(じゅうでん)

□12 ★★★ 放電後，正極を外部電源の [1 ★★★] 極に，負極を外部電源の [2 ★★★] 極に接続すると鉛蓄電池の充電を行うことができる。　(名古屋市立大)

〈解説〉充電の操作：正極と正極，負極と負極をつなぐ。

(1) 正(せい)
(2) 負(ふ)

★★

質量パーセント濃度が35.0%の希硫酸520gを用いて鉛蓄電池を作製し，放電させたところ，0.25molの電子が流れた。この放電によって，電解液中のH_2SO_4は放電前に比べて［1★★］g減少し，H_2Oは［2★★］g増加するので，希硫酸の質量パーセント濃度は［3★★］%（すべて2ケタ）となる。H = 1.0，O = 16，S = 32，Pb = 207

（関西大）

(1) 25
(2) 4.5
(3) 32

解き方

鉛蓄電池の放電時における全体の反応式

$$Pb + PbO_2 + 2H_2SO_4 \xrightarrow{e^- 2mol} 2PbSO_4 + 2H_2O$$

から，e^-が2mol流れるとH_2SO_4（分子量98）が2mol減少し，H_2O（分子量18）が2mol増加するので，e^-が0.25mol流れると，

(e^-)	(H_2SO_4)	(H_2O)
2mol	− 2mol	+ 2mol
0.25mol	− 0.25mol	+ 0.25mol

となる。よって，電解液中のH_2SO_4は，

$$0.25\cancel{mol} \times \frac{98g}{1\cancel{mol}} = 24.5\,[g] \fallingdotseq 25\,[g]$$

減少したH_2SO_4[mol]　減少したH_2SO_4[g]

減少し，H_2Oは，

$$0.25\cancel{mol} \times \frac{18g}{1\cancel{mol}} = 4.5\,[g]$$

増加したH_2O[mol]　増加したH_2O[g]

増加するので，希硫酸の質量パーセント濃度は，

$$\frac{\text{溶質[g]}: 520 \times \frac{35.0}{100} - \underbrace{24.5}_{H_2SO_4}\ g}{\text{溶液[g]}: 520 - \underbrace{24.5}_{H_2SO_4} + \underbrace{4.5}_{H_2O}\ g} \times 100$$

$\fallingdotseq$ 32[%]

となる。

3 さまざまな電池

▼ANSWER

マンガン乾電池 ⊖ Zn ｜ $ZnCl_2$aq，NH_4Claq ｜ MnO_2，C ⊕ など　起電力 1.5V

□1 ★★ 一次電池の例としては，電解液に塩化亜鉛を主体とし，これに塩化アンモニウムを加えた水溶液を用いる [1 ★★] などがある。（東京理科大）

(1) マンガン乾電池

□2 ★★★ マンガン乾電池は，亜鉛が [1 ★★★] 極活物質となり，[2 ★] の反応により電子を放出し，[3 ★★★] 極活物質の酸化マンガン(Ⅳ)が電子を受け取る。（日本女子大）

〈解説〉Zn が還元剤で負極，MnO_2 が酸化剤で正極。
負極：$Zn + 4NH_4^+ \longrightarrow [Zn(NH_3)_4]^{2+} + 4H^+ + 2e^-$
正極：$MnO_2 + H^+ + e^- \longrightarrow MnO(OH)$ など

(1) 負
(2) $Zn + 4NH_4^+ \longrightarrow [Zn(NH_3)_4]^{2+} + 4H^+ + 2e^-$ [別 $Zn \longrightarrow Zn^{2+} + 2e^-$]
(3) 正

アルカリマンガン乾電池 ⊖ Zn ｜ KOHaq ｜ MnO_2 ⊕　起電力 1.5V

□3 ★ 代表的な一次電池であるアルカリマンガン乾電池では，正極活物質に MnO_2，負極活物質に Zn 粉末，電解液に ZnO を溶解させた濃 KOH 水溶液が用いられ，負極では Zn 粉末が酸化され，正極では MnO_2 が MnO(OH) に還元されることで放電する。

よって，負極の反応を電子 e^- を含むイオン反応式で示すと [1 ★] となり，正極の反応を電子 e^- を含むイオン反応式で示すと [2 ★] となる。（岐阜大）

〈解説〉Zn が還元剤で負極，MnO_2 が酸化剤で正極。

負極：
$$Zn \longrightarrow Zn^{2+} + 2e^-$$
$$+)\ Zn^{2+} + 4OH^- \longrightarrow [Zn(OH)_4]^{2-}$$
$$Zn + 4OH^- \longrightarrow [Zn(OH)_4]^{2-} + 2e^-$$

正極：
$$MnO_2 + H^+ + e^- \longrightarrow MnO(OH)$$
$$+)\ OH^- \qquad OH^-$$
$$MnO_2 + H_2O + e^- \longrightarrow MnO(OH) + OH^-$$

(1) $Zn + 4OH^- \longrightarrow [Zn(OH)_4]^{2-} + 2e^-$ [別 $Zn \longrightarrow Zn^{2+} + 2e^-$]
(2) $MnO_2 + H_2O + e^- \longrightarrow MnO(OH) + OH^-$

太陽電池

□4 ★★ [1 ★★★] などの半導体を用いて，[2 ★] を直接 [3 ★] に変える発電装置を太陽電池という。

（青山学院大）

(1) ケイ素 Si
(2) 光エネルギー
(3) 電気エネルギー

酸化銀電池

$\ominus$ Zn | KOHaq | Ag_2O $\oplus$ など　起電力 1.6V

□5 ★★★ 図にアルカリ系ボタン形酸化銀電池の概略図を示す。[1 ★★★] 極材料には酸化銀(Ag_2O)，[2 ★★★] 極材料には粒状亜鉛，電解液としては水酸化カリウム濃厚水溶液が用いられている。（東京大）

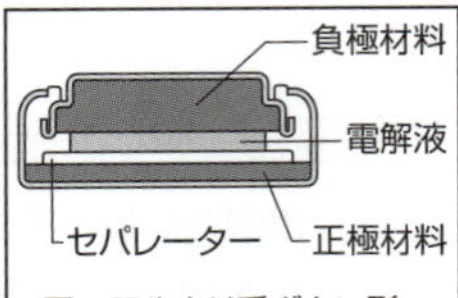

図　アルカリ系ボタン形酸化銀電池の概略図

(1) 正（せい）
(2) 負（ふ）

〈解説〉Ag_2O が酸化剤で正極，Zn が還元剤で負極。

負極：$Zn + 2OH^- \longrightarrow Zn(OH)_2 + 2e^-$

水に不溶な $Zn(OH)_2$ は次の反応を起こして電解液に溶解する。

$Zn(OH)_2 + 2OH^- \longrightarrow [Zn(OH)_4]^{2-}$

正極：$Ag_2O + H_2O + 2e^- \longrightarrow 2Ag + 2OH^-$

燃料電池

$\ominus$ H_2 | H_3PO_4aq | O_2 $\oplus$ や $\ominus$ H_2 | KOHaq | O_2 $\oplus$ など　起電力 1.2V

□6 ★★ 燃料電池は，[1 ★★] と [2 ★★]（順不同）から水が生成する反応を利用して化学エネルギーを電気エネルギーへ変換するデバイスであり，クリーンエネルギーシステムとして注目される。（東京大）

(1) 水素（すいそ） H_2
(2) 酸素（さんそ） O_2

□7 ★★★ 図は，水素－酸素燃料電池の構造を示したものである。この電池は，触媒作用をもった2つの多孔質電極（燃料極と空気極と呼ぶ）とその間にある電解質から構成されている。燃料極と空気極には，それぞれ十分な量の水素と酸素が供給されており，多孔質電極を介して電解質と接触するようになっている。燃料極では，水素の [1 ★★★] 反応が起こり，[2 ★★★] 極となる。一方，空気極では，酸素の [3 ★★★] 反応が起こり，[4 ★★★] 極となる。燃料電池では，これらの化学反応のエネルギーを [5 ★★] エネルギーとして取り出すことができる。（高知大）

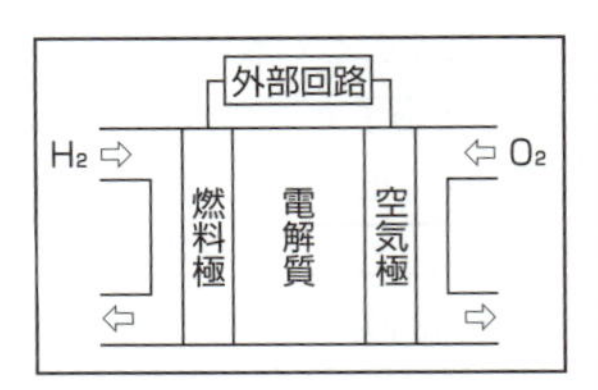

(1) 酸化（さんか）
(2) 負（ふ）
(3) 還元（かんげん）
(4) 正（せい）
(5) 電気（でんき）

〈解説〉H_2 は還元剤で負極，O_2 は酸化剤で正極となる。

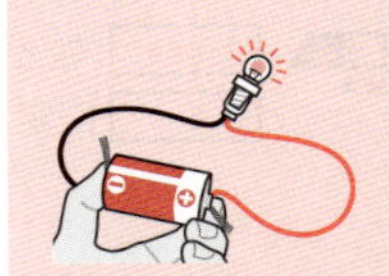

□8 ★★★ 図に水素－酸素燃料電池の模式図を示した。電解質の種類によってさまざまなタイプがあり，水酸化カリウム水溶液を用いたアルカリ型燃料電池，リン酸水溶液を用いたリン酸型燃料電池，フッ素系イオン交換樹脂を用いた固体高分子型燃料電池などがある。リン酸型燃料電池では，A 極側で反応 [1 ★★] がおき，B 極側で反応 [2 ★★] がおきる。その結果，[3 ★★] に向かって電流が流れ，したがって，A 極は [4 ★★★] 極，B 極は [5 ★★★] 極となる。また [6 ★★★] 極側の排出物に水が含まれる。（東京理科大）

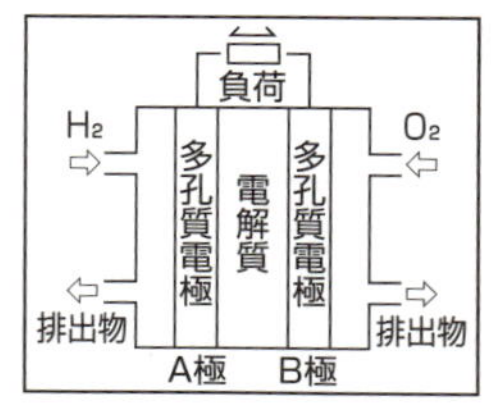

〈解説〉電解質として KOHaq を用いた場合は次のようにに反応式をつくる。

⊖極 $H_2 \longrightarrow 2H^+ + 2e^-$
+) $2OH^-$ 　 $2OH^-$
$H_2 + 2OH^- \longrightarrow 2H_2O + 2e^-$

⊕極 $O_2 + 4H^+ + 4e^- \longrightarrow 2H_2O$
+) $4OH^-$ 　 $4OH^-$
$O_2 + 2H_2O + 4e^- \longrightarrow 4OH^-$

(1) $H_2 \longrightarrow 2H^+ + 2e^-$
(2) $O_2 + 4H^+ + 4e^- \longrightarrow 2H_2O$
(3) B 極(きょく)から A 極(きょく)
(4) 負(ふ)
(5) 正(せい)
(6) 正(せい)

ニッケル－水素電池 ⊖ MH | KOHaq | NiO(OH) ⊕ 起電力 1.35V

□9 ★★★ ニッケル水素電池は，[1 ★★★] 極に水素を結晶格子の隙間に水素原子の形で取り込む [2 ★★] 合金，[3 ★★★] 極にオキシ水酸化ニッケル(Ⅲ)，電解液に [4 ★★] 性の水溶液が使用されている。（徳島大）

〈解説〉MH は，水素を吸収・貯蔵できる水素吸蔵合金を表している。

(1) 負(ふ)
(2) 水素吸蔵(すいそきゅうぞう)
(3) 正(せい)
(4) 塩基(えんき)

リチウムイオン電池 ⊖ C(黒鉛)と Li の化合物｜Li 塩＋有機溶媒｜$LiCoO_2$ ⊕ 起電力 4.0V

□10 ★★★

携帯電話やノートパソコンなどに使用されているリチウムイオン電池は，［1 ★★★］極にリチウムを含む［2 ★★］，［3 ★★★］極にコバルト(Ⅲ)酸リチウムなどが主に用いられている。電解液に，ヘキサフルオロリン酸リチウムなどのリチウムの塩をエチレンカーボネートなどの有機化合物に溶かしたものが用いられている。リチウムはイオン化傾向の［4 ★★★］い金属であることからリチウムを［5 ★★★］極に用いることは，起電力の［6 ★★★］い電池を作るのに適している。(徳島大)

〈解説〉リチウムイオン電池では，主に正極活物質にコバルト(Ⅲ)酸リチウム($LiCoO_2$)などの金属酸化物，負極活物質にリチウムを含む炭素が用いられている。

(1) 負(ふ)
(2) 炭素(たんそ)［㊀黒鉛(こくえん)］
(3) 正(せい)
(4) 大(おお)き
(5) 負(ふ)
(6) 大(おお)き

4 陽極と陰極の反応

▼ ANSWER

□1 ★★ 電解質の水溶液や融解塩に外部から電気エネルギーを与えて，両極で強制的に [1★★] をおこさせることを電気分解という。 (福岡大)

(1) 酸化還元(反応)

□2 ★★★ 電気分解では，外部の直流電源(電池)の負極と接続した電極を [1★★★]，正極と接続した電極を [2★★★] という。 (宮崎大)

(1) 陰極
(2) 陽極

〈解説〉電極の決め方

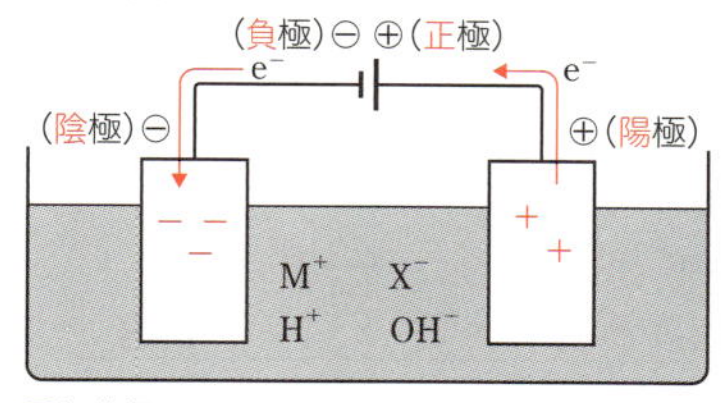

電気分解では，
陰極(－極)：外部電源の負極(－極)とつないだ電極
陽極(＋極)：外部電源の正極(＋極)とつないだ電極

□3 ★★ 電極に反応性の小さな白金や炭素を使ったとき，陰極では電子が外部電源の負極から流れ込むので，イオンや分子が電子を受け取る反応がおこり，陽極ではイオンや分子が電子を失う反応がおこる。すなわち，陰極では [1★★] 反応がおこり，陽極では [2★★] 反応がおこる。 (福岡大)

(1) 還元
(2) 酸化

□4 ★★ 電気分解において，電源の [1★★★] 極につないだ電極を陰極といい，電源の [2★★★] 極につないだ電極を陽極という。陰極では [3★★★] の小さな金属の [4★] イオンは [5★★] されやすい。また，[3★★★] の大きな金属の [4★] イオンは [5★★] されにくいが，かわりに水分子が陰極で電子を [6★] ことにより [7★] が発生する。一方，陽極では [8★] 原子イオンは [9★★] されにくいが，かわりに水分子が陽極で電子を [10★] ことにより [11★] が発生する。

(東京海洋大)

(1) 負
(2) 正
(3) イオン化傾向
(4) 陽
(5) 還元
(6) 受けとる
(7) 水素 H_2
(8) 多
(9) 酸化
(10) 与える
(11) 酸素 O_2

考え方

電極反応の考え方

水溶液の電気分解について，陰極と陽極の反応に分けて考える。このとき，水のわずかな電離で生じている H^+，OH^- の存在に注意しよう。

⑴**陰極の反応：還元反応**

イオン化傾向の小さな陽イオンが反応し，e^-を受け取る。注

（水溶液の濃度や電圧などの条件によっては，イオン化傾向の小さくない金属イオン(Zn, Fe, Ni, Sn, Pb などの陽イオン)が反応することもあるが，そのときには問題中のヒントから判断できるようになっている。）

注 イオン化傾向の小さな陽イオンとして H^+ が反応するとき，水溶液の液性(酸性・中性・塩基性)によって(a)，(b)のように反応式を書き分ける必要がある。

(a)酸性下　$2H^+ + 2e^- \longrightarrow H_2$

(b)中性または塩基性下　$2H^+ + 2e^- \longrightarrow H_2$

$$
\begin{array}{rl}
 & 2H^+ + 2e^- \longrightarrow H_2 \\
+) & 2OH^- \qquad\qquad\quad 2OH^- \\
\hline
 & 2H_2O + 2e^- \longrightarrow H_2 + 2OH^-
\end{array}
$$

← $2H^+$を $2H_2O$ にするために両辺に $2OH^-$を加えてまとめる。

⑵**陽極の反応：酸化反応**

次の手順に従って考える。

【手順①】陽極板が炭素 C，白金 Pt，金 Au 以外の場合，陽極板自身が溶解する。

㋹　$Cu \longrightarrow Cu^{2+} + 2e^-$

【手順②】陽極板が炭素 C，白金 Pt，金 Au のいずれかの場合

(1) Cl^- または I^- が存在する… Cl^- または I^- が反応し，$2Cl^- \longrightarrow Cl_2 + 2e^-$ または $2I^- \longrightarrow I_2 + 2e^-$ となる。

(2) Cl^- や I^- が存在しない… OH^- が反応する。注

注 OH^- が反応するとき，水溶液の液性(酸性・中性・塩基性)によって(a)，(b)のように反応式を書き分ける必要がある。

(a)塩基性下　$4OH^- \longrightarrow O_2 + 2H_2O + 4e^-$

(b)中性または酸性下

$$
\begin{array}{rl}
 & 4OH^- \longrightarrow O_2 + 2H_2O + 4e^- \\
+) & 4H^+ \qquad\qquad\quad 4H^+ \\
\hline
 & 2H_2O \longrightarrow O_2 + 4H^+ + 4e^-
\end{array}
$$

← $4OH^-$ を $4H_2O$ にするために両辺に $4H^+$を加えてまとめる。

□5 塩化銅(Ⅱ)水溶液を2本の炭素棒を電極として電気分解
★★ すると陰極では [1★★] が析出し，陽極では [2★★] が発生する。 （大阪市立大）

(1) 銅 Cu
(2) 塩素 Cl_2

〈解説〉塩化銅(Ⅱ) $CuCl_2$ 水溶液の電気分解のようす

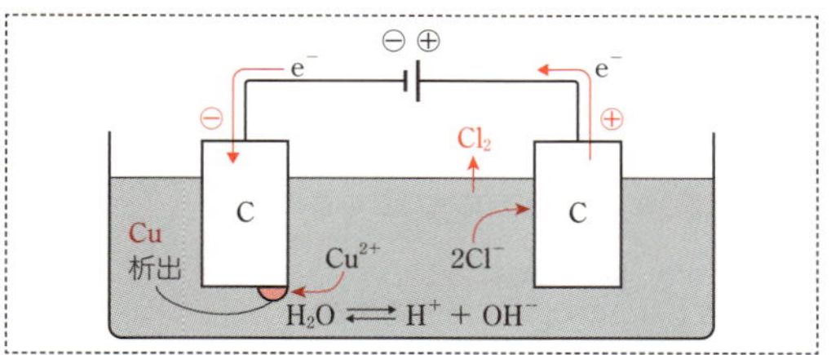

(陰極) イオン化傾向は H_2 > Cu なので，イオン化傾向の小さな Cu^{2+} が反応する。

$Cu^{2+} + 2e^- \longrightarrow Cu$

(陽極) 陽極板が C なので，極板は溶解しない。
Cl^- が存在しているので，Cl^- が反応する。

$2Cl^- \longrightarrow Cl_2 + 2e^-$

□6 硫酸銅(Ⅱ)水溶液の電気分解を，両極ともに白金電極
★★ を用いて行った。このとき，それぞれの電極でおこる化学反応は，

陰極：[1★★]　陽極：[2★★]

である。 （埼玉大）

(1) $Cu^{2+} + 2e^- \longrightarrow Cu$
(2) $2H_2O \longrightarrow O_2 + 4H^+ + 4e^-$

〈解説〉Cu^{2+}, SO_4^{2-}, $H_2O \rightleftarrows H^+ + OH^-$

(陰極) イオン化傾向は H_2 > Cu なので，イオン化傾向の小さな Cu^{2+} が反応する。

$Cu^{2+} + 2e^- \longrightarrow Cu$

(陽極) 陽極板が Pt なので，極板は溶解しない。
Cl^- や I^- が存在しないので，OH^- が反応する。

$4OH^- \longrightarrow O_2 + 2H_2O + 4e^-$

$CuSO_4$ 水溶液は弱酸性なので，両辺に $4H^+$ を加える。

$$\begin{array}{rl} & 4OH^- \longrightarrow O_2 + 2H_2O + 4e^- \\ +) & 4H^+ \qquad\qquad\qquad 4H^+ \\ \hline & 2H_2O \longrightarrow O_2 + 4H^+ + 4e^- \end{array}$$

硫酸水溶液の電気分解を，両極ともに白金電極を用いて行った。このとき，それぞれの電極でおこる化学反応は，

陰極：1★★　陽極：2★★

である。（埼玉大）

(1) $2H^+ + 2e^- \longrightarrow H_2$
(2) $2H_2O \longrightarrow O_2 + 4H^+ + 4e^-$

〈解説〉H^+，HSO_4^-，$H_2O \rightleftarrows H^+ + OH^-$

（陰極）H^+が反応する。

$$2H^+ + 2e^- \longrightarrow H_2$$

硫酸水溶液は強酸性なので，反応式はこのままでよい。

（陽極）陽極板がPtなので，極板は溶解しない。

Cl^-やI^-が存在しないので，OH^-が反応する。

$$4OH^- \longrightarrow O_2 + 2H_2O + 4e^-$$

H_2SO_4水溶液は強酸性なので，両辺に$4H^+$を加えまとめる。

$$2H_2O \longrightarrow O_2 + 4H^+ + 4e^-$$

水酸化ナトリウム水溶液をビーカーにとり，図に示すように直流電源と白金電極を用いて電気分解の実験を行った。一般に電気分解の実験において，電源の負極（マイナス極）に接続された電極では，まわりの分子やイオンが電極から電子を受け取る反応がおこる。この実験では，電極Bにおいて，1★★が電子を受け取り，2★★イオンが生じ，気体である3★★が発生する反応がおこる。一方，電源の正極（プラス極）に接続された電極Aでは，電極が電子を受け取る反応がおこり，気体である4★★が発生する。（九州大）

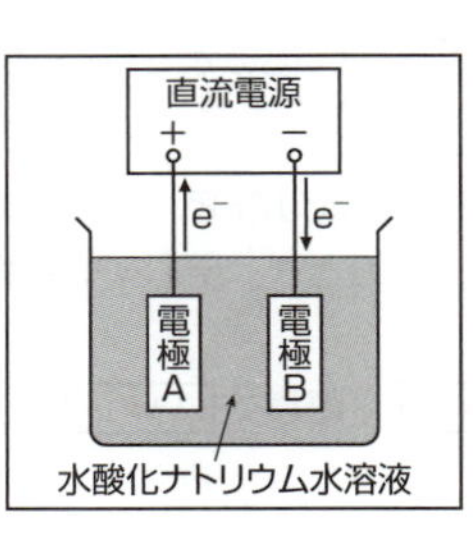

(1) 水（みず） H_2O
(2) 水酸化物（すいさんかぶつ） OH^-
(3) 水素（すいそ） H_2
(4) 酸素（さんそ） O_2

〈解説〉Na^+ OH^-，$H_2O \rightleftarrows H^+ + OH^-$

（電極B＝陰極）イオン化傾向は$Na > H_2$なので，イオン化傾向の小さなH^+が反応する。

$$2H^+ + 2e^- \longrightarrow H_2$$

NaOH水溶液は強塩基性なので，両辺に$2OH^-$を加える。

$$\begin{array}{rcl} 2H^+ + 2e^- & \longrightarrow & H_2 \\ +)\ 2OH^- & & 2OH^- \\ \hline 2H_2O + 2e^- & \longrightarrow & H_2 + 2OH^- \\ (1) & & (3)\quad (2) \end{array}$$

（電極A＝陽極）陽極板がPtなので，極板は溶解しない。

Cl^-やI^-が存在しないので，OH^-が反応する。

$$4OH^- \longrightarrow O_2 + 2H_2O + 4e^-$$

(4)

NaOH水溶液は強塩基性なので，反応式はこのままでよい。

5 水溶液の電気分解

▼ ANSWER

□1 ★★★ 白金電極を用いて塩化銅(Ⅱ)水溶液に，直流電流を流して電気分解の実験を行った。その結果，陽極には気体が発生し，陰極には固体が析出した。図で電子の方向は [1 ★★★] および電流の方向は [2 ★★★] となる。（神戸大）

〈解説〉陽極では Cl_2 が発生し，陰極では Cu が析出する。

(1) ①
(2) ②

□2 ★★★ 電池とは，酸化還元反応の化学エネルギーを電気エネルギーに変える装置である。電池の正極では還元反応がおこり，負極では酸化反応がおこる。また，電池を使って電解質の水溶液や融解塩に電流を流し，電気エネルギーによって酸化還元反応をおこさせて，電気分解を行うことができる。この電気分解反応について，酸化反応がおこる電極は [1 ★★★]，還元反応がおこる電極は [2 ★★★] とそれぞれよばれている。（北海道大）

(1) 陽極（ようきょく）
(2) 陰極（いんきょく）

□3 ★ 塩化銅(Ⅱ)の水溶液をつくり，炭素棒を電極として電気分解すると，銅(Ⅱ)イオンは [1 ★] を生じる。また，この電気分解では，陽極付近の水素イオン濃度は [2 ★]。（近畿大）

〈解説〉Cu^{2+} Cl^- (H^+ OH^-)
⊖(C) $Cu^{2+} + 2e^- \longrightarrow Cu$
⊕(C) $2Cl^- \longrightarrow Cl_2 + 2e^-$

⊕極で発生した Cl_2 の一部が水と反応して酸性を示し，水素イオン濃度 $[H^+]$ は増加する。

$$Cl_2 + H_2O \rightleftarrows HCl + HClO$$

(1) (陰極（いんきょく）で還元（かんげん）されて)銅（どう） Cu
(2) 増加（ぞうか）する [別 大（おお）きくなる]

□4 ★★ 水溶液の電気分解では，電極で反応する物質がイオンの場合もあれば，電気的に中性な物質の場合もある。まず，硫酸ナトリウム水溶液の電気分解を，陰極，陽極ともに白金電極を用いて行った。このとき，全体では，［1★★★］という化学反応がおこる。電気分解を終えた直後に，それぞれの電極付近の水溶液の pH を測定したところ，25℃でその値は，陰極付近：pH［2★］7，陽極付近：pH［3★］7という関係であった。これらのことは，それぞれの電極でおこる化学反応が，

陰極：［4★★］　　陽極：［5★★］

であることを支持する。（埼玉大）

(1) $2H_2O \longrightarrow 2H_2 + O_2$
(2) ＞
(3) ＜
(4) $2H_2O + 2e^- \longrightarrow H_2 + 2OH^-$
(5) $2H_2O \longrightarrow O_2 + 4H^+ + 4e^-$

〈解説〉

Na^+ SO_4^{2-}
(H^+ OH^-)
Na_2SO_4 水溶液は中性。

⊖(Pt) $2H_2O + 2e^- \longrightarrow H_2 + 2OH^-$ …①
水の H^+ がなくなって OH^- が余り，水酸化物イオン濃度が増加するので，塩基性（pH ＞ 7）となる。

⊕(Pt) $2H_2O \longrightarrow O_2 + 4H^+ + 4e^-$ …②
水の OH^- がなくなって H^+ が余り，水素イオン濃度が増加するので，酸性（pH ＜ 7）となる。

全体では，①× 2 ＋②より
$2H_2O \longrightarrow 2H_2 + O_2$　となる。

□5 ★★ KI 水溶液をビーカーに入れ，この水溶液に炭素棒電極2本を入れた。電極の一方に電池の正極を，もう一方に負極を接続して電気分解した。このとき，一方の炭素棒電極では気体［1★★］が発生した。また，もう一方の炭素棒電極では物質［2★★］が生成し，これが溶解して水溶液が［3★］色に変色した。（新潟大）

(1) 水素（すいそ） H_2
(2) ヨウ素（そ） I_2
(3) 褐（かっ）

〈解説〉

K^+ I^-
(H^+ OH^-)

⊖(C) $2H_2O + 2e^- \longrightarrow H_2 + 2OH^-$
⊕(C) $2I^- \longrightarrow I_2 + 2e^-$

Cl^- や I^- は OH^- より酸化されやすい。
I_2 は水に溶けにくいが，KI 水溶液には溶けて，褐色の溶液になる。

$I^- + I_2 \rightleftarrows I_3^-$
無色　黒紫色　褐色

イオン交換膜法 NaOHの工業的製法

□6 ★★★

イオン交換膜で中央部分をA槽およびB槽に隔てた電解槽を作製した。この電解槽のA槽に塩化ナトリウムの飽和水溶液を，B槽には水を入れた。次いで，A槽には陽極として炭素を挿入し，B槽には陰極として鉄を挿入して電気分解を行なった。このとき，陽極では 1★★ が 2★★★ されて 3★★ が発生し，陰極では 4★★ が 5★★★ されて 6★★ が発生した。この電気分解で，B槽中では 7★★ が生成した。イオン交換膜には陽極側から陰極側へ 8★★ のみ流入させるため，9★★★ を用いた。また，この実験で得られた 7★★ は固体状態で空気中の水分を吸収する 10★★★ 性を示すため，乾燥した状態で保存する必要がある。（東京理科大）

〈解説〉イオン交換膜法では，陽イオン交換膜がナトリウムイオン Na^+ のみを選択的に透過させるために，純度の高い水酸化ナトリウム NaOH が得られる。

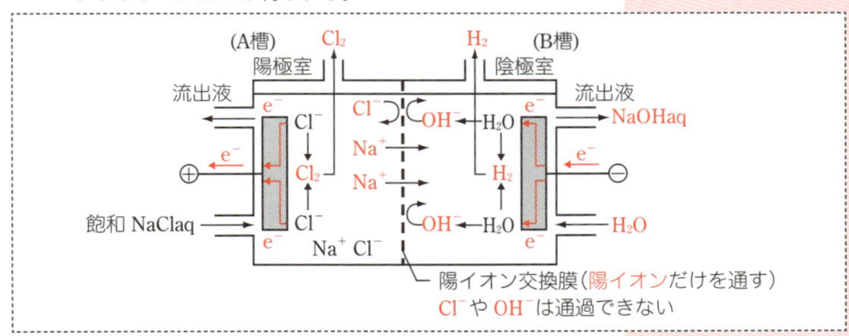

⊕(C) $2Cl^- \longrightarrow Cl_2 + 2e^-$ ◀極板は変化せず，Cl^-が存在するため
（酸化反応）

⊖(Fe) $2H_2O + 2e^- \longrightarrow H_2 + 2OH^-$ ◀ H^+が反応し，水は中性なので
（還元反応）

(1) 塩化物(えんかぶつ)イオン Cl^-
(2) 酸化(さんか)
(3) 塩素(えんそ) Cl_2
(4) 水(みず) H_2O
(5) 還元(かんげん)
(6) 水素(すいそ) H_2
(7) 水酸化(すいさんか)ナトリウム NaOH
(8) ナトリウムイオン Na^+
(9) 陽(よう)イオン交換(こうかん)膜(まく)
(10) 潮解(ちょうかい)

□7 ★★★

電気分解において，陽極では電子を奪う［1★★★］反応が，陰極では電子を与える［2★★★］反応がおこる。図のように陽イオン交換膜で仕切られた陽極側に飽和塩化ナトリウム水溶液を，陰極側に水を入れ電気分解を行う。陽極では気体として［3★★］が発生する。陰極では気体として［4★★］と液中には［5★★］イオンが発生する。溶液中の陰極付近では［5★★］イオンの濃度が高くなり，また，［6★★］イオンは陽極から陰極へ陽イオン交換膜を透過できる。一方，［5★★］イオンや［7★★］イオンは陽イオン交換膜を透過できない。したがって，陰極付近では［5★★］イオンと［6★★］イオンの濃度が高くなり，この水溶液を濃縮すると［8★★★］が得られる。

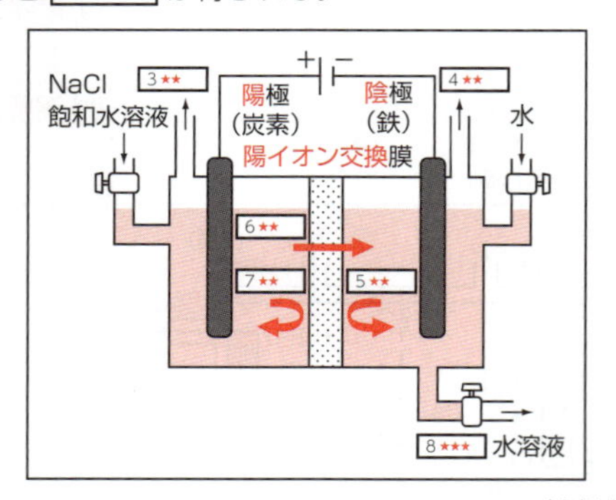

（鹿児島大）

〈解説〉⊕(C)　$2Cl^- \longrightarrow Cl_2 + 2e^-$（酸化反応）

⊖(Fe)　$2H_2O + 2e^- \longrightarrow H_2 + 2OH^-$（還元反応）

$2OH^-$ → NaOH となる

(1) 酸化（さんか）
(2) 還元（かんげん）
(3) 塩素（えんそ） Cl_2
(4) 水素（すいそ） H_2
(5) 水酸化物（すいさんかぶつ） OH^-
(6) ナトリウム Na^+
(7) 塩化物（えんかぶつ） Cl^-
(8) 水酸化ナトリウム（すいさんか） NaOH

6 電気分解と電気量

▼ ANSWER

□1 ★★ 電気分解では，電極の表面で生成する物質の物質量は，流れた電気量に 1★ する。この法則は発見者の名から 2★★ の法則と呼ばれている。電気量の単位は C（クーロン）で表され，1C は 1A（アンペア）の電流が 1 秒間に運ぶ電気量である。電子 1 個のもつ電気量の絶対値を 3★ といい，およそ 1.60×10^{-19}C である。よって 3★ と 4★★ 定数の積は電子 1mol あたりの電気量の絶対値で，およそ 9.65×10^{4}C/mol である。この数値を 2★★ 定数という。（東京海洋大）

(1) 比例（ひれい）
(2) ファラデー
(3) 電気素量（でんきそりょう）
(4) アボガドロ

〈解説〉1 アンペア〔A〕の電流が 1 秒〔s〕間流れたときに運ばれる電気量を 1 クーロン〔C〕といい，電流の単位であるアンペア〔A〕とクーロン〔C〕や秒〔s〕の関係は，$〔A〕=\left[\frac{C}{s}\right]$ になるので，この単位から次の関係が成り立つことがわかる。

アンペア〔A〕×秒〔s〕＝クーロン〔C〕

また，電子 e^- 1〔mol〕のもつ電気量の絶対値をファラデー定数 F といい，

$F = 96500$〔C/mol〕になり，

電子 e^- 1 個がもつ電気量（電気素量）を x〔C〕，アボガドロ定数を N〔/mol〕とすると，$x \times N = F$ の関係がある。

□2 ★★ 2 枚の白金板を電極とし，一定電流 9.65×10^{-2}A で硝酸銀水溶液を電気分解した。陰極に 3.60×10^{-3}mol の銀を析出させるのに 1★★ 分間（整数）かかる。ファラデー定数 96500C/mol （東京電機大）

(1) 60

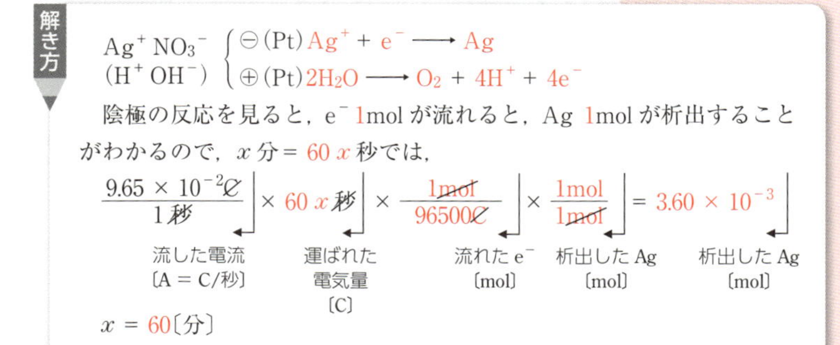

解き方

Ag^+ NO_3^- ｛⊖(Pt) $Ag^+ + e^- \longrightarrow Ag$

$(H^+$ $OH^-)$ ｛⊕(Pt) $2H_2O \longrightarrow O_2 + 4H^+ + 4e^-$

陰極の反応を見ると，e^- 1mol が流れると，Ag 1mol が析出することがわかるので，x 分 = $60x$ 秒では，

$$\frac{9.65 \times 10^{-2}\text{C}}{1\text{秒}} \times 60x\text{秒} \times \frac{1\text{mol}}{96500\text{C}} \times \frac{1\text{mol}}{1\text{mol}} = 3.60 \times 10^{-3}$$

流した電流〔A = C/秒〕　運ばれた電気量〔C〕　流れた e^-〔mol〕　析出した Ag〔mol〕　析出した Ag〔mol〕

$x = 60$〔分〕

□3 ★★ 1.00mol/L の硫酸銅(Ⅱ) 水溶液 1.00L 中に 10.0g の白金電極を 2 枚浸し，2.50A の直流電流を 12 分 52 秒間流した。この電気分解に関与する電子の物質量は [1★] mol(3 ケタ) であり，陰極に析出する物質の質量は [2★] mg(3 ケタ) となる。一方，陽極では，[3★★] の反応がおこり，陽極で発生する気体の体積は，標準状態で [4★] mL(3 ケタ) となる。H = 1.0, O = 16.0, S = 32.1, Cu = 63.6, Pt = 195, F = 96500C/mol （明治大）

(1) 0.0200
(2) 636
(3) $2H_2O \longrightarrow O_2 + 4H^+ + 4e^-$
(4) 112

〈解説〉I〔A〕の電流を t〔s〕間流したときに流れる電子の物質量〔mol〕は，

式：$I \times t \times \frac{1}{96500}$〔mol〕

単位：$\frac{C}{s} \times s \times \frac{mol}{C}$

となる。

解き方

12 分 52 秒 = 772 秒より，この電気分解に関与する e^- の物質量は，

$$\frac{2.50C}{1秒} \times 772秒 \times \frac{1mol}{96500C} = 0.0200〔mol〕$$

〔C/秒〕 〔C〕 e^-〔mol〕

となる。

Cu^{2+} SO_4^{2-} (H^+ OH^-)
⊖(Pt) $Cu^{2+} + 2e^- \longrightarrow Cu$
⊕(Pt) $2H_2O \longrightarrow O_2 + 4H^+ + 4e^-$

陰極では，e^- 2mol が流れると Cu 1mol が析出することがわかるので，析出した Cu は，

$$0.0200mol \times \frac{1mol}{2mol} \times \frac{63.6g}{1mol} \times \frac{10^3mg}{1g} = 636〔mg〕$$

流れた e^-〔mol〕 析出した Cu〔mol〕 析出した Cu〔g〕 析出した Cu〔mg〕

となる。

一方，陽極では，e^- 4mol が流れると O_2 1mol が発生することがわかるので，発生した O_2 は標準状態で，

$$0.0200mol \times \frac{1mol}{4mol} \times \frac{22.4L}{1mol} \times \frac{10^3mL}{1L} = 112〔mL〕$$

流れた e^-〔mol〕 発生した O_2〔mol〕 発生した O_2〔L〕 発生した O_2〔mL〕

となる。

□4 ★ 図に示すような電解槽を3つ直列につないで電気分解を行った。これらの電極のうち，電極Cは［1★］極，電極Dは［2★］極としてはたらく。A～Fの電極のうち金属が析出する電極は，［3★］，気体が発生する電極は［4★］である。

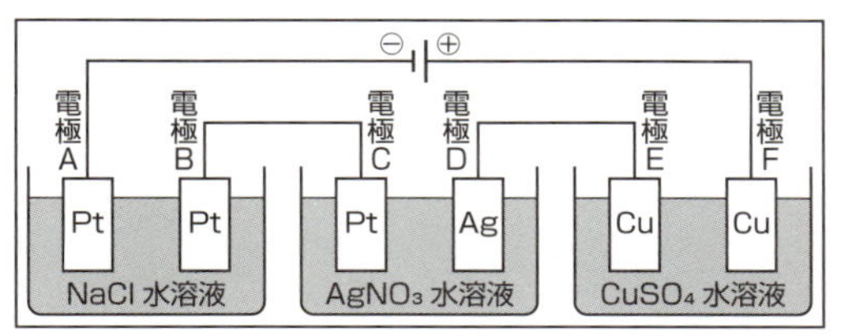

（中央大）

(1) 陰（いん）
(2) 陽（よう）
(3) CとE
(4) AとB

〈解説〉電解槽のつなぎ方には，直列と並列がある。e^-の流れに注目する。

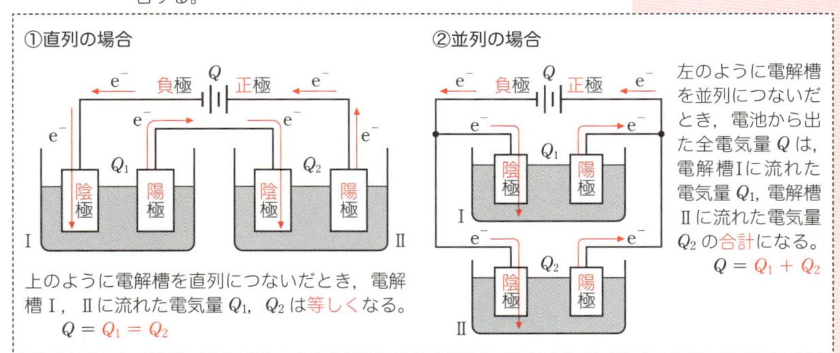

①直列の場合

上のように電解槽を直列につないだとき，電解槽I，IIに流れた電気量Q_1，Q_2は等しくなる。

$Q = Q_1 = Q_2$

②並列の場合

左のように電解槽を並列につないだとき，電池から出た全電気量Qは，電解槽Iに流れた電気量Q_1，電解槽IIに流れた電気量Q_2の合計になる。

$Q = Q_1 + Q_2$

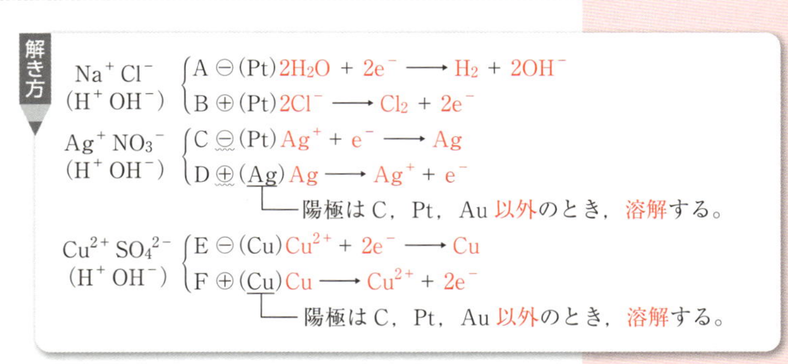

解き方

Na^+ Cl^- (H^+ OH^-)
- A ⊖ (Pt) $2H_2O + 2e^- \longrightarrow H_2 + 2OH^-$
- B ⊕ (Pt) $2Cl^- \longrightarrow Cl_2 + 2e^-$

Ag^+ NO_3^- (H^+ OH^-)
- C ⊖ (Pt) $Ag^+ + e^- \longrightarrow Ag$
- D ⊕ (Ag) $Ag \longrightarrow Ag^+ + e^-$

　└ 陽極はC，Pt，Au 以外のとき，溶解する。

Cu^{2+} SO_4^{2-} (H^+ OH^-)
- E ⊖ (Cu) $Cu^{2+} + 2e^- \longrightarrow Cu$
- F ⊕ (Cu) $Cu \longrightarrow Cu^{2+} + 2e^-$

　└ 陽極はC，Pt，Au 以外のとき，溶解する。

理論化学③
――物質の変化と平衡――

THEORETICAL CHEMISTRY

第07章

【化学平衡①】
反応速度と平衡

1 反応速度

▼ANSWER

□1 ★★★
一般に，反応物の濃度が大きいほど反応速度は［1★★★］なる。気体の反応では，反応物の濃度とその［2★★★］は比例する。したがって，［2★★★］が大きいほど，一般に反応速度は［3★★★］なる。（愛媛大）

(1) 大きく[㊙速く]
(2) 圧力[㊙分圧]
(3) 大きく[㊙速く]

□2 ★★★
触媒を用いると反応のしくみが変わり，活性化エネルギーの［1★★］経路で反応が進むので，反応の速さは大きくなる。触媒は反応の活性化エネルギーを［2★★★］して反応速度を大きくするが，反応熱の値には影響しない。（愛媛大）

(1) 小さな[㊙低い]
(2) 小さく[㊙低く]

〈解説〉一般に化学反応では，高いエネルギーをもった分子（A，B）どうしが衝突し，ある一定のエネルギーの高い状態（活性化状態）が形成され，生成物（AB）ができる。

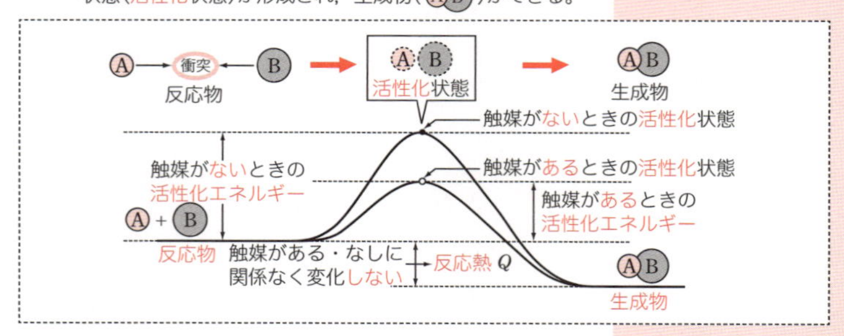

□3 ★★★
化学反応が起こるためには，分子が［1★★★］エネルギー以上のエネルギーをもって衝突する必要がある。［2★★★］が上昇すると，［3★★★］エネルギーが大きい分子の割合が増大することで，［1★★★］エネルギー以上のエネルギーをもつ分子が増加し，反応する可能性のある分子は増加するので，反応速度は［4★★★］。また，化学反応に適切な［5★★★］を用いると，［1★★★］エネルギーが［6★★］ことで反応が速くなる。（鹿児島大）

(1) 活性化
(2) 温度
(3) 運動
(4) 大きくなる[㊙速くなる]
(5) 触媒
(6) 小さくなる

〈解説〉

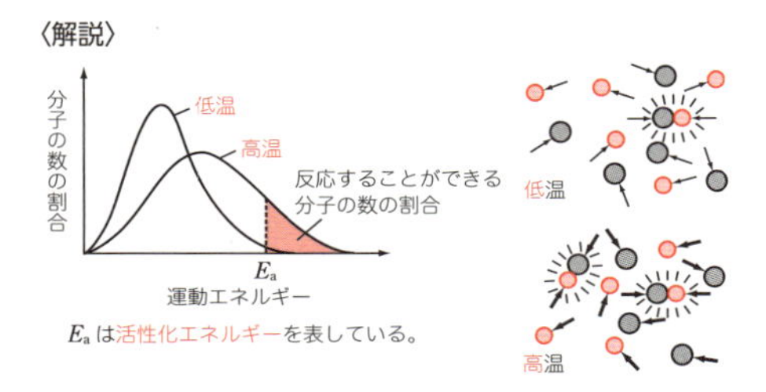

E_a は活性化エネルギーを表している。

□4 ★★★

25℃では水溶液中の過酸化水素の分解速度は非常に遅いが，これに触媒として少量の酸化マンガン(Ⅳ) MnO_2 や鉄(Ⅲ)イオン Fe^{3+} を加えると，過酸化水素は激しく分解する(式1)。

$2H_2O_2 \longrightarrow 2H_2O + O_2$ … (式1)

このとき，反応の前後で触媒の量は [1 ★★★]。触媒による反応速度の上昇は，反応における [2 ★★★] が [3 ★★★] なったことによる。

ビーカーに入った25℃の過酸化水素水に少量の鉄(Ⅲ)イオン Fe^{3+} を加えて酸素を発生させた。数分経過すると，反応開始直後より反応速度は [4 ★★] なった。また，40℃で反応させると，反応開始直後の反応速度は25℃のときより [5 ★★★] なった。 (明治大)

〈解説〉反応開始直後は反応物の濃度が最大なので反応速度は最大となる。また，温度が上昇すると反応速度は大きくなる。

(1) 変化しない [㊍変わらない]
(2) 活性化エネルギー
(3) 小さく [㊍低く]
(4) 小さく [㊍遅く]
(5) 大きく [㊍速く]

□5 ★★★

多くの金属は空気中において，その表面から [1 ★★] されていく。こうした金属を小さな粉末にするとその単位質量あたりの [2 ★★] が著しく増大し，[1 ★★] 反応が高速におこるようになる。この [1 ★★] 反応は [3 ★★★] 反応であって，その反応速度が増大すると燃焼する場合もある。例えば，使い捨てカイロは鉄粉の [1 ★★] 反応が利用されている。また，アルミニウムは冷水とは反応しないものの，高温の水蒸気とは反応して [4 ★★★] を発生することが知られている。このときもアルミニウムは [1 ★★] されている。アルミニウムをナノメートルサイズの粉末にすると，常温で水から [4 ★★★] を発生させることが可能となる。 (東京大)

(1) 酸化
(2) 表面積
(3) 発熱
(4) 水素 H_2

〈解説〉

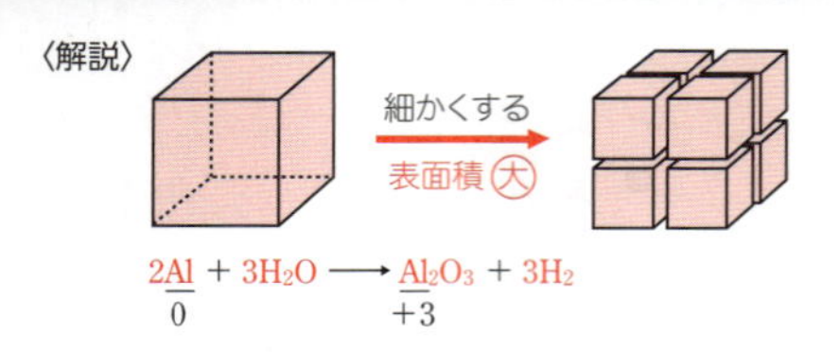

$$\underset{0}{2Al} + 3H_2O \longrightarrow \underset{+3}{Al_2O_3} + 3H_2$$

□6 ★★★ 反応速度は，単位時間あたりの [1★★★] の濃度の減少量，または [2★★★] の濃度の増加量で示される。

（京都産業大）

(1) 反応物（はんのうぶつ）
(2) 生成物（せいせいぶつ）

〈解説〉化学反応の速さは，ふつう単位時間あたりの反応物または生成物の濃度の変化量で表す。

平均を表している

$$\bar{V} = \frac{反応物の濃度の減少量}{反応時間} \quad または \quad \bar{V} = \frac{生成物の濃度の増加量}{反応時間}$$

これを平均反応速度または反応速度という。

□7 ★★★ 時刻 t_1 と t_2 における A および B の濃度をそれぞれ $[A]_1$ と $[A]_2$ および $[B]_1$ と $[B]_2$ とし，

反応物 A が生成物 B となる反応　A ⟶ B

について考える。時刻 t_1 から t_2 までに A が減少する平均反応速度は $\bar{v}_A =$ [1★★★] であり，B が増加する平均反応速度は $\bar{v}_B =$ [2★★★] である。（三重大）

(1) $-\dfrac{[A]_2-[A]_1}{t_2-t_1}$
(2) $\dfrac{[B]_2-[B]_1}{t_2-t_1}$

〈解説〉反応速度の表し方

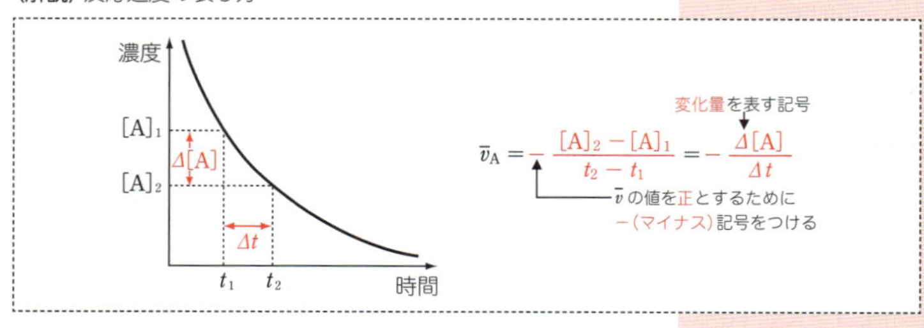

8 ★★★ 少量の酸化マンガン(Ⅳ) MnO_2 に過酸化水素 H_2O_2 水を加えると，次式の反応がおこる。

$$2H_2O_2 \longrightarrow 2H_2O + O_2$$

濃度が0.95mol/L の H_2O_2 水を10.0mL 加えたところ，反応開始から60秒間で H_2O_2 が 2.0×10^{-3} mol 反応し，O_2 が 1.0×10^{-3}mol 発生した。

上記の反応について，反応速度は次のように求めることができる。

$$H_2O_2\text{のモル濃度の減少量} = \frac{\boxed{1 ★★★}\ \text{mol}}{\boxed{2 ★★★}\ \text{L}} = \boxed{3 ★★★}\ \text{mol/L}$$

$$\text{反応速度} = \frac{H_2O_2\text{のモル濃度の減少量}}{\text{反応時間}} = \frac{\boxed{3 ★★★}\ \text{mol/L}}{\boxed{4 ★★★}\ \text{s}} = \boxed{5 ★★★}\ \text{mol/(L·s)}$$

((1)～(5)すべて2ケタ)　(関西学院大)

(1) 2.0×10^{-3}
(2) 1.0×10^{-2}
(3) 0.20
(4) 60
(5) 3.3×10^{-3}

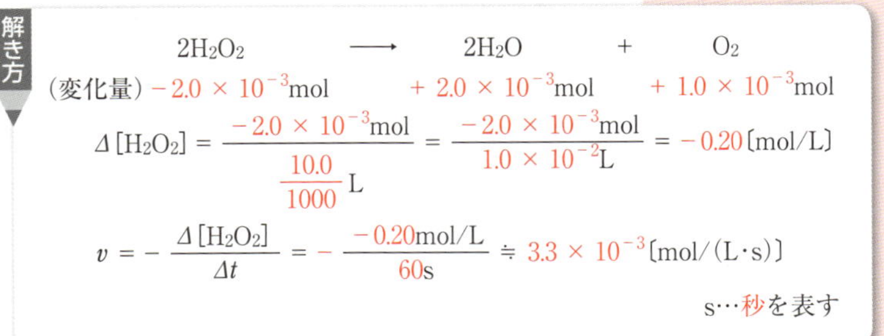

解き方

$$2H_2O_2 \longrightarrow 2H_2O + O_2$$

(変化量) -2.0×10^{-3}mol　$+2.0 \times 10^{-3}$mol　$+1.0 \times 10^{-3}$mol

$$\Delta[H_2O_2] = \frac{-2.0 \times 10^{-3}\text{mol}}{\frac{10.0}{1000}\text{L}} = \frac{-2.0 \times 10^{-3}\text{mol}}{1.0 \times 10^{-2}\text{L}} = -0.20\,[\text{mol/L}]$$

$$v = -\frac{\Delta[H_2O_2]}{\Delta t} = -\frac{-0.20\text{mol/L}}{60\text{s}} \fallingdotseq 3.3 \times 10^{-3}\,[\text{mol/(L·s)}]$$

s…秒を表す

9 ★★ 図の(A)が過酸化水素で，(B)が水と酸素である化学反応を考える。この化学反応において，過酸化水素の減少速度を v_1，水の増加速度を v_2，酸素の増加速度を v_3 とすると，v_1，v_2 および v_3 の間に成り立つ関係式は $\boxed{1 ★★}$ である。　(名古屋大)

エネルギー → / 反応の経路 → / (A) / (B) / E_1 / E_2

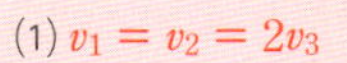

(1) $v_1 = v_2 = 2v_3$

解き方

$$2H_2O_2 \longrightarrow 2H_2O + O_2$$

の反応において，

$v_1 : v_2 : v_3 = 2 : 2 : 1$ ◀反応式の係数比となる

の関係が成り立つので，$v_1 = v_2 = 2v_3$ となる。

□10 ★★★ 五酸化二窒素 N_2O_5 ガスは次のように分解する。

$$2N_2O_5\ (気) \longrightarrow 4NO_2\ (気) + O_2\ (気)$$

下の表は，N_2O_5 の分解反応における N_2O_5 の濃度 $[N_2O_5]$ の時間による変化を表している。この表で例えば，400秒と800秒のデータから，この間の N_2O_5 の平均減少速度は［1 ★★★］mol/(L·s) (2ケタ) であり，NO_2 の平均生成速度は［2 ★★★］mol/(L·s) (2ケタ) と計算することができる。

時間 t〔s〕	0	200	400	800	1200	1800
濃度$[N_2O_5]$〔mol/L〕	10.00	8.69	7.54	5.70	4.30	2.80

（京都産業大）

(1) 4.6×10^{-3}
(2) 9.2×10^{-3}

解き方

$$2N_2O_5 \longrightarrow 4NO_2 + O_2$$

の反応において N_2O_5 の平均減少速度 v_1 は　$v_1 = -\dfrac{\Delta[N_2O_5]}{\Delta t}$，

NO_2 の平均生成速度 v_2 は $v_2 = \dfrac{\Delta[NO_2]}{\Delta t}$ となり，

$v_1 : v_2 = 2 : 4 = 1 : 2$ の関係が成り立つ。
（反応式の係数比）

よって，400秒と800秒のデータから，

$$v_1 = -\frac{(5.70 - 7.54)\ \text{mol/L}}{(800 - 400)\ \text{s}} = 4.6 \times 10^{-3}\ 〔\text{mol/(L·s)}〕$$

$$v_2 = 2v_1 = 2 \times 4.6 \times 10^{-3} = 9.2 \times 10^{-3}\ 〔\text{mol/(L·s)}〕$$

★★★

過酸化水素水に少量の塩化鉄(Ⅲ)を加え，25℃に保つと，水と酸素に分解される。過酸化水素の濃度を一定時間おきに測定して調べた結果と，測定時間ごとの平均濃度と平均速度を計算した値を表に示した。

まず，経過時間1分と4分の間の平均濃度は [1 ★★★] mol/L（3ケタ），平均速度は [2 ★★★] mol/(L·min)（2ケタ）と求められる。

次に，測定時間間隔ごとの平均速度を平均濃度で割った値を求めると，0～1分ではその値は [3 ★★]（2ケタ），1～4分では [4 ★★]（2ケタ），4～6分では [5 ★★]（2ケタ），6～9分では [6 ★★]（2ケタ）となり，その単位は [7 ★★] となる。これらの値（k）と平均速度（V）と過酸化水素の濃度 $[H_2O_2]$ との関係を表す式は [8 ★★] となることがわかる。k は反応速度定数とよばれる。

経過時間〔min〕	0		1		4		6		9
濃度$[H_2O_2]$〔mol/L〕	0.541		0.496		0.384		0.324		0.250
平均濃度〔mol/L〕		0.519		[1 ★★★]		0.354		0.287	
平均速度〔mol/(L·min)〕		0.045		[2 ★★★]		0.030		0.025	

（岩手大）

(1) 0.440
(2) 0.037
(3) 0.087
(4) 0.085
(5) 0.085
(6) 0.087
(7) /min[別 1/min, min^{-1}]
(8) $V = k[H_2O_2]$

解き方

$2H_2O_2 \longrightarrow 2H_2O + O_2$ の反応が起こる。

(1) 平均濃度：$\overline{[H_2O_2]} = \dfrac{0.496 + 0.384}{2} = 0.440$〔mol/L〕

(2) 平均速度：$\overline{V} = -\dfrac{\Delta[H_2O_2]}{\Delta t} = -\dfrac{(0.384 - 0.496)\ \text{mol/L}}{(4 - 1)\ \text{min}} \fallingdotseq 0.0373$

$\fallingdotseq 0.037$〔mol/(L·min)〕

(3) $\dfrac{\overline{V}}{\overline{[H_2O_2]}} = \dfrac{0.045\text{mol/(L·min)}}{0.519\text{mol/L}} \fallingdotseq 0.087$〔/min〕$= k_1$ とおく

(4) $\dfrac{\overline{V}}{\overline{[H_2O_2]}} = \dfrac{[2 ★★★]}{[1 ★★★]} = \dfrac{0.0373\text{mol/(L·min)}}{0.440\text{mol/L}} \fallingdotseq 0.085$〔/min〕$= k_2$ とおく

(5) $\dfrac{\overline{V}}{\overline{[H_2O_2]}} = \dfrac{0.030\text{mol/(L·min)}}{0.354\text{mol/L}} \fallingdotseq 0.085$〔/min〕$= k_3$ とおく

(6) $\dfrac{\overline{V}}{\overline{[H_2O_2]}} = \dfrac{0.025\text{mol/(L·min)}}{0.287\text{mol/L}} \fallingdotseq 0.087$〔/min〕$= k_4$ とおく

平均濃度を横軸，平均速度を縦軸としてグラフにすると右のようになる。グラフより $\overline{V}$ は $\overline{[H_2O_2]}$ に比例しているので，

$$V = k[H_2O_2]$$

という反応速度式になる。

k を反応速度定数とよび，「グラフの傾き」または，「$k_1 \sim k_4$ の平均値」から求めることができる。

$\overline{V}$〔mol/(L·min)〕

0.045
2 0.037
0.030
0.025
0
0　0.287　0.354　0.440　0.519
$\overline{[H_2O_2]}$mol/L
1

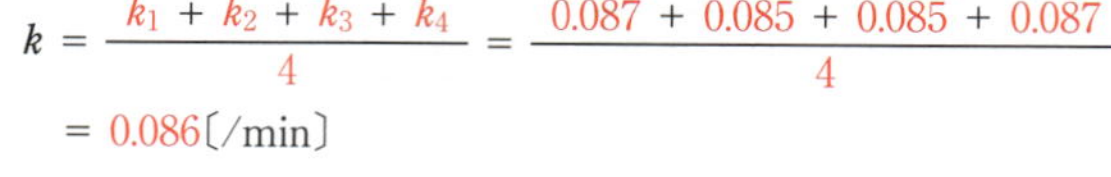

$$k = \frac{k_1 + k_2 + k_3 + k_4}{4} = \frac{0.087 + 0.085 + 0.085 + 0.087}{4}$$

$$= 0.086〔/\text{min}〕$$

□12 ★★ 五酸化二窒素 (N_2O_5) の四塩化炭素溶液をあたためると，四酸化二窒素 (N_2O_4) と酸素を生じる。

$$2N_2O_5 \longrightarrow 2N_2O_4 + O_2$$

この分解反応の速度 v は反応物の濃度に正比例することが実験的にわかっている。このとき，反応速度 v は比例定数 k を用いて，一般に［1★★］のように表される。

この比例定数 k は［2★★］とよばれ，反応の種類と温度によって決まり，反応物の［3★★］には無関係である。　（同志社大）

〈解説〉反応速度式は実験により求めるもので，ふつう反応式から直接導くことはできない。本問は，「反応物 N_2O_5 の濃度に正比例する」という記述から反応速度式を決定できる。
また，$2H_2O_2 \longrightarrow 2H_2O + O_2$ の速度式が $v = k[H_2O_2]$ となることは知っておくとよい。

(1) $v = k[N_2O_5]$
(2) 反応速度定数（はんのうそくどていすう）
（速度定数（そくどていすう））
(3) 濃度（のうど）

□13 ★★ ヨウ化水素（気体）が高温で分解して水素（気体）とヨウ素（気体）を生じる際の反応速度式は $v_{HI} = k_{HI}[HI]^2$ で表される。ヨウ化水素の濃度が 2 倍になると，分解反応の速度は，［1★★］倍になる。　（横浜国立大）

〈解説〉$[HI]$ が 2 倍になれば，$[HI]^2$ が 4 倍になることからわかる。

(1) 4

□14 ★★★ ヨウ素と水素の混合気体を密閉容器に入れて一定温度に保つと，以下の式で表される化学反応式が成り立つ。

$H_2 + I_2 \rightleftarrows 2HI$

この式において，右向きを [1 ★★★]，左向きを [2 ★★★] といい，このようにどちらの方向にも進む反応を [3 ★★★] という。（秋田大）

(1) 正反応（せいはんのう）
(2) 逆反応（ぎゃくはんのう）
(3) 可逆反応（かぎゃくはんのう）

容積一定の容器中，一定温度のもとで，次式①で表される可逆反応が平衡状態に達している。

H_2(気) + I_2(気) $\rightleftarrows$ 2HI(気) …①

①式の正反応において，反応速度 v_1 を物質の濃度 $[H_2]$，$[I_2]$ と正反応の反応速度定数 k_1 で表すと，v_1 = [1 ★★] であり，①式の逆反応において，その反応速度 v_2 を[HI]と逆反応の反応速度定数 k_2 で表すと v_2 = [2 ★★] である。

いま，H_2 と I_2 の初期濃度がいずれも 0.50mol/L のとき，①式の正反応開始直後における HI の生成速度 v_1 は 8.0×10^{-2}mol/(L·min) であった。一方，HI の初期濃度が 1.0mol/L のとき，逆反応開始直後における①式の逆反応の速度 v_2 は 5.0×10^{-3}mol/(L·min) であった。

①式の正反応および逆反応の反応速度定数 k_1 および k_2 は，それぞれ [3 ★★] L/(mol·min) (2ケタ) および [4 ★★] L/(mol·min) (2ケタ) となる。

（東京電機大）

(1) $k_1[H_2][I_2]$
(2) $k_2[HI]^2$
(3) 0.32
(4) 5.0×10^{-3}

解き方

$v_1 = k_1[H_2][I_2]$，$v_2 = k_2[HI]^2$ になることは知っておこう。

$v_1 = k_1[H_2][I_2]$ より，

8.0×10^{-2}mol/(L·min) = k_1 × 0.50mol/L × 0.50mol/L

となり，k_1 = 0.32〔L/(mol·min)〕

また，$v_2 = k_2[HI]^2$ より，

5.0×10^{-3}mol/(L·min) = k_2 × $(1.0\text{mol/L})^2$

となり，$k_2 = 5.0 \times 10^{-3}$〔L/(mol·min)〕

発展 □16 ★ 反応の速度定数 k は，気体定数 R〔J/(K·mol)〕，絶対温度 T〔K〕および活性化エネルギー E〔J/mol〕を使って，以下の式(1)で表すことができる。

$$k = A \cdot e^{-\frac{E}{RT}} \cdots (1)$$

ただし，A は比例定数（頻度因子），e は自然対数の底である。この式は，E が［1★］ほど，また T が［2★］ほど，k が大きくなることを意味している。次に，式(1)の両辺の自然対数をとると，以下の式(2)が得られる。

$$\log_e k = \boxed{3★} + \log_e A \cdots (2)$$

したがって，横軸に T^{-1}，縦軸に $\log_e k$ をとると直線関係が得られ，その傾きから E を求めることができる。

（筑波大）

〈解説〉(1)式をアレニウスの式という。

(1) 小さい
(2) 大きい［別 高い］
(3) $-\dfrac{E}{RT}$

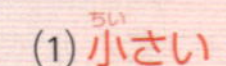

解き方

$-\dfrac{E}{RT}$ の値は E が小さいほど，また T が大きいほど大きくなり，

$-\dfrac{E}{RT}$ の値が大きくなれば k の値が大きくなる。

(1)式の両辺の自然対数をとると，

$$\log_e k = \log_e (A \cdot e^{-\frac{E}{RT}}) = \log_e A + \log_e e^{-\frac{E}{RT}}$$

$$\log_e k = -\frac{E}{RT} + \log_e A$$

$$\log_e k = \underbrace{-\frac{E}{R}}_{傾き} \times \frac{1}{T} + \underbrace{\log_e A}_{切片}$$

（$\log_e k$ を y，$\dfrac{1}{T} = T^{-1}$ を x とすると，$y = ax + b$ の形になる。）

□17 ★★★ X + Y ⟶ 2Z という反応について考える。右図に，反応にともなうエネルギーの変化を示す。この図より，気体 Z の生成反応の活性化エネルギーは [1 ★★★] で，反応熱は [2 ★★★] となる。また，この反応は [3 ★★★] 反応であることがわかる。容器中に触媒を入れて反応させた場合，活性化エネルギーは [1 ★★★] と比べて [4 ★★★]，反応熱は [2 ★★★] と比べて [5 ★★★]。 （明治大）

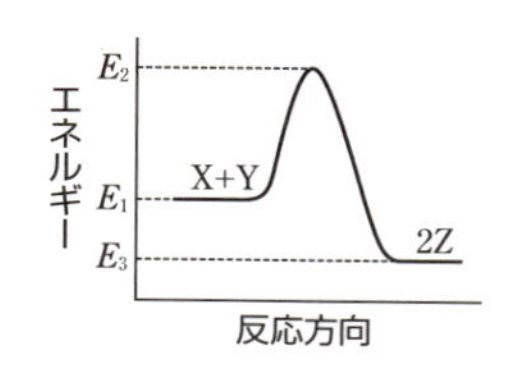

(1) $E_2 - E_1$
(2) $E_1 - E_3$
(3) 発熱(はつねつ)
(4) 低(ひく)くなり [別 小(ち)さくなり]
(5) 変化(へんか)しない [別 変(か)わらない]

□18 ★★ H_2O_2 の分解反応のように，一方向だけに進む反応を [1 ★★] 反応という。[1 ★★] 反応は，反応熱が特に [2 ★] 場合によくみられる。 （大阪市立大）

(1) 不可逆(ふかぎゃく)
(2) 大(おお)きい

□19 ★★ 触媒はその作用の仕方で [1 ★] と [2 ★] に大別できる。例えば，過酸化水素の水溶液中における分解反応の触媒として $FeCl_3$ 水溶液や MnO_2 粉末を利用できるが，$FeCl_3$ は [1 ★]，MnO_2 は [2 ★] としてはたらいている。

細胞内の化学反応の多くは触媒として酵素が関わっている。酵素が触媒として作用する物質を [3 ★★] という。[3 ★★] は酵素と結合して「酵素– [3 ★★] 複合体」をつくる。 （九州大）

〈解説〉均一系触媒：反応物と均一に混じり合ってはたらく触媒。
不均一系触媒：反応物とは均一に混じり合わずにはたらく触媒。

(1) 均一系触媒(きんいつけいしょくばい) [別 均一触媒(きんいつしょくばい)]
(2) 不均一系触媒(ふきんいつけいしょくばい) [別 不均一触媒(ふきんいつしょくばい)]
(3) 基質(きしつ)

2 化学平衡

▼ ANSWER

□1 ★★★ 可逆反応 $H_2 + I_2 \rightleftarrows 2HI$ について考える。このとき，左辺から右辺への反応を [1★★★] という。今，密閉容器に水素とヨウ素を入れ，高温に保つと，初期の段階では [1★★★] の反応速度が大きい。しかし，反応が進行すると，水素とヨウ素の濃度が減少し，[2★★★] の反応速度が大きくなる。今，[1★★★] の反応速度を v_1，[2★★★] の反応速度を v_2 とすると，左辺から右辺への反応の見かけの反応速度は [3★★★] で表される。ある時間を経過すると，v_1 と v_2 の関係は [4★★★] となり，見かけ上反応は停止した状態となる。 （千葉工業大）

(1) 正反応（せいはんのう）
(2) 逆反応（ぎゃくはんのう）
(3) $v_1 - v_2$
(4) $v_1 = v_2$
[別 $v_1 - v_2 = 0$]

□2 ★★★ ある種の化学反応では，その反応とは逆向きの反応もおこることがある。このような反応を [1★★★] とよぶ。この場合は，矢印（$\rightleftarrows$）を使って反応を表す。

$$aA + bB \rightleftarrows cC$$

[1★★★] では，実際には両方の反応がおきているが，見かけ上，反応が止まっているような状態をとることがある。この状態を [2★★★] という。 （熊本大）

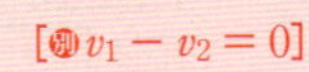

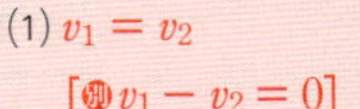

(1) 可逆反応（かぎゃくはんのう）
(2) 化学平衡（かがくへいこう）(の状態（じょうたい）) [別 平衡状態（へいこうじょうたい）]

□3 ★★★ 化学平衡に達したとき，正反応と逆反応の反応速度 v_1 と v_2 の間には [1★★★] の関係式が成り立つ。 （大阪府立大）

(1) $v_1 = v_2$
[別 $v_1 - v_2 = 0$]

□4 ★★ 水素とヨウ素をそれぞれ 1.0×10^{-2} mol/L になるように密閉容器に入れて一定温度に保つと，反応開始から平衡状態に達するまでの $[H_2]$ の時間変化は図のようになった。

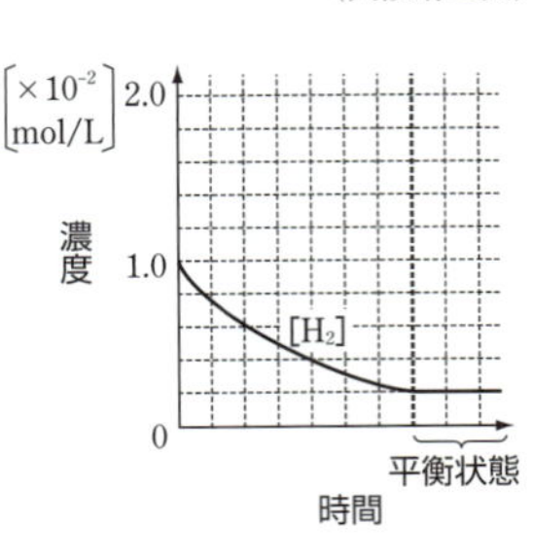

この $[H_2]$ の時間変化に対応する $[HI]$ の時間変化を図中に線で示せ。 [1★★] （群馬大）

〈解説〉 $H_2 + I_2 \rightleftarrows 2HI$
より $[H_2]$ の減少量の 2 倍の $[HI]$ が生じる。

(1)

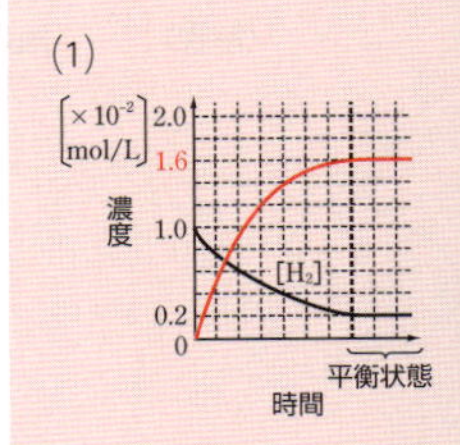

□5 ★ 酢酸 CH_3COOH とエタノール C_2H_5OH から酢酸エチル $CH_3COOC_2H_5$ を生成させる反応は①式に示すように可逆反応であり，正反応と逆反応の速度はそれぞれの反応物の濃度に比例する。正反応の反応速度と反応速度定数をそれぞれ v_1 と k_1, 逆反応の反応速度と反応速度定数をそれぞれ v_2 と k_2 とする。このとき，反応速度定数と反応物の濃度を用いて，正反応の反応速度は v_1 = [1★]，逆反応の反応速度は v_2 = [2★] と表すことができる。また，酢酸エチルの見かけの生成速度を v_3 とすると，v_1 と v_2 を用いて v_3 = [3★] と表すことができる。

$$CH_3COOH + C_2H_5OH \underset{v_2}{\overset{v_1}{\rightleftarrows}} CH_3COOC_2H_5 + H_2O \cdots ①$$

（広島大）

(1) $k_1[CH_3COOH][C_2H_5OH]$
(2) $k_2[CH_3COOC_2H_5][H_2O]$
(3) $v_1 - v_2$

〈解説〉

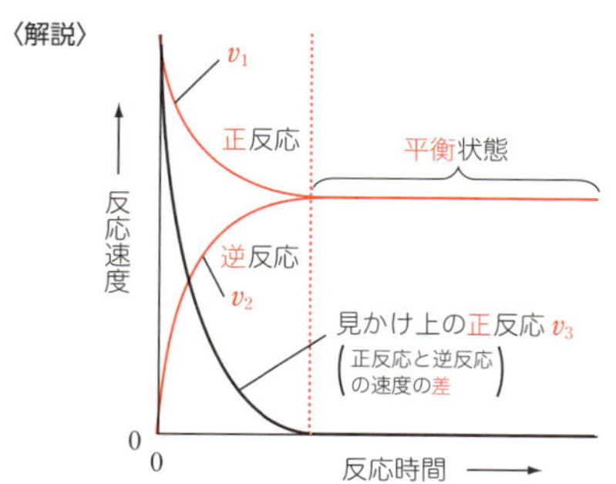

□6 ★★★ $aA + bB \rightleftarrows cC$ の可逆反応において，物質 A～C のモル濃度をそれぞれ [A] ～ [C] で表し，

$$\frac{[C]^c}{[A]^a [B]^b} = K$$

を考えると，一定温度では，はじめの物質の濃度に関係なく，K の値は一定となる。この K を [1★★★] とよぶ。

（熊本大）

(1) (濃度)平衡定数

□7 ★★★ 気体成分 X の物質量を n(X)，反応容器の容積を V とするとき，気体成分 X のモル濃度 [X] は [1★★★] のような式で表される。

（金沢大）

(1) $\frac{n(X)}{V}$

□8 ★★★ Kの値は，反応開始時の物質の濃度が異なっても，温度が一定であれば，ほぼ一定である。この関係を化学平衡の法則または［1★★★］という。（静岡大）

(1) 質量作用(しつりょうさよう)の法則(ほうそく)

□9 ★★★

N_2(気) + $3H_2$(気) ⇄ $2NH_3$(気) …①

①式の化学平衡が成り立っているとき，濃度平衡定数 K_c は成分気体のモル濃度を用いて，

K_c = ［1★★★］…②

と表すことができる。平衡時に，$[N_2]$と$[H_2]$がそれぞれ 1.0〔mol/L〕，2.0〔mol/L〕，$[NH_3]$が 6.4〔mol/L〕であった。これより，K_c の値は［2★★］（2ケタ）〔$(L/mol)^2$〕である。（奈良女子大）

(1) $\dfrac{[NH_3]^2}{[N_2][H_2]^3}$

(2) 5.1

解き方

$$K_c = \frac{[NH_3]^2}{[N_2][H_2]^3} = \frac{(6.4\,mol/L)^2}{(1.0\,mol/L)(2.0\,mol/L)^3}$$

$$\fallingdotseq 5.1\,\frac{1}{[(mol/L)^2]} = 5.1\,[(mol/L)^{-2}] = 5.1\,[(L/mol)^2]$$

□10 ★★★ N_2O_4 ⇄ $2NO_2$ の平衡について，体積 V L の容器内で純粋な N_2O_4（気体）1mol のうち，x mol が解離して平衡になっているとする。このときの N_2O_4 のモル濃度は［1★★★］，NO_2 のモル濃度は［2★★★］となり，濃度平衡定数(K_c)は［3★★］となる。（宮崎大）

(1) $\dfrac{1-x}{V}$

(2) $\dfrac{2x}{V}$

(3) $\dfrac{4x^2}{V(1-x)}$

解き方

	N_2O_4	⇄	$2NO_2$
(反応前)	1mol		
(変化量)	$-x$ mol		$+2x$ mol
(平衡時)	$(1-x)$ mol		$2x$ mol

$$[N_2O_4] = \frac{(1-x)\,mol}{V\,L},\quad [NO_2] = \frac{2x\,mol}{V\,L}$$

$$K_c = \frac{[NO_2]^2}{[N_2O_4]} = \frac{\left(\dfrac{2x\,mol}{V\,L}\right)^2}{\left(\dfrac{1-x\,mol}{V\,L}\right)} = \frac{4x^2}{V(1-x)}\,[mol/L]$$

★★

ある一定体積の容器に水素 5.0mol，ヨウ素 5.0mol を入れ，温度を一定に保ってしばらくおくと，平衡状態に達した。そのとき，水素は [1★★] mol，ヨウ素は [2★★] mol，ヨウ化水素は [3★★] mol（それぞれ2ケタ）となる。ただし，この条件での平衡定数 K の値は 64 とする。

（名城大）

(1) 1.0
(2) 1.0
(3) 8.0

解き方

容器の体積を V L とし，平衡状態で $2x$ mol のヨウ化水素 HI が生じているとすると，反応した H_2 や I_2 は x mol ずつとなる。よって，その量関係は次のようになる。

	H_2	+	I_2	$\rightleftarrows$	2HI
（反応前）	5.0mol		5.0mol		
（変化量）	$-x$ mol		$-x$ mol		$+2x$ mol
（平衡時）	$(5.0-x)$ mol		$(5.0-x)$ mol		$2x$ mol

この条件での平衡定数 K の値が 64 なので，

$$K = \frac{[HI]^2}{[H_2][I_2]} = \frac{\left(\frac{2x \text{ mol}}{V \text{ L}}\right)^2}{\left(\frac{5.0-x \text{ mol}}{V \text{ L}}\right)\left(\frac{5.0-x \text{ mol}}{V \text{ L}}\right)} = 64$$

となり，

$$\frac{(2x)^2}{(5.0-x)^2} = 64$$

$$\frac{2x}{5.0-x} = 8 \ (>0)$$

$$x = 4.0$$

よって，H_2 は $5.0-x=1.0$〔mol〕，I_2 も $5.0-x=1.0$〔mol〕，HI は $2x=8.0$〔mol〕となる。

12 ★★★ 気体の水素 H_2 と気体のヨウ素 I_2 を密閉容器に入れて加熱し，一定温度に保つと，

$H_2 + I_2 \rightleftarrows 2HI$ …①

の反応がおこり，H_2，I_2，HI の濃度 $[H_2]$，$[I_2]$，$[HI]$ は次第に変化する。

このとき，①式の正反応の反応速度 v_1 および逆反応の反応速度 v_2 は以下のように表せる。

$v_1 = k_1[H_2][I_2]$ …②　　$v_2 = k_2[HI]^2$ …③

ここで，k_1 と k_2 はそれぞれの反応の反応速度定数である。

さらに反応が進んで平衡状態になると，v_1 と v_2 の関係は [1 ★★★] …④となる。

これに②式と③式を代入すると，[2 ★★] …⑤の関係が得られる。

ここで，①式の平衡定数 K を $[H_2]$，$[I_2]$，$[HI]$ で表すと，$K =$ [3 ★★★] …⑥となる。したがって，⑤式と⑥式の関係から，平衡定数 K を k_1 および k_2 で表すと，$K =$ [4 ★★] …⑦となる。　（群馬大）

(1) $v_1 = v_2$

(2) $k_1[H_2][I_2] = k_2[HI]^2$

(3) $\dfrac{[HI]^2}{[H_2][I_2]}$

(4) $\dfrac{k_1}{k_2}$

解き方

平衡状態では $v_1 = v_2$ …④となる。

これに反応速度式② $v_1 = k_1[H_2][I_2]$ と反応速度式③ $v_2 = k_2[HI]^2$ を代入すると，

$$\underbrace{k_1[H_2][I_2]}_{v_1} = \underbrace{k_2[HI]^2}_{v_2} \cdots ⑤$$

の関係が得られる。

ここで，平衡状態では平衡定数 $K = \dfrac{[HI]^2}{[H_2][I_2]}$ …⑥が成り立ち，⑤式を変形して K を k_1 および k_2 で表すと，

$$K = \frac{[HI]^2}{[H_2][I_2]} = \frac{k_1}{k_2} \cdots ⑦$$

となる。

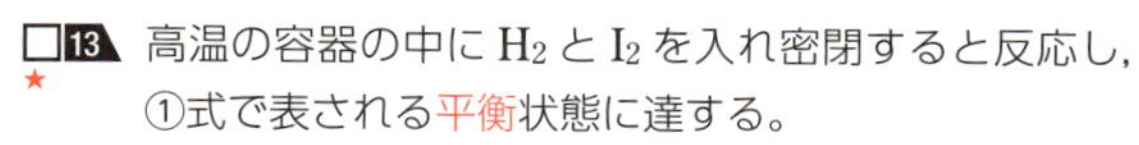

□13 ★ 高温の容器の中に H_2 と I_2 を入れ密閉すると反応し，①式で表される平衡状態に達する。

$$H_2 + I_2 \rightleftarrows 2HI \cdots ①$$

このとき正反応（発熱反応）の速度は H_2 の濃度と I_2 の濃度に比例し，逆反応の速度は HI の濃度の 2 乗に比例することが知られている。

【実験】 H_2 2.0mol と I_2 2.0mol を高温の容器（容積一定）に入れ密閉し，一定温度 T_1 に保ったところ平衡状態に達した。温度 T_1 における正反応および逆反応の反応速度定数の値は，それぞれ $k_1 = 2.56 \times 10^{-4}$ L/(mol·s)，$k_2 = 4.00 \times 10^{-6}$L/(mol·s)であった。この条件での平衡定数の値は [1 ★]（整数）となる。

（横浜市立大）

(1) 64

解き方

$H_2 + I_2 \rightleftarrows 2HI$ の平衡定数 K は，12 の [解き方] から，

$$K = \frac{[HI]^2}{[H_2][I_2]} = \frac{k_1}{k_2}$$

となる（ただし，反応速度式が化学反応式の係数と一致する 12 のような単純な式にならないときは，K は反応速度定数の比にはならない）ので，

$$K = \frac{k_1}{k_2} = \frac{2.56 \times 10^{-4} \dfrac{L}{mol \cdot s}}{4.00 \times 10^{-6} \dfrac{L}{mol \cdot s}} = 64$$

□14 ★★ 次の気体反応の平衡定数を気体の分圧を用いた圧平衡定数 K_P で書け。ただし，それぞれの気体の分圧を P_{N_2}，P_{H_2}，P_{NH_3} とする。[1 ★★]

反応　N_2(気) + $3H_2$(気) $\rightleftarrows$ $2NH_3$(気)

（早稲田大）

(1) $K_P = \dfrac{{P_{NH_3}}^2}{P_{N_2} \cdot {P_{H_2}}^3}$

□15 ★★★

N_2(気) + $3H_2$(気) = $2NH_3$(気) + 92kJ

上記の可逆反応が，ある温度 T〔K〕で，体積 V〔L〕の容器中で平衡状態にあるとき，反応の平衡定数 K は各成分気体のモル濃度を用いて化学平衡（質量作用）の法則から導くことができ，K = [1★★★] と表せる。気体のみ関与する反応においては，モル濃度にかわって各気体の分圧を用いて同様に平衡定数を導いてもよい。このように各気体の分圧により表した平衡定数は圧平衡定数 K_P とよばれる。気体の状態方程式より気体x の分圧 P_x は，気体x のモル数を n_x，気体定数を R とすると P_x = [2★★★] と表すことができ，また，各気体のモル濃度は，$\frac{モル数}{体積}$ で表されるので，この反応の平衡定数 K と圧平衡定数 K_P の関係は，K_P = [3★★] で表される。（近畿大）

(1) $\frac{[NH_3]^2}{[N_2][H_2]^3}$

(2) $\frac{n_xRT}{V}$

(3) $\frac{K}{(RT)^2}$

解き方

気体の状態方程式より，次の式が成り立つ。

$P_xV = n_xRT$

気体xのモル濃度[x]は，$[x] = \frac{n_x}{V}$ と表されるので，[x]と P_x の間には次の関係がある。

$$P_x = \frac{n_x}{V}RT = [x]RT$$

圧平衡定数 K_P は次のように表すことができる。

$$K_P = \frac{P_{NH_3}{}^2}{P_{N_2} \cdot P_{H_2}{}^3} = \frac{([NH_3]RT)^2}{([N_2]RT)([H_2]RT)^3}$$

$$= \frac{[NH_3]^2(RT)^2}{[N_2]RT[H_2]^3(RT)^3} = \frac{[NH_3]^2}{[N_2][H_2]^3} \times \frac{1}{(RT)^2}$$

よって，$K_P = K \times \frac{1}{(RT)^2}$

となる。

★★

無色の気体の四酸化二窒素 N_2O_4 と赤褐色の気体の二酸化窒素 NO_2 の間には，次の平衡関係の式①が成り立つ。

$$N_2O_4(気) \rightleftarrows 2NO_2(気) \quad \cdots ①$$

N_2O_4 の解離度を α，平衡時の気体の全圧を P とすると，各成分の分圧 P_{NO_2}，$P_{N_2O_4}$ は，α と P を用いて，P_{NO_2} = 1★★，$P_{N_2O_4}$ = 2★★ と表すことができる。よって，K_P は，α と P を用いて，K_P = 3★★ と示される。 （奈良女子大）

(1) $\dfrac{2\alpha}{1+\alpha}P$

(2) $\dfrac{1-\alpha}{1+\alpha}P$

(3) $\dfrac{4\alpha^2}{1-\alpha^2}P$

解き方

解離度 α の N_2O_4 を x mol 使用したとすると，その量関係は次のようになる。

	N_2O_4	$\overset{\alpha}{\rightleftarrows}$	$2NO_2$
(反応前)	x mol		
(変化量)	$-x\alpha$ mol		$+2x\alpha$ mol
(平衡時)	$x(1-\alpha)$ mol		$2x\alpha$ mol

(分圧)＝(全圧)×(モル分率)より

$$P_{NO_2} = P \times \frac{2x\alpha}{x(1-\alpha)+2x\alpha} = \frac{2\alpha}{1+\alpha}P$$

$$P_{N_2O_4} = P \times \frac{x(1-\alpha)}{x(1-\alpha)+2x\alpha} = \frac{1-\alpha}{1+\alpha}P$$

$$K_P = \frac{P_{NO_2}{}^2}{P_{N_2O_4}} = \frac{\left(\dfrac{2\alpha}{1+\alpha}P\right)^2}{\dfrac{1-\alpha}{1+\alpha}P} = \frac{4\alpha^2}{1-\alpha^2}P$$

3 平衡の移動

▼ANSWER

□1 ★★★ 可逆反応が平衡状態にあるとき，外部から条件（濃度，温度，圧力）を変化させると，一時的に平衡状態が崩れてしまうが，その影響をやわらげる方向に平衡は移動し，新しい平衡状態になる。これを［1★★★］の原理という。（徳島大）

(1) ルシャトリエ［㊗平衡移動（へいこういどう）］

□2 ★★★ ［1★★★］を加えると平衡に達するまでの時間は短縮されるが，平衡そのものは移動しない。（熊本大）

(1) 触媒（しょくばい）

□3 ★★★ $N_2 + 3H_2 \rightleftarrows 2NH_3$ の反応が平衡に達しているとき，温度と体積を一定に保ちながら，水素ガスを加えるとこの反応の平衡はどのように変化するか。［1★★★］（北海道大）

〈解説〉H_2 を加えると，H_2 の濃度が増加する影響を打ち消す方向，つまり，H_2 の濃度が減少する方向（右）に反応がすすむ。

(1) 生成物（せいせいぶつ）の方（ほう）に（右（みぎ）に）移動（いどう）する

□4 ★★★ $NH_3 + H_2O \rightleftarrows NH_4^+ + OH^-$

上記の式の平衡状態にあるアンモニア水に，次の操作(あ)，(い)，(う)を行うと，平衡はどちらに移動すると考えられるか。右または左で答えよ。

(あ) 塩化水素を吹き込む。［1★★★］
(い) 塩化アンモニウムを加える。［2★★★］
(う) 水酸化ナトリウムを加える。［3★★★］

（明治大）

〈解説〉(あ) HCl を吹き込むと OH^- が中和され，OH^- の濃度が減少する。よって，OH^- の濃度が増加する方向（右）に平衡が移動する。
(い) NH_4Cl を加えると NH_4^+ の濃度が増加する。よって，NH_4^+ の濃度が減少する方向（左）に平衡が移動する。
(う) NaOH を加えると OH^- の濃度が増加する。よって，OH^- の濃度が減少する方向（左）に平衡が移動する。

(1) 右（みぎ）
(2) 左（ひだり）
(3) 左（ひだり）

□5 ★★★ 平衡状態にある次の気体反応において，圧力を高くしたとき，平衡は左辺，右辺のどちらに移動するか。あるいは，移動しないか。［1★★★］

反応　N_2O_4(気) $\rightleftarrows$ $2NO_2$(気)（早稲田大）

〈解説〉「圧力を高くする」と $1N_2O_4 \rightleftarrows 2NO_2$ の平衡は「気体粒子数を減らす方向（$1 \longleftarrow 2$）」，つまり「平衡は左辺に移動」する。

(1) 左辺（さへん）に移動（いどう）する

★★★

$C(固) + H_2O(気) = CO(気) + H_2(気) + y[kJ]$
$y < 0 \cdots ①$

式①の反応は [1★★★] を伴う反応である。式①の反応が一定温度で平衡状態にあるとき，右向きの反応によって気体分子の総数が [2★★★] ので，系全体の圧力を [3★★★] すれば H_2 の生成率を大きくすることができる。（九州大）

〈解説〉「H_2 の生成率を大きくする」つまり「平衡を右に移動」させる。固体の存在は圧力に直接関係しないので，圧力変化による平衡移動を考えるときは，固体を除いて考える。

(1) 吸熱(きゅうねつ)
(2) 増加(ぞうか)する
(3) 低(ひく)く

□7 ★★★

$H_2(気) + I_2(気) = 2HI(気) + 9kJ \cdots ①$

この反応は [1★★★] 反応であるため，①式の反応が平衡状態にあるとき，温度を上げた場合には平衡は [2★★] 向きに移動する。（福岡大）

〈解説〉「温度を上げる」と「吸熱方向」つまり「①式の平衡は左に移動」する。

(1) 発熱(はつねつ)［別 可逆(かぎゃく)］
(2) 左(ひだり)

□8 ★★★

$N_2O_4(気体) \rightleftarrows 2NO_2(気体) \cdots ①$

①式で示される反応の NO_2 は [1★★★] 色の気体で，N_2O_4 は [2★★★] 色の気体である。この平衡は，低温になると逆反応の方向に移動し，N_2O_4 の割合が増加する。そのために気体の色は [3★★★] くなり，逆に温度を上げると気体の色は [4★★★] くなる。これは，①式で示された解離反応が [5★★★] 反応であることを示している。（宮崎大）

〈解説〉「低温になる」つまり「温度が下がる」と「N_2O_4 の割合が増加する」つまり「①式の平衡が左に移動」したことがわかる。また，「温度を下げる」と平衡は「発熱方向」に移動する。この結果，①式の反応は「左方向」が「発熱方向」であることがわかる。

$N_2O_4(気) + QkJ = 2NO_2(気) \quad (Q > 0)$

よって，①式の解離反応（$N_2O_4 \longrightarrow 2NO_2$）は吸熱反応であるとわかる。$N_2O_4(気) = 2NO_2(気) - QkJ \quad (Q > 0)$

(1) 赤褐(せきかつ)
(2) 無(む)
(3) うす
(4) 濃(こ)
(5) 吸熱(きゅうねつ)

★★★

四酸化二窒素 N_2O_4（無色の気体）が分解して二酸化窒素 NO_2（赤褐色の気体）に変化する反応は可逆反応であり，①式で表される。

$$N_2O_4 \rightleftarrows 2NO_2 \cdots ①$$

この反応において，N_2O_4 と NO_2 の間の化学平衡は圧力変化によって移動する。この平衡状態にある混合気体を注射器に入れ，ピストンを押して加圧すると，間もなく気体の色は加圧した直後に比べて［1 ★★］なる。すなわち，①式の平衡は［2 ★★★］に移動する。

（甲南大）

〈解説〉「圧力を上げる」と「気体粒子数を減らす方向（1 ⟵ 2）」つまり「①式の平衡は左（N_2O_4 が生成する方向）に移動」する。加圧した直後（加圧した瞬間）は注射器の体積が小さくなり，赤褐色の NO_2 の濃度が大きくなるので色が濃くなるが，平衡が（無色の N_2O_4 が増加し赤褐色の NO_2 が減少する）左に移動するため加圧した直後に比べてうすくなる。

(1) うすく
(2) 左（ひだり）

★★

A（気）＋ B（気）＝ 2C（気）＋ QkJ（＞ 0）の反応について温度を下げると C が生成する反応の平衡定数は［1 ★★］。また，温度を一定に保ったまま容器の体積を小さくした。このとき，平衡は［2 ★★］。（新潟大）

〈解説〉

(1)「温度を下げる」と「発熱方向」つまり平衡は「右に移動」する。よって，左辺の A と B が減少し，右辺の C が増加するため平衡定数 K' は，

$$K' = \frac{\text{右辺の濃度の 2 乗}}{\text{左辺の濃度の積}} = \frac{\text{増加}}{\text{減少}}$$

となる。つまり，平衡定数は大きくなる。

(2)「容器の体積を小さく」する，つまり「圧力を上げる」と「気体粒子数を減らす方向」に平衡が移動するはずだが，この反応は両辺で気体粒子数が等しい

$$\underbrace{1A + 1B}_{1+1} \rightleftarrows \underbrace{2C}_{2}$$

ので，圧力を上げても平衡は移動しない。

(1) 大きくなる（おお）
(2) 移動しない（いどう）

★★★

N_2O_4 (気体) = $2NO_2$ (気体) − 57 kJ…①

①式の反応が平衡状態にあるとき，次の(i)〜(v)の操作を行った。このとき，平衡はどのように移動するか。(a)〜(c)の中から一つを選び記号で答えよ。

〔操作〕(i) 温度を一定に保ち，圧力を加える。 1 ★★★

(ii) 温度と体積を一定に保ち，アルゴンを加える。 2 ★★★

(iii) 圧力を一定に保ち，加熱する。 3 ★★★

(iv) 温度と圧力を一定に保ち，アルゴンを加える。 4 ★★

(v) 触媒を加える。 5 ★★★

〔平衡の移動〕(a) N_2O_4(気体)の分解の方向に移動する。

(b) N_2O_4(気体)の生成の方向に移動する。

(c) どちらにも移動しない。 （九州大）

(1) (b)
(2) (c)
(3) (a)
(4) (a)
(5) (c)

〈解説〉

(i)「圧力を加える」と「気体粒子数を減らす方向(1 ⟵ 2)」，つまり「①式の平衡は左(N_2O_4 の生成の方向)に移動」する。

(ii)温度と体積を一定に保ち，①式の平衡に無関係な Ar を加えても，「N_2O_4，NO_2 の物質量〔mol〕や体積に変化がないので，それぞれの濃度は変化しない」。それぞれの濃度に変化がなければ，「①式の平衡はどちらにも移動しない」。

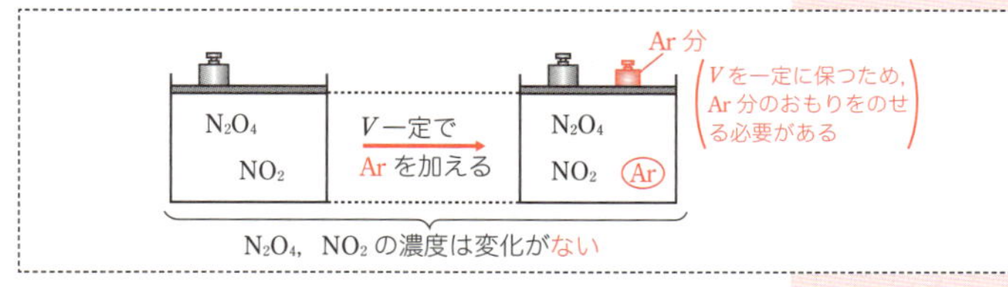

(iii)「加熱する」と「吸熱方向」，つまり「①式の平衡は右(N_2O_4 の分解の方向)に移動」する。

(iv)温度と圧力(全圧)を一定に保ち，①式の平衡に無関係な Ar を加えると，「全圧が一定に保たれているので，N_2O_4 と NO_2 の分圧の和(平衡混合気体の分圧の和)が減少」する。そのため，「気体粒子数を増やす方向(1 ⟶ 2)」，つまり「①式の平衡は右(N_2O_4 の分解の方向)に移動」する。

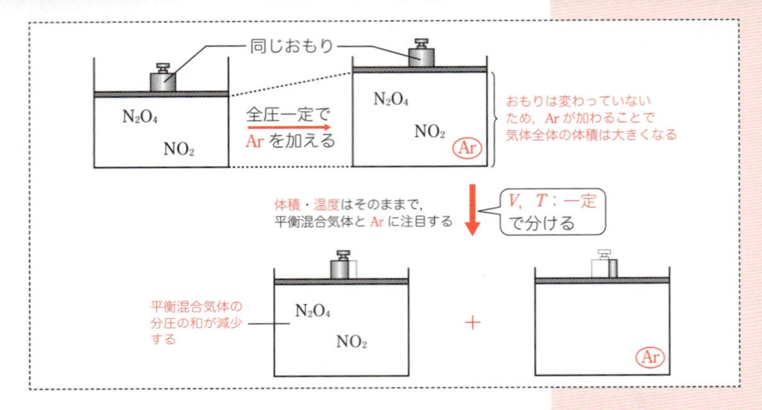

(v)「触媒を加える」と，活性化エネルギーが小さくなるので，正反応の反応速度と逆反応の反応速度がともに大きくなる。そのため，触媒は反応速度を大きくして平衡状態に到達するまでの時間を短くするが，平衡は移動しない。

□12 ★★★

$$N_2(気) + 3H_2(気) = 2NH_3(気) + 92kJ$$

この反応は可逆反応であり，平衡状態では，温度がより [1★★★] とき，圧力がより [2★★★] ときに，アンモニアが生成する方向に平衡が移動する。しかし，温度が [1★★★] ときには，反応速度が [3★★★] なるので，工業的にアンモニアを生成するときには，四酸化三鉄を主成分とする [4★★★] を用いて高温・高圧下 (400～500℃，$8 \times 10^6 \sim 3 \times 10^7$Pa) で反応させる。この方法は発見者の名前をとって [5★★★] 法とよばれている。[4★★★] は，反応の前後でそれ自身は変化しないが，[6★★★] エネルギーのより小さい経路で反応が進行するようにはたらくので，反応速度は大きくなる。また，[4★★★] を用いることで，平衡定数や反応熱は [7★★★] 。（電気通信大）

〈解説〉「温度がより低い」と「発熱方向」つまり「NH_3 が生成する右方向」に平衡が移動する。また，「圧力がより大きい」と「気体粒子数を減らす方向(1＋3 ⟶ 2)」つまり「NH_3 が生成する右方向」に平衡が移動する。温度が一定であれば，平衡定数は変化しない。

(1) 低い
(2) 大きい［別 高い］
(3) 小さく［別 遅く］
(4) 触媒
(5) ハーバー・ボッシュ［別 ハーバー］
(6) 活性化
(7) 変化しない［別 変わらない］

N_2(気) + $3H_2$(気) = $2NH_3$(気) + 92kJ…①

①式の反応において，触媒を用いない場合のアンモニアの生成量と反応時間との関係を表す曲線を右に示してある(図中の点線)。温度を変化させず，この反応において鉄触媒を用いた場合，アンモニア生成量と反応時間との関係を表す曲線の概略はどのようになるか。図中にその曲線を描け。

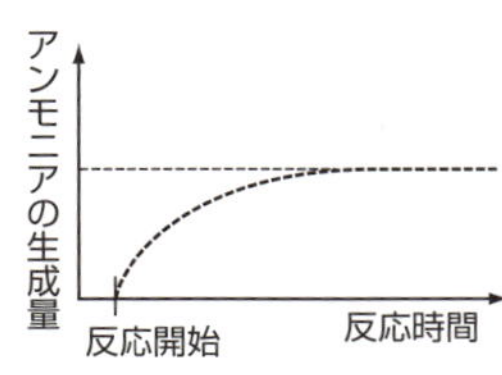

1 ★★

(北海道大)

〈解説〉触媒を用いると，平衡状態に到達するまでの時間は短くなるが，平衡は移動しないため，アンモニアの生成量は変化しない。

図は，水素と窒素を3：1の物質量比で混合して平衡に達したときの，各温度における気体中に含まれるアンモニアの物質量百分率を表している。曲線は，触媒を加えて圧力を 3.0×10^7 Pa に保った場合の結果である。図とルシャトリエの原理に基づいて考えると，アンモニアが生成する反応は発熱反応か，吸熱反応のいずれか。 1 ★★

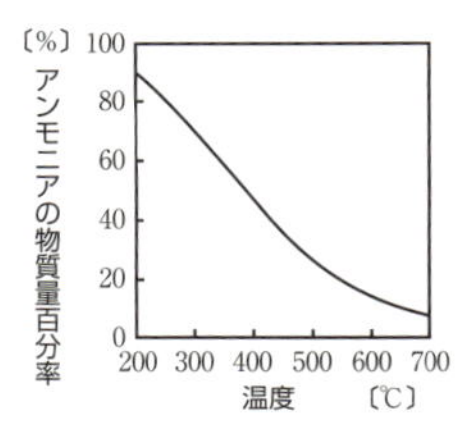

(同志社大)

〈解説〉$3H_2$(気) + N_2(気) $\rightleftarrows$ $2NH_3$(気)の可逆反応で考える。
図から「温度が高くなる」と「NH_3 の生成量が減少している」つまり「平衡が左へ移動」していることがわかる。また，「温度を高く」すると平衡は「吸熱方向へ移動」する。
よって，左方向が吸熱方向であるとわかる。

$3H_2$(気) + N_2(気) − QkJ = $2NH_3$(気)　($Q > 0$)

$3H_2$(気) + N_2(気) = $2NH_3$(気) + QkJ

(1)

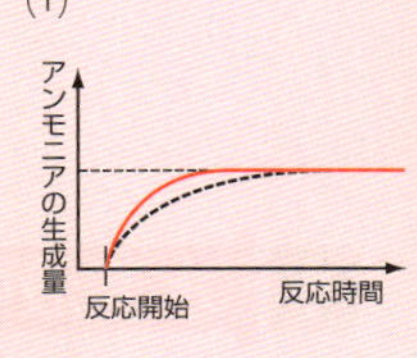

(1) 発熱反応(はつねつはんのう)

第08章

【化学平衡②】電離平衡

1 水溶液中の化学平衡

▼ ANSWER

□1 ★★★ 水のイオン積 K_W を表す式は K_W = [1 ★★★]，25℃で K_W = [2 ★★★]（2ケタ）〔$(mol/L)^2$〕になる。（早稲田大）

(1) $[H^+][OH^-]$
(2) 1.0×10^{-14}

□2 ★★★ 純粋な水は，電離平衡の状態にある。水の電離における平衡定数を K とすると，①式の関係が成り立つ。

$$K = \frac{[H^+][\boxed{1 ★★★}]}{[H_2O]} \cdots ①$$

ここで，$K[H_2O]$ の変化は小さいので一定値とみなすと②式が成り立つ。

$$K[H_2O] = [H^+][\boxed{1 ★★★}] = K_W \cdots ②$$

K_W の値は25℃において 1.0×10^{-14} $(mol/L)^2$ である。このとき，$[H^+]$ と [1 ★★★] は等しく，ともに [2 ★★★] mol/L（2ケタ）である。（琉球大）

(1) OH^-
(2) 1.0×10^{-7}

解き方

純粋な水の $[H^+]$ = x mol/L とすると，

$$H_2O \rightleftarrows H^+ + OH^-$$

（平衡時）　H^+：x mol/L　　OH^-：x mol/L

よって，$[H^+] = [OH^-] = x$ mol/L となり，$K_W = 1.0 \times 10^{-14}$〔$(mol/L)^2$〕に代入すると，$[H^+][OH^-] = x \times x = K_W = 1.0 \times 10^{-14}$ となり

$$[H^+] = [OH^-] = x = \sqrt{1.0 \times 10^{-14}} = 1.0 \times 10^{-7} \text{〔mol/L〕}$$

□3 ★ 25℃の水の密度を1.0g/mLとすると，$[H_2O]$ = [1 ★] mol/L（2ケタ）である。$H_2O = 18$（横浜国立大）

(1) 56

解き方

水のモル濃度〔mol/L〕は，水1L中の水の物質量〔mol〕になる。水1Lは，

$$1\cancel{L} \times \frac{10^3\cancel{mL}}{1\cancel{L}} \times \frac{1.0\cancel{g}}{1\cancel{mL}} \times \frac{1mol}{18\cancel{g}} = \frac{1000}{18} \text{〔mol〕}$$

なので，$[H_2O] = \frac{1000}{18}$ mol ÷ 1L ≒ 56〔mol/L〕

□4 ★★★ 水素イオン指数は①式のように定義されている。

$pH = -\log_{10}[H^+]$ …①

純水はその一部が②式のように電離する。

$H_2O \rightleftarrows H^+ + OH^-$ …②

②式の平衡に関する定数 K_w を，③式のように表す。

$K_w = [H^+][OH^-]$ …③

ここで，$[OH^-]$ は水酸化物イオンのモル濃度である。この定数 K_w は特に [1 ★★] とよばれ，$K_w = 1.0 \times 10^{-14}$ $(mol/L)^2$ (25℃) である。この値より，25℃の純水の pH は [2 ★★★] (整数) となる。 (関西大)

(1) 水(みず)のイオン積(せき)
(2) 7

解き方
25℃の純水の水素イオン濃度は，$[H^+] = [OH^-] = 10^{-7}$〔mol/L〕
よって，$pH = -\log_{10}[H^+] = -\log_{10}10^{-7} = 7$

□5 ★★ 水はわずかに電離した平衡状態にあり，25℃における水のイオン積 (K_w) は

$K_w = [H^+][OH^-] =$ [1 ★★★] $(mol/L)^2$ (2 ケタ)

で表される。したがって，25℃における純粋な水の pH は 7 となる。また，水の電離は [2 ★] 反応であるため，水のイオン積は温度が高いほど [3 ★] なる。

(東京薬科大)

(1) 1.0×10^{-14}
(2) 吸熱(きゅうねつ)
(3) 大(おお)きく

〈解説〉中和熱 (56kJ/mol) を表す熱化学方程式

$H^+ + OH^- = H_2O$(液) + 56kJ

より，H_2O(液) $= H^+ + OH^- - 56kJ$… (＊) となり，水の電離は中和の逆反応なので吸熱反応とわかる。「温度を高くする」と「吸熱方向」つまり「(＊) の平衡は右に移動」する。よって，$[H^+]$ や $[OH^-]$ が大きくなり，K_w の値も大きくなる。(純粋な水の pH は温度を高くすると $[H^+]$ が大きくなるため，小さくなる。例 100℃で pH ≒ 6)

□6 ★★ 水の pH は温度によって変化する。純粋な水は 25℃のとき pH は 7 となるが，温度が変化すると pH は 7 にならない。水の電離は吸熱反応であり，温度が低くなると [1 ★★★] の原理により電離が起こり [2 ★] なる。このため，25℃よりも温度が低い純粋な水の pH は 7 よりも [3 ★] なる。 (鳥取大)

(1) ルシャトリエ
[別 平衡移動(へいこういどう)]
(2) にくく
(3) 大(おお)きく

〈解説〉「温度が低くなる」と「発熱方向」に移動するので水の電離は抑制されて，K_w の値が小さくなる。そのため，純粋な水の $[H^+]$ は 10^{-7}mol/L より小さくなり，pH は 7 よりも大きくなる。

2 pH 計算

▼ANSWER

□1 ★★★ 塩酸は強酸であり，0.100mol/L の濃度では，pH の値は [1 ★★★] (整数) である。 （東京農工大）

(1) 1

解き方

0.100mol/L=10^{-1}mol/L の塩酸 HCl の pH を求める。
強酸は，ふつう水溶液中で完全に電離しているので，

	HCl	$\longrightarrow$	H^+	+	Cl^-
(電離前)	10^{-1}mol/L		0mol/L		0mol/L
(電離後)	0mol/L		10^{-1}mol/L		10^{-1}mol/L

となり，$[H^+]=10^{-1}$mol/L なので，$pH=-\log_{10}[H^+]=-\log_{10}10^{-1}=1$

□2 ★★★ 1.0×10^{-5}mol/L の水酸化ナトリウム水溶液の pH は [1 ★★★] (整数) である。ただし，水のイオン積 $K_w=1.0\times10^{-14}$ とする。 （関西大）

(1) 9

解き方

強塩基は，水溶液中でほぼ完全に電離しているので，

	NaOH	$\longrightarrow$	Na^+	+	OH^-
(電離前)	10^{-5}mol/L		0mol/L		0mol/L
(電離後)	0mol/L		10^{-5}mol/L		10^{-5}mol/L

$[OH^-]=10^{-5}$mol/L となる。
水のイオン積 $K_w=10^{-14}$ より，

$$[H^+]=\frac{K_w}{[OH^-]}=\frac{10^{-14}}{10^{-5}}=10^{-9}\text{mol/L}$$ となり，$pH=-\log_{10}[H^+]=-\log_{10}10^{-9}=9$

□3 ★★★ 0.1mol/L の酢酸水溶液（電離度＝0.01）の pH は [1 ★★★] (整数) である。 （予想問題）

(1) 3

解き方

	CH_3COOH	$\rightleftarrows$	CH_3COO^-	+	H^+
(電離前)	c mol/L		0mol/L		0mol/L
(変化量)	$-c\alpha$ mol/L		$+c\alpha$ mol/L		$+c\alpha$ mol/L
(電離平衡時)	$c-c\alpha$ mol/L		$c\alpha$ mol/L		$c\alpha$ mol/L

CH_3COOH のモル濃度を c，電離度を α とすると，$c=0.1$mol/L，$\alpha=0.01$ なので，$[H^+]=c\alpha=0.1\times0.01=10^{-3}$〔mol/L〕となり，$pH=-\log_{10}[H^+]=-\log_{10}10^{-3}=3$

★★★

酢酸 CH_3COOH は，水溶液中において以下のように電離して平衡状態に達する。

$$CH_3COOH \rightleftarrows CH_3COO^- + H^+$$

平衡状態における各成分のモル濃度をそれぞれ $[CH_3COOH]$，$[CH_3COO^-]$，$[H^+]$ とすると，酢酸の電離定数 K_a は $[CH_3COOH]$，$[CH_3COO^-]$ および $[H^+]$ を用いて，

K_a = [1 ★★★] … (1)

と表すことができる。一般に酸の電離定数は，温度が一定であれば，その酸に固有の値になる。濃度 c〔mol/L〕の酢酸水溶液中における $[CH_3COO^-]$ と $[H^+]$ は，c と酢酸の電離度 α を用いて(2)式のように表される。

$[CH_3COO^-] = [H^+]$ = [2 ★★★] … (2)

また，$[CH_3COOH]$ は，c と α を用いると(3)式のように表される。

$[CH_3COOH]$ = [3 ★★★] … (3)

したがって，(1) ～ (3) 式により，K_a は c と α を用いて(4)式のように表される。

K_a = [4 ★★★] … (4)

ここで，α が1よりも十分に小さい場合，$1 - \alpha \fallingdotseq 1$ と近似できる。このときの α と $[H^+]$ は，c と K_a を用いて，それぞれ以下のように表される。

α = [5 ★★★]

$[H^+]$ = [6 ★★★]

（防衛大）

(1) $\dfrac{[CH_3COO^-][H^+]}{[CH_3COOH]}$

(2) $c\alpha$

(3) $c - c\alpha$

[別 $c(1-\alpha)$]

(4) $\dfrac{c\alpha^2}{1-\alpha}$

(5) $\sqrt{\dfrac{K_a}{c}}$

(6) $\sqrt{cK_a}$

解き方

K_a の a は酸(acid)を表している。

$$K_a = \frac{[CH_3COO^-][H^+]}{[CH_3COOH]} = \frac{c\alpha \times c\alpha}{c - c\alpha} = \frac{c\alpha \times \cancel{c}\alpha}{\cancel{c}(1-\alpha)} = \frac{c\alpha^2}{1-\alpha}$$

α が1に比べて非常に小さい(α が0.05よりも小さい)場合，
$1 - \alpha \fallingdotseq 1$ としてよく，

$$K_a = \frac{c\alpha^2}{1-\alpha} \fallingdotseq \frac{c\alpha^2}{1} = c\alpha^2$$

よって，$\alpha^2 = \dfrac{K_a}{c}$ となり，$\alpha > 0$ より　$\alpha = \sqrt{\dfrac{K_a}{c}}$

さらに，水素イオン濃度 $[H^+]$ は，

$[H^+] = c\alpha = c\sqrt{\dfrac{K_a}{c}} = \sqrt{cK_a}$　と表すことができる。

□5 ★★ 0.30mol/L の酢酸の電離度を $\alpha = 1.00 \times 10^{-2}$ とすると，電離定数 K_a の値は [1 ★★] (2ケタ) となる。

（金沢大）

(1) 3.0×10^{-5}

解き方

$\alpha = 1.00 \times 10^{-2}$ は $0.05 = 5.00 \times 10^{-2}$ よりも小さいので，$1 - \alpha \fallingdotseq 1$ としてよい。

$$K_a \fallingdotseq c\alpha^2 = 0.30 \times (1.00 \times 10^{-2})^2 = 3.0 \times 10^{-5} \text{〔mol/L〕}$$

□6 ★★ 0.01mol/L の酢酸水溶液の pH は [1 ★★] (2ケタ) となる。ただし，$\log_{10}2 = 0.30$，酢酸の電離定数を 2.5×10^{-5}mol/L とし，電離度は十分に小さいものとする。

（名城大）

(1) 3.3

解き方

電離度は十分に小さいとあるので，$1 - \alpha \fallingdotseq 1$ としてよい。$1 - \alpha \fallingdotseq 1$ のとき，$[H^+] = \sqrt{cK_a}$ となる。

ここで，$c = 0.01$，$K_a = 2.5 \times 10^{-5}$ より，

$$[H^+] = \sqrt{cK_a} = \sqrt{0.01 \times 2.5 \times 10^{-5}} = \sqrt{25 \times 10^{-8}}$$
$$= 5 \times 10^{-4} = \frac{10}{2} \times 10^{-4} = \frac{1}{2} \times 10^{-3} \text{〔mol/L〕}$$

よって，

$$\text{pH} = -\log_{10}[H^+] = -\log_{10}\left(\frac{1}{2} \times 10^{-3}\right)$$
$$= 3 - \log_{10}\frac{1}{2} = 3 + \log_{10}2 = 3.3$$

◀ $\log_{10}2 = 0.30$

□7 ★★ 酢酸の電離定数を25℃で $K_a = 1.6 \times 10^{-5}$〔mol/L〕とするとき，1.6×10^{-1}mol/L 酢酸水溶液における電離度αの値は [1 ★★] (2ケタ)，$[H^+]$ の値は [2 ★★]〔mol/L〕(2ケタ) となる。ただし，$1 - \alpha \fallingdotseq 1$ としてよい。

（杏林大）

(1) 1.0×10^{-2}
(2) 1.6×10^{-3}

解き方

$$\alpha = \sqrt{\frac{K_a}{c}} = \sqrt{\frac{1.6 \times 10^{-5}}{1.6 \times 10^{-1}}} = \sqrt{10^{-4}} = 1.0 \times 10^{-2}$$

$$[H^+] = c\alpha = 1.6 \times 10^{-1} \times 1.0 \times 10^{-2} = 1.6 \times 10^{-3} \text{〔mol/L〕}$$

(別解) $[H^+] = \sqrt{cK_a} = \sqrt{1.6 \times 10^{-1} \times 1.6 \times 10^{-5}} = \sqrt{(1.6)^2 \times 10^{-6}}$
$$= 1.6 \times 10^{-3} \text{〔mol/L〕}$$

8 ★★ 0.10mol/L の H_2S (第1電離の電離度 $\alpha = 0.0010$) の pH = [1 ★★] (整数) となる。 (予想問題)

(1) 4

解き方

H_2S は，水溶液中では次のように2段階に電離している。

$H_2S \rightleftarrows H^+ + HS^-$ …①

$HS^- \rightleftarrows H^+ + S^{2-}$ …②

H_2S の $[H^+]$ を求めるときには，ふつう第1電離の H^+ に対して第2電離の H^+ を近似することができる。つまり，多価の弱酸の水溶液の pH は第1電離だけ (H_2S であれば①式) を考えて求める。

0.10mol/L の H_2S (第1電離の電離度 $\alpha = 0.0010$) の場合，各成分の濃度は次のようになり，

	H_2S	$\rightleftarrows$	HS^-	+	H^+ …①
(電離前)	0.10mol/L		0mol/L		0mol/L
(電離平衡時)	0.10(1 − 0.0010) mol/L		0.10 × 0.0010mol/L		0.10 × 0.0010mol/L

$[H^+] = 0.10 \times 0.0010 = 10^{-4}$ mol/L となり，

$\mathrm{pH} = -\log_{10}[H^+] = -\log_{10}10^{-4} = 4$

9 ★★ H_2S を溶かして飽和水溶液をつくった。このとき，電離前における H_2S 濃度 c は 0.10mol/L であった。この水溶液の電離平衡時における pH は [1 ★★] (2ケタ) となる。ただし，電離定数 K_1 を 9.0×10^{-8} mol/L とする。また，ここでは第1電離の電離度を α とすると，$(1-\alpha)$ を1に近似でき，$\log_{10}3 = 0.48$ とする。 (東京農工大)

(1) 4.0

解き方

H_2S 水溶液の $[H^+]$ は第1電離だけを考えて求めることができる。

c mol/L の H_2S の場合，

	H_2S	$\rightleftarrows$	HS^-	+	H^+
(電離平衡時)	$c(1-\alpha)$ mol/L		$c\alpha$ mol/L		$c\alpha$ mol/L

$$K_1 = \frac{[HS^-][H^+]}{[H_2S]} = \frac{c\alpha \cdot c\alpha}{c(1-\alpha)} = \frac{c\alpha^2}{1-\alpha}$$

$1-\alpha \fallingdotseq 1$ より，$K_1 \fallingdotseq \dfrac{c\alpha^2}{1}$，$\alpha^2 = \dfrac{K_1}{c}$，$\alpha > 0$ より，$\alpha = \sqrt{\dfrac{K_1}{c}}$

$$[H^+] = c\alpha = c\sqrt{\frac{K_1}{c}} = \sqrt{cK_1}$$

$c = 0.10\text{mol/L}$, $K_1 = 9.0 \times 10^{-8}\text{mol/L}$ より,

$$[\text{H}^+] = \sqrt{0.10 \times 9.0 \times 10^{-8}} = \sqrt{9 \times 10^{-9}} = 3 \times 10^{-4.5}$$

$$\text{pH} = -\log_{10}[\text{H}^+] = -\log_{10}(3 \times 10^{-4.5})$$

$$= 4.5 - \log_{10}3 = 4.5 - 0.48 \fallingdotseq 4.0$$ ◀ $\log_{10}3 = 0.48$

□10 ★★★ アンモニアが水に溶けたとき, [1 ★★★] のような電離平衡が成立している。

この平衡の平衡定数 K は, 電離平衡式中の化学物質のモル濃度を用いて表すことができ, 希薄溶液では水のモル濃度 $[\text{H}_2\text{O}]$ が常に一定であるとみなすことができるので, $K[\text{H}_2\text{O}]$ を K_b とおくことができる。K_b は, 次のように表される。

$K_b = K[\text{H}_2\text{O}] =$ [2 ★★★]

アンモニアの電離前のモル濃度を c とし, 電離度を α とすると, K_b は c と α を用いて次のように表される。

$K_b =$ [3 ★★★]

電離度が非常に小さい場合, $(1 - \alpha)$ を 1 とみなすことができるので, この式は次のように簡単にすることができる。

$K_b =$ [4 ★★★]　(同志社大)

(1) $\text{NH}_3 + \text{H}_2\text{O} \rightleftarrows \text{NH}_4^+ + \text{OH}^-$

(2) $\dfrac{[\text{NH}_4^+][\text{OH}^-]}{[\text{NH}_3]}$

(3) $\dfrac{c\alpha^2}{1-\alpha}$

(4) $c\alpha^2$

解き方

	NH_3	$+\ \text{H}_2\text{O}$	$\rightleftarrows\ \text{NH}_4^+$	$+\ \text{OH}^-$
(電離平衡時)	$c(1-\alpha)$ mol/L	一定	$c\alpha$ mol/L	$c\alpha$ mol/L

$$K_b = K[\text{H}_2\text{O}] = \frac{[\text{NH}_4^+][\text{OH}^-]}{[\text{NH}_3]} = \frac{c\alpha \times c\alpha}{c(1-\alpha)} = \frac{c\alpha^2}{1-\alpha}$$

$1 - \alpha \fallingdotseq 1$ より,

$$K_b \fallingdotseq \frac{c\alpha^2}{1} = c\alpha^2,\quad \alpha^2 = \frac{K_b}{c},\quad \alpha > 0 \text{ より},\quad \alpha = \sqrt{\frac{K_b}{c}}$$

$$[\text{OH}^-] = c\alpha = c\sqrt{\frac{K_b}{c}} = \sqrt{cK_b}\ \text{〔mol/L〕}$$

★★★

0.10mol/Lのアンモニア水溶液は，次のような電離平衡にある。$NH_3 + H_2O \rightleftarrows NH_4^+ + OH^-$

ここで，反応が右方向へ進むとき，H_2O は [1★★★] としてはたらいている。水溶液中におけるアンモニアの電離度を α とし，水のモル濃度 $[H_2O]$ はほぼ一定であると考えると，$[NH_4^+]$ は [2★★] mol/L，$[OH^-]$ は [3★★] mol/L，$[NH_3]$ は [4★★] mol/Lと書き表すことができる。今，電離度 α が 1.3×10^{-2} であるとすると，このアンモニア水溶液の電離定数 K_b は [5★★] mol/Lと算出される。（香川大）

(1) 酸（さん）
(2) 0.10α
(3) 0.10α
(4) $0.10(1-\alpha)$
(5) 1.7×10^{-5}

解き方

$c = 0.10$mol/Lより，

$[NH_4^+] = c\alpha = 0.10\alpha$〔mol/L〕，$[OH^-] = c\alpha = 0.10\alpha$〔mol/L〕

$[NH_3] = c(1-\alpha) = 0.10(1-\alpha)$〔mol/L〕となる。

α が0.05より小さいときには $1-\alpha \fallingdotseq 1$ と近似できる。

$\alpha = 1.3 \times 10^{-2}$（$<0.05$）より，

$K_b = c\alpha^2 = 0.10 \times (1.3 \times 10^{-2})^2 \fallingdotseq 1.7 \times 10^{-5}$〔mol/L〕

★★

アンモニアは水に溶けて塩基性を示す。

$$NH_3 + H_2O \rightleftarrows NH_4^+ + OH^-$$

この電離平衡において電離定数 K_b は，

$$K_b = \frac{[NH_4^+][OH^-]}{[NH_3]}$$

で表され，その値は 2.00×10^{-5}mol/Lである。

また水のイオン積は，

$$K_w = [H^+][OH^-] = 1.00 \times 10^{-14}(\text{mol/L})^2$$

とする。0.200mol/LのアンモニアOの pH は [1★★]（3ケタ）と計算される。ただし，α は1に比べて極めて小さいとし，$\log_{10}2 = 0.30$ とする。（東京理科大）

(1) 11.3

解き方

$[OH^-] = \sqrt{cK_b} = \sqrt{0.200 \times 2.00 \times 10^{-5}} = 2 \times 10^{-3}$〔mol/L〕

$[H^+] = \dfrac{K_w}{[OH^-]} = \dfrac{10^{-14}}{2 \times 10^{-3}} = \dfrac{1}{2} \times 10^{-11}$〔mol/L〕

$pH = -\log_{10}[H^+] = -\log_{10}\left(\dfrac{1}{2} \times 10^{-11}\right)$

$= 11 - \log_{10}\dfrac{1}{2} = 11 + \log_{10}2 = 11.3$ ◀ $\log_{10}2 = 0.30$

□13 ★★★ 酢酸ナトリウム CH_3COONa は水に溶けるとほぼ完全に電離し，生じる酢酸イオン CH_3COO^- の一部は，①式のように反応する。

$CH_3COONa \longrightarrow Na^+ + CH_3COO^-$

$CH_3COO^- + H_2O \rightleftarrows CH_3COOH + OH^-$ …①

①式の反応は塩の加水分解といわれるが，CH_3COO^- は［1★★★］から［2★★★］を受け取り，［3★★★］の定義による塩基としてはたらいている。

酢酸 CH_3COOH の電離度は小さいため，水酸化物イオン OH^- のモル濃度 $[OH^-]$ が水素イオン H^+ のモル濃度 $[H^+]$ より［4★★★］。その結果，CH_3COONa の水溶液は弱い［5★★★］性を示す。　（神戸薬科大）

〈解説〉CH_3COOH の電離度は小さいため，CH_3COO^- は水の電離による H^+ と結びつきやすい。そのため，CH_3COO^- の一部が水と反応して CH_3COOH になる。

$$\begin{array}{lcl} CH_3COO^- + H^+ & \rightleftarrows & CH_3COOH \\ +)\qquad\qquad H_2O & \rightleftarrows & H^+ \quad + OH^- \\ \hline CH_3COO^- + H_2O & \rightleftarrows & CH_3COOH + OH^- \end{array}$$

よって，$[OH^-] > [H^+]$ となり，CH_3COONa の水溶液は弱い塩基性を示す。

(1) 水(みず) H_2O
(2) 水素(すいそ)イオン H^+
(3) ブレンステッド・ローリー［㊞ブレンステッド］
(4) 大(おお)きい
(5) 塩基(えんき)(アルカリ)

□14 ★ 酢酸ナトリウムは水溶液中で①式のように完全に電離する。酢酸イオンの一部は②式に従って加水分解し，水酸化物イオンを生じる。

$CH_3COONa \longrightarrow CH_3COO^- + Na^+$ …①

$CH_3COO^- + H_2O \rightleftarrows CH_3COOH + OH^-$ …②

②式の平衡定数を加水分解定数 K_h とすると，K_h は③式のように表される。

$$K_h = \frac{[CH_3COOH][OH^-]}{[CH_3COO^-]} \cdots③$$

また，K_h を酢酸の電離定数 K_a と水のイオン積 K_w で表すと K_h = ［1★］…④となる。

②式において，酢酸と水酸化物イオンは等モル生成し，また，酢酸のイオンの加水分解はごくわずかであるので酢酸イオンの濃度は酢酸ナトリウム水溶液の濃度 c〔mol/L〕に等しいと仮定すると，③式，④式より，$[OH^-]$ = ［2★］と表すことができ，これより $[H^+]$ = ［3★］となる。　（杏林大）

(1) $\dfrac{K_w}{K_a}$
(2) $\sqrt{\dfrac{cK_w}{K_a}}$
(3) $\sqrt{\dfrac{K_aK_w}{c}}$

解き方

c mol/L の CH_3COONa の[H^+]は次のように求めることができる。

$$CH_3COONa \longrightarrow CH_3COO^- + Na^+ \cdots ①$$

	CH_3COONa	CH_3COO^-	Na^+
(電離前)	c mol/L	0mol/L	0mol/L
(電離後)	0mol/L	c mol/L	c mol/L

CH_3COO^-が加水分解する割合を加水分解度 h で表すと，電離平衡になったときの各成分の濃度は次のようになる。

$$CH_3COO^- + H_2O \rightleftarrows CH_3COOH + OH^- \cdots ②$$

	CH_3COO^-	H_2O	CH_3COOH	OH^-
(加水分解前)	c mol/L	一定	0mol/L	0mol/L
(平衡時)	$c(1-h)$ mol/L	一定	ch mol/L	ch mol/L

この電離平衡に化学平衡の法則(質量作用の法則)を用いると，

$$K = \frac{[CH_3COOH][OH^-]}{[CH_3COO^-][H_2O]}$$

となり，水の濃度はほぼ一定なので，整理すると次式が得られる。

$$K_h = K[H_2O] = \frac{[CH_3COOH][OH^-]}{[CH_3COO^-]} \cdots ③$$

このときの平衡定数 K_h を加水分解定数といい，温度一定で一定の値をとる。ここで，K_h と酢酸の電離定数 $K_a = \frac{[CH_3COO^-][H^+]}{[CH_3COOH]}$ の積は，

$$K_h \times K_a = \frac{\cancel{[CH_3COOH]}[OH^-]}{\cancel{[CH_3COO^-]}} \times \frac{\cancel{[CH_3COO^-]}[H^+]}{\cancel{[CH_3COOH]}}$$

$$= [OH^-][H^+] = K_w$$

水のイオン積

となり，

$$K_h = \frac{K_w}{K_a} \cdots ④$$

ここで，③式に各成分の濃度を代入すると，

$$K_h = \frac{[CH_3COOH][OH^-]}{[CH_3COO^-]} = \frac{ch \times ch}{c(1-h)} = \frac{ch^2}{1-h}$$

h の値は1に比べて極めて小さいので $1-h \fallingdotseq 1$ と近似でき，

$$K_h = \frac{ch^2}{1-h} \fallingdotseq ch^2,\ h^2 = \frac{K_h}{c},\ h > 0 \text{ より，} h = \sqrt{\frac{K_h}{c}} \cdots ⑤$$

また，$[OH^-] = ch$ に⑤式，④式を代入すると，

$$[OH^-] = ch = c\sqrt{\frac{K_h}{c}} = \sqrt{cK_h} = \sqrt{\frac{cK_w}{K_a}}$$

となり，水のイオン積 $K_w = [H^+][OH^-]$ から $[H^+]$ は次のように表すことができる。

$$[H^+] = \frac{K_w}{[OH^-]} = \frac{K_w}{\sqrt{\frac{cK_w}{K_a}}} = \sqrt{\frac{K_a K_w}{c}}$$

□15 ★ 25℃で，$K_w = 1.0 \times 10^{-14}$〔(mol/L)^2〕，酢酸の電離定数 $K_a = 1.8 \times 10^{-5}$〔mol/L〕とすると，0.10〔mol/L〕の酢酸ナトリウム水溶液の pH は，[1★]（2ケタ）と算出される。ただし，$\log_{10}1.8 = 0.26$ とする。

（東邦大）

(1) 8.9

解き方

$c = 0.10$mol/L の CH_3COONa の$[H^+]$は，

$$[H^+] = \sqrt{\frac{K_a K_w}{c}} = \sqrt{\frac{1.8 \times 10^{-5} \times 1.0 \times 10^{-14}}{0.10}} = \sqrt{1.8 \times 10^{-18}}$$

$$= \sqrt{1.8} \times 10^{-9} \text{〔mol/L〕}$$

$$pH = -\log_{10}[H^+] = -\log_{10}(\sqrt{1.8} \times 10^{-9})$$

$$= 9 - \log_{10}1.8^{\frac{1}{2}} = 9 - \frac{1}{2}\log_{10}1.8$$

$$= 9 - \frac{1}{2} \times 0.26 \fallingdotseq 8.9$$ ◀ $\log_{10}1.8 = 0.26$

□16 ★★★ 弱酸とその [1★★★]，あるいは弱塩基とその [1★★★] が適切な濃度で溶けている水溶液には，希釈や少量の酸や塩基の添加に対して水素イオン指数（pH）をほぼ一定に保つ働きがある。そのような水溶液を [2★★★] という。

例えば，酢酸と酢酸ナトリウムが適切な濃度で溶けている水溶液Ⅰを考える。この水溶液中では酢酸ナトリウムの電離に基づく [3★★★] 効果により，酢酸の電離は著しく抑制されている。水溶液Ⅰに少量の水素イオン（酸の水溶液）を加えると [4★★★] の原理に従ってイオン反応式①の反応が進む。

[5★★] …①

その結果，水素イオンの濃度はほぼ一定に保たれる。また，水溶液Ⅰに少量の水酸化物イオン（塩基の水溶液）を加えると，同様の原理に従ってイオン反応式②の反応が進む。

[6★★] …②

その結果，水酸化物イオンの濃度はほぼ一定に保たれる。

同様に，アンモニアと塩化アンモニウムが適切な濃度で溶けている水溶液Ⅱに少量の水素イオンを加える

(1) 塩（えん）
(2) 緩衝液（かんしょうえき）
(3) 共通イオン（きょうつう）
(4) ルシャトリエ〔㊞平衡移動（へいこういどう）〕
(5) $CH_3COO^- + H^+ \longrightarrow CH_3COOH$
(6) $CH_3COOH + OH^- \longrightarrow CH_3COO^- + H_2O$

と，イオン反応式③の反応が進む。

7 ★★ …③

その結果，水素イオンの濃度はほぼ一定に保たれる。また，水溶液IIに少量の水酸化物イオンを加えると，イオン反応式④の反応が進む。

8 ★★ …④

その結果，水酸化物イオンの濃度はほぼ一定に保たれる。（大阪市立大）

〈解説〉緩衝液の例
①弱酸とその塩（例 CH_3COOH と CH_3COONa）
②弱塩基とその塩（例 NH_3 と NH_4Cl）
①や②の混合水溶液に少量の強酸や強塩基を加えても，$[H^+]$や$[OH^-]$はほとんど変化せず，pH もほとんど変化しない。

(7) $NH_3 + H^+ \longrightarrow NH_4^+$
(8) $NH_4^+ + OH^- \longrightarrow NH_3 + H_2O$

□17 ★★ 次の①式の平衡が成立している酢酸水溶液に酢酸ナトリウムを加えると 1 ★★ の濃度が増加するので①式の平衡は 2 ★★ へ移動して新しい平衡状態になる。

$$CH_3COOH \rightleftarrows H^+ + CH_3COO^- \cdots ①$$

この場合，CH_3COO^-の濃度は 3 ★★ の濃度に等しいとみなすことができる。この酢酸と酢酸ナトリウムとの混合溶液に少量の酸を加えると①式の平衡は 4 ★★ へ移動するので，溶液中の 5 ★★ が消費され，また少量の塩基を加えると②式の反応がおこり溶液中の 6 ★★ が消費される。

6 ★★ + 7 ★★ ⇄ 8 ★★ + H_2O …②

したがって，酢酸と酢酸ナトリウムの混合水溶液に少量の酸あるいは塩基を加えても，9 ★★ の濃度変化は非常に小さいことになる。（上智大）

(1) 酢酸イオン CH_3COO^-
(2) 左
(3) 酢酸ナトリウム CH_3COONa
(4) 左
(5) 水素イオン H^+
(6) 水酸化物イオン OH^-
(7) CH_3COOH
(8) CH_3COO^-
(9) 水素イオン H^+

★

酢酸 4.0×10^{-2}mol/L と酢酸ナトリウム 4.0×10^{-2}mol/L を各々 500mL ずつ混合して 1.0L の溶液としたとき，pH は [1★] (2ケタ) となる。ただし，酢酸の電離定数は 2.8×10^{-5}mol/L，$\log_{10}2.8 = 0.45$ とする。　　（星薬科大）

(1) 4.6

〈解説〉
Amol/L の CH_3COOH と Bmol/L の CH_3COONa の混合水溶液では，CH_3COONa はほぼ完全に CH_3COO^- と Na^+ に電離しているのに対し，CH_3COOH は弱酸で，もともと電離度が小さいうえに CH_3COO^- が多量に存在しているので，ほとんど電離できずに（電離を抑制されて）CH_3COOH として存在している。

	CH_3COONa $\longrightarrow$	CH_3COO^- +	Na^+
（電離前）	Bmol/L	0mol/L	0mol/L
（電離後）	0mol/L	Bmol/L	Bmol/L

	CH_3COOH $\rightleftarrows$	CH_3COO^- +	H^+
（電離前）	Amol/L	0mol/L	0mol/L
（電離後）	$A(1-\alpha)$ mol/L	$A\alpha$ mol/L	$A\alpha$ mol/L

◀ 電離が抑制される

よって，この混合溶液中の酢酸と酢酸イオンは，次のようになる。

$[CH_3COOH] = A(1-\alpha) \fallingdotseq A$mol/L
$[CH_3COO^-] = B + A\alpha \fallingdotseq B$mol/L

◀ 電離が抑制されているためにαは極めて小さく，$1-\alpha \fallingdotseq 1$ や $B + A\alpha \fallingdotseq B$ と近似できる

水溶液の中に，酢酸と酢酸イオンが少しでも存在すれば酢酸の電離定数 K_a が成り立つので，K_a は緩衝液中でも成立する。

$$K_a = \frac{[CH_3COO^-][H^+]}{[CH_3COOH]} \xrightarrow{\text{変形すると}} [H^+] = \frac{[CH_3COOH]}{[CH_3COO^-]} \times K_a$$

ここで，$[CH_3COOH] \fallingdotseq A$mol/L，$[CH_3COO^-] \fallingdotseq B$mol/L を代入すると，

$$[H^+] = \boxed{\frac{A}{B}} \times K_a \cdots ①$$

（→mol/L の比になっている）

また，混合水溶液の体積を VL とすると，

$$[H^+] = \frac{A}{B} \times K_a = \boxed{\frac{A \times V}{B \times V}} \times K_a \cdots ①'$$

（→$\frac{mol}{\cancel{L}} \times \cancel{L}$ より mol 比になっている）

とすることもできる。

解き方

CH_3COOH と CH_3COO^- の mol 比は，

$CH_3COOH : CH_3COO^-$

$$= 4.0 \times 10^{-2} \times \frac{500}{1000}\text{mol} : 4.0 \times 10^{-2} \times \frac{500}{1000}\text{mol} = 1:1$$

なので，①′ より，

$[H^+] = K_a = 2.8 \times 10^{-5}$〔mol/L〕

$pH = -\log_{10}(2.8 \times 10^{-5}) = 5 - \log_{10}2.8$

$= 5 - 0.45 \fallingdotseq 4.6$　◀ $\log_{10}2.8 = 0.45$

★

酢酸水溶液と酢酸ナトリウム水溶液を混合してつくった緩衝液の水素イオン濃度を求めたい。混合した結果，酢酸の濃度が $c_1$mol/L，酢酸ナトリウムの濃度が $c_2$mol/L の緩衝液ができたとする。

混合する前の酢酸水溶液中では酢酸の電離平衡が成り立っている。一方，酢酸ナトリウム水溶液中では，

$$CH_3COO^- + H_2O \rightleftarrows CH_3COOH + OH^-$$

で表される平衡状態が成り立っている。両者の水溶液を混合するとこれらの平衡が移動するため，この緩衝液中では，$[CH_3COOH] \fallingdotseq c_1$ mol/L および $[CH_3COO^-] \fallingdotseq c_2$ mol/L と，それぞれ近似することができる。この緩衝液中でも酢酸の電離平衡は成り立っているので，酢酸の電離定数 K_a を表す式に，これらの値を代入して変形すると，$[H^+]$ = [1★] となり，$[H^+]$ を K_a，c_1，c_2 で表すことができる。（京都府立大）

〈解説〉

$K_a = \dfrac{[CH_3COO^-][H^+]}{[CH_3COOH]} = \dfrac{c_2[H^+]}{c_1}$ より求めることができる。

(1) $\dfrac{c_1}{c_2} \times K_a$

★★★

緩衝液は，酸や塩基を加えても pH がほとんど変化しない溶液で，弱酸とその塩あるいは弱塩基とその塩を含む混合溶液としてつくることができる。例えば，0.1mol/L のアンモニア水 10mL と 0.1mol/L の塩化アンモニウム水溶液 20mL を混ぜると，pH9.2 を維持する緩衝液をつくることができる。アンモニア水の電離平衡は [1★★★] のように表される。また，塩化アンモニウムは水中で完全電離するので [2★★★] のように表される。アンモニアと塩化アンモニウムの緩衝液では [2★★★] の反応で生じる多量の [3★★] のために，アンモニア水だけの場合に比べ pH は [4★★] なる。この緩衝液に酸を加えると多量に存在する [5★★] と反応するため pH はほとんど変化しない。また，塩基を加えた場合は多量に存在する [6★★] と反応するため pH はほとんど変化しない。（立命館大）

(1) $NH_3 + H_2O \rightleftarrows NH_4^+ + OH^-$
(2) $NH_4Cl \longrightarrow NH_4^+ + Cl^-$
(3) アンモニウムイオン NH_4^+
(4) 小さく
(5) アンモニア NH_3
(6) アンモニウムイオン NH_4^+

〈解説〉
(4)アンモニア水だけの $NH_3 + H_2O \rightleftarrows NH_4^+ + OH^-$…(＊)
の平衡よりも NH_4^+ が増加しており，(＊)の平衡が左へ移動する
ことで$[OH^-]$が減少し，pH は小さくなる(中性に近づく)。
(5)$NH_3 + H^+ \longrightarrow NH_4^+$ の反応が起こる。
(6)$NH_4^+ + OH^- \longrightarrow NH_3 + H_2O$ の反応が起こる。

□21 ★★ アンモニアを水に溶解すると，①式で示す電離平衡が成り立つ。

$$NH_3 + H_2O \rightleftarrows NH_4^+ + OH^- \cdots ①$$

この電離平衡の平衡定数 K は②式のように表される。

$$K = \boxed{1 ★★} \cdots ②$$

ここで水の濃度が一定とみなせることから，アンモニアの電離定数 K_b は③式のように表される。

$$K_b = K[H_2O] = \boxed{2 ★★} \cdots ③$$

③式は，アンモニアに塩化アンモニウムが加わった水溶液でも成立する。このとき塩化アンモニウムはすべて電離し，そのため，①式の平衡は左へ移動し，アンモニアの電離はほぼ無視できる。したがって，水溶液中でのアンモニアの濃度を c_B，塩化アンモニウムの濃度を c_S とすると，④，⑤式のように近似できる。

$$[NH_3] = c_B \cdots ④ \qquad [NH_4^+] = c_S \cdots ⑤$$

そのため，③式より水酸化物イオンの濃度は，c_B，c_S，K_b を用いて⑥式のように表される。

$$[OH^-] = \boxed{3 ★★} \cdots ⑥$$

このアンモニアと塩化アンモニウムからなる水溶液は，少量の酸，塩基を加えても pH の変化がおこりにくく，$\boxed{4 ★★}$ として利用されている。 (神戸薬科大)

〈解説〉(3) $K_b = \dfrac{[NH_4^+][OH^-]}{[NH_3]} = \dfrac{c_S[OH^-]}{c_B}$

$$[OH^-] = \frac{c_B}{c_S} \times K_b$$

NH_3 と NH_4Cl の緩衝液も CH_3COOH と CH_3COONa の緩衝液と同じ要領で考えることができる。

(1) $\dfrac{[NH_4^+][OH^-]}{[NH_3][H_2O]}$
(2) $\dfrac{[NH_4^+][OH^-]}{[NH_3]}$
(3) $\dfrac{c_B}{c_S} \times K_b$
(4) 緩衝液(かんしょうえき)

□22 ★ 4.4×10^{-3}mol の NH_3 に 2.2×10^{-3}mol の HCl を加えたところ，pH = [1 ★] (2ケタ) の緩衝液が得られた。ただし，アンモニアの電離定数 K_b は 1.8×10^{-5}mol/L，水のイオン積 K_w は 1.0×10^{-14} $(mol/L)^2$，$\log_{10}1.8 = 0.25$ とする。（早稲田大）

(1) 9.3

解き方

	NH_3	+	HCl	⟶	NH_4Cl
（反応前）	4.4×10^{-3}mol		2.2×10^{-3}mol		0mol
（反応後）	2.2×10^{-3}mol		0mol		2.2×10^{-3}mol

の反応が起こり，水溶液中では $NH_4Cl \longrightarrow NH_4^+ + Cl^-$ となるので，$NH_3 : NH_4^+ = 1 : 1$（モル比）の緩衝液となる。この結果，$[NH_3] : [NH_4^+] = 1 : 1$ つまり $[NH_3] = [NH_4^+]$ となり，

$$K_b = \frac{[NH_4^+][OH^-]}{[NH_3]} \Rightarrow [OH^-] = K_b \text{ と求められる。}$$

$$[H^+] = \frac{K_w}{[OH^-]} = \frac{K_w}{K_b} = \frac{10^{-14}}{1.8 \times 10^{-5}} = \frac{1}{1.8} \times 10^{-9} \text{〔mol/L〕}$$

$$pH = -\log_{10}\left(\frac{1}{1.8} \times 10^{-9}\right) = 9 + \log_{10}1.8$$

$$= 9 + 0.25 \fallingdotseq 9.3 \quad ◀ \log_{10}1.8 = 0.25$$

□23 ★★★ 酢酸の電離定数 $K_a = 2.70 \times 10^{-5}$，$\log_{10}\sqrt{2.70} = 0.216$，$\log_{10}2.70 = 0.431$，$\log_{10}3 = 0.477$，また酢酸の電離度は十分に小さいものとする。0.100mol/L の酢酸水溶液 10.0mL に，0.100mol/L の水酸化ナトリウム水溶液を少しずつ加えていくと，水溶液の pH は図のように変化した。水酸化ナトリウム水溶液を入れる前（点 A）の水溶液の pH の値は，[1 ★★★]（2ケタ）である。図中の B の範囲では，水酸化ナトリウム水溶液を加えていっても，水溶液の pH はほとんど変化しない。この理由は，この水溶液が，未反応の CH_3COOH と中和反応によって生じた CH_3COONa との水溶液になっており，結果的に [2 ★★★] 液になっているからである。水酸化ナトリウム水溶液を 5.00mL

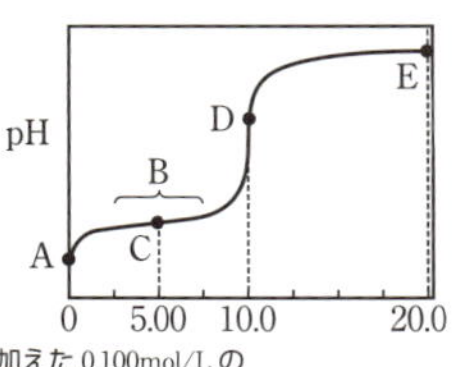

水酸化ナトリウム水溶液による酢酸水溶液の滴定曲線

(1) 2.8
(2) 緩衝（かんしょう）

加えたとき（点C），2★★★ 作用が最も大きくなる。点CでのpHの値は 3★★ （2ケタ）となる。水酸化ナトリウム水溶液を10.0mL加えたときの点Dが中和点であり，点Dでは，水溶液は 4★★★ 性である。さらに水酸化ナトリウム水溶液を加えた点E（20.0mLの水酸化ナトリウムを加えた点）でのpHの値は 5★★★ （2ケタ）である。　（東京農工大）

(3) 4.6
(4) (弱)塩基（(弱)アルカリ）
(5) 13

解き方

(1)　$c = 0.100$mol/L の CH_3COOH ($K_a = 2.70 \times 10^{-5}$) の pH を求める。

$[H^+] = \sqrt{cK_a} = \sqrt{0.100 \times 2.70 \times 10^{-5}} = \sqrt{2.70} \times 10^{-3}$〔mol/L〕

$pH = -\log_{10}(\sqrt{2.70} \times 10^{-3}) = 3 - \log_{10}\sqrt{2.70}$

$= 3 - 0.216 \fallingdotseq 2.8$　◀ $\log_{10}\sqrt{2.70} = 0.216$

(3)　CH_3COOH が NaOH により $\frac{1}{2}$ 中和された点であることから，

$[CH_3COOH] = [CH_3COO^-]$ となり，K_a より，

$K_a = \frac{[CH_3COO^-][H^+]}{[CH_3COOH]} \longrightarrow [H^+] = K_a = 2.70 \times 10^{-5}$〔mol/L〕

$pH = -\log_{10}(2.70 \times 10^{-5}) = 5 - \log_{10}2.70$

$= 5 - 0.431 \fallingdotseq 4.6$　◀ $\log_{10}2.70 = 0.431$

(4)　中和点では，CH_3COONa の加水分解が起こる。

$CH_3COO^- + H_2O \rightleftarrows CH_3COOH + OH^-$

(5)

	CH_3COOH	+ $NaOH$	$\longrightarrow$ $CH_3COONa + H_2O$
（反応前）	$0.100 \times \frac{10.0}{1000}$mol	$0.100 \times \frac{20.0}{1000}$mol	0mol
（反応後）	0mol	$0.100 \times \frac{10.0}{1000}$mol	$0.100 \times \frac{10.0}{1000}$mol

$0.100 \times \frac{10.0}{1000}$ mol の NaOH の水溶液 $(10.0 + 20.0)$ mL の pH の値を求めればよい。

$$[OH^-] = \frac{0.100 \times \frac{10.0}{1000}\,\text{mol}}{\frac{10.0 + 20.0}{1000}\,\text{L}} = \frac{1}{3} \times 10^{-1}\ 〔\text{mol/L}〕$$

$$[H^+] = \frac{K_w}{[OH^-]} = \frac{10^{-14}}{\frac{1}{3} \times 10^{-1}} = 3 \times 10^{-13}\ 〔\text{mol/L}〕$$

$pH = -\log_{10}[H^+] = -\log_{10}(3 \times 10^{-13}) = 13 - \log_{10}3$

$= 13 - 0.477 \fallingdotseq 13$　◀ $\log_{10}3 = 0.477$

3 溶解度積

▼ANSWER

□1 ★★ 塩化銀の粉末を25℃において水に溶解させたところ，一部の塩化銀が溶け残った10mLの水溶液ができ，平衡に達した。このとき，溶解している塩化銀は，1.3×10^{-7}mol であった。この溶解平衡の平衡定数 K(AgCl) は次式で示される。

$$K(\mathrm{AgCl}) = \frac{[\boxed{1★★}][\boxed{2★★}]}{[\mathrm{AgCl(固)}]} \quad (順不同)$$

[AgCl(固)]を一定とみなし，新しく定数 K_s(AgCl) を次のように定義する。

$$K_s(\mathrm{AgCl}) = [\boxed{1★★}][\boxed{2★★}]$$

K_s(AgCl)の値は，3★★ $(\mathrm{mol/L})^2$ である。（京都大）

〈解説〉K_s(AgCl) を塩化銀の溶解度積という。溶解度積は K_{sp} と書くことが多い。

(1) Ag^+
(2) Cl^-
(3) 1.7×10^{-10}

解き方

	AgCl	⇄	Ag^+	+	Cl^-
(変化量)	-1.3×10^{-7}mol		$+1.3 \times 10^{-7}$mol		$+1.3 \times 10^{-7}$mol

（水溶液10mL）

$$[Ag^+] = [Cl^-] = \frac{1.3 \times 10^{-7}\,\mathrm{mol}}{\frac{10}{1000}\,\mathrm{L}} = 1.3 \times 10^{-5}\,[\mathrm{mol/L}]$$

$$K_s(\mathrm{AgCl}) = [Ag^+][Cl^-] = (1.3 \times 10^{-5}\,\mathrm{mol/L}) \times (1.3 \times 10^{-5}\,\mathrm{mol/L})$$
$$\fallingdotseq 1.7 \times 10^{-10}\,[(\mathrm{mol/L})^2]$$

溶解度積は，温度が一定であれば常に一定となる。

□2 ★★ 固体の炭酸カルシウムは水中において，以下のように電離する。

$$CaCO_3\,(固) \rightleftarrows Ca^{2+} + CO_3^{2-} \cdots ①$$

①式において，炭酸カルシウムの飽和溶液におけるイオンのモル濃度の積 K_{sp} は以下の式で与えられ，その値は 4.0×10^{-9} $[(\mathrm{mol/L})^2]$ である。

$$K_{sp} = [Ca^{2+}][CO_3^{2-}]$$

したがって炭酸カルシウム 1.0×10^{-3}mol が1Lの純水に完全に溶解するために $[CO_3^{2-}]$ が満たすべき条件は 1★★ [mol/L] となる。（東京理科大）

(1) $[CO_3^{2-}] \leqq 4.0 \times 10^{-6}$

〈解説〉溶解度積 K_{sp} の利用

①(計算値) $>$ K_{sp} のとき
沈殿が生じており，水溶液中では K_{sp} が成立している。

②(計算値) $\leqq$ K_{sp} のとき
沈殿が生じていない。

解き方

$CaCO_3$ 1.0×10^{-3}mol が完全に溶解すると，

$$CaCO_3 \longrightarrow Ca^{2+} + CO_3^{2-}$$

より，Ca^{2+}が 1.0×10^{-3}mol 生じる。また，そのモル濃度は，

$$[Ca^{2+}] = \frac{1.0 \times 10^{-3}\text{mol}}{\text{ほぼ }1\text{L}} \fallingdotseq 1.0 \times 10^{-3}\text{mol/L}$$

となり，$CaCO_3$ が完全に溶解するためには，

$$[Ca^{2+}][CO_3^{2-}] = (1.0 \times 10^{-3}) \times [CO_3^{2-}] \leqq K_{sp} = 4.0 \times 10^{-9}$$

となればよい。よって，$[CO_3^{2-}]$が満たすべき条件は，

$[CO_3^{2-}] \leqq 4.0 \times 10^{-6}$〔mol/L〕となる。

AgCl の溶解度積 K_{sp} は 30℃において 2.0×10^{-10} $(\text{mol/L})^2$ である。この温度における AgCl の水への溶解度は [1 ★★] mol/L（2ケタ）となる。$\sqrt{2} = 1.4$

（高知大）

(1) 1.4×10^{-5}

解き方

AgCl の水への溶解度を x mol/L とすると，溶解中の Ag^+ や Cl^- は，
$AgCl \longrightarrow Ag^+ + Cl^-$ より $[Ag^+] = [Cl^-] = x$ mol/L となる。

よって，$[Ag^+][Cl^-] = x \times x = K_{sp} = 2.0 \times 10^{-10}$ が成り立ち，

$x > 0$ より $x = \sqrt{2.0 \times 10^{-10}} \fallingdotseq 1.4 \times 10^{-5}$〔mol/L〕 ◀ $\sqrt{2} = 1.4$

AgCl は水にわずかに溶解する。固体の AgCl がその飽和水溶液と接しているとき，①式のように溶解平衡が成立している。AgCl の溶解度積 K_{sp} は物質 X のモル濃度を [X] で表すと，②式で示される。

$$AgCl\text{（固体）} \rightleftarrows Ag^+ + Cl^- \cdots ①$$

$$K_{sp} = \boxed{1 ★★} \qquad \cdots ②$$

この AgCl の飽和水溶液に塩化ナトリウムを添加すると，[2 ★★★] 効果により，①式の平衡は [3 ★★★] へ移動するため，水溶液中の Ag^+ の濃度は [4 ★★★] する。

（明治薬科大）

(1) $[Ag^+][Cl^-]$
(2) 共通(きょうつう)イオン
(3) 左(ひだり)
(4) 減少(げんしょう)

〈解説〉塩化ナトリウム NaCl を添加すると,

$$NaCl \longrightarrow Na^+ + Cl^-$$

より, 水溶液中の$[Cl^-]$が増加する。ルシャトリエの原理より, ①式の平衡が, $[Cl^-]$が減少する左向きに移動し, AgCl の溶解度が小さくなる。この現象を共通イオン効果という。

□5 ★ 硫化水素は, ①および②式のように 2 段階で電離すると考えられる。それぞれの電離定数 K_1 および K_2 は, 9.5×10^{-8}mol/L および 1.3×10^{-14}mol/L である。これより, ③式の電離定数 K_a は, [1★] $(mol/L)^2$ (2ケタ)となる。したがって, pH = 3.0 の溶液中の硫化物イオンの濃度$[S^{2-}]$は, H_2S の飽和濃度を 0.10mol/L とすると, [2★] mol/L (2 ケタ) と求められる。

$$H_2S \rightleftharpoons H^+ + HS^- \cdots ①$$

$$HS^- \rightleftharpoons H^+ + S^{2-} \cdots ②$$

$$H_2S \rightleftharpoons 2H^+ + S^{2-} \cdots ③$$

ZnS の溶解度積は, 2.2×10^{-18} $(mol/L)^2$ であるので, この溶液中で ZnS の沈殿が生じるためには, 溶液中の亜鉛イオンの濃度は [3★] mol/L (2 ケタ) より高くなければならない。 (北海道大)

(1) 1.2×10^{-21}
(2) 1.2×10^{-16}
(3) 1.8×10^{-2}

解き方

$$K_1 = \frac{[H^+][HS^-]}{[H_2S]}, \quad K_2 = \frac{[H^+][S^{2-}]}{[HS^-]}$$

より, ③式の電離定数 K_a は,

$$K_a = \frac{[H^+]^2[S^{2-}]}{[H_2S]} = K_1 \times K_2 = 9.5 \times 10^{-8} \times 1.3 \times 10^{-14}$$

$$= 1.235 \times 10^{-21} \fallingdotseq 1.2 \times 10^{-21}$$

pH = 3.0 つまり, $[H^+] = 10^{-3}$〔mol/L〕, $[H_2S] = 0.10 = 10^{-1}$〔mol/L〕より,

$$K_a = \frac{(10^{-3})^2[S^{2-}]}{10^{-1}} = 1.235 \times 10^{-21}$$

$$[S^{2-}] = 1.235 \times 10^{-16} \fallingdotseq 1.2 \times 10^{-16} \text{〔mol/L〕}$$

沈殿が生じるためには,

$$[Zn^{2+}][S^{2-}] = [Zn^{2+}] \times (1.235 \times 10^{-16}) > K_{sp,\,ZnS} = 2.2 \times 10^{-18}$$

が必要となる。

よって,

$$[Zn^{2+}] > 1.8 \times 10^{-2} \text{〔mol/L〕}$$

となればよい。

★★★

ハロゲン化物の塩は水に溶けやすいものが多い。しかし，銀塩は水に溶けにくい。例えば，塩化銀 AgCl を水に溶かして飽和溶液を調製するとき，AgCl の溶解度積 K_{sp} を 1.00×10^{-10} $(mol/L)^2$ とすると，この水溶液中の銀イオン Ag^+ の濃度は［1★★★］mol/L (3ケタ) となる。この水溶液に，溶解後の濃度が 0.100mol/L に相当する量の塩化カリウム KCl を溶かしたとき，KCl 添加による水溶液の体積変化が無視できるならば，AgCl の［2★★★］色沈殿が生成し，Ag^+ の濃度は［3★］mol/L (3ケタ) にまで減少する。このような KCl の効果を［4★★★］効果という。　（徳島大）

(1) 1.00×10^{-5}
(2) 白（はく）
(3) 1.00×10^{-9}
(4) 共通（きょうつう）イオン

解き方

(1)　水溶液中の Ag^+ を $[Ag^+] = x$ mol/L とすると，$[Cl^-] = x$ mol/L となり，

$$[Ag^+][Cl^-] = x \times x = K_{sp} = 1.00 \times 10^{-10}$$

よって，$[Ag^+] = x = \sqrt{1.00 \times 10^{-10}} = 1.00 \times 10^{-5}$〔mol/L〕

(3)　KCl 添加により生じる Cl^- は，$[Cl^-] = 0.100$mol/L となり，水溶液中の Ag^+ を $[Ag^+] = y$ mol/L とすると，水溶液中の Cl^- は，

$$[Cl^-] = (0.100 + y)\ \text{mol/L}$$

↑ $AgCl \longrightarrow Ag^+ + Cl^-$ により生じた Cl^-

$$[Ag^+][Cl^-] = y \times (0.100 + y) = K_{sp} = 1.00 \times 10^{-10}$$

が成り立つ。ここで，$0.100 + y \fallingdotseq 0.100$ と近似できると仮定すると，

$$y \times 0.100 = 1.00 \times 10^{-10}$$

$y = 1.00 \times 10^{-9}$〔mol/L〕となり，$0.100 + y \fallingdotseq 0.100$ と近似してよいことがわかる。

よって，$[Ag^+] = y = 1.00 \times 10^{-9}$〔mol/L〕

★★

難溶性の塩化銀 AgCl を水に入れると，沈殿のごく一部が水に溶けて飽和溶液となる。この飽和溶液中では固体の AgCl と水溶液中のイオンの間に，式①のような平衡が成り立つ。

$$AgCl\ (固) \rightleftarrows Ag^+ + Cl^- \cdots ①$$

塩化銀の沈殿を含む飽和溶液にアンモニア水を加えるとジアンミン銀（I）イオン $[Ag(NH_3)_2]^+$ が生成する。すると式①の平衡は［1★★］の方向へ移動して，AgCl の固体の量は［2★★］。　（城西大）

(1) 右（右辺）（みぎ（うへん））
(2) 減少（げんしょう）する

第4部 無機化学

INORGANIC CHEMISTRY

第09章

金属イオンの反応

1 金属イオンの検出（沈殿）

▼ ANSWER

□1 ★★★ Ag^+を含む水溶液に塩酸 HCl を加えると，白色沈殿 [1 ★★★] を生じる。（学習院大）

〈解説〉Cl^-は，Ag^+，Pb^{2+}などと沈殿する。
「現(Ag^+)ナマ(Pb^{2+})で苦労(Cl^-)する」と覚えよう。

(1) 塩化銀（えんかぎん） AgCl

□2 ★★ ハロゲン化銀の沈殿に光をあてると，分解して銀の粒子が遊離する。この性質を [1 ★★] という。（岩手大）

〈解説〉㊕ $2AgBr \longrightarrow 2Ag + Br_2$

(1) 感光性（かんこうせい）

□3 ★★★ Pb の硝酸塩を冷水に溶かし，この溶液に希塩酸を加えると，白色沈殿 [1 ★★★] を生ずる。（学習院大）

(1) 塩化鉛（えんかなまり）(Ⅱ) $PbCl_2$

□4 ★★★ Ba^{2+}を含む水溶液に硫酸ナトリウムを加えたとき生じる沈殿 [1 ★★★] の質量が正確にわかれば水溶液のBa^{2+}濃度を決定できる。（早稲田大）

〈解説〉$SO_4{}^{2-}$は，Ba^{2+}，Ca^{2+}，Sr^{2+}，Pb^{2+}と沈殿する。
「バ(Ba^{2+})カ(Ca^{2+})にする(Sr^{2+})な(Pb^{2+})硫さん($SO_4{}^{2-}$)」と覚えよう。

(1) 硫酸（りゅうさん）バリウム $BaSO_4$

□5 ★★ 酢酸鉛(Ⅱ)水溶液と硫酸銅(Ⅱ)水溶液を混合すると [1 ★★] が沈殿する。（立教大）

(1) 硫酸鉛（りゅうさんなまり）(Ⅱ) $PbSO_4$

□6 ★★ ミョウバン水溶液と塩化カルシウム水溶液を混合すると [1 ★★] が沈殿する。（立教大）

〈解説〉ミョウバン $AlK(SO_4)_2 \cdot 12H_2O$，塩化カルシウム $CaCl_2$

(1) 硫酸（りゅうさん）カルシウム $CaSO_4$

□7 ★★★ 硝酸バリウム水溶液に炭酸アンモニウム水溶液を加えたところ，白色の沈殿 [1 ★★★] が生じた。（秋田大）

〈解説〉$CO_3{}^{2-}$は，Ba^{2+}，Ca^{2+}，Sr^{2+}などと沈殿する。
「バ(Ba^{2+})カ(Ca^{2+})にする(Sr^{2+})炭さん($CO_3{}^{2-}$)」と覚えよう。

(1) 炭酸（たんさん）バリウム $BaCO_3$

□8 ★★★ 二酸化炭素を水酸化バリウム水溶液に通したとき，白い沈殿物 [1 ★★★] が生じた。（星薬科大）

〈解説〉CO_2は$Ba(OH)_2$によって，中和されると同時に沈殿を生じる。

(1) 炭酸（たんさん）バリウム $BaCO_3$

□9 ★★★ 硝酸鉛(Ⅱ)水溶液にクロム酸カリウム水溶液を加えると，黄色の沈殿 [1 ★★★] が生じた。（秋田大）

(1) クロム酸鉛(Ⅱ) $PbCrO_4$

〈解説〉CrO_4^{2-}は，Ba^{2+}，Pb^{2+}，Ag^+などと沈殿する。
「バ(Ba^{2+})ナナ(Pb^{2+})を銀(Ag^+)貨でかったら苦労(CrO_4^{2-})した」と覚えよう。

□10 ★★★ Pb^{2+}とAg^+を含む水溶液に塩酸を十分に加えると白色沈殿が生成する。生じた沈殿をろ過した後，熱水で洗浄する。その洗液にクロム酸カリウムの水溶液を加えると黄色の沈殿 [1 ★★★] が生成する。（立教大）

(1) クロム酸鉛(Ⅱ) $PbCrO_4$

〈解説〉$PbCl_2$ は熱水に溶ける。

□11 ★★ 銀イオンを含む水溶液にクロム酸カリウムを加えると赤褐色の [1 ★★] が生じる。（慶應義塾大）

(1) クロム酸銀 Ag_2CrO_4

□12 ★★★ Fe^{2+}を含む水溶液に強塩基やアンモニア水を加えると沈殿 [1 ★★] が生じる。一方，Fe^{3+}を含む水溶液に強塩基やアンモニア水を加えると沈殿 [2 ★★★] が生じる。（慶應義塾大）

(1) 水酸化鉄(Ⅱ) $Fe(OH)_2$
(2) 水酸化鉄(Ⅲ) $Fe(OH)_3$

〈解説〉NaOH 水溶液や NH_3 水を「適量」加えて塩基性にすると，アルカリ金属とアルカリ土類金属を除く金属イオンが沈殿する。イオン化傾向と対応させて覚えるとよい。

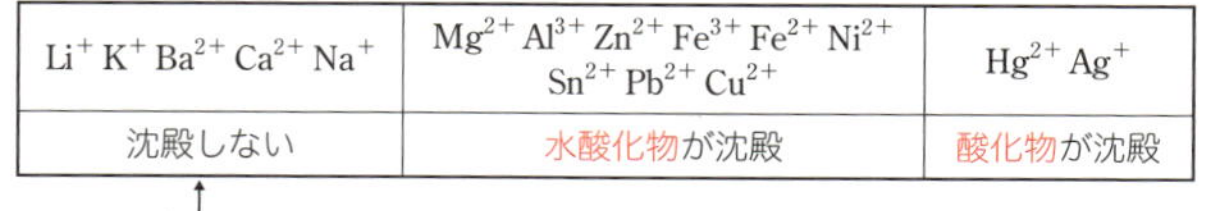

Li^+ K^+ Ba^{2+} Ca^{2+} Na^+	Mg^{2+} Al^{3+} Zn^{2+} Fe^{3+} Fe^{2+} Ni^{2+} Sn^{2+} Pb^{2+} Cu^{2+}	Hg^{2+} Ag^+
沈殿しない	水酸化物が沈殿	酸化物が沈殿

↑
アルカリ金属やアルカリ土類金属のイオン

注 OH^-の濃度が大きいと，Ca^{2+}は溶解し切れない$Ca(OH)_2$が沈殿する。

□13 ★★★ Ag^+を含む水溶液に水酸化ナトリウム水溶液を加えると，暗褐色の沈殿 [1 ★★★] が生じた。（東北大）

(1) 酸化銀 Ag_2O

〈解説〉$2Ag^+ + 2OH^- \longrightarrow Ag_2O \downarrow + H_2O$

□14 ★★ Zn^{2+}の水溶液に少量の水酸化ナトリウム水溶液を加えると沈殿を生じ，さらに過剰の水酸化ナトリウム水溶液を加えると沈殿は無色の溶液になって溶解した。この沈殿とそれが溶解して生成したものの化学式は [1 ★★] と [2 ★★] になる。（静岡大）

(1) $Zn(OH)_2$
(2) $[Zn(OH)_4]^{2-}$

〈解説〉NaOH 水溶液を過剰に加えたとき，一度できた沈殿が溶解するもの

Al^{3+} $\xrightarrow{NaOH}$ $Al(OH)_3$ ↓(白) $\xrightarrow{NaOH}$ $[Al(OH)_4]^-$ (無色)
Zn^{2+} $\xrightarrow{NaOH}$ $Zn(OH)_2$ ↓(白) $\xrightarrow{NaOH}$ $[Zn(OH)_4]^{2-}$(無色)
Sn^{2+} $\xrightarrow{NaOH}$ $Sn(OH)_2$ ↓(白) $\xrightarrow{NaOH}$ $[Sn(OH)_4]^{2-}$(無色)
Pb^{2+} $\xrightarrow{NaOH}$ $Pb(OH)_2$ ↓(白) $\xrightarrow{NaOH}$ $[Pb(OH)_4]^{2-}$(無色)

「あ(Al^{3+})，あ(Zn^{2+})，すん(Sn^{2+})，なり(Pb^{2+})と溶ける」と覚えよう。

□15 ★★ アルミニウムイオンの水溶液に，水酸化ナトリウム水溶液を加えたところ，白色沈殿 [1 ★★] ができた。さらに，水酸化ナトリウム水溶液を加え続けたところ，[2 ★★] となり沈殿が溶け始めた。（東北大）

(1) 水酸化アルミニウム $Al(OH)_3$
(2) テトラヒドロキシドアルミン酸イオン $[Al(OH)_4]^-$

〈解説〉錯イオンは，次の手順にしたがって名前をつける。

手順1 配位数を調べ，ギリシャ語の数詞をチェックする。

数詞
1→モノ　2→ジ　3→トリ　4→テトラ　5→ペンタ　6→ヘキサ

$[Zn(NH_3)_4]^{2+}$
（4←配位数）

手順2 配位子名をチェックする。

配位子名
NH_3→アンミン　H_2O→アクア　CN^-→シアニド　OH^-→ヒドロキシド

手順3 錯イオンに，
「配位数→配位子名→中心金属イオンの名前→イオン」
（中心金属イオンの名前：酸化数は(　)をつけて，ローマ数字で表す。つまり，1→I，2→II，3→III，…）
と→の順に名前をつける。
ただし，陰イオンのときは「イオン」ではなく「酸イオン」にする。

例 $[Fe(CN)_6]^{3-}$ ⇔ ヘキサ シアニド 鉄(III) 酸イオン（「陰イオン」なので「酸」をつける）
ヘキサ→配位数6　シアニド→配位子(CN^-)名　鉄→Fe^{3+}　(III)→酸化数(Fe^{3+})を表している（+III）　酸イオン→陰イオンを表している

注 $[Al(OH)_4]^-$は，テトラヒドロキシドアルミン酸イオンとする。

□16 ★★★ 硫酸亜鉛水溶液に少量の水酸化ナトリウム水溶液を加えると白色沈殿が得られる。さらに，アンモニア水を加えていくと沈殿が溶解し錯イオン [1 ★★★] が生じる。

また，硫酸銅(II)水溶液に水酸化ナトリウム水溶液を加えると青白色沈殿が得られる。さらに，アンモニア水を加えていくと沈殿が溶解し錯イオン [2 ★★★] が生じる。一方，硝酸銀を含む水溶液に水酸化ナトリウム水溶液を加えると褐色の [3 ★★★] が沈殿する。さらに，アンモニア水を加えていくと沈殿が溶解し錯イオン [4 ★★★] が生じる。（大阪大）

(1) テトラアンミン亜鉛(II)イオン $[Zn(NH_3)_4]^{2+}$
(2) テトラアンミン銅(II)イオン $[Cu(NH_3)_4]^{2+}$
(3) 酸化銀 Ag_2O
(4) ジアンミン銀(I)イオン $[Ag(NH_3)_2]^+$

〈解説〉NH_3 水を過剰に加えたとき，一度できた沈殿が溶解するもの

Cu^{2+}（青）$\xrightarrow{NH_3}$ $Cu(OH)_2$ ↓（青白）$\xrightarrow{NH_3}$ $[Cu(NH_3)_4]^{2+}$（深青）
Zn^{2+} $\xrightarrow{NH_3}$ $Zn(OH)_2$ ↓（白）$\xrightarrow{NH_3}$ $[Zn(NH_3)_4]^{2+}$（無色）
Ni^{2+}（緑）$\xrightarrow{NH_3}$ $Ni(OH)_2$ ↓（緑）$\xrightarrow{NH_3}$ $[Ni(NH_3)_6]^{2+}$（青紫）
Ag^{+} $\xrightarrow{NH_3}$ Ag_2O ↓（褐）$\xrightarrow{NH_3}$ $[Ag(NH_3)_2]^{+}$（無色）

「安（NH_3）藤（Cu^{2+}）さんのあ（Zn^{2+}）に（Ni^{2+}）は銀（Ag^{+}）行員」と覚えよう。

□17 ★★ 亜鉛（Ⅱ）イオンと銅（Ⅱ）イオンを含む水溶液が次の(ア)，(イ)の状態にあるとき，硫化水素を吹き込むことにより析出するすべての化合物を化学式で答えよ。

(ア)希塩酸によって酸性溶液になっているとき [1 ★★]

(イ)水酸化ナトリウムによって塩基性溶液になっているとき [2 ★★]

（熊本大）

(1) CuS
(2) ZnS，CuS

〈解説〉H_2S を通じるとき，その水溶液の液性（酸性・中性・塩基性）によって，硫化物の沈殿のできるようすが異なる。
イオン化傾向と対応させて覚えるとよい。

Li^{+} K^{+} Ba^{2+} Ca^{2+} Na^{+} Mg^{2+} Al^{3+}	Zn^{2+} Fe^{3+} Fe^{2+} Ni^{2+} ※Mn^{2+}	Sn^{2+} Pb^{2+} Cu^{2+} Hg^{2+} Ag^{+} ※Cd^{2+}
沈殿しない	酸性では沈殿しない	液性に関係なく沈殿

中性～塩基性で H_2S を加えると硫化物が沈殿する。
pH に関係なく，H_2S を加えると硫化物が沈殿する。
注 ※の Mn^{2+} や Cd^{2+} も合わせて覚えておこう。

□18 ★ 塩基性で Fe^{2+} を含む水溶液に硫化水素水を加えると沈殿 [1 ★] を生じる。また，塩基性で Fe^{3+} を含む水溶液に硫化水素水を加えた場合にも沈殿 [2 ★] を生じる。

（慶應義塾大）

(1) 硫化鉄（Ⅱ）FeS
(2) 硫化鉄（Ⅱ）FeS

〈解説〉Fe^{3+} は S^{2-} によって，Fe^{2+} に変化するため。

□19 ★★ (1)，(2)にあてはまるものを，次の金属イオン①～⑥からすべて選び，番号で答えよ。

① Al^{3+} ② Ca^{2+} ③ Cu^{2+} ④ Fe^{2+} ⑤ Pb^{2+} ⑥ Zn^{2+}

(1)金属イオンを含む水溶液に硫化水素を通じると，水溶液が中性または塩基性では硫化物の沈殿を生じるが，酸性では硫化物の沈殿を生じない。[1 ★★]

(2)金属イオンを含む水溶液に硫化水素を通じると，水溶液が中性，塩基性または酸性のいずれにおいても硫化物の沈殿を生じない。[2 ★★]

（宮崎大）

(1) ④，⑥
(2) ①，②

□20 ★★ $K_3[Fe(CN)_6]$の水溶液に 1★★ を含む水溶液を加えると濃青色の沈殿を生じる。（立教大）

(1) 鉄(てつ)(Ⅱ)イオン Fe^{2+}

〈解説〉Fe^{2+}は，$K_3[Fe(CN)_6]$と濃青色の沈殿を生じ，
Fe^{3+}は，$K_4[Fe(CN)_6]$と濃青色の沈殿を生じる。
また，Fe^{3+}を含む水溶液は，KSCN で血赤色溶液になる。

□21 ★ 1★ を含む水溶液に無色のチオシアン酸カリウム水溶液を加えると血赤色溶液となるが，この呈色反応は定性分析に利用される。（慶應義塾大）

(1) 鉄(てつ)(Ⅲ)イオン Fe^{3+}

□22 ★ 次の(a)〜(c)のイオンのうち，Ag^+と反応して沈殿を生成するものを全て選べ。
(a) F^-　(b) Cl^-　(c) Br^- 1★（千葉工業大）

(1) (b)と(c)

〈解説〉Ag^+はハロゲン化物イオンのCl^-，Br^-，I^-と沈殿を生じる。この中で，AgCl は NH_3 水に溶けるが，AgBr はわずかにしか溶けず，AgI はほとんど溶けない。$Na_2S_2O_3$ 水溶液を加えると，AgCl，AgBr，AgI の沈殿はすべて溶ける。

□23 ★★★ 銀イオンを含む水溶液にハロゲン化物イオンを加えるとハロゲン化銀を生じる。ハロゲン化銀のうち，フッ化銀は水に対する溶解度が高いため沈殿を生じにくく，塩化銀(1★★★ 色)，臭化銀(2★★ 色)，ヨウ化銀(3★★ 色)は水に難溶性の沈殿を生じる。塩化銀や臭化銀は 4★★ によって分解し，銀が析出する。この性質を 5★★ 性といい，臭化銀は写真の 5★★ 剤に利用されている。（岩手大）

(1) 白(はく)
(2) (淡(たん))黄(おう)
(3) 黄(おう)
(4) 光(ひかり)
(5) 感光(かんこう)

〈解説〉AgCl↓(白)，AgBr↓((淡)黄)，AgI↓(黄)

$$2AgCl \xrightarrow{\text{光}} 2Ag + Cl_2 \text{（感光性）}$$

□24 ★ 未感光の臭化銀は，チオ硫酸ナトリウム水溶液を用いて取り除く。この際の臭化銀とチオ硫酸ナトリウムとの化学反応式は 1★ となる。（東北大）

(1) $AgBr + 2Na_2S_2O_3 \longrightarrow Na_3[Ag(S_2O_3)_2] + NaBr$

□25 ★★ 4本の試験管にそれぞれ Ag^+, Cu^{2+}, Zn^{2+}, Al^{3+} を含む水溶液が入れてある。4本の試験管の中で有色のものは，1★★ を含む水溶液だけである。（芝浦工業大）

(1) Cu^{2+}

〈解説〉水溶液中のイオンの色は覚える。

Fe^{2+}：淡緑　Fe^{3+}：黄褐　Cu^{2+}：青　Ni^{2+}：緑
CrO_4^{2-}：黄　$Cr_2O_7^{2-}$：赤橙　MnO_4^-：赤紫
$[Cu(NH_3)_4]^{2+}$：深青　$[Ni(NH_3)_6]^{2+}$：青紫

➡これらのイオン以外は，ほとんどが無色。

□26 ★★★
Pb の硝酸塩を冷水に溶かし，この溶液に希塩酸を加えると，1 ★★ 色沈殿 2 ★★★ を生ずる。また Pb の硝酸塩の水溶液に硫酸ナトリウム水溶液を加えると，3 ★★ 色沈殿 4 ★★★ を生ずる。（学習院大）

(1) 白（はく）
(2) 塩化鉛（えんかなまり）(II) $PbCl_2$
(3) 白（はく）
(4) 硫酸鉛（りゅうさんなまり）(II) $PbSO_4$

〈解説〉

塩化物（Cl^-との沈殿）	$AgCl$：白	$PbCl_2$：白		
硫酸塩（SO_4^{2-}との沈殿）	$BaSO_4$：白	$CaSO_4$：白	$SrSO_4$：白	$PbSO_4$：白
炭酸塩（CO_3^{2-}との沈殿）	$BaCO_3$：白	$CaCO_3$：白	$SrCO_3$：白	

➡白色ばかり。

□27 ★★★
硝酸バリウム水溶液とクロム酸カリウム水溶液を混合すると 1 ★★ 色の 2 ★★★ が沈殿する。（立教大）

(1) 黄（おう）
(2) クロム酸（さん）バリウム $BaCrO_4$

〈解説〉

クロム酸塩（CrO_4^{2-}との沈殿）	$BaCrO_4$：黄	$PbCrO_4$：黄	Ag_2CrO_4：赤褐

➡「バ(Ba^{2+})ナナ(Pb^{2+})を銀(Ag^+)貨でかったら苦労(CrO_4^{2-})した」と覚えよう。
└→バナナと同じ黄色　└→赤かっ色

□28 ★★
硝酸銀水溶液にクロム酸カリウムの水溶液を加えると 1 ★★ 色の 2 ★★ が沈殿する。（工学院大）

(1) 赤褐（せきかっ）
(2) クロム酸銀（さんぎん） Ag_2CrO_4

□29 ★★★
鉄(II)イオンFe^{2+}を含む水溶液に水酸化ナトリウム水溶液を加えると 1 ★★★ 色の水酸化鉄(II)の沈殿が生じる。一方，鉄(III)イオンFe^{3+}を含む水溶液に水酸化ナトリウム水溶液を加えると 2 ★★★ 色の水酸化鉄(III)の沈殿が生じる。（立教大）

(1) 緑白（りょくはく）
(2) 赤褐（せきかっ）

〈解説〉

水酸化物（OH^-との沈殿）	一般に典型元素の水酸化物は白色 $Fe(OH)_2$：緑白　$Fe(OH)_3$：赤褐　$Cu(OH)_2$：青白 $Ni(OH)_2$：緑

➡白色以外を覚える。特に $Fe(OH)_2$, $Fe(OH)_3$, $Cu(OH)_2$ の色は重要。

□30 ★★★ 硫酸銅(Ⅱ)水溶液に少量のアンモニア水を加えると，[1★★★]の[2★★★]色沈殿が生じる。ここにさらに過剰のアンモニア水を加えるとテトラアンミン銅(Ⅱ)イオンが生じて[3★★★]色の溶液が得られる。（富山大）

(1) 水酸化銅(Ⅱ) $Cu(OH)_2$
(2) 青白
(3) 深青［別 濃青］

□31 ★★★ 硝酸銀水溶液に水酸化ナトリウム水溶液を加えると，[1★★★]の[2★★★]色沈殿が生じる。（センター）

(1) 酸化銀 Ag_2O
(2) (暗)褐

〈解説〉

酸化物	CuO：黒　Cu_2O：赤　Ag_2O：褐　MnO_2：黒 Fe_3O_4：黒　Fe_2O_3：赤褐　ZnO：白　HgO：黄

➡ Ag_2O と HgO は OH^- との沈殿。

□32 ★★ Zn^{2+}を含む中性または塩基性水溶液中に，H_2S を通じると[1★★]色沈殿の[2★★]が生じる。（予想問題）

(1) 白
(2) 硫化亜鉛 ZnS

〈解説〉

硫化物(S^{2-}との沈殿)	一般に黒色 ZnS：白　MnS：淡桃　CdS：黄　SnS：褐

➡ほとんどが黒色になる。

□33 ★★★ Fe^{3+}を含む塩基性～中性の水溶液に硫化水素を通じると[1★★★]色の沈殿が生じる。（立教大）

(1) 黒

□34 ★★★ Cu^{2+}を含む酸性水溶液中に，H_2S を通じると[1★★★]色沈殿の[2★★]が生じる。（予想問題）

(1) 黒
(2) 硫化銅(Ⅱ) CuS

□35 ★★★ 金属イオンに[1★★★]をもつ分子や陰イオンが[2★★★]して生じたイオンを[3★★★]とよぶ。アンモニア分子の窒素も[1★★★]をもっているため，金属イオンと[2★★★]を形成できる。[3★★★]は様々な立体構造をもち，その水溶液は特徴的な色を示すものもある。（九州大）

(1) 非共有電子対［別 孤立電子対］
(2) 配位結合
(3) 錯イオン

解き方

錯イオンの形

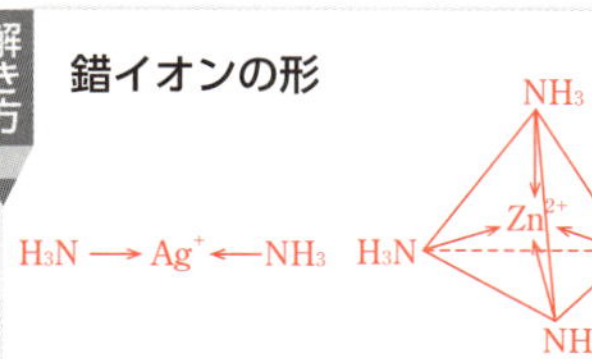

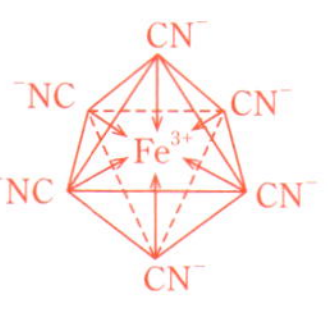

H3N NH3 Cu2+ H3N NH3

直線形	正四面体形	正方形	正八面体形
$[Ag(NH_3)_2]^+$	$[Zn(NH_3)_4]^{2+}$	$[Cu(NH_3)_4]^{2+}$	$[Fe(CN)_6]^{3-}$
（無色）	（無色）	（深青色）	（黄色）

（⟶ は配位結合を表す）

□36 ★★★ 錯イオンの構造が正方形であるものを選択肢の中から選べ。 1 ★★★

① $[Ag(NH_3)_2]^+$　② $[Cu(NH_3)_4]^{2+}$
③ $[Zn(NH_3)_4]^{2+}$　④ $[Ni(NH_3)_6]^{2+}$　（立命館大）

〈解説〉①は直線形，②は正方形，③は正四面体形，④は正八面体形。

(1) ②

□37 ★★★ 塩化亜鉛水溶液にアンモニア水を加えていくと，1 ★★★ が沈殿するが，さらにアンモニア水を過剰に加えると 2 ★★★ 構造をもつ 3 ★★ 色の錯イオンが生じ，溶解する。（防衛医科大）

(1) 水酸化亜鉛（すいさんかあえん） $Zn(OH)_2$
(2) 正四面体（せいしめんたい）
(3) 無（む）

□38 ★★★ 鉄（Ⅱ）イオンの周囲に6個のシアン化物イオン（CN^-）が配位結合した $[Fe(CN)_6]^{4-}$は，1 ★★★ の立体構造をとっている。（中央大）

〈解説〉$[Fe(CN)_6]^{3-}$も$[Fe(CN)_6]^{4-}$と同じ正八面体形である。

(1) 正八面体形（せいはちめんたいけい）

発展 □39 ★★ 金属イオンM^{2+}に，配位子Aが4つ配位した錯イオンを $[MA_4]^{2+}$と表す。$[MA_4]^{2+}$の形が正方形であるときの構造を例に示す。金属イオンM^{2+}に2種類の配位子AおよびBが2つずつ配位した$[MA_2B_2]^{2+}$の形が正方形であるとき，$[MA_2B_2]^{2+}$にはシス-トランス異性体（幾何異性体）がある。例の描き方にしたがって，$[MA_2B_2]^{2+}$のシス-トランス異性体（幾何異性体）をすべて記せ。
1 ★★

例
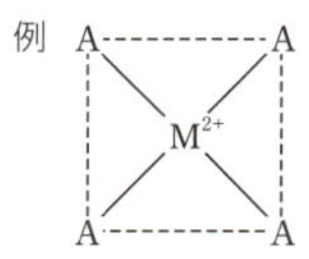

実線 ── は配位結合を表す
点線 ---- は錯イオンの形を表す補助線

（大阪市立大）

〈解説〉シス形とトランス形の2種類が存在する。

(1)
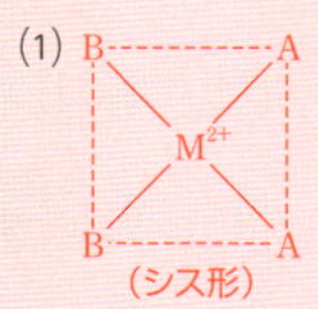

（シス形）

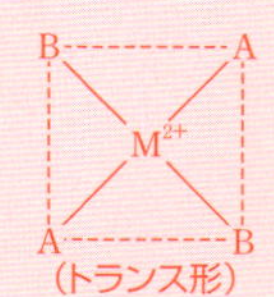

（トランス形）

★★

コバルト(Ⅲ)イオンCo^{3+}1個に対して，アンモニア分子 (NH_3) 4個，塩化物イオン (Cl^-) 2個を含む錯イオンには2種類の立体異性体が存在する。例にならって，2つの異性体であるシス形とトランス形の構造を書け。

例

NH₃ / NH₃ NH₃ / Ni²⁺ / NH₃ NH₃ / NH₃

[1 ★★]　（立命館大）

〈解説〉中心金属に対してCl^-が同じ側にあるシス形とCl^-が反対側にあるトランス形が存在する。

(1)

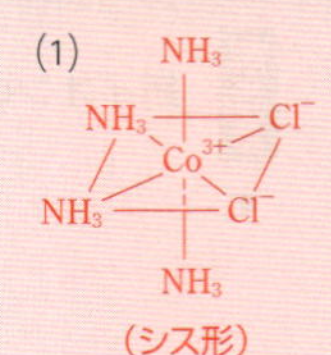

（シス形）

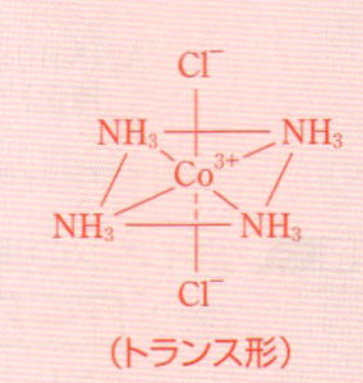

（トランス形）

★★★

試料溶液に金属イオンが含まれるかどうかを確認するため [1 ★★] の先にこの溶液をつけ，炎色反応を試みた。すなわち，[2 ★★★] が含まれれば橙赤色を，[3 ★★★] が含まれれば紅～深赤色を，[4 ★★★] が含まれれば赤紫色を，[5 ★★★] が含まれれば黄色を，[6 ★★★] が含まれれば黄緑色を呈するはずである。その結果，炎色反応は陰性であり，上記の金属イオンは含まれていないことがわかった。　（東京理科大）

〈解説〉①白金線は，試料溶液をつける前に濃塩酸に浸してバーナーの炎（外炎）に入れる操作を無色になるまで繰り返して汚れを除く。

②炎色反応は，

Li	赤	Na	黄	K	紫	Cu	緑	Ba	緑	Ca	橙	Sr	紅
リ	アカー	な	き	K	村，	動	力に	馬	力	借りる	とう	するも	くれない

と覚えよう。

注 Cuは青緑色，Baは黄緑色。

(1) 白金線（はっきんせん）
(2) カルシウムイオン Ca^{2+}
(3) ストロンチウムイオン Sr^{2+}
(4) カリウムイオン K^+
(5) ナトリウムイオン Na^+
(6) バリウムイオン Ba^{2+}

2 金属イオンの分離

▼ANSWER

□1 ★★★ Ag^+, Cu^{2+}, Fe^{3+}の混合水溶液に塩化ナトリウムの水溶液を加えると［1★★★］の白色沈殿を生じた。［1★★★］はアンモニア水を加えると錯イオン［2★★］を生じて溶ける。［1★★★］の沈殿を除いたろ液に過剰のアンモニア水を加えると［3★★］色の［4★★］の沈殿を生じた。この際，［5★★］色のろ液が得られた。このろ液に硫化水素を通じると［6★★］色の［7★★］の沈殿を生じた。（早稲田大）

(1) 塩化銀（えんかぎん） $AgCl$
(2) ジアンミン銀（ぎん）(I)イオン $[Ag(NH_3)_2]^+$
(3) 赤褐（せきかっ）
(4) 水酸化鉄（すいさんかてつ）(III) $Fe(OH)_3$
(5) (深)青（しんせい）［別 濃青（のうせい）］
(6) 黒（こく）
(7) 硫化銅（りゅうかどう）(II) CuS

□2 ★★ Ag^+, Al^{3+}, Cu^{2+}, Fe^{3+}, K^+, Zn^{2+}, Ca^{2+}を含む混合水溶液がある。これらをそれぞれ分離するために，次の操作を行った。

操作1：混合水溶液に塩酸を加え，生じた［1★★］の沈殿をろ過して除いた。

操作2：操作1のろ液に硫化水素を通じ，生じた［2★★］の沈殿をろ過して除いた。

操作3：操作2のろ液を煮沸して硫化水素を除いた後，希硝酸を加えた。これに過剰のアンモニア水を加え，生じた［3★★］と［4★★］の沈殿をろ過して除いた。

操作4：操作3のろ液に再び硫化水素を通じ，生じた［5★★］の沈殿をろ過して除いた。

操作5：操作4のろ液に炭酸アンモニウム水溶液を加えると［6★★］の沈殿が生じた。

操作6：操作3で生じた沈殿に，水酸化ナトリウム水溶液を加えると［4★★］が溶解した。

（琉球大）

(1) 塩化銀（えんかぎん） $AgCl$
(2) 硫化銅（りゅうかどう）(II) CuS
(3) 水酸化鉄（すいさんかてつ）(III) $Fe(OH)_3$
(4) 水酸化（すいさんか）アルミニウム $Al(OH)_3$
(5) 硫化亜鉛（りゅうかあえん） ZnS
(6) 炭酸（たんさん）カルシウム $CaCO_3$

〈解説〉

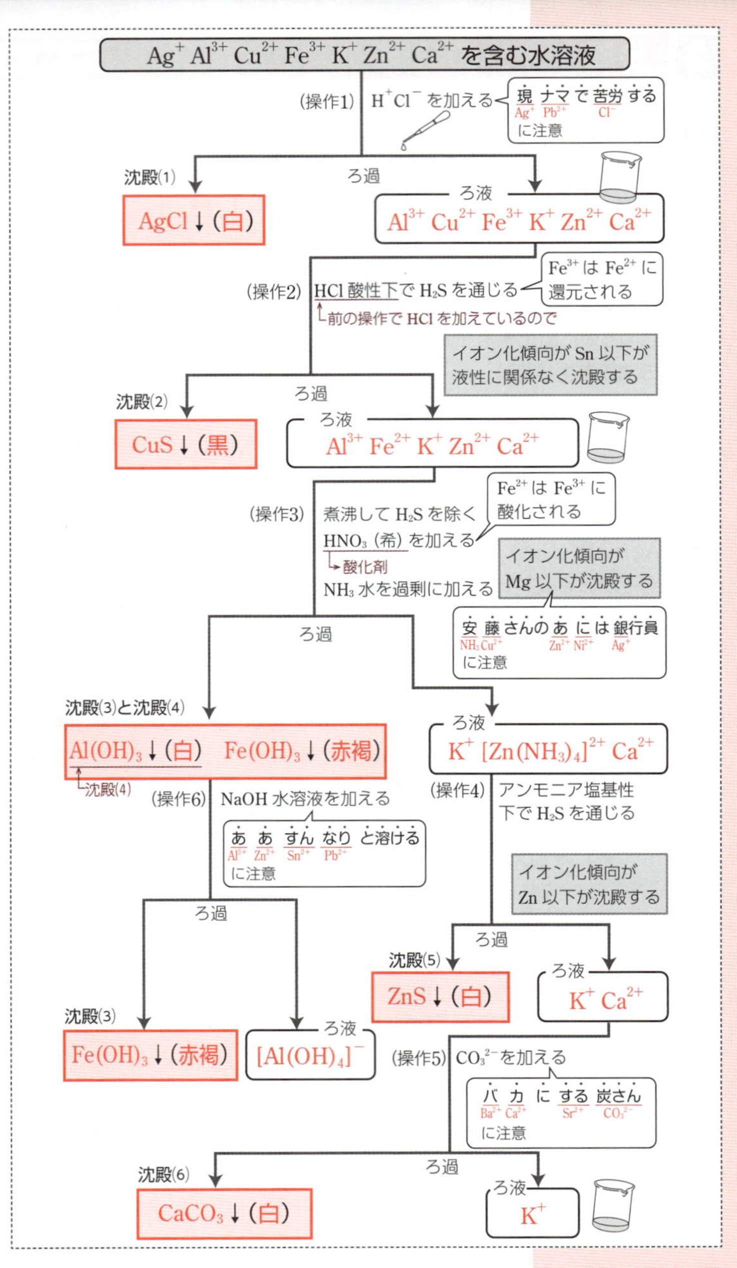
Ag+ Al3+ Cu2+ Fe3+ K+ Zn2+ Ca2+ を含む水溶液
(操作1) H+Cl− を加える
現ナマで苦労する Ag+ Pb2+ Cl− に注意
沈殿(1)
ろ過
ろ液
AgCl↓(白)
Al3+ Cu2+ Fe3+ K+ Zn2+ Ca2+
(操作2) HCl 酸性下で H2S を通じる
Fe3+ は Fe2+ に還元される
前の操作で HCl を加えているので
イオン化傾向が Sn 以下が液性に関係なく沈殿する
沈殿(2)
CuS↓(黒)
Al3+ Fe2+ K+ Zn2+ Ca2+
(操作3) 煮沸して H2S を除く
HNO3 (希) を加える
酸化剤
NH3 水を過剰に加える
Fe2+ は Fe3+ に酸化される
イオン化傾向が Mg 以下が沈殿する
安藤さんのあには銀行員 NH3 Cu2+ Zn2+ Ni2+ Ag+ に注意
沈殿(3)と沈殿(4)
Al(OH)3↓(白) Fe(OH)3↓(赤褐)
沈殿(4)
K+ [Zn(NH3)4]2+ Ca2+
(操作6) NaOH 水溶液を加える
ああすんなりと溶ける Al3+ Zn2+ Sn2+ Pb2+ に注意
(操作4) アンモニア塩基性下で H2S を通じる
イオン化傾向が Zn 以下が沈殿する
沈殿(5)
ZnS↓(白)
K+ Ca2+
沈殿(3)
Fe(OH)3↓(赤褐)
[Al(OH)4]−
(操作5) CO3 2− を加える
バカにする炭さん Ba2+ Ca2+ Sr2+ CO3 2− に注意
沈殿(6)
CaCO3↓(白)
K+

沈殿滴定

□3 ★★★ 未知濃度の食塩水10.0mLを[1★★★]を用いて[2★★★]に正確にはかりとり，指示薬としてクロム酸カリウム K_2CrO_4 水溶液を適当量加える。0.100mol/Lの硝酸銀水溶液を[3★★★]から滴下すると，白色の塩化銀の沈殿が生成する。さらに硝酸銀水溶液を滴下していくと，塩化銀の沈殿が増加するとともに食塩水中の塩化物イオンの濃度が減少する。12.3mLの硝酸銀が滴下されたとき，クロム酸銀の赤褐色の沈殿が生成した。食塩水の濃度は[4★★]mol/L(3ケタ)となる。

（福岡大）

(1) ホールピペット
(2) コニカルビーカー［別三角(さんかく)フラスコ］
(3) ビュレット
(4) 0.123

〈解説〉沈殿滴定のようす（モール法）

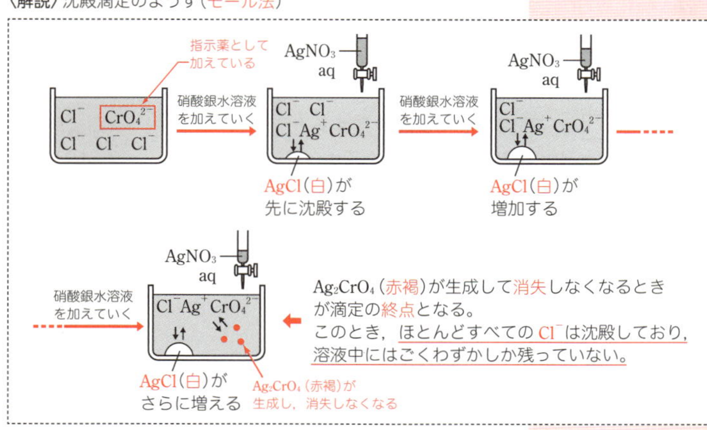

解き方

食塩水に硝酸銀水溶液を加えていくと，次の反応が起こる。

$$NaCl + AgNO_3 \longrightarrow AgCl + NaNO_3$$

x mol/Lの食塩水とすると，反応式から NaCl 1mol と $AgNO_3$ 1mol が反応することがわかり，次の式が成り立つ。

$$\underbrace{x \times \frac{10.0}{1000}}_{NaCl\text{[mol]}} = \underbrace{0.100 \times \frac{12.3}{1000}}_{AgNO_3\text{[mol]}}$$

よって，$x = 0.123$〔mol/L〕

第10章 気体の製法と性質

1 気体の製法

▼ ANSWER

酸・塩基反応の利用 「弱酸の塩」+「強酸」→「弱酸」+「強酸の塩」

□1 ★★★ 硫化鉄(Ⅱ)と希硫酸を反応させると腐卵臭の有毒な気体 [1 ★★★] が発生する。 (山口大)

〈解説〉 $FeS + H_2SO_4 \longrightarrow H_2S + FeSO_4$

(1) 硫化水素(りゅうかすいそ) H_2S

□2 ★★★ 硫化鉄(Ⅱ)に希塩酸を加えた場合に生成する気体の名称 [1 ★★★] と分子式 [2 ★★★] を書け。 (電気通信大)

〈解説〉 $FeS + 2HCl \longrightarrow H_2S + FeCl_2$

(1) 硫化水素(りゅうかすいそ)
(2) H_2S

□3 ★★★ [1 ★★★] は，石灰石に希塩酸を加えると発生し，無色・無臭で，水に溶解して弱酸性を示す。 (名城大)

〈解説〉 $CaCO_3 + 2HCl \longrightarrow H_2O + CO_2 + CaCl_2$

(1) 二酸化炭素(にさんかたんそ) CO_2

□4 ★★ [1 ★★] は亜硫酸ナトリウムに希硫酸を加えると発生する。 (慶應義塾大)

〈解説〉 $Na_2SO_3 + H_2SO_4 \longrightarrow H_2O + SO_2 + Na_2SO_4$

(1) 二酸化硫黄(にさんかいおう) SO_2

□5 ★★ 亜硫酸水素ナトリウムに希硫酸を加えた際には [1 ★★] が発生する。 (東京農工大)

〈解説〉 $2NaHSO_3 + H_2SO_4 \longrightarrow 2H_2O + 2SO_2 + Na_2SO_4$
または
$NaHSO_3 + H_2SO_4 \longrightarrow H_2O + SO_2 + NaHSO_4$

(1) 二酸化硫黄(にさんかいおう) SO_2

酸・塩基反応の利用 「弱塩基の塩」+「強塩基」→「弱塩基」+「強塩基の塩」

□6 ★★★ [1 ★★★] は無色で刺激臭をもち，空気より軽い気体である。実験室では塩化アンモニウムに水酸化カルシウムを混合して加熱することによって得られ，[2 ★★★] 置換で捕集する。 (同志社大)

〈解説〉 $2NH_4Cl + Ca(OH)_2 \longrightarrow 2NH_3 + 2H_2O + CaCl_2$

(1) アンモニア NH_3
(2) 上方(じょうほう)

□7 ★★★ [1★★★] は，塩化アンモニウムと水酸化カルシウムの混合物を加熱すると発生する。[2★★★] と直ちに反応して白煙を生じる。（東邦大）

(1) アンモニア NH_3
(2) 塩化水素 HCl

〈解説〉NH_3 + HCl ⟶ NH_4Cl（白煙）

酸化・還元反応の利用

□8 ★★ 希硫酸は強酸であり，亜鉛を溶解し気体 [1★★] を発生させるが，銅を溶解しない。（秋田大）

(1) 水素 H_2

〈解説〉水素よりもイオン化傾向の大きな金属である Zn は，強酸の希硫酸や塩酸から電離して出てきた H^+ と反応して H_2 を発生する。

$Zn \longrightarrow Zn^{2+} + 2e^-$ …① ◀ Zn は Zn^{2+} へ変化する
$2H^+ + 2e^- \longrightarrow H_2$ …② ◀ H^+ は H_2 へ変化する
①+②，両辺に SO_4^{2-} を加えると
$Zn + H_2SO_4 \longrightarrow ZnSO_4 + H_2$
①+②，両辺に $2Cl^-$ を加えると
$Zn + 2HCl \longrightarrow ZnCl_2 + H_2$

□9 ★★ 鉄に希塩酸を加えると，鉄が溶けて [1★★] が発生する。（高知大）

(1) 水素 H_2

〈解説〉
$Fe \longrightarrow Fe^{2+} + 2e^-$ …① ◀ Fe は Fe^{2+} に変化することに注意
$2H^+ + 2e^- \longrightarrow H_2$ …②
①+②，両辺に $2Cl^-$ を加えると
$Fe + 2HCl \longrightarrow FeCl_2 + H_2$

□10 ★★★ 銅を熱濃硫酸に加えると，気体 [1★★★] を発生しながら溶けて硫酸銅(Ⅱ)を生じる。（大阪市立大）

(1) 二酸化硫黄 SO_2

〈解説〉イオン化傾向が Ag より大きい Cu は，熱濃硫酸と反応し SO_2，濃硝酸と反応し NO_2，希硝酸と反応し NO を発生する。

$Cu \longrightarrow Cu^{2+} + 2e^-$ …① ◀ Cu は Cu^{2+} へ変化する
$H_2SO_4 + 2H^+ + 2e^- \longrightarrow SO_2 + 2H_2O$ …② ◀ 濃 H_2SO_4 は SO_2 へ変化する
①+②，両辺に SO_4^{2-} を加えると
$Cu + 2H_2SO_4 \longrightarrow CuSO_4 + SO_2 + 2H_2O$

$Cu \longrightarrow Cu^{2+} + 2e^-$ …① ◀ Cu は Cu^{2+} へ変化する
$HNO_3 + H^+ + e^- \longrightarrow NO_2 + H_2O$ …② ◀ 濃 HNO_3 は NO_2 へ変化する
①+②× 2，両辺に $2NO_3^-$ を加えると
$Cu + 4HNO_3 \longrightarrow Cu(NO_3)_2 + 2NO_2 + 2H_2O$

$Cu \longrightarrow Cu^{2+} + 2e^-$ …① ◀ Cu は Cu^{2+} へ変化する
$HNO_3 + 3H^+ + 3e^- \longrightarrow NO + 2H_2O$ …② ◀ 希 HNO_3 は NO へ変化する
①× 3 +②× 2，両辺に $6NO_3^-$ を加えると
$3Cu + 8HNO_3 \longrightarrow 3Cu(NO_3)_2 + 2NO + 4H_2O$

□11 ★★★
銅に [1★★★] を反応させることにより一酸化窒素 NO を，また銅に [2★★★] を反応させることにより二酸化窒素 NO_2 を発生させることができる。NO_2 は [3★★★] の気体であるが，2分子の NO_2 が結合した四酸化二窒素 N_2O_4 は [4★] の気体である。（大阪市立大）

(1) 希硝酸（きしょうさん） HNO_3
(2) 濃硝酸（のうしょうさん） HNO_3
(3) 赤褐色（せきかっしょく）
(4) 無色（むしょく）

□12 ★★★
銅に濃硫酸を加えて加熱すると，[1★★★] の気体が発生して銅が溶解する。これは，熱濃硫酸が [2★★] 力をもつ酸としてはたらくためである。また，二酸化硫黄を硫化水素の水溶液に通じると，単体の [3★★] と水を生成する。（秋田大）

〈解説〉 $SO_2 + 4H^+ + 4e^- \longrightarrow S + 2H_2O$ …①
$H_2S \longrightarrow S + 2H^+ + 2e^-$ …②
①＋②×2より
$SO_2 + 2H_2S \longrightarrow 3S + 2H_2O$

(1) 二酸化硫黄（にさんかいおう） SO_2
(2) 酸化（さんか）
(3) 硫黄（いおう） S

□13 ★
次の金属のうち，常温で希硝酸と濃硝酸のどちらにもよく溶けるものを一つ選べ。[1★]
(a) アルミニウム　(b) 鉄　(c) 白金
(d) ニッケル　(e) 水銀　(f) 金　（東北大）

〈解説〉手　に　あると覚えよう。
Fe，Ni，Al は濃硝酸には不動態となり，溶けない。
Ag よりイオン化傾向の小さな Pt，Au はどちらとも反応しない。

(1) (e)

大 ← イオン化傾向 ― 小

ゴロ合わせ ⇒

リ	カ	バ	カ	ナ	マ	ア	ア	テ	ニ	ス	ナ	ヒ	ド	ス	ギる	借	金
Li	K	Ba	Ca	Na	Mg	Al	Zn	Fe	Ni	Sn	Pb	(H_2)	Cu	Hg	Ag	Pt	Au

←（Li〜Pb）希硝酸や塩酸に溶けて H_2 発生（Pb は $PbSO_4$ や $PbCl_2$ がその表面をおおって反応しにくい）。
←（Li〜Ag）熱濃硫酸・濃硝酸・希硝酸に溶ける（Fe，Ni，Al は濃硝酸には不動態となる）。

□14 ★★★

酸化マンガン(Ⅳ)に濃塩酸を加えてフラスコ中で加熱する際に起きる反応は，実験室で [1 ★★★] を発生させるときに用いられるが，反応中のフラスコの気相には空気と [1 ★★★] 以外に [2 ★★] や水蒸気が含まれる。純粋な [1 ★★★] を得るには，まず [2 ★★] を除去するためにフラスコから導いた気体を [3 ★★] により洗浄し，次に水蒸気を除去するために [4 ★★] により洗浄する。洗浄を終えた気体は [5 ★★★] 置換により捕集する。 （立教大）

(1) 塩素 Cl_2
(2) 塩化水素 HCl
(3) 水 H_2O
(4) 濃硫酸 H_2SO_4
(5) 下方

〈解説〉Cl^- を含んでいる濃 HCl を，酸化剤である酸化マンガン(Ⅳ)MnO_2 と反応させて Cl_2 を発生させることができる。

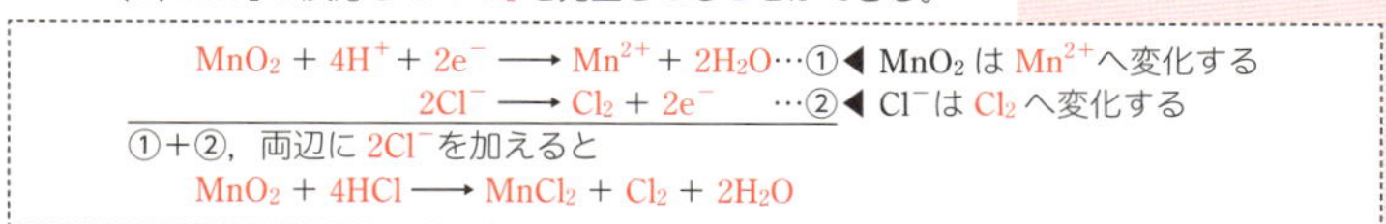

$MnO_2 + 4H^+ + 2e^- \longrightarrow Mn^{2+} + 2H_2O$ …① ◀ MnO_2 は Mn^{2+} へ変化する

$2Cl^- \longrightarrow Cl_2 + 2e^-$ …② ◀ Cl^- は Cl_2 へ変化する

①＋②，両辺に $2Cl^-$ を加えると

$MnO_2 + 4HCl \longrightarrow MnCl_2 + Cl_2 + 2H_2O$

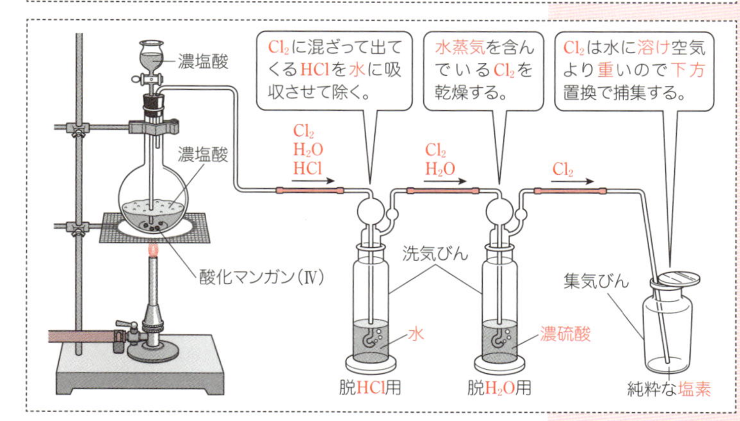

10 気体の製法と性質 1 気体の製法

□15 ★
ふたまた試験管を使って以下の実験を行った。

実験 A，B それぞれに，さらし粉［主成分 $CaCl(ClO)\cdot H_2O$］と塩酸を入れた後，塩酸を B から A へ移すと，黄緑色の気体 [1★] が発生した。（大阪大）

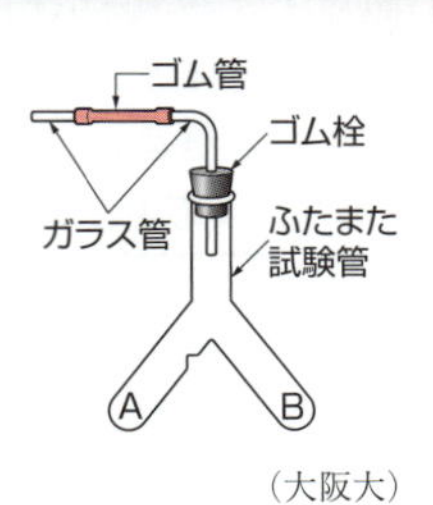

(1) 塩素 Cl_2

〈解説〉

$CaCl(ClO)\cdot H_2O \longrightarrow Ca^{2+} + Cl^- + ClO^- + H_2O$ …① ◀さらし粉が電離する
$H^+ ClO^- + H^+ Cl^- \rightleftarrows Cl_2 + H_2O$ …② ◀ Cl_2 と H_2O との反応の逆反応
①+②，両辺に Cl^- を加えると
$CaCl(ClO)\cdot H_2O + 2HCl \longrightarrow CaCl_2 + Cl_2 + 2H_2O$

□16 ★
さらし粉に塩酸を加えて発生する気体 [1★] は，赤いバラの花を [2★] させる。（東邦大）

(1) 塩素 Cl_2
(2) 脱色

〈解説〉Cl_2 は毒性が強いので，ドラフト内で換気しながら使う。

□17 ★★
[1★★] は，高度さらし粉と塩酸との反応により発生させることができる。（長崎大）

(1) 塩素 Cl_2

〈解説〉高度さらし粉の主成分は，$Ca(ClO)_2\cdot 2H_2O$

$Ca(ClO)_2\cdot 2H_2O \longrightarrow Ca^{2+} + 2ClO^- + 2H_2O$ …① ◀高度さらし粉が電離する
$H^+ClO^- + H^+Cl^- \rightleftarrows Cl_2 + H_2O$ …② ◀ Cl_2 と H_2O との反応の逆反応
①+②× 2，両辺に $2Cl^-$ を加えると
$Ca(ClO)_2\cdot 2H_2O + 4HCl \longrightarrow CaCl_2 + 4H_2O + 2Cl_2$

□18 ★★
[1★★] は，過酸化水素 H_2O_2 の水溶液に，触媒である酸化マンガン(Ⅳ)を加えると発生する。（予想問題）

(1) 酸素 O_2

〈解説〉

$H_2O_2 + 2H^+ + 2e^- \longrightarrow 2H_2O$ …① ◀ H_2O_2 が酸化剤として反応
$H_2O_2 \longrightarrow O_2 + 2H^+ + 2e^-$ …② ◀ H_2O_2 が還元剤として反応
①+②より $2H_2O_2 \longrightarrow O_2 + 2H_2O$
（触媒 MnO_2 はふつう反応式に書かない）

□19 ★★
酸素 O_2 は，乾燥空気の体積の約 [1★★] %を占める気体である。酸素は，実験室においては [2★★] の水溶液に触媒として [3★★] を加えると発生する。（岡山大）

(1) 20
(2) 過酸化水素 H_2O_2
(3) 酸化マンガン(Ⅳ) MnO_2 ［別 塩化鉄(Ⅲ) $FeCl_3$，カタラーゼ］

濃硫酸の不揮発性や脱水作用を利用

(1)濃硫酸の不揮発性を利用

「揮発性の酸の塩」+「不揮発性の酸(濃硫酸)」 —加熱→ 「揮発性の酸(HCl や HF など)」+「不揮発性の酸の塩」

□20 ★★★ 塩化ナトリウムに濃硫酸を加えておだやかに加熱し、気体 [1 ★★★] を発生させた。 (福岡大)

(1) 塩化水素(えんかすいそ) HCl

〈解説〉硫酸の沸点が高い(→不揮発性という)ことを利用して、濃硫酸(沸点約 300℃)よりも沸点が低い、つまり揮発性の酸である HCl(沸点− 85℃)や HF(沸点 20℃)を発生させることができる。

$NaCl + H_2SO_4 \longrightarrow HCl + NaHSO_4$

$CaF_2 + H_2SO_4 \longrightarrow 2HF + CaSO_4$

ホタル石(主成分がフッ化カルシウム)

HF のときは 2mol 発生することに注意!!

□21 ★★★ 気体 [1 ★★★] は、ホタル石(CaF_2)に硫酸を作用させると得られる。 (名城大)

(1) フッ化水素(かすいそ) HF

(2)濃硫酸の脱水作用を利用

□22 ★ [1 ★] はギ酸に濃硫酸を加えて加熱すると発生する。 (昭和薬科大)

(1) 一酸化炭素(いっさんかたんそ) CO

〈解説〉濃硫酸が物質から H_2O をうばうはたらき(→脱水作用という)を利用して気体を発生させることができる。

$HCOOH \longrightarrow CO + H_2O$

(CO が発生) (H₂O がうばわれた)

□23 ★★ 図の装置で化合物 A と濃硫酸を加え 170℃で加熱することで、エチレン(エテン)を発生させた。化合物 A の化合物名 [1 ★★] と構造式 [2 ★★] を記せ。 (群馬大)

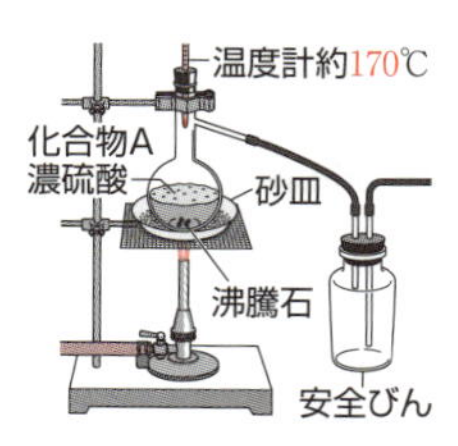

(1) エタノール

(2) CH_3-CH_2-OH

〈解説〉

$H-CH(H)-CH(H)(OH)$ (エタノール) —分子内脱水→ $H_2C=CH_2$ (エチレン) + H_2O (H₂O がうばわれた)

熱分解反応を利用

□24 ★★ 気体 [1★★] は，空気の約20%(体積)を占め，実験室では塩素酸カリウムと [2★] の混合物を加熱して発生させる。（名城大）

〈解説〉塩素酸カリウム $KClO_3$ に酸化マンガン(Ⅳ)を触媒として加えて加熱すると，O_2 が発生する。（触媒はふつう反応式には書かない。）

$KClO_3$　$KClO_3$ を加熱すると $2KCl$ と $3O_2$ に分解する。

$2KClO_3 \longrightarrow 2KCl + 3O_2$

(1) 酸素 O_2
(2) 酸化マンガン(Ⅳ) MnO_2

□25 ★★ 窒素は，実験室では亜硝酸アンモニウム(NH_4NO_2)水溶液を加熱して発生させる。この反応の化学反応式は [1★★] のように表される。（神奈川大）

〈解説〉亜硝酸アンモニウム NH_4NO_2 水溶液を加熱すると，N_2 が発生する。

NH_4^+　NO_2^- を加熱すると N_2 と $2H_2O$ に分解する。

$NH_4NO_2 \longrightarrow N_2 + 2H_2O$

(1) $NH_4NO_2 \longrightarrow N_2 + 2H_2O$

□26 ★ シュウ酸カルシウム一水和物 $CaC_2O_4 \cdot H_2O$ 146mg を，窒素ガスを流通させた雰囲気中でゆっくり加熱したところ，図に示すように3段階で質量が減少した。このように加熱によって固体物質の質量が減少するのは，高温で分解が起こり，固体物質の一部が気体となって失われたためである。300℃，550℃，800℃まで加熱した段階では，それぞれ固体の純物質 [1★]，[2★]，[3★] が生成しており，これらの質量は128mg，100mg，56mgであった。ただし，H=1.0，C=12，O=16，Ca=40とする。

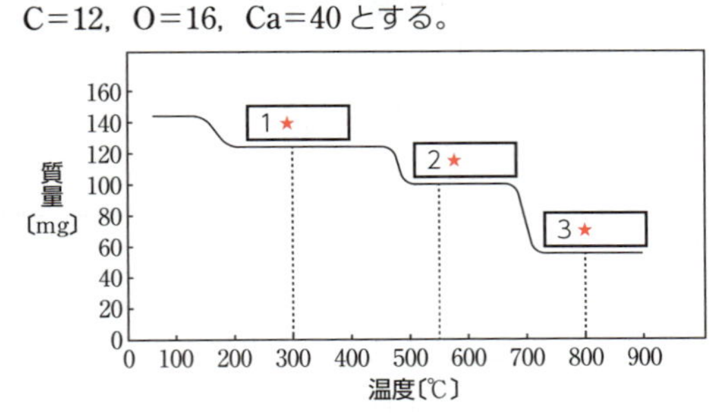

シュウ酸カルシウム一水和物を加熱したときの質量の変化

（群馬大）

(1) シュウ酸カルシウム CaC_2O_4
(2) 炭酸カルシウム $CaCO_3$
(3) 酸化カルシウム CaO

解き方

質量の変化と式量の変化が比例する。

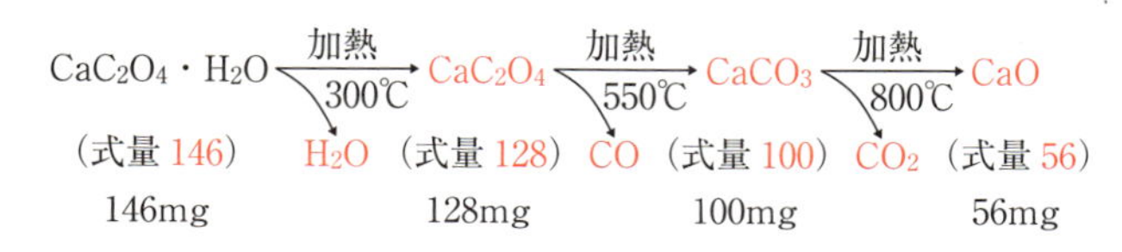

$$CaC_2O_4 \cdot H_2O \xrightarrow[300℃]{加熱} CaC_2O_4 \xrightarrow[550℃]{加熱} CaCO_3 \xrightarrow[800℃]{加熱} CaO$$

(式量146)　　H₂O　(式量128)　CO　(式量100)　CO₂　(式量56)
146mg　　　　　　128mg　　　　　　100mg　　　　　　56mg

□27 ★★ 右の図は [1★] の装置の図である。この装置を用いて硫化鉄(Ⅱ)と希硫酸の反応により硫化水素を発生させた。はじめに [2★] の栓をはずし [3★] の中に硫化鉄(Ⅱ)の小塊を適当量入れた。次に [2★] の栓を取り付け [4★] および [5★] ((4)(5)順不同)の栓が閉じていることを確認し, [6★] に希硫酸を満たした。[7★] の栓を開くと, 希硫酸は装置内部の空気を押し出しながら [8★] を満たした後, 硫化鉄(Ⅱ)に触れ硫化水素を発生した。発生した気体は G にゴム管で連結したガラス管を通じて捕集した。G の活栓を閉じると, 硫化水素の発生はしばらくして停止した。

この実験で発生した硫化水素の密度は空気の密度より [9★★] く, 色は [10★★] 色で [11★★★] のような臭いがある。また, この気体は水に溶解し, わずかに電離して [12★★★] 性を示す。

[2★] ～ [8★] は, 図の記号を答えよ。(宮崎大)

〈解説〉 $FeS + H_2SO_4 \longrightarrow H_2S + FeSO_4$ (弱酸遊離反応)

(1) キップ
(2) E
(3) B
(4) G
(5) H
(6) A
(7) G
(8) C
(9) 大(おお)き
(10) 無(む)
(11) 腐(くさ)った卵(たまご)
(12) 弱酸(じゃくさん)

2 気体の捕集法・乾燥法

▼ANSWER

□1 ★★★ 気体の捕集方法として誤っているものを(ア)～(オ)のうちから一つ選べ。 1 ★★★

(ア) アンモニアを上方置換で捕集する。
(イ) 二酸化窒素を下方置換で捕集する。
(ウ) 塩化水素を水上置換で捕集する。
(エ) 硫化水素を下方置換で捕集する。
(オ) アセチレンを水上置換で捕集する。　(北海道工業大)

(1) (ウ)

〈解説〉①(ウ) HCl は，水によく溶け，空気より重いので，下方置換で捕集する。
②水に溶けにくい気体(中性気体)は，
農 NO，工 CO，水 H_2，産 O_2，地 N_2，油(CH_4(メタン)，C_2H_4(エチレン)，C_2H_2(アセチレン))
→石油から得られる有機化合物を表す
塩基性の気体は NH_3 だけ，残りは酸性の気体　と覚えるとよい。

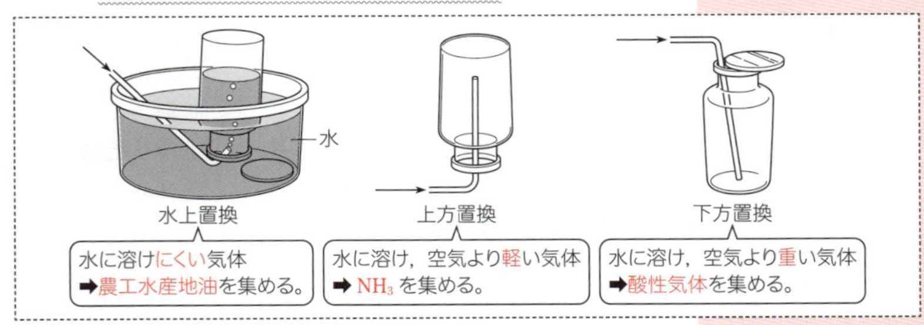
水
水上置換
水に溶けにくい気体
➡農工水産地油を集める。
上方置換
水に溶け，空気より軽い気体
➡NH_3 を集める。
下方置換
水に溶け，空気より重い気体
➡酸性気体を集める。

□2 ★★ 銅片を，1) 希硝酸に加えた場合，および 2) 濃硝酸に加えた場合，ともに気体が発生し銅片が溶解する。

文中の下線部 1)，2) それぞれの場合において，発生する気体の色と捕集法の組合せとして，もっとも適当なものを次の a ～ f から 1 つずつ選べ。

1 ★★　2 ★★

a. 無色，水上置換　b. 無色，上方置換
c. 無色，下方置換　d. 赤褐色，水上置換
e. 赤褐色，上方置換　f. 赤褐色，下方置換　(立教大)

(1) a
(2) f

〈解説〉下線部 1) では NO が，2) では NO_2 が発生する。

有色の気体	O_3(淡青色)，F_2(淡黄色)，Cl_2(黄緑色)，NO_2(赤褐色)	←4 つだけ
臭いのある気体	Cl_2, NH_3, HCl, NO_2, SO_2(刺激臭)，H_2S(腐卵臭)，O_3(特異臭)	←酸性や塩基性の気体に多い

□3 ★★ エタノールを濃硫酸とともに約170℃で加熱するとエチレンが発生する。このとき，エチレンは 1 ★★ 置換で捕集する。 （山口大）

〈解説〉$C_2H_5OH \longrightarrow C_2H_4 + H_2O$（分子内脱水）
エタノール　エチレン

(1) 水上（すいじょう）

□4 ★★ 次の気体a～dのうち，水上置換で捕集できるものの組合せとして正しいものを，下の①～⑥から一つ選べ。 1 ★★

a 窒素　b 一酸化窒素　c 二酸化窒素　d アンモニア
① aとb　② aとc　③ aとd
④ bとc　⑤ bとd　⑥ cとd （松山大）

(1) ①

□5 ★★ 次の気体を発生させたとき，下方置換で捕集するのが最も適当なものはどれか。 1 ★★

a. 二酸化硫黄　b. 一酸化窒素　c. 一酸化炭素
d. アンモニア　e. 窒素 （立教大）

〈解説〉b. NO は水上，c. CO は水上，d. NH_3 は上方，e. N_2 は水上。

(1) a

□6 ★★★ 塩素ガスは，実験室において，次のような反応でつくられる。

$$MnO_2 + \boxed{1} HCl \longrightarrow MnCl_2 + 2\boxed{2} + \boxed{3}$$

問1 この反応式の 1 ★★★ には数値を， 2 ★★★ 3 ★★★ には化学式を記入せよ。

問2 集気部で塩素ガスを集める方法として，上方置換あるいは下方置換のうちどちらの方法を用いるか。 4 ★★ （名城大）

(1) 4
(2) H_2O
(3) Cl_2
(4) 下方置換（かほうちかん）

□7 ★★ 乾燥剤として用いられないものは [1 ★★]。

① ソーダ石灰　② シリカゲル
③ 十酸化四リン　④ 塩化カルシウム
⑤ 濃硫酸　⑥ 硫酸バリウム　（センター）

(1) ⑥

解き方
① ソーダ石灰… CaO に濃 NaOHaq をしみ込ませ，焼いて粒状にしたもの。
② シリカゲル…ケイ酸 $SiO_2 \cdot nH_2O$ を乾燥させたもの。
③ 十酸化四リン…吸湿性の強い白色粉末。
④ 塩化カルシウム…無色の固体。　⑤ 濃硫酸…無色の液体。
⑥ 硫酸バリウム…水に溶けにくい白色粉末。X 線造影剤などに利用。

〈解説〉

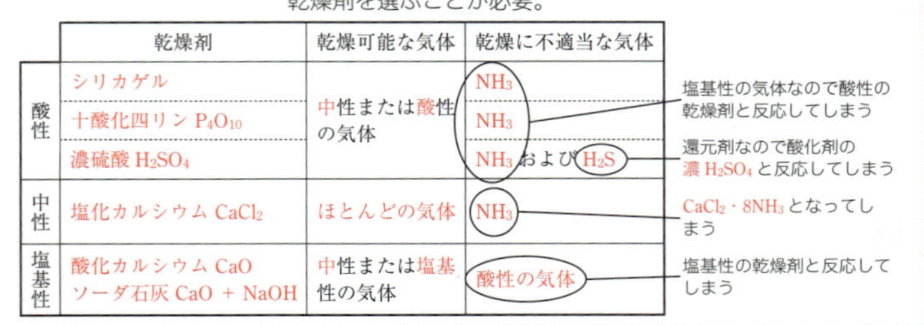
発生させた気体の乾燥法：乾燥させる気体と乾燥剤が反応するのを防ぐように，乾燥剤を選ぶことが必要。

	乾燥剤	乾燥可能な気体	乾燥に不適当な気体
酸性	シリカゲル	中性または酸性の気体	NH_3
	十酸化四リン P_4O_{10}		NH_3
	濃硫酸 H_2SO_4		NH_3 および H_2S
中性	塩化カルシウム $CaCl_2$	ほとんどの気体	NH_3
塩基性	酸化カルシウム CaO ソーダ石灰 CaO + NaOH	中性または塩基性の気体	酸性の気体

□8 ★★ 濃硫酸は吸湿性が強いので，[1 ★★] として使われる。　（センター）

(1) (酸性(さんせい)の) 乾燥剤(かんそうざい)

□9 ★★ [1 ★★] カルシウムを水酸化ナトリウムの高濃度水溶液中で加熱濃縮し，乾燥させたものは [2 ★★] とよばれ，二酸化炭素の吸収材や水分の乾燥剤として用いられる。　（東京海洋大）

(1) 酸化(さんか)
(2) ソーダ石灰(せっかい)

□10 ★★ CO_2 の捕集方法を下記の語群 1 から，乾燥に用いる物質を語群 2 から選び，記号で答えよ。

CO_2 の捕集方法：[1 ★★]
乾燥に用いる物質：[2 ★★]

(語群 1)　(語群 2)
(ア) 上方置換法　(a) ソーダ石灰
(イ) 水上置換法　(b) 水酸化ナトリウム
(ウ) 下方置換法　(c) 硫酸　（北海道大）

〈解説〉 CO_2 は酸性の気体。

(1) (ウ)
(2) (c)

□11 ★★★ 図は，炭素，水素，酸素でできた有機化合物の元素分析を行うための装置を示している。試料の質量を精密にはかり，これを乾燥した酸素の気流中で完全燃焼させる。生成した水と二酸化炭素を，容器に充填した試薬（ 1 ★★★ ・ 2 ★★★ ）に吸収させ，これらの質量変化から水と二酸化炭素の量を求める。

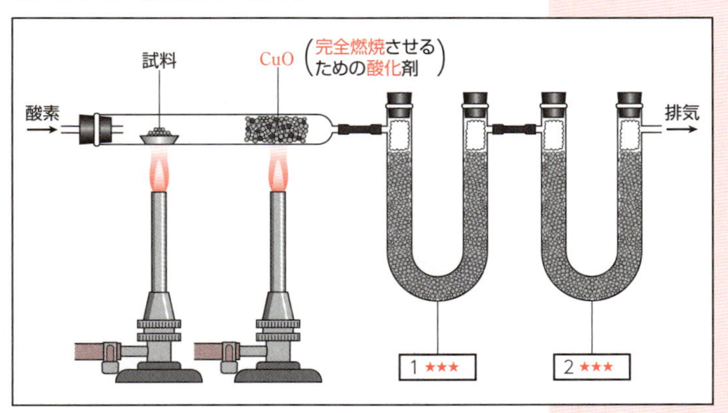

（センター）

〈解説〉塩化カルシウムとソーダ石灰の順番を逆にすると，ソーダ石灰は塩基性の乾燥剤なので水と二酸化炭素のどちらも吸収してしまう。

$C_xH_yO_z$ を完全燃焼させる。 中性の乾燥剤なので，H_2O だけ吸収する。 塩基性の乾燥剤なので，酸性の気体 CO_2 を吸収する。

(1) 塩化カルシウム $CaCl_2$
(2) ソーダ石灰

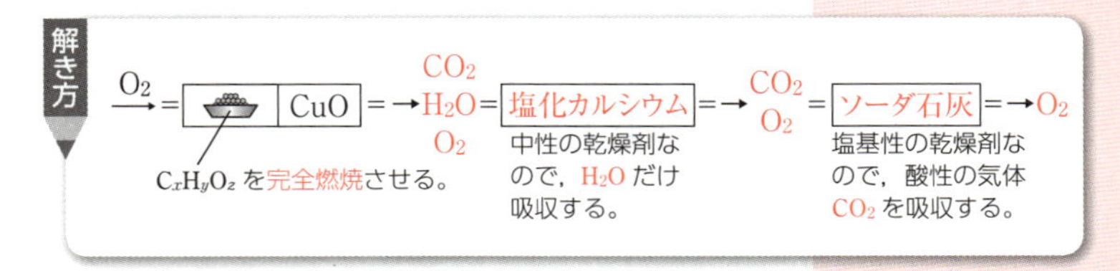

3 気体の検出法

▼ANSWER

□1 ★★ 塩化ナトリウムに濃硫酸を加えて加熱したところ，気体が発生した。発生した気体の性質として正しいものを次の①～④から一つ選び，番号で答えよ。 [1 ★★]

① 水に溶け，その水溶液はアルカリ性を示す。
② 水に溶け，その水溶液は二酸化ケイ素を溶かす。
③ 無色で，濃アンモニア水を近づけると白煙を生じる。
④ 黄緑色で，光により水素と爆発的に反応する。

（秋田大）

(1) ③

〈解説〉
H_2S ➡ SO_2 で白濁：細かい S が生成。
CO_2 ➡ 石灰水で白濁：$CaCO_3$↓(白)が生成。
NH_3 ➡ HCl で白煙，赤色リトマス紙を青変。
NO ➡ 空気に触れると赤褐色の NO_2 に。
Cl_2，O_3 ➡ KI デンプン紙を青変。
Cl_2，O_3，SO_2 ➡ リトマス紙を脱色。

解き方

$NaCl + H_2SO_4$(濃) $\longrightarrow$ $HCl + NaHSO_4$（濃硫酸の不揮発性を利用）

①（誤）HCl は酸性。
②（誤）SiO_2 を溶かすのは HF。
③（正）$NH_3 + HCl \longrightarrow NH_4Cl$ の反応が起こる。
④（誤）Cl_2 のこと。光により，$H_2 + Cl_2 \longrightarrow 2HCl$ の反応を爆発的に起こす。

□2 ★★★ 塩素は酸化力が強く，湿ったヨウ化カリウムデンプン紙に吹きかけると，それを [1 ★★★] 色に変色させる。

（秋田大）

(1) 青紫（あおむらさき）

〈解説〉$Cl_2 + 2KI \longrightarrow 2KCl + I_2$ の反応が起こる。

□3 ★ 有機化合物中に含まれる窒素，塩素の検出法に関する次の説明文(ア)，(イ)について，正しい場合は○で，誤っている場合は×で答えよ。

(ア) 窒素は，試料を加熱分解してアンモニアを発生させ，そこに濃塩酸をつけたガラス棒を近づけて，白煙が生じることにより検出できる。 [1 ★]

(イ) 塩素は，焼いた銅線の先に試料をつけて燃焼させ，炎色反応によって青緑色の炎を生じることから検出できる。 [2 ★]

（北海道大）

(1) ○
(2) ○

〈解説〉(イ)は知っておこう。

4 ★★ 次の①～⑤の反応によって発生する気体の化学式を記せ。また，その性質を示す文を下の(ア)～(ク)から選び，記号で答えよ。

① 銅に希硝酸を加える。 [1 ★★★]
② 銅に濃硝酸を加える。 [2 ★★★]
③ 炭化カルシウムに水を加える。 [3 ★]
④ 塩化ナトリウムに濃硫酸を加えて加熱する。 [4 ★★]
⑤ ギ酸に濃硫酸を加えて加熱する。 [5 ★]

(ア) 無色・無臭の気体で，臭素水に通すと，臭素水は脱色される。
(イ) 水に溶けにくく，空気に触れると，直ちに赤褐色に変化する。
(ウ) 通常は，四酸化二窒素との平衡状態にある。
(エ) 無色で腐卵臭のある気体で，二酸化硫黄の水溶液に通すと，その水溶液は白濁する。
(オ) 黄緑色で刺激臭のある気体で，その水溶液は弱酸性を示し，酸化力をもつ。
(カ) 血液中のヘモグロビンと結合する力が強く，有毒である。
(キ) アンモニアに触れると，白煙が生じる。
(ク) 石灰水を白濁させ，さらに通じると沈殿が溶ける。

（工学院大）

(1) NO，(イ)
(2) NO_2，(ウ)
(3) C_2H_2，(ア)
(4) HCl，(キ)
(5) CO，(カ)

解き方

① $3Cu + 8HNO_3$(希) $\longrightarrow 3Cu(NO_3)_2 + 2NO + 4H_2O$（酸化還元反応）
② $Cu + 4HNO_3$(濃) $\longrightarrow Cu(NO_3)_2 + 2NO_2 + 2H_2O$（酸化還元反応）
③ $^-C \equiv C^- + 2H-O-H \longrightarrow H-C \equiv C-H + 2OH^-$
両辺に Ca^{2+} を加えると，
$CaC_2 + 2H_2O \longrightarrow C_2H_2 + Ca(OH)_2$（弱酸遊離反応）
④ $NaCl + H_2SO_4$(濃) $\longrightarrow HCl + NaHSO_4$（濃硫酸の不揮発性）
⑤ $HCOOH \longrightarrow CO + H_2O$（濃硫酸の脱水作用）
(エ)は H_2S，(オ)は Cl_2，(ク)は CO_2 の性質。

5 ★★★ オゾンは分解しやすく，強い酸化作用を示す。このため，飲料水の殺菌や繊維の漂白などに用いられる。オゾンは水で湿らせたヨウ化カリウムデンプン紙を [1 ★★★] 色に変化させる。

（慶應義塾大）

(1) 青（紫）(あお（むらさき）)

第11章

典型元素とその化合物

1 水素とアルカリ金属（1族）

▼ANSWER

水　素

□1 ★★★ 水素分子 H_2 は2個の水素原子Hが [1 ★★★] 結合によって結びついた分子で，常温常圧では無色無臭の気体である。水素には質量数1の ^{1}H の他に，質量数2の重水素 ^{2}H や質量数3の三重水素 ^{3}H などの [2 ★★★] が存在することが知られている。（関西学院大）

(1) 共有（きょうゆう）
(2) 同位体（どういたい）

□2 ★★ 常温常圧で水素は最も密度が [1 ★★] 気体である。（東京工業大）

(1) 小さい（ちい）

□3 ★★★ 水素は化石燃料に含まれる炭化水素とは異なり，燃焼させても [1 ★★★] を発生しないため，地球温暖化などの環境変化につながるリスクが少ないクリーンかつ効率の高いエネルギー源として近年注目されている。（関西学院大）

(1) 二酸化炭素（にさんかたんそ） CO_2

アルカリ金属元素

□4 ★★★ アルカリ金属の単体は，光沢をもつ軟らかい固体である。アルカリ金属は，[1 ★★★] が非常に小さいため，1個の電子を失って1価の陽イオンとなりやすい。アルカリ金属の化合物を炎の中に入れるとアルカリ金属元素に固有の色が見られる。これを [2 ★★★] といい，金属の検出に用いられる。（早稲田大）

(1) イオン化（か）エネルギー
［別 電気陰性度（でんきいんせいど）］
(2) 炎色反応（えんしょくはんのう）

□5 ★ アルカリ金属の単体はすべて [1 ★] 色である。（自治医科大）

(1) 銀白（ぎんはく）

〈解説〉有色の金属として，Cu 赤色，Au 黄色を覚えておく。

□6 ★★★ Li，Na，Kのイオン化列は Li ＞ K ＞ Na であるが，各原子をそのイオン化エネルギーの大きなものから並べた順番は [1 ★★★] である。（慶應義塾大）

(1) Li ＞ Na ＞ K

□7 ★
アルカリ金属の融点は，リチウム［1★］ナトリウム［2★］カリウムである。不等号を入れよ。（岐阜大）

(1) ＞
(2) ＞

□8 ★★
アルカリ金属は，強い［1★★］を示して常温の水と反応する。この反応性は，原子番号が［2★］いものほど高い。（防衛大）

〈解説〉アルカリ金属の反応性：Li ＜ Na ＜ K ＜…

(1) 還元作用（かんげんさよう）
(2) 大き（おお）

□9 ★★★
1族に属する6種類の元素（Li，Na，K，Rb，Cs，Fr）を［1★★★］という。これらの単体は，密度が小さく，融点は低い。［1★★★］の単体は，［2★★★］中などに保存する。（山口大）

(1) アルカリ金属（きんぞく）
(2) 石油（せきゆ）［㊀灯油（とうゆ）］

□10 ★
リチウム，ナトリウム，カリウムの中で最も密度が大きいのは［1★］である。（岐阜大）

(1) ナトリウム

□11 ★
アルカリ金属の単体（金属）は，価電子数が異なる2族元素の単体（金属）と比べると融点が［1★］。（島根大）

(1) 低い（ひく）

□12 ★★★
リチウムの単体は，比較的軟らかい軽金属で容易に［1★★★］価の陽イオンとなり，炎色反応で［2★★］色を呈する。（愛媛大）

(1) 1
(2) 赤（あか）

□13 ★★
塩化ナトリウムを原料とする溶融塩電解では陽極の炭素電極に気体［1★★］が発生する一方，陰極にはナトリウムの単体が生じる。ただし工業的には，塩化ナトリウムの融点を下げるために［2★］を加えて溶融塩電解を行い，純度の高いナトリウムを得ている。（九州大）

〈解説〉融解し，液体にして電気分解することを溶融塩電解（融解塩電解）という。

$$Na^+Cl^- \begin{cases} \oplus(C)\ 2Cl^- \longrightarrow Cl_2 + 2e^- \\ \ominus(Fe)\ Na^+ + e^- \longrightarrow Na \end{cases}$$

Ca は Na よりイオン化傾向が大きく析出しない。

(1) 塩素（えんそ） Cl_2
(2) 塩化カルシウム（えんか） $CaCl_2$

□14 ★★
1族元素であるカリウムやナトリウムは，いずれも密度は $1g/cm^3$ より小さくやわらかい。これらの金属は反応性に富み，空気中では直ちに［1★★★］と反応して［2★］となる。（帯広畜産大）

〈解説〉空気中では表面がすみやかに酸化され，金属光沢を失う。
㊀ $4Na + O_2 \longrightarrow 2Na_2O$

(1) 酸素（さんそ） O_2
(2) 酸化物（さんかぶつ）

□15 ★★★
水と金属ナトリウムは激しく反応し，気体 [1 ★★★] を発生して化合物 [2 ★★★] が生じる。化合物 [2 ★★★] の水溶液に気体 [3 ★★] を通じると，ガラスや石けんなどの原料になる化合物 [4 ★] が得られる。（筑波大）

〈解説〉
$CO_2 + H_2O \longrightarrow H_2CO_3$ …①
$H_2CO_3 + 2NaOH \longrightarrow Na_2CO_3 + 2H_2O$ …②
①＋②より $CO_2 + 2NaOH \longrightarrow Na_2CO_3 + H_2O$
（Na_2CO_3：ガラスや石けんの原料）

(1) 水素（すいそ） H_2
(2) 水酸化ナトリウム（すいさんか） $NaOH$
(3) 二酸化炭素（にさんかたんそ） CO_2
(4) 炭酸ナトリウム（たんさん） Na_2CO_3

□16 ★
ソーダ石灰の主成分2つを化学式で答えよ。[1 ★]（鹿児島大）

(1) $NaOH$，CaO

□17 ★★★
水酸化ナトリウムの固体を湿った空気中に放置すると水蒸気を吸収して溶ける。このような現象を [1 ★★★] という。（北海道工業大）

(1) 潮解（ちょうかい）

□18 ★★★
陽極に炭素，陰極に鉄の電極を用い，塩化ナトリウム水溶液を電気分解する場合，陽極では，[1 ★★] ガスが発生する。また，陰極では，[2 ★★] ガスが発生するとともに電極付近の [3 ★★] イオンの濃度が大きくなる。この水溶液を濃縮すると [4 ★★★] が得られるが，このままではこれに塩化ナトリウムが混じってしまう。そこで，陰極と陽極のあいだに [5 ★★] イオン交換膜を入れて電解槽を2室にわけ，陰極側には水のみを，陽極側には塩化ナトリウム水溶液を入れて電気分解すると，陰極側から純度の高い [4 ★★★] が得られる。（京都府立医科大）

(1) 塩素（えんそ） Cl_2
(2) 水素（すいそ） H_2
(3) 水酸化物（すいさんかぶつ） OH^-
(4) 水酸化ナトリウム（すいさんか） $NaOH$
(5) 陽（よう）

〈解説〉 Na^+ Cl^- （H^+ OH^-）
⊕(C) $2Cl^- \longrightarrow Cl_2 + 2e^-$
⊖(Fe) $2H_2O + 2e^- \longrightarrow H_2 + 2OH^-$

イオン交換膜法

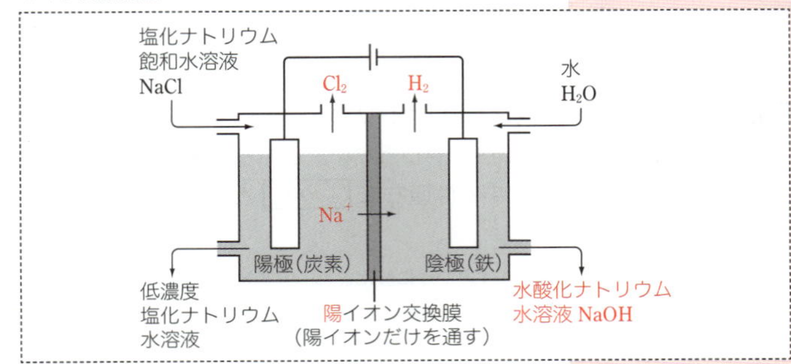

□19 ★★★
炭酸ナトリウム水溶液を濃縮すると，十水和物 $Na_2CO_3 \cdot 10H_2O$ の結晶が析出する。この結晶は，空気中で放置すると，水和水を失って，一(いっ)水和物 $Na_2CO_3 \cdot H_2O$ の白色粉末となる。この現象を [1 ★★★] とよぶ。（横浜国立大）

(1) 風解(ふうかい)

□20 ★★
重曹 [1 ★★] は，私たちの生活に幅広く利用されている。例えば，ケーキやビスケットなどをふっくらと仕上げるためのベーキングパウダーの成分として用いられている。これは重曹を加熱すると分解して [2 ★★] を生じ，ケーキなどの生地をふくらませるからである。また，重曹は強酸と反応しても気体である [2 ★★] を生じる。[2 ★★] の分子の形は [3 ★★★] 構造である。（鳥取大）

〈解説〉$2NaHCO_3 \xrightarrow{加熱} Na_2CO_3 + CO_2 + H_2O$

$NaHCO_3 + HCl \longrightarrow NaCl + H_2O + CO_2$

(1) 炭酸水素ナトリウム(たんさんすいそナトリウム) $NaHCO_3$
(2) 二酸化炭素(にさんかたんそ) CO_2
(3) 直線(ちょくせん)

2 アンモニアソーダ法

▼ANSWER

□1 ★★★ 炭酸ナトリウムは，ガラスやセッケンなどの原料として重要で，工業的には [1★★★] 法によって合成される。（防衛大）

(1) アンモニアソーダ[㊀ソルベー]

□2 ★★ 塩化ナトリウムとアンモニアを溶解した水溶液に二酸化炭素を通じると，[1★★] と炭酸水素ナトリウムを得る。（法政大）

〈解説〉CO_2 が水に溶けてできた H_2CO_3 と NH_3 が中和反応を起こして，NH_4^+ と HCO_3^- が生成する。ここで，NaCl は電離しているので，比較的溶解度の小さな $NaHCO_3$ が沈殿する。

$$NH_3 + CO_2 + H_2O \longrightarrow NH_4^+ + HCO_3^-$$
$$+)\ NaCl \longrightarrow Cl^- + Na^+$$
$$NH_3 + CO_2 + H_2O + NaCl \longrightarrow NH_4Cl + NaHCO_3\downarrow$$

(H^+ は $CO_2 + H_2O$ から NH_3 へ)

(1) 塩化(えんか)アンモニウム NH_4Cl

□3 ★ ある一定温度における塩化ナトリウム水溶液中の炭酸水素ナトリウムの溶解度は，純粋な水に対する溶解度と比較して [1★] する。これは，水溶液中で塩化ナトリウムの電離により生じたナトリウムイオンの濃度を [2★] させる方向に炭酸水素ナトリウムの電離平衡が移動するためである。この現象は炭酸水素ナトリウムの合成において塩化ナトリウムの飽和水溶液が用いられる理由にもなっている。（千葉大）

(1) 減少(げんしょう)
(2) 減少(げんしょう)

□4 ★★ 塩化ナトリウムの飽和水溶液にアンモニアを十分吸収させてから二酸化炭素を吹き込み沈殿 [1★★] を生じさせる。この沈殿を分離して，約200℃で焼くことによって [2★★] が得られる。（新潟大）

〈解説〉沈殿した $NaHCO_3$ をろ過によって分け，これを焼くと熱分解反応が起こる。

$$2NaHCO_3 \longrightarrow Na_2CO_3 + CO_2 + H_2O$$

HCO_3^- どうしの間で H^+ をやりとりすると考えるとよい。

H^+ をわたす

$$HCO_3^- + (H)CO_3^- \longrightarrow H_2CO_3 + CO_3^{2-}$$

$H_2O + CO_2$ に分かれる

両辺に $2Na^+$ を加えると完成‼

(1) 炭酸水素(たんさんすいそ)ナトリウム $NaHCO_3$
(2) 炭酸(たんさん)ナトリウム Na_2CO_3

□5 ★★★ $CaCO_3$ を約 900℃で熱すると，気体 [1 ★★★] を発生して酸化物 [2 ★★★] となる。（横浜国立大）

〈解説〉石灰石 $CaCO_3$ を焼くと熱分解反応が起こる。

$CaCO_3 \longrightarrow CaO + CO_2$

(1) 二酸化炭素 CO_2
(2) 酸化カルシウム CaO [㊞生石灰]

□6 ★★ 生石灰は水と反応して [1 ★★] をつくる。（法政大）

〈解説〉生石灰 CaO を水に溶かすと消石灰 $Ca(OH)_2$ が生成する。

$CaO + H_2O \longrightarrow Ca(OH)_2$（発熱を伴う）

(1) 水酸化カルシウム $Ca(OH)_2$ [㊞消石灰]

□7 ★★★ 酸化カルシウムを水に懸濁させて得られた水酸化カルシウムと，炭酸水素ナトリウムを分離して残った塩化アンモニウム水溶液を反応させると，[1 ★★★] が生成する。（奈良女子大）

〈解説〉$2NH_4Cl + Ca(OH)_2 \longrightarrow 2NH_3 + 2H_2O + CaCl_2$（弱塩基遊離反応）

(1) アンモニア NH_3

□8 ★★★ 図は，$CaCO_3$ と NaCl から Na_2CO_3 を合成するための反応工程を示したものである。[1 ★★★]，[2 ★★★]，[3 ★★★]，[4 ★★★] に該当する物質の化学式を書け。

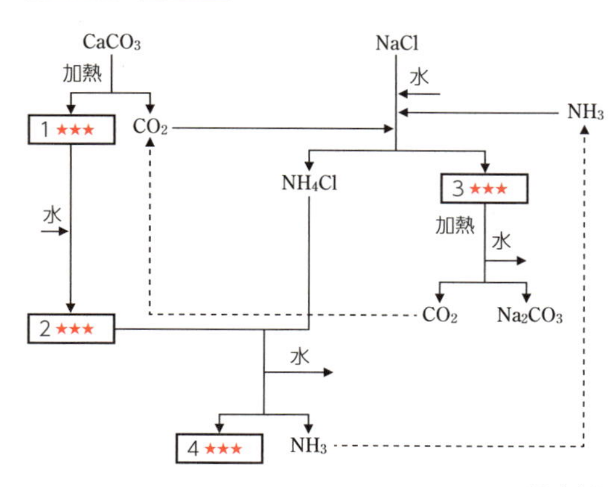

（中央大）

(1) CaO
(2) $Ca(OH)_2$
(3) $NaHCO_3$
(4) $CaCl_2$

3 マグネシウムとアルカリ土類金属（2族）

▼ANSWER

□1 ★★★ 周期表の2族元素のうち，ベリリウム Be とマグネシウム Mg 以外のカルシウム Ca からラジウム Ra までの4元素を［1★★★］という。これらの原子は価電子を［2★★★］個持ち，［3★★★］が比較的小さいので［2★★★］価の［4★★★］イオンになりやすく，その傾向は原子番号が［5★★］ほど大きい。これらの元素は自然界には単体で存在せず，イオンとして水中あるいは化合物として鉱物中に存在する。（宮崎大）

〈解説〉2族元素すべてをアルカリ土類金属とする場合もある。

(1) アルカリ土類金属　(2) 2　(3) イオン化エネルギー［別 電気陰性度］　(4) 陽　(5) 大きい

□2 ★★ 2族元素は2個の価電子をもっているため，アルカリ金属に比べて原子間の結合が［1★★］。したがって，これらの単体の融点は，アルカリ金属の融点よりも［2★★］。（山口大）

(1) 強い　(2) 高い

□3 ★★★ アルカリ土類金属に属するそれぞれの元素は，特有の［1★★★］を示すため，［1★★★］はそれらの検出と確認に利用される。さらにアルカリ土類金属のイオンを含む水溶液に［2★★］イオンを含む水溶液を加えると白色の［2★★］塩を生じ，この塩は中性水溶液には溶けず，強酸性水溶液にもほとんど溶けない。（大阪市立大）

〈解説〉炭酸塩は強酸水溶液に CO_2 を発生して溶ける。

(1) 炎色反応　(2) 硫酸

□4 ★ アルカリ土類金属のイオン半径は，同じ周期のアルカリ金属のそれより［1★］。（自治医科大）

〈解説〉原子半径：${}_{19}K > {}_{20}Ca$　イオン半径：${}_{19}K^{+} > {}_{20}Ca^{2+}$

(1) 小さい［別 短い］

□5 ★★ Be と Mg は炎色反応を示［1★］のに対し，アルカリ土類金属は炎色反応を示［2★★］。（自治医科大）

(1) さない　(2) す

□6 ★★ Be と Mg は常温の水と反応［1★］のに対し，アルカリ土類金属は常温の水と反応［2★★］。（自治医科大）

(1) しない　(2) する

□7 ★★ Be と Mg の硫酸塩は水に［1★］のに対し，アルカリ土類金属の硫酸塩は水に［2★★］。（自治医科大）

(1) 溶ける　(2) 溶けにくい［別 溶けない］

□8 ★
マグネシウムを空気中で点火すると，明るい光を出して完全に燃焼し，化合物が生成した。化合物の組成式を書け。 [1★]
（電気通信大）

(1) MgO

□9 ★
マグネシウムは [1★] 力が強く，二酸化炭素中でも燃える。
（静岡大）

〈解説〉 $2Mg + CO_2 \longrightarrow 2MgO + C$

(1) 還元（かんげん）

□10 ★★
Mg は，密度が小さく，軽量な合金の材料として利用される。$MgCl_2$ の水溶液に，水酸化ナトリウム水溶液を加えると，[1★★] の沈殿が生じる。[1★★] を約600℃に熱すると，[2★] が得られる。[2★] は融点が高いため，耐火れんが，るつぼなどの製造に使われる。
（東京都市大）

〈解説〉 $Mg^{2+} + 2OH^- \longrightarrow Mg(OH)_2 \downarrow$（白）

$Mg(OH)_2 \xrightarrow{600℃} MgO + H_2O$

(1) 水酸化マグネシウム（すいさんか） $Mg(OH)_2$
(2) 酸化マグネシウム（さんか） MgO

□11 ★★★
カルシウムは炎色反応で [1★★★] 色を示し，常温で水と反応し，[2★★★] と [3★★★] を生じる。[2★★★] は消石灰とも呼ばれる白色粉末で，水に溶けて強い [4★★] を示す。[2★★★] はしっくいなどの建築材料や，[5★★] 土壌の改良材として用いられる。（法政大）

〈解説〉 $Ca + 2H_2O \longrightarrow Ca(OH)_2 + H_2$

(1) 橙赤（とうせき）
(2) 水酸化カルシウム（すいさんか） $Ca(OH)_2$
(3) 水素（すいそ） H_2
(4) 塩基性（えんきせい） [㊞アルカリ性]
(5) 酸性（さんせい）

□12 ★★★
アルカリ土類金属の一つであるバリウムの単体を常温で水と反応させたところ，気体を発生し，化合物 [1★★] が生じた。この水溶液は，アルカリ性を示した。化合物 [1★★] の水溶液に希硫酸を加えたところ，白色沈殿 [2★★★] が生じた。
（島根大）

〈解説〉 $Ba + 2H_2O \longrightarrow Ba(OH)_2 + H_2$

$Ba(OH)_2 + H_2SO_4 \longrightarrow BaSO_4 \downarrow$（白）$+ 2H_2O$

(1) 水酸化バリウム（すいさんか） $Ba(OH)_2$
(2) 硫酸バリウム（りゅうさん） $BaSO_4$

□13 ★★
カルシウムは銀白色の軽くてやわらかい金属であり，塩化カルシウムの融解液を電気分解することで得られる。この電気分解の方法を [1★★] という。（法政大）

〈解説〉 $Ca^{2+}\ Cl^-$ $\begin{cases} \oplus\ 2Cl^- \longrightarrow Cl_2 + 2e^- \\ \ominus\ Ca^{2+} + 2e^- \longrightarrow Ca \end{cases}$

(1) 溶融塩電解（ようゆうえんでんかい） [㊞融解塩電解（ゆうかいえんでんかい）]

□14 ★
水酸化カルシウムを加熱・脱水すると [1★] になる。[1★] は乾燥剤や発熱剤として用いられる。[1★] にコークスを混ぜて強熱すると [2★] が得られる。（東北大）

〈解説〉 $Ca(OH)_2 \xrightarrow{加熱} CaO + H_2O$
$CaO + 3C \xrightarrow{強熱} CaC_2 + CO$

(1) 酸化(さんか)カルシウム CaO [別 生石灰(せいせっかい)]
(2) 炭化(たんか)カルシウム CaC_2 [別 (カルシウム)カーバイド]

□15 ★
地殻は，さまざまな元素の酸化物などで構成されている。例えば，石灰岩は [1★] の炭酸塩である。（東京都市大）

(1) カルシウム Ca

□16 ★★
鍾乳洞で見られる鍾乳石の主成分は，[1★★] である。（北海道工業大）

(1) 炭酸(たんさん)カルシウム $CaCO_3$

□17 ★★★
大理石に希塩酸を加えると，次のように二酸化炭素が発生する。

[1★★★] + 2HCl ⟶ [2★★★] + CO_2 + H_2O

（名城大）

(1) $CaCO_3$
(2) $CaCl_2$

□18 ★★★
[1★★] は大気中にわずかに存在するが，カルシウムとの化合物 [2★★★] として地殻中に存在することが多い。[2★★★] を強熱すると [1★★] を発生して，生石灰となる。生石灰に水を加えると [3★★] ができる。（金沢大）

〈解説〉 $CaCO_3 \xrightarrow{強熱} CaO + CO_2$

(1) 二酸化炭素(にさんかたんそ) CO_2
(2) 炭酸(たんさん)カルシウム $CaCO_3$ [別 石灰石(せっかいせき)]
(3) 水酸化(すいさんか)カルシウム $Ca(OH)_2$ [別 消石灰(しょうせっかい)]

□19 ★★★
[1★★★] は，しっくいの原料である。しっくいを壁に塗ると [1★★★] が徐々に空気中の二酸化炭素と反応して水に溶けにくい炭酸カルシウムに変わり，美しい白色の壁ができる。また [1★★★] の飽和水溶液は石灰水とよばれる。（東北大）

(1) 水酸化(すいさんか)カルシウム $Ca(OH)_2$ [別 消石灰(しょうせっかい)]

□20 ★★★
石灰水に二酸化炭素を通じると [1★★★] の白色沈殿を生じるが，さらに二酸化炭素を通じると [2★★] になって溶ける。この溶液を加熱すると再び [1★★★] が沈殿する。（大阪市立大）

(1) 炭酸(たんさん)カルシウム $CaCO_3$
(2) 炭酸水素(たんさんすいそ)カルシウム $Ca(HCO_3)_2$

〈解説〉石灰水：消石灰 $Ca(OH)_2$ の飽和水溶液

$$Ca(OH)_2 + CO_2 \longrightarrow CaCO_3\downarrow + H_2O$$

$$CaCO_3 + CO_2 + H_2O \underset{加熱}{\rightleftarrows} Ca(HCO_3)_2$$

□21 ★★

通常，水には溶けにくい石灰石が，気体 [1 ★★★] を多量に含んだ水には溶ける。この反応は次の化学反応式で表される。[1 ★★★]，[2 ★]，[3 ★] に適当な化学式を記せ。

[1 ★★★] + [2 ★] + H_2O ⇄ [3 ★]

（大阪大）

(1) CO_2
(2) $CaCO_3$
(3) $Ca(HCO_3)_2$

□22 ★★

(a)大理石の主成分は何か。[1 ★★]
(b)生石灰が水と反応したとき生成する化合物は何か。[2 ★★]
(c)セッコウとよばれる化合物は何か。[3 ★]

（千葉工業大）

(1) 炭酸(たんさん)カルシウム $CaCO_3$
(2) 水酸化(すいさんか)カルシウム $Ca(OH)_2$ [別 消石灰(しょうせっかい)]
(3) 硫酸(りゅうさん)カルシウム二水和物(にすいわぶつ) $CaSO_4 \cdot 2H_2O$

□23 ★

$CaSO_4 \cdot 2H_2O$（セッコウ）を約130℃で加熱すると，医療用ギプスなどに用いられる [1 ★]（焼きセッコウ）が得られる。

（東邦大）

(1) $CaSO_4 \cdot \frac{1}{2}H_2O$

□24 ★

消石灰に気体 [1 ★] を吸収させると，さらし粉が得られる。さらし粉を水に溶かすと，酸化力の強い [2 ★] イオンを生じるので殺菌剤や漂白剤として利用される。

（香川大）

〈解説〉$Ca(OH)_2 + Cl_2 \longrightarrow CaCl(ClO) \cdot H_2O$
消石灰　　　　　　さらし粉

$CaCl(ClO) \cdot H_2O \longrightarrow Ca^{2+} + Cl^- + ClO^- + H_2O$（電離）
さらし粉　　　　　　　　　　次亜塩素酸イオン

(1) 塩素(えんそ) Cl_2
(2) 次亜塩素酸(じあえんそさん)

□25 ★

硫酸バリウムは [1 ★] を通しにくいので，造影剤に使われる。

（東京理科大）

(1) X線(せん)

4 亜鉛・水銀・アルミニウム

▼ ANSWER

□1 ★★★ 亜鉛，アルミニウム，スズ，および鉛は，酸とも強塩基とも反応して溶ける。このような金属を [1 ★★★] 金属という。 (防衛大)

(1) 両性(りょうせい)

□2 ★★ 亜鉛は12族の典型元素であり，元素の周期表で同じ縦列に並んでいるカドミウムや水銀は亜鉛の [1 ★] 元素である。亜鉛原子は2個の最外殻電子をもつため，2価の [2 ★★] イオンになりやすい。 (金沢大)

(1) 同族(どうぞく)
(2) 陽(よう) [例 亜鉛(あえん)]

□3 ★★ 水素は亜鉛を希硫酸に溶かしてつくられる。この反応で亜鉛の酸化数は [1 ★★] から [2 ★★] に変化する。 (神奈川大)

(1) 0
(2) +2

〈解説〉 $\underset{0}{Zn} + H_2SO_4 \longrightarrow \underset{+2}{ZnSO_4} + H_2$

□4 ★★ Zn はアルミニウムとともに [1 ★★] 金属とよばれ，酸や強塩基の水溶液，高温水蒸気と反応し，気体 [2 ★★] を発生する。 (金沢大)

(1) 両性(りょうせい)
(2) 水素(すいそ) H_2

〈解説〉
$Zn + 2HCl \longrightarrow ZnCl_2 + H_2$
$Zn + 2H_2O + 2NaOH \longrightarrow Na_2[Zn(OH)_4] + H_2$
$Zn + H_2O \longrightarrow ZnO + H_2$

□5 ★ [1 ★] 色の顔料として用いられる酸化亜鉛は，塩酸にも水酸化ナトリウム水溶液にも反応して溶ける。 (北海道大)

(1) 白(はく)

〈解説〉ZnO の粉末は亜鉛華ともよばれる。
$ZnO + 2HCl \longrightarrow ZnCl_2 + H_2O$
$ZnO + H_2O + 2NaOH \longrightarrow Na_2[Zn(OH)_4]$
} ZnO は両性酸化物

□6 ★★ 亜鉛粉末に希塩酸を加えたところ，気体を発生しながら溶解した。この溶液に水酸化ナトリウム水溶液を少しずつ加えると，白色の沈殿 [1 ★★] が生じた。白色沈殿物 [1 ★★] は酸とも，強塩基とも反応して溶解した。このような性質をもつ水酸化物を総称して [2 ★★] 水酸化物とよぶ。 (金沢大)

(1) 水酸化亜鉛(すいさんかあえん) $Zn(OH)_2$
(2) 両性(りょうせい)

〈解説〉
$Zn(OH)_2 + 2HCl \longrightarrow ZnCl_2 + 2H_2O$
$Zn(OH)_2 + 2NaOH \longrightarrow Na_2[Zn(OH)_4]$
} $Zn(OH)_2$ は両性水酸化物

□7 ★★
[1★★★] と銅 Cu の合金は黄銅または真ちゅうとよばれる。[2★] と硫黄 S の化合物は朱とよばれる赤色顔料として用いられる。（名古屋大）

〈解説〉黒色の HgS を加熱し昇華させると，結晶構造の異なる赤色の HgS に変化する。これを，朱色の顔料として用いる。

(1) 亜鉛（あえん） Zn
(2) 水銀（すいぎん） Hg

□8 ★
鉄板を [1★] でめっきしたものはトタンとよばれる。（徳島大）

(1) 亜鉛（あえん） Zn

□9 ★★★
金属元素の中で水銀は，唯一常温で [1★★★] である。（札幌医科大）

(1) 液体（えきたい）

□10 ★
水銀と多くの金属（例えば金，銀，銅）とで合金をつくることができる。この合金は [1★] とよばれ，ペースト状の軟らかいものになることが多い。（札幌医科大）

(1) アマルガム

□11 ★★
原子番号 113 の元素を発見した日本の研究グループは，最近この新元素をニホニウム（元素記号 Nh）と命名した。Nh は第 7 周期の元素で，[1★] 族元素とされ，第 2 周期の B，第 3 周期の [2★★★]，第 4 周期の Ga を含む列の一番下に位置する。（金沢大）

(1) 13
(2) アルミニウム Al

□12 ★★★
アルミニウムは，電気伝導性が [1★★★]，単体は [2★★] くて軟らかい金属である。（秋田大）

〈解説〉軽金属：4.0g/cm^3 以下の金属。Al の密度は 2.7g/cm^3。
電気伝導性：Ag ＞ Cu ＞ Au ＞ Al ＞…

(1) 大（おお）きく
(2) 軽（かる）

□13 ★★★
アルミニウムは，[1★★★] 族の元素で価電子を [2★★★] 個もち，天然に [3★] は存在しない。（信州大）

(1) 13
(2) 3
(3) 同位体（どういたい）

□14 ★★
アルミニウム（Al）は，地殻中では質量比で [1★★]，[2★★] についで 3 番目に多く存在する。（京都大）

(1) 酸素（さんそ） O
(2) ケイ素（そ） Si

□15 ★
Al^{3+} の水溶液を電気分解すると，陰極では Al^{3+} が還元され Al が析出するように思えるが，Al は H_2 よりも [1★] が大きいため，実際には H^+ が還元され，水素が発生し，Al を得ることができない。（秋田大）

(1) イオン化傾向（かけいこう）

□16 ★★ アルミニウムは冷水とは反応しないものの，高温の水蒸気とは反応して [1 ★★] を発生する。このときにアルミニウムは [2 ★★] されている。（東京大）

〈解説〉2Al + $3H_2O$ ⟶ Al_2O_3 + $3H_2$
0　高温の水蒸気　+3

(1) 水素(すいそ) H_2
(2) 酸化(さんか)

□17 ★★★ アルミニウムは酸の水溶液とも強塩基の水溶液とも反応する [1 ★★★] 金属でもある。しかし，アルミニウムは濃硝酸に対して [2 ★★★] となり，溶けない。（岐阜大）

〈解説〉$2Al + 6HCl \longrightarrow 2AlCl_3 + 3H_2$
$2Al + 6H_2O + 2NaOH \longrightarrow 2Na[Al(OH)_4] + 3H_2$

(1) 両性(りょうせい)
(2) 不動態(ふどうたい)

□18 ★★ 空気中ではアルミニウムは表面に [1 ★★] の被膜を生じ，[2 ★★] が内部まで進行しにくくなる。人工的にこの被膜をつけた製品を [3 ★] という。（信州大）

〈解説〉不動態となるのは，Fe(手)Ni(に)Al(ある)など。

(1) 酸化物(さんかぶつ)[㊙酸化(さんか)アルミニウム Al_2O_3]
(2) 酸化(さんか)(反応(はんのう))
(3) アルマイト

□19 ★★ アルミニウム粉末を酸化鉄(Ⅲ)と混ぜて着火すると激しく反応し(テルミット反応)，金属の鉄が生成する。

2Al + [1 ★★] ⟶ [2 ★★] + 2Fe　（秋田大）

(1) Fe_2O_3
(2) Al_2O_3

□20 ★ 銅，マグネシウム，マンガンなどを含むアルミニウムの [1 ★] は [2 ★] とよばれ航空機材料に用いられる。（信州大）

(1) 合金(ごうきん)
(2) ジュラルミン

□21 ★ ジュラルミンは，主成分として約95%のアルミニウムと，約4%の [1 ★] を含む軽合金である。（広島大）

(1) 銅(どう) Cu

□22 ★ 酸化アルミニウム結晶で微量の遷移金属イオンを含むものの中には紅色の宝石 [1 ★] がある。（信州大）

〈解説〉ルビー(紅色)：主成分 Al_2O_3 に微量の Cr_2O_3 など。
サファイア(青色)：主成分 Al_2O_3 に微量の TiO_2 など。

(1) ルビー

□23 ★ 宝石のルビーやサファイアの主成分は [1 ★] である。（上智大）

(1) 酸化(さんか)アルミニウム Al_2O_3

□24 ★★★ 亜鉛，アルミニウム，スズおよび鉛は，酸とも塩基とも反応する性質をもつ [1 ★★★] 金属として知られている。一般に，これらの金属の酸化物および水酸化物も金属単体と同様に [1 ★★★] を示す。（北海道大）

(1) 両性(りょうせい)

□25 ★★★
アルミニウムは，空気中で高温に熱すると激しく燃焼し，酸化アルミニウムになる。酸化アルミニウムは，酸とも強塩基とも反応する [1 ★★★] 酸化物である。
（防衛大）

〈解説〉$Al_2O_3 + 6HCl \longrightarrow 2AlCl_3 + 3H_2O$
$Al_2O_3 + 3H_2O + 2NaOH \longrightarrow 2Na[Al(OH)_4]$
} Al_2O_3 は両性酸化物

(1) 両性(りょうせい)

□26 ★★
水酸化アルミニウムは両性水酸化物なので，酸にも強塩基にも溶ける。空欄に適切なイオン式を書け。

$Al(OH)_3 + 3H^+ \longrightarrow$ [1 ★★] $+ 3H_2O$

$Al(OH)_3 + OH^- \longrightarrow$ [2 ★★]
（東京女子大）

(1) Al^{3+}
(2) $[Al(OH)_4]^-$

□27 ★
純水に $AlCl_3$ を溶解させた。このときの水溶液の pH の変化について，正しいものを一つ選べ。[1 ★]
(あ) 変化しない　(い) 大きくなる　(う) 小さくなる
（京都大）

〈解説〉Al^{3+} の水溶液は，弱酸性を示す。

(1) (う)

□28 ★★
硫酸アルミニウムと硫酸カリウムの混合水溶液を濃縮すると，正八面体の結晶が得られる。これは，硫酸カリウムアルミニウム十二水和物 [1 ★] であり，[2 ★★] ともよばれ，上下水の清澄剤や染色の媒染剤などに利用される。
（信州大）

(1) $AlK(SO_4)_2 \cdot 12H_2O$
(2) ミョウバン

□29 ★★
ミョウバン $AlK(SO_4)_2 \cdot 12H_2O$ の水溶液には，2 種類の塩 [1 ★★] と [2 ★★]（順不同）のそれぞれの水溶液を混合した溶液と，同じイオンが含まれる。このように 2 種類以上の塩から構成される化合物で，水に溶けると個々の塩の成分に解離するものは，[3 ★★] とよばれる。
（広島大）

(1) 硫酸(りゅうさん)カリウム K_2SO_4
(2) 硫酸(りゅうさん)アルミニウム $Al_2(SO_4)_3$
(3) 複塩(ふくえん)

□30 ★★
ミョウバンの水溶液は [1 ★★] を示す。
（青山学院大）

(1) (弱)(じゃく)酸性(さんせい)

5 アルミニウムの製錬

▼ANSWER

□1 ★ 金，鉄，銅，アルミニウムのうち製錬が困難なために金属単体としての生産，利用が最も遅れた金属名は［1★］である。また，その金属単体の生産を初めて可能にした製錬法名は［2★］である。（新潟大）

(1) アルミニウム
(2) 溶融塩電解（ようゆうえんでんかい）
［別 融解塩電解（ゆうかいえんでんかい）］

□2 ★ アルミニウムはイオン化傾向の大きい金属で，その塩類の水溶液を電気分解しても［1★］を発生するだけで，金属は析出しない。このため，化合物を高温で融解状態にして電気分解を行う。（名城大）

(1) 水素（すいそ） H_2

〈解説〉陰極では H_2O の H^+ が反応して H_2 が発生するだけで Al を得ることができない。

陰極　$2H_2O + 2e^- \longrightarrow H_2 + 2OH^-$

□3 ★★ アルミニウムの単体は鉱石である［1★★］から得られる［2★★］の溶融塩電解によって作られる。（高知大）

(1) ボーキサイト $Al_2O_3 \cdot nH_2O$
(2) 酸化（さんか）アルミニウム Al_2O_3
［別 アルミナ］

〈解説〉ボーキサイトから純粋な Al_2O_3 を得るまでの工程

ボーキサイト —濃 NaOH→ ろ液 $[Al(OH)_4]^-$ —水→ 沈殿物 $Al(OH)_3$ —強熱→ アルミナ Al_2O_3

□4 ★★ 原料のボーキサイトに大量の［1★★］を加えて溶かし，不純物を除いてから，水酸化アルミニウムを沈殿させ，次いで 1100 ～ 1300℃の高温で熱分解して酸化アルミニウム（アルミナ）にする。（北海道工業大）

(1) 水酸化（すいさんか）ナトリウム NaOH

〈解説〉アルミニウムの製造

①原料であるボーキサイト $Al_2O_3 \cdot nH_2O$（不純物 Fe_2O_3 など）を，濃 NaOH 水溶液に加熱溶解させる。このとき，Al_2O_3 は両性酸化物，Fe_2O_3 は塩基性酸化物なので，強塩基の NaOH とは両性酸化物である Al_2O_3 だけが次のように反応し，$[Al(OH)_4]^-$ をつくって溶解する。

$$Al_2O_3 + 2NaOH + 3H_2O \longrightarrow 2Na[Al(OH)_4]$$

↓塩基と反応しない Fe_2O_3 などの不純物は，得られた水溶液をろ過することで除くことができる。

②得られたろ液に，多量の水を加えて（または，CO_2 を吹き込み）水溶液の pH を下げる，つまり OH^- の濃度を小さくすると，OH^- の濃度を大きくする方向である右に平衡が移動し $Al(OH)_3$ の沈殿が生成する。

$$Na[Al(OH)_4] \rightleftarrows NaOH + Al(OH)_3 \downarrow$$

↓

③ $Al(OH)_3$ の沈殿を強熱し，純粋な Al_2O_3 をつくる。

$$2Al(OH)_3 \longrightarrow Al_2O_3 + 3H_2O$$

□5 ★ アルミニウムは，原料鉱石のボーキサイトを精製して得られるアルミナ Al_2O_3 を，陽極および陰極に炭素電極を用い溶融塩電解してつくられる。このとき，アルミナの融点は約 2000℃と非常に高いため，［1★］を約 1000℃に加熱して融解したものにアルミナを溶かす。　（福岡大）

(1) 氷晶石（ひょうしょうせき） Na_3AlF_6

□6 ★★ 工業的にアルミニウムの単体を得るには，まず，鉱石である［1★★］から酸化アルミニウムをつくったのち，これを加熱融解した［2★］に溶かし，炭素を電極に用いて［3★］を行う。［4★★］極では酸化アルミニウムの電離で生じたアルミニウムイオンが［5★★］されて，アルミニウムを生じる。　（信州大）

(1) ボーキサイト $Al_2O_3 \cdot nH_2O$
(2) 氷晶石（ひょうしょうせき） Na_3AlF_6
(3) 溶融塩電解（ようゆうえんでんかい） ［別 融解塩電解（ゆうかいえんでんかい）］
(4) 陰（いん）
(5) 還元（かんげん）

〈解説〉溶融塩電解（融解塩電解）
純粋な Al_2O_3（アルミナ）の融点は約 2000℃と非常に高いため，融点の低い氷晶石（主成分 Na_3AlF_6）を利用すると，約 1000℃でアルミナを融解させることができる。

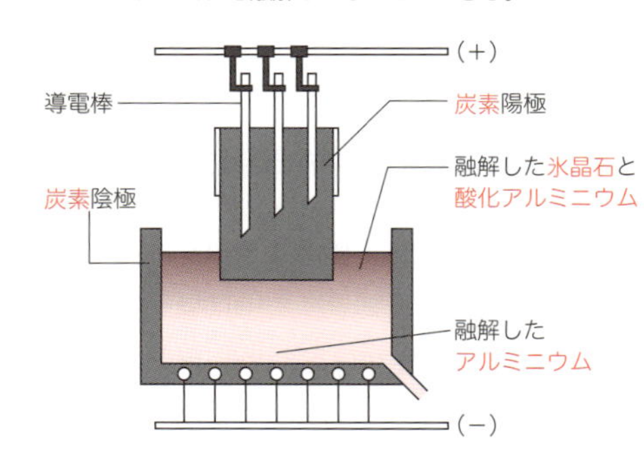

$Al_2O_3 \longrightarrow 2Al^{3+} + 3O^{2-}$

この融解液を陽極，陰極の両方に C を使って電気分解すると，陰極では融解液中の Al^{3+} が還元されて Al となって電解槽の底に沈む。

陰極での反応：$Al^{3+} + 3e^- \longrightarrow Al$

陽極では，融解液中の O^{2-} が反応するが，非常に高い温度で溶融塩電解しているので発生した O_2 がただちに陽極の C と反応して，CO や CO_2 が生成する。

陽極での反応：$C + O^{2-} \longrightarrow CO + 2e^-$
$C + 2O^{2-} \longrightarrow CO_2 + 4e^-$

このとき，陽極の炭素 C は消費されていくので，常に補給する必要がある。

6 炭素・ケイ素（14族元素）

▼ANSWER

□1 ★★
炭素は［1★★］族に属する元素で，原子は［2★］個の価電子をもっている。同族の元素には［3★★］や［4★］（(3)(4)順不同）などがあり，原子番号が増すにつれて［5★★］性が減る。

炭素の単体は天然にダイヤモンドや［6★★★］が存在し，これらは互いに［7★★★］である。ダイヤモンドはすべての炭素原子が［8★★］結合してできた無色の結晶で，あらゆる物質の中で最も［9★★］い。［6★★★］は光沢のある［10★］色の結晶で，［11★★］や［12★★］（(11)(12)順不同）をよく通す。この他の炭素の単体には，C_{60}，C_{70} などの分子式をもつ球状の分子［13★］や，木炭や活性炭のようにはっきりした結晶の状態を示さない［14★］がある。（日本女子大）

(1) 14
(2) 4
(3) ケイ素 Si
(4) ゲルマニウム Ge
(5) 非金属
(6) 黒鉛（グラファイト）
(7) 同素体
(8) 共有
(9) 硬
(10) 黒
(11) 電気
(12) 熱
(13) フラーレン
(14) 無定形炭素

□2 ★★★
炭素の［1★★★］には，1985年にすすの中から発見された60個の炭素原子からなる分子，フラーレン（C_{60}）や，1991年に発見された，黒鉛の層を円筒状に巻いた構造をもつ［2★★］がある。（山口大）

(1) 同素体
(2) カーボンナノチューブ

□3 ★★
ダイヤモンドは電気を通さないが，黒鉛はよく通す。これは，ダイヤモンドは炭素原子の［1★★］がすべて電子対として2つの炭素原子に共有されているため電気を通さないが，黒鉛では［1★★］の一部が金属にみられる［2★★］のようにふるまうため電気をよく通す。（名城大）

(1) 価電子［別 最外殻電子］
(2) 自由電子

□4 ★★
第14族に属する炭素は，有機化合物の主な構成元素である。これを含む化合物を空気中で燃焼させると［1★★］を生じる。固体の［1★★］は［2★★］とよばれ，－79℃で昇華して固体から直接気体になる。また炭素が不完全燃焼して生成する［3★★］は，血液中の酸素輸送タンパク質である［4★］と非常に強く結合するので，人体に有毒な気体である。（鳥取大）

(1) 二酸化炭素 CO_2
(2) ドライアイス
(3) 一酸化炭素 CO
(4) ヘモグロビン

□5 ★★★
石炭から得られるコークスを1000℃以上に熱して水蒸気と反応させると，[1 ★★★]と[2 ★★★]を主成分とする水性ガスが得られる。[1 ★★★]は，常温常圧で最も密度の低い気体で，水に対する溶解度は低い。[2 ★★★]は酸素が不足する中でプラスチックを燃焼すると発生する気体で，[3 ★★]を脱水しても生成する。水性ガスから精製した[2 ★★★]に対してさらに水蒸気を反応させると，[1 ★★★]と[4 ★★]が生成し，わずかに熱が生じる。（金沢大）

〈解説〉$C + H_2O \longrightarrow H_2 + CO$（水性ガス（合成ガス））　$HCOOH \longrightarrow CO + H_2O$　$CO + H_2O \longrightarrow H_2 + CO_2$

(1) 水素 H_2
(2) 一酸化炭素 CO
(3) ギ酸 $HCOOH$
(4) 二酸化炭素 CO_2

□6 ★★★
ケイ素は周期表[1 ★★]族に属する典型元素で価電子を[2 ★★]個もっている。単体は天然には存在[3 ★★★]。（弘前大）

(1) 14
(2) 4
(3) しない

□7 ★
ケイ素の単体はダイヤモンドと同じ構造をもち，[1 ★]色の金属光沢がある。（三重大）

(1) 灰（黒）

□8 ★★
導体と絶縁体の中間の電気伝導性をもつケイ素 Si の結晶はダイヤモンドのすべての C 原子が Si 原子に置き換わった構造をもつ。Si は地殻中では，[1 ★★]の次に存在率（質量%）の高い元素である。（埼玉大）

〈解説〉地殻中の存在率（質量%）の順：O ＞ Si ＞ Al ＞…

(1) 酸素 O

□9 ★★★
単体のSi やGe は金属と絶縁体の中間の電気伝導性をもち，[1 ★★★]とよばれる。（北海道大）

〈解説〉Si や Ge は同じ 14 族元素。

(1) 半導体

□10 ★★★
ケイ素の単体は[1 ★★]結合の結晶で，同族元素の結晶である[2 ★★]と類似の構造をもつ。また，高純度のものは[3 ★★★]の材料として非常に重要な元素である。（京都府立大）

(1) 共有
(2) ダイヤモンド
(3) 半導体

□11 ★★
純粋なケイ素は半導体の原料として，[1 ★★]や[2 ★★]（順不同）などに用いられる。（大阪大）

(1) 集積回路（IC）
(2) 太陽電池

□12 ★★ ケイ素の単体は，自然界に存在しないので，二酸化ケイ素を強熱して炭素で還元することでつくられる。この反応では，ケイ素と毒性の強い気体が生成し，化学反応式は［1★★］と表される。半導体であるケイ素に，3個の［2★★★］をもつアルミニウム原子を少量混入させると，電子が不足した部分を生じ，電気を通しやすくなる。なお，ヘリウムを除き，最外殻電子の数が1～7個の場合，［2★★★］の数は最外殻電子の数と等しい。このように半導体中に生じた電子が不足した部分のことを［3★］という。（慶應義塾大）

(1) $SiO_2 + 2C \longrightarrow Si + 2CO$
(2) 価電子（かでんし）
(3) 正孔（せいこう）[別ホール]

□13 ★ ケイ砂とコークスとを反応させる場合，コークスの含有量の違いによって異なった化学反応が起こり，コークス量が多いと［1★］が生成される。（名古屋市立大）

〈解説〉$SiO_2 + 3C \longrightarrow SiC + 2CO$
SiC は，研磨材として用いられる。

(1) 炭化ケイ素（たんかけいそ） SiC [別カーボランダム]

□14 ★★ 二酸化ケイ素は［1★★］，［2★★］（順不同）などとしてほぼ純粋な形で天然に存在する。（弘前大）

(1) 石英（せきえい）
(2) 水晶（すいしょう）
※ケイ砂（しゃ）など

□15 ★ ケイ素の酸化物は天然には石英として産出し，六角柱状の結晶構造から成るものを特に水晶と呼んでいる。高純度の二酸化ケイ素を融解して繊維化し，光通信に利用されるものは［1★］とよばれる。（名古屋市立大）

(1) 光（ひかり）ファイバー

□16 ★★ ［1★★］の酸化物はけい砂の主成分で，一般に薬品には侵されにくいが，水酸化ナトリウムとともに熱すると［2★★］となる。（名古屋市立大）

〈解説〉$SiO_2 + 2NaOH \longrightarrow Na_2SiO_3 + H_2O$

(1) ケイ素（そ） Si
(2) ケイ酸（さん）ナトリウム Na_2SiO_3

□17 ★★ 二酸化ケイ素を水酸化ナトリウムや炭酸ナトリウムと混合して融解すると，ケイ酸ナトリウムが得られる。ケイ酸ナトリウムに水を加えて長時間加熱すると，粘性の大きい液体が得られる。これを［1★★］という。この水溶液に塩酸を加えて中和すると，白色で無定形のケイ酸が沈殿する。このケイ酸を加熱乾燥したものが［2★★］である。（三重大）

(1) 水（みず）ガラス
(2) シリカゲル

〈解説〉$SiO_2 + Na_2CO_3 \longrightarrow Na_2SiO_3 + CO_2$

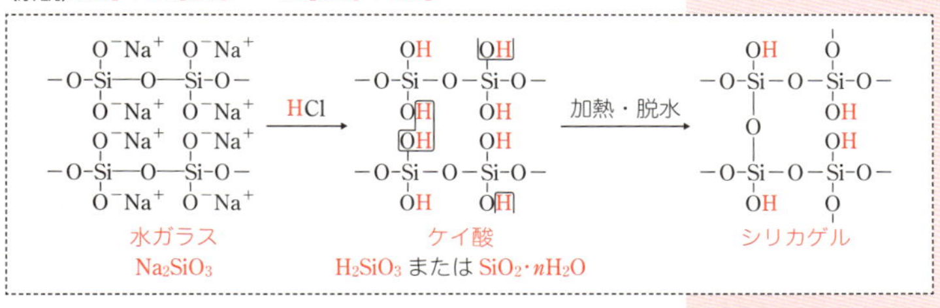

□18 ★★ ケイ酸ナトリウムに水を加えて煮沸すると，粘性の大きな液体が得られ，これを［1★★］とよぶ。［1★★］を空気中に放置すると，二酸化ケイ素が析出して固まる。この性質を利用して，地盤の液状化対策用の硬化剤などに用いられる。（同志社大）

(1) 水ガラス

□19 ★ ケイ素の化合物であるシリカゲルは，［1★］の固体であるために，その表面に気体や色素などを吸着する性質に優れている。したがって，シリカゲルも活性炭と同様に吸着剤として使用されている。（防衛大）

(1) 多孔質

□20 ★★ ケイ酸ナトリウムに水を加えて加熱すると，粘性の大きな［1★★］ができる。［1★★］の水溶液に塩酸を加えると［2★★］が沈殿する。この沈殿を水で洗ったのち，乾燥させたものを［3★★］という。これは表面に親水性の［4★★］基をもち，また小さなすきまが多数あるので水分を吸収しやすく乾燥剤や脱臭剤として使われる。（弘前大）

〈解説〉無色のシリカゲルは，塩化コバルト(II) $CoCl_2$ で着色してある。吸湿により青色から淡赤色に変化する。

(1) 水ガラス
(2) ケイ酸 H_2SiO_3
(3) シリカゲル
(4) ヒドロキシ $-OH$

□21 ★★ ガラスの主成分は［1★★★］であり，これを融解し微量の金属酸化物を加えることでステンドガラスに用いられる着色したガラスをつくることができる。高純度の［1★★★］を高温で融解後，冷却して得られる［2★★］は，紫外線電球や耐熱ガラスなどに用いられる。さらに不純物を除去して透明度を高め，繊維状にしたものが［3★］であり，大容量通信に利用されている。
［1★★★］は一般に酸に対して安定であるが，［4★★］酸には反応して溶ける。（青山学院大）

(1) 二酸化ケイ素 SiO_2
(2) 石英ガラス
(3) 光ファイバー
(4) フッ化水素

★★

［1★★］は，ガラスの原料であるケイ砂の主成分である。［2★★］はケイ砂の他に炭酸ナトリウムと石灰石からつくられ，主に板ガラスとして使用されている。［3★］は，ケイ砂とホウ素化合物が主な原料である。これは熱や薬品に対して安定であることから，理化学器具に用いられている。［4★］は，［1★★］だけでできており，透明性が高いことから光ファイバーなどに用いられている。

（鳥取大）

〈解説〉ソーダ石灰ガラス（ふつうのガラス）：SiO_2 + Na_2CO_3 + $CaCO_3$

(1) 二酸化ケイ素 SiO_2
(2) ソーダ石灰ガラス［別 ソーダガラス］
(3) ホウケイ酸ガラス
(4) 石英ガラス

□23
★

二酸化ケイ素は重要な工業原料であり，水晶，ケイ砂，ケイ石などとして産出する。ケイ砂を［1★］と［2★］（順不同）とともに高温で融解し，冷却することでソーダ石灰ガラスがつくられる。なお，二酸化ケイ素がフッ化水素酸に溶ける性質を利用して，フッ化水素酸はくもりガラス製造やガラスの目盛りつけに用いられる。

（大阪大）

〈解説〉SiO_2 + $6HF$（フッ化水素酸） ⟶ H_2SiF_6（ヘキサフルオロケイ酸） + $2H_2O$

(1) 炭酸カルシウム $CaCO_3$［別 石灰石］
(2) 炭酸ナトリウム Na_2CO_3

7 スズ・鉛（14族元素）

▼ANSWER

□1 ★★★ 単体のスズには，金属スズ，灰色スズなど，同じスズの単体であるにもかかわらず，性質の異なる [1 ★★★] が存在する。（北海道大）

(1) 同素体（どうそたい）

□2 ★ 青銅（ブロンズ）は，どのような金属元素と銅の合金であるか。[1 ★]（高知大）

(1) スズ Sn

□3 ★★ 亜鉛やスズは鋼板のめっきに使用される。亜鉛をめっきした鋼板を [1 ★★]，スズをめっきした鋼板を [2 ★★] という。[3 ★★] では表面に傷がつき，鉄が露出しても，亜鉛が内部の鉄の腐食を防止するのに対し，[4 ★★] では鉄が露出すると，鉄の腐食が促進される。（北海道大）

(1) トタン
(2) ブリキ
(3) トタン
(4) ブリキ

〈解説〉
①トタン：表面に傷がつき鉄が露出してもイオン化傾向は Zn ＞ Fe なので，Zn が Zn^{2+} となって Fe の腐食を防止することができる（傷がついていないときは，Zn の表面に生じている ZnO が腐食を防止している）。
②ブリキ：傷がつくとイオン化傾向は Fe ＞ Sn なので，Fe が Fe^{2+} となって Fe の腐食が促進される（傷がついていないときは，Fe より酸化されにくい Sn が腐食を防止している）。

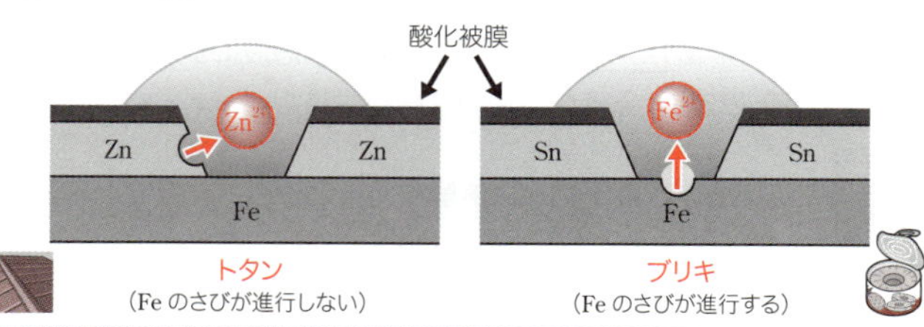

トタン
（Fe のさびが進行しない）
ブリキ
（Fe のさびが進行する）

□4 ★ スズと鉛に関する次の記述のうち，正しいものの組合せを一つ選べ。[1 ★]

a　スズと鉛は，いずれも遷移元素である。
b　塩化スズ(Ⅱ)は，酸化作用を示す。
c　硫酸鉛(Ⅱ)は，希硫酸に溶けにくい。
d　酸化鉛(Ⅳ)は，酸化剤として用いられる。
e　塩化鉛(Ⅱ)は，冷水にも熱水にも溶けにくい。

①a，b　②a，c　③a，d　④a，e　⑤b，c
⑥b，d　⑦b，e　⑧c，d　⑨c，e　⑩d，e

（東邦大）

(1) ⑧

解き方
a(誤)SnとPbは，いずれも14族なので典型元素である。
b(誤)塩化スズ(Ⅱ)$SnCl_2$中のSn^{2+}はSn^{4+}になりやすく，還元作用を示す。$Sn^{2+} \longrightarrow Sn^{4+} + 2e^-$
c(正)$PbSO_4$は強酸からなる難溶性の沈殿なので，希硫酸を加えてもほとんど溶けない。
d(正)$PbO_2 + 4H^+ + 2e^- \longrightarrow Pb^{2+} + 2H_2O$と反応し，酸化剤として用いることができる。
e(誤)$PbCl_2$は沈殿であるが熱水には溶ける。

□5 ★
スズや鉛が化合物中で通常とりうる酸化数は[1★]か[2★]のいずれかである。一般に，スズは酸化数[1★]を，鉛は[2★]をよりとりやすいといわれている。（静岡大）

(1) +4
(2) +2

□6 ★★★
以前のはんだの主成分はPbと[1★★★]であったが，現在は無鉛はんだが普及している。（名古屋大）

〈解説〉無鉛はんだ Sn − Ag − Cu

(1) スズ Sn

□7 ★★★
NaCl水溶液に金属[1★★★]のイオンを含む水溶液を加えると白色沈殿が生じ，沈殿は熱水に溶解した。また，この金属[1★★★]のイオンを含む水溶液にクロム酸水溶液を加えると，黄色の沈殿が生じた。（岩手大）

(1) 鉛(なまり) Pb

解き方
Cl^-との沈殿が熱水に溶解したことから$PbCl_2$とわかる。
$Pb^{2+} + CrO_4^{2-} \longrightarrow PbCrO_4 \downarrow$(黄)

□8 ★★★
鉛は，酸にも塩基にも溶ける[1★★★]金属である。ただし，硝酸には溶けるが，塩酸や希硫酸には，塩化物イオンや硫酸イオンと難溶性の塩を形成するため，ほとんど溶けない。また，鉛は密度が大きく，[2★★]を吸収する能力に優れていることから，医療機器や原子炉などの使用において，[2★★]の遮蔽(しゃへい)材として広く利用されている。（京都府立大）

〈解説〉HClやH_2SO_4とは$PbCl_2$(白)や$PbSO_4$(白)を形成する。

(1) 両性(りょうせい)
(2) 放射線(ほうしゃせん)[例X線(せん)]

8 窒素・リン (15族元素)

▼ANSWER

□1 ★★ 窒素は周期表で [1★★] 族に属する典型元素でK殻に [2★★] 個，L殻に [3★★] 個の電子をもつ。窒素は肥料の三要素の一つであり，タンパク質，核酸などの成分として植物の成長に欠かせない。 (立命館大)

〈解説〉$_{7}N$ K(2)L(5)，肥料の三要素：窒素N・リンP・カリウムK

(1) 15
(2) 2
(3) 5

□2 ★ 単体の窒素 N_2 は空気の主成分で，体積で約78%を占めている。窒素は工業的には [1★] の分留によって得られる。 (同志社大)

(1) 液体空気（えきたいくうき）

□3 ★★★ アンモニアは，無色で刺激臭をもち，空気より軽い気体である。実験室では塩化アンモニウムに水酸化カルシウムを混合して加熱することによって得られ，[1★★★] 置換で捕集する。 (同志社大)

〈解説〉$2NH_4Cl + Ca(OH)_2 \xrightarrow{加熱} 2NH_3 + 2H_2O + CaCl_2$ (弱塩基遊離反応)

(1) 上方（じょうほう）

□4 ★★★ アンモニアは水に溶けやすく，その水溶液は [1★★★] を示す。アンモニア分子は [2★★★] の構造をとる。 (立命館大)

(1) 弱塩基性（じゃくえんきせい）(弱アルカリ性)
(2) 三角すい形（さんかくすいけい）

□5 ★★ 窒素は大気中に多量に存在するが，安定な窒素分子のままでは利用が困難であった。ところが，ハーバー法によって [1★★★] が工業的に合成できるようになってから，窒素分子は化学肥料の原料として大量に使用されるようになった。[1★★★] と硫酸を反応させて得られる塩は，窒素肥料 [2★] として用いられている。 (名古屋工業大)

〈解説〉$2NH_3 + H_2SO_4 \longrightarrow (NH_4)_2SO_4$

(1) アンモニア NH_3
(2) 硫酸アンモニウム（りゅうさん） $(NH_4)_2SO_4$ [別 硫安（りゅうあん）]

□6 ★★ 酸性雨は工場などから排出される [1★★] 酸化物や [2★★] 酸化物(順不同)が，大気中でさらに酸化されて雨水に溶け込むのが原因であり，大気中の二酸化炭素が雨水に溶けたときに示すpHよりも強い酸性を示す。 (法政大)

〈解説〉それぞれ NO_x，SO_x とも書く。

(1) 窒素（ちっそ）
(2) 硫黄（いおう）

□7 ★
窒素は常温では化学的に安定であるが，ガソリンエンジンやディーゼルエンジン中では一部酸化され，[1★]とよばれる光化学スモッグの原因物質が発生する。この物質を低減するためガソリンエンジンやディーゼルエンジンの排気口には，触媒コンバータとよばれる[1★]を再び[2★]に変換する装置が取り付けられている。（三重大）

(1) ノックス NO_x
(2) 窒素（ちっそ） N_2

□8 ★★
窒素の酸化物の一つである[1★★]は，銅と希硝酸との反応によって発生する気体で，水にほとんど溶けず，空気中では酸化される。（埼玉大）

〈解説〉 $3Cu + 8HNO_3(希) \longrightarrow 3Cu(NO_3)_2 + 2NO + 4H_2O$

(1) 一酸化窒素（いっさんかちっそ） NO

□9 ★★
[1★★]色の気体である二酸化窒素 NO_2 が，[2★]色の気体である四酸化二窒素 N_2O_4 に変化する反応の反応熱を QkJ とすると，熱化学方程式は次式で表される。

$$2NO_2\ (気) = N_2O_4\ (気) + Q\text{kJ}$$

（神戸大）

(1) 赤褐（せきかっ）
(2) 無（む）

□10 ★★
濃硝酸は，[1★★]や[2★★]（順不同）で分解しやすいので，褐色の瓶に入れて保存される。（三重大）

〈解説〉 $4HNO_3 \xrightarrow{光／熱} 4NO_2 + 2H_2O + O_2$

(1) 光（ひかり）
(2) 熱（ねつ）

□11 ★★
硝酸は，硝酸ナトリウムと[1★★]を混合して加熱すると得られる。（松山大）

〈解説〉 $NaNO_3 + H_2SO_4 \xrightarrow{加熱} HNO_3 + NaHSO_4$

(1) 濃硫酸（のうりゅうさん） H_2SO_4

□12 ★★★
硝酸など分子中に酸素原子を含む酸を[1★★★]という。（千葉大）

(1) オキソ酸（さん）

□13 ★
硝酸 HNO_3 と亜硝酸 HNO_2 における窒素原子 N の酸化数を求めると，HNO_3 は[1★]，HNO_2 は[2★]である。HNO_3 の N の酸化数は，N の[3★]電子の数と等しいため，HNO_3 の N は還元剤としての作用はない。（名古屋大）

(1) +5
(2) +3
(3) 価（か）[別 最外殻（さいがいかく）]

□14 ★★★
表に示す組合せで金属が酸に溶解する際に，それぞれの組合せで主に生成する気体を化学式で答えよ。金属が溶解しない場合には「溶解しない」と記せ。

金属	酸	発生する気体
銅	希硝酸	1 ★★★
銀	濃硝酸	2 ★★
鉄	濃硝酸	3 ★★

（同志社大）

〈解説〉濃硝酸や希硝酸は Ag 以上のイオン化傾向をもつ金属と反応し，濃硝酸は NO_2，希硝酸は NO を発生する。ただし，Fe，Ni，Al などは濃硝酸には不動態となり，溶解しない。

(1) NO
(2) NO_2
(3) 溶解しない

□15 ★★★
アルミニウムや鉄を濃硝酸に入れると，表面に酸化被膜を生じ，それ以上溶けない。このような状態を 1 ★★★ とよぶ。（福島大）

(1) 不動態

□16 ★★
硝酸 HNO_3 は強い酸化剤であり，銅や銀などを酸化することができる。例えば，銅に濃硝酸を加えると気体 1 ★★ が発生し，その生成量は銅 1mol あたり 2 ★★ mol である。この気体は 3 ★★ 色であり，水に溶けやすい。

希硝酸を用いた一般的な金属の酸化反応を考えよう。この場合，HNO_3 が還元されることにより気体 4 ★★ が発生する。この気体は 5 ★ 色であり，水にほとんど溶けない。酸化剤としてのはたらきに着目すると，HNO_3 は①式のように反応する。

$$HNO_3 + \boxed{6} H^+ + \boxed{7} e^- \longrightarrow \boxed{8} + \boxed{9} H_2O \cdots①$$

したがって，1mol の HNO_3 は酸化される金属から 7 ★★ mol の電子を受け取ることがわかる。（関西大）

〈解説〉$Cu + 4HNO_3(濃) \longrightarrow Cu(NO_3)_2 + 2NO_2 + 2H_2O$
$3Cu + 8HNO_3(希) \longrightarrow 3Cu(NO_3)_2 + 2NO + 4H_2O$

(1) 二酸化窒素 NO_2
(2) 2
(3) 赤褐
(4) 一酸化窒素 NO
(5) 無
(6) 3
(7) 3
(8) NO
(9) 2

□17 ★★ リンは15族の元素で，$^{31}_{15}P$ 原子に含まれる陽子および電子の数はいずれも [1★] 個，中性子の数は [2★] 個である。また，P原子は [3★★] 個の価電子をもつが，そのうち不対電子は [4★★] 個である。（関西大）

(1) 15
(2) 16
(3) 5
(4) 3

〈解説〉$_{15}P$　K(2)L(8)M(5)　·P̈·

□18 ★ リン肥料は採掘した [1★] から製造されている。[1★] は地球上に偏在しているため，日本はほぼ輸入に頼っており，その枯渇も懸念されている。

（名古屋工業大）

(1) リン鉱石（こうせき）
[別 リン酸（さん）カルシウム $Ca_3(PO_4)_2$]

□19 ★★★ リンには，代表的な2種類の [1★★★] が存在する。分子式がP_4と示される黄リン（白リン）は，淡黄色のろう状の固体で反応性に富み，空気中では自然発火するため，通常は [2★★★] 中に保存する。一方，[3★★★] は赤褐色の粉末であり，多数のリン原子が共有結合した構造を持ち，黄リンに比べて反応性が乏しい。（神戸大）

(1) 同素体（どうそたい）
(2) 水（すい）
(3) 赤（せき）リン P

□20 ★★★ a～eのうち，誤りを一つ選べ。[1★★★]

a 赤リンは，黄リンに比べて反応性にとぼしく毒性が少ない。
b 黄リンは，正四面体状の分子P_4が集まってできた分子結晶である。
c リンを燃焼して得られる吸湿性の白色結晶に水を加えて煮沸すると，リン酸H_3PO_4になる。
d リン酸カルシウム$Ca_3(PO_4)_2$は，水に溶けやすい。
e リン酸二水素カルシウム$Ca(H_2PO_4)_2$は，酸性塩である。（東京薬科大）

(1) d

〈解説〉$Ca_3(PO_4)_2$，$CaHPO_4$（水に溶けにくい），$Ca(H_2PO_4)_2$（水に溶ける）

同素体	黄リン（白リン）P_4	赤リンP
外観	淡黄色，ろう状固体	赤褐色，粉末
CS_2への溶解	溶ける	溶けない
特徴	空気中で自然発火する ➡水中に保存する	マッチ箱の発火剤に使用
毒性	有毒	毒性少ない
におい	悪臭	無臭

□21 ★★★ マッチや火薬の材料として使われる 1 ★★★ リンは，2 ★★★ リンを空気を断って約 250℃に加熱すると得られる。（東邦大）

(1) 赤
(2) 黄

□22 ★★★ 1 ★★★ リンを空気中に放置すると 2 ★★★ する危険性がある。（名古屋工業大）

(1) 黄
(2) 自然発火

□23 ★★ リンを空気中で燃やすと①式の反応がおこる。

4P + 1 ★★ O_2 ⟶ 2 ★★ …①

ここで生じる 2 ★★ は白色の粉末で強い吸湿性があり，乾燥剤などとして利用される。2 ★★ に水を加えて加熱すると，②式の反応によりリン酸が生じる。

2 ★★ + 3 ★★ H_2O

⟶ 4 ★★ 5 ★★ …②（関西大）

〈解説〉リン酸 H_3PO_4 は，潮解性のある固体。

(1) 5
(2) P_4O_{10}
(3) 6
(4) 4
(5) H_3PO_4

□24 ★★★ リンは，リン鉱石（主成分：$Ca_3(PO_4)_2$）にケイ砂（主成分：SiO_2）とコークス（主成分：C）を混ぜたものを高温で反応させてつくられる。このときに発生したリンの蒸気を，水中で固化させると，1 ★★★ が得られる。この反応は次のように表される。

$2Ca_3(PO_4)_2 + 6SiO_2 + 10C$

⟶ $6CaSiO_3$ + 2 ★★ + 10CO

1 ★★★ は分子式 2 ★★ で表され，3 ★ 中で自然発火する。一方，3 ★ を遮断して 250℃で 1 ★★★ を加熱すると 4 ★★★ になる。

4 ★★★ を酸素中で燃焼させると，5 ★★ になる。5 ★★ を水に加えて加熱すると，6 ★★ の結晶になる。（上智大）

(1) 黄リン
(2) P_4
(3) 空気［別 酸素 O_2］
(4) 赤リン P
(5) 十酸化四リン P_4O_{10}
(6) リン酸 H_3PO_4

□25 ★★ リン鉱石に硫酸 H_2SO_4 を作用させると，リン鉱石中の $Ca_3(PO_4)_2$ が H_2SO_4 と反応し，リン酸二水素カルシウムと硫酸カルシウムの混合物が得られる。この化学反応式は 1 ★★ で表される。この混合物は過リン酸石灰とよばれ，肥料に用いられる。（関西大）

(1) $Ca_3(PO_4)_2 + 2H_2SO_4 \longrightarrow Ca(H_2PO_4)_2 + 2CaSO_4$

9 ハーバー・ボッシュ法／オストワルト法 ▼ANSWER

□1 ★★
工業的には，アンモニアは [1★] を主体とする触媒を用いて窒素と水素を，温度 400 ～ 500℃，圧力 8×10^6 ～ 3×10^7Pa の条件下で反応させて合成される。これをハーバー・ボッシュ法という。この方法は [2★★★] の原理を化学工業に応用して成功した例である。窒素と水素からアンモニアを合成する反応は，

N_2 (気) + $3H_2$ (気) = $2NH_3$ (気) + 92kJ

のような熱化学方程式で表され，分子の総数が [3★★] する反応になる。

この反応は可逆反応であり，効率的な製造のためには，アンモニアの生成率の高い平衡状態をつくることが大切である。[2★★★] の原理にもとづくと，アンモニアが生成する方向へ平衡を移動させるには，温度はなるべく [4★★] の条件がよい。また，圧力については [5★★] の条件がのぞましい。しかし，[4★★] の条件では反応の進行に長い時間がかかるので不適当である。そのため，工業的にアンモニアを生成する場合には，触媒を用いて平衡状態に達するまでの時間を短縮している。この製法で生成したアンモニアは冷却して液体として分離され，未反応の窒素と水素は原料として再利用される。（明治大）

(1) 四酸化三鉄 Fe_3O_4
(2) ルシャトリエ［別平衡移動］
(3) 減少
(4) 低温
(5) 高圧

□2 ★★★
NH_3，NO，NO_2，HNO_3 中の窒素の酸化数をそれぞれ示せ。

NH_3 [1★★★]　NO [2★★★]
NO_2 [3★★★]　HNO_3 [4★★★]　（名古屋大）

(1) −3
(2) +2
(3) +4
(4) +5

□3 ★★★
硝酸は工業的には [1★★★] 法により製造される。まず，アンモニアを白金触媒の存在下，酸素と高温で反応させることにより [2★★★] と水が生成する。続いて，生成した [2★★★] は酸素との反応により [3★★★] に変換される。最後に，[3★★★] を温水で処理することで [4★★★] と [2★★★] が生成する。（名古屋工業大）

(1) オストワルト
(2) 一酸化窒素 NO
(3) 二酸化窒素 NO_2
(4) 硝酸 HNO_3

★★★ アンモニアは次のように工業的に硝酸へと変換されている。まず，約 10%のアンモニアを含む空気を，800℃で白金と短時間接触させると，ただちに [1★★] が主に生じる。

$$4NH_3 + [2★★]\ O_2 \longrightarrow 4NO + 6\,[3★★]$$

次に，NO を含む混合気体を 140℃に冷却すると，NO と [4★★] が反応して，赤褐色の気体 [5★★★] へと変化する。

$$[6★★]\ NO + [7★★]\ O_2 \longrightarrow [8★★]\ NO_2$$

最後に，赤褐色の気体 [5★★★] を温水に吸収させると硝酸が得られる。

$$3NO_2 + H_2O \longrightarrow 2HNO_3 + [9★★]$$

（大阪市立大・名城大）

(1) 一酸化窒素 NO
(2) 5
(3) H_2O
(4) 酸素 O_2
(5) 二酸化窒素 NO_2
(6) 2
(7) 1
(8) 2
(9) NO

〈解説〉最後の反応式は，次の①式を 2 倍したものと②式を加えてつくることができる。

$NO_2 + H_2O \longrightarrow HNO_3 + H^+ + e^-$ …① ◀ NO_2 は HNO_3 へ変化
$NO_2 + 2H^+ + 2e^- \longrightarrow NO + H_2O$ …② ◀ NO_2 は NO へ変化

□5 ★★ 硝酸は工業的には反応式①，②，③にしたがって得られる。この方法を [1★★] 法という。

$4NH_3 + 5O_2 \longrightarrow 4NO + 6H_2O$ …①
$2NO + O_2 \longrightarrow 2NO_2$ …②
$3NO_2 + H_2O \longrightarrow 2HNO_3 + NO$ …③

反応式①，②，③から NO および NO_2 を消去することにより，これらをひとまとめにすることができる。これより [1★★] 法では 1mol のアンモニアから [2★★] mol の硝酸が得られることがわかる。

（立命館大）

(1) オストワルト
(2) 1

解き方

オストワルト法全体の化学反応式は，①式＋②式× 3 ＋③式× 2 で 1 つにまとめ，最後に 4 で割ることで，

$$NH_3 + 2O_2 \longrightarrow HNO_3 + H_2O$$

となるので，1mol の NH_3 から 1mol の HNO_3 が得られる。

10 酸素・硫黄(16族元素)／接触法　▼ANSWER

□1 ★★
酸素は地殻中に最も多く含まれる元素である。空気中ではO_2として乾燥空気中の体積の約 [1★★] 割を占めている。（千葉大）

〈解説〉地殻中に含まれている元素：O > Si > Al >…
乾燥空気中の体積%：N_2 78%，O_2 21%，Ar 0.9%，CO_2 0.03%

(1) 2

□2 ★★
酸素は，[1★★] 色，無臭の気体で，多くの元素と反応して酸化物をつくる。工業的には，[2★★] の分留で得られる。（神戸薬科大）

(1) 無（む）
(2) 液体空気（えきたいくうき）

□3 ★★
酸素は，実験室においては [1★★] の水溶液に触媒として [2★★] を加えるか，または [2★★] を触媒として，塩素酸カリウムを加熱することによって得られる。（岡山大）

〈解説〉$2H_2O_2 \longrightarrow 2H_2O + O_2$（酸化・還元反応）（触媒($MnO_2$)）
$2KClO_3 \xrightarrow{\text{加熱}} 2KCl + 3O_2$（熱分解反応）（触媒($MnO_2$)）

(1) 過酸化水素（かさんかすいそ） H_2O_2
(2) 酸化マンガン（さんか）(Ⅳ) MnO_2

□4 ★★★
オゾンの分子式は [1★★★] である。（筑波大）

(1) O_3

□5 ★
オゾン分子の形は下図のどれか。記号で答えよ。（•は酸素原子を表す。）[1★]

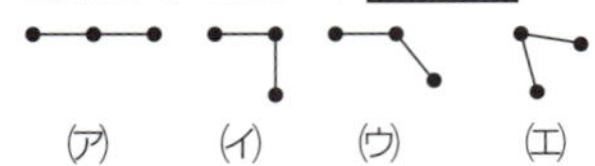
(ア)　(イ)　(ウ)　(エ)　（法政大）

(1) (ウ)

□6 ★★★
オゾンは酸素の [1★★★] で，特異臭のある [2★★] 色の気体で，強い酸化剤として働く。（神戸薬科大）

(1) 同素体（どうそたい）
(2) 淡青（たんせい）

□7 ★★★
O_2中で放電を行うか，O_2に [1★★] を当てると，O_2から [2★★★] が生成する。（新潟大）

〈解説〉$3O_2 \xrightarrow{\text{放電または紫外線}} 2O_3$

(1) 紫外線（しがいせん）
(2) オゾン O_3

□8 ★★★
オゾンは強い [1★★★] 作用をもつため，ヨウ化カリウム水溶液に通じると次の反応がおこる。

2 [2★★] + [3★★] + O_3
⟶ [4★★] + 2 [5★★] + O_2　（近畿大）

(1) 酸化（さんか）
(2) KI
(3) H_2O
(4) I_2
(5) KOH

□9 ★★★ オゾンは［1★★★］が強く，湿ったヨウ化カリウムデンプン紙を［2★★★］色に変える。（鳥取大）

〈解説〉生じたヨウ素 I_2 によりヨウ素デンプン反応を示す。

(1) 酸化力（さんかりょく）
(2) （青）紫（あお　むらさき）

□10 ★ 大気圏にはオゾン層があり，太陽光に含まれる［1★］を吸収する役割がある。近年，冷媒，洗浄等に使用されてきたフロンが，このオゾン層を破壊し，地上に届く［1★］が増加して生ずる健康影響が懸念されている。南半球上空では［2★］とよばれているオゾン層の薄い部分が発見された。（千葉大）

(1) 紫外線（しがいせん）
(2) オゾンホール

□11 ★★★ 酸素は金属のような［1★★］の強い元素と［2★★★］結合して①酸化物を形成する。また，酸素は非金属元素と［3★★★］結合して②酸化物を形成する。

①の酸化物の多くは水と反応して［4★★★］を示すため，［4★★★］酸化物という。一方，②の酸化物の多くは水に溶けて［5★★★］を示すため，［5★★★］酸化物という。酸化アルミニウムは塩酸とも，水酸化ナトリウム水溶液とも反応し，［6★★★］酸化物とよばれる。

（鹿児島大）

(1) 陽性（ようせい）
(2) イオン
(3) 共有（きょうゆう）
(4) 塩基性（えんきせい）
(5) 酸性（さんせい）
(6) 両性（りょうせい）

□12 ★★ 酸素は，多くの元素と反応し，その元素の最高酸化数（価電子数と同じ酸化数）の酸化物を与えることができる。第3周期の元素では貴ガスを除くすべての元素で最高酸化数の酸化物が知られている。例えば，十酸化四リン（P_4O_{10}），七酸化二塩素（Cl_2O_7）がある。これらの酸化物のうち，リン，硫黄，塩素の酸化物は水と反応して，それぞれ対応する最高酸化数のオキソ酸［1★★］，［2★★］，［3★★］を生成する。一方，ナトリウム，マグネシウムの酸化物は水と反応して塩基性の化合物を生成する。（富山大）

〈解説〉第3周期元素の最高酸化数の酸化物と水酸化物・オキソ酸

Na_2O	MgO	Al_2O_3	SiO_2	P_4O_{10}	SO_3	Cl_2O_7
+1	+2	+3	+4	+5	+6	+7
H_2O ↓	H_2O ↓	↑加熱	↑加熱	H_2O ↓	H_2O ↓	H_2O ↓
$NaOH$	$Mg(OH)_2$	$Al(OH)_3$	H_2SiO_3	H_3PO_4	H_2SO_4	$HClO_4$
+1	+2	+3	+4	+5	+6	+7

(1) リン酸（さん） H_3PO_4
(2) 硫酸（りゅうさん） H_2SO_4
(3) 過塩素酸（かえんそさん） $HClO_4$

□13 ★★★
オキソ酸分子のO－H結合は［1★★★］をもち，水素が部分的に［2★★★］の電荷を帯びているため，水素イオンとして離れやすい。そのため，オキソ酸は水溶液中で酸性を示す。オキソ酸の酸としての強さは，中心原子の陰性の強さや，結合する酸素原子の数によって決まる。例えば，亜硫酸より硫酸の，亜硝酸より硝酸の酸性が［3★★★］。また，リン酸より硫酸の，硫酸より過塩素酸の酸性が［4★★★］。（富山県立大）

(1) 極性（きょくせい）
(2) 正（せい）［㊊プラス］
(3) 強（つよ）い
(4) 強（つよ）い

〈解説〉オキソ酸の酸性の強さ
①中心原子の陰性が強いほど酸性が強い。
H_3PO_4 ＜ H_2SO_4 ＜ $HClO_4$
リン酸　硫酸　過塩素酸
（中心原子の陰性(陰イオンへのなりやすさ)の強さ：P ＜ S ＜ Cl）
②結合する酸素原子の数が多い方が酸性が強い。
H_2SO_3 ＜ H_2SO_4 ，HNO_2 ＜ HNO_3
亜硫酸　硫酸　亜硝酸　硝酸

□14 ★★
酸性の強さの順に化学式で記せ。
(1) $HClO_4$，$HClO$，$HClO_3$ ［1★★★］
(2) $HBrO_3$，HIO_3，$HClO_3$ ［2★］（富山県立大）

(1) $HClO_4$，$HClO_3$，$HClO$
(2) $HClO_3$，$HBrO_3$，HIO_3

〈解説〉①酸性の強さ
$HClO_4$ ＞ $HClO_3$ ＞ $HClO_2$ ＞ $HClO$
過塩素酸　塩素酸　亜塩素酸　次亜塩素酸
②陰性(陰イオンへのなりやすさ)の強さ：Cl ＞ Br ＞ I

□15 ★★
硫黄は，第［1★★］周期，［2★★］族元素に属し，価電子は［3★★］個ある。（法政大）

(1) 3
(2) 16
(3) 6

□16 ★
硫黄は，火山地帯で産出し，工業的には，［1★］を精製するとき大量に得られる。（信州大）

(1) 石油（せきゆ）

□17 ★★★
硫黄には，斜方硫黄，［1★★★］硫黄，［2★★★］硫黄などの［3★★★］がある。斜方硫黄は黄色塊状の安定物質であるが，これを120℃に熱して融解後冷却すると，淡黄色針状の［1★★★］硫黄が得られる。また，斜方硫黄を約250℃まで熱して液体とし，冷水に注いで急冷すると，［4★］色の［2★★★］硫黄が得られる。（鳥取大）

(1) 単斜（たんしゃ）
(2) ゴム状（じょう）
(3) 同素体（どうそたい）
(4) 黒褐（こっかつ）［㊊黄（おう）］

〈解説〉常温で最も安定なのは斜方硫黄。純粋なゴム状硫黄は黄色。

□18 ★★
斜方硫黄および単斜硫黄は [1★★] 個の硫黄原子が [2★] に結合した分子からなる。（東北大）

〈解説〉斜方硫黄および単斜硫黄 S_8

(1) 8
(2) 環状［別 王冠状］

□19 ★★
空気中で硫黄が燃焼すると無色の刺激臭を示す気体 [1★★] を発生する。（山口大）

〈解説〉硫黄を空気中で熱すると青色の炎をあげて燃焼する。

(1) 二酸化硫黄 SO_2

□20 ★★★
硫化鉄（Ⅱ）に希硫酸を入れると [1★★★] が発生する。[1★★★] は強い還元剤として働く。（慶應義塾大）

〈解説〉$FeS + H_2SO_4 \longrightarrow H_2S + FeSO_4$（弱酸遊離反応）

(1) 硫化水素 H_2S

□21 ★★
火山性ガスや温泉水に含まれる硫化水素は，無色で [1★★] 臭の有毒な気体である。（三重大）

(1) 腐卵

□22 ★
H_2S の水溶液を酸性にすると，S^{2-} 濃度が [1★] する。（東邦大）

(1) 減少

□23 ★★
亜硫酸ナトリウムに希硫酸を入れると，無色の刺激臭をもつ有毒な気体である [1★★] が発生する。（三重大）

〈解説〉$Na_2SO_3 + H_2SO_4 \longrightarrow Na_2SO_4 + H_2O + SO_2$（弱酸遊離反応）

(1) 二酸化硫黄 SO_2

□24 ★★★
実験室では，亜硫酸水素ナトリウムに硫酸を作用させて [1★★] をつくる。[1★★] は空気よりも重く，水に溶けるので，[2★★★] 置換で捕集される。（信州大）

〈解説〉$2NaHSO_3 + H_2SO_4 \longrightarrow Na_2SO_4 + 2H_2O + 2SO_2$（弱酸遊離反応）
または
$NaHSO_3 + H_2SO_4 \longrightarrow H_2O + SO_2 + NaHSO_4$（弱酸遊離反応）

(1) 二酸化硫黄 SO_2
(2) 下方

□25 ★★
硫黄を含む石油や石炭などの化石燃料の燃焼によって二酸化硫黄が大気に放出されると，雨水に溶けて [1★★] となる。二酸化硫黄は，[2★] 色で [3★★] 臭のある [4★] 毒の気体で，気管支炎をおこしたり眼を痛めるので，日本で最初の環境基準が硫黄酸化物に対して定められた。（東北大）

(1) 酸性［別 酸性雨］
(2) 無
(3) 刺激
(4) 有

□26 ★★★
二酸化硫黄は水に溶かすと [1★] を生じる。また，この水溶液に [2★★★] 色リトマス紙を浸すと [3★★★] 色に変化する。（岩手大）

(1) 亜硫酸（あ りゅうさん） H_2SO_3
(2) 青（あお）
(3) 赤（あか）

〈解説〉 $SO_2 + H_2O \longrightarrow H_2SO_3$

□27 ★★
二酸化硫黄は，①，②式のように，酸化剤にも還元剤にもなることができる。

$SO_2 +$ [1★★] $+ 4e^- \longrightarrow$ [2★★] $+ 2H_2O$ …①
$SO_2 +$ [3★★] $\longrightarrow$ [4★★] $+ 4H^+ + 2e^-$ …②

（島根大）

(1) $4H^+$
(2) S
(3) $2H_2O$
(4) SO_4^{2-}

□28 ★★★
硫化水素水に [1★★★] を充分通すと，[2★★] が析出して水溶液は白濁する。このとき，硫化水素は [3★★★] 剤として，[1★★★] は [4★★★] 剤としてはたらいている。（三重大）

(1) 二酸化硫黄（に さん か い おう） SO_2
(2) 硫黄（い おう） S
(3) 還元（かん げん）
(4) 酸化（さん か）

〈解説〉
$H_2S \longrightarrow S + 2H^+ + 2e^-$ …① ◀ H_2S は還元剤
$SO_2 + 4H^+ + 4e^- \longrightarrow S + 2H_2O$ …② ◀ SO_2 は酸化剤
①×2＋②より
$2H_2S + SO_2 \longrightarrow 3S$（白濁）$+ 2H_2O$

□29 ★★★
二酸化硫黄は [1★★★] 剤として作用し，うすい過マンガン酸カリウム溶液に吹き込むと，MnO_4^- は [2★★★] となり，溶液の色は [3★★★] 色から [4★★★] 色となる。一方，硫化水素水溶液に吹き込むと溶液中に [5★] の黄色いコロイドが生じ，けん濁する。このとき二酸化硫黄は [6★★★] 剤として作用している。（宮崎大）

(1) 還元（かん げん）
(2) Mn^{2+}
(3) 赤紫（あかむらさき）
(4) 無（む）
(5) 硫黄（い おう） S
(6) 酸化（さん か）

〈解説〉 SO_2 はふつう還元剤として反応するが，H_2S のような強い還元剤との反応では酸化剤として反応することもある。

□30 ★★★
濃硫酸はヒドロキシ基をもつ有機化合物から，H と OH を脱離させる [1★★★] 作用がある。（弘前大）

(1) 脱水（だっ すい）

□31 ★
グルコースに濃硫酸を加えると，グルコースは [1★] する。（上智大）

(1) 炭化（たん か）

〈解説〉濃硫酸の脱水作用：$C_6H_{12}O_6 \longrightarrow 6C + 6H_2O$（黒くなる）

□32 ★
濃硫酸は［1★］性が高いので，塩化カルシウムなどと同様に，薬品を保存する容器（デシケーター）に入れて使用される。（近畿大）

〈解説〉濃硫酸は，酸性の乾燥剤。$CaCl_2$ は，中性の乾燥剤。

(1) 吸湿（きゅうしつ）

□33 ★★★
濃硫酸を加熱すると，強い酸化作用を示し，水素よりも［1★★★］の小さい銅とも反応する。（信州大）

〈解説〉市販の濃硫酸は濃度約98%の無色で粘性の高い液体。

(1) イオン化傾向（かけいこう）

□34 ★★★
［1★★★］には適切な化学式を，［2★★★］および［3★★★］には整数を入れ，反応式を完成させよ。

$$Cu + [2] H_2SO_4 \longrightarrow SO_2 + [1] + [3] H_2O$$

（秋田大）

(1) $CuSO_4$
(2) 2
(3) 2

□35 ★★
イオン結晶である NaCl や CaF_2 に濃硫酸を加え加熱すると，ハロゲン化水素が発生する。それぞれの化学反応式は NaCl について［1★★］，CaF_2 について［2★★］と表される。（京都大）

〈解説〉濃硫酸が不揮発性（沸点約300℃）であることを利用。

(1) $NaCl + H_2SO_4 \longrightarrow HCl + NaHSO_4$
(2) $CaF_2 + H_2SO_4 \longrightarrow 2HF + CaSO_4$

□36 ★★★
［1★★★］を少しずつ［2★★★］に加えると希硫酸が得られる。（北海道大）

〈解説〉水を濃硫酸に加えると，濃硫酸の水への溶解熱が大きいため水が沸騰してはねる可能性がある。

(1) 濃硫酸（のうりゅうさん） H_2SO_4
(2) 水（みず） H_2O

□37 ★★★
希硫酸は，水素よりも［1★★★］の大きい鉄と反応する。（信州大）

〈解説〉$Fe + H_2SO_4 \longrightarrow FeSO_4 + H_2$

(1) イオン化傾向（かけいこう）

□38 ★★★
濃硫酸を水に溶かすと熱を［1★★★］して希硫酸になる。希硫酸は亜鉛と反応すると，［2★★★］が発生する。（上智大）

〈解説〉$Zn + H_2SO_4 \longrightarrow ZnSO_4 + H_2$

(1) 発生（はっせい）
(2) 水素（すいそ） H_2

接触法

□39 ★★★

H_2SO_4 は，石油精製の際に得られる単体の [1★★★] を原料として工業的には次のように製造される。[1★★★] を燃焼させて二酸化硫黄とし，さらに酸化バナジウム(V) V_2O_5 を [2★★★] として三酸化硫黄を得て，これを濃硫酸に吸収させて発煙硫酸とした後に希硫酸で濃度を調整して濃硫酸を得る。（慶應義塾大）

〈解説〉
$S + O_2 \longrightarrow SO_2$
$2SO_2 + O_2 \longrightarrow 2SO_3$（触媒($V_2O_5$)）
$SO_3 + H_2O \longrightarrow H_2SO_4$

(1) 硫黄(いおう) S
(2) 触媒(しょくばい)

□40 ★★

硫酸は，接触法と呼ばれる方法で合成される。現在は，主に石油の精製工程の [1★] により副産物として回収される硫黄が原料に用いられるが，かつては黄鉄鉱(FeS_2)が用いられていた。原料に黄鉄鉱を用いる場合，まず，黄鉄鉱を燃焼させて SO_2 を得る。次に，[2★★] を触媒に用いて，SO_2 をさらに酸化し [3★] にする。[3★] を水に溶かすと硫酸が得られる。（広島大）

〈解説〉
$4FeS_2 + 11O_2 \longrightarrow 2Fe_2O_3 + 8SO_2$
$2SO_2 + O_2 \longrightarrow 2SO_3$（触媒($V_2O_5$)）
$SO_3 + H_2O \longrightarrow H_2SO_4$

(1) 脱硫(だつりゅう)
(2) 酸化(さんか)バナジウム(V) V_2O_5
(3) 三酸化硫黄(さんさんかいおう) SO_3

□41 ★

酸化バナジウム(V)を触媒とし，二酸化硫黄を空気と反応させて，三酸化硫黄をつくる。その後，三酸化硫黄を濃硫酸に吸収させ発煙硫酸とし，これを希硫酸と混合し希硫酸中の [1★] と反応させて濃硫酸とする。（東北大）

(1) 水(みず) H_2O

□42 ★★

硫酸は，工業的には接触法で製造される。初めに [1★★] を触媒にして二酸化硫黄を [2★] に酸化する。次に [2★] を濃硫酸に吸収させて [3★★] をつくり，最後に [3★★] を希硫酸で薄めて濃硫酸とする。（新潟大）

(1) 酸化(さんか)バナジウム(V) V_2O_5
(2) 三酸化硫黄(さんさんかいおう) SO_3
(3) 発煙硫酸(はつえんりゅうさん)

11 ハロゲン元素（17族元素）

▼ANSWER

□1 ★★★ 周期表の［1★★★］族に属する元素を［2★★★］という。［2★★★］の元素記号は，原子番号の小さい方から順にF, Cl, Br, Iであり，各々の原子は価電子を［3★★★］個もち，［4★★★］価の陰イオンになりやすい。（金沢大）

(1) 17
(2) ハロゲン（元素）
(3) 7
(4) 1

□2 ★★★ ハロゲンは2個の原子が不対電子を出し合って［1★★★］をつくることで二原子分子を形成する。（北海道大）

(1) 共有結合［㊞単結合］

□3 ★★ フッ素の原子番号は［1★★★］で，塩素の原子番号は［2★★★］である。臭素の原子番号は，塩素の原子番号より［3★］大きく，ヨウ素の原子番号は，臭素の原子番号より［4★］大きい。（三重大）

(1) 9
(2) 17
(3) 18
(4) 18

□4 ★★ 電子親和力の最も大きな元素は［1★★］。（東京都立大）

〈解説〉電子親和力：Cl ＞ F ＞ Br ＞ I

(1) 塩素 Cl

□5 ★★★ ハロゲン分子は原子番号が大きくなるほど［1★★★］が大きくなるため，融点・沸点が高くなる。（北海道大）

〈解説〉融点・沸点：$F_2 < Cl_2 < Br_2 < I_2$

(1) ファンデルワールス力［㊞分子間力］

□6 ★★★ ハロゲンの単体は，いずれも二原子分子からなり，常温，常圧で［1★★★］と［2★★★］（順不同）は気体，［3★★★］は液体，［4★★★］は固体である。（秋田大）

〈解説〉F_2：気体で淡黄色　Cl_2：気体で黄緑色
Br_2：液体で赤褐色　I_2：固体で黒紫色

(1) フッ素 F_2
(2) 塩素 Cl_2
(3) 臭素 Br_2
(4) ヨウ素 I_2

□7 ★★ ハロゲン元素の単体は，他の物質から［1★★］を奪う力が大きく，酸化力が強い。（富山大）

(1) 電子

□8 ★★ ハロゲン単体の酸化力は，［① $F_2 > Cl_2 > Br_2 > I_2$，② $I_2 > Br_2 > Cl_2 > F_2$］の順に強い。［1★★］（日本大）

(1) ①

□9 ★★ ハロゲンの酸化力の違いによって水溶液中でおこる反応を次の(a)から(f)の中からすべて選べ。［1★★］

(a) $2KCl + Br_2 \longrightarrow 2KBr + Cl_2$　(b) $2KBr + Cl_2 \longrightarrow 2KCl + Br_2$
(c) $2KI + Cl_2 \longrightarrow 2KCl + I_2$　(d) $2KCl + I_2 \longrightarrow 2KI + Cl_2$
(e) $2KF + I_2 \longrightarrow 2KI + F_2$　(f) $2KI + F_2 \longrightarrow 2KF + I_2$

（東北大）

(1) (b)，(c)，(f)

解き方

例えば(b)について考えてみる。

KBr 水溶液に Cl_2 を反応させると，酸化力の強さは $Cl_2 > Br_2$（Cl_2 は Br_2 よりも陰イオンになりやすい）なので，

$Cl_2 + 2e^- \longrightarrow 2Cl^-$ …① ◀ Cl_2 は e^- をうばう

$2Br^- \longrightarrow Br_2 + 2e^-$ …② ◀ Br^- は e^- をうばわれる

①＋②，両辺に $2K^+$ を加えて，$Cl_2 + 2KBr \longrightarrow 2KCl + Br_2$ の反応が起こる。

(a) $Cl_2 > Br_2$ なので起こらない。　(b) $Cl_2 > Br_2$ なので起こる。

(c) $Cl_2 > I_2$ なので起こる。　(d) $Cl_2 > I_2$ なので起こらない。

(e) $F_2 > I_2$ なので起こらない。　(f) $F_2 > I_2$ なので起こる。

□10 ★★ ハロゲン単体と水との反応性は，原子番号が小さいほど［1★★］。（東京工業大）

(1) 高い［別 大きい］

□11 ★★★ ハロゲンの単体と水との反応は［1★★★］の単体が最も激しく，この場合には酸素が発生する。［2★★★］の単体は水に少し溶け，漂白作用や殺菌作用を示す。［3★★★］は室温で赤褐色の液体で，水との反応は［2★★★］より弱い。（東邦大）

(1) フッ素 F_2
(2) 塩素 Cl_2
(3) 臭素 Br_2

〈解説〉酸化力の強い F_2 は，H_2O から e^- をうばって激しく反応する。

$$\begin{cases} F_2 + 2e^- \longrightarrow 2F^- & \cdots① \\ 2H_2O \longrightarrow O_2 + 4H^+ + 4e^- & \cdots② \end{cases}$$

（$4OH^- \longrightarrow O_2 + 2H_2O + 4e^-$ の両辺に $4H^+$ を加えて，つくってもよい）

①×2＋②より，

$2F_2 + 2H_2O \longrightarrow 4HF + O_2$

F_2 よりは酸化力の弱い Cl_2 になると，水に少し溶け，その一部が反応する。（塩素の水溶液を塩素水という）

$Cl_2 + H_2O \rightleftarrows HCl + HClO$

□12 ★★ フッ素は水と反応して，［1★★］を発生する。（日本大）

(1) 酸素 O_2

〈解説〉$2F_2 + 2H_2O \longrightarrow 4HF + O_2$

□13 ★★★ 塩素は水に少し溶け，その一部が水と反応して塩化水素と［1★★★］を生じる。（岡山理科大）

(1) 次亜塩素酸 HClO

〈解説〉$Cl_2 + H_2O \rightleftarrows HCl + HClO$

□14 ★★ I_2は水にほとんど溶けないが，過剰のヨウ化カリウムKIを共存させると［1★］イオンになって水に溶け，水溶液は［2★★］色を示す。（徳島大）

〈解説〉ヨウ素溶液のこと。

$I^- + I_2 \rightleftarrows I_3^-$
無色　黒紫色　褐色

(1) 三ヨウ化物
(2) 褐

□15 ★★★ 水素HとハロゲンX(X = F，Cl，Br，I)は［1★★］結合によりハロゲン化水素HXを形成する。このHXはH_2とX_2を反応させると生成し，その際に最も反応性の大きいX_2は［2★★★］である。（関西大）

〈解説〉還元剤であるH_2との反応性も，酸化力の強さの順と同じ。

$F_2 > Cl_2 > Br_2 > I_2$
F_2：低温・暗所で爆発的
Cl_2：常温・光で爆発的

(1) 共有
(2) フッ素 F_2

□16 ★★★ 水素と［1★★★］の混合気体は，暗所ではほとんど反応しないが，強い光を当てると，爆発的に反応して［2★★★］を発生する。（立命館大）

(1) 塩素 Cl_2
(2) 塩化水素 HCl

□17 ★★★ 電極に黒鉛を用いて塩化ナトリウム水溶液を電気分解すると，陽極側では化学工業における有用な化学物質［1★★★］が生じる。［1★★★］が水と反応すると，［2★★★］と［3★★★］が生成する。［3★★★］は強力な殺菌剤，消毒剤として利用されている。（お茶の水女子大）

〈解説〉$Na^+ \ Cl^-$ $(H^+ \ OH^-)$
⊕(C) $2Cl^- \longrightarrow Cl_2 + 2e^-$
⊖(C) $2H_2O + 2e^- \longrightarrow H_2 + 2OH^-$

(1) 塩素 Cl_2
(2) 塩化水素 HCl
(3) 次亜塩素酸 HClO

□18 ★★★ 実験室で［1★★★］を得るには，酸化マンガン(Ⅳ)に濃塩酸を加えて加熱するか，あるいは［2★★］に塩酸を加えればよい。（金沢大）

〈解説〉
$MnO_2 + 4HCl \longrightarrow MnCl_2 + Cl_2 + 2H_2O$（酸化還元反応）
$CaCl(ClO) \cdot H_2O + 2HCl \longrightarrow CaCl_2 + Cl_2 + 2H_2O$（酸化還元反応）
$Ca(ClO)_2 \cdot 2H_2O + 4HCl \longrightarrow CaCl_2 + 2Cl_2 + 4H_2O$（酸化還元反応）

(1) 塩素 Cl_2
(2) さらし粉 $CaCl(ClO) \cdot H_2O$
［別 高度さらし粉 $Ca(ClO)_2 \cdot 2H_2O$］

□19 ★★★ 一般家庭で殺菌剤，漂白剤として使われているさらし粉は，［1★★★］の化合物が主成分である。さらし粉に酸，例えば塩酸を加えると，刺激臭をもつ有毒な気体［2★★★］が発生するので，漂白剤と酸性の洗剤を混ぜて使用すると危険な場合がある。（新潟大）

〈解説〉さらし粉：$CaCl(ClO) \cdot H_2O$

(1) 塩素 Cl
(2) 塩素 Cl_2

□20 ★★
塩化水素，臭化水素，ヨウ化水素は，いずれも常温，常圧で，[1★★] 色の [2★] である。（東邦大）

〈解説〉ハロゲン化水素の常温・常圧での状態と色は暗記。
HF，HCl，HBr，HI：いずれも気体で無色。

(1) 無（む）
(2) 気体（きたい）

□21 ★★★
ハロゲン化水素のうち，沸点が最も [1★★★] のはフッ化水素である。（上智大）

(1) 高い（たか）

□22 ★★★
弱酸として作用するハロゲン化水素の水溶液の名称を書け。[1★★★]（岩手大）

〈解説〉酸の強さ：HF ≪ HCl < HBr < HI

(1) フッ化水素酸（かすいそさん）

□23 ★★
ケイ砂は化学的に安定であるが，フッ化水素やフッ化水素酸と反応する。SiO_2 とフッ化水素が反応して四フッ化ケイ素 (SiF_4) が生成される場合 [1★]，SiO_2 とフッ化水素酸が反応してヘキサフルオロケイ酸 (H_2SiF_6) が生成される場合 [2★★] について，それぞれの化学反応式を記せ。（名古屋市立大）

〈解説〉フッ化水素やフッ化水素酸は，ガラスや石英の主成分である SiO_2 と反応し溶かす。

(1) $SiO_2 + 4HF \longrightarrow SiF_4 + 2H_2O$
(2) $SiO_2 + 6HF \longrightarrow H_2SiF_6 + 2H_2O$

□24 ★★★
フッ化水素の水溶液は石英やガラスを溶かすため，[1★★★] などの容器に保存される。（東北大）

(1) ポリエチレン

□25 ★★
フッ化銀は水に溶け [1★★] が，他のハロゲン化銀は水に溶け [2★★]。例えば，臭化物イオンを含む水溶液に硝酸銀水溶液を加えると，[3★★] 色の沈殿を生じる。（三重大）

〈解説〉
$F^- \xrightarrow{Ag^+}$ 沈殿しない（水に溶ける）
$Cl^- \xrightarrow{Ag^+}$ $AgCl\downarrow$（白） $\xrightarrow{NH_3}$ 溶ける $[Ag(NH_3)_2]^+$
$Br^- \xrightarrow{Ag^+}$ $AgBr\downarrow$（淡黄） $\xrightarrow{NH_3}$ わずかに溶ける $[Ag(NH_3)_2]^+$
$I^- \xrightarrow{Ag^+}$ $AgI\downarrow$（黄） $\xrightarrow{NH_3}$ 溶けない。沈殿のまま
チオ硫酸ナトリウム $Na_2S_2O_3$ 水溶液を加えると，AgCl，AgBr，AgI の沈殿はどれも $[Ag(S_2O_3)_2]^{3-}$ となり溶ける。

(1) る（やすい）
(2) ない（にくい）
(3) （淡）黄（たんおう）

□26 ★★
塩酸を硝酸銀水溶液に加えると [1★★★] が沈殿するが，この沈殿はアンモニア水を過剰に加えると [2★] となり溶ける。（筑波大）

(1) 塩化銀（えんかぎん） AgCl
(2) ジアンミン銀（ぎん）(I) イオン $[Ag(NH_3)_2]^+$

12 貴ガス元素（18 族元素）

▼ANSWER

□1 ★★ 常温常圧において単体が気体として存在する元素は周期表の右上に多い。中でも [1 ★★] は，常温常圧ですべてが気体である。（青山学院大）

(1) 貴(き)ガス

□2 ★★ 他の元素とほとんど結合せず，単原子分子として安定な数種の気体が大気中に微量に存在する。これらを総称して [1 ★★] という。（金沢大）

(1) 貴(き)ガス

□3 ★★ 最外殻が閉殻のものや，もしくは最外殻が 8 個の電子配置をもつものは [1 ★★] とよばれ，その電子配置は特に安定である。[1 ★★] 以外の元素の多くは，対をなさない電子をもつ。（弘前大）

(1) 貴(き)ガス

□4 ★ 18 族にある元素の単体の沸点は原子番号が [1 ★] ほど高い。（東京工業大）

〈解説〉貴ガスの沸点：He < Ne < Ar < Kr < Xe < Rn

(1) 大(おお)きい

□5 ★ 空気中には微量しか含まれないが，宇宙全体では 2 番目に多く，単体は空気より軽く燃えにくいので飛行船に利用されるものは [1 ★] である。（愛媛大）

(1) ヘリウム He

□6 ★ 正しい記述を一つ選べ。[1 ★]

a) 大気中で最も多い貴ガスはヘリウムである。

b) ヘリウムのイオン化エネルギーは元素の中で最も高い。

c) 貴ガス原子の最外殻電子の数はいずれも 8 個である。

d) ネオンは 25℃で赤黄色の気体である。

e) ヘリウムは冷却しても液体にならない。（上智大）

〈解説〉a) ヘリウムではなくアルゴン。
b) イオン化エネルギー　He > Ne > Ar の順。
c) ヘリウムは 2 個。
d) 貴ガスは，空気中に微量含まれている無色・無臭の気体。
e) 液化することができる。

(1) b)

□7 ★ 貴ガス元素のうちで空気中に最も多く存在する元素名と元素記号を記せ。

元素名：[1 ★]　元素記号：[2 ★]（法政大）

(1) アルゴン
(2) Ar

第12章 遷移元素とその化合物

1 鉄

▼ ANSWER

□1 ★★★
遷移元素には，以下の①～⑤などのような特徴がある。①周期表で隣り合う元素は，互いによく似た性質を示す。②同じ元素でも，複数の [1★★★] をとる。③イオンや化合物を含む水溶液は，特有の色を示すものが多く，[1★★★] の変化に対応して色調が変化する。④単体や化合物には，触媒として利用されるものが多い。⑤金属イオンの陽イオンに [2★★★] をもつ分子や陰イオンが配位結合した，[3★★★] イオンをつくるものが多い。（三重大）

(1) 酸化数（さんかすう）
(2) 非共有電子対（ひきょうゆうでんしつい）[㊞孤立電子対（こりつでんしつい）]
(3) 錯（さく）

□2 ★★★
遷移元素の単体は，一般に典型元素の金属単体と比べて融点が [1★★★] く，密度が [2★★★] く，熱や電気の伝導性が大きい。（弘前大）

(1) 高（たか）
(2) 大き（おお）

□3 ★★
遷移元素の原子の大部分は，最外殻電子が [1★★] 個または [2★★] 個（順不同）に保持されたまま，その内側の電子殻に電子が入っていく。また，最外殻の 1 つ内側の殻にある電子の一部が価電子の役割をすることがあるので，複数の [3★★] を示す。（東北大）

〈解説〉 Fe^{2+}（+2），Fe^{3+}（+3）

(1) 1
(2) 2
(3) 酸化数（さんかすう）

□4 ★★
遷移元素は，周期表では [1★★★] ～ [2★★★] 族の元素であり，鉄はこの中の 8 族第 4 周期の元素である。遷移元素の原子は原子番号が増加しても，内側の電子殻へ電子が配置される特徴を持つ。鉄原子のそれぞれの電子殻に存在する電子の数は K 殻：[3★] 個，L 殻：[4★] 個，M 殻：[5★] 個，N 殻：[6★] 個である。鉄は，0（ゼロ），[7★★] と+3 の酸化数をとることができる。（横浜国立大）

〈解説〉Fe の原子番号は 26。

(1) 3
(2) 11
(3) 2
(4) 8
(5) 14
(6) 2
(7) +2

□5 ★★★
簡易に少量の融解鉄を必要とする場合，[1★★]反応を利用する。具体的には，酸化鉄(Ⅲ) Fe_2O_3 と[2★★★]を適当な割合で混合したものを準備しておき，この中に薄いリボン状の金属マグネシウムを埋め込んで頭を出しておく。そしてこのマグネシウムを点火させ，その熱を利用して瞬間的に反応を進行させるものである。温度は2000℃を超すことも可能であるので，融解した[3★★]を容易に得ることができる。（横浜国立大）

〈解説〉 $Fe_2O_3 + 2Al \longrightarrow 2Fe + Al_2O_3$

(1) テルミット
(2) アルミニウム Al
(3) 鉄(てつ) Fe

□6 ★★
さびから鉄を守る方法として，その表面に他の金属を析出させるめっき法がある。鉄の表面に亜鉛をめっきしたものが[1★★]であり，スズをめっきしたものが[2★★]である。（立教大）

(1) トタン
(2) ブリキ

□7 ★★★
鉄や鋼はさびるため，塗装，めっきや合金化などの工夫がされている。トタンは鉄に[1★★]をめっきしたものである。[1★★]の表面にできる緻(ち)密な[2★★]の層が酸素を遮断して鉄の腐食を防ぐ。この層に傷がついて水中で鉄が露出しても[1★★]が優先的に陽イオンとして溶出して鉄は酸化されない。これは，[1★★]が鉄より[3★★★]が大きいためである。（横浜国立大）

(1) 亜鉛(あえん) Zn
(2) 酸化物(さんかぶつ)[別酸化(さんか)亜鉛(あえん) ZnO]
(3) イオン化傾向(かけいこう)

□8 ★★
融解した金属に，他の金属元素の単体，あるいは非金属元素の単体を混合して凝固したものを合金という。鉄はさびやすいという欠点があるが，[1★★]を加えた合金にすることで，さびにくい[2★★]がつくられている。（青山学院大）

(1) クロム Cr [別ニッケル Ni]
(2) ステンレス鋼(こう)

□9 ★★★
強磁性を示す金属[1★★★]にクロムとニッケルと炭素を混ぜてつくられる合金は，一般にステンレスとよばれ身のまわりでよく使われている。金属[1★★★]は高温の水蒸気と反応して黒色の化合物になり，気体[2★★★]を発生する。（岡山大）

〈解説〉 $3Fe + 4H_2O \longrightarrow Fe_3O_4 + 4H_2$

(1) 鉄(てつ) Fe
(2) 水素(すいそ) H_2

12 遷移元素とその化合物 1 鉄

□10 ★★★

鉄は，主に鉄鉱石を溶鉱炉で [1★★] とともに加熱することにより，還元して製造される。単体の鉄は，比較的軟らかい灰白色の金属で，希硫酸や希塩酸と反応して [2★★★] を発生しながら Fe^{2+} となって溶ける。

（熊本大）

〈解説〉 $Fe + H_2SO_4 \longrightarrow FeSO_4 + H_2$
$Fe + 2HCl \longrightarrow FeCl_2 + H_2$

(1) コークス C
(2) 水素（すいそ） H_2

□11 ★★★

鉄は塩酸と反応して溶解するが、濃硝酸には溶けない。これは鉄の表面に [1★★★] が生じて内部が保護されるためである。この状態を [2★★★] という。（神戸大）

(1) 酸化被膜（さんかひまく）
［別 酸化物（さんかぶつ）］
(2) 不動態（ふどうたい）

□12 ★★★

鉄の主な原料である赤鉄鉱と磁鉄鉱のそれぞれの主成分は何であるか。それぞれの化学式を書け。

赤鉄鉱：[1★★★]　磁鉄鉱：[2★★★]　（横浜国立大）

(1) Fe_2O_3
(2) Fe_3O_4

□13 ★★★

鉄は酸素と化合しやすく，常温の大気中では赤さびが安定である。赤さびは主に [1★★★] であり，鉄鉱石の主成分である。赤さびを還元すると黒さびになる。黒さびは [2★★★] である。（東北大）

(1) 酸化鉄（さんかてつ）(Ⅲ)
Fe_2O_3
(2) 四酸化三鉄（しさんかさんてつ）
Fe_3O_4

□14 ★

Fe_3O_4 中では，酸化数の異なる 2 種の鉄原子が存在している。これらの酸化数を答えよ。[1★]　（山口大）

〈解説〉 $Fe_3O_4 = \underset{+2}{\underline{FeO}} + \underset{+3}{\underline{Fe_2O_3}}$

(1) +2，+3

□15 ★★★

鉄の酸化物には，[1★] 色の酸化鉄(Ⅱ) [2★]，[3★★] 色の酸化鉄(Ⅲ) [4★★]，黒色の四酸化三鉄 [5★★] などがある。鉄イオンには鉄(Ⅱ)イオンと鉄(Ⅲ)イオンがある。（新潟大）

〈解説〉Fe の酸化物：$\underset{+2}{\underline{FeO}}$，$\underset{+3}{\underline{Fe_2O_3}}$，$\underset{+2,\ +3}{\underline{Fe_3O_4}}$

(1) 黒（こく）
(2) FeO
(3) 赤（せき）(褐（かつ）)
(4) Fe_2O_3
(5) Fe_3O_4

□16 ★★★

鉄は，希硫酸を加えると，[1★★★] を発生して溶け，淡緑色の水溶液ができる。これに過酸化水素水を添加すると，[2★★★] 色に変化する。一方，鉄を濃硝酸に入れても酸化は内部まで進行しない。このような状態を [3★★★] とよぶ。（東北大）

〈解説〉 $Fe + H_2SO_4 \longrightarrow FeSO_4 + H_2$
Fe^{2+}（淡緑色） $\xrightarrow{H_2O_2}$ Fe^{3+}（黄褐色）

(1) 水素（すいそ） H_2
(2) 黄褐（おうかっ）
(3) 不動態（ふどうたい）

□17 ★★★
硫酸鉄(Ⅱ)水溶液に水酸化ナトリウム水溶液などの塩基を加えると水酸化鉄(Ⅱ)の [1 ★★] 色の沈殿が生じる。また，塩化鉄(Ⅲ)水溶液に同様の塩基を加えると水酸化鉄(Ⅲ)の [2 ★★★] 色の沈殿が生じる。

(青山学院大)

〈解説〉$Fe^{2+} \xrightarrow{NaOH} Fe(OH)_2 \downarrow$
$Fe^{3+} \xrightarrow{NaOH} Fe(OH)_3 \downarrow$

(1) 緑白(りょくはく)
(2) 赤褐(せきかっ)

□18 ★★★
硫酸鉄(Ⅱ)水溶液を試験管に入れ，それに水酸化ナトリウム水溶液を加えると，緑白色の沈殿 [1 ★★] が生ずる。この混合溶液をかくはんした後，放置しておくと，緑白色の沈殿 [1 ★★] が赤褐色の沈殿 [2 ★★★] に変化する。

(学習院大)

〈解説〉
$Fe(OH)_2 + H_2O \longrightarrow Fe(OH)_3 + H^+ + e^-$ …①
$O_2 + 4H^+ + 4e^- \longrightarrow 2H_2O$ …②

①× 4 +②より
$4Fe(OH)_2 + O_2 + 2H_2O \longrightarrow 4Fe(OH)_3$

(1) 水酸化鉄(Ⅱ)(すいさんかてつ)
$Fe(OH)_2$
(2) 水酸化鉄(Ⅲ)(すいさんかてつ)
$Fe(OH)_3$

□19 ★★
鉄(Ⅱ)イオンを含む水溶液にヘキサシアニド鉄(Ⅲ)酸カリウム水溶液を加えると [1 ★★] 色の沈殿を，また鉄(Ⅲ)イオンを含む水溶液にヘキサシアニド鉄(Ⅱ)酸カリウム水溶液を加えると [2 ★★] 色の沈殿をそれぞれ生じる。

(新潟大)

(1) 濃青(のうせい)
(2) 濃青(のうせい)

□20 ★★
Fe^{3+}を含む水溶液に無色のチオシアン酸カリウム水溶液を加えると [1 ★★] 色溶液となるが，この呈色反応は定性分析に利用される。

(慶應義塾大)

(1) (血)赤(けっせき)

□21 ★★
赤褐色の沈殿 $Fe(OH)_3$ は加熱によって [1 ★★] へ変化する。

(岡山大)

〈解説〉$2Fe(OH)_3 \longrightarrow Fe_2O_3 + 3H_2O$

(1) 酸化鉄(Ⅲ)(さんかてつ)
Fe_2O_3

2 鉄の製錬

▼ ANSWER

□1 ★★★ 鉄は，赤鉄鉱 [1 ★★★]，磁鉄鉱 [2 ★★★] を主成分とする鉄鉱石を還元することにより製造されている。(群馬大)

(1) Fe_2O_3
(2) Fe_3O_4

□2 ★ 鉄を工業的に製造するときには，鉄鉱石，コークスおよび石灰石を原料として用いる。高温の溶鉱炉中で，石灰石が熱分解すると二酸化炭素と [1 ★] が生成し，二酸化炭素とコークス(炭素)との反応で一酸化炭素が生成する。そして，酸化鉄(Ⅲ)と一酸化炭素が反応して鉄が生成する。(中央大)

〈解説〉$CaCO_3 \longrightarrow CaO + CO_2$（石灰石）
$CO_2 + C \longrightarrow 2CO$
$Fe_2O_3 + 3CO \longrightarrow 2Fe + 3CO_2$

(1) 酸化(さんか)カルシウム CaO [別 生石灰(せいせっかい)]

□3 ★★★ 赤鉄鉱(主成分 Fe_2O_3)を原料として，[1 ★★★] と石灰石を混ぜて溶鉱炉に入れて下から熱風を送ると，主に [1 ★★★] の燃焼で生じた [2 ★★] により鉄の酸化物が [3 ★★] されて，鉄(銑鉄)が得られる。(岩手大)

〈解説〉$2C + O_2 \longrightarrow 2CO$

(1) コークス C
(2) 一酸化炭素(いっさんかたんそ) CO
(3) 還元(かんげん)

□4 ★★ 図は製錬に用いられる溶鉱炉の概略図である。Fe_2O_3 などの酸化鉄を主成分とし，ケイ素や [1 ★★] などを不純物として含む鉄鉱石を，コークス，石灰石($CaCO_3$)とともに溶鉱炉の上部から入れ，下部から約1300℃の熱風を送り込む。コークスの燃焼により，熱風は2000℃以上の高温になり，コークスの炭素は還元性の強い気体である一酸化炭素となる。生成した一酸化炭素は溶鉱炉中のエリア1～3で式1のように段階的に酸化鉄を還元する。

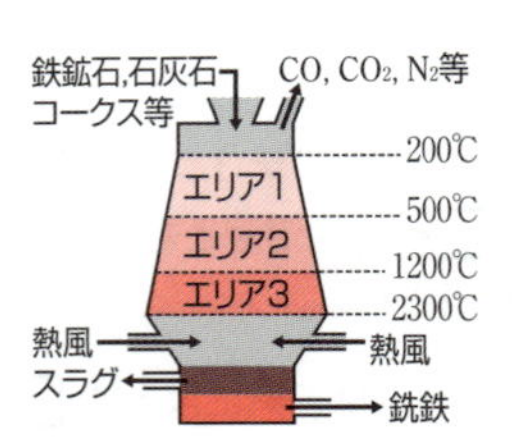

Fe_2O_3 —エリア1の反応→ [2 ★★] —エリア2の反応→
FeO —エリア3の反応→ Fe (式1)

(大阪大)

(1) アルミニウム Al
(2) Fe_3O_4

□5 ★★★

単体の鉄は，[1 ★★★]を主成分とする赤鉄鉱や[2 ★★★]を主成分とする磁鉄鉱を，溶鉱炉中でコークスや[3 ★★]（一酸化炭素）で還元して得る。この過程で[4 ★★]の気体が排出される。溶鉱炉中での一酸化炭素による赤鉄鉱や磁鉄鉱の還元反応は以下の化学反応式で示される。

3[1 ★★★] + [3 ★★] ⟶ 2[2 ★★★] + [4 ★★]

[2 ★★★] + [3 ★★] ⟶ 3FeO + [4 ★★]

FeO + [3 ★★] ⟶ Fe（銑鉄）+ [4 ★★]

（東北大）

(1) Fe_2O_3
(2) Fe_3O_4
(3) CO
(4) CO_2

□6 ★★

原料の鉄鉱石に含まれているアルミニウムやケイ素などを含む不純物は，原料の鉄鉱石とともに投入される石灰石と反応して新たな酸化物となる。このような物質[1 ★★]は，銑鉄より比重が小さいために銑鉄上に浮かぶことから，銑鉄とは分離して取り出され，[2 ★★]などに利用される。（横浜国立大）

(1) スラグ
(2) セメントの原料

□7 ★★

溶鉱炉から出た鉄は4%程度の炭素を含み[1 ★★★]とよばれる。これに高温で酸素を吹き込み，炭素を燃焼させることで[2 ★★★]が得られる。[1 ★★★]は[3 ★]という性質を示すが，[2 ★★★]は[4 ★]という性質を示し，炭素の含有量により異なる性質を示す鉄材が得られる。（群馬大）

(1) 銑鉄
(2) 鋼
(3) もろい
(4) 強くてかたい

□8 ★★★

赤鉄鉱や磁鉄鉱などの酸化物を多く含む鉄鉱石を気体[1 ★★]と反応させることによって炭素を約4%含む[2 ★★★]が得られる。[2 ★★★]は融点が低い特徴を生かして鋳物などに用いられる。融解した[2 ★★★]に酸素を吹き込むと炭素を0.02～2%に減らすことができる。こうして得られるのが鉄骨やレールなどに用いられる[3 ★★★]である。（九州大）

(1) 一酸化炭素 CO（いっ さん か たん そ）
(2) 銑鉄
(3) 鋼

□9 ★★★

鉄はさびるという欠点があるが，鉄に[1 ★★]とニッケルを添加した合金であるステンレス鋼は，さびにくく広く利用されている。これは，ステンレス鋼に含有される[1 ★★]が空気中の酸素と結合して強固な被膜を形成し，内部を保護しているためである。このように安定な酸化被膜に表面を覆われた状態を[2 ★★★]という。（中央大）

(1) クロム Cr
(2) 不動態

3 銅・銀・金

▼ ANSWER

□1 ★★★ 銅は赤味を帯びた金属光沢をもち，展性や [1★★★] が大きく，電気伝導性や [2★★★] 伝導性の大きな金属である。（防衛大）

(1) 延性（えんせい）
(2) 熱（ねつ）

□2 ★ 青銅（ブロンズ）は，どのような金属元素と銅の合金であるか。[1★]（高知大）

(1) スズ Sn

□3 ★ 銅と [1★] との合金を黄銅といい，加工しやすく，機械部品などに使用される。（金沢大）

(1) 亜鉛（あえん） Zn

□4 ★★ 銅はそれ自身では軟らかいので，硬度を高めるために合金の形で利用することが多い。銅と [1★] との合金 [2★★] は，5円硬貨に用いられている。また，銅と [3★] との合金 [4★] は，10円硬貨に，銅と [5★] との合金 [6★] は，50円，100円および500円硬貨に用いられている。（法政大）

(1) 亜鉛（あえん） Zn
(2) 黄銅（おうどう）[㊀真ちゅう（しん）]
(3) スズ Sn
(4) 青銅（せいどう）[㊀ブロンズ]
(5) ニッケル Ni
(6) 白銅（はくどう）

□5 ★ 鉄や銅などの金属は，湿った空気中での酸化により，酸化物，水酸化物，炭酸塩などの「さび」を生じる。鉄は $Fe_2O_3 \cdot H_2O$ などを含むさびを，また，銅は [1★] とよばれる $CuCO_3 \cdot Cu(OH)_2$ や $CuSO_4 \cdot 3Cu(OH)_2$ を主成分とするさびを生じる。（岩手大）

(1) 緑青（ろくしょう）

□6 ★★ 銅は室温では酸化されにくいが，長く風雨にさらすと青緑色の [1★] を生じる。銅の単体を空気中で加熱すると，1000℃以下では黒色の [2★★★] を，1000℃以上では赤色の [3★★★] を生じる。（千葉工業大）

〈解説〉
$Cu \xrightarrow{O_2}$
- 1000℃以下 → 酸化銅(Ⅱ) CuO（黒）
- 1000℃以上 → 酸化銅(Ⅰ) Cu_2O（赤）

(1) 緑青（ろくしょう） $CuCO_3 \cdot Cu(OH)_2$ や $CuSO_4 \cdot 3Cu(OH)_2$
(2) 酸化銅（さんかどう）(Ⅱ) CuO
(3) 酸化銅（さんかどう）(Ⅰ) Cu_2O

□7 ★★ 銅を空気中で加熱すると黒色の [1★★★] が生じる。[1★★★] は [2★★] 性酸化物であり，希硫酸に溶解すると硫酸銅(Ⅱ)になる。（岐阜大）

〈解説〉 $CuO + H_2SO_4 \longrightarrow CuSO_4 + H_2O$

(1) 酸化銅（さんかどう）(Ⅱ) CuO
(2) 塩基（えんき）

□8 ★★ 銅は，濃硝酸や熱濃硫酸のような 1★★ の大きい酸には溶けるが，水と反応せず，酸にも侵されにくい。これは， 2★★ が水素より小さいからである。（弘前大）

〈解説〉Cu ＋ HNO_3(濃)で NO_2 ↑， Cu ＋ HNO_3(希)で NO ↑，
Cu ＋ H_2SO_4(熱濃)で SO_2 ↑

(1) 酸化力(さんかりょく)
(2) イオン化傾向(かけいこう)

□9 ★★★ 硫酸銅(Ⅱ)を水に溶かし，水酸化ナトリウム水溶液を加えると 1★★★ となり，青白色の沈殿を生じる。さらに過剰のアンモニア水を加えると，錯イオン 2★★★ を生じて再び溶解し，深青色の溶液となる。

（大阪府立大）

〈解説〉Cu^{2+} (青色) $\xrightarrow{NaOH}$ $Cu(OH)_2$ ↓ (青白色) $\xrightarrow{NH_3}$ $[Cu(NH_3)_4]^{2+}$ (深青色)

(1) 水酸化銅(すいさんかどう)(Ⅱ) $Cu(OH)_2$
(2) テトラアンミン銅(どう)(Ⅱ)イオン $[Cu(NH_3)_4]^{2+}$

□10 ★★★ 硫酸銅(Ⅱ)水溶液に水酸化ナトリウム水溶液を加えたときに生じる青白色の沈殿 1★★★ を熱したときに生じる黒色の沈殿は 2★★★ である。（立命館大）

〈解説〉$Cu(OH)_2$ (青白色) ⟶ CuO (黒色) ＋ H_2O

(1) 水酸化銅(すいさんかどう)(Ⅱ) $Cu(OH)_2$
(2) 酸化銅(さんかどう)(Ⅱ) CuO

□11 ★★★ 銅に熱した濃硫酸を加えると，無色，刺激臭の気体 1★★★ を発生して溶ける。この反応溶液を水に加えると青色の溶液になり，青色溶液から水を蒸発させていくと 2★★★ の青色結晶が析出する。得られた青色結晶 2★★★ は五水和物であるが，徐々に加熱すると水和水のいくつかを失って淡青色の粉末となり，さらに加熱すると白色の粉末 3★★ に変化する。（静岡大）

〈解説〉
Cu ＋ $2H_2SO_4$ ⟶ $CuSO_4$ ＋ SO_2 ＋ $2H_2O$
↓ 水溶液から水を蒸発させる
$CuSO_4 \cdot 5H_2O$ (青色) $\xrightarrow{加熱}$ $CuSO_4 \cdot nH_2O$ $\xrightarrow{加熱}$ $CuSO_4$ (白色)

(1) 二酸化硫黄(にさんかいおう) SO_2
(2) 硫酸銅(りゅうさんどう)(Ⅱ)五水和物(ごすいわぶつ) $CuSO_4 \cdot 5H_2O$
(3) 硫酸銅(りゅうさんどう)(Ⅱ)無水塩(むすいえん) $CuSO_4$

□12 ★★ 硫酸銅(Ⅱ)の粉末は乾燥した無水物の状態では 1★★ 色だが，水分を吸収すると 2★★★ 色の水和物になるので，水分の検出に用いることができる。

（大阪府立大）

〈解説〉$CuSO_4$(白)は水分の検出に利用される。

(1) 白(はく)
(2) 青(あお)

□13 ★★★

白色粉末 $CuSO_4$ を強く加熱すると，約 700℃で黒色の粉末 [1★★★] となり，同時に [2★★] が無色，刺激臭の気体として発生する。[2★★] は常温では無色の結晶であり，水に溶けて硫酸を生じる。（静岡大）

〈解説〉 $CuSO_4 \xrightarrow{加熱} CuO + SO_3$
（CuO：黒色）

(1) 酸化銅(Ⅱ)（さんかどう） CuO
(2) 三酸化硫黄（さんさんかいおう） SO_3

□14 ★

イオン化傾向が水素より小さい銅は酸化力の強い希硝酸に溶けるが，希塩酸とは反応しない。イオン化傾向がさらに小さい白金や金は [1★] には溶けるが，硝酸とは反応しない。（甲南大）

〈解説〉 王水：濃硝酸と濃塩酸の体積比 1：3 の混合物。

(1) 王水（おうすい）

□15 ★★

周期表の [1★] 族に属する遷移元素としては，第4周期の Cu，第5周期の [2★]，第6周期の [3★★] がある。銅原子では，N 殻に 1 個の最外殻電子が配置される。

銅あるいは [2★] の単体は，希塩酸や希硫酸には溶解しないが，希硝酸，濃硝酸，あるいは熱濃硫酸には気体を発生しながら溶解する。[2★] の単体の電気伝導性と [4★★★] 伝導性は，すべての金属の中で最大である。[3★★] の単体は，金属の中で最も展性・延性にとみ，硝酸とは反応しないが，濃硝酸と [5★] の体積比 1：3 の混合溶液には溶解する。

（九州大）

〈解説〉 熱伝導性・電気伝導性：Ag ＞ Cu ＞ Au ＞ Al ＞ …
展性・延性は Au が最大。

(1) 11
(2) 銀（ぎん） Ag
(3) 金（きん） Au
(4) 熱（ねつ）
(5) 濃塩酸（のうえんさん） HCl

□16 ★★★

銀は金属の中で [1★★★] に次いで延性・展性が大きく，電気伝導性や熱伝導性は金属中で最も高い。銀は銀白色の光沢をもった金属であるが，火山地帯で空気中に長時間放置すると黒色になることがある。これは銀が空気中に微量に含まれる [2★★★] と反応して，表面に [3★★] が生成するためである。（慶應義塾大）

(1) 金（きん） Au
(2) 硫化水素（りゅうかすいそ） H_2S
(3) 硫化銀（りゅうかぎん） Ag_2S

□17 ★★
銀は塩酸や希硫酸には溶けないが，[1★★]作用の強い硝酸には溶けて，[2★★]となる。銀イオンは，臭化物イオンと反応して淡黄色の[3★]を生じる。[3★]は光によって分解し，[4★★]を遊離する。
（神奈川大）

〈解説〉$2AgBr \xrightarrow{光} 2Ag + Br_2$（感光性）

(1) 酸化(さんか)
(2) 硝酸銀(しょうさんぎん) $AgNO_3$
[㊙銀(ぎん)イオンAg^+]
(3) 臭化銀(しゅうかぎん) AgBr
(4) 銀(ぎん) Ag

□18 ★★★
銀イオンを含む水溶液に塩化ナトリウム水溶液を加えると[1★★]色の塩化銀が沈殿し，これにチオ硫酸ナトリウム（$Na_2S_2O_3$）水溶液を加えるとビス（チオスルファト）銀(I)酸イオンとなって溶ける。銀イオンを含む水溶液に少量のアンモニア水を加えると[2★★★]が沈殿し，さらにアンモニア水を加えると錯イオンである[3★★★]となって溶ける。また，銀イオンを含む水溶液にクロム酸カリウムを加えると[4★★]色のクロム酸銀が生じる。
（慶應義塾大）

〈解説〉ビス(チオスルファト)銀(I)酸イオン：$[Ag(S_2O_3)_2]^{3-}$

$$Ag^+ \xrightarrow{CrO_4^{2-}} Ag_2CrO_4 \downarrow$$
（赤褐色）

(1) 白(はく)
(2) 酸化銀(さんかぎん) Ag_2O
(3) ジアンミン銀(ぎん)(I)イオン
$[Ag(NH_3)_2]^+$
(4) 赤褐(せきかっ)

□19 ★
硝酸銀は，[1★]色の板状結晶で，水によく溶ける。硝酸銀は，光によって分解して銀を遊離する。この性質は[2★]性という。
（名城大）

(1) 無(む)
(2) 感光(かんこう)

4 銅の製錬

▼ANSWER

□1 ★★ 銅は硫化物として産出することが多く，銅鉱石としては黄銅鉱 [1★] が代表的なものである。黄銅鉱 [1★] を石灰石 [2★★★] やけい砂 [3★★★] とともに，高温の炉で加熱すると，硫化銅(I) [4★] が得られる。硫化銅(I) [4★] を転炉内で酸素を吹き込みながら加熱すると，微量の不純物を含む粗銅が得られる。

（新潟大）

(1) $CuFeS_2$
(2) $CaCO_3$
(3) SiO_2
(4) Cu_2S

〈解説〉 $4CuFeS_2$（黄銅鉱） $+ 9O_2 \longrightarrow 2Cu_2S$（硫化銅(I)） $+ 2Fe_2O_3 + 6SO_2$

Cu_2S（硫化銅(I)） $+ O_2 \longrightarrow 2Cu$（粗銅） $+ SO_2$

□2 ★★★ 電線に使われる銅線には，送電ロスを少なくするために電気抵抗が小さい純銅が使用される。この純銅は粗銅を原料として電解精錬により得られる。これも，金属の [1★★] の差を利用したものである。硫酸銅(II)水溶液中で，粗銅を [2★★★] 極に，純銅をもう一方の極として直流電圧を加えると，粗銅中に含まれる銅は銅(II)イオンとなって溶液中に溶け出し，溶液中の銅(II)イオンは，純銅表面に析出する。また，粗銅に含まれていた [1★★] の大きな金属元素の単体は，[3★★] されて溶液中に溶け出すが析出できない。一方，粗銅に含まれていた [1★★] の小さな金属は，溶液中に溶けることができず，泥状物質として沈殿する。

（長崎大）

(1) イオン化傾向（かけいこう）
(2) 陽（よう）
(3) 酸化（さんか）

〈解説〉銅の電解精錬について

- 陽極：粗銅
- 陰極：純銅
- 電解液：硫酸銅(II)水溶液

大　　イオン化傾向　　小

Zn，Fe，Ni ＞ Cu ＞ Ag，Au

Zn，Fe，Ni → 陽イオンとなって溶液中に溶出

Ag，Au → 陽極泥として沈殿

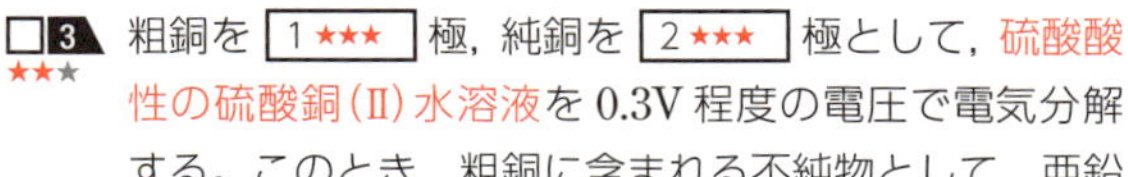

□3 ★★★

粗銅を 1★★★ 極，純銅を 2★★★ 極として，硫酸酸性の硫酸銅(Ⅱ)水溶液を0.3V程度の電圧で電気分解する。このとき，粗銅に含まれる不純物として，亜鉛，銀，鉄，金を考えると，3★★ と 4★★ ((3)(4)順不同)が陽イオンとなって水溶液中に溶解する。一方，5★★ と 6★★ ((5)(6)順不同)はイオンにならずにそのまま粗銅電極の下に沈殿する。溶液中に溶けている陽イオンの中で銅(Ⅱ)イオンが最も還元されやすく，2★★★ 極に純度の高い銅が析出する。（新潟大）

(1) 陽(よう)
(2) 陰(いん)
(3) 亜鉛(あえん) Zn
(4) 鉄(てつ) Fe
(5) 銀(ぎん) Ag
(6) 金(きん) Au

〈解説〉

陽極
- $Zn \longrightarrow Zn^{2+} + 2e^-$
- $Fe \longrightarrow Fe^{2+} + 2e^-$
- $Cu \longrightarrow Cu^{2+} + 2e^-$
- Ag, Au → イオンにならずに陽極泥になる。回収する。

陰極 $Cu^{2+} + 2e^- \longrightarrow Cu$

□4 ★★★

銅の電解精錬は粗銅板を 1★★★ 極，純銅板を 2★★★ 極として，それらの電極を硫酸で酸性にした硫酸銅(Ⅱ)水溶液中に浸して行う。3★★ 極の銅は陽イオンとなって溶け出し，4★★ 極に純粋な銅が析出する。粗銅中に含まれる 5★★ など 6★★ の小さい金属やイオンにならない物質は粗銅板の下に沈殿する。銅よりも 6★★ の大きい 7★★ などの不純物は銅とともに 8★★ されて陽イオンになり，析出しないで水溶液中に残る。（青山学院大）

(1) 陽(よう)
(2) 陰(いん)
(3) 陽(よう)
(4) 陰(いん)
(5) 金(きん) Au [別 銀(ぎん) Ag]
(6) イオン化傾向(かけいこう)
(7) 鉄(てつ) Fe [別 ニッケル Ni，亜鉛(あえん) Zn]
(8) 酸化(さんか)

〈解説〉銅の電解精錬

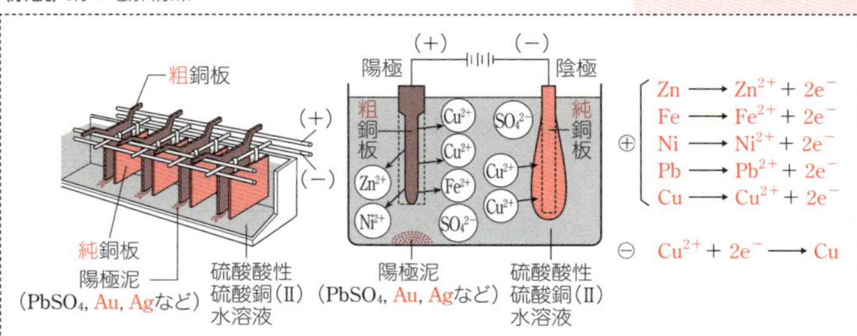

⊕
- $Zn \longrightarrow Zn^{2+} + 2e^-$
- $Fe \longrightarrow Fe^{2+} + 2e^-$
- $Ni \longrightarrow Ni^{2+} + 2e^-$
- $Pb \longrightarrow Pb^{2+} + 2e^-$
- $Cu \longrightarrow Cu^{2+} + 2e^-$

⊖ $Cu^{2+} + 2e^- \longrightarrow Cu$

5 クロムやその他の遷移元素

▼ANSWER

□1 ★
クロムは周期表の第何族の元素か。 1★
また，原子番号はいくらか。 2★ （慶應義塾大）

〈解説〉ニクロム➡ Ni と Cr の合金で，電気抵抗が大きい。

(1) 6族
(2) 24

□2 ★★★
クロムは空気中で表面にち密な酸化被膜を作り， 1★★★ と呼ばれる状態になるため，酸化されにくい。 （千葉大）

(1) 不動態

□3 ★★★
クロムは化合物中で主に 1★ と 2★ の酸化数をとる。水溶液中においては，酸化数 1★ のクロムは主に陽イオン 3★★★ の形で存在し，酸化数 2★ のクロムはクロム酸イオン 4★★★ ，あるいは 5★★ イオン 6★★★ の形で存在する。（金沢大）

(1) +3
(2) +6
(3) Cr^{3+}
(4) CrO_4^{2-}
(5) 二クロム酸
(6) $Cr_2O_7^{2-}$

□4 ★★★
クロム酸イオンと二クロム酸イオンとは，水溶液中で次式に示す平衡状態にある。

1★★ + 2★★ H^+
⇄ 3★★ + 4★★ H_2O

したがって，クロム酸カリウム水溶液に希硫酸を徐々に加えていくと，溶液の色は 5★★★ 色から 6★★★ 色へと変化していくことになる。 （金沢大）

〈解説〉$2CrO_4^{2-} + 2H^+ \rightleftarrows Cr_2O_7^{2-} + H_2O$
黄色　赤橙色

(1) $2CrO_4^{2-}$
(2) 2
(3) $Cr_2O_7^{2-}$
(4) 1
(5) 黄
(6) 赤橙

□5 ★
マンガンの酸化数+2のイオンを含む水溶液に塩基性条件で硫化水素を通じると，淡桃色～淡赤色の 1★ の沈殿を生じる。 （鹿児島大）

(1) 硫化マンガン(Ⅱ) MnS

□6 ★★★
マンガンと酸素からなるイオンや化合物では， 1★★★ 色でマンガンの酸化数が＋7のイオン 2★★★ や黒色で酸化数が＋4の化合物 3★★ が知られており，これらは強い 4★ 力を示す。 （奈良女子大）

(1) 赤紫
(2) 過マンガン酸イオン MnO_4^-
(3) 酸化マンガン(Ⅳ) MnO_2
(4) 酸化

有機化学

ORGANIC CHEMISTRY

第13章

有機化学の基礎

1 有機化合物の分類と官能基

▼ANSWER

□1 ★★★ 有機化合物は炭素を基本構成元素とし，その種類は約1億種が知られている。多種多様な有機化合物ができるのは，炭素が［1 ★★★］価の原子価をもち，互いに連なっていくつも結合でき，また他のほとんど全ての元素と結合できるからである。（琉球大）

(1) 4

□2 ★★ 有機化合物は炭素を骨格として組み立てられている化合物であり，その構成元素の種類は少ないが，有機化合物の数はきわめて多い。これは，炭素原子同士が原子価電子を［1 ★★★］する［1 ★★★］結合で次々に連結して，多くの原子から構成される分子になるからである。［1 ★★★］結合には，単結合の他に，二重結合や三重結合も存在するため，様々な構造を有する化合物が得られる。有機化合物の融点や沸点は，一般に無機化合物と比べて［2 ★］。（群馬大）

(1) 共有(きょうゆう)
(2) 低い(ひく)

□3 ★★★ 有機化合物は，炭素原子のつながり方により［1 ★★］と［2 ★★］(順不同)に分類される。炭素原子同士の結合に二重結合や三重結合を含む化合物は［3 ★★］に分類される。［3 ★★］の中でベンゼン環を含む化合物は［4 ★★★］とよばれ，アルケンやシクロアルケンとは違った特有の性質をもつ。（弘前大）

(1) 鎖式(さしき)(化合物(かごうぶつ))
(2) 環式(かんしき)(化合物(かごうぶつ))
(3) 不飽和化合物(ふほうわかごうぶつ)
(4) 芳香族化合物(ほうこうぞくかごうぶつ)

〈解説〉

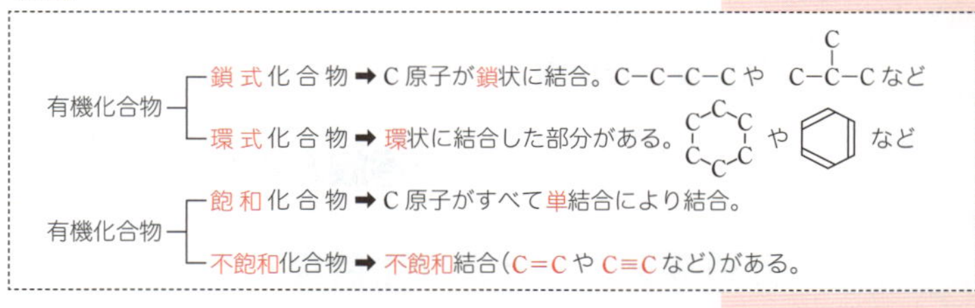

4 ★★★

有機化合物の分類には，次のように分子の骨格となる炭素原子の結合の仕方による分類法がある。

- 有機化合物
  - 鎖式化合物（脂肪族化合物）
    - 1 ★★
    - 鎖式不飽和化合物
  - 環式化合物
    - 脂環式化合物
      - 脂環式飽和化合物
      - 脂環式不飽和化合物
    - 2 ★★★

（東京女子大）

(1) 鎖式飽和化合物
(2) 芳香族化合物

5 ★★

炭素と水素だけからできている化合物は炭化水素とよばれ，有機化合物の基本的骨格となっている。炭化水素のうち，炭素原子が鎖状に結合しているものを 1 ★★ 炭化水素といい，炭素原子が環状に結合した部分を含むものを 2 ★★ 炭化水素という。2 ★★ 炭化水素は，ベンゼン環をもつ 3 ★★★ 炭化水素と，それ以外の 4 ★ 炭化水素に分けられる。また，炭素原子間の結合がすべて単結合のものを 5 ★★ 炭化水素といい，炭素原子間に二重結合や三重結合を含むものを 6 ★★ 炭化水素という。（明治大）

(1) 鎖式 [別 脂肪族]
(2) 環式
(3) 芳香族
(4) 脂環式
(5) 飽和
(6) 不飽和

6 ★★★

メタン分子から水素原子が 1 つとれた形の原子団を 1 ★★★ 基という。このように，分子から何個かの原子がとれた形の原子団を基という。炭化水素分子から水素原子がとれた形の基を炭化水素基といい，特にアルカン分子から水素原子が 1 個とれた形の基を 2 ★★★ 基という。3 ★★★ 基 C_2H_5- に 4 ★★★ 基 $-OH$ が結合すると，エタノール C_2H_5-OH ができる。炭化水素基に 4 ★★★ 基のような特定の基が結合すると，化学的性質のよく似た一群の化合物ができる。このように，その化合物の性質を特徴づける特定の基を 5 ★★★ 基という。また，5 ★★★ 基を明記した C_2H_5-OH のような化学式を 6 ★★★ 式という。

（日本女子大）

〈解説〉 CH_4 ⟶ CH_3-
メタン　メチル基
CH_3-CH_3 ⟶ CH_3-CH_2-
エタン　エチル基
} $C_nH_{2n+1}-$ アルキル基

(1) メチル
(2) アルキル
(3) エチル
(4) ヒドロキシ
(5) 官能
(6) 示性

□7 ★★★ 以下の官能基の名称とこれらの官能基を含む化合物群の名称をうめよ。

官能基の種類			化合物群	化合物の例
名称	構造	性質		
1★★★ 基	(アルコール性) −OH	中性	2★★★	C_2H_5-OH エタノール
	(フェノール性) −OH	酸性	3★★★	⌬−OH フェノール
4★★★ 基	$-C(=O)H$	中性 還元性	アルデヒド	$H-C(=O)H$ ホルムアルデヒド
5★★ 基	(C)(C)>C=O	中性	ケトン	$CH_3-C(=O)-CH_3$ アセトン
6★★★ 基	$-C(=O)-O-H$	酸性	7★★★	$CH_3-C(=O)-O-H$ 酢酸
8★★★ 結合	$-C-O-C-$	中性	エーテル	$C_2H_5-O-C_2H_5$ ジエチルエーテル
9★★ 基	$-NH_2$	塩基性	アミン	⌬−NH_2 アニリン
10★★ 結合	$-C(=O)-O-$	中性	エステル	$CH_3-C(=O)-O-C_2H_5$ 酢酸エチル
11★★ 基	$-NO_2$	中性	ニトロ化合物	⌬−NO_2 ニトロベンゼン
12★ 基	$-SO_3H$	酸性	スルホン酸	⌬−SO_3H ベンゼンスルホン酸
13★★ 結合	$-C(=O)-N(H)-$	中性	アミド	⌬−$NHCO-CH_3$ アセトアニリド

(新潟大・防衛大・名古屋市立大〈改〉)

(1) ヒドロキシ
(2) アルコール
(3) フェノール類(るい)
(4) アルデヒド
[㊊ホルミル]
(5) カルボニル
[㊊ケトン]
(6) カルボキシ
(7) カルボン酸(さん)
(8) エーテル
(9) アミノ
(10) エステル
(11) ニトロ
(12) スルホ
(13) アミド

□8 ★★★ アルカンやベンゼンは炭素と水素からなる中性の化合物である。しかし，それぞれの分子から水素原子が1個とれた形の 1★★★ 基あるいは 2★ 基に官能基が結合して生じる化合物は，その官能基に特有な化学的性質を示す。例えば，カルボキシ基が結合すると酸性を示し，アミノ基が結合すると 3★★★ を示す。官能基がヒドロキシ基の場合は，1★★★ 基に結合した化合物が中性であるのに対して，2★ 基に結合した化合物は中性ではない。 (東京女子大)

(1) アルキル
(2) フェニル
(3) 塩基性(えんきせい)

〈解説〉 ⌬− フェニル基　CH_3OH メタノール，C_2H_5OH エタノール → 中性　⌬−OH フェノール → 酸性

□9 ★★★ 同一の官能基をもつ化合物群は，化学的によく似た性質を示す。[A]の官能基(1)～(5)について，その名称を[B]の(a)～(h)から，また，その特徴的な性質を表すものとして最も適切なものを[C]の(ア)～(ク)から選び，それぞれ記号で答えよ。

[A](1) $-SO_3H$ 1★　(2) $-CHO$ 2★★★
(3) $>C=O$ 3★★　(4) $-NO_2$ 4★★
(5) $-NH_2$ 5★★★

[B](a)カルボキシ基　(b)アミノ基
(c)カルボニル基（ケトン基）　(d)エーテル結合
(e)スルホ基　(f)ニトロ基
(g)アルデヒド基（ホルミル基）　(h)ヒドロキシ基

[C](ア)弱酸性で，アルコールと反応して芳香性物質をつくる。
(イ)強酸性で，塩基と反応して塩をつくる。
(ウ)弱塩基性で，酸と反応して塩をつくる。
(エ)水によく溶け，中性である。ナトリウムと反応する。
(オ)中性で，還元するとアミノ基になる。
(カ)フェーリング溶液を還元して，赤色沈殿をつくる。
(キ)臭素水を脱色する。
(ク)水素で還元すると，第二級アルコールになる。

（東京女子大）

(1) (e)，(イ)
(2) (g)，(カ)
(3) (c)，(ク)
(4) (f)，(オ)
(5) (b)，(ウ)

2 元素分析

▼ ANSWER

□1 ★★★
有機化合物の構造は，一般に次のような手順で決定される。まず，元素分析によって [1★★] を決定する。次に，沸点上昇度または凝固点降下度などを測定して [2★★] を決定し，[1★★] と [2★★] から分子式を決める。分子式が決定できても，化合物の構造が決定できたことにはならない。炭素原子の結合の仕方は多様であり，結合の仕方が異なる複数の分子が存在しうるためである。これらの化合物は，互いに [3★★★] の関係にあるという。[3★★★] を区別するためには，様々な化学的および物理的性質の違いを利用する。（東京大）

(1) 組成式（そせいしき） [圏 実験式（じっけんしき）]
(2) 分子量（ぶんしりょう）
(3) 異性体（いせいたい）

□2 ★★
化合物を構成する元素の種類と割合を調べ，組成式を求めることを [1★★] という。（新潟大）

(1) 元素分析（げんそぶんせき）

□3 ★★★
炭素，水素，酸素から構成された有機化合物の組成式を決めるには，図に示すような元素分析の装置を用いる。

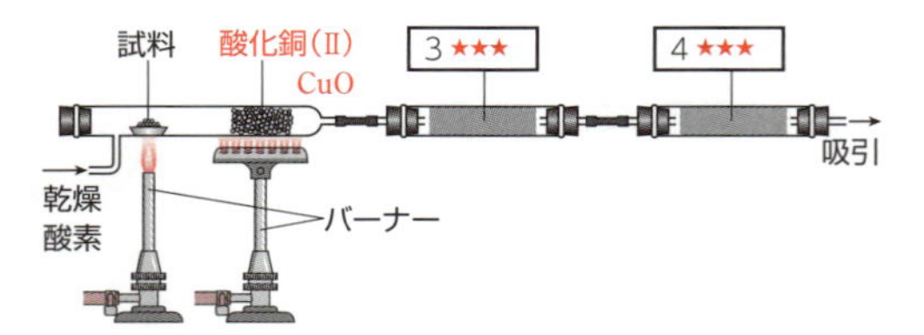

まず，質量を精密に測定した試料を図のように設置して，乾燥酸素を流入しながら完全燃焼させる。生じた [1★★★] と [2★★★] をそれぞれ [3★★★] と [4★★★] に吸収させ，[3★★★] と [4★★★] の増加した質量から [1★★★] と [2★★★] の質量をそれぞれ求める。これらの質量から，試料中の水素と炭素の質量を計算する。さらに，試料と水素，炭素との質量の差から酸素の質量を計算する。（北海道大）

(1) 水（みず） H_2O
(2) 二酸化炭素（にさんかたんそ） CO_2
(3) 塩化カルシウム（えんか） $CaCl_2$
(4) ソーダ石灰（せっかい） $CaO + NaOH$

□4 ★★★
元素分析では，試料が不完全燃焼して [1★★★] が発生する可能性があるので，高温の [2★★★] を酸化剤として，[3★★★] へと完全燃焼させる。（金沢大）

〈解説〉 $CO + CuO \longrightarrow CO_2 + Cu$

(1) 一酸化炭素（いっさんかたんそ） CO
(2) 酸化銅(Ⅱ)（さんかどう） CuO
(3) 二酸化炭素（にさんかたんそ） CO_2

□5 ★★★

化合物を構成する元素の種類や，その物質量比を決めることを［1★★］という。炭素，水素，酸素のみからなる有機化合物の［1★★］は，次のように行うことができる。すなわち，質量を正確に測定した試料を完全燃焼させ，生成した H_2O を［2★★★］を詰めた管（H_2O 吸収管）に，CO_2 を［3★★★］を詰めた管（CO_2 吸収管）に吸収させる。H_2O 吸収管および CO_2 吸収管の質量増加から，生成した H_2O および CO_2 の質量を求め，試料中の C と H の質量を計算する。そして，試料中の O の質量を計算したのち，その化合物に含まれる原子の数の比を最も簡単な整数の比で表した［4★★］が決定される。さらに，凝固点降下などを利用して分子量を求め，［4★★］を整数倍することにより分子式が求められる。（横浜国立大）

〈解説〉塩化カルシウムとソーダ石灰の順番を逆にすると，ソーダ石灰は塩基性の乾燥剤なので，水と二酸化炭素の両方を吸収してしまう。

(1) 元素分析（げんそぶんせき）
(2) 塩化カルシウム（えんか） $CaCl_2$
(3) ソーダ石灰（せっかい） $CaO+NaOH$
(4) 組成式（そせいしき） [㊀実験式（じっけんしき）]

□6 ★★

有機化合物を構成する元素には，炭素・水素・酸素のほか，窒素・硫黄・塩素などがある。これらの元素が有機化合物に含まれているかを知りたい場合，以下のような実験を行うと，その元素の存在が確認できる。

「窒素」　試料とソーダ石灰を混合して加熱する。試料に窒素が含まれている場合，［1★★］が発生し，濃塩酸と反応して白煙が発生する。

「塩素」　黒く焼いた銅線の先に試料をつけてバーナーで加熱する。試料に塩素が含まれている場合，［2★］ができるため，［3★］色の炎色反応がおこる。

「硫黄」　ナトリウムの小片を加えて加熱する。試料に硫黄が含まれている場合，［4★］が生成し，水に溶かして鉛(Ⅱ)イオンを加えると，［5★］色の硫化鉛(Ⅱ)が沈殿する。（新潟大）

〈解説〉白煙（塩化アンモニウム）：NH_4Cl　硫化鉛(Ⅱ)：PbS

(1) アンモニア NH_3
(2) 塩化銅(Ⅱ)（えんかどう） $CuCl_2$
(3) 青緑（あおみどり）
(4) 硫化ナトリウム（りゅうか） Na_2S
(5) 黒（こく）

□7 ★★

水 H_2O は硫酸銅(Ⅱ)無水物 $CuSO_4$ を［1★★］色から［2★★］色に変化させることで検出できる。（弘前大）

(1) 白（はく）
(2) 青（あお）

3 組成式と分子式

▼ ANSWER

□1 ★★★

化学式には分子式や組成式などがある。分子式は1分子中にある原子の種類と数を表しているのに対し，組成式はその物質を構成している原子の種類と数を最も簡単な整数比で表したものである。例えば，ベンゼンは分子式では［1 ★★★］，組成式では［2 ★★］で表される。（甲南大）

〈解説〉組成式は，実験式ともよばれる。

(1) C_6H_6
(2) CH

□2 ★★★

炭素・水素・酸素の元素から構成されている有機化合物を天秤で計量した後，完全燃焼させた。生じた二酸化炭素と水の質量を測定したところ，表の結果を得た。

試料の質量〔mg〕	二酸化炭素の質量〔mg〕	水の質量〔mg〕
42.8	112.5	47.0

組成式を求めよ。ただし，原子量は，H = 1.0, C = 12.0, O = 16.0 とする。［1 ★★★］（新潟大）

(1) $C_6H_{12}O$

解き方

有機化合物中の C の質量は，生成した CO_2 中の C の質量に等しい。

$$\text{C の質量}\quad \underset{CO_2〔mg〕}{112.5} \times \underset{C〔mg〕}{\frac{C}{CO_2}} = 112.5 \times \frac{12.0}{44.0} \fallingdotseq 30.7\text{mg}$$

有機化合物中の H の質量は，生成した H_2O 中の H の質量に等しい。

$$\text{H の質量}\quad \underset{H_2O〔mg〕}{47.0} \times \underset{H〔mg〕}{\frac{2H}{H_2O}} = 47.0 \times \frac{2.0}{18.0} \fallingdotseq 5.22\text{mg}$$

有機化合物中の O の質量は，

$$\underset{\text{有機化合物の質量}}{42.8} - (\underset{\text{C の質量}}{30.7} + \underset{\text{H の質量}}{5.22}) = \underset{\text{O の質量}}{6.88}\ \text{mg}$$

組成式は，$\dfrac{30.7}{\text{C の原子量}} : \dfrac{5.22}{\text{H の原子量}} : \dfrac{6.88}{\text{O の原子量}}$

$$= \frac{30.7}{12.0} : \frac{5.22}{1.0} : \frac{6.88}{16.0} \fallingdotseq 6 : 12 : 1$$

← 最も小さな $\frac{6.88}{16.0}$ で割ってみる

□3 ★★ 炭化水素 180mg を完全燃焼させたところ，二酸化炭素 550mg と水 270mg が生じ，さらに，炭化水素の分子量は 72 と測定された。この炭化水素の分子式を記せ。H = 1.0，C = 12.0，O = 16.0 [1 ★★]

（北海道大）

(1) C_5H_{12}

解き方

炭化水素の組成式を C_xH_y とおくと，

$$\mathrm{C}:550\times\frac{12.0}{44.0}=150\mathrm{mg},\quad \mathrm{H}:270\times\frac{2.0}{18.0}=30\mathrm{mg}$$

$$x:y=\frac{150}{12.0}:\frac{30}{1.0}=12.5:30=1:2.4=10:24=5:12$$

↑小さい方の 12.5 で割ってみる

よって，組成式は C_5H_{12}

この組成式の式量は，$12.0\times5+1.0\times12=72.0$

$(C_5H_{12})_n=72.0n=72\quad n=1$

よって，分子式は C_5H_{12}

〈解説〉分子式：分子を構成する原子の種類と数を表した式。
（組成式の式量）× n ＝分子量

示性式：分子式の中から官能基をとり出して，化合物の特徴を表した式。

構造式：分子の中の原子の結合を価標（−）を用いて表した式。
※原子のつながり方がわかる場合には，価標を省略してもよい。

例酢酸の場合

CH_2O（組成式） —分子量が 60 で C = 12.0，H = 1.0，O = 16.0 なので→

$(\underset{C}{12.0}\times1+\underset{H}{1.0}\times2+\underset{O}{16.0}\times1)\times n=60$

よって，$n=2$

$C_2H_4O_2$（分子式） —官能基をとり出して表す→ CH_3COOH（示性式）

構造式 H−C(H)(H)−C(=O)−O−H —H の価標を省略して簡略化すると…→ $CH_3-C(=O)-OH$（簡略化した構造式）

注炭素間の二重結合（C=C）や三重結合（C≡C）は，構造式はもちろんのこと示性式や簡略化した構造式であっても省略しない。

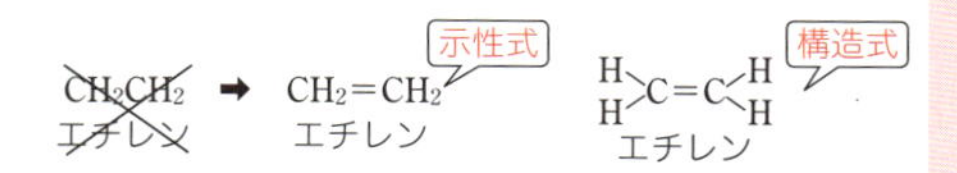

第14章

異性体

1 構造異性体

▼ANSWER

□1 ★★★ 有機化合物のなかには，同じ分子式でありながら分子の構造が異なる化合物が多数存在する。このような化合物を互いに異性体という。異性体の中で，原子や原子団のつながり方が異なる化合物を互いに 1★★★ 異性体という。さらに，同じ構造式をもつ化合物の中で，原子や原子団の並び方が空間的に異なる場合があり，このような化合物を互いに 2★★★ 異性体という。（北海道大）

(1) 構造(こうぞう)
(2) 立体(りったい)

〈解説〉

異性体 ─┬ 構造異性体
　　　　└ 立体異性体 ─┬ シス-トランス異性体(幾何異性体)
　　　　　　　　　　　└ 鏡像異性体(光学異性体)

□2 ★★★ 異性体のうちで分子の構造式が異なる異性体を構造異性体という。一方，原子のつながり方や，結合の種類は同じであるが立体構造が異なるために生じる異性体を 1★★★ 異性体という。 1★★★ 異性体には，二重結合に対する置換基の配置の違いに由来する 2★★★ 異性体や不斉炭素原子の存在による 3★★★ 異性体などがある。（日本女子大）

(1) 立体(りったい)
(2) シス-トランス［別 幾何(きか)］
(3) 鏡像(きょうぞう)［別 光学(こうがく)］

□3 ★★ 構造異性体は，構成原子のつながり方の違いや官能基の違い，不飽和結合の 1★★ の違いなどが原因で生じる。（東京電機大）

(1) 位置(いち)

□4 ★★ 分子式 C_4H_{10} に考えられる構造異性体は 1★★ 個である。（東京女子大）

(1) 2

解き方

$CH_3-CH_2-CH_2-CH_3$　　$CH_3-CH(CH_3)-CH_3$

炭素骨格の構造が異なる（骨格異性体）

□5 ★★ 分子式 C_5H_{12} で表されるアルカンには，常圧で 9.5℃，27.9℃，36.1℃の異なる沸点をもつ 3 種類の構造異性体が存在する。これら構造異性体の構造式を，沸点の低い順に，①（沸点 9.5℃の構造異性体），②（沸点 27.9℃の構造異性体），③（沸点 36.1℃の構造異性体）と書け。［① ★★］［② ★★］［③ ★★］（東北大）

〈解説〉分子の形が球状に近いほど沸点が低くなる。

①
$$CH_3-C(CH_3)_2-CH_3$$
（中央の C に上下から CH_3）

②
$$CH_3-CH_2-CH(CH_3)-CH_3$$

③
$$CH_3-CH_2-CH_2-CH_2-CH_3$$

□6 ★★ 分子式 C_2H_6O の化合物には官能基の異なる 2 種類の［1 ★★］異性体が存在する。（金沢大）

〈解説〉CH_3-O-CH_3 ，CH_3-CH_2-OH
エーテル結合あり　ヒドロキシ基あり
ジメチルエーテル　エタノール
官能基の種類が異なる（官能基異性体）

(1) 構造（こうぞう）

□7 ★★★ 分子式 C_3H_8O をもつ化合物は何種類あるか。［1 ★★★］
(イ) 1　(ロ) 2　(ハ) 3　(ニ) 4　(ホ) 5　(ヘ) 6　(ト) 7
（神奈川大）

〈解説〉$CH_3-CH_2-CH_2-OH$ ，$CH_3-CH(OH)-CH_3$ ，$CH_3-CH_2-O-CH_3$
官能基の位置が異なる（位置異性体）
官能基の種類が異なる（官能基異性体）

(1) (ハ)

□8 ★ キシレンの位置異性体の数を記せ。［1 ★］（北海道大）

〈解説〉
o（オルト）-キシレン　m（メタ）-キシレン　p（パラ）-キシレン
位置が異なる（位置異性体）➡構造異性体のこと。

(1) 3 個（こ）

□9 ★ ナフトールの構造異性体 2 種類の構造式を示せ。
［1 ★］（埼玉大）

〈解説〉構造異性体のまとめ
構造異性体
- 炭素骨格の構造が異なる（骨格異性体）
- 官能基の種類が異なる（官能基異性体）
- 置換基（官能基）の位置が異なる（位置異性体）

(1)
1-ナフトール（1 位に OH）
2-ナフトール（2 位に OH）

2 シス-トランス異性体／鏡像異性体　▼ANSWER

□1 ★★★ 立体異性体には，[1 ★★★]異性体や[2 ★★★]異性体などがある。[1 ★★★]異性体の例として，1,2-ジブロモエチレン(BrCH=CHBr)がある。この例では，炭素-炭素二重結合を軸として2個の臭素原子が同じ側に位置している[3 ★★★]形と，反対側に位置している[4 ★★★]形が存在する。（明治大）

(1) シス-トランス［㊀幾何（きか）］
(2) 鏡像（きょうぞう）［㊀光学（こうがく）］
(3) シス
(4) トランス

〈解説〉

異性体 ─┬ 構造異性体
　　　　 └ 立体異性体 ─┬ シス-トランス異性体(幾何異性体)
　　　　　　　　　　　　 └ 鏡像異性体(光学異性体)

1,2-ジブロモエチレン➡ $\mathrm{(H)(Br)C{=}C(H)(Br)}$ と $\mathrm{(Br)(H)C{=}C(H)(Br)}$ が存在する。
シス形　トランス形

□2 ★ シス-トランス異性体（幾何異性体）の関係にある2つの化合物を，(ア)〜(ソ)の中から選び，その組合せを記号ですべて記せ。[1 ★]

(1) (オ)と(セ)
(ク)と(ソ)

(ア) $CH_3-CH_2-CH_2-CH_2-CH_3$	(イ) $CH_3-CH_2-CH_2-CH_3$	(ウ) $CH_3-CH(CH_3)-CH_3$
(エ) $CH_3-CH_2-CH(CH_3)-OH$	(オ) $\mathrm{(H)(HO{-}CO)C{=}C(CO{-}OH)(H)}$	(カ) $\mathrm{(H)(CH_3{-}CH_2)C{=}C(H)(H)}$
(キ) $CH_3-CH(CH_3)-CH_2-OH$	(ク) $\mathrm{(H)(H_3C)C{=}C(CH_3)(H)}$	(ケ) $CH_3-CH(CH_3)-CH_2-CH_3$
(コ) $CH_3-C(CH_3)_2-OH$	(サ) $CH_3-CH_2-O-CH_2-CH_3$	(シ) $CH_3-CH_2-C(=O)-H$
(ス) $\mathrm{(H)(H)C{=}C(CH_3)(CH_3)}$	(セ) $\mathrm{(H)(HO{-}CO)C{=}C(H)(CO{-}OH)}$	(ソ) $\mathrm{(H_3C)(H)C{=}C(CH_3)(H)}$

（金沢大）

C=C や環状構造をもっているものから探せばよい。

また，α,α > C=C < の構造には（α 同じもの）シス-トランス異性体は生じない。

□3 ★★★ 分子式 $C_4H_4O_4$ で表される不飽和ジカルボン酸（2価カルボン酸）には化合物 1★★★ と化合物 2★★★ (順不同)の2種類の 3★★★ 異性体が存在する。（金沢大）

(1) フマル酸
HOOC＼C=C／H
H／　　＼COOH
(2) マレイン酸
HOOC＼C=C／COOH
H／　　＼H
(3) シス-トランス［㊊幾何］

〈解説〉
$C_4H_4O_4$ ➡ HOOC＼C=C／H（H／　＼COOH） と HOOC＼C=C／COOH（H／　＼H）
フマル酸 トランス形　　マレイン酸 シス形

トラ（トランス）に踏ま（フマル酸）れて まれ（マレイン酸）に シス（シス）と覚えよう。

□4 ★★★ 乳酸には結合する4つの基(原子または原子団)がすべて異なる炭素原子が存在する。このような炭素原子を 1★★★ 炭素原子といい，1個の 1★★★ 炭素原子が存在すると2種類の 2★★★ 異性体が存在する。2★★★ 異性体はほとんどの物理的性質や化学的性質は同じであるが，平面偏光に対する性質や生理的性質が異なる。（金沢大）

(1) 不斉
(2) 鏡像［㊊光学］

〈解説〉不斉炭素原子：異なるW，X，Y，Zが結合している炭素原子のこと。

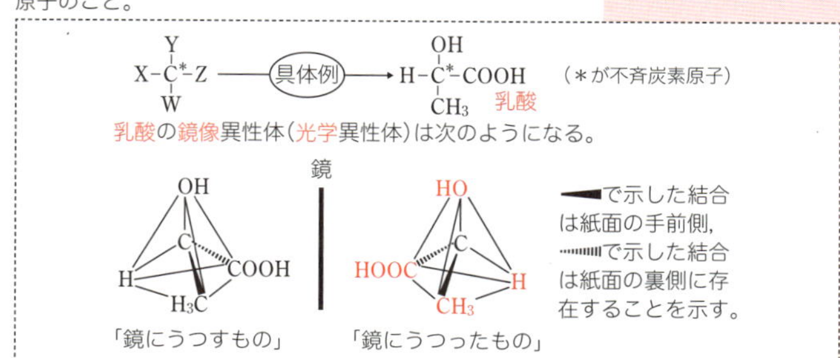

乳酸の鏡像異性体（光学異性体）は次のようになる。

「鏡にうつすもの」　　「鏡にうつったもの」

━━で示した結合は紙面の手前側，┅┅で示した結合は紙面の裏側に存在することを示す。

発展 □5 ★★ 1★★★ 炭素原子をもつ化合物を通常の方法で合成すると，鏡像異性体が等量ずつ含まれる混合物の 2★ 体が得られる。鏡像異性体の一方を選択的に合成する方法を 1★★★ 合成という。（金沢大）

(1) 不斉
(2) ラセミ

〈解説〉ラセミ体は，旋光性を示さない。

□6 ★ メントール(図)の構造式中に含まれる不斉炭素原子をすべて○で囲みなさい。1★ （金沢大）

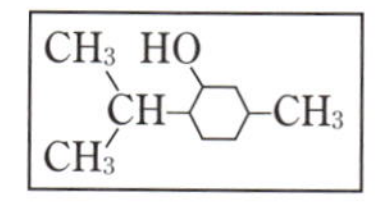

(1)

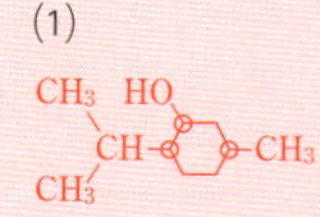

□7 ★ 図に示した化合物のもう一方の鏡像異性体の立体的な構造を，図の例にならって示せ。なお，不斉炭素原子を紙面上に置いたとき，実線は紙面上の結合，▬は紙面の手前に出ている結合，┉┉は紙面の裏側に出ている結合を表している。解答は，3個の炭素原子を紙面上に置いたときの構造で示すこと。 1 ★ 　　（熊本大）

COOH
H_2N ┉ C — CH_3
H
図

(1) COOH / H┉C—CH_3 / H_2N （HOOC / C┉NH_2 / H_3C / H）

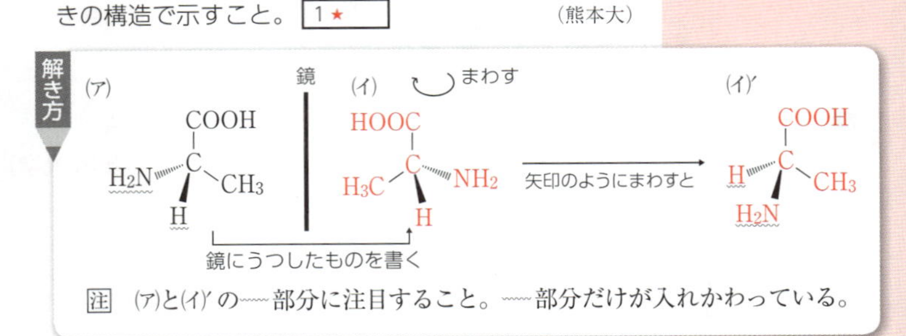

□8 ★★ 1つの化合物に不斉炭素原子が n 個存在する場合，理論的には 1 ★★★ 異性体は 2 ★ 種類存在することになる。 　　（金沢大）

(1) 鏡像（きょうぞう）［㊜光学（こうがく），立体（りったい）］
(2) 2^n

発展 □9 ★ 分子内に不斉炭素原子が2つ以上存在する場合は，互いに鏡像の関係にはない立体異性体も存在する。これをジアステレオ異性体とよぶ。2つの不斉炭素原子を有する化合物の例としてアミノ酸のL-トレオニンを挙げることができ，図の通りL-トレオニンを含めて4種類の立体異性体が存在する。

(1) ②
(2) ①
(3) ③

L-トレオニン	①	②	③
H, NH_2 / HO—C—C—H / CH_3, COOH	H, H / HO—C—C—NH_2 / CH_3, COOH	HO, H / H—C—C—NH_2 / CH_3, COOH	HO, NH_2 / H—C—C—H / CH_3, COOH

図　L-トレオニンの立体異性体

L-トレオニンの立体異性体①，②，③のうち，L-トレオニンの鏡像異性体は 1 ★ で，L-トレオニンとジアステレオ異性体の関係にあるものは 2 ★ と 3 ★ （順不同）になる。 　　（東京大）

解き方

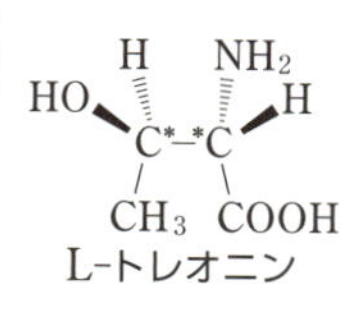

鏡

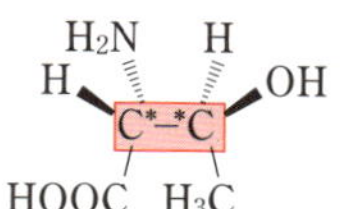

[ ]をうらがえすと，②になる。

（＊が不斉炭素原子）

鏡像の関係にない立体異性体がジアステレオ異性体なので，L-トレオニンと鏡像の関係にある②を除いた①と③がL-トレオニンとジアステレオ異性体の関係になる。また，①と③は鏡像の関係になる。

H H HO NH2 C*–*C CH3 COOH ①　鏡　H H H2N OH C*–*C HOOC H3C ①の鏡像異性体

[ ]をうらがえすと，③になる。

以上より，2つの不斉炭素原子を有する化合物には $2^2=4$ 種類の立体異性体が存在する。

発展 □10 ★ 酒石酸は2つの不斉炭素原子をもつ2価カルボン酸であり，3つの立体異性体をもつ。そのうちの1つの立体異性体の立体構造を図に示す。酒石酸の残り2つの立体異性体の立体構造を示せ。 1★ （大阪大）

H COOH HO C–C OH HOOC H

図

〈解説〉2つの不斉炭素原子をもつ分子の中には，対称面や対称心を分子内にもつことで鏡像異性体が存在しないものがあり，これをメソ体とよぶ。メソ体が存在すると，不斉炭素原子が2つあっても3種類の立体異性体しか存在しない。図の酒石酸がメソ体になる。

H COOH HO C*–C* OH HOOC H 対称心 ≡ HOOC COOH HO C*–C* OH H H 対称面

COOH 2つが上になるように矢印の向きに回転させる

（＊が不斉炭素原子）

鏡

HO COOH H C*–C* OH HOOC H ｜ HOOC OH H C*–*C HO H COOH

どちらも対称心や対称面がない。

図以外の酒石酸は鏡像異性体の関係になる。

(1) HO COOH H C–C OH HOOC H

HOOC OH H C–C HO H COOH

14 異性体 2 シス-トランス異性体／鏡像異性体

3 異性体の探し方 ▼ANSWER

考え方

①不飽和度を求める。

分子式が $C_xH_yO_z$ や C_xH_y の場合，

不飽和度 $= \frac{1}{2}\{(\text{炭素数 } x) \times 2 + 2 - (\text{水素数 } y)\}$ ◀暗記する!!

不飽和度	対応する構造
0	すべて単結合からなる
1	(1)二重結合（C=C や C=O）1つ　(2)環状構造1つ
2	(1)三重結合（C≡C）1つ　(2)二重結合2つ (3)環状構造2つ　(4)二重結合1つ＋環状構造1つ
4	(1)ベンゼン環1つ ＜不飽和度4以上のときはほとんどコレ!!＞ (2)不飽和度4になるように三重結合，二重結合，環状構造を組み合わせたもの

②炭素骨格で分類する。C骨格のパターンは覚える。

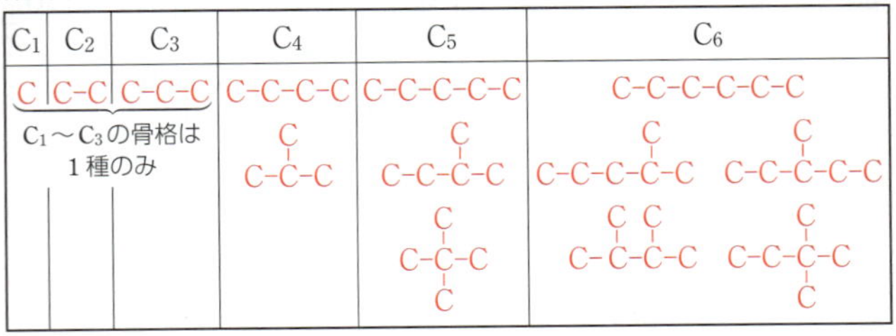

C_1	C_2	C_3	C_4	C_5	C_6
C	C–C	C–C–C	C–C–C–C	C–C–C–C–C	C–C–C–C–C–C
C_1～C_3の骨格は1種のみ			C–C(–C)–C	C–C–C(–C)–C	C–C–C–C(–C)–C　C–C–C(–C)–C–C
				C–C(–C)(–C)–C	C–C(–C)–C(–C)–C　C–C–C(–C)(–C)–C

③官能基を炭素骨格に導入することや環状構造を検討する。

└→ C_4であれば

C–C / C–C（四員環）　C / C–C–C（三員環）

〈官能基の導入の仕方の例〉

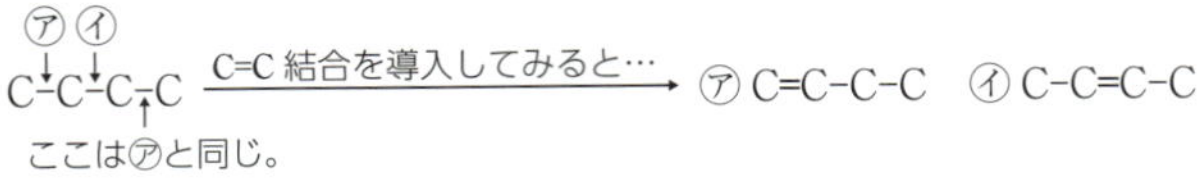

㋐ ㋑
C–C–C–C ―C=C 結合を導入してみると…→ ㋐ C=C–C–C　㋑ C–C=C–C

ここは㋐と同じ。

④立体異性体が存在するかを検討する。

└→シス-トランス異性体（幾何異性体）や鏡像異性体（光学異性体）

★★

C_4H_8 の分子式をもつ有機化合物で，考えられる6個の異性体の構造式をすべて書け。 1 ★★ （新潟大）

(1) 解き方参照

解き方

①まず，不飽和度を求める式から，不飽和度 $= \frac{1}{2}\{4 \times 2 + 2 - 8\} = 1$

不飽和度が1なので，この化合物は二重結合（C=C ~~や C=O~~）が1つ，もしくは環状構造が1つ生じることがわかる。

↑ 分子式が C_4H_8 なので，O が含まれることはない !!

②次に，鎖状構造の C 骨格で分類すると，C_4 なので次の2通りが考えられる。

C−C−C−C　　C−C(−C)−C

③(ア) C=C 結合を C 骨格に導入すると，次のⒶ～Ⓒに入れることができる。

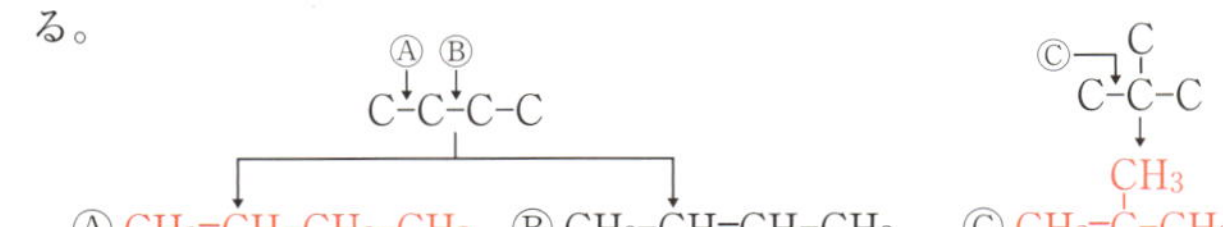

Ⓐ $CH_2=CH-CH_2-CH_3$　Ⓑ $CH_3-CH=CH-CH_3$　Ⓒ $CH_2=C(CH_3)-CH_3$

(イ)環状構造を検討すると，次のⒹ，Ⓔが考えられる。

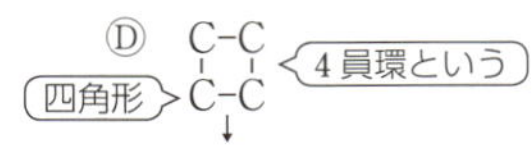

Ⓔ 三角形 3員環という (C−C−C の三員環)

Ⓓ CH_2-CH_2 / CH_2-CH_2（四員環）　Ⓔ CH_2 / $CH_2-CH-CH_3$（三員環）

よって，構造異性体はⒶ～Ⓔの5種類が考えられる。

ただし，異性体の構造式を書くので，立体異性体も含めて考える。

→異性体 ─ 構造異性体 / 立体異性体　どちらも考える !!

④Ⓑには，次のシス−トランス異性体（幾何異性体）が存在する。

Ⓑ₁ CH_3 ←同じ側→ CH_3 / C=C / H　H　シス形

Ⓑ₂ CH_3 ←反対側 H / C=C / H　CH_3　トランス形

そのため，異性体はⒶ，Ⓑ₁，Ⓑ₂，Ⓒ，Ⓓ，Ⓔの6個になる。

□2 ★★★ 分子式 C_4H_{10} に考えられる構造異性体は [1 ★★★] 個である。（東京女子大）

(1) 2

〈解説〉$CH_3-CH_2-CH_2-CH_3$，$CH_3-CH(CH_3)-CH_3$

□3 ★★★ 分子式 C_5H_{12} に考えられる構造異性体は [1 ★★★] 個である。（予想問題）

(1) 3

〈解説〉
$CH_3-CH_2-CH_2-CH_2-CH_3$，$CH_3-CH_2-CH(CH_3)-CH_3$，$CH_3-C(CH_3)_2-CH_3$

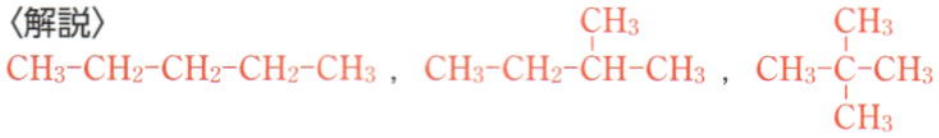

□4 ★★ 分子式 C_6H_{14} に考えられる構造異性体は [1 ★★] 個である。（予想問題）

(1) 5

〈解説〉
$CH_3-CH_2-CH_2-CH_2-CH_2-CH_3$，$CH_3-CH_2-CH_2-CH(CH_3)-CH_3$
$CH_3-CH_2-CH(CH_3)-CH_2-CH_3$，$CH_3-CH(CH_3)-CH(CH_3)-CH_3$
$CH_3-CH_2-C(CH_3)_2-CH_3$

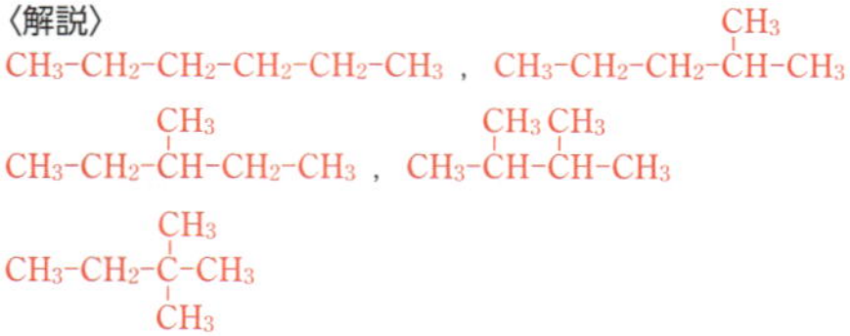

□5 ★★ プロパンの水素原子2個をそれぞれ塩素原子で置換した化合物は何種類あるか。ただし，鏡像異性体を除く。[1 ★★]（神奈川大）

(1) 4

〈解説〉$CH_3-CH_2-CH_3$　プロパン

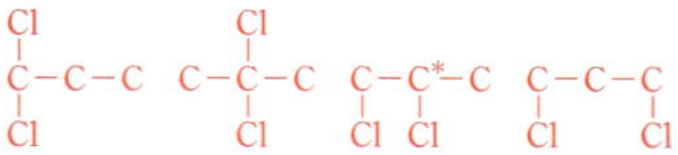

CCl_2-C-C，$C-CCl_2-C$，$CCl-C^*Cl-C$，$CCl-C-CCl$
（＊が不斉炭素原子　Hは省略）

発展 □6 ★ 不斉炭素原子をもつ鎖式飽和炭化水素のうち，最も炭素数の少ないものは炭素数がいくつか。[1 ★]（神奈川大）

(1) 7

〈解説〉 
$C-C-C^*(C)-C-C-C$ や $C-C(C)-C^*(C)-C-C$
（＊が不斉炭素原子　Hは省略）

□7 ★ 分子式 $C_4H_8Cl_2$ のジクロロアルカンには構造異性体が何個存在するか。(a)～(f)から一つ選べ。ただし，立体異性体は含めないものとする。 1★

(a) 5 (b) 6 (c) 7 (d) 8 (e) 9 (f) 10

（東京薬科大）

(1) (e)

〈解説〉ハロゲン原子(F，Cl，Br，I)を含む場合は，ハロゲン原子を水素原子とみなして不飽和度を求めるとよい。
$C_4H_8Cl_2$ ➡ C_4H_{10} とおきかえると不飽和度は 0 となる。

Cl
|
C−C−C−C
|
Cl

Cl
|
C−C−C−C
|
Cl

C−C*−C−C
|　|
Cl Cl

C−C−C*−C
|　　|
Cl　 Cl

C−C−C−C
|　　　|
Cl　　 Cl

C−C*−C*−C
　|　|
　Cl Cl

Cl C
|　|
C−C−C
|
Cl

　C
　|
C−C−C
|　|
Cl Cl

　C
　|
C−C−C
|　　|
Cl　 Cl

（＊が不斉炭素原子 H は省略）

□8 ★★ 分子式 C_4H_8 で示されるアルケンの異性体の数は，立体(シス-トランス)異性体を考慮した場合 1★★ 種である。

（関西学院大）

(1) 4

〈解説〉アルケン➡ C=C を 1 個もつ。環はもたない。

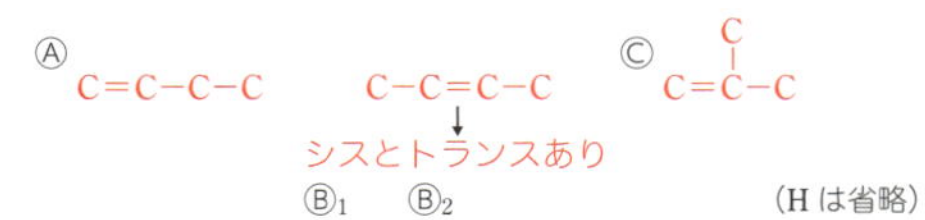

（H は省略）

□9 ★ 分子式 C_5H_{10} で表されるアルケンのすべての異性体は 1★ 個となる。

（静岡大）

(1) 6

〈解説〉

Ⓐ C=C−C−C−C

C−C=C−C−C
↓
シスとトランスあり
Ⓑ1 Ⓑ2

Ⓒ
　C
　|
C=C−C−C

Ⓓ
　C
　|
C−C=C−C

Ⓔ
　C
　|
C−C−C=C

（H は省略）

□10 ★★ 分子式 $C_4H_{10}O$ で表される化合物の中で，金属ナトリウムと反応して水素を発生する化合物には，鏡像異性体を含めて 1★★ 個の異性体が存在する。一方，同じ分子式で表される化合物 A は，分子中にメチル基を 3 個もち，金属ナトリウムと反応しない。

（北海道大）

(1) 5

〈解説〉Na と反応して H_2 発生➡ −OH あり，メチル基 CH_3−

```
C−C−C−C      C−C−C*−C        C            C
      |           |          |            |
      OH          OH       C−C−C        C−C−C
                               |          |
                               OH         OH

                                    [C]
                                     |
C−C−C−O−C     C−C−O−C−C       [C]−C−O−[C]
                                 化合物 A
                                 −OH がないため，Na と反応しない
```

（＊が不斉炭素原子 H は一部省略）

□11 ★★ 分子式が $C_5H_{12}O$ である化合物には，鏡像異性体を無視すると [1 ★★] 種類の構造異性体が存在する。これらの [1 ★★] 種類の構造異性体について考えてみよう。これらの異性体のうち，[2 ★★] 種類はナトリウムと反応して水素を発生するが，他はナトリウムと反応しない。ナトリウムと反応する異性体の中で，不斉炭素原子をもつ化合物は [3 ★★] 種類ある。（関西大）

(1) 14
※Ⓐ〜Ⓝの 14 種類

(2) 8
※Na と反応して H_2 発生➡ −OH あり
Ⓐ, Ⓑ, Ⓒ, Ⓓ, Ⓔ, Ⓕ, Ⓖ, Ⓗの 8 種類

(3) 3
※−OH をもち，C*ありを探す
➡Ⓑ，Ⓓ，Ⓕの 3 種類

〈解説〉

```
Ⓐ C−C−C−C−C      Ⓑ C−C−C−C*−C      Ⓒ C−C−C−C−C
          |                 |                 |
          OH                OH                OH

      C              C               C                C             C
      |              |               |                |             |
Ⓓ C−C−C*−C    Ⓔ C−C−C−C    Ⓕ C−C*−C−C    Ⓖ C−C−C−C    Ⓗ C − C−C
          |              |           |            |             |   |
          OH             OH          OH           OH            OH  C

Ⓘ C−C−C−C−O−C    Ⓙ C−C−C−O−C−C

      C                    C               C               C
      |                    |               |               |
Ⓚ C−C−C*−O−C    Ⓛ C−C−O−C−C    Ⓜ C−O−C−C−C    Ⓝ C−C−O−C
                                                           |
                                                           C
```

（＊が不斉炭素原子 H は一部省略）

□12 ★★ 分子式 $C_4H_8O_2$ のカルボン酸の構造異性体は全部で [1 ★★] 種類ある。（神奈川大）

(1) 2

〈解説〉カルボン酸 $R-\overset{\overset{O}{\|}}{C}-O-H$

$CH_3-CH_2-CH_2-\overset{\overset{O}{\|}}{C}-O-H$ ，$CH_3-\overset{\overset{CH_3}{|}}{CH}-\overset{\overset{O}{\|}}{C}-O-H$

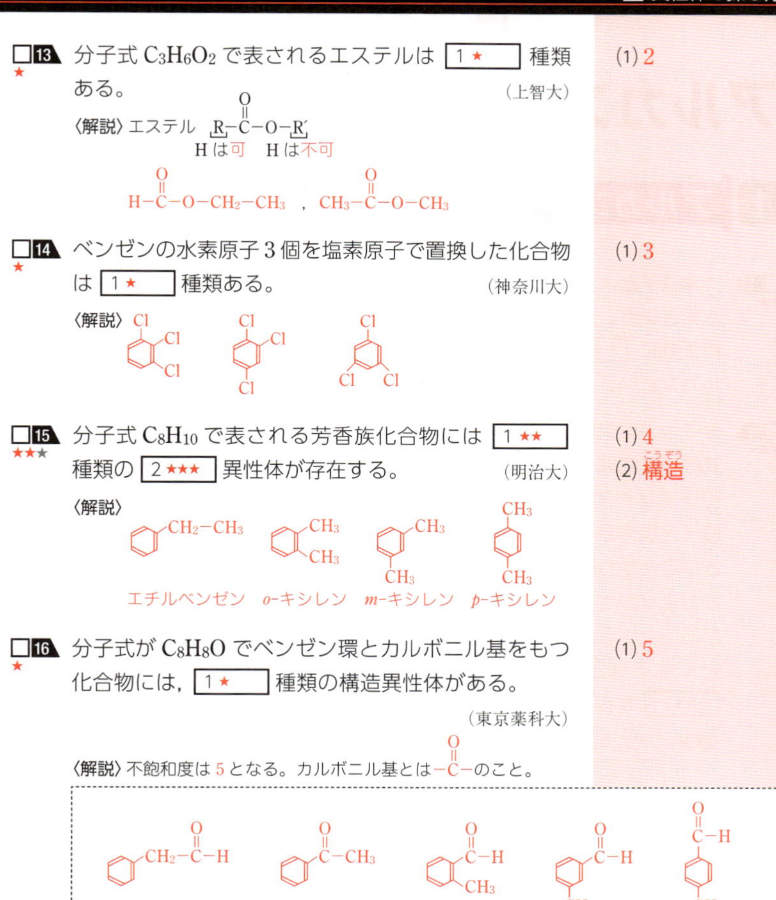

□13 ★ 分子式 $C_3H_6O_2$ で表されるエステルは [1★] 種類ある。（上智大）

(1) 2

〈解説〉エステル R−C(=O)−O−R′ （R：H は可，R′：H は不可）

H−C(=O)−O−CH_2−CH_3 ，CH_3−C(=O)−O−CH_3

□14 ★ ベンゼンの水素原子 3 個を塩素原子で置換した化合物は [1★] 種類ある。（神奈川大）

(1) 3

〈解説〉

□15 ★★★ 分子式 C_8H_{10} で表される芳香族化合物には [1★★] 種類の [2★★★] 異性体が存在する。（明治大）

(1) 4
(2) 構造（こうぞう）

〈解説〉

エチルベンゼン　o-キシレン　m-キシレン　p-キシレン

□16 ★ 分子式が C_8H_8O でベンゼン環とカルボニル基をもつ化合物には，[1★] 種類の構造異性体がある。（東京薬科大）

(1) 5

〈解説〉不飽和度は 5 となる。カルボニル基とは −C(=O)− のこと。

o-体　m-体　p-体

□17 ★ 分子式 $C_7H_6O_3$ で表されるヒドロキシ基をもつ芳香族カルボン酸には，[1★] 種類の構造異性体が存在する。（立命館大）

(1) 3

〈解説〉ヒドロキシ基➡ −OH
芳香族カルボン酸➡ベンゼン環に直接 −COOH が結合

サリチル酸

第15章

アルカン・アルケン・アルキン

1 アルカン

▼ ANSWER

□1 ★★ 炭素原子と水素原子だけから構成される化合物を炭化水素という。分子式が一般式 C_nH_{2n+2} で表され，炭素原子間に [1★★] 結合をもたない鎖式炭化水素をアルカンという。（大阪市立大）

(1) 不飽和（ふほうわ）

□2 ★★★ 分子中の炭素原子の数を n とすれば，アルカンの分子式の一般式は [1★★★] で表される。原子ごとに電子の引き寄せやすさを数値化した [2★★] について水素原子と炭素原子を比較すると，[3★★] 原子の方が大きいことから炭素原子と水素原子の間の結合に電荷のかたよりが生じる。このようなとき，結合に [4★★] があるという。一般には，アルカン分子の分子量が大きくなるほど，分子間力が [5★★] なり，沸点が [6★★] なる。（大阪府立大）

(1) C_nH_{2n+2}
(2) 電気陰性度（でんきいんせいど）
(3) 炭素（たんそ） C
(4) 極性（きょくせい）
(5) 強（つよ）く［㊀大（おお）きく］
(6) 高（たか）く

〈解説〉①アルカン C_nH_{2n+2}

名　称	分子式	示性式	沸点
メタン methane	CH_4 ($n=1$)	CH_4	低
エタン ethane	C_2H_6 ($n=2$)	CH_3CH_3	↓
プロパン propane	C_3H_8 ($n=3$)	$CH_3CH_2CH_3$	↓
ブタン butane	C_4H_{10} ($n=4$)	$CH_3CH_2CH_2CH_3$	↓
ペンタン pentane	C_5H_{12} ($n=5$)	$CH_3CH_2CH_2CH_2CH_3$	↓
ヘキサン hexane	C_6H_{14} ($n=6$)	$CH_3CH_2CH_2CH_2CH_2CH_3$	↓
⋮　⋮	⋮	⋮	高

②直鎖状アルカンの炭素原子の数と沸点と融点

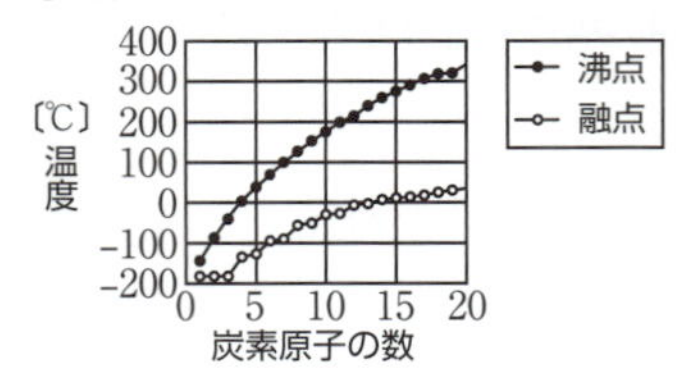

□3 ★★ アルカンは分子量が大きいものほど融点や沸点が高く，室温(約25℃)，通常の大気圧下(1気圧)において炭素原子の数 n が [1★★] 以下では気体，n が [2★★] 以上では液体，16～18 以上では固体となる。（愛媛大）

(1) 4
(2) 5

□4 ★★ 炭素と水素からなるもので，炭素原子のつながり方が鎖状構造の [1★★] をアルカンと総称する。分子中の炭素原子の数を n とすると，アルカンの分子式は一般式 C_nH_{2n+2} で表される。このアルカンのように，共通の一般式で表され，性質や構造がよく似た一群の化合物を [2★] という。（東北大）

(1) 飽和炭化水素（ほうわたんかすいそ）
(2) 同族体（どうぞくたい）

□5 ★★ アルカンは炭素数 [1★★] 以上では構造異性体が存在する。（東京電機大）

(1) 4

□6 ★★ アルカンの燃焼に関する次の記述中の選択肢で，正しいものの組合せは [1★★] である。

一般式 C_nH_{2n+2} で示されるアルカンの 1mol を空気中で完全燃焼させると，[(a) n, (b) $2n$]〔mol〕の二酸化炭素(CO_2)と，[(c) $n+1$, (d) $2n+2$]〔mol〕の水(H_2O)が生成する。このとき，合計で $\left[(e)\dfrac{2n+1}{2}, (f)\dfrac{3n+1}{2}\right]$〔mol〕の酸素($O_2$)が消費される。

① (a), (c), (e)　② (a), (c), (f)　③ (a), (d), (e)
④ (a), (d), (f)　⑤ (b), (c), (e)　⑥ (b), (c), (f)
⑦ (b), (d), (e)　⑧ (b), (d), (f)　（日本大）

〈解説〉 $C_nH_{2n+2} + \frac{3n+1}{2} O_2 \longrightarrow nCO_2 + (n+1)H_2O$

(1) ②

□7 ★★ メタンは最小のアルカンであり，水分子がつくるカゴ状構造の中にメタンが入り込んで固化したものを [1★] と呼ぶ。これは北極圏の凍土層や海底に存在し，火をつけると燃えるので「燃える氷」とも呼ばれる。メタンは水田や沼などでメタン細菌によって生産され，大気中にわずかに含まれており，[2★★] 線を吸収し，地表から放射された熱を地表に戻して暖めるため，強力な [3★★] ガスとして作用し，その作用は同じ濃度の二酸化炭素と比べて強い。（同志社大）

(1) メタンハイドレート
(2) 赤外（せきがい）
(3) 温室効果（おんしつこうか）

□8 ★★ メタンは実験室では，[1★★]と水酸化ナトリウムを加熱して得られる。（同志社大）

(1) 酢酸(さくさん)ナトリウム CH_3COONa

〈解説〉メタンの製法

$CH_3COONa + NaOH \longrightarrow CH_4 + Na_2CO_3$

↓ 間をとると覚える!!

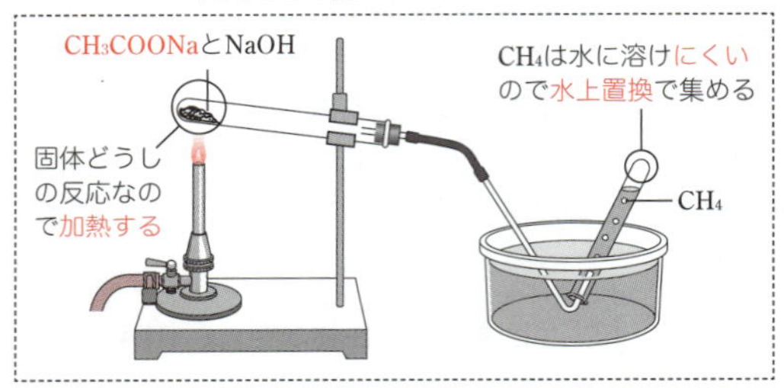

□9 ★★★ [1★★★]は天然ガスの主成分である。（東京薬科大）

(1) メタン CH_4

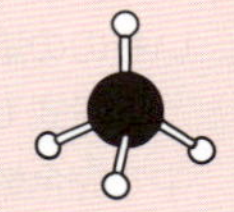

□10 ★ エタンの立体構造をすべての結合の方向がわかるように記せ。ただし，紙面上に存在する結合を実線――，紙面から後ろに突き出ている結合を破線---------，紙面から手前に突き出ている結合をくさび型▬で記せ。[1★]（大阪市立大）

(1) エタンの立体構造式（H₃C−CH₃，実線・破線・くさび型による表記）

［別 別の向きの立体構造式］

□11 ★★ C_2H_6 は2つの[1★★★]基が単結合で結ばれた分子構造をしている。このため C_2H_6 における2つの[1★★★]基は，2つの炭素原子間の結合を軸として，自由に[2★]することができる。（横浜国立大）

(1) メチル $-CH_3$
(2) 回転(かいてん)

□12 ★★ アルカンは，過マンガン酸カリウムなどの酸化剤とは反応しないが，塩素ガスと反応してクロロアルカンを生成する。ただし，この塩素化反応を開始するためには，アルカンと塩素ガスの混合物を加熱するか，[1★★]を照射しなければならない。（京都大）

(1) 光(ひかり)

□13 ★★★ アルカンは酸化剤，還元剤，酸，塩基などと反応しにくいが，光照射下で塩素 Cl_2 と反応して，水素原子が塩素原子に[1★★★]される。（京都大）

(1) 置換(ちかん)

□14 ★★★ 鎖状構造の飽和炭化水素を [1 ★★★] という。メタンは最も構造の簡単な [1 ★★★] で，[2 ★★★] 構造をしている。メタンと塩素の混合気体に光を当てると，[3 ★★★] 反応が進行して，水素が塩素に [3 ★★★] された化合物ができる。 （新潟大）

(1) アルカン
(2) 正四面体（せいしめんたい）
(3) 置換（ちかん）

〈解説〉置換反応

$$-\overset{|}{\underset{|}{C}}-H + Cl-Cl \xrightarrow{光} -\overset{|}{\underset{|}{C}}-Cl + H-Cl$$

H と Cl が置き換わる。

Cl_2 が十分にあると置換反応は次々に起こっていく。

$$CH_4 \xrightarrow[光]{Cl_2} CH_3Cl \xrightarrow[光]{Cl_2} CH_2Cl_2 \xrightarrow[光]{Cl_2} CHCl_3 \xrightarrow[光]{Cl_2} CCl_4$$

メタン　クロロメタン（塩化メチル）　ジクロロメタン（塩化メチレン）　トリクロロメタン（クロロホルム）　テトラクロロメタン（四塩化炭素）

□15 ★★★ メタンと十分な量の塩素の混合気体に光を照射すると，化合物 1，2，3 を経由して四塩化炭素が得られる。

$$メタン \xrightarrow[+Cl_2]{光} [1 ★★★] \xrightarrow[+Cl_2]{光} [2 ★★★] \xrightarrow[+Cl_2]{光} [3 ★★★] \xrightarrow[+Cl_2]{光} 四塩化炭素$$

（東京薬科大）

(1) クロロメタン CH_3Cl [別 塩化（えんか）メチル]
(2) ジクロロメタン CH_2Cl_2 [別 塩化（えんか）メチレン]
(3) トリクロロメタン $CHCl_3$ [別 クロロホルム]

□16 ★★★ アルカンは塩素と混合しただけでは反応せず，光を照射する必要がある。メタンと十分な量の塩素の混合物に光をあて続けると，[1 ★★★] 反応が進行して，最終的に塩化水素と [2 ★★★] を生じる。 （日本女子大）

(1) 置換（ちかん）
(2) テトラクロロメタン CCl_4 [別 四塩化炭素（しえんかたんそ）]

□17 ★ アルカンと塩素を混合し，光を照射すると，アルカン分子のなかの水素原子 1 個が塩素原子 1 個に置き換わる。この反応をモノ塩素化反応という。アルカンのモノ塩素化反応では，可能なすべての異性体が生成する。直鎖状アルカンであるペンタンのモノ塩素化反応で生成する異性体の数を記せ。[1 ★] （北海道大）

(1) 4

〈解説〉

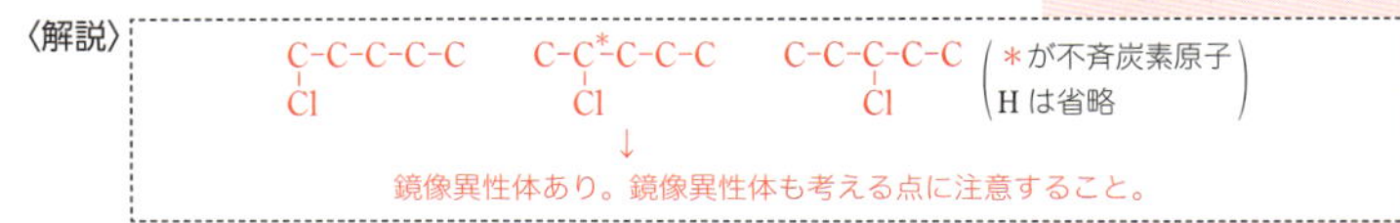

15 アルカン・アルケン・アルキン 1 アルカン

2 シクロアルカン

▼ANSWER

□1 ★★

シクロアルカンの性質は [1★★] に似ているが，その分子式は [2★★] のそれと同様に一般式 [3★★] をもつ。この場合，[1★★] の一般式 [4★★] の水素数に対して [2★★] のように不飽和度1として水素 [5★★] 個分を差し引く。一方，その構造式は，例えばメチルシクロヘキサンの構造式（図1）に対して，図2のように炭素と水素の原子名を省略する方法がある。シクロアルカンの誘導体には環を構成する炭素が [6★] である場合がある。例えば1,3−ジメチルシクロヘキサン（図2）の1位および3位の炭素は [6★] である。これはC1位を基準にして，C2位からC6位までの時計回りの構造と，逆にC6位からC2位までの反時計回りの構造が異なるからである。（札幌医科大）

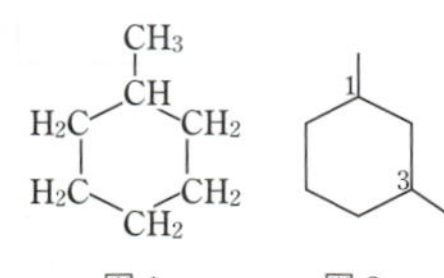

図1　図2

(1) アルカン
(2) アルケン
(3) C_nH_{2n}
(4) C_nH_{2n+2}
(5) 2
(6) 不斉炭素（原子）

□2 ★

C_3H_6 の異性体の構造式およびそれらの化合物名を書け。[1★]（慶應義塾大）

(1) $CH_2=CH-CH_3$
プロペン（プロピレン）

$$\begin{array}{c} CH_2 \\ / \quad \backslash \\ CH_2-CH_2 \end{array}$$

シクロプロパン

発展 □3 ★★

シクロヘキサンには，[1★★] 形や [2★★] 形とよばれる配座異性体が存在する。各々の異性体中の炭素原子の結合角は，いずれもメタンと同じ109.5°であるが，[1★★] 形は安定であるのに対し，[2★★] 形は非常に不安定である。そのため，室温ではシクロヘキサンの平衡混合物の99.9%以上が [1★★] 形として存在している。（埼玉大）

〈解説〉シクロヘキサンの構造

舟形：CH_2，CH_2-CH_2，CH_2，CH_2-CH_2

いす形：CH_2，CH_2，CH_2，CH_2，CH_2，CH_2

(1) いす
(2) 舟

3 石油

▼ANSWER

□1 ★★
地中から汲み上げられたままの石油を原油という。原油は分留により沸点の異なる成分に分けられる。沸点が30℃以下の成分は液化石油ガスとして利用される。沸点が35～180℃の成分は［1★★］といい，さらに精製すると自動車用エンジン燃料が得られる。沸点が170～250℃の成分は［2★］として家庭用燃料，沸点が240～350℃の成分は［3★］として自動車用エンジン燃料などに用いられる。分留の残油は［4★］として船舶用エンジン燃料などに用いられる。（新潟大）

(1) ナフサ［別 粗製(そせい)ガソリン］
(2) 灯油(とうゆ)
(3) 軽油(けいゆ)
(4) 重油(じゅうゆ)

□2 ★★
エネルギー資源の多様化が進んでいる。現在，日本の化学工業品の多くは，原油の分留精製物の一つで蒸留温度がおおよそ30～200℃である［1★★］を原料としている。これに対し，石油に代わる炭素源としてメタンに関心が高まっている。（慶應義塾大）

(1) ナフサ［別 粗製(そせい)ガソリン］

□3 ★★★
天然ガスの主成分は［1★★★］であり，都市ガスとして用いられている。（予想問題）

(1) メタン CH_4

□4 ★★
天然ガスを，冷却圧縮して液体にしたものを［1★★］という。（予想問題）

(1) 液化天然ガス(えきかてんねんガス)（LNG）

□5 ★★
プロパンやブタンは圧縮すると室温で凝縮し，［1★★］として，家庭用や工業用の燃料に利用されている。（東北大）

(1) 液化石油ガス(えきかせきゆガス)（LPG）

□6 ★
接触熱分解（クラッキング）とは，石油化学工業において，分子量が大きく沸点が［1★］炭化水素を，分子量が小さく沸点の［2★］炭化水素に変換することである。現在のわが国において，熱分解は必要不可欠な技術となっている。（工学院大）

(1) 高(たか)い
(2) 低(ひく)い

4 アルケン

▼ ANSWER

□1 ★★★ 炭素原子間二重結合を1個もつ鎖式不飽和炭化水素は [1 ★★★] と呼ばれ，一般式 C_nH_{2n} で表される。（弘前大）

(1) アルケン

□2 ★★★ アルケンは一般式 [1 ★★★] ($n \geqq 2$) で表される。$n=2$ のエチレンと $n=3$ のプロピレンは原油の精製で得られる。（秋田大）

(1) C_nH_{2n}

〈解説〉アルカン C_nH_{2n+2} から H が 2 個とれたものが，アルケンなので C_nH_{2n} となる。
名前➡アルカン(alkane)の語尾-ane を「エン(-ene)」にする。

アルカン(alkane)		アルケン(alkene)	系統名（よく使われる慣用名）
CH_3-CH_3	エタン ⟶	$CH_2=CH_2$	エテン（エチレン）
$CH_3-CH_2-CH_3$	プロパン ⟶	$CH_2=CH-CH_3$	プロペン（プロピレン）
$CH_3-CH_2-CH_2-CH_3$	ブタン ⟶	$^1CH_2={}^2CH-{}^3CH_2-{}^4CH_3$	1-ブテン
		$^1CH_3-{}^2CH={}^3CH-{}^4CH_3$	2-ブテン

二重結合の位置番号が小さくなるようにC骨格に番号をつける

補足 $^1CH_3-{}^2CH={}^3CH-{}^4CH_3$ 2-ブテンには，

トランス-2-ブテン（$^1CH_3$ と H が C_2 に，H と CH_3 が C_3 に反対側に結合）と シス-2-ブテン（$^1CH_3$ と $^4CH_3$ が同じ側）のシス-トランス異性体が存在する。

□3 ★★ C_2H_4 の2つの炭素原子間の [1 ★] の方が，C_2H_6 のそれよりも [2 ★] 。C_2H_6 とは異なり，C_2H_4 の構造は [3 ★★] である。（横浜国立大）

(1) 結合距離（けつごうきょり）
(2) 短い（みじか）
(3) 平面形（へいめんけい）［別 長方形（ちょうほうけい）］

〈解説〉

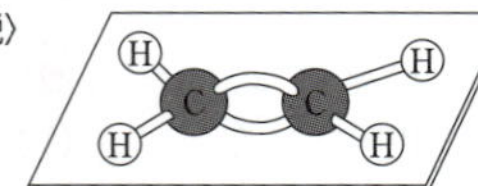

エチレン
すべての原子（Ⓒと Ⓗ）は常に同一平面上にある

□4 ★★ エチレンは工業的には原油中に含まれる [1 ★] の熱分解で合成される。実験室では，[2 ★★★] と濃硫酸の混合物を約170℃に加熱し発生させる。（法政大）

(1) ナフサ［別 粗製（そせい）ガソリン］
(2) エタノール C_2H_5OH

〈解説〉

$$H-\underset{H}{\overset{H}{C}}-\underset{OH}{\overset{H}{C}}-H \xrightarrow[\text{[}H_2SO_4\text{]}]{160\sim170℃} \begin{matrix}H\\H\end{matrix}{>}C=C{<}\begin{matrix}H\\H\end{matrix} + H_2O$$

エタノール（H OH → H_2O がとれる）　分子内脱水　エチレン

$CH_2=CH_2$ の製法

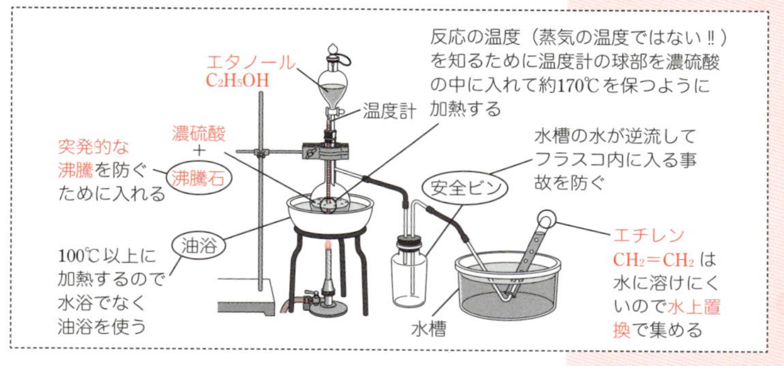

□5 ★★ エチレンやプロペン（プロピレン）を臭素水に通じると，臭素が付加して，エチレンは [1★★] に，プロペン（プロピレン）は [2★★] になる。（東京女子大）

〈解説〉付加反応（Br_2 の付加は触媒なしで進行する）

$$>C=C< + X-Y \longrightarrow -\underset{X}{\overset{|}{C}}-\underset{Y}{\overset{|}{C}}-$$

（C=C：切れる）（X-Y：切れる）（付加する）

(1) 1,2-ジブロモエタン $\underset{Br}{CH_2}-\underset{Br}{CH_2}$

(2) 1,2-ジブロモプロパン $\underset{Br}{CH_2}-\underset{Br}{CH}-CH_3$

□6 ★★★ エチレンを赤褐色の臭素水に通すと臭素水の色は [1★★★] となる。（群馬大）

(1) 無色

□7 ★★★ エチレンの [1★★★] 結合への [2★★★] 反応は，[3★★★] を用いた場合は触媒がなくとも進行するが，[4★★★] を用いた場合は白金などの触媒が必要となる。（横浜国立大）

〈解説〉

$$H_2C=CH_2 + H-H \xrightarrow[\text{付加}]{[Pt]\text{または}[Ni]} H-\underset{H}{\overset{H}{C}}-\underset{H}{\overset{H}{C}}-H$$

(1)（炭素-炭素間）二重
(2) 付加
(3) 臭素 Br_2
(4) 水素 H_2

発展 □8 ★ 「二重結合している炭素のうち，結合している水素原子が [1★] 方の炭素に水素が付加しやすい」という経験則はマルコフニコフの法則とよばれる。（札幌医科大）

〈解説〉

$$CH_2=CH-CH_3 \xrightarrow[\text{付加}]{H_2O} \underset{H}{CH_2}-\underset{OH}{CH}-CH_3 \text{（主生成物）},\quad \underset{OH}{CH_2}-\underset{H}{CH}-CH_3 \text{（副生成物）}$$

（CH_2：H2個と結合）（CH：H1個と結合）

(1) 多い

□9 ★★
リン酸を触媒として用いて高温高圧下でエチレンに水蒸気を作用させると，[1 ★★] が合成される。塩化パラジウム（Ⅱ）と塩化銅（Ⅱ）を触媒として用いてエチレンを酸化すると，酢酸の合成原料となる [2 ★★] が得られる。 （秋田大）

(1) エタノール
CH_3-CH_2-OH
(2) アセトアルデヒド
$CH_3-C(=O)-H$

〈解説〉 $CH_2=CH_2+H_2O \xrightarrow{[H_3PO_4]} CH_2(H)-CH_2(OH)$ エタノール

$2CH_2=CH_2+O_2 \xrightarrow{[PdCl_2+CuCl_2]} 2CH_3-C(=O)-H$ アセトアルデヒド

発展 □10 ★★
アルケンを低温でオゾン O_3 と反応させると，C=C 結合が完全に切れてオゾニドと呼ばれる不安定な化合物を生成する。オゾニドを亜鉛などの還元剤とともに加水分解すると，アルデヒドまたはケトン（カルボニル化合物）を生成する。この一連の反応をオゾン分解という。

2-メチル-2-ペンテンをオゾン分解するとき，生成する有機化合物は [1 ★★] と [2 ★★]（順不同）になる。

$$R^1R^2C=CR^3H \xrightarrow{O_3} \text{オゾニド} \xrightarrow[\text{Zn}]{\text{加水分解}} R^1R^2C=O + O=CR^3H$$

アルケン　オゾニド　ケトン　アルデヒド　（R^1〜R^3 はアルキル基）

（東京薬科大）

(1) アセトン
$CH_3-C(=O)-CH_3$
(2) プロピオンアルデヒド
$CH_3-CH_2-C(=O)-H$

〈解説〉C=C を切断し，O をつなぐ。

$$CH_3-C(CH_3)=CH-CH_2-CH_3 \xrightarrow{\text{オゾン分解}} (CH_3)_2C=O + O=C(H)-CH_2-CH_3$$

2-メチル-2-ペンテン

発展 □11 ★
酸化力の強い酸性の過マンガン酸カリウム水溶液を用いて 2-メチル-2-ブテンを酸化すると，[1 ★] と [2 ★]（順不同）が生成する。 （横浜国立大）

(1) アセトン
$CH_3-C(=O)-CH_3$
(2) 酢酸（さくさん）
$CH_3-C(=O)-OH$

〈解説〉アルケンをオゾン分解したときに得られる化合物を考え，その中でアルデヒド基（ホルミル基）をもつものがあれば，カルボキシ基に酸化することで生成物が予想できる。

$$(CH_3)_2C=C(H)CH_3 \xrightarrow[\text{Oをつなぐ}]{\text{まず，C=Cを切断し，}} (CH_3)_2C=O + \left(O=C(H)CH_3\right) \xrightarrow[\text{−COOH に酸化}]{\text{次に，−CHO を}} O=C(OH)CH_3$$

2-メチル-2-ブテン　アセトン　酢酸

5 アルキン

▼ ANSWER

□1 ★★★ アセチレン(エチン)やプロピンのように，炭素原子間に三重結合をひとつ含む鎖式不飽和炭化水素をアルキンという。アルキンの分子式は，炭素原子の数を n ($n \geqq 2$) として，一般式 [1 ★★★] で表される。（法政大）

(1) C_nH_{2n-2}

〈解説〉アルカン C_nH_{2n+2} から H が 4 個とれたものが，アルキンなので $C_nH_{2n+2-4} = C_nH_{2n-2}$ となる。

名前➡アルカン(alkane)の語尾-ane を「イン(-yne)」にする。

アルカン(alkane)			アルキン(alkyne)	
CH_3-CH_3	エタン	⟶	$CH \equiv CH$	エチン(アセチレン)
$CH_3-CH_2-CH_3$	プロパン	⟶	$CH \equiv C-CH_3$	プロピン

系統名　慣用名

□2 ★★ アセチレン分子は，[1 ★★] 構造をとっている。（法政大）

(1) 直線（ちょくせん）

〈解説〉$H-C \equiv C-H$

□3 ★★ エタン，エチレン，アセチレンにおいて，炭素原子間の結合距離が一番長いものは，[1 ★★] になる。（鹿児島大）

(1) エタン CH_3-CH_3

〈解説〉炭素-炭素結合距離

エタン H_3C-CH_3 ＞ エチレン $H_2C=CH_2$ ＞ アセチレン $H-C \equiv C-H$

□4 ★★ アセチレンは，無色・無臭の気体であり，工業的にはナフサの熱分解により合成され，[1 ★★] に [2 ★★] を作用させることでも生成する。（明治大）

(1) 炭化（たんか）カルシウム CaC_2 [別(カルシウム)カーバイド]
(2) 水（みず） H_2O

〈解説〉$CaC_2 + 2H_2O \longrightarrow H-C \equiv C-H + Ca(OH)_2$

CH≡CH の製法

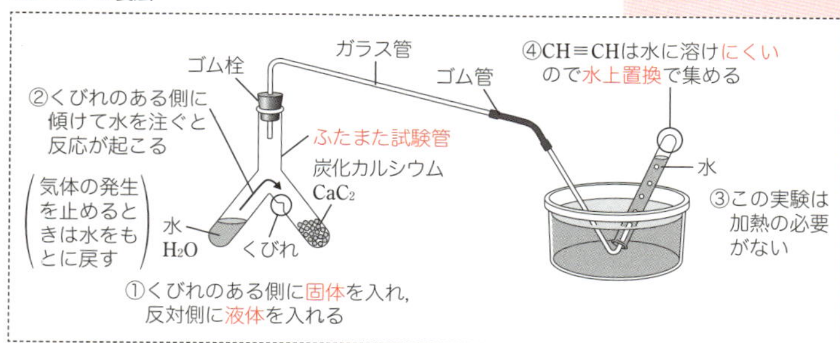

□5 ★★★

[1★★] カルシウムをコークスとともに約2,000℃で反応させると，[2★★] が生成する。[2★★] と水を反応させると常温常圧では気体状態の [3★★★] が生成するが，この反応においては [3★★★] とともに [4★★★] カルシウムが生成する。（東京海洋大）

〈解説〉$CaO + 3C \longrightarrow CaC_2 + CO$
$CaC_2 + 2H_2O \longrightarrow H-C\equiv C-H + Ca(OH)_2$

(1) 酸化（さんか）
(2) 炭化カルシウム（たんか）
CaC_2 [㊀(カルシウム)カーバイド]
(3) アセチレン
$CH\equiv CH$
(4) 水酸化（すいさんか）

□6 ★

アセチレンは燃焼の際に多量の熱を発するので，[1★] として鉄材の切断などに用いられる。（早稲田大）

〈解説〉アセチレンは燃焼熱が大きく，完全燃焼させると高温の炎を生じるため金属の溶接や切断に用いられる。

(1) 酸素アセチレン炎（さんそ，えん）

□7 ★★★

アセチレンは [1★★★] 反応を起こしやすい。例えば，白金やニッケルを触媒としてアセチレンに水素を反応させると，[2★★] を経て [3★★] になる。（鳥取大）

〈解説〉

$$H-C\equiv C-H \xrightarrow[\text{触媒 (Pt または Ni)}]{H-H} H_2C=CH_2 \xrightarrow[\text{触媒 (Pt または Ni)}]{H-H} H_3C-CH_3$$

アセチレン　エチレン　エタン

(1) 付加（ふか）
(2) エチレン
$H_2C=CH_2$
(3) エタン
H_3C-CH_3

□8 ★★

プロピンは慣用名をメチルアセチレンといい，触媒存在下で，段階的水素の付加反応を行うと，気体 [1★★] を経て気体 [2★★] となる。（宮崎大）

〈解説〉

$$CH_3-C\equiv C-H \xrightarrow[\text{触媒}]{H-H} CH_3-CH=CH_2 \xrightarrow[\text{触媒}]{H-H} CH_3-CH_2-CH_3$$

プロピン　プロペン　プロパン

(1) プロペン(プロピレン)
$CH_3-CH=CH_2$
(2) プロパン
$CH_3-CH_2-CH_3$

□9 ★★★

アセチレンは，[1★★★] を1つ含む最も小さい炭化水素であり，赤褐色の臭素水を無色にする。（名古屋大）

〈解説〉Br_2 が付加し，脱色する。

(1) (炭素-炭素間)三重結合（たんそ-たんそかん，さんじゅうけつごう）

□10 ★★ アセチレン1分子に臭素2分子が付加すると化合物 1★★ が，アセチレン1分子にシアン化水素1分子が付加すると化合物 2★★ が生じる。（同志社大）

(1) 1, 1, 2, 2-テトラブロモエタン
$Br-CH(Br)-CH(Br)-Br$

(2) アクリロニトリル
$CH_2=CH-CN$

〈解説〉
$H-C\equiv C-H \xrightarrow{Br-Br} H-C(Br)=C(Br)-H \xrightarrow{Br-Br} Br-C(H)(Br)-C(H)(Br)-Br$

$H-C\equiv C-H \xrightarrow{H-CN} H-C(H)=C(CN)-H$

□11 ★★★ 塩化水銀（Ⅱ）を触媒にして，アセチレンに塩化水素を付加させると 1★★★ が得られる。また，触媒を用いて 1★★★ を重合させると 2★★ が得られる。（大阪大）

(1) 塩化(えんか)ビニル
$CH_2=CH-Cl$

(2) ポリ塩化(えんか)ビニル
$[CH_2-CH(Cl)]_n$

〈解説〉
$H-C\equiv C-H \xrightarrow[\text{[HgCl}_2\text{]}]{H-Cl} H-C(H)=C(Cl)-H$ $\xrightarrow{\text{付加重合}}$ $[CH_2-CH(Cl)]_n$

塩化ビニル　　ポリ塩化ビニル

□12 ★★★ アセチレンに酢酸亜鉛を触媒にして酢酸を付加させると分子式 $C_4H_6O_2$ で表される化合物 1★★★ が生じる。これを適当な圧力と温度の下で別の触媒を用いて反応させると合成繊維や塗料，接着剤として用いられる高分子化合物 2★★ が得られる。（日本女子大）

(1) 酢酸(さくさん)ビニル
$CH_2=CH-OCOCH_3$

(2) ポリ酢酸(さくさん)ビニル
$[CH_2-CH(OCOCH_3)]_n$

□13 ★★ アセチレンに硫酸水銀（Ⅱ）触媒下で水を付加させると 1★★ が生じる。 1★★ は不安定であり， 2★★ に変化する。この反応は可逆反応であり，平衡は 2★★ の方に大きく傾いている。（京都府立大）

(1) ビニルアルコール
$CH_2=CH-OH$

(2) アセトアルデヒド
$CH_3-C(=O)-H$

〈解説〉
$H-C\equiv C-H \xrightarrow[\text{[Hg}^{2+}\text{]}]{H-O-H} H-C(H)=C(OH)-H$ $\underset{\text{分子内転位}}{\rightleftarrows}$ $H-C(H)(H)-C(=O)-H$

ビニルアルコール(不安定)　　アセトアルデヒド

□14 ★
硫酸水銀(Ⅱ) $HgSO_4$ を触媒としてプロピンに水を付加させると，主生成物 [1★] が得られる。(大阪市立大)

(1) アセトン
$CH_3-\underset{\|}{C}-CH_3$ 　O

〈解説〉

$CH_3-C\equiv C-H \xrightarrow[\text{マルコフニコフの法則}]{H_2O} CH_3-C(OH)=CH(H)$ (不安定) $\xrightleftharpoons{\text{異性化}} CH_3-C(=O)-CH_3$ アセトン

発展 □15 ★
アンモニア性硝酸銀溶液にアセチレンガスを通じると白色の沈殿 [1★] を生成する。(早稲田大)

(1) 銀(ぎん)アセチリド
$Ag-C\equiv C-Ag$

〈解説〉 $H-C\equiv C-H \xrightarrow{[Ag(NH_3)_2]^+} Ag-C\equiv C-Ag\downarrow$ (白)

□16 ★★★
[1★★★] を赤熱した鉄と接触させると，[2★★] が生じる。[2★★] は，[1★★★] と同じ組成式で表される化合物で特有のにおいをもつ無色の液体である。(新潟大)

(1) アセチレン
$H-C\equiv C-H$
(2) ベンゼン

〈解説〉触媒として，赤熱した鉄管や石英管を使う。

3分子の $H-C\equiv C-H$ $\xrightarrow{\text{3分子重合}}$ C_6H_6 つまり ベンゼン

□17 ★★
銅(Ⅰ)イオンを触媒として2分子のアセチレンを反応させると C_4H_4 の分子式を有する鎖式炭化水素化合物 [1★] が得られる。[1★] に塩化水素を付加させると，[2★★] が得られ，[2★★] を付加重合させるとポリクロロプレン(クロロプレンゴム)とよばれる高分子化合物 [3★] が得られる。(名古屋大)

(1) ビニルアセチレン
$CH_2=CH-C\equiv CH$
(2) クロロプレン
[㊙2-クロロ-1,3-ブタジエン]
$CH_2=CH-C(Cl)=CH_2$
(3) $\left[CH_2-CH=C(Cl)-CH_2\right]_n$

〈解説〉

$H-C\equiv C-H \xrightarrow[\text{2分子重合}]{H-C\equiv C-H} H-C(H)=C(C\equiv C-H)-H$ ビニルアセチレン

$\xrightarrow[\text{付加}]{HCl}$ (マルコフニコフ則) $CH_2=CH-C(Cl)=C(H)-H$ クロロプレン

第16章 アルコールとエーテル

1 アルコール R－OH

▼ ANSWER

□1 ★★★ [1 ★★]分子の水素原子が[2 ★★★]基で置換された化合物をアルコールという。（埼玉大）

(1) アルカン
(2) ヒドロキシ －OH

〈解説〉アルコール　R－OH
名前➡アルカン(alkane)の語尾 - ane の e を「オール(ol)」にする。

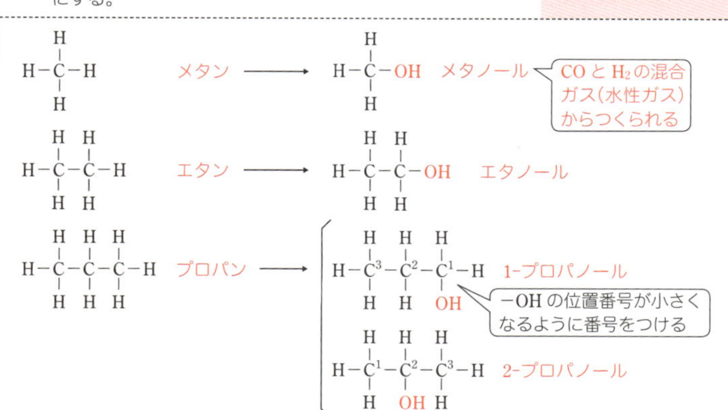

□2 ★★★ アルコールの[1 ★★★]基は水溶液中で電離しにくいので，水溶液は[2 ★★★]性である。（弘前大）

(1) ヒドロキシ －OH
(2) 中（ちゅう）

□3 ★★★ 有機化合物のうち，[1 ★★★]基を有する化合物は，アルコールやフェノール類とよばれ，エタノールやクレゾールなどがある。（群馬大）

(1) ヒドロキシ －OH

〈解説〉
CH_3-CH_2-OH
エタノール

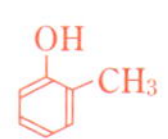

o-クレゾール

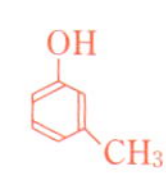

m-クレゾール

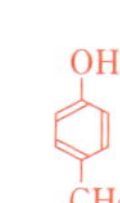

p-クレゾール

発展 □4 ★★ 有機化合物中の原子に対しては，次の手順で酸化数が求められる。まず，その原子がつくる各結合について，その結合に関わる電子対を [1★★] の大きな方がすべて所有すると考えて電子数を決める。[1★★] が等しい原子には電子を均等に割り振る。この方法で決めた電子数を，その原子が通常の原子の状態で持つ最外殻電子数から差し引いた結果を酸化数とする。エタノールに含まれる2つのC原子の酸化数は，値の小さい方が [2★]，大きい方が [3★] である。

（青山学院大）

(1) 電気陰性度
(2) −3
(3) −1

〈解説〉電気陰性度の大きな原子の方に電子が完全に移動したと仮定して求めるとよい。
電気陰性度の順は，O＞C＞H なので，

H:C:C:O:H（各Cに H が上下に結合）　—酸化数を求める→　H+1, C −3, C −1, O −2, H+1（各Hは+1）

（・や・はCの電子，× はHの電子，▲はOの電子）
（CとCは電気陰性度が同じなので1個ずつ割り振る）

□5 ★★★ 一般にアルコールの水への溶解度は，[1★★] が小さく，分子中の [2★★] の数が多いほど大きくなり，[3★★] の部分が大きくなるにつれて低くなる。アルコールが水に溶けるのは両者が分子間の水素結合によって引き合うためである。その原因は [2★★] の [4★★] 原子と [5★★] 原子間の [6★★★] の違いによって [7★★★] が [4★★] 原子に強く引きつけられていることによる。

（札幌医科大）

(1) 分子量
(2) ヒドロキシ基 −OH
(3) アルキル基 [炭化水素基]
(4) 酸素 O
(5) 水素 H
(6) 電気陰性度
(7) 共有電子対

〈解説〉

CH_3-OH	CH_3-CH_2-OH	$CH_3-CH_2-CH_2-OH$	$CH_3-CH_2-CH_2-CH_2-OH$
メタノール	エタノール	プロパノール	1-ブタノール
		水に∞に溶ける	水に溶けにくい

−OH 1個あたりCが3個までは水によく溶ける。

$R-O^{\delta-}$ ……… $^{\delta+}H-O^{\delta-}$（O にはそれぞれ $H^{\delta+}$ が結合）
水素結合

□6 ★★ メタノールは，主に天然ガス中のメタンから合成される。まず，メタンと水蒸気を高圧で反応させて [1★★] と水素の混合物とし，これを酸化亜鉛を主体とする触媒を用いてメタノールに変換する。

（慶應義塾大）

〈解説〉 $CH_4 + H_2O \longrightarrow CO + 3H_2$，$\underbrace{CO + 2H_2}_{\text{水性ガス(合成ガス)}} \xrightarrow[\text{[ZnO]}]{} CH_3OH$

(1) 一酸化炭素(いっさんかたんそ) CO

□7 ★★★ エタノールは，古くから酒造で利用されている。酵母菌のもつ10数種類の酵素からなる酵素群である [1★★★] のはたらきでグルコースはエタノールと [2★★★] に分解される。この過程を [3★★★] といい，1mol のグルコースから [4★★] mol のエタノールを生じる。

（宮崎大）

〈解説〉 $\underset{\text{グルコース}}{C_6H_{12}O_6} \xrightarrow{\text{チマーゼ}} \underset{\text{エタノール}}{2C_2H_5OH} + 2CO_2$（アルコール発酵）

(1) チマーゼ
(2) 二酸化炭素(にさんかたんそ) CO_2
(3) アルコール発酵(はっこう)
(4) 2

□8 ★★ 合成エタノールは [1★★] に水を付加させて作られる。

（電気通信大）

〈解説〉 $\underset{\text{エチレン}}{CH_2{=}CH_2} \xrightarrow[\text{触媒}]{H\text{-}O\text{-}H} \underset{\text{エタノール}}{\underset{H\quad\ \ OH}{CH_2-CH_2}}$（付加反応）

(1) エチレン $CH_2{=}CH_2$

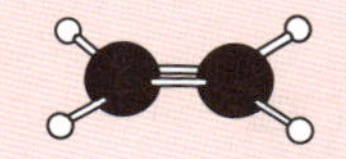

□9 ★★★ アルコールの分子中に [1★★★] 基が1個のものを [2★★★] アルコール，2個以上のものを [3★] アルコールと総称する。また，アルコールは，[1★★★] 基の結合している炭素原子に，他の炭素原子（アルキル基）が1個，2個，3個結合しているかによって，それぞれ [4★★★] アルコール，[5★★★] アルコール，[6★★★] アルコールに分類される。

（弘前大）

〈解説〉 ①価数による分類：−OH の数で分類。
②級数による分類：−OH が結合している C 原子の様子で分類。
−OH が結合している C 原子に n 個の C 原子が結合しているアルコールを第 n 級アルコールという。

(1) ヒドロキシ −OH
(2) 一価(いっか)
(3) 多価(たか)
(4) 第一級(だいいっきゅう)
(5) 第二級(だいにきゅう)
(6) 第三級(だいさんきゅう)

□10 ★★ エタノールは [1★★] 価アルコールに，油脂のけん化により得られるグリセリンは [2★★] 価アルコールに分類される。（日本女子大）

(1) 1
(2) 3

〈解説〉$C_3H_5(OH)_3$ グリセリン

□11 ★★ 分子式の一般式が $C_nH_{2n+2}O$ の一価アルコールでは，n が 1 および 2 のときには異性体は存在しないが，n が 3 以上になると複数の構造異性体が存在する。分子式が $C_4H_{10}O$ の一価アルコールでは，[1★★] 種類の構造異性体が存在する。（埼玉大）

(1) 4

〈解説〉$C_4H_{10}O$ の一価アルコール

C−C−C−C(−OH) 第一級　C−C−C*(−OH)−C 第二級　C−C(−C)−C(−OH) 第一級　C−C(−C)(−OH)−C 第三級
（＊が不斉炭素原子　H は一部省略）

級数を手早く見つける方法

$CH_3-CH_2-CH_2-CH_2-OH$　第一級は C 骨格のはじに−OH がついている。
$CH_3-CH_2-CH(OH)-CH_3$　第二級は C 骨格の途中に−OH がついている。
$CH_3-C(CH_3)(OH)-CH_3$　第三級は C 骨格の枝分かれ部分に−OH がついている。

□12 ★★★ 分子間での [1★★★] の形成のしやすさがアルコールの沸点に大きく影響する。つまり，−OH 基が結合している炭素原子に多くのアルキル基が結合していると立体障害が大きくなり，分子間で [1★★★] を形成しにくくなる。よって，第 [2★★] 級アルコールの沸点は低くなり，立体障害が小さくなる第 [3★★] 級，第 [4★★] 級の順に沸点が高くなっていく。また，同じ級数のアルコールでは [5★★] に近い方が分子どうしが接近しやすくなり沸点が高くなる。（予想問題）

(1) 水素結合（すいそけつごう）
(2) 三（さん）
(3) 二（に）
(4) 一（いっ）
(5) 直鎖（ちょくさ）

〈解説〉$C_4H_{10}O$ のアルコールの沸点

	$CH_3-CH_2-CH_2-CH_2-OH$（直鎖）		$CH_3-CH(CH_3)-CH_2-OH$（分枝）		$CH_3-CH_2-CH(OH)-CH_3$		$CH_3-C(CH_3)(OH)-CH_3$
	1-ブタノール		2-メチル-1-プロパノール		2-ブタノール		2-メチル-2-プロパノール
沸点	118℃	＞	108℃	＞	99℃	＞	83℃
	第一級		第一級		第二級		第三級

□13 ★★ 分子式が $C_5H_{12}O$ の構造異性体のうち，第二級アルコールは [1 ★★] 種類考えられる。（千葉工業大）

(1) 3

〈解説〉C 骨格の途中に OH があるものを探す。

C−C−C−C*−C（OH）　C−C−C−C−C（中央のCにOH）　C−C*（OH）−C（C）−C
（＊が不斉炭素原子　H は一部省略）

□14 ★★ $C_5H_{12}O$ の分子式の化合物で，不斉炭素をもたない第二級アルコールは [1 ★★] 種類ある。（自治医科大）

(1) 1

〈解説〉C 骨格の途中に OH があるものから探す。

C−C−C−C*−C（OH）　C−C−C−C−C（中央のCにOH ←コレ）　C−C*（OH）−C（C）−C
（＊が不斉炭素原子　H は一部省略）

□15 ★★★ ナトリウムと反応して水素を発生する官能基の名称を一つあげよ。[1 ★★★]（東京大）

(1) ヒドロキシ基 [(別)カルボキシ基，スルホ基など]

〈解説〉2ROH ＋ 2Na ⟶ 2RONa ＋ H_2
アルコール　ナトリウムアルコキシド

□16 ★★★ エタノールはナトリウムと反応して [1 ★★★] を発生する。（福井工業大）

(1) 水素 H_2

〈解説〉$2C_2H_5OH$ ＋ 2Na ⟶ $2C_2H_5ONa$ ＋ H_2
エタノール　ナトリウムエトキシド
エーテルは，H_2 を発生しない。

□17 ★★★ エタノールに濃硫酸を加え 130℃で熱すると [1 ★★★] を，160℃以上では [2 ★★★] を生じる。前者を分子間 [3 ★★★] 反応，後者を分子内 [3 ★★★] 反応という。（金沢大）

(1) ジエチルエーテル $C_2H_5-O-C_2H_5$
(2) エチレン $CH_2=CH_2$
(3) 脱水

〈解説〉

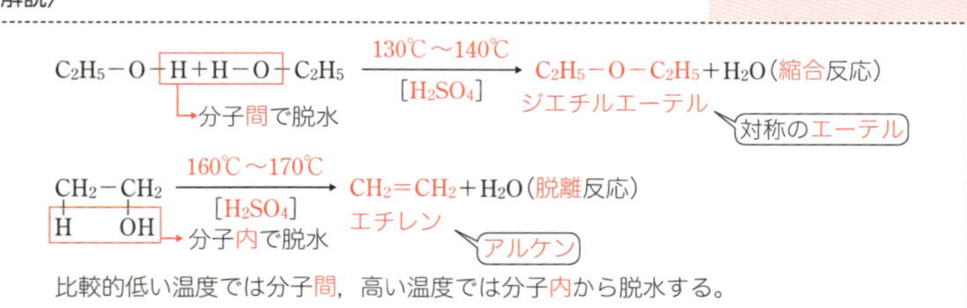

□18 ★★★ エタノールと濃硫酸の混合物を130℃に加熱すると2分子間で脱水反応が起こり [1 ★★★] を生じる。(秋田大)

(1) ジエチルエーテル $C_2H_5-O-C_2H_5$

〈解説〉

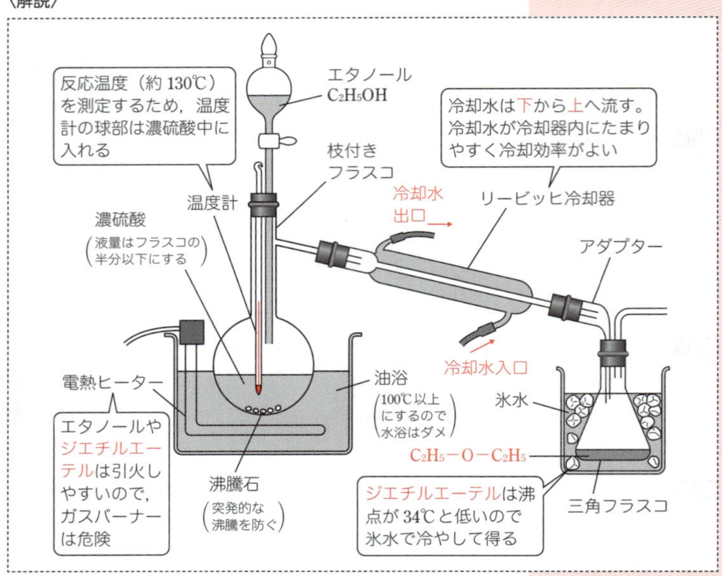

□19 ★ メタノールに酸を加えて脱水縮合させると，[1 ★] が得られる。(慶應義塾大)

(1) ジメチルエーテル CH_3-O-CH_3

〈解説〉メタノールは分子間脱水しか起こせない。

$$CH_3-O-\boxed{H + H-O}-CH_3 \xrightarrow[\text{[}H_2SO_4\text{]}]{} CH_3-O-CH_3 + H_2O$$

ジメチルエーテル

□20 ★★ 石油化学工業の原料として重要なエチレンは [1 ★] を熱分解して製造されている。エタノールと [2 ★★] の混合物を約170℃に加熱しても合成することができる。(慶應義塾大)

(1) ナフサ［別 粗製(そせい)ガソリン］
(2) 濃硫酸(のうりゅうさん) H_2SO_4

□21 ★ 1-ブタノール ($CH_3CH_2CH_2CH_2OH$) からは1種類のアルケンが生じる。その構造式を書け。[1 ★] (同志社大)

(1) $CH_3-CH_2-CH=CH_2$

□22 ★★★ 酸化すると，第一級アルコールは 1★★★ を経て 2★★★ に，第二級アルコールは 3★★★ に変換されるが，第三級アルコールは酸化されにくい。（金沢大）

(1) アルデヒド
(2) カルボン酸（さん）
(3) ケトン

〈解説〉

第一級アルコール：$-\overset{|}{\underset{|}{C}}-\overset{H}{\underset{H}{C}}-O-H$ —(−2H／酸化)→ アルデヒド：$-\overset{|}{\underset{|}{C}}-\underset{\|O}{C}-H$ —(さらに酸化)→ カルボン酸：$-\overset{|}{\underset{|}{C}}-\underset{\|O}{C}-O-H$ （Cの数は変化しない）

Hを2個とる　　Oが1個入る

第二級アルコール：$-\overset{|}{\underset{|}{C}}-\overset{-C-}{\underset{H}{C}}-O-H$ —(−2H／酸化)→ ケトン：$-\overset{|}{\underset{|}{C}}-\underset{\|O}{C}-\overset{|}{\underset{|}{C}}-$ （Cの数は変化しない）

Hを2個とる

第三級アルコール：$-\overset{|}{\underset{|}{C}}-\overset{-C-}{\underset{-C-}{C}}-OH$ ——→ 酸化されにくい

□23 ★★★ エタノールを酸化すると 1★★★ を経て刺激臭のある液体 2★★★ が生成する。（熊本大）

(1) アセトアルデヒド
$CH_3-\underset{\|O}{C}-H$
(2) 酢酸（さくさん）
$CH_3-\underset{\|O}{C}-OH$

〈解説〉

CH_3-CH_2-OH —酸化→ $CH_3-C\begin{smallmatrix}=O\\ \diagdown H\end{smallmatrix}$ —酸化→ $CH_3-C\begin{smallmatrix}=O\\ \diagdown O-H\end{smallmatrix}$

エタノール　第一級アルコール　　アセトアルデヒド　　酢酸

□24 ★★ 酸化するとケトンを生じる分子式 C_3H_8O の化合物は 1★★ 。（福井工業大）

(1) 2-プロパノール
$CH_3-\underset{|OH}{CH}-CH_3$

〈解説〉第二級アルコールを探す。

□25 ★★★ エタノールと酢酸の混合物に 1★★ を加え加熱すると果実のような芳香をもつ 2★★★ が生じる。このような脱水縮合反応を 3★★★ という。（福井工業大）

(1) 濃硫酸（のうりゅうさん） H_2SO_4
(2) 酢酸エチル（さくさん）
$CH_3COOC_2H_5$
(3) エステル化（か）

〈解説〉

$$CH_3-\underset{}{\overset{O}{\overset{\|}{C}}}-O-H + H-O-C_2H_5 \overset{[H_2SO_4]\ エステル化}{\rightleftarrows} CH_3-\overset{O}{\overset{\|}{C}}-O-C_2H_5+H_2O$$

H_2O がとれる

酢酸　　エタノール　　酢酸エチル

16 アルコールとエーテル 1 アルコール R−OH

2 エーテル R−O−R′

▼ANSWER

□1 ★★★ 酸素原子Oに2つの炭化水素基が結合した化合物を［1★★★］という。（浜松医科大）

〈解説〉CH_3-O-CH_3 ジメチルエーテル　$C_2H_5-O-C_2H_5$ ジエチルエーテル

(1) エーテル

□2 ★★ ジエチルエーテルは，水に溶け［1★］揮発性の液体で，引火性が［2★★］，麻酔作用がある。（東京理科大）

(1) にくい
(2) 強く（あり）

□3 ★★★ 酸素原子に2個の炭化水素基が結合した構造をもつエーテルは，アルコールの構造異性体である。同じ分子式をもつエーテルと一価アルコールでは，その性質に違いがある。例えば，一価アルコールは［1★★★］と反応して水素を発生するが，同じ分子式をもつエーテルは反応しない。（埼玉大）

〈解説〉$2C_2H_5OH + 2Na \longrightarrow 2C_2H_5ONa + H_2$
$CH_3-O-CH_3 + Na$ ─×→ 反応しない

(1) ナトリウム Na［例カリウム K など］

□4 ★★★ ジエチルエーテルは分子式［1★★★］の，常温で液体の化合物で，その密度は水より［2★★］い。また，［3★★★］作用を有し，古くは手術に際して用いられていたこともある。同炭素数のアルコールが金属ナトリウムと反応し，気体の［4★★★］を発生するのに対し，ジエチルエーテルは金属ナトリウムと反応しない。また，同炭素数のアルコールに比べて沸点は［5★★★］い。（富山大）

(1) $C_4H_{10}O$
(2) 小さ
(3) 麻酔
(4) 水素 H_2
(5) 低
※アルコールは分子間で水素結合を形成するが，エーテルは形成しない。

発展 □5 ★★ リン酸触媒のもと，加熱・加圧して，エチレンに水蒸気を付加させると，［1★★★］が生成する。［1★★★］に金属ナトリウムを加えると，［2★★］が生じる。また，［2★★］にヨウ化メチルを作用させると，［3★］が生じる。（千葉工業大〈改〉）

〈解説〉
C_2H_5OH（エタノール）$\xrightarrow{Na}$ C_2H_5ONa（ナトリウムエトキシド）＋ H_2
$C_2H_5ONa \xrightarrow{CH_3I} C_2H_5-O-CH_3$（エチルメチルエーテル）

(1) エタノール C_2H_5OH
(2) ナトリウムエトキシド C_2H_5ONa
(3) エチルメチルエーテル $C_2H_5-O-CH_3$

第17章 アルデヒドとケトン

1 アルデヒド R−CHO

▼ ANSWER

□1 ★★

ホルムアルデヒドは，［1★］の分子式をもち，刺激臭のある無色の［2★］である。水によく溶け，ホルムアルデヒドの37%以上の水溶液は［3★★］とよばれ，消毒剤や防腐剤に用いられる。ホルムアルデヒドは主にメタノールの［4★★★］によって合成される。

　ホルムアルデヒドは高分子化合物の原料にも使われている。このようにホルムアルデヒドは工業的に非常に重要な物質であるが，人体に対して有毒な物質でもある。また建材に使われる合成樹脂から発散するホルムアルデヒドは，シックハウス症候群の原因物質の一つとして問題になっている。（福岡大）

(1) CH_2O
(2) 気体（きたい）
(3) ホルマリン
(4) 酸化（さんか）

〈解説〉

H−C−H（C=O）　ホルムアルデヒド

H−C(H)(H)−O−H（→2H がとれる）　メタノール　—酸化→　H−C(=O)−H　ホルムアルデヒド

□2 ★★★

ガスバーナーで加熱して表面が黒くなった銅線を，試験管に入れたメタノールに近づけた。メタノールとは異なる刺激臭がして，銅線が元の光沢のある赤みを帯びた色に戻ったことで，［1★★★］の生成を確認できた。（福岡大）

(1) ホルムアルデヒド HCHO

〈解説〉CuO が還元されて，メタノールが酸化される。

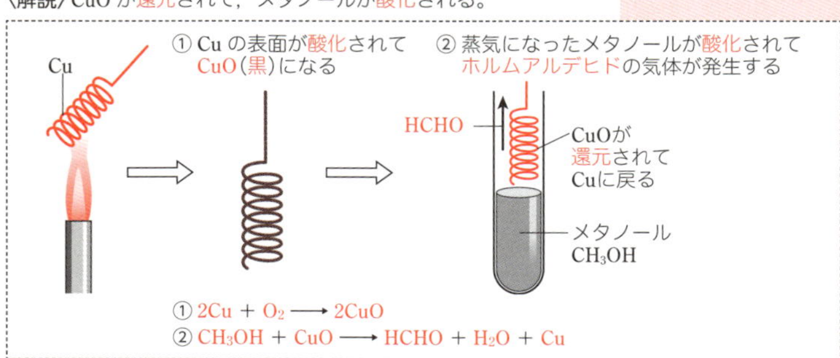
Cu
① Cu の表面が酸化されて CuO(黒)になる
② 蒸気になったメタノールが酸化されて ホルムアルデヒドの気体が発生する
HCHO
CuOが還元されてCuに戻る
メタノール CH_3OH
① $2Cu + O_2 \longrightarrow 2CuO$
② $CH_3OH + CuO \longrightarrow HCHO + H_2O + Cu$

□3 ★★★ アセチレンに触媒を用いて水を付加させると化合物 1★★★ が生成する。 1★★★ は不安定で直ちに化合物 2★★★ を与える。 1★★★ と 2★★★ は，互いに異性体の関係にある。 （立教大）

(1) ビニルアルコール $CH_2=CH(OH)$
(2) アセトアルデヒド $CH_3-C(=O)-H$

〈解説〉

$$H-C\equiv C-H \xrightarrow[\text{触媒 [HgSO}_4\text{]}]{H_2O} H-C(H)=C(OH)-H \xrightarrow{\text{転位}} CH_3-C(=O)-H$$

アセチレン → ビニルアルコール → アセトアルデヒド

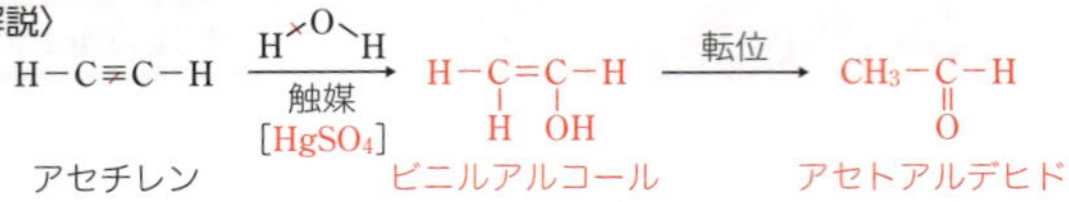

□4 ★★ 1★★ を二クロム酸カリウムの硫酸酸性水溶液で酸化するか，エチレンを塩化パラジウムなどの触媒を用いて酸化することにより化合物 2★★ が得られる。 2★★ をさらに酸化すると化合物 3★★ となる。 （愛知工業大）

(1) エタノール CH_3-CH_2-OH
(2) アセトアルデヒド $CH_3-C(=O)-H$
(3) 酢酸(さくさん) $CH_3-C(=O)-OH$

〈解説〉

$$CH_3-CH(H)-OH \xrightarrow{\text{酸化}} CH_3-C(H)=O$$

エタノール（2H がとれる） → アセトアルデヒド

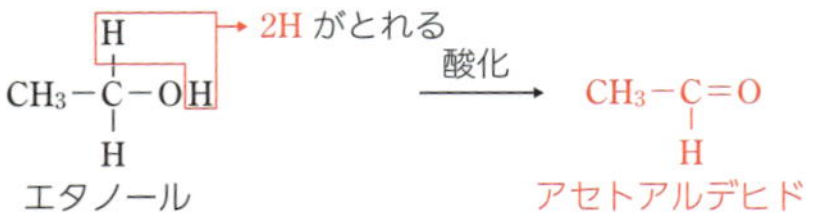

アセトアルデヒドは，パラジウム化合物の触媒を使って，エチレンを酸素で酸化し工業的につくることができる(ヘキスト・ワッカー法)。

$$H_2C=CH_2 \xrightarrow[\text{[PdCl}_2+\text{CuCl}_2\text{]}]{O_2} CH_3-C(=O)H$$

エチレン（ここにOを入れて） → [ビニルアルコール $H_2C=CH(OH)$] →(転位) アセトアルデヒド $CH_3-C(=O)-H$

と覚えると簡単。

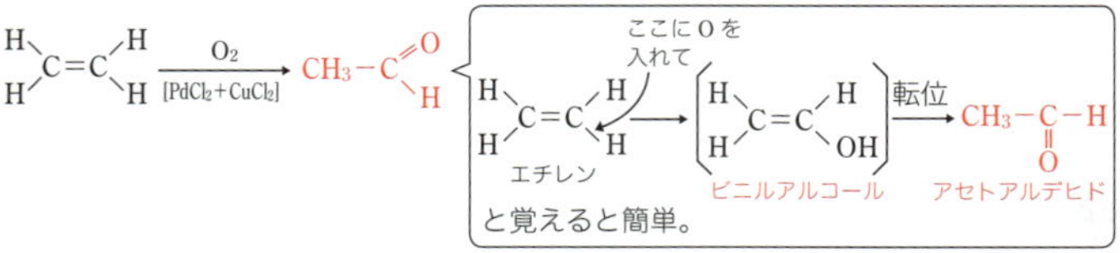

□5 ★★★ アセトアルデヒドはかつて 1★★★ の水和反応によって製造されていたが，触媒として用いられていた 2★ が原因となる公害が問題となったために，現在では，触媒に塩化パラジウム(Ⅱ)と塩化銅(Ⅱ)を用い，3★★★ と酸素を原料とするヘキスト・ワッカー法によって生産されている。 （同志社大）

(1) アセチレン $CH\equiv CH$
(2) 硫酸水銀(Ⅱ)(りゅうさんすいぎん) $HgSO_4$[㊥水銀(Ⅱ)イオン Hg^{2+}，水銀 Hg]
(3) エチレン $CH_2=CH_2$

□6 ★★★ エタノールを酸化すると， 1★★★ を経て酢酸が得られる。 （群馬大）

(1) アセトアルデヒド CH_3-CHO

★★★

エタノールを，硫酸酸性のニクロム酸カリウム水溶液の入った試験管に入れて60℃の温水中で加熱したところ，エタノールが反応して気体状態の 1★★★ を生じた。（明治大）

(1) アセトアルデヒド
CH_3-CHO

〈解説〉

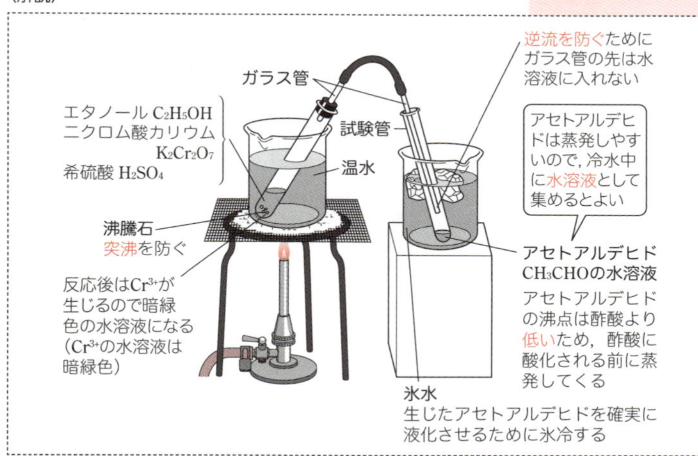

★

ベンジルアルコール →(酸化) 1★ →(酸化) 安息香酸　（三重大）

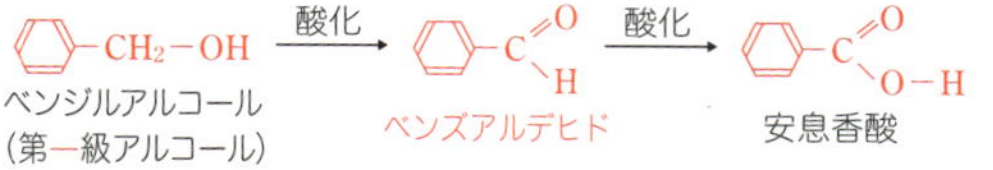

(1) ベンズアルデヒド
$C_6H_5-C(=O)-H$

〈解説〉

$C_6H_5-CH_2-OH$ →(酸化) $C_6H_5-C(=O)-H$ →(酸化) $C_6H_5-C(=O)-O-H$

ベンジルアルコール（第一級アルコール）　ベンズアルデヒド　安息香酸

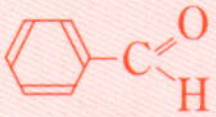

9 ★★★

アセトアルデヒドは酸化により 1★★★ へと変換され，一方，還元によって 2★★ へと変換される。（関西学院大）

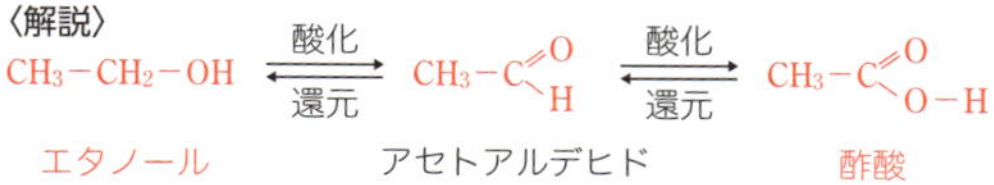

(1) 酢酸（さくさん）
CH_3-COOH
(2) エタノール
C_2H_5-OH

〈解説〉

CH_3-CH_2-OH ⇄(酸化／還元) $CH_3-C(=O)-H$ ⇄(酸化／還元) $CH_3-C(=O)-O-H$

エタノール　アセトアルデヒド　酢酸

□10 ★★★ ガラス容器の中でアンモニア性硝酸銀溶液と反応させると，アルデヒドは [1 ★★★] 性を示し，銀が容器の壁に析出する。この反応を [2 ★★★] 反応という。

（学習院大）

(1) 還元（かんげん）
(2) 銀鏡（ぎんきょう）

〈解説〉銀鏡反応

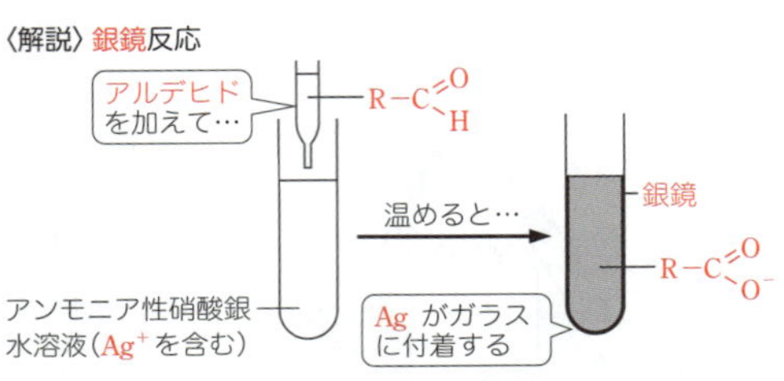

Ag^+は水溶液中で，$[Ag(NH_3)_2]^+$として存在している。

□11 ★★ アンモニア性硝酸銀と反応して銀を析出する分子式 C_2H_4O の化合物は [1 ★★] 。

（福井工業大）

〈解説〉$CH_3-C(=O)-H$ の分子式は　C_2H_4O

(1) アセトアルデヒド　CH_3-CHO

□12 ★★★ アルデヒドにアンモニア性硝酸銀水溶液を加えて穏やかに加熱すると，銀が析出した。銀が析出したのは，アンモニア性硝酸銀水溶液の中の [1 ★★★] が，化合物中の [2 ★★★] 基によって [3 ★★★] されたためである。

（立教大）

〈解説〉

$$\underset{+1}{Ag^+\ ([\underline{Ag}(NH_3)_2]^+)} \xrightarrow[\text{還元}]{R-CHO} \underset{0}{\underline{Ag}}$$

(1) 銀（ぎん）イオン Ag^+ [別 ジアンミン銀（ぎん）(I)イオン $[Ag(NH_3)_2]^+$]
(2) アルデヒド $-CHO$ [別 ホルミル]
(3) 還元（かんげん）

□13 ★ 銀鏡反応について，空欄にあてはまる適切な化学式を書き入れ，反応式を完成させよ。なおこの反応式では，反応に関わらない構造部分をRと略している。

$$R-CHO+2\ \boxed{1 ★}\ +3OH^-$$
$$\longrightarrow\ \boxed{2 ★}\ +4NH_3+2H_2O+2\ \boxed{3 ★}$$

（東京農工大）

〈解説〉(2)と(3)は係数に注目して決める。

(1) $[Ag(NH_3)_2]^+$
(2) $R-COO^-$
(3) Ag

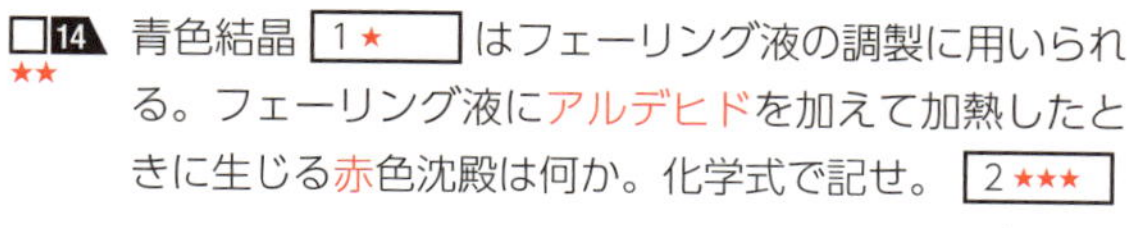

□14 ★★ 青色結晶 [1★] はフェーリング液の調製に用いられる。フェーリング液にアルデヒドを加えて加熱したときに生じる赤色沈殿は何か。化学式で記せ。 [2★★★]

（静岡大）

〈解説〉フェーリング液の還元（フェーリング反応）

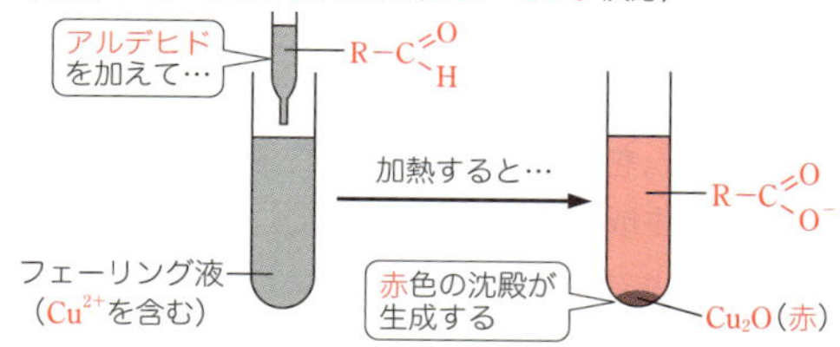

（1）硫酸銅（Ⅱ）五水和物 $CuSO_4 \cdot 5H_2O$
（2）Cu_2O

□15 ★★★ フェーリング液の中には，[1★] 価の [2★★] イオンが存在しており，これが $HO-CH_2-C_6H_4-C(=O)-H$ 中に存在する [3★★★] 基によって [4★★] され，赤色の [5★★★] の沈殿が生じる。同時に [3★★★] 基は [6★★] される。

（神戸薬科大）

〈解説〉フェーリング液は，酒石酸ナトリウムカリウムを溶解した水酸化ナトリウム水溶液と硫酸銅（Ⅱ）水溶液を等量ずつ混合した溶液のこと。

（1）2
（2）銅［㊓銅（Ⅱ）］
（3）アルデヒド −CHO ［㊓ホルミル］
（4）還元
（5）酸化銅（Ⅰ）Cu_2O
（6）酸化

□16 ★ アルデヒドは，一般にフェーリング液やアンモニア性硝酸銀水溶液と反応すると，どのような化合物に変化するか。名称を答えよ。 [1★]

（京都府立大）

〈解説〉銀鏡反応やフェーリング反応では，アルデヒドは酸化されてカルボン酸のイオンになる。

$$R-C(=O)H \xrightarrow{\text{酸化}} R-C(=O)O^-$$

溶液が塩基性なので中和されてイオンになる

（1）カルボン酸イオン ［㊓カルボン酸，カルボキシラートイオン］

□17 ★★★ メタノール，ホルムアルデヒド，ギ酸のうち銀鏡反応を示す化合物の名称をすべて答えよ。 [1★★★]

（大阪市立大）

〈解説〉

CH_3-OH	$H-C(=O)-H$	$H-C(=O)-OH$
メタノール	ホルムアルデヒド	ギ酸

（1）ホルムアルデヒド，ギ酸

ギ酸はアリから発見された

2 ケトン R−CO−R′

▼ANSWER

□1 ★

分子式が C_4H_8O で表されるケトンの構造式を書け。 1★ （大阪府立大）

〈解説〉ケトン　$R-\underset{\underset{O}{\|}}{C}-R'$

(1) $CH_3-CH_2-\underset{\underset{O}{\|}}{C}-CH_3$

□2 ★★★

空気を遮断して酢酸カルシウムを加熱（乾留）すれば，1★★★ と炭酸カルシウムが生成する。 （東京理科大）

〈解説〉アセトンは，酢酸カルシウムを空気を遮断し加熱分解する（乾留という。）ことでつくることができる。

$$CH_3-\overset{\overset{O}{\|}}{C}-O^-Ca^{2+-}O-\overset{\overset{O}{\|}}{C}-CH_3 \xrightarrow{\text{乾留}} CH_3-\overset{\overset{O}{\|}}{C}-CH_3 + CaCO_3$$

酢酸カルシウム　→　アセトン（中間をとる）

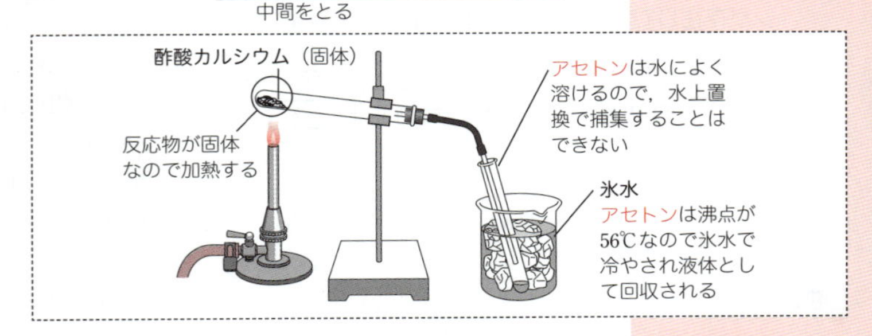

(1) アセトン
$CH_3-\underset{\underset{O}{\|}}{C}-CH_3$

□3 ★★

アセトンは工業的には 1★ の直接酸化や 1★ に水を付加させた 2★★ の酸化でつくられる。 （千葉大）

〈解説〉アセトンはプロペンの直接酸化でつくられたり，

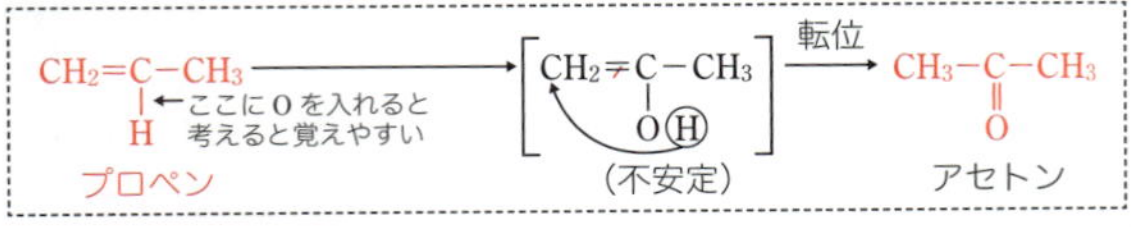

プロペンに H_2O を付加させて，

$$CH_2=CH-CH_3 \xrightarrow{\text{①で付加させる}} \overset{1}{C}H_2-\overset{2}{C}H-\overset{3}{C}H_3 \;(\text{1位に}H,\ \text{2位に}OH)$$

H−OH（①）
HO−H（②）

2-プロパノール

得られた2-プロパノールの酸化でつくられる。

②で付加させて得られる
$\overset{1}{C}H_2-\overset{2}{C}H-\overset{3}{C}H_3$（1位に OH，2位に H）
1-プロパノール
を酸化してもアルデヒドとなり，ケトンであるアセトンは得られない。

(1) プロペン(プロピレン)
$CH_2=CH-CH_3$

(2) 2-プロパノール
$CH_3-\underset{\underset{OH}{|}}{CH}-CH_3$

□4 ★★ アセトンを還元して第二級アルコールにする。次に，このアルコールの脱水反応を行って，アルケンである化合物 1★★ を得る。（長崎大）

(1) プロペン（プロピレン）
$CH_3-CH=CH_2$

〈解説〉

$CH_3-C(=O)-CH_3$ →(還元) $CH_3-CH(OH)-CH_2(H)$ →(分子内脱水) $CH_3-CH=CH_2$ プロペン
（OH H→とる）

□5 ★★★ アセトンの水溶液にヨウ素と水酸化ナトリウムを少量加えて温めると，黄色の結晶を生じる。この反応を 1★★★ 反応という。（鳥取大）

(1) ヨードホルム

〈解説〉

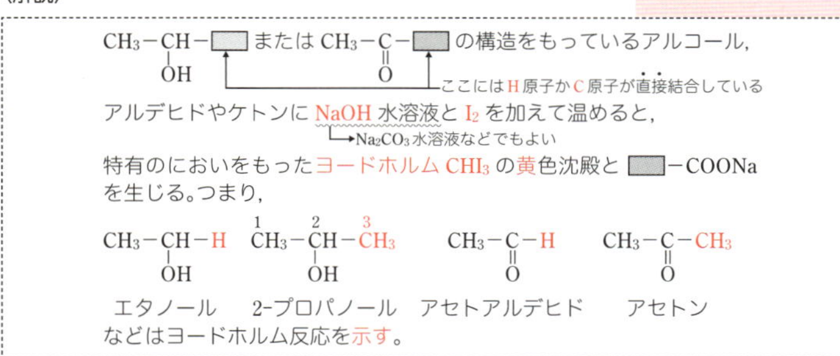
$CH_3-CH(OH)-$□ または $CH_3-C(=O)-$□ の構造をもっているアルコール，
ここにはH原子かC原子が直接結合している
アルデヒドやケトンに NaOH 水溶液と I_2 を加えて温めると，
→Na_2CO_3水溶液などでもよい
特有のにおいをもったヨードホルム CHI_3 の黄色沈殿と □$-COONa$ を生じる。つまり，
$CH_3-CH(OH)-H$ エタノール　$CH_3-CH(OH)-CH_3$ 2-プロパノール　$CH_3-C(=O)-H$ アセトアルデヒド　$CH_3-C(=O)-CH_3$ アセトン
などはヨードホルム反応を示す。

□6 ★★★ アセチル基や 1-ヒドロキシエチル基が存在する化合物の 1★★ 性水溶液に 2★★★ を作用させると，3★★★ の黄色沈殿が生じる。

$H_3C-C(=O)-$ アセチル基　$H_3C-C(OH)(H)-$ 1-ヒドロキシエチル基　（東北大）

(1) 塩基（えんき）
［㊀アルカリ］
(2) ヨウ素（そ） I_2
(3) ヨードホルム
CHI_3

□7 ★★ $C_4H_{10}O$ で表される有機化合物のうちヨウ素と炭酸ナトリウム水溶液を加えて反応させたとき，黄色沈殿が生じるものは 1★★ 種類である。（早稲田大）

(1) 1

〈解説〉 $CH_3-CH(OH)-CH_2-CH_3$ がヨードホルム反応を示す。
2-ブタノール

第18章

脂肪族カルボン酸

1 カルボン酸

▼ ANSWER

□1 ★★★ 分子中に [1★★★] 基−COOH をもつ化合物をカルボン酸という。また，カルボン酸とアルコールが縮合すると [2★★★] が生成する。（愛媛大）

(1) カルボキシ
(2) エステル

□2 ★★★ カルボン酸は，弱い [1★★★] を示し，分子量の小さいものは水によく溶ける。分子量の大きいもののナトリウム塩は石けんとして利用される。（北海道工業大）

〈解説〉RCOOH ⇄ $RCOO^- + H^+$

(1) 酸性（さんせい）

□3 ★★★ カルボン酸はカルボキシ基（−COOH）の数により，1価のカルボン酸，2価のカルボン酸というように呼称される。特に脂肪族の1価の鎖式カルボン酸は，[1★★★] と呼ばれる。（宮崎大）

(1) 脂肪酸（しぼうさん）

□4 ★★ 長鎖の炭化水素基が単結合のみからなる脂肪酸を [1★★] 脂肪酸といい，二重結合を1個以上含むものを [2★★] 脂肪酸という。（弘前大）

〈解説〉−COOH が1個のものはモノカルボン酸（1価カルボン酸），脂肪族のモノカルボン酸 RCOOH は特に脂肪酸という。

(1) 飽和（ほうわ）
(2) 不飽和（ふほうわ）

□5 ★★★ 分子中にカルボキシ基を2個有する化合物を [1★★★] という。（弘前大）

(1) ジカルボン酸（さん） [㊜2価（か）カルボン酸（さん）]

□6 ★ シュウ酸を強熱すると分解し，[1★] と二酸化炭素を生じる。（秋田大）

〈解説〉シュウ酸 $H_2C_2O_4$ はジカルボン酸。
└→ $(COOH)_2$ とも表す

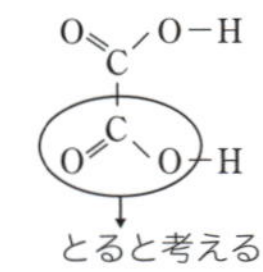

強熱 → H−C(=O)−O−H ＋ CO_2
ギ酸
モノカルボン酸

(1) ギ酸（さん） HCOOH

シュウ酸はカタバミなどの植物に含まれる

□7 ★★★ 分子式 $C_4H_4O_4$ で表されるジカルボン酸（2 価カルボン酸）には化合物 [1★★★] と化合物 [2★★★] の 2 種類の [3★★★] 異性体が存在する。化合物 [1★★★] は加熱すると分子内で脱水がおこり酸無水物 [4★★★] が得られるが，化合物 [2★★★] では脱水はおこらない。

（金沢大）

(1) マレイン酸（さん）

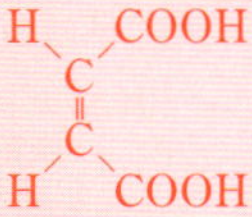

(2) フマル酸（さん）

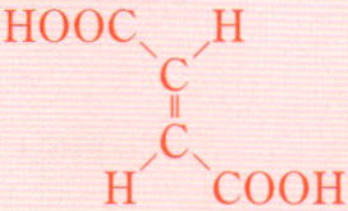

(3) シス-トランス [⑲幾何（きか）]

(4) 無水（むすい）マレイン酸（さん）

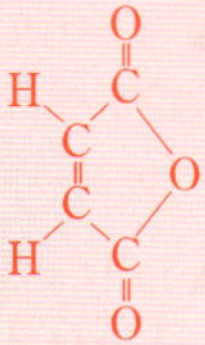

〈解説〉

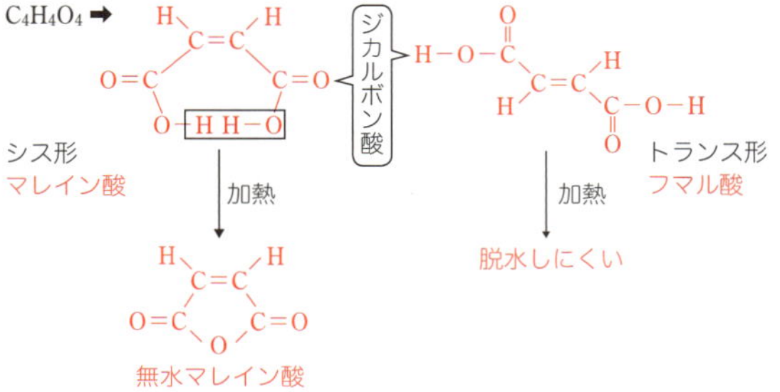

□8 ★★★ 分子内に 2 つのカルボキシ基をもつ [1★★★] と [2★★★] は同一の分子式 $C_4H_4O_4$ で表される異性体である。両者はシス-トランス異性体の関係にあり，構造異性体と同様，お互いに異なる物理的および化学的性質を示す。[1★★★] は容易に水に溶けて弱酸性を示すが，[2★★★] は水に溶けにくい。融点は [2★★★] のほうが高く，加熱による分子内の脱水反応は [1★★★] でのみおこる。

（鹿児島大）

(1) マレイン酸（さん）

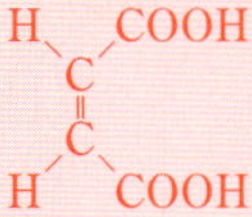

(2) フマル酸（さん）

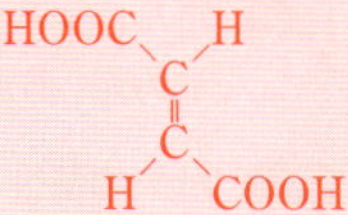

〈解説〉

①マレイン酸
極性分子で，水によく溶ける。

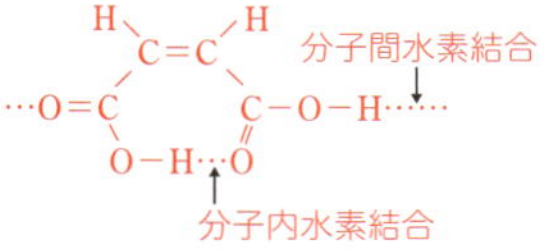

②フマル酸
分子間水素結合だけを形成しているため，融点がより高い。無極性分子で，水に溶けにくい。

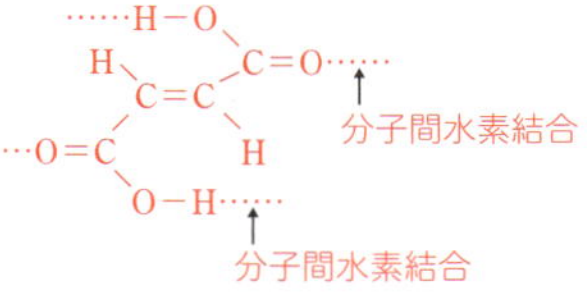

□9 ★★★
乳酸はカルボキシ基，水素原子，メチル基，[1 ★★★]が結合している不斉炭素原子をもつ。（明治大）

〈解説〉ヒドロキシ基をもつカルボン酸をヒドロキシ酸という。
乳酸 $CH_3CH(OH)COOH$

(1) ヒドロキシ基 $-OH$

□10 ★★
酢酸とプロピオン酸（CH_3CH_2COOH）は[1 ★]酸であり，安息香酸は[2 ★★]族カルボン酸である。（東京薬科大）

〈解説〉酢酸 CH_3COOH　安息香酸 ⌬-COOH

(1) 脂肪 [別モノカルボン，1価カルボン]
(2) 芳香

□11 ★★★
酢酸は，食酢中に4～5%含まれ，刺激臭のある液体である。酢酸の純粋なものは気温が低いと凝固するので，特に[1 ★★★]と呼ばれる。（神戸大）

(1) 氷酢酸

□12 ★★
1価カルボン酸の沸点は，同程度の分子量をもつ1価アルコールより[1 ★★]。（東京薬科大）

〈解説〉水素結合により二量体を形成する。

(1) 高い

□13 ★★★
メタノールを酸化して得られるカルボン酸である[1 ★★★]は，刺激臭のある無色の液体で還元性を示す。（岐阜大）

〈解説〉

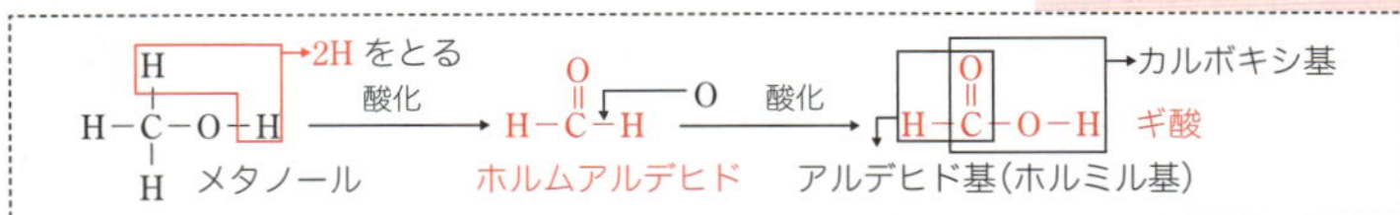

(1) ギ酸 HCOOH

□14 ★
ホルムアルデヒドの37%水溶液は[1 ★]とよばれ，消毒剤，防腐剤などに用いられる。（和歌山大）

(1) ホルマリン

□15 ★★★
酢酸の酸性はフェノールや炭酸水よりも[1 ★★★]。（予想問題）

〈解説〉酸の強さ
H_2SO_4，HCl > $R\text{-}SO_3H$ > R-COOH > $CO_2 + H_2O$ (H_2CO_3) > ⌬-OH
希硫酸，塩酸　スルホン酸　カルボン酸　炭酸　フェノール

(1) 強い

□16 ★★★
カルボン酸と炭酸水素ナトリウムを反応させると[1 ★★★]が発生する。（宮崎大）

〈解説〉酸の強さ：R-COOH > $CO_2 + H_2O$ なので

$$R\text{-}COOH + NaHCO_3 \longrightarrow R\text{-}COONa + H_2O + CO_2 \quad (H^+ \text{の移動})$$

（ふつう$-COOH$基の検出に利用）

(1) 二酸化炭素 CO_2

2 酸無水物

▼ ANSWER

□1 ★★ 酢酸に十酸化四リンを加えて加熱すると，2分子の酢酸から水1分子がとれて，化合物 [1 ★★] が生成した。[1 ★★] は工業的に広い用途がある。

（埼玉大・鳥取大・神戸大）

(1) 無水酢酸(むすいさくさん) $(CH_3CO)_2O$

〈解説〉

$$CH_3-\underset{\underset{O}{\|}}{C}-O-H + H-O-\underset{\underset{O}{\|}}{C}-CH_3 \xrightarrow{P_4O_{10}} CH_3-\underset{\underset{O}{\|}}{C}-O-\underset{\underset{O}{\|}}{C}-CH_3 + H_2O$$

酢酸　　　無水酢酸

□2 ★★ 2分子の [1 ★★] が縮合すると無水酢酸を生じる。無水酢酸は水に不安定である。（東京工業大・お茶の水女子大）

(1) 酢酸(さくさん) CH_3COOH

〈解説〉縮合：2つの官能基から水のような簡単な分子がとれて結合する反応。

考え方

2つのカルボキシ基が近くにあり，生成する酸無水物の形に構造上無理がない五員環や六員環の場合，分子内で脱水して酸無水物が生成する。

マレイン酸 $C_4H_4O_4$（分子量 116） —加熱（H_2O がとれる）→ 無水マレイン酸 $C_4H_2O_3$（分子量 98） $+ H_2O$

フマル酸 $C_4H_4O_4$（−COOH 2つが遠い） —加熱→ ふつう変化しない

フタル酸 $C_8H_6O_4$（分子量 166） —加熱（H_2O がとれる）→ 無水フタル酸 $C_8H_4O_3$（分子量 148） $+ H_2O$

分子式や分子量は覚えておくとよい

□3 ★★★ アセトアルデヒドを酸化させると [1 ★★★] が得られる。[1 ★★★] を P_4O_{10} 存在下で加熱すると，[2 ★★★] になる。[2 ★★★] は刺激臭のある無色の液体で，水と反応させると，[1 ★★★] にもどる。（弘前大）

(1) 酢酸(さくさん) CH_3COOH

(2) 無水酢酸(むすいさくさん) $(CH_3CO)_2O$

〈解説〉$(CH_3CO)_2O + H_2O \longrightarrow 2CH_3COOH$

□4 ★★★ $C_2H_2(COOH)_2$ には互いにシス-トランス異性体である [1 ★★★] と [2 ★★★] があり，それらの性質は大きく異なっている。水に対する溶解度は，[1 ★★★] のほうが [2 ★★★] よりも大きい。[1 ★★★] を160℃に熱すると，1分子中の2個のカルボキシ基から水分子が取れる。（京都府立大）

(1) マレイン酸（さん）
HOOC＼C=C／COOH
H／　　＼H

(2) フマル酸（さん）
HOOC＼C=C／H
H／　　＼COOH

□5 ★★★ 化合物 [1 ★★★] は炭素-炭素二重結合を含み，その分子式は $C_4H_4O_4$ であった。化合物 [1 ★★★] にはシス-トランス異性体が存在するが，化合物 [1 ★★★] を約160℃に加熱しても，その構造は変化しなかった。（長崎大）

〈解説〉$C_4H_4O_4$ で加熱しても構造が変化しないことに注目する。

(1) フマル酸（さん）
HOOC＼C=C／H
H／　　＼COOH

□6 ★★★ [1 ★★★] にはシス-トランス異性体が存在する。また，[1 ★★★] を加熱すると脱水反応がおこり，$C_4H_2O_3$ で表される化合物 [2 ★★★] が得られる。（センター）

〈解説〉$C_4H_2O_3$ を見つけて解く。

(1) マレイン酸（さん）
HOOC＼C=C／COOH
H／　　＼H

(2) 無水マレイン酸（むすいさん）
H－C－CO＼
　　‖　　　O
H－C－CO／

□7 ★★★ [1 ★★★] の分子式は $C_8H_6O_4$ であった。[1 ★★★] を213℃以上で加熱融解させたところ，分子内で脱水して分子量148の無色の化合物 [2 ★★★] が得られた。（島根大）

〈解説〉$C_8H_6O_4$ や分子量148を見つけて解く。

(1) フタル酸（さん）
（ベンゼン環）COOH
　　　　　　COOH

(2) 無水フタル酸（むすいさん）
（ベンゼン環）CO＼
　　　　　　　　O
　　　　　　CO／

□8 ★★★ キシレンには3つの異性体がある。それぞれを過マンガン酸カリウム水溶液とともに長時間加熱した後，反応液を酸性にした。このとき得られた3つの化合物のうちの1つは，加熱すると容易に反応して質量が減少した。質量が減少して得られた化合物の分子式は [1 ★★★] になる。（福岡大）

〈解説〉
o-キシレン（CH_3, CH_3）→($KMnO_4$)→(H^+)→ フタル酸（COOH, COOH）→(加熱)→ 無水フタル酸（C=O, O, C=O）

(1) $C_8H_4O_3$

□9 ★★★ 炭素，水素，酸素からなる芳香族化合物 12.73mg を完全燃焼させたところ，二酸化炭素が 26.99mg，水が 4.14mg 得られた。この化合物の組成式 [1 ★★★] を求めよ。

この化合物の分子量は 166 であった。分子式 [2 ★★★] を書け。

この化合物はフェーリング液を還元しなかった。また，この化合物を加熱すると分子内で脱水がおこり，酸無水物が生成することがわかった。この化合物の名称 [3 ★★★] と生成した酸無水物の名称 [4 ★★★] を書け。

（千葉大）

〈解説〉分子量 166 と酸無水物を見つけて，計算せず解くことが可能。

(1) $C_4H_3O_2$
(2) $C_8H_6O_4$
(3) フタル酸（さん）
(4) 無水（むすい）フタル酸（さん）

□10 ★★★ 化合物 [1 ★★★] の分子量を測定すると 166 であった。[1 ★★★] を加熱すると水蒸気が発生して化合物 [2 ★★★] が生成した。[2 ★★★] は水と反応して [1 ★★★] にもどることがわかった。

（九州大）

〈解説〉分子量 166 を見つけて解く。

(1) フタル酸（さん）

$C_6H_4(COOH)_2$（ベンゼン環のオルト位に COOH が2つ）

(2) 無水（むすい）フタル酸（さん）

$C_6H_4(CO)_2O$（ベンゼン環のオルト位の CO どうしが O で結ばれた環）

発展 □11 ★ $H-\overset{\overset{\displaystyle O}{\|}}{C}-CH_2-CH_2-\overset{\overset{\displaystyle O}{\|}}{C}-OH$ のアルデヒド基（ホルミル基）をカルボキシ基に置換した化合物 [1 ★] はコハク酸とよばれ，生体内で重要な役割をもつ化合物である。このコハク酸を加熱することで生じる化合物 [2 ★] の名称と構造を示せ。ただし，化合物 [2 ★] は分子式 $C_4H_4O_3$ で表される。

（九州大）

(1)

$$\begin{array}{l} CH_2-\overset{\overset{\displaystyle O}{\|}}{C}-OH \\ | \\ CH_2-\underset{\underset{\displaystyle O}{\|}}{C}-OH \end{array}$$

(2) 無水（むすい）コハク酸（さん）

$$\begin{array}{l} CH_2-C{\overset{\displaystyle \nearrow O}{}} \\ |\qquad\quad\ \ \ O \\ CH_2-C{\underset{\displaystyle \searrow O}{}} \end{array}$$

第19章 エステルと油脂

1 エステル

▼ANSWER

□1 ★★ 一般に，酸とアルコールから水分子がとれて生成する化合物をエステルという。エステルは私たちのまわりに多く見られる。例えば，油脂は [1★★] とグリセリンのエステルであり，合成香料である酢酸エチルなどもエステルの一種である。

衣類，炭酸飲料容器などの素材に用いられる [2★★] は，テレフタル酸とエチレングリコールが次々に縮合重合してできたものである。（早稲田大）

〈解説〉ふつうカルボン酸から OH，アルコールから H がとれた構造をもつ化合物をエステルといい，$-\overset{\displaystyle O}{\overset{\|}{C}}-O-$ のエステル結合をもっている。

$$R-\overset{\displaystyle O}{\overset{\|}{C}}-O-H \quad H-O-R' \longrightarrow R-\overset{\displaystyle O}{\overset{\|}{C}}-O-R' + H_2O$$

カルボン酸　アルコール　（H_2O がとれる）　エステル

参考 硝酸や硫酸などのオキソ酸は，カルボン酸と同じように硝酸エステル，硫酸エステルをつくる。

(1) 高級脂肪酸（こうきゅうしぼうさん）
(2) ポリエチレンテレフタラート(PET)

エッセンス

□2 ★★ 一般に，エステルはアルコールとカルボン酸との [1★★] 反応の一つであるエステル化により得られる。

（熊本大）

(1) 縮合（しゅくごう）

□3 ★★ 発明家アルフレッド・ノーベルは [1★★] をケイソウ土に混ぜて爆薬を開発した。[1★★] は心臓病の薬としても知られ，硫酸の存在下，グリセリンと硝酸との反応によって合成される。（名古屋大）

〈解説〉

$$\begin{matrix} CH_2-OH & HO-NO_2 \\ | & \\ CH-OH & HO-NO_2 \\ | & \\ CH_2-OH & HO-NO_2 \end{matrix} \xrightarrow{[H_2SO_4]} \begin{matrix} CH_2-O-NO_2 \\ | \\ CH-O-NO_2 \\ | \\ CH_2-O-NO_2 \end{matrix} + 3H_2O$$

グリセリン　硝酸(HNO_3)　ニトログリセリン（グリセリンの硝酸エステル）

(1) ニトログリセリン $C_3H_5(ONO_2)_3$

ダイナマイト

□4 ★ 分子量の比較的小さなエステルは，果実のような [1★] をもつ。（上智大）

(1) 芳香(ほうこう)

□5 ★★ カルボン酸誘導体には，2 個のカルボキシ基が水 1 分子を失って縮合した [1★★] や，カルボン酸とアルコールが縮合した [2★★] などが含まれている。（鳥取大）

(1) 酸無水物(さんむすいぶつ) [㊞カルボン酸(さん)無水物(むすいぶつ)]
(2) エステル

□6 ★★★ アセチレンは酢酸との付加反応によって [1★★★] を生じる。（名古屋大）

〈解説〉付加反応でエステルが生成することもある。

$$\mathrm{CH_2{=}CH{-}OH}\ (\text{ビニルアルコール}) + \mathrm{HO{-}CO{-}CH_3}\ (\text{酢酸})$$

H_2O がとれた形をもつ

(1) 酢酸(さくさん)ビニル
$$\mathrm{CH_2{=}CH{-}OCOCH_3}$$

□7 ★★ 分子式 $C_4H_8O_2$ で表されるエステルの構造異性体は [1★★] 種類ある。（千葉大）

〈解説〉
$$\mathrm{H{-}C({=}O){-}O{-}CH_2{-}CH_2{-}CH_3}\qquad \mathrm{H{-}C({=}O){-}O{-}CH(CH_3){-}CH_3}$$
$$\mathrm{CH_3{-}C({=}O){-}O{-}CH_2{-}CH_3}\qquad \mathrm{CH_3{-}CH_2{-}C({=}O){-}O{-}CH_3}$$

(1) 4

□8 ★★ 分子式 $C_5H_{10}O_2$ で表されるエステルの構造異性体は [1★★] 種類ある。（日本大）

(1) 9

〈解説〉

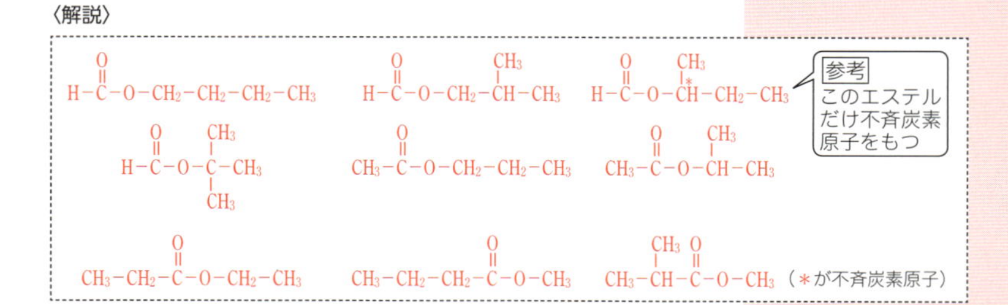

19 エステルと油脂 1 エステル

2 エステル化と加水分解

▼ANSWER

□1 ★★★ エタノールと酢酸の混合物に少量の [1★★] を加えて加熱すると果実のような芳香をもつ [2★★★] が生じる。このような脱水縮合反応を [3★★★] という。 （福井工業大）

(1) 濃硫酸(のうりゅうさん) H_2SO_4
(2) 酢酸(さくさん)エチル $CH_3COOC_2H_5$
(3) エステル化(か)

〈解説〉

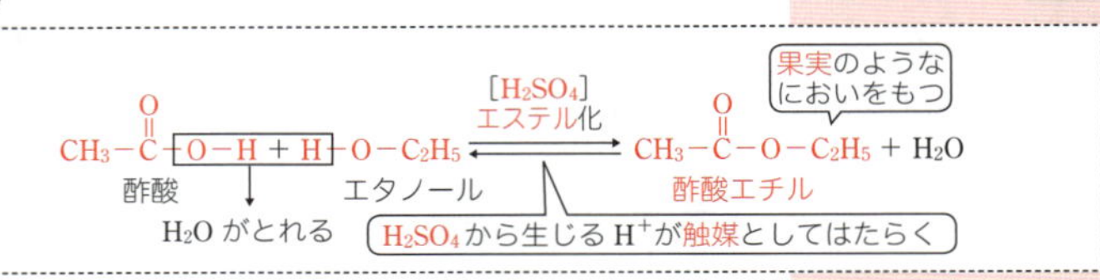

□2 ★★★ 丸底フラスコに20mLのエタノールと20mLの氷酢酸を入れ，よく混合し，これに4mLの濃硫酸を加えた。右図のような装置を組み立て，温浴中で10分間静かに沸騰させた。反応液を十分に冷却した後，蒸留水を加えると上層と下層に分離した。分液ロートを用いて上層を分離し，上層はさらに炭酸水素ナトリウム水溶液と共によく振り混ぜた。上層から不純物を取り除き，単一の反応生成物 [1★★★] を得た。この反応生成物 [1★★★] は芳香のある無色の液体であった。 （香川大）

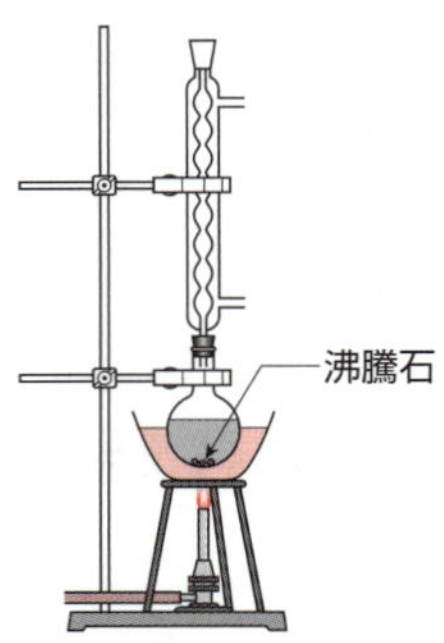

(1) 酢酸(さくさん)エチル $CH_3COOC_2H_5$

〈解説〉 $NaHCO_3aq$ は，未反応の CH_3COOH を次の反応で除いている。

$$CH_3COOH + NaHCO_3 \longrightarrow CH_3COONa + H_2O + CO_2$$

（CH_3COONa → 下層…水層へ）

□3 ★ フェノールをカルボン酸無水物と反応させると，[1★] ができる。 （群馬大）

(1) エステル

〈解説〉

C_6H_5-OH + $R-C(=O)-O-C(=O)-R$（カルボン酸無水物） ⟶ $C_6H_5-O-C(=O)-R$（エステル） + $R-C(=O)-O-H$

□4 ★★ エステルに水を加えて長時間熱すると，エステルは徐々に加水分解されて [1★★] と [2★★]（順不同）を生じる。この反応は，塩酸などの酸を加えると速く進行する。（東京女子大）

(1) カルボン酸
(2) アルコール

〈解説〉エステルの加水分解の例

$$CH_3\text{-}\overset{\overset{\large O}{\|}}{C}\text{-}O\text{-}C_2H_5 + H_2O \xrightleftharpoons{\text{加熱}[H^+]} CH_3\text{-}\overset{\overset{\large O}{\|}}{C}\text{-}O\text{-}H + C_2H_5OH$$

□5 ★ ^{18}O を含む水（$H_2{}^{18}O$）で酢酸メチルを加水分解したところ，生成物であるメタノールには ^{18}O が含まれていなかった。この結果から，加水分解で切断されたと判断できる結合を図の①～④から選べ。[1★]（筑波大）

$$CH_3 \overset{①}{-} \overset{\overset{\large O}{\|}}{C} - O - CH_3$$
（②：CH_3–C結合，①：C=O結合，③：C–O結合，④：O–CH_3結合）

図

(1) ③

〈解説〉

$$\underset{\text{酢酸メチル}}{CH_3-\overset{\overset{\large O}{\|}}{C}-O-CH_3} + H_2{}^{18}O \xrightleftharpoons[\text{エステル化}]{\text{加水分解}} CH_3-\overset{\overset{\large O}{\|}}{C}-{}^{18}O-H + \underset{\text{メタノール}}{H-O-CH_3}$$

□6 ★★ 酢酸メチルは水に溶けにくい芳香のある液体である。この化合物に水酸化ナトリウム水溶液を加えて加熱すると，徐々に溶け，[1★★] と [2★★]（順不同）が生成した。（金沢大）

(1) 酢酸ナトリウム CH_3COONa ［別 酢酸イオン CH_3COO^-］
(2) メタノール CH_3OH

〈解説〉

$$\underset{\text{酢酸メチル}}{CH_3\text{-}\overset{\overset{\large O}{\|}}{C}\text{-}O\text{-}CH_3} + NaOH \xrightarrow{\text{加熱}} CH_3\text{-}\overset{\overset{\large O}{\|}}{C}\text{-}O^-Na^+ + CH_3OH$$

強塩基による加水分解は，セッケンをつくるときに使われるのでけん化ともいう。

□7 ★★★ アセチレンに酢酸が付加すると [1★★★] が生成する。この化合物を加水分解するといったん酢酸と [2★★] が生成するが，[2★★] は不安定なため異性化して [3★★★] に変化する。（名城大）

(1) 酢酸ビニル $CH_2=CH-OCOCH_3$
(2) ビニルアルコール $CH_2=CH-OH$
(3) アセトアルデヒド CH_3-CHO

〈解説〉

$$\underset{\text{酢酸ビニル}}{CH_2=CH-O-\overset{\underset{\|}{O}}{C}-CH_3} \xrightarrow{\text{加水分解}} \underset{\text{不安定}}{(CH_2=CH-O-H)} + \underset{\text{酢酸}}{CH_3-\overset{\underset{\|}{O}}{C}-OH}$$

↓ ビニルアルコール

$$\underset{\text{アセトアルデヒド}}{H-\overset{H}{\underset{H}{C}}-\overset{}{\underset{\underset{O}{\|}}{C}}-H}$$

3 油脂

▼ ANSWER

□1 ★★
油脂は，[1★★★] が持つ3つのヒドロキシ基と脂肪酸が [2★★★] 化することにより生成した化合物である。一般に，油脂の融点は炭素数が [3★] いほど高くなり，炭素数が等しい場合は二重結合の数が [4★] いほど高くなる。（神戸大）

(1) グリセリン $C_3H_5(OH)_3$ [圏1,2,3-プロパントリオール]
(2) エステル
(3) 多(おお)
(4) 少(すく)な

〈解説〉

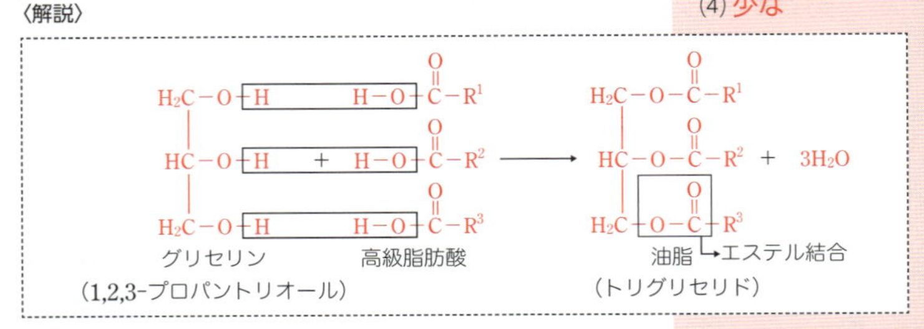

□2 ★★★
油脂は，脂肪酸と [1★★★] からなり，脂肪酸のカルボキシ基のOHと [1★★★] の [2★★] 基のHから水が生成する脱水縮合反応で生成する。（大阪医科大）

(1) グリセリン $C_3H_5(OH)_3$ [圏1,2,3-プロパントリオール]
(2) ヒドロキシ

□3 ★★★
油脂は，グリセリン1分子と脂肪酸3分子が [1★★★] 結合した化合物で，[2★★★] に溶けにくく [3★★★] によく溶ける。常温(25℃)で固体の油脂を脂肪，液体の油脂を [4★★★] という。（山口大）

(1) エステル
(2) 水(みず)
(3) 有機溶媒(ゆうきようばい) ※ジエチルエーテルなど
(4) 脂肪油(しぼうゆ)

□4 ★★
油脂は，膵液中の酵素 [1★★] によって加水分解されて，脂肪酸とモノグリセリドになり，小腸で吸収され，ふたたび油脂に合成される。（名城大）

(1) リパーゼ

□5 ★★
脂肪酸としてパルミチン酸やステアリン酸といった飽和脂肪酸を多く含む油脂は，常温で固体であり [1★★] とよばれる。一方，オレイン酸やリノレン酸などの不飽和脂肪酸が主成分となっている油脂は常温で液体であり [2★★] とよばれる。（千葉大）

(1) 脂肪(しぼう)
(2) 脂肪油(しぼうゆ)

□6 ★★★ 脂肪酸は，パルミチン酸やステアリン酸などの，炭素原子間に二重結合をもたない 1★★★ 脂肪酸と，オレイン酸やリノール酸などの，二重結合をもつ 2★★★ 脂肪酸に分類される。（慶應義塾大）

〈解説〉不飽和脂肪酸は一般にシス型であり，分子全体が折れ曲がる。

(1) 飽和（ほうわ）
(2) 不飽和（ふほうわ）

□7 ★★ 飽和脂肪酸の一種であるステアリン酸は常温で固体であり，その示性式は $C_{17}H_{35}-COOH$ で示される。オレイン酸とリノレン酸はステアリン酸と同じ炭素数をもつ直鎖状の不飽和脂肪酸である。オレイン酸の炭素鎖には二重結合が 1 つ，リノレン酸には 3 つ含まれる。オレイン酸とリノレン酸をそれぞれ分子式で記せ。

オレイン酸 1★★　リノレン酸 2★★

（大阪市立大）

(1) $C_{18}H_{34}O_2$
(2) $C_{18}H_{30}O_2$

〈解説〉

$C_{17}H_{35}-COOH$		$C_{17}H_{33}-COOH$		$C_{17}H_{31}-COOH$		$C_{17}H_{29}-COOH$
ステアリン酸	−2H	オレイン酸	−2H	リノール酸	−2H	リノレン酸
C=C なし		C=C 1個		C=C 2個		C=C 3個

□8 ★★ 炭素数 17 の炭化水素基を含む高級脂肪酸にはステアリン酸，オレイン酸，リノール酸などがあるが，この 3 つの中で最も融点の高いものは 1★★ 酸である。（埼玉大）

〈解説〉C=C の数が多くなると融点は低くなる。

(1) ステアリン

□9 ★★ 天然の不飽和脂肪酸の二重結合は 1★★ 型がほとんどであるため，分子は二重結合の所で大きく 2★ 構造をとる。（大阪大）

(1) シス
(2) 折れ曲がった（おまがった）

□10 ★★★ 油脂には牛脂や豚脂のように常温で固体の 1★★★ と，大豆油やオリーブオイルのように常温で液体の 2★★★ があるが，この違いは油脂を構成する脂肪酸の融点によるものである。脂肪酸の融点は炭素原子の数が多いほど高くなる。また，二重結合(C=C)が多いほど 3★★ なるため，分子内に二重結合を持たない 4★★★ が多く含まれる油脂の融点は 5★★ ，二重結合を持つ 6★★★ が多く含まれる油脂の融点は 7★★ なる。（東京海洋大）

(1) 脂肪（しぼう）
(2) 脂肪油（しぼうゆ）
(3) 低く（ひく）
(4) 飽和脂肪酸（ほうわしぼうさん）
(5) 高く（たか）
(6) 不飽和脂肪酸（ふほうわしぼうさん）
(7) 低く（ひく）

□11 ★★★
脂肪油にニッケルを触媒として水素を付加させると，常温で固体の油脂に変化し，[1 ★★★] と呼ばれる。[1 ★★★] はセッケンやマーガリンの原料に用いられる。
（宮崎大）

(1) 硬化油（こうかゆ）

□12 ★★★
ある脂肪油中の脂肪酸に，[1 ★★] を触媒として [2 ★★★] を付加すると，脂肪油は固まり，マーガリンの原料になる。
（新潟大）

(1) ニッケル Ni
(2) 水素（すいそ） H_2

□13 ★★
[1 ★★] を多く含む油脂は空気中に長くおくと酸化や重合がおこり固化する。固化しやすい油脂を [2 ★★] 油といい，固化しにくいものを [3 ★] 油，固化しないものを [4 ★] 油という。
（日本女子大）

(1) 不飽和脂肪酸（ふほうわしぼうさん）
(2) 乾性（かんせい）
(3) 半乾性（はんかんせい）
(4) 不乾性（ふかんせい）

□14 ★★
油脂を構成する脂肪酸の炭化水素基中に [1 ★★] を多く含むほど，その油脂は固化しにくくなり，常温で液体の場合には [2 ★★★] とよばれる。しかし，[2 ★★★] の中でも，長時間放置すると固化する油脂もある。これは空気中の [3 ★] 分子が炭化水素基中の [1 ★★] と反応して，油脂分子どうしが [3 ★] 原子で架橋され，分子量が大きくなるためである。このような油脂のことを [4 ★★] とよぶ。
（浜松医科大）

(1) (炭素-炭素間)二重結合（たんそ-たんそかん にじゅうけつごう）
(2) 脂肪油（しぼうゆ）
(3) 酸素（さんそ）
(4) 乾性油（かんせいゆ）

□15 ★★
脂肪油から硬化油が生成され，硬化油は [1 ★★] などの原料となる。また，あまに油などの脂肪酸は，そのまま乾性油として [2 ★] などに用いられる。
（札幌医科大）

(1) マーガリン
(2) 塗料（とりょう） [㊀油絵の具（あぶらえのぐ）]

発展 □16 ★★
[1 ★★] を含んだ加工食品は，高温下，長時間の空気や光にさらされるとアルデヒドや [2 ★] 数が少ない脂肪酸を生じるため，悪臭と酸味が増し，味や風味が落ちる。この現象を [3 ★] という。
（三重大）

(1) 不飽和脂肪酸（ふほうわしぼうさん）
(2) 炭素（たんそ）
(3) 劣化（れっか） [㊀酸敗（さんぱい）]

脂肪油
常温で液体
コーン油
ごま油

4 セッケン・合成洗剤

▼ ANSWER

□1 ★★★

油脂を水酸化ナトリウム水溶液中で加熱すると，油脂の [1 ★★] 部位が反応し，3 価のアルコールである [2 ★★★] と高級脂肪酸のナトリウム塩が生成する。

（岩手大）

(1) エステル
(2) グリセリン $C_3H_5(OH)_3$ [㊐1, 2, 3-プロパントリオール]

〈解説〉

$$
\begin{array}{l}
CH_2-O\div\overset{\overset{O}{\|}}{C}-R^1 \\
| \\
CH-O\div\overset{\overset{O}{\|}}{C}-R^2 \\
| \\
CH_2-O\div\overset{\overset{O}{\|}}{C}-R^3
\end{array}
+ 3Na^+OH^- \xrightarrow{加熱}
\begin{array}{l}
CH_2-OH \\
| \\
CH-OH \\
| \\
CH_2-OH
\end{array}
+
\begin{array}{l}
R^1-\overset{\overset{O}{\|}}{C}-O^-Na^+ \\
R^2-\overset{\overset{O}{\|}}{C}-O^-Na^+ \\
R^3-\overset{\overset{O}{\|}}{C}-O^-Na^+
\end{array}
$$

油脂（エステル）　グリセリン（アルコール）　セッケン（高級脂肪酸のナトリウム塩）

エステル結合が3か所あるので3mol必要

□2 ★★★

油脂に水酸化ナトリウム水溶液を加えて加熱すると，1分子の [1 ★★★] と3分子の高級脂肪酸のナトリウム塩ができる。この反応を [2 ★★★] といい，高級脂肪酸のナトリウム塩をセッケンという。

（北海道大）

(1) グリセリン $C_3H_5(OH)_3$ [㊐1, 2, 3-プロパントリオール]
(2) けん化（か）

〈解説〉

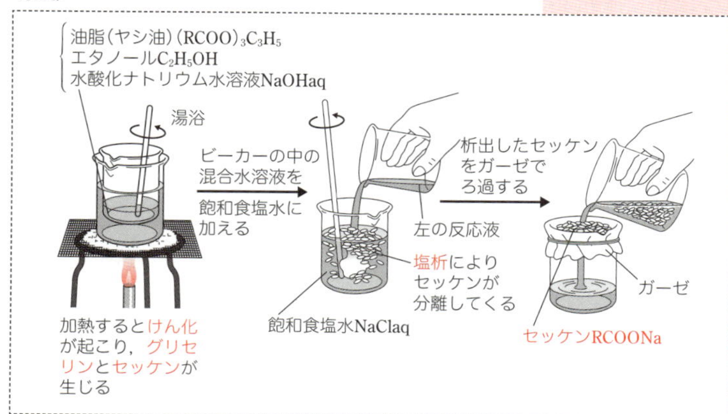

□3 ★ 油脂 1g をけん化するのに必要な水酸化カリウムの質量 (mg 単位) の数値をけん化価といい，油脂の質量が同じであれば分子量の小さい油脂ほどけん化価は [1★] くなる。（愛媛大）

(1) 大(おお)き

〈解説〉 $C_3H_5(OCOR)_3 + 3KOH \longrightarrow C_3H_5(OH)_3 + 3RCOOK$ より
油脂 1mol をけん化するのに KOH は 3mol 必要とわかる。
油脂の平均分子量を M とすると，KOH = 56 より

$$\text{けん化価} = \underbrace{\frac{1}{M}}_{\text{1g の油脂〔mol〕}} \times \underbrace{3}_{\text{KOH〔mol〕}} \times \underbrace{56}_{\text{KOH〔g〕}} \times \underbrace{10^3}_{\text{KOH〔mg〕}}$$

となる。よって，M が小さいほどけん化価は大きくなる。

□4 ★ けん化価が 336 の油脂の平均分子量は [1★] (2 ケタ) になる。KOH = 56（九州大）

(1) 5.0×10^2

解き方

油脂の平均分子量を M とすると，KOH = 56 より

$336 = \dfrac{1}{M} \times 3 \times 56 \times 10^3$ となり，$M = 5.0 \times 10^2$

□5 ★★ 油脂 100g に付加するヨウ素の質量 (g 単位) をヨウ素価といい，この値が大きいほど不飽和度は [1★★] くなる。（日本医科大）

(1) 大(おお)き

解き方

油脂の不飽和度 (C＝C 結合の数) を n，油脂の平均分子量を M とすると，$I_2 = 254$ より

$$\text{ヨウ素価} = \underbrace{\frac{100}{M}}_{\text{100g の油脂〔mol〕}} \times \underbrace{n}_{\text{付加する }I_2\text{〔mol〕}} \times \underbrace{254}_{\text{付加する }I_2\text{〔g〕}}$$

となる。よって，ヨウ素価が大きいほど不飽和度 (C＝C 結合の数) は大きくなる。

□6 ★ 平均分子量 888 の油脂のヨウ素価が 28.6 のとき，1 分子の油脂に含まれる炭素原子間の二重結合の数は [1★] 個となる。$I_2 = 254$（日本医科大）

(1) 1

解き方

油脂に含まれる C＝C 結合を n 個とすると，$I_2 = 254$ より

$28.6 = \dfrac{100}{888} \times n \times 254$ となり，$n \fallingdotseq 1$

□7 ★★★

液体が表面積をできるだけ小さくしようとする力を [1★★] という。セッケンは水に溶けてその [1★★] を低下させ，繊維などの固体表面をぬれやすくする。このような作用を示す物質を [2★★★] という。（愛媛大）

(1) 表面張力（ひょうめんちょうりょく）
(2) 界面活性剤（かいめんかっせいざい）

□8 ★★

セッケンはその構造中に [1★★] 性を示す炭化水素基と [2★★] 性を示す脂肪酸イオンの COO^- 部をあわせ持ち，水に溶け表面張力を低下させる。（千葉大）

〈解説〉セッケン分子 R−COONa

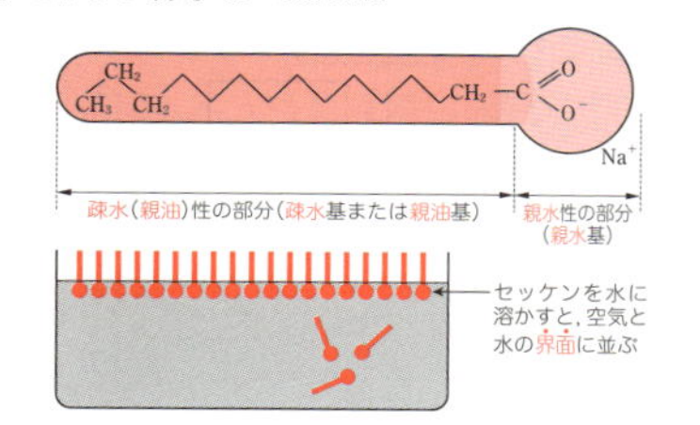

(1) 疎水（そすい）［別 親油（しんゆ）］
(2) 親水（しんすい）

□9 ★★

セッケンを一定濃度以上で水に溶かすと，[1★★] 性部分を内側に，[2★★] 性部分を外側に向けて集まり，球状の [3★★]（コロイド粒子）をつくる。（富山大）

〈解説〉セッケンは疎水基を内側に，親水基を外側にして球状の粒子であるミセルをつくる。

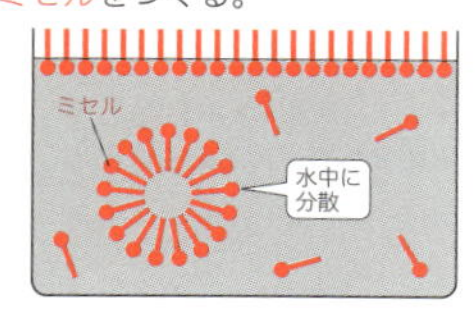

(1) 疎水（そすい）［別 親油（しんゆ）］
(2) 親水（しんすい）
(3) ミセル

□10 ★★★

[1★★★] の分子は疎水性部分と親水性部分からなり，[1★★★] の水溶液に脂肪油を混合すると，[1★★★] の疎水性部分が脂肪油をとり囲んで小さな固まりとなり水中に分散する。この現象を [2★★★] といい，[2★★★] した溶液を [3★★] という。（高知大）

〈解説〉

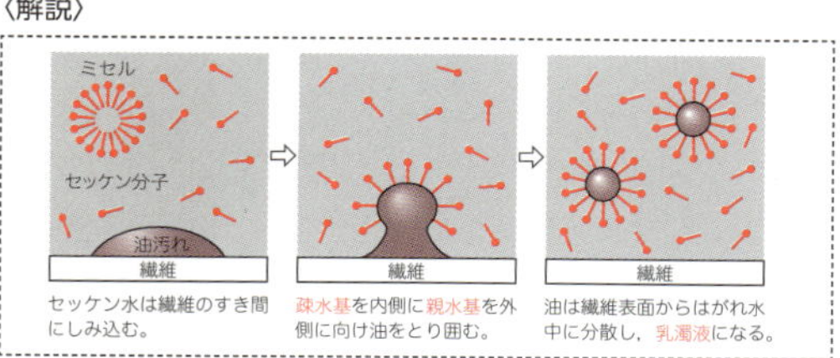

セッケン水は繊維のすき間にしみ込む。 ⇨ 疎水基を内側に親水基を外側に向け油をとり囲む。 ⇨ 油は繊維表面からはがれ水中に分散し，乳濁液になる。

(1) セッケン
(2) 乳化（にゅうか）
(3) 乳濁液（にゅうだくえき）［別 エマルション］

□11 ★★★
セッケンを水に溶かすと [1 ★★★] 性を示すので，羊毛や絹の洗浄には不向きである。 （琉球大）

〈解説〉セッケン R−COONa は，弱酸と強塩基を中和してできると考えられる塩。その水溶液は加水分解し弱塩基性を示す。

$$R-COO^- + H_2O \rightleftarrows R-COOH + OH^-$$

(1) (弱)塩基（(弱)アルカリ）

□12 ★
セッケンの水溶液に塩酸を加えると [1 ★] を生じ白濁する。 （神戸大）

〈解説〉$R-COONa + HCl \longrightarrow R-COOH + NaCl$（弱酸の遊離）

(1) (高級)脂肪酸 R−COOH

□13 ★★
セッケンの水溶液はアルカリ性である。[1 ★★] イオンや [2 ★★] イオン（(1)(2)順不同）を多く含む [3 ★★] 中では，水に溶けにくい脂肪酸の塩 [4 ★★]，[5 ★★]（(4)(5)順不同）をつくって沈殿するので，泡立ちが悪くなり洗浄効果が低下する。 （金沢大）

〈解説〉

$$2R-COO^- + Ca^{2+} \longrightarrow (R-COO)_2Ca \downarrow$$

$$2R-COO^- + Mg^{2+} \longrightarrow (R-COO)_2Mg \downarrow$$

(1) カルシウム Ca^{2+}
(2) マグネシウム Mg^{2+}
(3) 硬水
(4) $(R-COO)_2Ca$
(5) $(R-COO)_2Mg$

□14 ★★
1-ドデカノール $C_{12}H_{25}-OH$ に濃硫酸を作用させ [1 ★★] すると硫酸水素ドデシル [2 ★] が生成する。これを水酸化ナトリウムにより [3 ★★] すると合成洗剤となる。 （立命館大）

〈解説〉高級アルコール系洗剤のつくり方

$$R-O-H + H-O-SO_3H \xrightarrow{\text{エステル化}} R-O-SO_3H + H_2O$$

高級アルコール（左辺 R−O−H）、H₂O がとれる（H と H−O の部分）、硫酸と高級アルコールとのエステル（R−O−SO₃H）

$$R-O-SO_3H + NaOH \xrightarrow{\text{中和}} R-O-SO_3^-Na^+ + H_2O$$

疎水基（R）　親水基（−O−SO₃⁻Na⁺）

(1) エステル化
(2) $C_{12}H_{25}-O-SO_3H$
(3) 中和

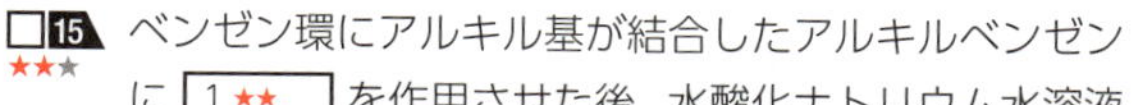

□15 ★★★

ベンゼン環にアルキル基が結合したアルキルベンゼンに［1 ★★］を作用させた後，水酸化ナトリウム水溶液を加えれば，アルキルベンゼンスルホン酸ナトリウムが得られる。この物質は［2 ★★★］として利用されており，その水溶液は［3 ★★★］を示す。（東京都市大）

(1) 濃硫酸（のうりゅうさん） H_2SO_4
(2) 合成洗剤（ごうせいせんざい）
(3) 中性（ちゅうせい）

〈解説〉アルキルベンゼンスルホン酸ナトリウム（石油系合成洗剤）のつくり方
（A B S）

R−⟨ベンゼン環⟩−[H＋H−O]−SO_3H —スルホン化→ R−⟨ベンゼン環⟩−SO_3H＋H_2O
アルキルベンゼン　　H_2O がとれる　　アルキルベンゼンスルホン酸

R−⟨ベンゼン環⟩−SO_3H＋NaOH —中和→ R−⟨ベンゼン環⟩−$SO_3{}^-Na^+$＋H_2O
疎水基　親水基
アルキルベンゼンスルホン酸ナトリウム

□16 ★★★

長鎖アルキルベンゼンに濃硫酸を加えて加熱した後，水酸化ナトリウムを加えて得られる化合物の性質として，正しいのはどれか。［1 ★★★］

A：水溶液は中性を示す。
B：界面活性剤としての作用がある。
C：塩化カルシウム水溶液に加えると沈殿を生じる。
D：塩化鉄(Ⅲ)水溶液と紫色の呈色反応をおこす。
E：臭素水を加えて混和すると臭素水の黄色が消える。

(ア) AとB　(イ) AとE　(ウ) BとC
(エ) CとD　(オ) DとE　（自治医科大）

(1) (ア)

〈解説〉合成洗剤である R−O−$SO_3{}^-Na^+$ や R−⟨ベンゼン環⟩−$SO_3{}^-Na^+$ は，いずれも強酸と強塩基を中和することによってできると考えられる塩。その水溶液はセッケン水とは異なり加水分解せず中性になる。そのため，絹や羊毛の洗濯にも使える。また，カルシウム塩やマグネシウム塩が沈殿しないので，これらの合成洗剤は硬水中でも泡立ち，使うことができる。

第20章 芳香族炭化水素

1 ベンゼンの構造と性質

▼ANSWER

□1 ★★★ コールタールを分留すると，ベンゼンやトルエンなどの環状の炭化水素が得られるが，特有のにおいを有することから [1★★★] 炭化水素とよばれる。（愛媛大）

(1) 芳香族(ほうこうぞく)

□2 ★★ ベンゼンは特有のにおいをもつ [1★] 色の [2★★] 体で，揮発性，引火性が [3★★] く，空気中では大量の [4★★] を出しながら燃える。（早稲田大）

〈解説〉ベンゼン C_6H_6：C の含有率が高い。

(1) 無(む)
(2) 液(えき)
(3) 大(おお)き[別 高(たか)]
(4) すす

□3 ★★ ベンゼンは特有のにおいのある無色の揮発性の液体で，水よりも [1★★]，水に [2★★]。（近畿大）

(1) 軽(かる)く
(2) (ほとんど)溶(と)けない

□4 ★★★ ベンゼンの分子形状として最も適当なものを，次の中から選んで記号で答えよ。[1★★★]
(a) 正六角形　(b) 正四面体　(c) 折れ線　(d) 直線
（東京農工大）

〈解説〉ベンゼンはすべての C 原子と H 原子が同一平面上にあり，その形は正六角形で，非常に安定でこわれにくい。

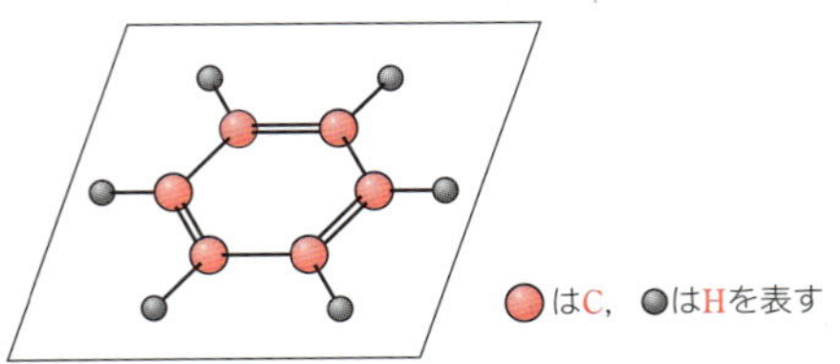

(1) (a)

□5 ★★★ ベンゼンは [1★★★] の平面分子で，炭素原子間の結合距離はすべて等しい。（福岡大）

(1) 正六角形(せいろっかっけい)

□6 ★★ ベンゼン分子の炭素原子間の結合の長さは，エチレン分子のそれより [1★★]。（センター）

〈解説〉炭素-炭素結合距離

エタン（H_3C-CH_3） ＞ ベンゼン ＞ エチレン（$H_2C=CH_2$） ＞ アセチレン（$H-C\equiv C-H$）

(1) 長(なが)い

□7 ★★★ ベンゼンの炭素原子間の結合は，アルケンのC=C結合とは異なり，[1 ★★★]を起こしにくい。一方，ベンゼンの水素原子はほかの原子や原子団と[2 ★★★]を起こしやすい。（明治大）

(1) 付加反応（ふかはんのう）
(2) 置換反応（ちかんはんのう）

〈解説〉ベンゼンは，アルケンのC=CやアルキンのC≡Cに比べると付加反応が起こりにくく，置換反応が起こりやすい。

C_6H_5–H + X–X ⟶ C_6H_5–X + HX（HとXが置き換わる）←形式的な表現

□8 ★★★ アルキンの1つである[1 ★★★]3分子から合成できるベンゼンは，ケクレ構造（図）では炭素原子間に二重結合を有するが，実際のベンゼンの反応性は，アルケンとは大きく異なる。たとえば，臭素の水溶液にアルケンの1つであるエチレンを大過剰量吹き込むと，水溶液の色は[2 ★★★]に変化するが，ベンゼンに臭素を加えるだけでは色の変化はない。ベンゼンを臭素と反応させるには，一般的に，触媒が必要になる。（東京理科大）

図　ケクレ構造

(1) アセチレン　CH≡CH
(2) 無色（むしょく）

〈解説〉3H−C≡C−H $\xrightarrow{\text{鉄，高温}}$ C_6H_6（3分子重合）
ベンゼンの構造式はケクレ構造で表されることが多いが，6個の炭素間の結合は長さや性質がすべて同等なので⌬のように表すこともある。

□9 ★★★ ベンゼンの二置換体には，[1 ★★★]，[2 ★★★]，[3 ★★★]（順不同）の3種の異性体がある。（センター）

(1) オルト（*o*-）
(2) メタ（*m*-）
(3) パラ（*p*-）

□10 ★★ ナフタレン分子は，[1 ★★]個の炭素原子と[2 ★★]個の水素原子からなる。（東京都市大）

(1) 10
(2) 8

□11 ★★ ナフタレンの水素原子1個をニトロ基で置換して得られる化合物には，[1 ★★]種類の異性体が存在する。（東京理科大）

(1) 2

〈解説〉ナフタレン $C_{10}H_8$ のHには2種類のH原子（Ⓗと△H）

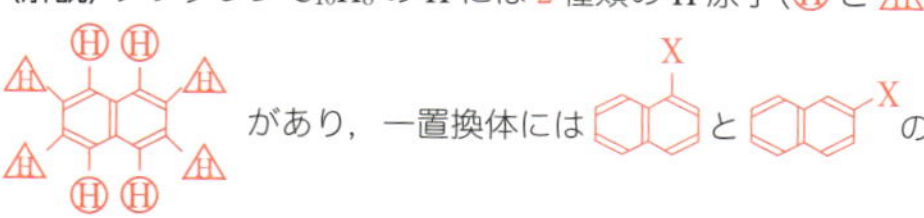

があり，一置換体には（1位にX）と（2位にX）の2種類の構造異性体がある。

2 置換反応・付加反応

▼ANSWER

□1 ★★★

ベンゼンまたはエチレンと塩素との反応を考える。エチレンの場合には塩素が比較的容易に [1 ★★★] 反応して化合物 [2 ★★] が生じる。一方，ベンゼンの場合には [1 ★★★] 反応はおこりにくく，鉄粉を触媒として塩素を作用させると [3 ★★★] 反応がおこり，化合物 [4 ★★★] が生成する。ベンゼンに塩素の [1 ★★★] 反応をおこさせるためには，紫外線を照射しながら塩素を作用させる必要がある。（立命館大）

〈解説〉ハロゲン化（−Cl のときは，塩素化ともいう）
ベンゼンを，Fe や $FeCl_3$ を触媒として Cl_2 と反応させる。

$$C_6H_5\text{-}[H + Cl]\text{-}Cl \xrightarrow[\text{[Fe]や}[FeCl_3]]{} C_6H_5\text{-}Cl + HCl$$

HCl をとる　　クロロベンゼン

(1) 付加（ふか）
(2) 1,2-ジクロロエタン
CH_2-CH_2（各Cに Cl）
(3) 置換（ちかん）
(4) クロロベンゼン
C_6H_5-Cl

□2 ★★★

塩化鉄（Ⅲ）を触媒としてベンゼンに塩素を反応させると，[1 ★★★] が得られる。（宮崎大）

(1) クロロベンゼン
C_6H_5-Cl

□3 ★★★

ベンゼンは臭素とは [1 ★★★] 反応をおこしにくく，[2 ★★] などの触媒を用いると，置換反応をおこして化合物 [3 ★★★] を生じる。（岡山大）

〈解説〉ハロゲン化（臭素化）

$$C_6H_5\text{-}[H + Br]\text{-}Br \xrightarrow[\text{[Fe]や}[FeBr_3]]{} C_6H_5\text{-}Br + HBr$$

HBr をとる　　ブロモベンゼン

(1) 付加（ふか）
(2) 鉄 Fe［㊞臭化鉄（Ⅲ）$FeBr_3$］（てつ，しゅうかてつ）
(3) ブロモベンゼン
C_6H_5-Br

□4 ★★★

試験管の中に入った濃硫酸と濃硝酸の混合物（混酸）にベンゼンを加えて約60℃で10分間加温した。反応液を冷水に注ぎ込むと底に沈む淡黄色で油状の [1 ★★★] の生成が観察された。この置換反応を [2 ★★★] という。（三重大）

〈解説〉ニトロ化
ベンゼンを，濃硝酸と濃硫酸の混合物と約60℃で反応させる。
└→混酸という。

$$C_6H_5\text{-}[H + H-O]\text{-}NO_2 \xrightarrow[\text{[}H_2SO_4\text{]}]{} C_6H_5\text{-}NO_2 + H_2O$$

H_2O をとる　　ニトロベンゼン 無色〜淡黄色の液体

(1) ニトロベンゼン
$C_6H_5-NO_2$
(2) ニトロ化（か）

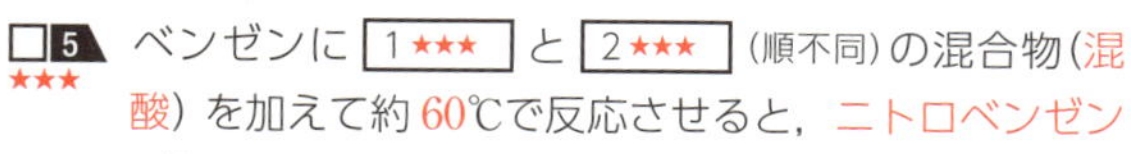

□ **5** ★★★

ベンゼンに [1★★★] と [2★★★]（順不同）の混合物（混酸）を加えて約60℃で反応させると，ニトロベンゼンが得られる。（群馬大）

(1) 濃硫酸（のうりゅうさん）H_2SO_4
(2) 濃硝酸（のうしょうさん）HNO_3

□ **6** ★

試験管に濃硝酸と濃硫酸を取り，冷やしながらベンゼンを1滴ずつ加えた。さらに60℃の温浴で熱したのち，放置した。試験管中の液体が2層に分離した後，[1★] 層の液体を取り除いた。さらにこの試験管に水を加えて静置した。[2★] 層の液体を取り除いたのち，残った液体に塩化カルシウムを入れた。液体の濁りが取れて透明になるまで振り混ぜ，ニトロベンゼンを得た。（大阪医科大）

〈解説〉ニトロベンゼンは，混酸より軽く，水より重い。
$CaCl_2$ は，ニトロベンゼン中に含まれる水分を除く乾燥剤。

(1) 下（か）
(2) 上（じょう）

□ **7** ★★

クロロベンゼンに対して濃硫酸存在下で [1★★] を反応させると，ニトロ化が室温で進行し，[2★★] 種類の異性体が生成する。（名古屋大）

〈解説〉*o*-体と *p*-体が多く得られる。

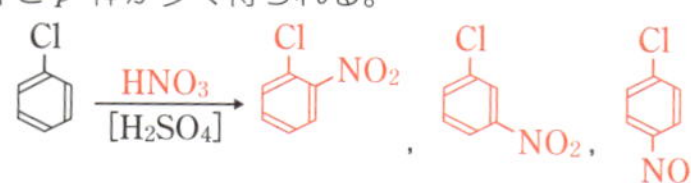

(1) 濃硝酸（のうしょうさん）HNO_3
(2) 3

□ **8** ★★

p-キシレンをニトロ化するとき，ニトロ基を1つもつ生成物は [1★★] 種類になる。（長崎大）

〈解説〉

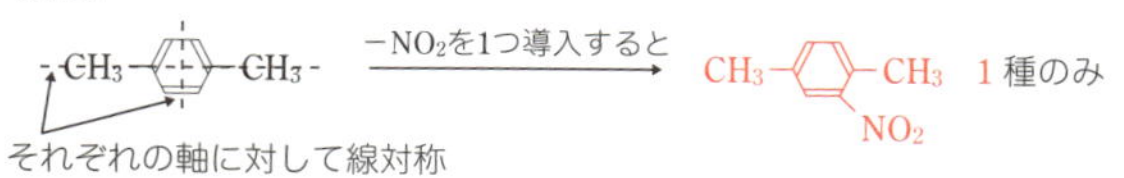

(1) 1

□9 ★★★ 芳香族化合物の置換反応は起こりやすく，［1★★★］化，ハロゲン化，ニトロ化などが知られている。［1★★★］化では，ベンゼンに濃硫酸を加えて加熱すると，強酸性化合物である［2★★★］が得られる。（岐阜大）

(1) スルホン
(2) ベンゼンスルホン酸(さん)
$C_6H_5-SO_3H$

〈解説〉スルホン化

C_6H_5－H ＋ H－O－SO_3H →(加熱) C_6H_5－SO_3H ＋ H_2O

H_2O をとる　　ベンゼンスルホン酸

□10 ★★ ベンゼンスルホン酸は，水に溶け，その水溶液はカルボン酸より［1★★］い酸性を示す。（明治大）

(1) 強(つよ)

〈解説〉酸の強さ

H_2SO_4，HCl	＞	R－SO_3H	＞	R－COOH	＞	CO_2 ＋ H_2O (H_2CO_3)	＞	C_6H_5－OH
希硫酸，塩酸		スルホン酸		カルボン酸		炭酸		フェノール

□11 ★★ アルケンの［1★★］とベンゼンを反応させると分子量120の芳香族炭化水素［2★★］が得られる。（山口大）

(1) プロペン(プロピレン)
$CH_2=CH-CH_3$
(2) クメン(イソプロピルベンゼン)
$C_6H_5-CH(CH_3)_2$

〈解説〉
付加またはイソプロピル化
ベンゼンがプロペンに付加またはベンゼンの水素原子がイソプロピル基
$CH_3-CH(CH_3)-$ に置換されてクメンが合成される。

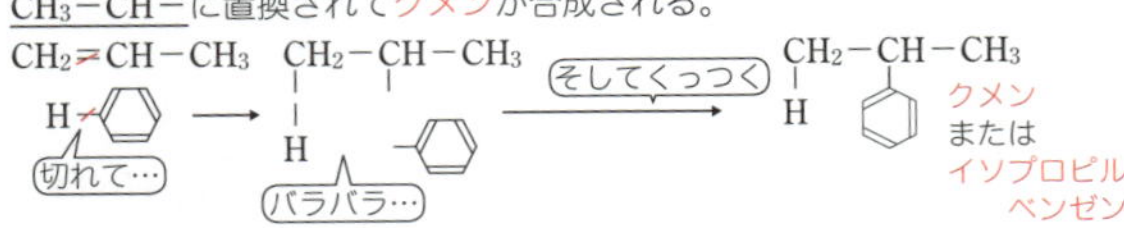

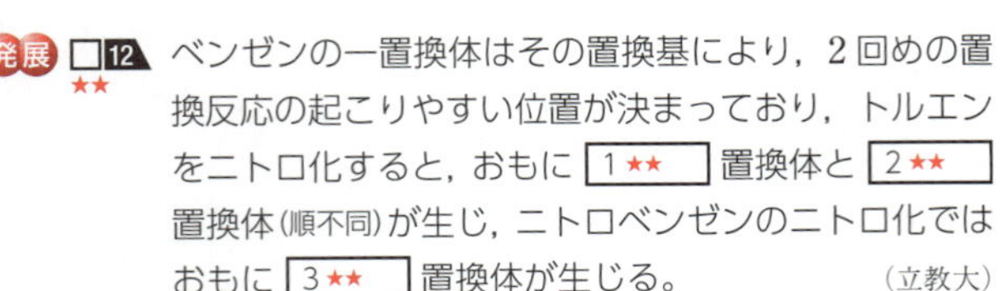

□12 ★★ ベンゼンの一置換体はその置換基により，2回めの置換反応の起こりやすい位置が決まっており，トルエンをニトロ化すると，おもに［1★★］置換体と［2★★］置換体(順不同)が生じ，ニトロベンゼンのニトロ化ではおもに［3★★］置換体が生じる。（立教大）

(1) オルト(*o*-)
(2) パラ(*p*-)
(3) メタ(*m*-)

〈解説〉 ⌬−X に，置換反応を行わせる場合，すでに結合している −X の種類により，2 つ目の置換基の入りやすい位置が決まる(配向性という)。

① −X が $-\ddot{O}H$，$-\ddot{N}H_2$，$-\ddot{Cl}:$，$-CH_3$ などの場合
O, N, Cl に非共有電子対がある　アルキル基(メチル基)
➡ *o*-体や *p*-体が多く生成する。

例 CH_3(トルエン) —ニトロ化→ *o*-体(63%)　*m*-体(3%)　*p*-体(34%)

② −X が $-NO_2$，$-COOH$，$-SO_3H$ などの場合
N, C, S に非共有電子対がない
➡ *o*-体や *p*-体が生成しにくくなるため，結果的に *m*-体が *o*-体や *p*-体より多く生成する。

例
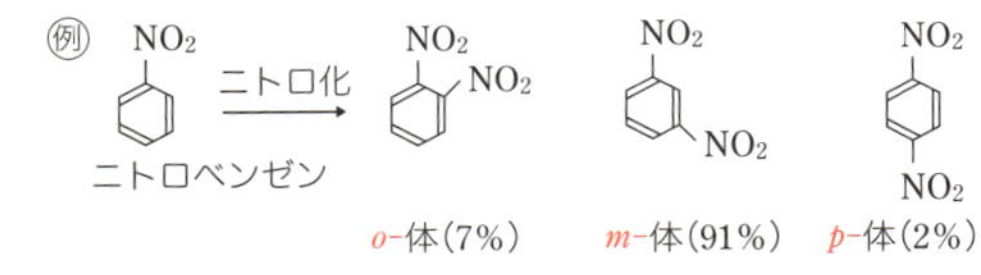

□13 ★★★ アセチレン 3 分子が重合し得られる [1 ★★★] は安定であり，[2 ★★★] よりも [3 ★★★] のほうが起こりやすい。しかし，白色光や紫外線に当てると [1 ★★★] は塩素と [2 ★★★] を行い [4 ★★] が生じる。(金沢大)

〈解説〉 Cl_2 の付加：ベンゼンに紫外線を当てながら Cl_2 を反応させる。

(ベンゼン + 3 Cl_2：切れて — くっつく → $C_6H_6Cl_6$，Cl_2 が付加する)

形式的にはこのように考えるとよい。

ヘキサクロロシクロヘキサン
6 を　Cl を表す
(ベンゼンヘキサクロリド(略称 BHC))

(1) ベンゼン ⌬
(2) 付加(反応)
(3) 置換(反応)
(4) ヘキサクロロシクロヘキサン(ベンゼンヘキサクロリド)

□14 ★★★ ベンゼンに，白金やニッケルを触媒として，高温・高圧で水素を [1 ★★★] させると，[2 ★★] を生じる。(岐阜大)

〈解説〉 H_2 の付加：Pt や Ni を触媒として，加圧した H_2 を反応させる。

$$⌬ + 3H_2 \xrightarrow[\text{[Pt]または[Ni]}]{\text{高温・高圧}} C_6H_{12}$$

シクロヘキサン
「環」を表す

(1) 付加
(2) シクロヘキサン

20 芳香族炭化水素 2 置換反応・付加反応

第21章 フェノール類

1 フェノール類の性質

▼ANSWER

□1 ★★★ ベンゼン環の炭素原子に [1★★★] 基が結合した化合物を総称して [2★★★] 類という。[2★★★] はアルコールと同じようにナトリウムと反応して気体の [3★★★] を発生するが，水溶液中ではわずかに電離して [4★★★] 性を示す。（東京女子大）

〈解説〉フェノールは，無色の固体で殺菌・消毒作用がある。また，水に少し溶け，水溶液中でわずかに電離して弱酸性を示す。

$C_6H_5-OH \rightleftarrows C_6H_5-O^- + H^+$

(1) ヒドロキシ $-OH$
(2) フェノール
(3) 水素（すいそ） H_2
(4) (弱（じゃく）)酸（さん）

□2 ★★★ フェノールは，アルコールと同様に [1★★★] 基をもち，エステルをつくる。一方で，アルコールの [1★★★] 基は，水溶液中で電離しないため，エタノールやメタノールの水溶液は [2★★★] 性であるが，フェノールの [1★★★] 基は，水溶液中でわずかに電離して [3★★★] 性を示す。そのため，アルコールと水酸化ナトリウムは常温では反応しないが，フェノールは，水酸化ナトリウムと反応し，塩である [4★★] を生じる。（鳥取大）

〈解説〉$C_6H_5-OH + NaOH \longrightarrow C_6H_5-ONa + H_2O$ （中和）

(1) ヒドロキシ $-OH$
(2) 中（ちゅう）
(3) (弱（じゃく）)酸（さん）
(4) ナトリウムフェノキシド C_6H_5-ONa

□3 ★★ フェノール，ベンゼンスルホン酸，安息香酸を，酸の強さについて強い順に並べよ。[1★★]（筑波大）

〈解説〉酸の強さ➡ $R-SO_3H > R-COOH > CO_2+H_2O > C_6H_5-OH$

(1) ベンゼンスルホン酸（さん）→安息香酸（あんそくこうさん）→フェノール

□4 ★★ フェノール類は，アルコールと同様に，ナトリウムと反応して [1★★] を発生する。（関西学院大）

〈解説〉$2R-OH + 2Na \longrightarrow 2R-ONa + H_2$

$2C_6H_5-OH + 2Na \longrightarrow 2C_6H_5-ONa + H_2$

(1) 水素（すいそ） H_2

□5 ★★★ ナトリウムフェノキシドの水溶液に二酸化炭素を通じると，[1★★★]が遊離する。（福岡大）

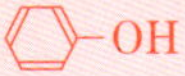

〈解説〉
$C_6H_5-O^- + CO_2 + H_2O \longrightarrow C_6H_5-OH + HCO_3^-$（$H^+$ が移動）

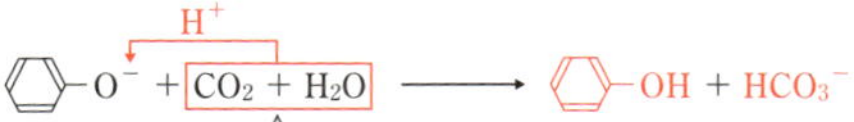

フェノールより強い酸だから，フェノールを追い出す

(1) フェノール
C_6H_5-OH

□6 ★★★ フェノール C_6H_5OH の水溶液に塩化鉄(Ⅲ)水溶液を加えた。何色になるか。[1★★★]（高知大）

〈解説〉塩化鉄(Ⅲ)$FeCl_3$ 水溶液を加えるとフェノールは紫色に，フェノール類の多くは紫系の色に呈色する。

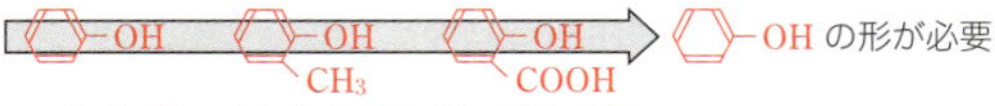

C_6H_5-OH，$C_6H_4(CH_3)-OH$，$C_6H_4(COOH)-OH$ → C_6H_5-OH の形が必要

フェノール→紫　o-クレゾール→青　サリチル酸→赤紫

(1) 紫色（むらさきいろ）

□7 ★ フェノールは置換反応を受け[1★]。（筑波大）

(1) やすい

□8 ★★ フェノールに十分な量の臭素水を作用させて得られる有機化合物の構造式を記せ。[1★★]（北海道大）

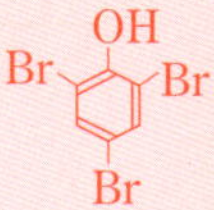

〈解説〉
$C_6H_5OH + 3Br_2 \longrightarrow C_6H_2Br_3OH\ (2,4,6\text{-}Br) + 3HBr$

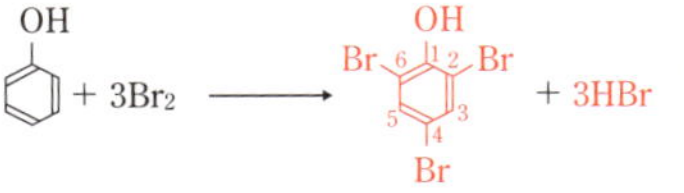

➡フェノールの検出反応に利用できる

2,4,6-トリブロモフェノール（白色沈殿）
3つのBrを表す

(1) OH(1位)，Br(2,4,6位) のベンゼン環（2,4,6-トリブロモフェノール）

□9 ★★ フェノール水溶液に臭素水を加えると，[1★★★]の白色沈殿が速やかに生成する。この反応によって1molのフェノールから1molの[1★★★]をつくるためには，[2★]molの臭素が必要である。（慶應義塾大）

〈解説〉HBr も生じるので，反応後は反応前より pH が小さくなる。

(1) 2,4,6-トリブロモフェノール 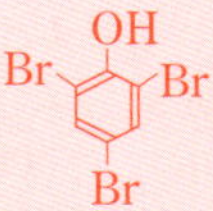
OH，Br，Br，Br のベンゼン環（2,4,6位にBr）
(2) 3

□10 ★★★ フェノールは，ベンゼン環の[1★★]位と[2★★]位（順不同）で置換反応が起こりやすい。フェノールに濃硝酸と濃硫酸の混合物を加えて加熱すると，分子量229の[3★★★]が得られる。H=1.0，C=12，N=14，O=16（筑波大）

(1) オルト(o-)
(2) パラ(p-)
(3) 2,4,6-トリニトロフェノール
[別ピクリン酸（さん）]
OH，O_2N，NO_2，NO_2 のベンゼン環（2,4,6位に NO_2）

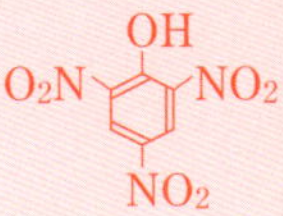

21 フェノール類 1 フェノール類の性質

〈解説〉

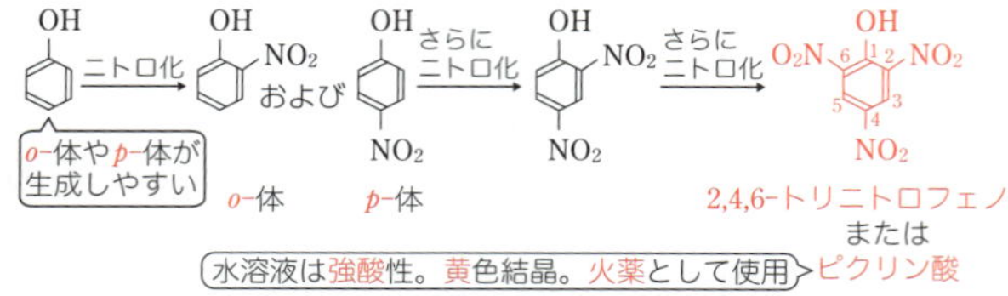

OH(フェノール) —ニトロ化→ o-体(OH, NO_2) および p-体(OH, NO_2) —さらにニトロ化→ (OH, NO_2, NO_2) —さらにニトロ化→ 2,4,6-トリニトロフェノール(OH, O_2N, NO_2, NO_2)

o-体やp-体が生成しやすい

2,4,6-トリニトロフェノール または ピクリン酸

水溶液は強酸性。黄色結晶。火薬として使用

□11 ★★ 化合物 [1★★] はコールタールの分留でも得られるが，工業的にはクメン法で多くがつくられている。化合物 [1★★] に十分な量の臭素水を作用させると，化合物 [2★★] の白色結晶が生成する。一方，化合物 [1★★] に濃硝酸を20℃で反応させると，水素原子1個がニトロ基で置換され，*o*-ニトロフェノールや化合物 [3★] が生成する。 （徳島大）

(1) フェノール（OH）
(2) 2, 4, 6-トリブロモフェノール（OH, Br, Br, Br）
(3) *p*-ニトロフェノール（OH, NO_2）

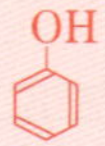

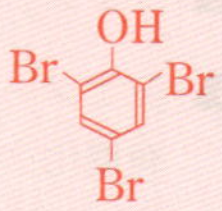

□12 ★★ ベンゼンの水素原子1個がメチル基で置換されたトルエンを，濃硝酸と濃硫酸の混合物と高温で十分に反応させると，[1★★] が生じる。 （秋田大）

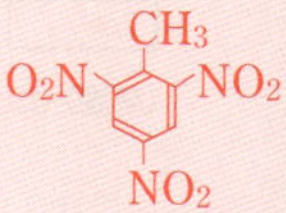

〈解説〉フェノールの置換反応とあわせておさえておきたい。

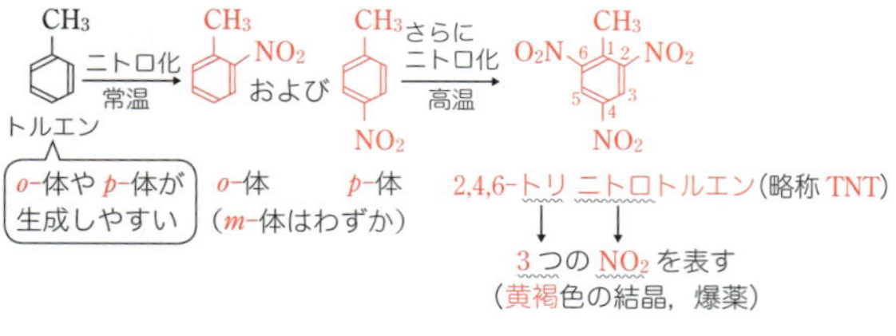

トルエン(CH_3) —ニトロ化(常温)→ o-体(CH_3, NO_2) および p-体(CH_3, NO_2) —さらにニトロ化(高温)→ 2,4,6-トリニトロトルエン(CH_3, O_2N, NO_2, NO_2)

o-体やp-体が生成しやすい

o-体　p-体（m-体はわずか）

2,4,6-トリニトロトルエン(略称TNT)
トリ→3つの　ニトロ→NO_2 を表す
（黄褐色の結晶，爆薬）

(1) 2, 4, 6-トリニトロトルエン(TNT)（CH_3, O_2N, NO_2, NO_2）

2 フェノールの製法

▼ ANSWER

□1 ★★★

ベンゼンに濃硫酸を加えて加熱すると化合物 1★★ が得られる。 1★★ に室温で水酸化ナトリウム水溶液を加えると化合物 2★★ が生じる。 2★★ を高温で融解した水酸化ナトリウムと反応させると化合物 3★★ になる。 3★★ の水溶液に二酸化炭素を通じると化合物 4★★★ が得られる。（信州大）

〈解説〉

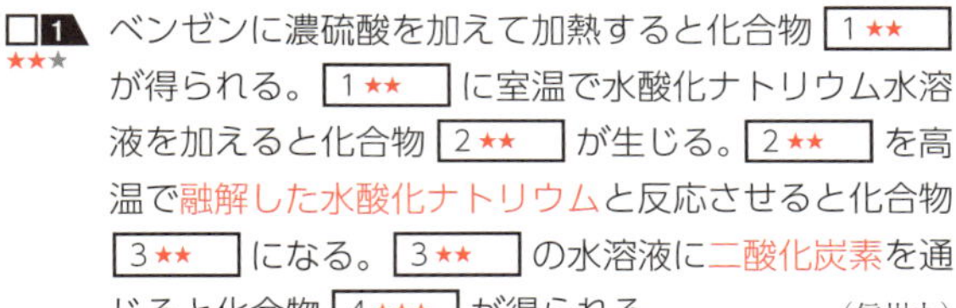

③ベンゼンスルホン酸ナトリウムを NaOH の固体と一緒に高温（約300℃）で加熱し，融解させ反応させる。
└→アルカリ融解という。

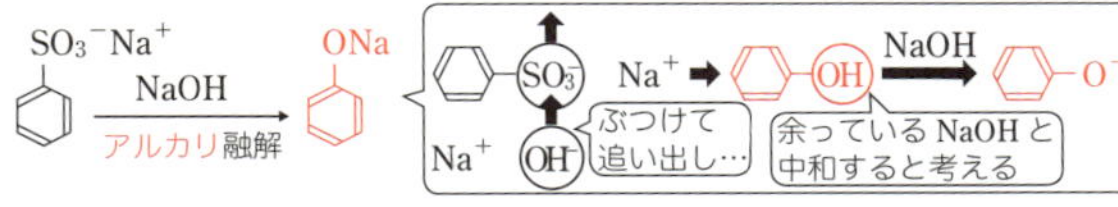

②の工程は省略されて出題されることもある。

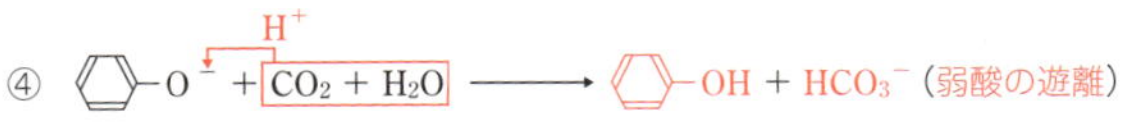

(1) ベンゼンスルホン酸　$C_6H_5-SO_3H$
(2) ベンゼンスルホン酸ナトリウム　$C_6H_5-SO_3Na$
(3) ナトリウムフェノキシド　C_6H_5-ONa
(4) フェノール　C_6H_5-OH

□2 ★★★

ベンゼンは濃硫酸とともに加熱すると 1★★ を生じる。 1★★ はカルボン酸よりも 2★★ 酸である。 1★★ を飽和塩化ナトリウム水溶液に加えると 1★★ のナトリウム塩が沈殿する。この沈殿をとり水酸化ナトリウムと加熱融解すると 3★★ が得られる。 3★★ の水溶液に二酸化炭素を通じると 4★★★ が遊離する。（早稲田大）

〈解説〉ベンゼンスルホン酸ナトリウムを生成する際，NaOHaq でなく，飽和 NaClaq を使うこともある。

(1) ベンゼンスルホン酸　$C_6H_5-SO_3H$
(2) 強い
(3) ナトリウムフェノキシド　C_6H_5-ONa
(4) フェノール　C_6H_5-OH

□3 ★★★

フェノールはベンゼンに鉄粉と塩素を作用させて得られる 1★★★ を，高温・高圧で水酸化ナトリウム水溶液と反応させて 2★★★ とした後，二酸化炭素を吹き込むことで合成できる。（埼玉大）

(1) クロロベンゼン　C_6H_5-Cl
(2) ナトリウムフェノキシド　C_6H_5-ONa

〈解説〉

① ベンゼン－H + Cl－Cl →[Fe] ベンゼン－Cl + HCl（塩素化）
HClをとる

②クロロベンゼンを NaOH 水溶液と高温（約 300℃）・高圧（約 200 気圧）の下で反応させる。

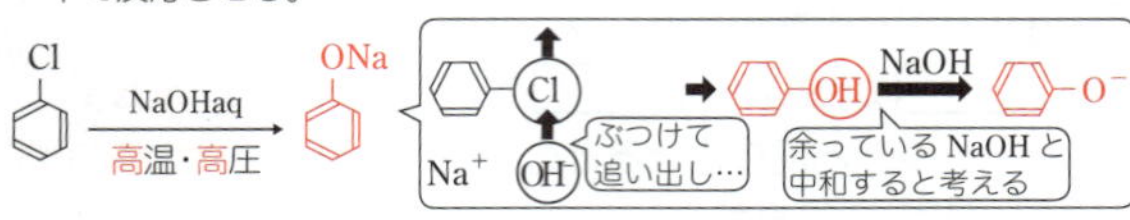

③ ベンゼン－O^- + $CO_2 + H_2O$ → ベンゼン－OH + HCO_3^-（弱酸の遊離）
H^+

または

ベンゼン－O^- + HCl → ベンゼン－OH + Cl^-（弱酸の遊離）
H^+

□4 ★★ 工業的にフェノールは［1★★］で製造する。（大阪大）

(1) クメン法（ほう）

□5 ★★ フェノールは用途の多い化合物であり，工業的には主に次の工程1～3からなる方法で合成される。

工程1　酸触媒を用いてベンゼンとプロペン（プロピレン）を反応させて，中間体［1★★］を得る。

工程2　中間体［1★★］に適当な条件のもとで酸素を作用させて，中間体［2★★］をつくる。

工程3　中間体［2★★］に希硫酸を作用させて，フェノールを得る。（岡山大）

(1) クメン（イソプロピルベンゼン）
$CH_3-CH-CH_3$（CH にベンゼン環が結合）

(2) クメンヒドロペルオキシド
O－O－H
CH_3-C-CH_3（C にベンゼン環が結合）

〈解説〉

工程1　酸触媒ではなく，塩化アルミニウム $AlCl_3$ 触媒を用いることもある。

$CH_2=CH-CH_3$ + H－ベンゼン（切れて） → $CH_2-CH-CH_3$，H，－ベンゼン（バラバラに） →(くっつく) $CH_2-CH-CH_3$（H が CH₂ に，ベンゼン環が CH に結合）（イソプロピル化 または 付加）
クメン または イソプロピルベンゼン

工程2

ベンゼン－$C(CH_3)_2$－H + O_2（間に入る） → ベンゼン－$C(CH_3)_2$－O－O－H（空気酸化）
クメン　　クメンヒドロペルオキシド

工程3

ベンゼン－$C(CH_3)_2$－O－O－H →$[H^+]$ ベンゼン－OH + $CH_3-C(=O)-CH_3$（分解）
アセトンがはずれる

□6 ★★ クメン法の化学反応式を次に示した。構造式を書け。

[1 ★★] + ⌬ ⟶ [2 ★★] $\xrightarrow[\text{酸化}]{O_2}$ [3 ★★]

$\xrightarrow{\text{分解}}$ $CH_3-CO-CH_3$ + ⌬-OH　（同志社大）

(1) $CH_2=CH-CH_3$
(2) $CH_3-CH(C_6H_5)-CH_3$
(3) $CH_3-C(O-O-H)(C_6H_5)-CH_3$

□7 ★★★ 化合物 [1 ★★] は分子量 42 の炭化水素であり，希臭素水中を通過させると，希臭素水の色（うすい茶色）が消える。化合物 [1 ★★] は，工業的にフェノールを製造するときに用いられる。その際，フェノールのほかに [2 ★★] を生じる。[2 ★★] の水溶液にヨウ素と水酸化ナトリウム水溶液を少量加えて温めると，黄色の結晶を生じる。この反応を [3 ★★★] 反応という。

（鳥取大）

(1) プロペン（プロピレン）
$CH_2=CH-CH_3$
(2) アセトン
$CH_3-C(=O)-CH_3$
(3) ヨードホルム

□8 ★★★ アニリンを塩酸に溶かして氷で冷やしながら亜硝酸ナトリウム水溶液を加えると [1 ★★★] の水溶液が得られる。[1 ★★★] は 5℃以下の水溶液中では安定であるが，温度を上げると窒素を発生しながら [2 ★★★] に変化する。（自治医科大）

〈解説〉塩化ベンゼンジアゾニウムの水溶液を 5℃以上にしたり，加熱したりすると，不安定なベンゼンジアゾニウムイオン ⌬$-\overset{+}{N}\equiv N$ がこわれる。

⌬$-\overset{+}{N}\equiv N$ $\xrightarrow{5℃\text{以上}}$ ⌬$^{\oplus}$ + $^{-}O-H$ (H^+) （:N≡N: が抜ける） $\xrightarrow{\text{くっつく}}$ ⌬-OH + H^+

$H-O-H$（H と O の間が切れる）

(1) 塩化ベンゼンジアゾニウム
⌬$-N_2Cl$
(2) フェノール
⌬$-OH$

第22章

芳香族カルボン酸

1 安息香酸／フタル酸／サリチル酸　▼ANSWER

□1 ★★★ ベンゼン環に［1★★★］基が直接結合した化合物を芳香族カルボン酸という。［2★★★］はその代表的な化合物であり，トルエンの酸化反応により得られる。（埼玉大）

(1) カルボキシ
$-COOH$
(2) 安息香酸（あんそくこうさん）
C_6H_5-COOH

〈解説〉ベンゼン環にC原子が直接結合している
$C_6H_5-CH_3$ トルエンや $C_6H_5-CH_2-CH_3$ エチルベンゼンなどを
C原子が直接結合している。
$KMnO_4$ などの酸化剤と反応させると，ベンゼン環は酸化されずに，環に直接結合しているC原子が酸化を受ける。

$$C_6H_5-CH_3 \xrightarrow[\text{酸化}]{KMnO_4} C_6H_5-COO^- \xrightarrow[\text{酸性にする}]{HCl} C_6H_5-COOH \text{（安息香酸）}$$

$$C_6H_5-CH_2-CH_3 \xrightarrow[\text{酸化}]{KMnO_4} C_6H_5-COO^- \xrightarrow[\text{酸性にする}]{HCl} C_6H_5-COOH \text{（安息香酸）}$$

□2 ★★★ 過マンガン酸カリウムの水溶液にトルエンを加えて煮沸すると，化合物［1★★★］のカリウム塩が生成するので，反応溶液に希硫酸を加えて酸性にすると，化合物［1★★★］の白色沈殿が析出する。（徳島大）

(1) 安息香酸（あんそくこうさん）
C_6H_5-COOH

□3 ★ ^{18}O を天然存在比より多く含むエタノールを安息香酸と縮合させると，［1★］(構造式で示せ。ただし天然存在比より多くの ^{18}O が含まれる場合は，その酸素原子を ^{18}O と示すこと)が得られる。（名古屋大）

(1) $C_6H_5-C(=O)-{}^{18}O-CH_2-CH_3$

〈解説〉

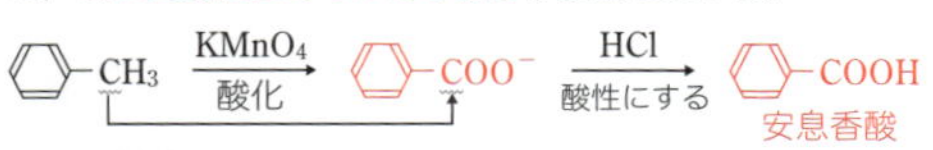

□4 ★ $C_6H_5-CH_2OH \xrightarrow{\text{酸化}}$ ［1★］ $\xrightarrow{\text{酸化}} C_6H_5-COOH$（群馬大）

(1) ベンズアルデヒド
C_6H_5-CHO

〈解説〉$C_6H_5-CH_2-$ はベンジル基といい，
$C_6H_5-CH_2OH$ はベンジルアルコール。

□5 ★
トルエンを穏やかな条件下で酸化すると，［1★］が得られる。［1★］は特異な臭いを有する液体で，酸化されやすく，空気中に放置すると徐々に安息香酸に変化する。［1★］とアンモニア性硝酸銀水溶液との反応では，まず銀が析出し，その後，反応溶液を酸性にすると，安息香酸が生成する。（埼玉大）

(1) ベンズアルデヒド
C_6H_5-CHO

〈解説〉

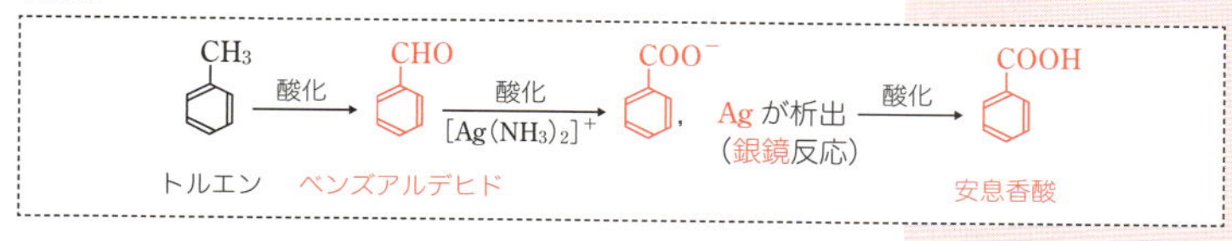

□6 ★★
弱酸性を示す固体で分子式 $C_7H_6O_2$ の芳香族化合物は［1★★］。（福井工業大）

(1) 安息香酸（あんそくこうさん）
C_6H_5-COOH

□7 ★
安息香酸は水素結合を介して二量体を形成する。二量体の構造を，構造式を使って記せ。［1★］（名古屋大）

(1) 図参照

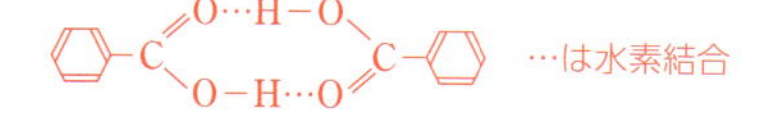

□8 ★★★
［1★★］，［2★★］はどちらもベンゼン環をもつ化合物で，分子式は C_8H_{10} で表される。［1★★］を過マンガン酸カリウムで酸化すると［3★★★］となり，［3★★★］を加熱すると分子内で脱水反応が起こり，酸無水物が生じる。［2★★］を過マンガン酸カリウムで酸化して得られる［4★★★］は，ペットボトルの原料として用いられる。分子式が C_8H_{10} で表される化合物には，［1★★］，［2★★］を含めて，ベンゼン環をもつ構造異性体が［5★］種類存在する。（近畿大）

(1) *o*-キシレン
$C_6H_4(CH_3)_2$
(2) *p*-キシレン
$CH_3-C_6H_4-CH_3$
(3) フタル酸（さん）
$C_6H_4(COOH)_2$
(4) テレフタル酸（さん）
$HOOC-C_6H_4-COOH$
(5) 4

〈解説〉C_8H_{10} でベンゼン環をもつ構造異性体

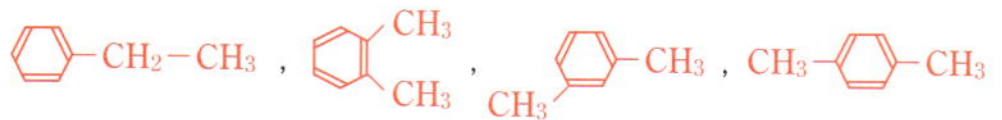

□9 ★★
分子量 166 の化合物 [1 ★★] は，ナフタレンを酸化バナジウム(V) V_2O_5 を用いて酸素で酸化して得られる。（東北大）

〈解説〉ベンゼンやナフタレンを，酸化バナジウム(V)V_2O_5 などを触媒として高温にして空気中で酸化することでできる。

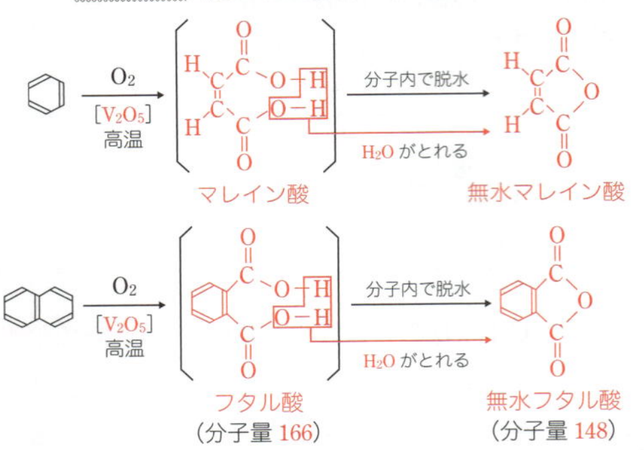

(1) フタル酸（さん）

□10 ★★★
ベンゼンの隣り合う 2 つの水素原子が，それぞれヒドロキシ基とカルボキシ基で置換された化合物は [1 ★★★] である。（近畿大）

〈解説〉サリチル酸の分子式は $C_7H_6O_3$。

(1) サリチル酸（さん）

□11 ★★★
フェノールに水酸化ナトリウムを反応させると，化合物 [1 ★★] と水が生じる。化合物 [1 ★★] に二酸化炭素を高温高圧のもとで反応させ，これに希硫酸を加えると [2 ★★★] を生じる。（鳥取大）

〈解説〉サリチル酸の製法

① ナトリウムフェノキシドに高温・高圧下で，CO_2 を反応させる。

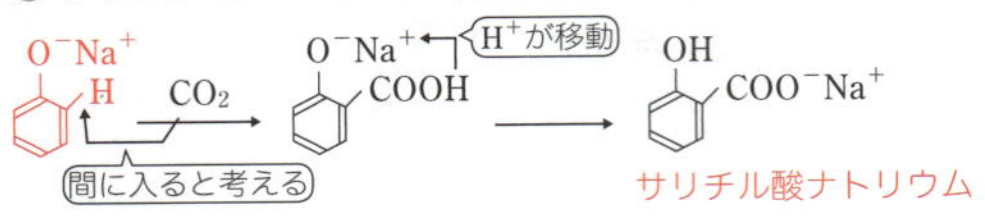

② サリチル酸ナトリウムに強酸（塩酸や希硫酸など）を加える。

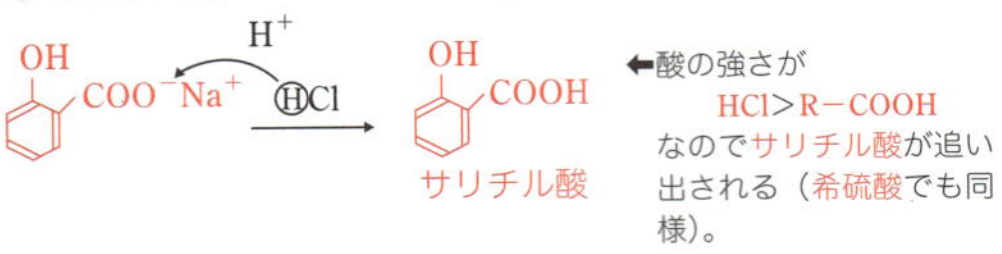

⬅酸の強さが
HCl＞R−COOH
なのでサリチル酸が追い出される（希硫酸でも同様）。

(1) ナトリウムフェノキシド
(2) サリチル酸（さん）

□12 ★★★ サリチル酸にメタノールと濃硫酸を作用させると，常温常圧で液体である［1 ★★★］が得られ，これは筋肉などを消炎するための外用塗布剤に用いられる。（鳥取大）

(1) サリチル酸メチル

〈解説〉

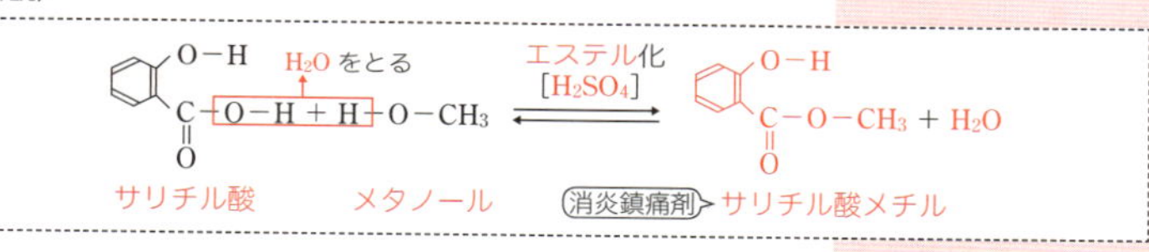

□13 ★★★ 化合物［1 ★★★］に無水酢酸を作用させると解熱鎮痛剤として使われる化合物［2 ★★★］ができる。（岩手大）

(1) サリチル酸

(2) アセチルサリチル酸

〈解説〉

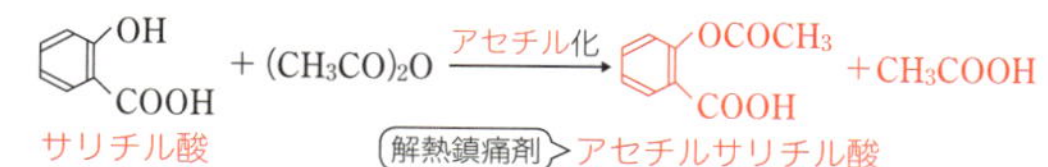

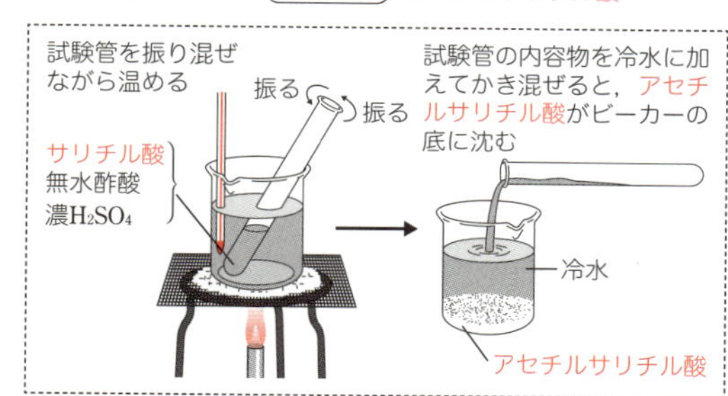

□14 ★★★ 化合物［1 ★★★］のナトリウム塩を高温高圧下で二酸化炭素と反応させた後，生成物に希硫酸などを作用させると化合物［2 ★★★］が得られる。化合物［2 ★★★］に無水酢酸を作用させれば化合物［3 ★★★］が得られ，また，硫酸存在下で化合物［2 ★★★］とメタノールを反応させると化合物［4 ★★★］が得られる。（慶應義塾大）

(1) フェノール
(2) サリチル酸
(3) アセチルサリチル酸
(4) サリチル酸メチル

□15 ★★★ サリチル酸，サリチル酸メチル，アセチルサリチル酸のうち，塩化鉄（Ⅲ）水溶液を加えると紫色に呈色するものをすべてあげると，［1 ★★★］である。（近畿大）

(1) サリチル酸，サリチル酸メチル

第23章

芳香族アミンとアゾ化合物

1 アニリンの製法と性質 ▼ANSWER

□1 ★★ アンモニア NH_3 の水素原子を炭化水素基で置き換えた化合物をアミンといい，とくに炭化水素基がベンゼン環のものは [1★★] アミンに分類される。最も簡単な [1★★] アミンであるアニリン $C_6H_5NH_2$ は，特有の臭気をもつ無色の液体である。（東京理科大）

(1) 芳香族（ほうこうぞく）

〈解説〉

第一級アミン（炭化水素基1個） R−NH−H（N上にH）

第二級アミン（炭化水素基2個） R−N(R′)−H

第三級アミン（炭化水素基3個） R−N(R′)−R″

□2 ★★★ アニリンは水にわずかに溶けて，弱 [1★★★] 性を示す。（予想問題）

(1) 塩基（えんき）(アルカリ)

〈解説〉

$$C_6H_5-NH_2 + H_2O \rightleftarrows C_6H_5-NH_3^+ + OH^-$$

（H_2O から H^+ が NH_2 へ移る）

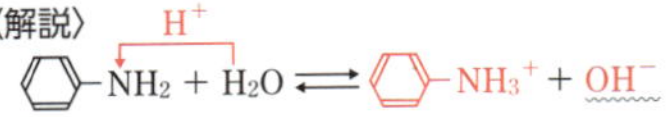

□3 ★★ アニリンは水に溶けにくいが，弱い塩基性をもつので塩酸と反応させると [1★★] となり水に溶ける。（早稲田大）

(1) 塩（えん）[別 アニリン塩酸塩（えんさんえん）] $C_6H_5-NH_3Cl$

〈解説〉

$$C_6H_5-NH_2 + HCl \rightleftarrows C_6H_5-NH_3^+Cl^-$$

（HCl から H^+ が NH_2 へ移る）

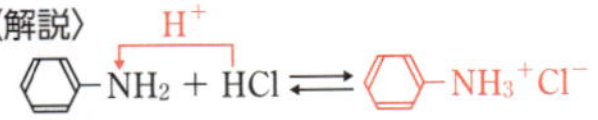

□4 ★★★ アニリンから黒色染料として用いられる [1★★★] が合成できる。（埼玉大）

(1) アニリンブラック

□5 ★★★ [1★★★] は，水に少し溶けてアルカリ性を示し，さらし粉によって [2★★★] の呈色反応を示す。（愛媛大）

(1) アニリン $C_6H_5-NH_2$
(2) 紫色（むらさきいろ）

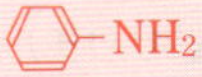

〈解説〉アニリンは，無色の液体で酸化されやすいので，
① 空気中の酸素によって，徐々に赤褐色になる。
② 酸化剤であるさらし粉を加えると，紫色になる。
③ 酸化剤である $K_2Cr_2O_7$ を加えると，黒色の物質になる。
└→アニリンブラックという

□6 ★★★ アニリンは油状の液体で，[1 ★★★]の水溶液を加えると赤紫色に呈色する。また空気やニクロム酸カリウムなどで十分に酸化すると，[2 ★★★]とよばれる黒色の生成物に変化する。（名古屋大）

(1) さらし粉 $CaCl(ClO)\cdot H_2O$
(2) アニリンブラック

□7 ★★★ アニリンを合成するためには，ベンゼンに[1 ★★★]基を導入後，[1 ★★★]基を還元してアミノ基とする方法が一般的である。

実験室で[2 ★★★]からアニリンを合成する方法の概略を以下の操作 1) ～ 3) に示す。

操作 1) [2 ★★★] 0.5mL を試験管にとり，粒状のスズ約 3g と濃塩酸 3mL を加える。よく振りまぜながら穏やかに加熱する。

操作 2) 反応終了後，液体部分を三角フラスコに移しとり，6mol/L 水酸化ナトリウム水溶液を溶液が乳濁するまで加える。

操作 3) ジエチルエーテル 10mL を加え，よく振り，静置する。上層を蒸発皿にとり，ジエチルエーテルを蒸発させるとアニリンが得られる。

（名古屋市立大）

(1) ニトロ $-NO_2$
(2) ニトロベンゼン $C_6H_5-NO_2$

〈解説〉アニリンの合成

操作 1：ニトロベンゼンに Sn（または Fe）と HCl を反応させると，ニトロベンゼンが O 原子を失い，H 原子と化合してアニリンができる。このとき，Sn は Sn^{4+} になる。

$C_6H_5NO_2 \xrightarrow[\text{還元}]{Sn,\ HCl} C_6H_5NH_2$

ところが，ふつう HCl は過剰なので右の反応が起こる。

$C_6H_5NH_2 + HCl \longrightarrow C_6H_5NH_3^+Cl^-$（アニリン塩酸塩）

操作 2：NaOH 水溶液を加えるとアニリンが遊離する（生成するアニリンの量が少ないと乳濁液になる）。

$C_6H_5NH_3^+Cl^- + NaOH \longrightarrow C_6H_5NH_2 + NaCl + H_2O$ ← NaOH が自分より弱い塩基であるアニリンを追い出す。

Sn^{4+} は $Sn(OH)_4$ ↓の白色沈殿を生じた後，$[Sn(OH)_6]^{2-}$ となり溶解する。

操作 3：ジエチルエーテルを加えて振り混ぜると，アニリンはジエチルエーテルに溶ける。

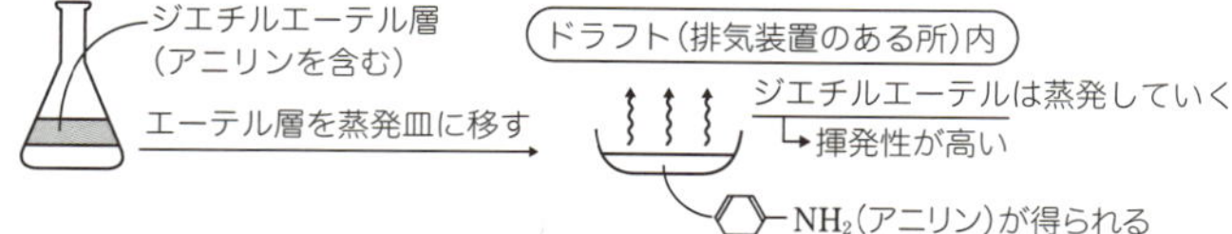

□8 ★★★ アニリンに無水酢酸を作用させると，かつて解熱剤として用いられていた [1 ★★★] が生成する。（埼玉大）

(1) アセトアニリド
(C₆H₅)−NHCO−CH₃

〈解説〉

C_6H_5−N(H)−H + CH_3−C(=O)−O−C(=O)−CH_3 —アセチル化→ C_6H_5−N(H)−C(=O)−CH_3 + CH_3COOH

アニリン　無水酢酸　アセトアニリド

酢酸をとる

□9 ★★★ アニリンに無水酢酸を作用させて生成する [1 ★★★] には−CO−NH−結合がある。この結合は一般的には [2 ★★★] 結合とよばれるが，この結合がタンパク質中にあるときは [3 ★★] 結合とよばれる。（早稲田大）

(1) アセトアニリド

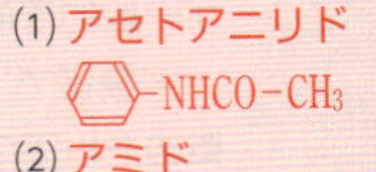

(2) アミド

(3) ペプチド

□10 ★★★ 化合物アニリン 2g と氷酢酸 4mL を大型試験管にとり，冷却管をつけてよく撹拌しながら 1 時間加熱沸騰させる。反応物を 50mL の水に注ぐと，生成物 [1 ★★★] の白色結晶が析出する。（札幌医科大）

(1) アセトアニリド
(C₆H₅)−NHCO−CH₃

□11 ★★★

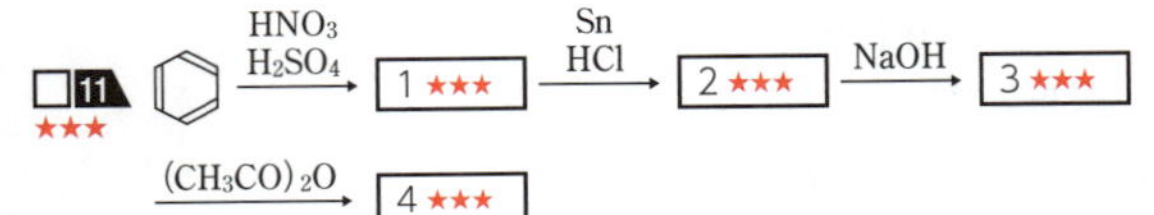

$\xrightarrow{(CH_3CO)_2O}$ [4 ★★★]

空欄に該当する化合物の構造式を記入せよ。（神戸大）

(1) (C₆H₅)−NO_2

(2) (C₆H₅)−NH_3Cl

(3) (C₆H₅)−NH_2

(4) (C₆H₅)−NHCO−CH_3

発展 □12 ★★ *p*-ニトロアニリンはアニリンから次のように3段階の反応で合成される。まず，アニリンと無水酢酸を反応させて化合物 [1 ★★★] を合成する。化合物 [1 ★★★] は通常の条件でニトロ化することができる。その結果，主な生成物として化合物 [2 ★] （構造式）が生成する。最後に，化合物 [2 ★] （構造式）を加水分解することにより，*p*-ニトロアニリンを得ることができる。（筑波大）

(1) アセトアニリド
(C₆H₅)−NHCO−CH_3

(2) O_2N−(C₆H₄)−N(H)−C(=O)−CH_3

〈解説〉

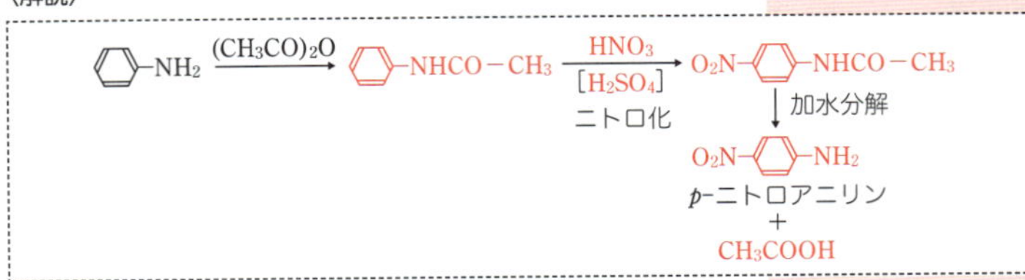

2 アゾ化合物

▼ANSWER

□1 ★★★

p-フェニルアゾフェノールに含まれる−N=N−部分は 1★★★ 基とよばれ，これを含む芳香族化合物は一般に鮮やかな色を示すことが知られている。下に示す構造のメチルオレンジは，酸性溶液で 2★★ 色，中性～塩基性溶液で 3★★ 色を示すため中和滴定の指示薬として用いられている。

$NaO_3S-C_6H_4-N=N-C_6H_4-N(CH_3)_2$

メチルオレンジ

（金沢大）

(1) アゾ
(2) 赤（あか）
(3) 黄（おう）

□2 ★★★

化合物Aは，ベンゼンに濃硫酸と濃硝酸との混合物（混酸）を作用させて得られる化合物にスズと濃塩酸を加えて還元し，塩基を加えることによっても合成することができる。この化合物Aは 1★★★ （構造式）の構造をもっており，これを塩酸に溶解した後，2★★ 水溶液を加えると①式のような反応が進行した。

A+2HCl+ 2★★ ⟶ 3★★ +NaCl+2H₂O…①

（関西大）

〈解説〉ジアゾ化は，

① NO_2^- が HCl から H^+ を受け取り，

$NO_2^- + H^+Cl^- \longrightarrow HNO_2 + Cl^-$ ⬅ HCl が HNO_2 を追い出す。

亜硝酸イオン　　　亜硝酸

② アニリン，HNO_2，HCl の間で H_2O が 2 つとれる。

$C_6H_5-NH_2 + O=N-O-H + H^+Cl^- \longrightarrow [C_6H_5-N\equiv N]^+Cl^- + 2H_2O$

H_2O をとる　H_2O をとる　塩化ベンゼンジアゾニウム

ととらえるとよい。

(1) $C_6H_5-NH_2$
(2) $NaNO_2$
(3) $C_6H_5-N_2Cl$

□3 ★★ 化合物 [1★★] の水溶液と塩化ベンゼンジアゾニウムの水溶液を，冷却しながら混合したところ，色のついた化合物 [2★★★] が生成した。

また，[2★★★] の色として最も近いものを，次の(a)から(c)の中から一つ選べ。[3★]

(a) 緑色　(b) 橙色　(c) 青紫色　（東北大）

〈解説〉(ジアゾ)カップリングは，次のようにとらえておくとよい。

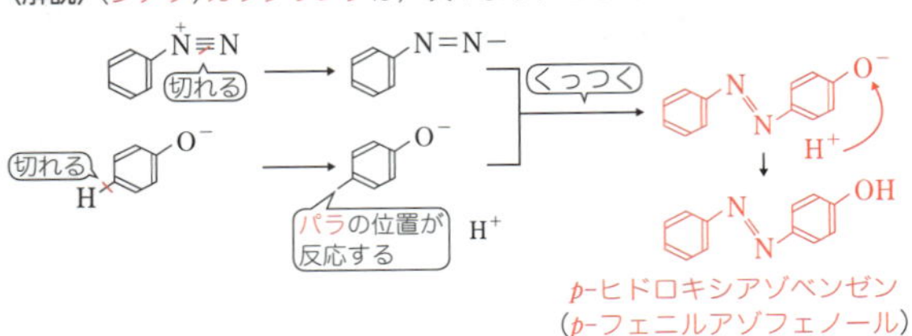

(1) ナトリウムフェノキシド
⌬-ONa
(2) p-ヒドロキシアゾベンゼン
[別 p-フェニルアゾフェノール]
⌬-N=N-⌬-OH
(3) (b)

□4 ★★★ アニリンを塩酸に溶かし，5℃以下で亜硝酸ナトリウム水溶液を加えると [1★★★] が生じた。この反応を [2★★★] という。[1★★★] の水溶液にナトリウムフェノキシドの水溶液を加えると [3★★★] 基をもつ p-ヒドロキシアゾベンゼン（p-フェニルアゾフェノール）⌬-N=N-⌬-OH が得られた。このように，芳香族化合物で [3★★★] 基をもつ化合物を生成する反応を [4★★★] という。このようにして得られる芳香族 [3★★★] 化合物は染料や色素として広く用いられている。（日本女子大）

〈解説〉

アニリン（NH_2）→［5℃以下 $NaNO_2$，HCl ／ジアゾ化］→ 塩化ベンゼンジアゾニウム（N_2Cl）

フェノール（OH）→［NaOH ／中和］→ ナトリウムフェノキシド（ONa）

塩化ベンゼンジアゾニウム ＋ ナトリウムフェノキシド →［5℃以下 (ジアゾ)カップリング］→ ⌬-N=N-⌬-OH p-ヒドロキシアゾベンゼン（p-フェニルアゾフェノール）

(1) 塩化ベンゼンジアゾニウム
⌬-N_2Cl
(2) ジアゾ化
(3) アゾ
(4) (ジアゾ)カップリング

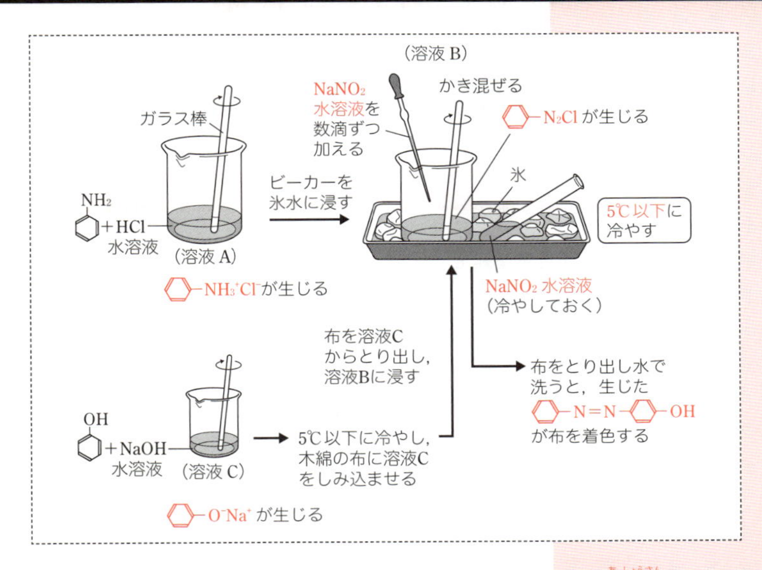

□5 ★★★

ニトロベンゼンを還元するとアニリンになる。アニリンに [1★★] と希塩酸を作用させ，ジアゾ化して化合物 [2★★★] をつくり，この化合物を温めながら希硫酸と反応させるとフェノールが生じる。（岡山大）

〈解説〉

$$\text{C}_6\text{H}_5\text{-N}_2^+\text{Cl}^- + \text{H}_2\text{O} \xrightarrow{\text{加熱}} \text{C}_6\text{H}_5\text{-OH} + \text{N}_2 + \text{HCl}$$

(1) 亜硝酸(あしょうさん)ナトリウム $NaNO_2$

(2) 塩化(えんか)ベンゼンジアゾニウム $C_6H_5-N_2Cl$

□6 ★★★

（NH2とCOOCH3がメタ位のベンゼン環）を希塩酸に溶かし，[1★★★] 水溶液を加えると芳香族化合物 [2★] が生成する。この反応は，通常0～5℃の温度範囲でおこなう必要がある。温度が上昇すると，芳香族化合物 [2★] は [3★★★] と反応して [4★★★] と [5★★★]（順不同）と芳香族化合物 [6★] に分解する。芳香族化合物 [2★] とナトリウムフェノキシドを水中で反応させると，アゾ化合物 [7★] が得られる。（熊本大）

(1) 亜硝酸(あしょうさん)ナトリウム $NaNO_2$

(2) （N2ClとCOOCH3がメタ位のベンゼン環）

(3) 水(みず) H_2O

(4) 窒素(ちっそ) N_2

(5) 塩化水素(えんかすいそ) HCl

(6) （OHとCOOCH3がメタ位のベンゼン環）

(7) HO-C6H4-N=N-C6H4-COOCH3

第24章

有機化合物の分析

1 有機化合物の分離

▼ ANSWER

□1 ★★★ 有機化合物の安息香酸とトルエンの混合物を分離するために，以下の実験操作を行った。

安息香酸とトルエンの混合物，水酸化ナトリウム水溶液，ジエチルエーテル(有機溶媒)を分液ろうとに入れ十分に振った後，[1 ★★★]層の水層と[2 ★★★]層のエーテル層を分けとった。水層に塩酸を加えると[3 ★★]が析出してきた。一方，エーテル層の溶媒を蒸発させると[4 ★★]が得られた。（筑波大）

(1) 下(か)
(2) 上(じょう)
(3) 安息香酸(あんそくこうさん)
⬡-COOH
(4) トルエン
⬡-CH_3

〈解説〉

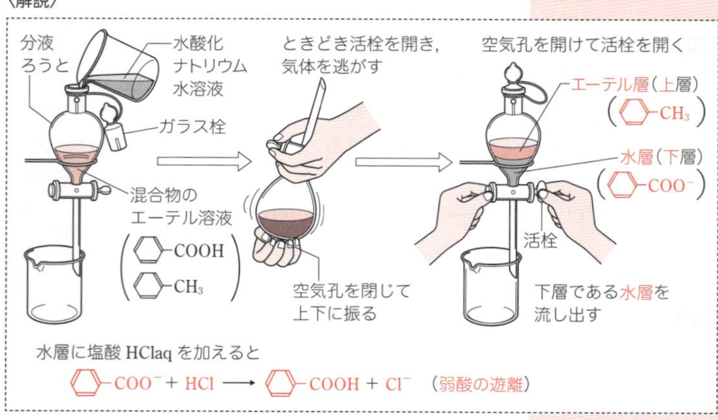

★★★ それぞれ２種類の化合物を含む次の溶液(a・b)がある。各溶液を分液漏斗に入れ，それぞれに適当な水溶液を加えてよく振り混ぜた後，静置することにより，含まれる化合物の一方を水層に抽出して分離することができる。このとき，溶液(a・b)に加える水溶液の組合せとして最も適当なものを，下の ① ～ ⑥ のうちから一つ選べ。 1 ★★★

(1) ⑥

a ⌬–OH と ⌬–CH_3 を含むジエチルエーテル溶液

b ⌬–NH_2 と ⌬–NO_2 を含むジエチルエーテル溶液

	a に加える水溶液	b に加える水溶液
①	炭酸水素ナトリウム水溶液	希塩酸
②	炭酸水素ナトリウム水溶液	水酸化ナトリウム水溶液
③	希塩酸	水酸化ナトリウム水溶液
④	希塩酸	炭酸水素ナトリウム水溶液
⑤	水酸化ナトリウム水溶液	炭酸水素ナトリウム水溶液
⑥	水酸化ナトリウム水溶液	希塩酸

（センター）

a

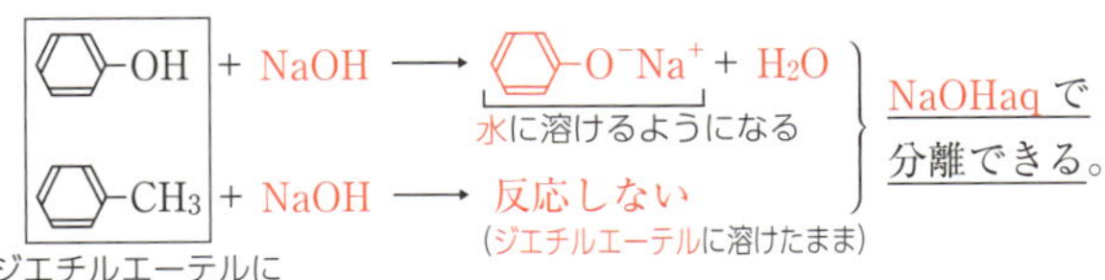

ジエチルエーテルに溶けている

NaOHaq で分離できる。

注 酸の強さは $CO_2 + H_2O >$ ⌬–OH なので，フェノールは炭酸水素ナトリウム水溶液とはほとんど反応しない。

⌬–OH + $Na^+HCO_3^-$ ⟶ 反応しない。

トルエン ⌬–CH_3 は中性物質なので，酸や塩基と反応しない。

b アニリンは塩基性物質なので，酸の水溶液には塩をつくって溶ける。

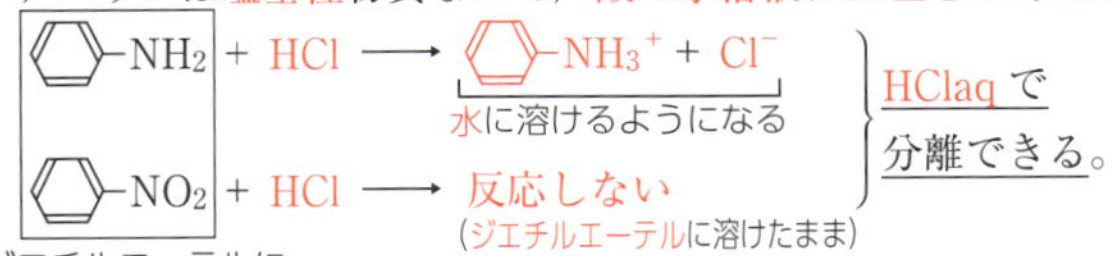

ジエチルエーテルに溶けている

HClaq で分離できる。

□3 ★★ アニリン，トルエン，フェノール，安息香酸の混合物を以下の操作で分離することにした。
　物質 1★★ ，物質 2★★ ，物質 3★★ ，物質 4★★ の構造式を示せ。

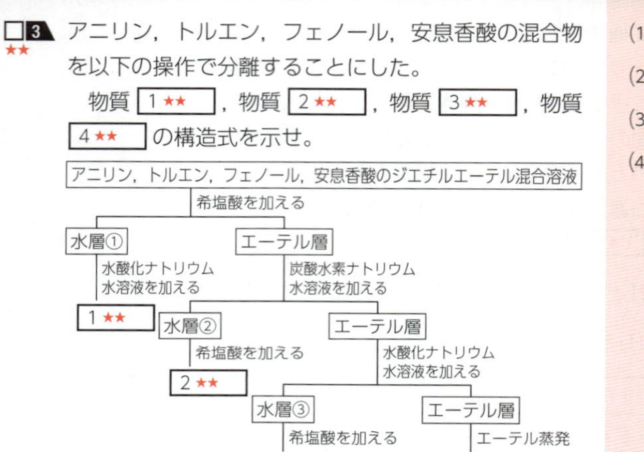

（香川大）

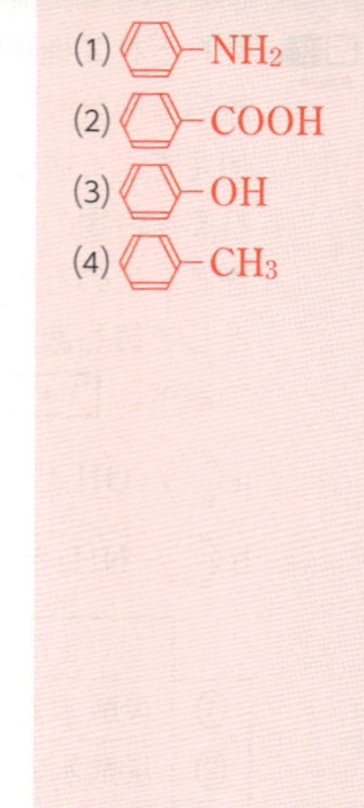

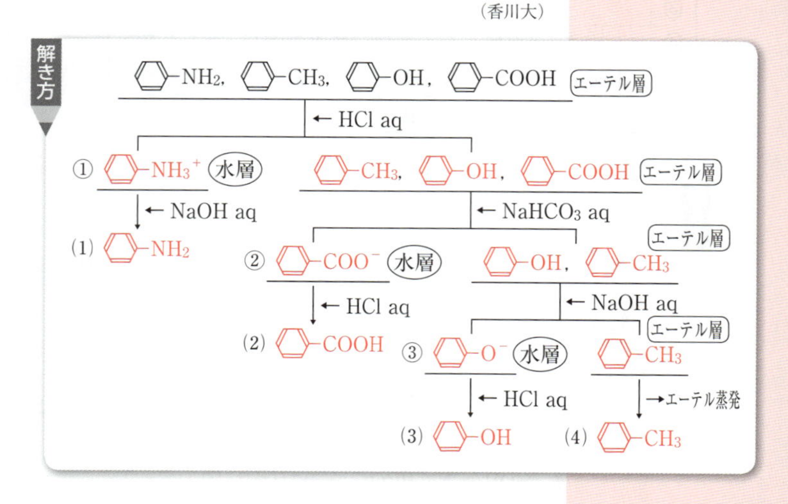

高分子化合物

HIGH-MOLECULAR COMPOUND

第25章

天然高分子化合物

1 食品（炭水化物・タンパク質・脂質） ▼ANSWER

□1 ★★★
私たちの健康の維持に必要な主な栄養素は，穀物・イモ類などに多く含まれる 1★★ ，肉・魚・豆類などに多く含まれる 2★★★ ，バター・食用油などに多く含まれる 3★★ で，これらを三大栄養素という。（岩手大）

(1) 炭水化物［⑳糖質，糖(類)］
(2) タンパク質
(3) 脂質［⑳油脂］

□2 ★★
脂質（油脂）は食物成分として重要であり， 1★★★ および 2★★ （順不同）とともに三大栄養素とよばれる。さらに無機質（ミネラル）や 3★ を含めて五大栄養素という。（新潟大）

(1) タンパク質
(2) 炭水化物［⑳糖質，糖(類)］
(3) ビタミン

□3 ★★★
1★★ の代表例として， 2★★★ -グルコースが縮合重合してできたデンプンがある。（岩手大）

〈解説〉α-グルコース

(α-グルコースの構造式：⑥CH_2OH，⑤C—O，④C，①C，③C，②C；①の炭素に O−H)

(1) 炭水化物［⑳糖質，糖(類)］
(2) α

□4 ★★★
生命活動に重要な役割を果たしているタンパク質は，多数のα-アミノ酸が縮合重合した化合物である 1★★★ の中でも分子量約10,000以上の高分子化合物である。（岐阜大）

〈解説〉α-アミノ酸 $R-CH(NH_2)-COOH$

(1) ポリペプチド

□5 ★★
脂質は生体成分であり水に溶けにくく， 1★★ に溶けやすい有機化合物類をいう。脂質は 2★★★ により脂肪酸とアルコールを生じるものを単純脂質といい，それ以外にリン酸や各種の有機化合物を生じるものを 3★ という。単純脂質の代表的なものに油脂がある。（宮崎大）

(1) 有機溶媒
※ジエチルエーテル $C_2H_5-O-C_2H_5$ など
(2) 加水分解
(3) 複合脂質

□6 ★★★
脂質には，単純脂質とリン酸や糖類を含む複合脂質がある。油脂は単純脂質に分類され，1 分子の [1 ★★★] と 3 分子の脂肪酸が [2 ★★★] 結合を形成していることから，[3 ★] 脂肪ともよばれる。（岡山大）

(1) グリセリン $C_3H_5(OH)_3$ [㊀1, 2, 3-プロパントリオール]
(2) エステル
(3) 中性

□7 ★★
油脂は，すい液中の酵素 [1 ★★] によって加水分解される。（愛媛大）

〈解説〉油脂 —リパーゼ／加水分解→ 高級脂肪酸，モノグリセリド

(1) リパーゼ

発展 □8 ★★
複合脂質の中には細胞膜の構成成分となるものがあり，その場合 [1 ★★] 基を外側に，[2 ★★] 基を内側にして二重構造の膜をつくっている。（千葉大）

〈解説〉細胞膜の構造モデル

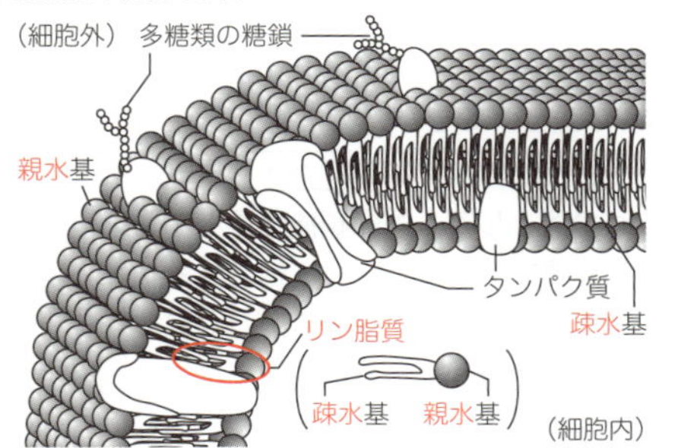

(1) 親水
(2) 疎水 [㊀親油]

発展 □9 ★
脂質のうち，リン脂質や糖脂質は，細胞膜の構成成分である。細胞膜は脂質二重層になっており，疎水性部分である炭化水素鎖は脂質二重層の [1 ★] に，親水性部位であるリン酸や糖は脂質二重層の [2 ★] に存在している。（名古屋工業大）

(1) 内側
(2) 外側

発展 □10 ★
三大栄養素に，[1 ★] と [2 ★] の 2 つを加えて五大栄養素という。2 つのうち，1 つは体内で合成できない [1 ★] であり，もう 1 つは体内で合成できないか，あるいは合成できても必要量に不足するので，食品から摂取しなければならない有機化合物 [2 ★] である。（岩手大）

(1) ミネラル [㊀無機質，無機塩類]
(2) ビタミン

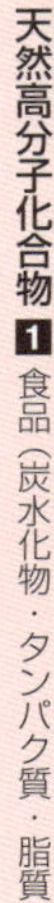

2 医薬品

▼ANSWER

□1 ★★★

医薬品は人体組織や病原菌中の，特定の酵素や細胞膜中に存在するタンパク質である受容体と結合し [1★★] 作用を示す。医薬品分子と受容体との結合には，主にイオン結合や [2★★★] あるいはファンデルワールス力などの分子間に働く力が使われる。（秋田大）

(1) 薬理（やくり）
(2) 水素結合（すいそけつごう）

□2 ★

医薬品を多量に用いたときなどに，本来の薬理作用とは異なった，人体に対して有害な作用がおこることがある。これを [1★] という。（埼玉大）

(1) 副作用（ふくさよう）

□3 ★★

かつて薬局では，干した植物の葉，実，あるいは根や動物の一部分などの [1★★] とよばれるものが売られていた。今日漢方薬として知られるものは，この [1★★] である。（熊本大）

(1) 生薬（しょうやく）

□4 ★★★

病気の原因を取り除くことができなくても，病気によって生じる不快な症状を抑える薬を [1★★★] 薬という。これに属する薬の例として，解熱鎮痛作用をもち，サリチル酸を無水酢酸でアセチル化して得られる [2★★★] がある。一方，病気の原因である病原菌などを取り除く薬を [3★★★] 薬とよび，これに属する薬の例として，アオカビから発見された世界で最初の抗生物質 [4★★★] や，抗生物質と同様に抗菌作用をもち，分子中に共通した [5★★] の部分構造をもつサルファ剤などがある。抗生物質により多くの病気が治療できるようになったが，抗生物質に対する抵抗力をもつ [6★★★] 菌の出現が問題となっている。（名城大）

〈解説〉原因療法薬：病気の原因を取り除く薬。
化学療法薬：原因療法薬のうち，病原菌やウイルスに直接作用しこれらを取り除く薬。

(1) 対症療法（たいしょうりょうほう）
(2) アスピリン
（ベンゼン環に $OCOCH_3$ と $COOH$ が隣接）
[別 アセチルサリチル酸（さん）]
(3) 化学療法（かがくりょうほう）
[別 原因療法（げんいんりょうほう）]
(4) ペニシリン
(5) スルファニルアミド
H_2N–（ベンゼン環）–SO_2NH_2
[別 スルファミン]
(6) 耐性（たいせい）

□5 ★

ニトログリセリンは，狭心症発作の対症療法薬として用いられる。これは，ニトログリセリンが体内で吸収，分解されて [1★] を放出し，[1★] が血管を拡張させる作用による。（金沢大）

〈解説〉ニトログリセリン $C_3H_5(ONO_2)_3$

(1) 一酸化窒素（いっさんかちっそ）
NO

6 ★★★ 解熱鎮痛作用を示す医薬品分子の一つにサリチル酸がある。しかし，サリチル酸は副作用が強いため無水酢酸を用いて 1★★★ された 2★★★ が開発された。2★★★ はアスピリンの名前でよく使用されている。またサリチル酸をメタノールとエステル化させ，合成される医薬品分子の 3★★★ は消炎鎮痛剤として湿布などに用いられている。（秋田大）

〈解説〉これらの医薬品はいずれも対症療法薬。

(1) アセチル化(か)
(2) アセチルサリチル酸(さん)
$OCOCH_3$, $COOH$
(3) サリチル酸(さん)メチル
$COOCH_3$, OH

7 ★★★ 対症療法薬のアセトアニリドは解熱作用をもち，無水酢酸と 1★★★ との反応によって合成される。しかし，毒性が強いため，その毒性を減らすために工夫されたアセトアミノフェンなどが使われている。（長崎大）

〈解説〉

C_6H_5-NH_2 + $(CH_3CO)_2O$ —アセチル化→ C_6H_5-$NHCOCH_3$ + CH_3COOH
アニリン　無水酢酸　アセトアニリド　酢酸

(1) アニリン
C_6H_5-NH_2

8 ★★ アセトアミノフェン（*p*-ヒドロキシアセトアニリド）は，*p*-ニトロフェノールを出発物質として，以下のステップ1およびステップ2の反応により合成することができる。以下の図の 1★★ およびアセトアミノフェンの構造式 2★★ を記せ。

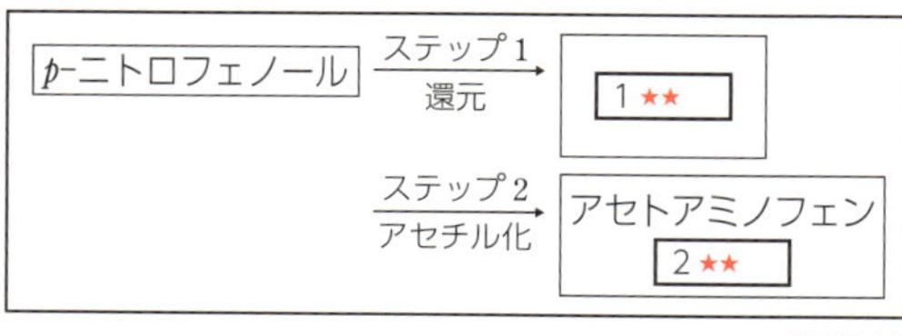

（福井大）

〈解説〉①アセトアニリドの構造をもつようなアセチル化を考える。
②*p*-ニトロフェノール　HO-C_6H_4-NO_2

(1) HO-C_6H_4-NH_2
(2) HO-C_6H_4-NHCO-CH_3

9 ★★★ 病気の原因に直接作用して病気を治療する医薬品を 1★★★ 薬という。（埼玉大）

(1) 化学療法(かがくりょうほう)
[㊀原因療法(げんいんりょうほう)]

25 天然高分子化合物 2 医薬品

□10 ★★★
化学療法薬のうち，スルファニルアミドの誘導体は総称して［1★★★］剤とよばれ，大腸菌やサルモネラ菌などの細菌の発育を阻害する医薬品として用いられる。また，微生物によってつくられ，別の微生物の発育を阻害する物質は［2★★★］とよばれ，主に抗菌薬として用いられている。代表的な［2★★★］として，アオカビがつくるペニシリンが知られている。（広島大）

(1) サルファ［㊐スルファミン］
(2) 抗生物質（こうせいぶっしつ）

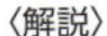
〈解説〉

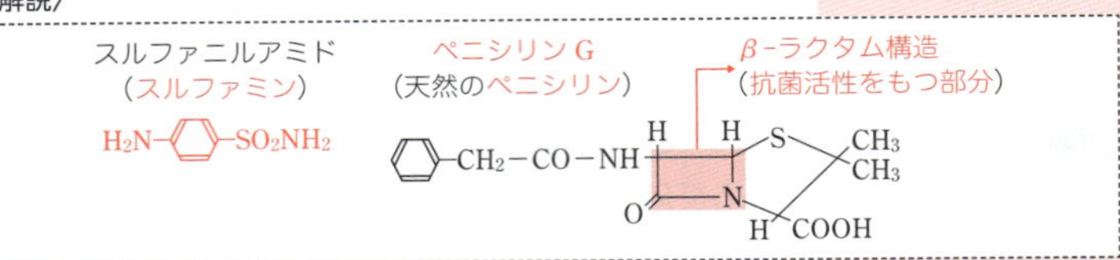

□11 ★
サルファ剤は，染料の一種プロントジルが抗菌作用をもつことから発見された抗菌物質で，スルファニルアミドの骨格をもつ。これは細菌の生命活動に必須な［1★］の一種である葉酸の合成を阻害することで抗菌効果を示す。葉酸はヒトにおいても必須な物質であるが，ヒトはこれを体内で合成できず食物から摂取しているので，サルファ剤の影響をほとんど受けない。（岡山大）

(1) ビタミン

〈解説〉

スルファニルアミドの骨格

H_2N–⟨benzene⟩–N＝N–⟨benzene⟩–SO_2NH_2（NH_2）

プロントジル

H_2N–⟨benzene⟩–SO_2NH_2

スルファニルアミド

□12 ★★
p-アミノベンゼンスルホンアミドを基本構造にもつ［1★★★］（スルファニルアミドなど）は，［2★］を合成する酵素のはたらきを抑制することによって，大腸菌やサルモネラ菌などの発育を阻止する。（三重大）

(1) サルファ剤（ざい）［㊐スルファミン剤（ざい）］
(2) 葉酸（ようさん）

□13 ★★★
フレミングは，1928年にアオカビから［1★★★］を発見した。［1★★★］は細菌の［2★］の合成を妨げ，［3★★★］剤の効かない感染症の治療に大きな成果をあげた。その後，多くの抗生物質が発見されたが，抗生物質は多用すると病原菌の突然変異により［4★★★］が出現するという問題がある。（金沢大）

(1) ペニシリン
(2) 細胞壁（さいぼうへき）
(3) サルファ［㊐スルファミン］
(4) 耐性菌（たいせいきん）

□14 ★★
[1★★★] の発見は，ブドウ球菌を培養しているとき，[2★★] が混入し，その [2★★] から一定の距離までのブドウ球菌を死滅させたことがきっかけとなっている。その抗生物質の名前は [2★★] に由来して名づけられた。[1★★★] は五員環と四員環が1辺を共有した特異な構造をもっており，[3★] 員環の部分はβ-ラクタムであり，化学的に不安定な部分である。[1★★★] は細菌の細胞壁をつくる酵素のはたらきを阻害することで，細菌に対して高い選択 [4★] を示す。 （三重大）

(1) ペニシリン
(2) アオカビ
(3) 四（よん）
(4) 毒性（どくせい）

□15 ★★★
化学療法薬の中には，アオカビから発見され，細菌の細胞壁の合成を阻害する [1★★★] や，ペプチドの合成過程を阻害し，最初の結核治療薬として用いられた [2★★] がよく知られている。[1★★★] や [2★★] のように，本来はある種の微生物によって生産され，他の微生物の発育や代謝を阻害する物質を [3★★★] という。 （長崎大）

(1) ペニシリン
(2) ストレプトマイシン
(3) 抗生物質（こうせいぶっしつ）

発展 □16 ★★
[1★★] は糖尿病の治療に使用される血糖値を下げるホルモンで，以前はブタのすい臓から取り出していたが，現在では遺伝子を操作した大腸菌から生産される。 （熊本大）

(1) インスリン

発展 □17 ★
一般に，抗生物質はウイルスには効果がない。しかし，ウイルスには化学合成などにより，[1★] ウイルスの増殖を阻害するオセルタミビル（タミフル）など，抗ウイルス剤の開発も進んでいる。 （金沢大）

(1) インフルエンザ

□18 ★
2015年にノーベル生理学・医学賞を受賞した，日本の天然物化学者である [1★] は，エバーメクチンを発見し，その後の研究により，イベルメクチンが抗寄生虫薬として開発された。イベルメクチンは，オンコセルカ症やフィラリア症に優れた効果を示し，感染症の撲滅に貢献している。 （金沢大）

(1) 大村智（おおむらさとし）

3 染料

▼ ANSWER

□1 ★★★
セルロースは，[1★★★]が直鎖状に[2★★★]重合してできたものであり，多数の[3★★★]基がある。綿には，セルロース分子が規則的に並んだ結晶領域と，非晶領域とがある。結晶領域は，繊維に摩擦や熱に耐える性質を与え，非晶領域は吸水性や染色されやすさを与える。（大阪大）

(1) β-グルコース
(2) 縮合（しゅくごう）
(3) ヒドロキシ　−OH

□2 ★
一般に物質が色づいて見えるのは，その物質が白色光の一部の光を吸収し，残りの光を反射するためである。このような色を示す物質を色素という。色素は染料と[1★]に分けられ，染料は天然染料と合成染料に分けられる。（金沢大）

(1) 顔料（がんりょう）

□3 ★
水や有機溶剤に溶け，繊維の染色を目的として用いられる色素を[1★]，水や有機溶剤に不溶である色素を[2★]という。（東洋大）

(1) 染料（せんりょう）
(2) 顔料（がんりょう）

□4 ★★
合成染料は，石油を原料として合成される染料で，−N=N−で表される[1★★]基をもつ色素が代表的である。（金沢大）

(1) アゾ

発展 □5 ★
インジゴを用いて[1★]法とよばれる方法で綿製品を染色する場合，まずインジゴを還元し，水溶性の還元型インジゴとする。この溶液に綿を浸して還元型インジゴをしみ込ませた後，空気中の酸素で酸化してもとの不溶性インジゴを再生することにより染色する。

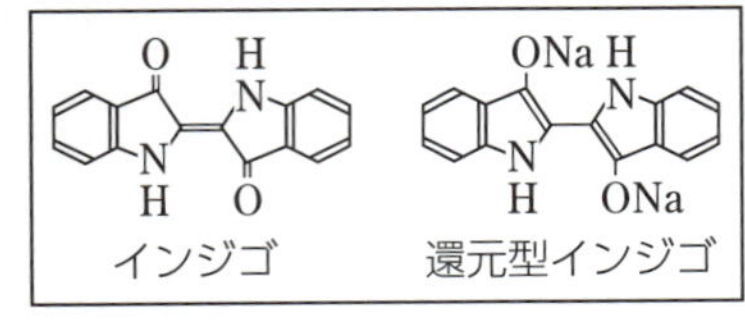

（大阪大）

(1) 建染め（たてぞめ）

〈解説〉

この操作を建てるという

インジゴ 青色（水に溶けない） —還元→ 還元型インジゴ 無色（水に溶ける） —綿にしみ込ませる→ —酸素により酸化→ インジゴが再生 青色（染色できる）

建染め染料

□6 ★★★

染料には，インジゴのように天然の材料から得られるものと，主に石油を原料に化学的に合成されるものとがある。

アニリンの希塩酸溶液に，冷やしながら亜硝酸ナトリウム水溶液を加えると，[1★★★] の水溶液が得られる。この水溶液にナトリウムフェノキシドの水溶液を加えると，橙赤色の [2★★★] が生じる。[2★★★] は特有の官能基をもち，同じ官能基を分子内にもつ合成染料は，[3★★] とよばれ広く使用されている。（岡山大）

(1) 塩化ベンゼンジアゾニウム ⟨benzene ring⟩$-N_2Cl$
(2) *p*-ヒドロキシアゾベンゼン [別 *p*-フェニルアゾフェノール] ⟨benzene ring⟩$-N=N-$⟨benzene ring⟩$-OH$
(3) アゾ染料

□7 ★★★

繊維を染色するには，染料が繊維に強く結合して離れなくすることが必要である。繊維と染料は，それぞれがもつ官能基のところで結合する。例えば羊毛や絹などを塩基性の染料で染色する場合は，主成分であるタンパク質分子の中にある [1★★★] 基が染料と塩を形成する。また，綿の染色では，その主成分であるセルロースのヒドロキシ基が染料と [2★★★] 結合によって結びつく。（岡山大）

(1) カルボキシ $-COOH$
(2) 水素

発展 □8 ★★★

繊維は，素材の性質に応じて，様々な方法で染色される。絹や羊毛の染色には，塩基性基である [1★★★] 基と結合する [2★] 染料や，酸性基である [3★★★] 基と結合する [4★] 染料が主に用いられる。このとき染料の分子と繊維の分子は，化学結合の一種である [5★★★] 結合によって結びつく。繊維に直接染着する直接染料は，主に綿の染色に用いられる。この染色法では，染料の分子と綿の分子は [6★★★] で結合するため結合力が弱く，色落ちに注意が必要である。（新潟大）

(1) アミノ $-NH_2$
(2) 酸性
(3) カルボキシ $-COOH$
(4) 塩基性
(5) イオン
(6) ファンデルワールス力 [別 分子間力，水素結合]

〈解説〉

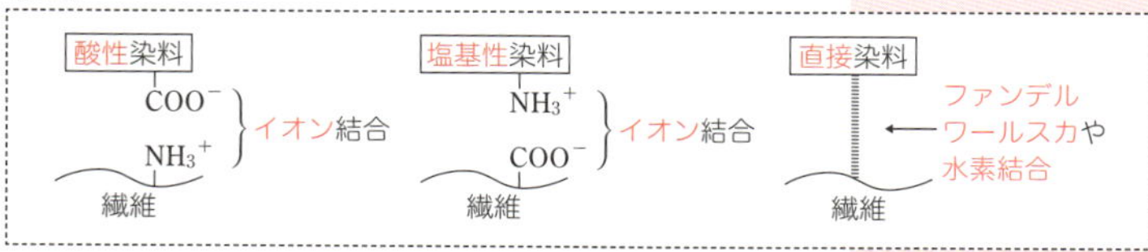

□9 ★

水溶性で繊維の中に入り込み分子間力で染着する染料を [1★] 染料という。綿の染色に適しているが色落ちしやすい。（東洋大）

(1) 直接

4 単糖

▼ ANSWER

□1 ★★ 糖類は，自然界に最も多く存在する天然有機化合物である。糖類の分子式は，$C_m(H_2O)_n$ の一般式で表されるので [1★★] ともよばれる。（金沢大）

(1) 炭水化物（たんすいかぶつ）

□2 ★★★ それ以上加水分解することができない，糖類の構成基本単位は [1★★★] とよばれる。（名古屋市立大）

(1) 単糖(類)（たんとう るい）

□3 ★★ 単糖の中で炭素数が6のものは [1★★] と呼ばれ，炭素数が5のものは [2★★] と呼ばれている。（浜松医科大）

(1) ヘキソース [㊍六炭糖（ろくたんとう）]
(2) ペントース [㊍五炭糖（ごたんとう）]

□4 ★★★ 炭水化物を分類すると，グルコースやフルクトースなどの単糖類，スクロース（ショ糖）やマルトース（麦芽糖）などの [1★★★] 類，デンプンやセルロースなどの [2★★★] 類などがある。（琉球大）

(1) 二糖（にとう）
(2) 多糖（たとう）

□5 ★★★ グルコースは，水溶液中では図に示した鎖状構造と α 型および β 型の2種類の環状構造が平衡状態で存在している。グルコースは動植物の体内に広く存在しているだけでなく多糖類の [1★★★] や [2★★★]（順不同）などの構成成分である。[3★★★] ～ [6★★★] をうめよ。

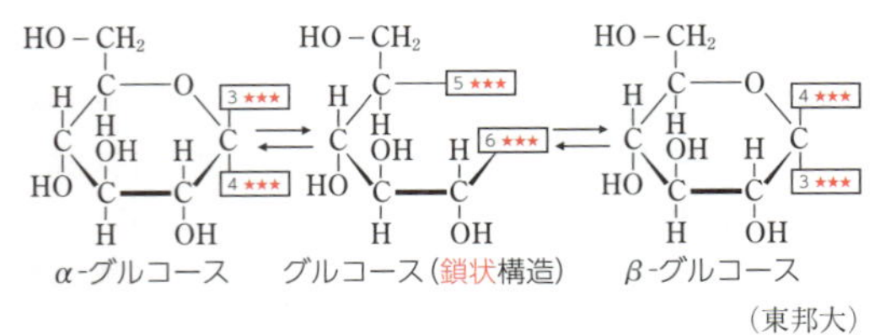

（東邦大）

〈解説〉α 型と β 型では1位のCにつく−OHの位置が異なる。

(1) デンプン $(C_6H_{10}O_5)_n$
(2) セルロース $(C_6H_{10}O_5)_n$ [㊍グリコーゲン $(C_6H_{10}O_5)_n$]
(3) H
(4) OH
(5) OH
(6) CHO

□6 ★ グルコースは水溶液中で2つの環状構造と1つの鎖状構造が平衡状態にある。その環状構造の中には，−O−CH(OH)−C−の部分があり，これを [1★] 構造という。（浜松医科大）

〈解説〉同じC原子に直接−O−と−OHが結合した構造。この部分で環が開き，アルデヒド基（ホルミル基）を生じ還元性を示す。

(1) ヘミアセタール

□7 ★ 鎖状構造のグルコース (a) の炭素原子－5 に結合するヒドロキシ基の酸素原子が，炭素原子－1 に結合し，炭素原子－1 の下方あるいは上方にヒドロキシ基をもつ環状構造の α-グルコース (b) と β-グルコース (c) が生じる。鎖状構造での不斉炭素原子の数は [1★] 個であるが，環状構造では [2★] 個となる。α-グルコースを水に溶かすと b が 36.4%，c が 63.6%の平衡となり，a はわずか 0.003%しか存在しない(25℃)。

ヘミアセタール構造　　　　ヘミアセタール構造

b ⇄ a ⇄ c

（立命館大）

(1) 4
(2) 5

〈解説〉

a　　b

（＊が不斉炭素原子）

□8 ★★★ グルコースは水溶液中では，環状構造の α-グルコース，その [1★★] 体である β-グルコース，および鎖状構造のグルコースの 3 種類が混ざり合った状態で存在する。グルコース水溶液にフェーリング液を加えて加熱すると，赤色沈殿 [2★★★] が生じる。グルコース水溶液にアンモニア性硝酸銀水溶液を加えて温めると [3★★★] が析出する。（愛媛大）

(1) (立体)異性
(2) 酸化銅(Ⅰ) Cu_2O
(3) 銀 Ag

□9 ★★ グルコースはフェーリング液を用いた次の反応で検出できる。[1★] と [2★★★]（順不同）にあてはまる化学式を書け。

$$C_5H_{11}O_5-CHO + 2Cu^{2+} + 5OH^-$$
$$\longrightarrow [\ 1\ ] + [\ 2\ ] + 3H_2O$$ （お茶の水女子大）

〈解説〉アルデヒドは酸化されてカルボン酸の塩（陰イオン）になる（銀鏡反応でも同様）。

(1) $C_5H_{11}O_5-COO^-$
(2) Cu_2O

□10 ★★ フルクトース分子は結晶中では (a) のような構造をとっているが，水溶液中では [1★] と [2★★] の構造と平衡状態になっている。フルクトースが還元性を示すのは [1★] のような構造になるためである。また，[1★] の構造で還元性を示す部分を□で囲め。（京都府立大）

(a)

(1)

(2)

〈解説〉ふつう環状構造をもつものは，存在%の多いものを答える。
次の（　　）の%は 40 ℃の水溶液中の%を表している。

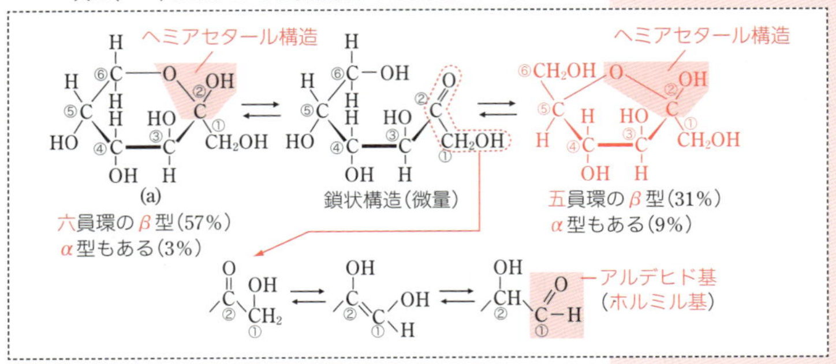

□11 ★ フルクトースは水溶液中で$-CO-CH_2OH$部分が以下のように [1★] と [2★] の構造の間の平衡状態で存在するために還元性がある。[1★]，[2★] にあてはまる構造式を書け。

$$-CO-CH_2OH \rightleftarrows [\ 1★\ ] \rightleftarrows [\ 2★\ ]$$

（お茶の水女子大）

(1) $-\underset{OH}{\underset{|}{C}}=\underset{OH}{\underset{|}{C}}-H$

(2) $-\underset{OH}{\underset{|}{CH}}-\underset{O}{\underset{\|}{C}}-H$

□12 ★★ 単糖の [1★★★] は，果実やはちみつ中に含まれ，甘みが天然の糖類の中で一番強いといわれている。また，デンプンやセルロースの構成成分であるグルコース，寒天の成分である多糖（ガラクタン）を加水分解して得られる [2★] も単糖であるが，[1★★★] ほど甘みはない。（長崎大）

(1) フルクトース（果糖）$C_6H_{12}O_6$

(2) ガラクトース $C_6H_{12}O_6$

〈解説〉グルコースやガラクトースのように水溶液中で$-CHO$を生じる単糖類をアルドース，フルクトースのように$>C=O$の構造を生じる単糖類をケトースという。

★

グルコースの立体異性体であるガラクトースは，鎖状構造にアルデヒド（ホルミル）基を持つ単糖の1つである。鎖状グルコースと鎖状ガラクトースを比較すると，4位の炭素原子に結合するヒドロキシ基の立体配置だけが異なる。図のβ-ガラクトースの環状構造を完成させよ。

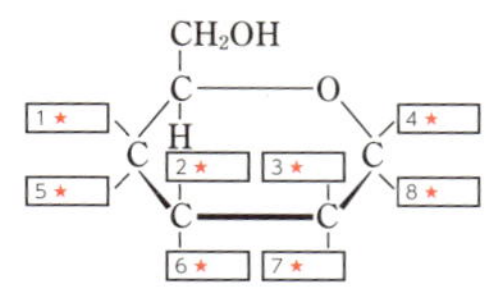

（九州大）

(1) OH
(2) OH
(3) H
(4) OH
(5) H
(6) H
(7) OH
(8) H

〈解説〉ガラクトース $C_6H_{12}O_6$ はグルコースと4位の－Hと－OHの配列が異なる。

ヘミアセタール構造
⑥ CH_2OH
⑤C－O
HO ④C H ①C H
H OH H OH
③C－②C
H OH
α-ガラクトース

⑥ CH_2OH
⑤C－OH
HO ④C H ①C H
H OH H O
③C－②C
H OH
鎖状ガラクトース

ヘミアセタール構造
⑥ CH_2OH
⑤C－O
HO ④C H ①C OH
H OH H H
③C－②C
H OH
β-ガラクトース

□14
★★★

下式はグルコースからのアルコール発酵の過程を示したものである。空欄にあてはまる分子式を書きなさい。

1★★★ $\xrightarrow[\text{発酵}]{\text{酵素}}$ 2 2★★★ ＋ 2 3★★★ （(2)(3)順不同）

（神戸大）

(1) $C_6H_{12}O_6$
(2) C_2H_5OH
(3) CO_2

□15
★★★

グルコース4.5gをすべてアルコール発酵させたところ，1★★★ g（2ケタ）のエタノールが得られた。
$C_6H_{12}O_6 = 180$，$C_2H_5OH = 46$

（東京都市大）

(1) 2.3

解き方

$C_6H_{12}O_6 \longrightarrow 2C_2H_5OH + 2CO_2$

グルコース $C_6H_{12}O_6$ 1mol からエタノール C_2H_5OH 2mol が得られる。

よって，$\frac{4.5}{180} \times 2 \times 46 = 2.3$〔g〕

（$\frac{4.5}{180}$：グルコース〔mol〕，$\times 2$：エタノール〔mol〕，$\times 46$：エタノール〔g〕）

25 天然高分子化合物 4 単糖

5 二糖

▼ ANSWER

□1 ★★
二糖類であるマルトース（麦芽糖），スクロース（ショ糖），ラクトース（乳糖）は単糖２分子が［1★★］したものであり，水に溶けやすく，甘みをもつものが多い。（熊本大）

(1) (脱水)縮合

〈解説〉二糖類の分子式は
$C_6H_{12}O_6 + C_6H_{12}O_6 - H_2O = C_{12}H_{22}O_{11}$

□2 ★★
二糖は，２分子の単糖が［1★★］反応で結合したものであり，その際，一方の糖のヘミアセタール構造の OH 基と，他方の糖の OH 基が［1★★］してできる −C−O−C− を［2★★］結合という。（名古屋市立大）

(1) (脱水)縮合
(2) グリコシド［別エーテル］

□3 ★★★
α-グルコース２分子が互いに１位と４位の−OH 間で脱水縮合したものを［1★★★］，α-グルコースとβ-フルクトース１分子ずつが互いに１位と２位の−OH 間で脱水縮合したものを［2★★★］といい，これらは二糖類に分類される。（立命館大）

(1) マルトース(麦芽糖) $C_{12}H_{22}O_{11}$
(2) スクロース(ショ糖) $C_{12}H_{22}O_{11}$

〈解説〉マルトースは，α-グルコース２分子が，互いに１位と４位の−OH の間で脱水縮合した構造をもつ。

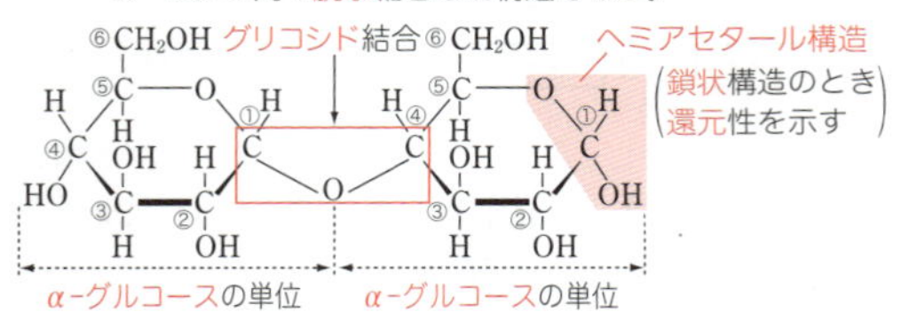

□4 ★★★
水飴の主成分の一つであるマルトースは，２分子の［1★★★］がグリコシド結合によりつながった構造をとっている。（名古屋工業大）

(1) (α-)グルコース(ブドウ糖) $C_6H_{12}O_6$

□5 ★★★
砂糖の主成分であり，２種類の［1★★★］が脱水縮合して［2★★］結合により連結された構造をもつ化合物は［3★★★］である。（名古屋市立大）

(1) 単糖(類)
(2) グリコシド［別エーテル］ −O−
(3) スクロース(ショ糖) $C_{12}H_{22}O_{11}$

□6 ★★★ 1★★★ はサトウキビに多く含まれ，2★★ の1位の炭素原子に結合した－OH と 3★★ の2位の炭素原子に結合した－OH との間で脱水縮合した二糖である。（名城大）

(1) スクロース(ショ糖) $C_{12}H_{22}O_{11}$
(2) α-グルコース
(3) β-フルクトース

〈解説〉スクロース：α-グルコースの1位の－OH とβ-フルクトース(五員環構造)の2位の－OH 間で脱水縮合した構造をもつ。

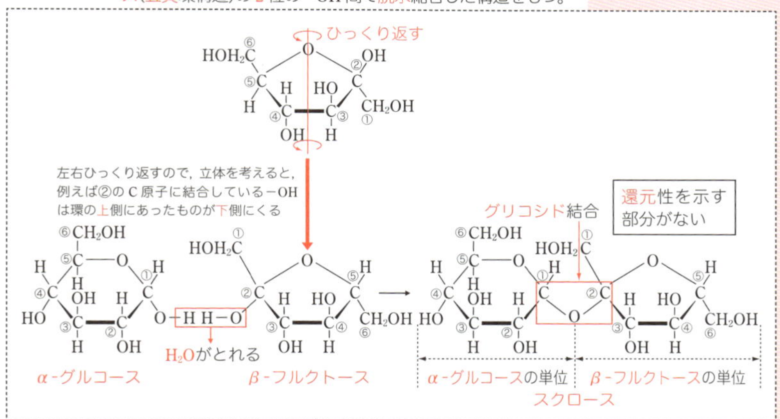

□7 ★★★ スクロースの水溶液は還元性を 1★★★ が，マルトースのそれは還元性を 2★★★ 。両者のこの性質の違いは，それぞれの水溶液中で環状構造と 3★★ との平衡が存在するかしないかに起因する。（琉球大）

(1) 示さない
(2) 示す
(3) 鎖状構造

□8 ★★★ 二糖類は2分子の単糖類が脱水縮合した構造をもち，加水分解によって2分子の単糖類を生じる。マルトースは2分子のグルコースが 1★★ 結合した二糖類で，マルターゼにより加水分解される。一方，スクロースは，2★★★ により加水分解され，1分子のグルコースと1分子のフルクトースを生じる。（北海道大）

(1) グリコシド [別エーテル] －O－
(2) インベルターゼ [別スクラーゼ]

〈解説〉代表的な二糖類

名称	構成単糖	加水分解する酵素	水溶液の還元性
マルトース(麦芽糖)	α-グルコース(1位のOH)+(α-)グルコース(4位のOH)	マルターゼ	あり
セロビオース	β-グルコース(1位のOH)+(β-)グルコース(4位のOH)	セロビアーゼ	あり
ラクトース(乳糖)	β-ガラクトース(1位のOH)+(β-)グルコース(4位のOH)	ラクターゼ	あり
スクロース(ショ糖)	α-グルコース(1位のOH)+β-フルクトース(2位のOH)	インベルターゼ(スクラーゼ)	なし

□9 ★★★ 1分子のマルトースを酵素 [1 ★★★] により加水分解すると，2分子の [2 ★★★] になる。 (東京理科大)

(1) マルターゼ
(2) グルコース(ブドウ糖) $C_6H_{12}O_6$

□10 ★★★ 二糖類の一つである [1 ★★★] は，サトウキビやサトウダイコンのしぼり汁の主成分であり食用の砂糖として利用されている。[1 ★★★] は，[2 ★★★] と [3 ★★★] がグリコシド結合によりつながった構造をもち，銀鏡反応を示さない。[1 ★★★] に対して，[2 ★★★] は0.4倍程度，[3 ★★★] は2.0倍程度の甘さを示すことが知られている。蜂蜜は酵素のはたらきにより [1 ★★★] が [4 ★★] されて [2 ★★★] と [3 ★★★] の混合物となっているため [1 ★★★] より甘い。 (名古屋工業大)

(1) スクロース(ショ糖) $C_{12}H_{22}O_{11}$
(2) グルコース(ブドウ糖) $C_6H_{12}O_6$
(3) フルクトース(果糖) $C_6H_{12}O_6$
(4) 加水分解

〈解説〉スクロースは，希硫酸などの希酸や酵素インベルターゼ(スクラーゼ)により加水分解され，グルコースとフルクトースの等量混合物(転化糖)になる。

$$C_{12}H_{22}O_{11} + H_2O \longrightarrow C_6H_{12}O_6 + C_6H_{12}O_6$$

スクロース　　グルコース　フルクトース

□11 ★★★ スクロースの加水分解で生じるグルコースと [1 ★★★] の等量混合物を [2 ★★] という。スクロースの水溶液は還元性を示さないが，[2 ★★] の水溶液はフェーリング液を還元し赤色沈殿を生じる。 (愛媛大)

(1) フルクトース(果糖) $C_6H_{12}O_6$
(2) 転化糖

□12 ★★

ヒトの母乳成分の一つであるラクトースは，[1★] と [2★★★]（順不同）がグリコシド結合によりつながった構造をとっている。またマルトース，ラクトースは，スクロースとは異なり銀鏡反応を示す。（名古屋工業大）

(1) (β-)ガラクトース $C_6H_{12}O_6$

(2) (β-)グルコース（ブドウ糖）$C_6H_{12}O_6$

〈解説〉ラクトース $C_{12}H_{22}O_{11}$ は乳糖ともいい，β-ガラクトースの1位の$-OH$とβ-グルコースの4位の$-OH$との間で脱水縮合した構造になっている。

グリコシド結合

ヘミアセタール構造（鎖状構造のとき還元性を示す）

β-ガラクトースの単位　β-グルコースの単位

□13 ★★

母乳や牛乳に含まれる二糖を [1★] といい，希硫酸あるいは酵素 [2★★] で加水分解すると，グルコースと [3★] を生じる。（高知大）

(1) ラクトース（乳糖）$C_{12}H_{22}O_{11}$

(2) ラクターゼ

(3) ガラクトース $C_6H_{12}O_6$

□14 ★★

アからエの二糖の中で還元性を示す化合物を全て選んで記号で答えよ。[1★★]

(1) ア，イ，ウ

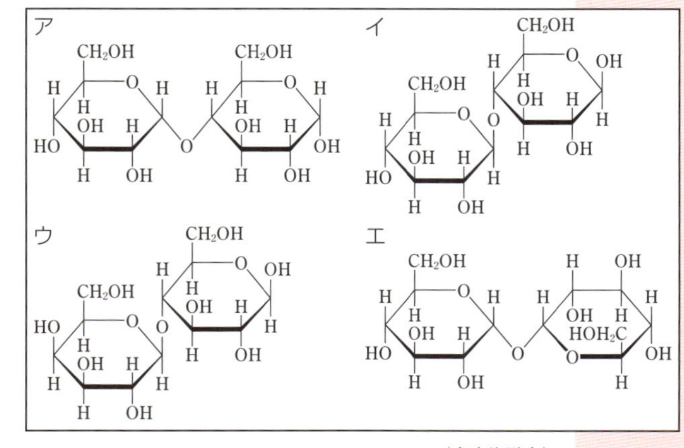

（東京海洋大）

〈解説〉ヘミアセタール構造（−O…OH や −O…H）をもつ糖類が還元性を示す。アはマルトース，イはセロビオース，ウはラクトース，エはトレハロース。

25 天然高分子化合物 5 二糖

6 多糖

▼ANSWER

□1 ★★
米やパンなどの主成分である多糖のデンプンは，植物中で［1 ★★］と［2 ★★］(順不同) から光合成によってつくられる。(金沢大)

(1) 二酸化炭素 CO_2
(2) 水 H_2O

□2 ★★★
デンプンは植物の光合成によってつくられ，分子式［1 ★★★］であらわされる多糖類である。(千葉大)

〈解説〉 $C_6H_{12}O_6 \times n - (n-1)H_2O$
$= H\text{-}(C_6H_{10}O_5)_n\text{-}OH \xrightarrow{n\text{が大きいので}} (C_6H_{10}O_5)_n$

(1) $(C_6H_{10}O_5)_n$

□3 ★★
分子量が 8.1×10^5 のデンプンがある。このデンプンに含まれるグルコースは［1 ★★］個 (2ケタ) になる。ただし，H=1.0，C=12，O=16とする。(東京海洋大)

(1) 5.0×10^3

解き方
$C_6H_{10}O_5 = 162$ なので，$162n = 8.1 \times 10^5$ となり，$n = 5.0 \times 10^3$ となる。

□4 ★★★
デンプンは α-グルコースが［1 ★★★］したものであり，熱水に溶けやすい［2 ★★★］と熱水に溶けにくい［3 ★★★］に大別することができる。(群馬大)

(1) 縮合重合
(2) アミロース
(3) アミロペクチン

□5 ★★★
デンプンは，［1 ★★★］と［2 ★★★］を成分としており，ヨウ素デンプン反応では［1 ★★★］は赤紫色を示し，［2 ★★★］は青色(濃青色)を示す。(名古屋大)

(1) アミロペクチン
(2) アミロース

□6 ★★★
アミロースは数百から数千の［1 ★★★］が［2 ★★］結合で結びついた鎖状ポリマーがらせん構造をとるのに対し，アミロペクチンは［2 ★★］結合した骨格に，［1 ★★★］約30個おきに［3 ★★］結合した枝分かれがある。動物性貯蔵多糖であるグリコーゲンはアミロペクチンに似ているが，［1 ★★★］約10個おきに［3 ★★］結合による枝分かれがある。(東京理科大)

(1) α-グルコース
(2) (α-) 1,4-グリコシド[㊙エーテル] −O−
(3) (α-) 1,6-グリコシド[㊙エーテル] −O−

〈解説〉デンプン

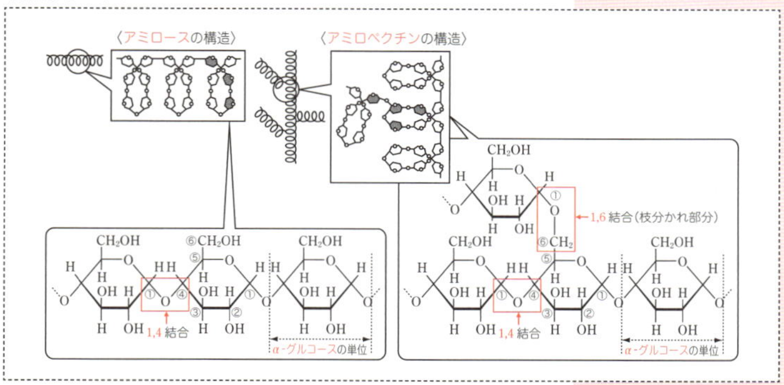

□7 ★★★ デンプンには［1★★★］と［2★★★］とよばれる結合様式の異なる二種類の構造があり，もち米には［1★★★］より［2★★★］が多く含まれている。（秋田大）

(1) アミロース
(2) アミロペクチン

□8 ★★★ ［1★★★］は動物デンプンともよばれ，動物では肝臓などに貯蔵されている。（長崎大）

(1) グリコーゲン $(C_6H_{10}O_5)_n$

□9 ★★ グルコースは［1★★★］基をもつため生体内で酸化されやすく，またそのままの形で細胞内に大量に貯蔵すると細胞内［2★］が上昇してしまうため適さない。動植物は炭水化物をグルコースのような単糖ではなく，グルコースが［3★★］した多糖として貯蔵する。とくに動物ではグリコーゲンとして貯蔵される。（名古屋市立大）

(1) アルデヒド −CHO ［別ホルミル］
(2) 浸透圧（しんとうあつ）
(3) (脱水)縮合（だっすい しゅくごう）

□10 ★★★ 植物において細胞壁を構成する主成分は［1★★★］であり，炭素原子 6 個から構成される β-グルコースが直鎖状に連なった構造をしている。（神戸大）

(1) セルロース $(C_6H_{10}O_5)_n$

□11 ★★★ セルロースは，β-［1★★★］が脱水縮合して重合した高分子である。綿繊維では，約 10,000 個の β-［1★★★］がつながっている。このセルロースが平行に並び，繊維が形成されている。（長崎大）

(1) グルコース

〈解説〉

1,4 結合

β-グルコースの単位

分子間水素結合

セルロース分子

紙や衣服の原料

□12 ★★★

セルロースは多数の 1★★★ が脱水縮合した天然高分子化合物で，2★★★ からなるデンプンとは異なり，3★★ をとらずに直鎖状になる。また，平行に並んだ直線状分子間には −OH 基による 4★★★ がはたらくので，セルロースは丈夫な繊維になる。

（京都府立大）

(1) β-グルコース
(2) α-グルコース
(3) らせん構造
(4) 水素結合

□13 ★★

デンプン水溶液にヨウ素溶液を加えると，デンプン分子の 1★★ 構造の内側にヨウ素分子が入り込むために青紫色を呈する。熱を加えるとヨウ素分子が 2★ され色が消えるが冷やすと再び呈色する。（群馬大）

(1) らせん
(2) 放出

〈解説〉デンプンはらせん構造を有し，ヨウ素 I_2 溶液によって青紫色に呈色する。

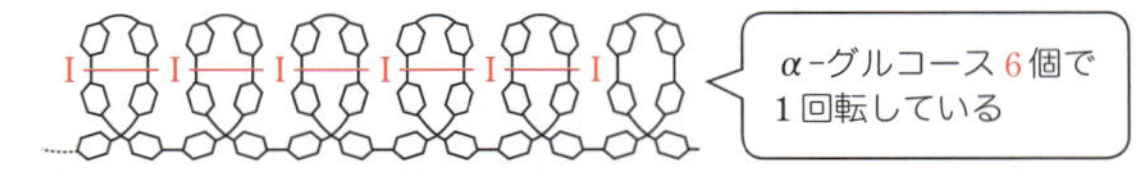

アミロースは濃青色，アミロペクチンは赤紫色，グリコーゲンは赤褐色に呈色する。

□14 ★★

デンプンは，α-グリコシド結合でつながった多糖類であり，1★★★ 構造をとる。1★★★ 構造の内部は 2★ 性の環境であり，ヨウ素が取り込まれて青色を呈する。それに対しセルロースは，β-グリコシド結合でつながり 3★★ 構造をとるためヨウ素を取り込むことができず青色を示さない。（和歌山県立医科大）

(1) らせん(状)
(2) 疎水
(3) 直鎖(状)
[別 鎖状]

□15 ★★★ 日本酒の原料である米には 1★★★ が多く含まれている。日本酒の生産過程では，米に含まれている 1★★★ は 2★★★ という酵素のはたらきで二糖類のマルトースに加水分解され，さらに，3★★★ という酵素によりグルコースに加水分解される。アルコール発酵ではグルコースは 4★★★ という酵素群によりエタノールに変換される。（東邦大）

(1) デンプン $(C_6H_{10}O_5)_n$
(2) アミラーゼ
(3) マルターゼ
(4) チマーゼ

〈解説〉デンプンの酵素による加水分解は，次のようになる。

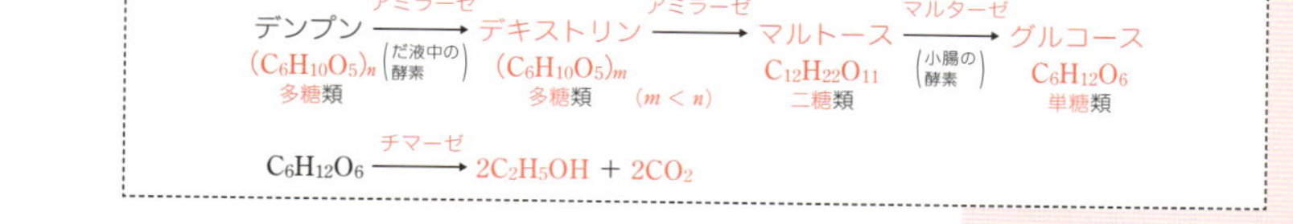

□16 ★★ セルロースは希塩酸などの触媒，または酵素のはたらきによって，グルコースに 1★★ される。ヒトはそのような酵素をもたないため，セルロースを消化することはできない。一方，ウシやヒツジなどの草食動物は腸内細菌によってセルロースを 1★★ してグルコースにすることができる。（香川大）

(1) 加水分解（かすいぶんかい）

〈解説〉セルロースの酵素による加水分解は次のようになる。

セルロース $(C_6H_{10}O_5)_n$ 多糖類 —セルラーゼ→ セロビオース $C_{12}H_{22}O_{11}$ 二糖類 —セロビアーゼ→ グルコース $C_6H_{12}O_6$ 単糖類

□17 ★★★ (1)〜(3)に適当な用語・分子式，(4)に化合物名，(5)，(6)にあてはまるすべての構成単糖類の名称を答えよ。

分類	分子式	名称	構成単糖類
単糖類	$C_6H_{12}O_6$	グルコース	
		フルクトース	
		ガラクトース	
1★★★	3★★★	スクロース	5★★★
		マルトース	グルコース
		4★★	グルコース
		ラクトース	6★
2★★★	$(C_6H_{10}O_5)_n$	デンプン	グルコース
		セルロース	

（岩手大）

(1) 二糖（類）（にとうるい）
(2) 多糖（類）（たとうるい）
(3) $C_{12}H_{22}O_{11}$
(4) セロビオース
(5) グルコースとフルクトース
(6) グルコースとガラクトース

7 アミノ酸

▼ANSWER

□1 ★★★ タンパク質を加水分解して得られるα-アミノ酸では，中心のα-炭素原子に結合する水素原子，アミノ基，カルボキシ基の3つの部分は共通しているが，側鎖(R)の部分の違いでアミノ酸の種類が決まる。Rが水素である [1★★★] 以外のアミノ酸は [2★★★] をもつので鏡像異性体が存在する。

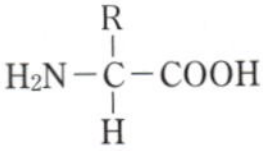

$$\begin{array}{c} R \\ | \\ H_2N-C-COOH \\ | \\ H \end{array}$$

α-アミノ酸

（東京電機大）

〈解説〉 α-アミノ酸

$$\begin{array}{l} \gamma\ \ \beta\ \ \alpha \\ C-C-C-COOH \\ \qquad\ \ | \\ \qquad NH_2 \end{array}$$

β-アミノ酸

$$\begin{array}{l} \gamma\ \ \beta\ \ \alpha \\ C-C-C-COOH \\ \quad\ \ | \\ \quad NH_2 \end{array}$$

(1) グリシン
(2) 不斉炭素原子（ふせいたんそげんし）

□2 ★★★ アミノ酸は分子中に酸性を示す [1★★★] 基と塩基性を示す [2★★★] 基をもつ化合物で，これら2つの官能基が同一の炭素原子に結合しているものをα-アミノ酸という。（東京理科大）

(1) カルボキシ $-COOH$
(2) アミノ $-NH_2$

□3 ★★★ アミノ酸は分子内に酸性の [1★★★] 基と塩基性の [2★★★] 基をもち，結晶中では [1★★★] 基の水素イオンが [2★★★] 基に移動して，分子内に正と負の両電荷をもつ [3★★★] イオンになっている。（鹿児島大）

〈解説〉

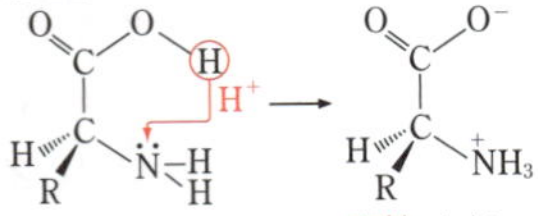

$$\begin{array}{c} O{=}C(-O-H) \\ | \\ H\text{''''}C(-R)-\ddot{N}H_2 \end{array} \xrightarrow{H^+} \begin{array}{c} O{=}C-O^- \\ | \\ H\text{''''}C(-R)-\overset{+}{N}H_3 \end{array}$$

双性イオン

(1) カルボキシ $-COOH$
(2) アミノ $-NH_2$
(3) 双性（そうせい）[別 両性（りょうせい）]

□4 ★★★ 不斉炭素原子をもつアミノ酸には，化学的性質や物理的性質はほとんど変わらないが，光に対する性質の異なる一対の [1★★★] 異性体が存在する。（長崎大）

(1) 鏡像（きょうぞう）[別 光学（こうがく）]

□5 ★★★ アミノ酸は，正と負の電荷のある構造が無機の塩に似ているため，一般の有機化合物に比べて融点や沸点が [1★★★]，水に [2★★★] が，有機溶媒には [3★★★] 。

（東京理科大）

(1) 高（たか）く
(2) 溶（と）けやすい
(3) 溶（と）けにくい

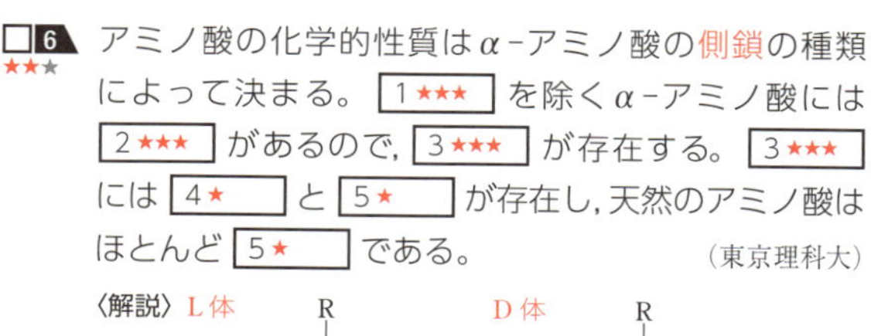

6 ★★★

アミノ酸の化学的性質はα-アミノ酸の側鎖の種類によって決まる。［1★★★］を除くα-アミノ酸には［2★★★］があるので，［3★★★］が存在する。［3★★★］には［4★］と［5★］が存在し，天然のアミノ酸はほとんど［5★］である。（東京理科大）

〈解説〉L体　D体

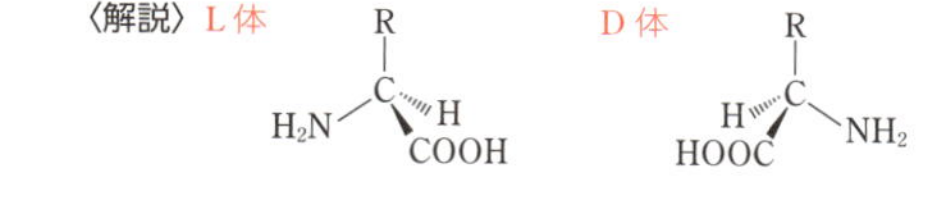

(1) グリシン　H_2N-CH_2-COOH
(2) 不斉炭素原子（ふせいたんそげんし）
(3) 鏡像異性体（きょうぞういせいたい）［別 光学異性体（こうがくいせいたい）］
(4) D体（D形）
(5) L体（L形）

7 ★★★

タンパク質を構成するアミノ酸［$R-CH(NH_2)COOH$］は約［1★★★］種類あり，遊離のアミノ酸は1分子中に正電荷と負電荷を有する［2★★★］構造をとっている。また，第二のアミノ基を側鎖（R−）の中にもつ［3★★★］アミノ酸や，第二のカルボキシ基を側鎖（R−）の中にもつ［4★★★］アミノ酸などがある。（三重大）

(1) 20
(2) 双性イオン（そうせい）［別 両性イオン（りょうせい）］
(3) 塩基性（えんきせい）
(4) 酸性（さんせい）

〈解説〉いろいろなα-アミノ酸

中性アミノ酸	側鎖 (R)
グリシン	$H_2N-CH-COOH$，R = H
アラニン	$H_2N-CH-COOH$，R = CH_3
セリン	$H_2N-CH-COOH$，R = CH_2-OH
フェニルアラニン	$H_2N-CH-COOH$，R = $CH_2-C_6H_5$
チロシン	$H_2N-CH-COOH$，R = $CH_2-C_6H_4-OH$
システイン	$H_2N-CH-COOH$，R = CH_2-SH
メチオニン	$H_2N-CH-COOH$，R = $(CH_2)_2-S-CH_3$

塩基性アミノ酸	側鎖 (R)
リシン	$H_2N-CH-COOH$，R = $(CH_2)_4-NH_2$

酸性アミノ酸	側鎖 (R)
アスパラギン酸	$H_2N-CH-COOH$，R = CH_2-COOH
グルタミン酸	$H_2N-CH-COOH$，R = $(CH_2)_2-COOH$

8 ★★★

分子式$C_3H_7O_2N$で示されるアラニンには，水素，メチル基，［1★★★］基，［2★★★］基（順不同）の4種類の異なる原子や原子団が結合している炭素原子がある。この炭素を［3★★★］といい，アラニンには一対の鏡像（光学）異性体が存在する。（新潟大）

〈解説〉アラニン $C_3H_7O_2N$　$H_2N-CH(CH_3)-COOH$

(1) カルボキシ　$-COOH$
(2) アミノ　$-NH_2$
(3) 不斉炭素原子（ふせいたんそげんし）

□ 9 ★

天然のタンパク質を構成するアミノ酸のうちで，動物の体内でつくることができず，食物から摂取しなければならないアミノ酸を［1★］アミノ酸といい，ヒトの場合は9種類あるといわれている。（埼玉大）

〈解説〉メチオニン，フェニルアラニン，リシンなど。

(1) 必須（ひっす）

□ 10 ★★

アラニンに十分量の無水酢酸を作用させたところ［1★★］(構造式)を得た。一方，アラニンをメタノールに溶かし，少量の濃硫酸を加えて煮沸し，中和したところ，［2★★］(構造式)を得た。（東京理科大）

〈解説〉カルボキシ基やアミノ基の反応

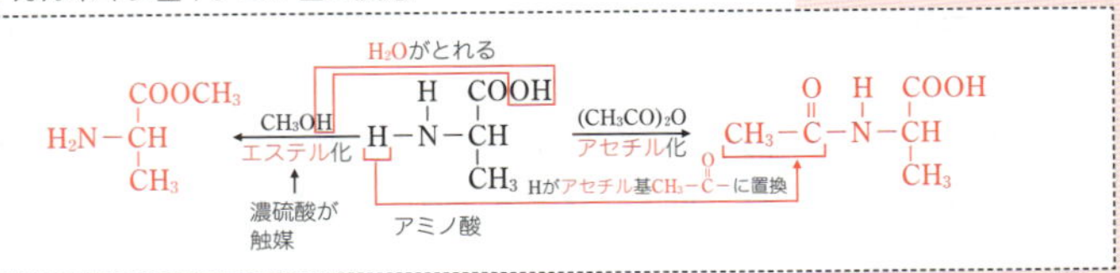

(1) $CH_3-CH(NHCOCH_3)-COOH$

(2) $CH_3-CH(NH_2)-COOCH_3$

□ 11 ★★★

［1★★★］基の存在によりα-アミノ酸はニンヒドリン反応で［2★★★］色を呈する。（群馬大）

〈解説〉ニンヒドリン

(1) アミノ－NH_2

(2) (赤（あか）)紫（むらさき）

□ 12 ★★★

α-アミノ酸を検出する方法には［1★★★］反応があるが，α-アミノ酸を無水酢酸と反応させると［1★★★］反応で検出できなくなる。なお，ペプチドやタンパク質も［1★★★］反応によって検出される。（鳥取大）

〈解説〉$-NH_2$ が$-NHCOCH_3$となり，検出できなくなる。

(1) ニンヒドリン

□ 13 ★★

アミノ酸は塩基性，酸性，両方の性質を有する［1★★］であり，水溶液中ではpHの違いにより異なったイオン構造を示す。（京都府立大）

〈解説〉

$$H_3N^+-CH(R)-COOH \underset{H^+}{\overset{OH^-}{\rightleftarrows}} H_3N^+-CH(R)-COO^- \underset{H^+}{\overset{OH^-}{\rightleftarrows}} H_2N-CH(R)-COO^-$$

(1) 両性電解質（りょうせいでんかいしつ）［別 両性化合物（りょうせいかごうぶつ），両性物質（りょうせいぶっしつ）］

□14 ★★★ 水溶液中のアミノ酸は，陽イオン，[1 ★★★] イオン，陰イオンが混ざりあった形で存在している。水溶液中ではこれらのイオンが平衡状態にあり，pH の変化によりその組成が変化する。水溶液中におけるこれら平衡混合物の電荷の総和が 0 になるときの pH を，そのアミノ酸の [2 ★★] という。（東京理科大）

〈解説〉中性アミノ酸は中性付近（5 ～ 6 程度）に，酸性アミノ酸は酸性側に，塩基性アミノ酸は塩基性側に等電点をもつ。

(1) 双性（そうせい）[㊍両性（りょうせい）]
(2) 等電点（とうでんてん）

□15 ★★ カルボキシ基は [1 ★★] 性，アミノ基は [2 ★★] 性を示す官能基である。そのため，アミノ酸は中性水溶液中では電離し，分子内に正と負の両電荷をもつ [3 ★★★] イオンとなる。分子のもつ正電荷と負電荷を足した値を，分子の正味の電荷という。中性水溶液中での正味の電荷を価数で表すと，その値はアラニンでは [4 ★]，グルタミン酸では [5 ★]，リシンでは [6 ★] である。（神戸大）

〈解説〉中性水溶液中では，次のように $-COOH$ や $-NH_2$ のどれもがイオンになった状態がほとんどになる。

アラニン：$CH_3-CH(NH_3^+)-COO^-$，グルタミン酸：$^-OOC-(CH_2)_2-CH(NH_3^+)-COO^-$，リシン：$H_3N^+-(CH_2)_4-CH(NH_3^+)-COO^-$

(1) (弱（じゃく）)酸（さん）
(2) (弱（じゃく）)塩基（えんき）
(3) 双性（そうせい）[㊍両性（りょうせい）]
(4) 0
(5) −1
(6) +1

□16 ★ 図の各アミノ酸の等電点は表に示す通りである。また，A1 は A4 の鏡像異性体であり，A5 には鏡像異性体が存在しない。A1 ～ A5 に該当する図のアミノ酸の名称を答えよ。ただし，鏡像異性体は区別しなくてよい。

A1 [1 ★]　A2 [2 ★]　A3 [3 ★]
A4 [4 ★]　A5 [5 ★]

図

アミノ酸側鎖 (R) の構造とアミノ酸の名称

$H_2N-CH(R)-COOH$：α-アミノ酸
R = H：グリシン
R = CH_3：アラニン
R = $(CH_2)_2COOH$：グルタミン酸
R = $(CH_2)_4NH_2$：リシン

表

アミノ酸	等電点
A1	6.00
A2	3.22
A3	9.74
A4	6.00
A5	5.97

（京都大）

(1) アラニン
(2) グルタミン酸（さん）
(3) リシン
(4) アラニン
(5) グリシン

解き方 まず，A5は鏡像異性体が存在しないとあるので，不斉炭素原子をもたないグリシンとなる。次に，A1とA4は等電点が中性付近(6.00)で鏡像異性体の関係にある。図の中性アミノ酸(グリシン，アラニン)のうち，不斉炭素原子をもつものはアラニンだけなのでA1とA4はアラニンとなる。最後に，等電点が酸性側(3.22)にあるA2は酸性アミノ酸のグルタミン酸，等電点が塩基性側(9.74)にあるA3は塩基性アミノ酸のリシンとなる。

アラニンは水溶液中で以下のような，Ⅰ，Ⅱ，Ⅲの３種類の異なる状態をとりうる。

$$\underset{\text{I}}{CH_3-CH(NH_3^+)-COOH} \underset{H^+}{\overset{OH^-}{\rightleftarrows}} \underset{\text{II}}{CH_3-CH(NH_3^+)-COO^-} \underset{H^+}{\overset{OH^-}{\rightleftarrows}} \underset{\text{III}}{CH_3-CH(NH_2)-COO^-}$$

Ⅰ，Ⅱ，Ⅲの存在比はアラニン溶液のpHにより異なり，等電点のときには［1★★］と［2★★］（順不同）の濃度は等しい。（東京理科大）

〈解説〉等電点においては，アラニンのほとんどが双性イオン（Ⅱ）となっており，わずかにある陽イオン(Ⅰ)と陰イオン(Ⅲ)のモル濃度が等しい。

(1) Ⅰ
(2) Ⅲ

タンパク質を構成する約20種類のアミノ酸のうち，グルタミン酸(等電点3.2) $HOOC-(CH_2)_2-CH(NH_2)-COOH$ とリシン(等電点9.7) $H_2N-(CH_2)_4-CH(NH_2)-COOH$ を図のようにpH7.0の食塩水で湿らせたろ紙の上にのせ，直流の電源につなぐと，生じたイオンがろ紙上を移動する。この現象を［1★★★］とよぶ。［2★★］は陰極側へ，［3★★］は陽極側へそれぞれ移動する。（愛媛大）

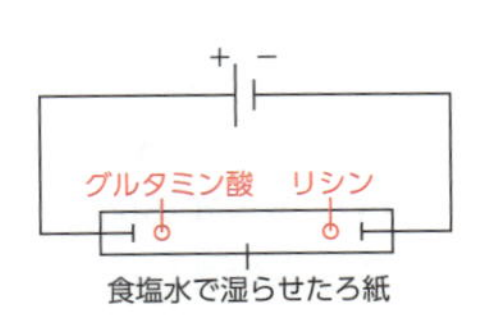

〈解説〉等電点よりpHが小さいと陽イオンの割合が大きくなり陰極側へ移動し，等電点よりpHが大きいと陰イオンの割合が大きくなり陽極側へ移動する。pH = 7.0ではグルタミン酸は陰イオンの割合が大きく，リシンは陽イオンの割合が大きくなっている。

(1) 電気泳動(でんきえいどう)
(2) リシン
(3) グルタミン酸

★★★

最も簡単なα-アミノ酸であるグリシンは，水溶液中で3種類のイオンX，Y，Zとして存在しており，以下のような電離平衡が成り立っている。

$X \rightleftarrows Y + H^+$（平衡定数 $K_1 = 4.0 \times 10^{-3}$ mol/L）

$Y \rightleftarrows Z + H^+$（平衡定数 $K_2 = 2.5 \times 10^{-10}$ mol/L）

イオンX，Y，Zの構造はそれぞれ［1★★★］，［2★★★］，［3★★★］である。Yのようなイオンを［4★★★］イオンとよぶ。[X] = [Z] のとき，グリシンの電荷は分子全体として0になる。このときの水溶液中の水素イオン濃度を，K_1 と K_2 を用いて表すと，$[H^+] =$［5★★］となる。電荷が分子全体として0となる溶液のpHを等電点という。グリシンの等電点は［6★★］（2ケタ）である。（慶應義塾大）

(1) $H_3N^+-CH(H)-COOH$

(2) $H_3N^+-CH(H)-COO^-$

(3) $H_2N-CH(H)-COO^-$

(4) 双性（そうせい）［別 両性（りょうせい）］

(5) $\sqrt{K_1K_2}$

(6) 6.0

解き方

グリシンは，水溶液中では次のような平衡状態にあって，これらの割合はpHによって変化する。

$$H_3N^+-\underset{\substack{|\\ H}}{CH}-COOH \underset{+H^+}{\overset{+OH^-}{\rightleftarrows}} H_3N^+-\underset{\substack{|\\ H}}{CH}-COO^- \underset{+H^+}{\overset{+OH^-}{\rightleftarrows}} H_2N-\underset{\substack{|\\ H}}{CH}-COO^-$$

陽イオン → X　　［双性イオン］ → Y　　陰イオン → Z

グリシンの平衡定数（電離定数）K_1，K_2 は，

$$X \rightleftarrows Y + H^+ \quad K_1 = \frac{[Y][H^+]}{[X]} = 4.0 \times 10^{-3} \cdots ①$$

$$Y \rightleftarrows Z + H^+ \quad K_2 = \frac{[Z][H^+]}{[Y]} = 2.5 \times 10^{-10} \cdots ②$$

となり，グリシン全体で電気的に中性（等電点）になるためには，[X] = [Z] のように正電荷と負電荷がつり合えばよい。

ここで，$K_1 \times K_2$ を求めると，

$$K_1 \times K_2 = \frac{[Y][H^+]}{[X]} \times \frac{[Z][H^+]}{[Y]} = [H^+]^2$$

双性イオンどうしなので消去できる

等電点では [X] = [Z] が成り立つので消去できる

となり，

$$[H^+]^2 = K_1K_2$$

$$[H^+] = \sqrt{K_1K_2} = \sqrt{4.0 \times 10^{-3} \times 2.5 \times 10^{-10}} = \sqrt{10^{-12}}$$

$$= 10^{-6} \text{〔mol/L〕}$$

$$pH = -\log_{10}[H^+] = -\log_{10}10^{-6} = 6.0 \text{（等電点）}$$

25 天然高分子化合物 7 アミノ酸

★★

アラニン $H_2N-CH(CH_3)-COOH$ はアミノ酸の一つで，水溶液中では，陽イオン，双性イオン，陰イオンの形で存在し，次の2つの平衡を示す。

$$H_3N^+-CH(CH_3)-COOH \rightleftarrows H_3N^+-CH(CH_3)-COO^- + H^+$$
$$K_1 = 10^{-2.3}\ \text{[mol/L]}$$
$$H_3N^+-CH(CH_3)-COO^- \rightleftarrows H_2N-CH(CH_3)-COO^- + H^+$$
$$K_2 = 10^{-9.7}\ \text{[mol/L]}$$

アラニンの陽イオンと双性イオンの濃度が等しくなるpHは［1★］(2ケタ)で，陰イオンと双性イオンの濃度が等しくなるpHは［2★］(2ケタ)である。陽イオンの濃度はpHが［3★★］くなるほど高くなり，また，陰イオンの濃度はpHが［4★★］くなるほど高くなる。一方，双性イオンの濃度は，中性付近で［5★★］く，高いpHおよび低いpH範囲では［6★★］い。

（お茶の水女子大）

(1) 2.3
(2) 9.7
(3) 低（ひく）［㊞小（ちい）さ］
(4) 高（たか）［㊞大（おお）き］
(5) 高（たか）［㊞大（おお）き］
(6) 低（ひく）［㊞小（ちい）さ］

解き方

(1) $[H_3N^+-CH(CH_3)-COOH] = [H_3N^+-CH(CH_3)-COO^-]$ なので，
陽イオン　双性イオン

$$K_1 = \frac{[H_3N^+-CH(CH_3)-COO^-][H^+]}{[H_3N^+-CH(CH_3)-COOH]}\ より,$$

$[H^+] = K_1 = 10^{-2.3}$ [mol/L] となる。

よって，そのpHは　$pH = -\log_{10}[H^+] = -\log_{10}10^{-2.3} = 2.3$

(2) $[H_2N-CH(CH_3)-COO^-] = [H_3N^+-CH(CH_3)-COO^-]$ なので，
陰イオン　双性イオン

$$K_2 = \frac{[H_2N-CH(CH_3)-COO^-][H^+]}{[H_3N^+-CH(CH_3)-COO^-]}\ より,$$

$[H^+] = K_2 = 10^{-9.7}$ [mol/L] となる。

よって，そのpHは　$pH = -\log_{10}[H^+] = -\log_{10}10^{-9.7} = 9.7$

□21 ★★ アラニンは水溶液中で以下のようなI，Ⅱ，Ⅲの３種類の異なる構造をとりうる。

$$CH_3-\underset{\underset{\text{I}}{NH_3^+}}{CH}-COOH \underset{H^+}{\overset{OH^-}{\rightleftarrows}} CH_3-\underset{\underset{\text{II}}{NH_3^+}}{CH}-COO^- \underset{H^+}{\overset{OH^-}{\rightleftarrows}} CH_3-\underset{\underset{\text{III}}{NH_2}}{CH}-COO^-$$

いま 0.1mol/L の塩酸溶液中のアラニン 10mL を 0.1mol/L の水酸化ナトリウム水溶液で滴定すると，図1のような滴定曲線が得られた。

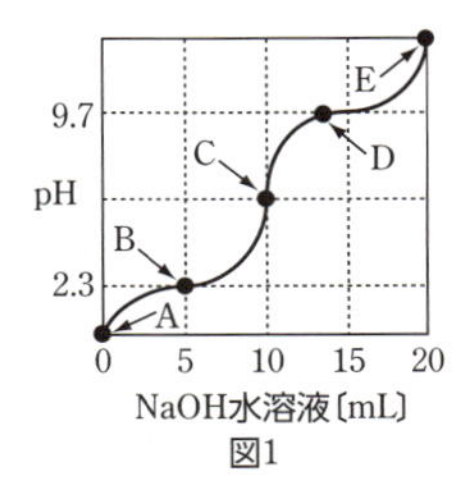

図1

アラニンの電離定数 K_1，K_2 を $K_1=\dfrac{[\text{II}][H^+]}{[\text{I}]}$

$K_2=\dfrac{[\text{III}][H^+]}{[\text{II}]}$

とすると，K_1，K_2 の値はそれぞれ $10^{-2.3}$，$10^{-9.7}$ となった。ここで [I]，[Ⅱ]，[Ⅲ] は，それぞれI，Ⅱ，Ⅲの濃度を表し，$[H^+]$ は水素イオン濃度を表すものとする。

この滴定中におけるアラニンの状態の変化を調べると，点Aでは主に［1 ★★］の状態で存在しており，点Bでは［2 ★★］と［3 ★★］((2)(3)順不同) はほぼ等量存在している。また点Dでは主に［4 ★★］と［5 ★★］の状態で存在し，その存在量は［4 ★★］＜［5 ★★］である。さらに点Eでは主に［6 ★★］の状態で存在している。この滴定曲線において点Cは［7 ★★］であり，［8 ★★］と［9 ★★］((8)(9)順不同) の濃度が等しい。

（東京理科大）

〈解説〉点Bは，Iの $\frac{1}{2}$ を中和した点なので[I]＝[Ⅱ]となる。

点Dは，Ⅱの $\frac{1}{2}$ を中和する前なので[Ⅱ]＞[Ⅲ]となる。

(1) I［㊿陽(よう)イオン］
(2) I［㊿陽(よう)イオン］
(3) Ⅱ［㊿双性(そうせい)イオン，両性(りょうせい)イオン］
(4) Ⅲ［㊿陰(いん)イオン］
(5) Ⅱ［㊿双性(そうせい)イオン，両性(りょうせい)イオン］
(6) Ⅲ［㊿陰(いん)イオン］
(7) 等電点(とうでんてん)
(8) I［㊿陽(よう)イオン］
(9) Ⅲ［㊿陰(いん)イオン］

□22 ★★★ アミノ酸の分子間で [1★★★] 基と [2★★★] 基(順不同)が脱水縮合したものを，特に [3★★★] 結合という。
(鹿児島大)

(1) カルボキシ $-COOH$
(2) アミノ $-NH_2$
(3) ペプチド $-\overset{O}{\overset{\|}{C}}-\overset{H}{\overset{|}{N}}-$

〈解説〉アミノ酸の脱水縮合

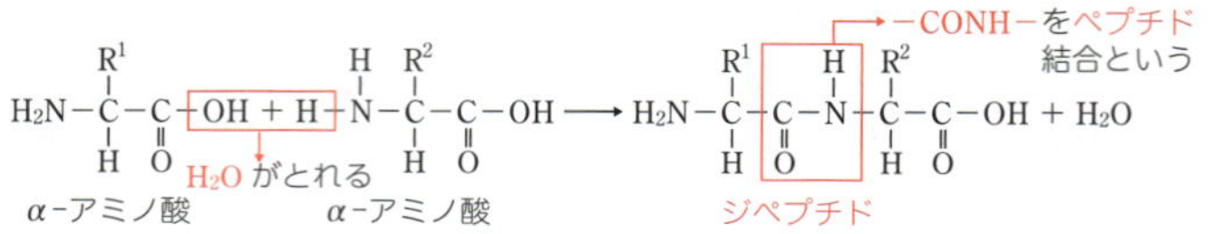

$$H_2N-\underset{H}{\overset{R^1}{C}}-\underset{O}{\underset{\|}{C}}-OH + H-\overset{H}{N}-\underset{H}{\overset{R^2}{C}}-\underset{O}{\underset{\|}{C}}-OH \longrightarrow H_2N-\underset{H}{\overset{R^1}{C}}-\underset{O}{\underset{\|}{C}}-\overset{H}{N}-\underset{H}{\overset{R^2}{C}}-\underset{O}{\underset{\|}{C}}-OH + H_2O$$

α-アミノ酸　α-アミノ酸　H_2O がとれる　ジペプチド
$-CONH-$ をペプチド結合という

□23 ★★★ あるアミノ酸分子のカルボキシ基と，別のアミノ酸分子のアミノ基との間で [1★★★] が起こると，アミド結合ができる。このように，アミノ酸どうしから生じたアミド結合を，特にペプチド結合という。アミノ酸2分子が [1★★★] して結合した分子を [2★★★]，3分子が結合した分子を [3★★★]，多数のアミノ酸が [1★★★] により鎖状に結合した分子を [4★★★] という。
(鳥取大)

(1) (脱水)縮合
(2) ジペプチド
(3) トリペプチド
(4) ポリペプチド

□24 ★★★ ペプチド結合は，1つのアミノ酸分子のアミノ基と別のアミノ酸分子のカルボキシ基が [1★★] して水が1分子とれることによって形成される。[2★★] タンパク質は，α-アミノ酸のみで構成されている [3★★★] である。n 個のα-アミノ酸が [1★★] して生成したペプチドの一般式は図のようになり，末端にアミノ基がある方をN末端，カルボキシ基がある方をC末端とよぶ(なお，$R^1 \sim R^n$ は各アミノ酸固有の置換基を示す)。α-アミノ酸の結合順序(一次構造)は，タンパク質の立体構造や機能に密接に関係しており，これを決定することは重要である。

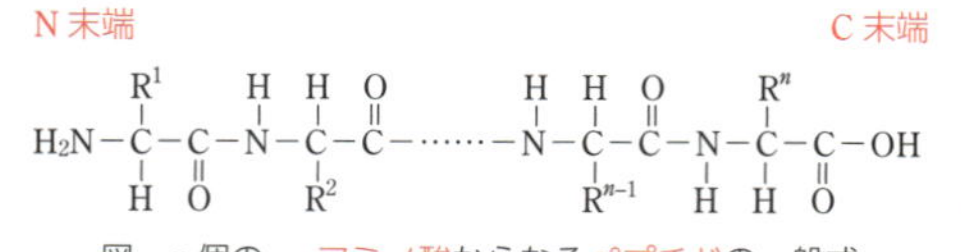

(1) (脱水)縮合
(2) 単純
(3) ポリペプチド

N末端　C末端

$$H_2N-\underset{H}{\overset{R^1}{C}}-\underset{O}{\underset{\|}{C}}-\overset{H}{N}-\underset{R^2}{\overset{H}{C}}-\overset{O}{\overset{\|}{C}}-\cdots\cdots-\overset{H}{N}-\underset{R^{n-1}}{\overset{H}{C}}-\overset{O}{\overset{\|}{C}}-\underset{H}{N}-\underset{H}{\overset{R^n}{C}}-\underset{O}{\underset{\|}{C}}-OH$$

図　n 個のα-アミノ酸からなるペプチドの一般式

(群馬大)

□25 ★★★ 2つのアラニン分子が脱水縮合して生成するジペプチドの化学構造式を示せ。 1 ★★★ （香川大）

〈解説〉

$$H_2N-CH(CH_3)-C(=O)-[O-H+H]-N(H)-CH(CH_3)-C(=O)-OH$$

アラニン　H_2O がとれる　アラニン

(1) $H_2N-CH(CH_3)-C(=O)-N(H)-CH(CH_3)-COOH$

□26 ★★ 2種類のアミノ酸を縮合して得られるジペプチドは鏡像異性体を考慮しないと 1 ★★ 種類考えられる。 （東京電機大）

(1) 2

〈解説〉2種類のアミノ酸
例(グリシンとアラニン)からなるジペプチド

$$H_2N-CH_2-C(=O)-[O-H+H]-N(H)-CH(CH_3)-COOH \longrightarrow H_2N-CH_2-C(=O)-N(H)-CH(CH_3)-COOH+H_2O$$

グリシン　脱水縮合　アラニン

構造異性体が2種類考えられる

$$H_2N-CH(CH_3)-C(=O)-[O-H+H]-N(H)-CH_2-COOH \longrightarrow H_2N-CH(CH_3)-C(=O)-N(H)-CH_2-COOH+H_2O$$

アラニン　脱水縮合　グリシン

□27 ★★ グリシンが，3分子縮合して生成するトリペプチドの構造式を記せ。 1 ★★ （高知大）

(1) $H_2N-CH_2-C(=O)-N(H)-CH_2-C(=O)-N(H)-CH_2-COOH$

〈解説〉

$$H_2N-CH(H)-C(=O)-[O-H+H]-N(H)-CH(H)-C(=O)-[O-H+H]-N(H)-CH(H)-C(=O)-OH$$

H_2Oがとれる　H_2Oがとれる

□28 ★★★ 1 ★★★ 以外のアミノ酸にはすべて不斉炭素原子が含まれており， 2 ★★★ が存在する。2個のアミノ酸分子が縮合して生じたアミド結合を 3 ★★★ という。グリシンとアラニン2分子が縮合してできたトリペプチドの異性体の数は 2 ★★★ を考慮しない場合 4 ★ 種類ある。 （東京理科大）

〈解説〉グリシンをグ，アラニンをアとすると，構造異性体は
グ−ア−ア　ア−グ−ア　ア−ア−グ
の3種類となる。

(1) グリシン
H_2N-CH_2-COOH
(2) 鏡像異性体（きょうぞういせいたい）
[別 光学異性体（こうがくいせいたい）]
(3) ペプチド結合（けつごう）
$-C(=O)-N(H)-$
(4) 3

8 タンパク質

▼ ANSWER

□1 ★★★ 細胞内では，DNA に記録されている遺伝情報を設計図として，さまざまなタンパク質がつくられている。タンパク質は，およそ 20 種類のアミノ酸が重合したポリ [1 ★★★] であり，多様な機能を担っている。（名城大）

(1) ペプチド

□2 ★★★ タンパク質は多数の α-アミノ酸が [1 ★★★] 結合により結びついたものであり，アミノ酸の結合順序や数により様々なタンパク質が生じることが知られている。

（東京理科大）

(1) ペプチド

$$-\overset{\overset{\displaystyle O}{\|}}{C}-\overset{\overset{\displaystyle H}{|}}{N}-$$

□3 ★★★ タンパク質の一つに，毛髪に存在するケラチンがある。このタンパク質は側鎖に [1 ★★] 原子を含むシステインと呼ばれるアミノ酸に富み，その側鎖が [2 ★★] されることによって，[1 ★★] 原子同士が共有結合した [3 ★★★] 結合が形成され，立体構造が安定化されている。（横浜国立大）

〈解説〉 $-SH+HS- \underset{還元}{\overset{酸化}{\rightleftarrows}} -S-S-$

(1) 硫黄(いおう) S
(2) 酸化(さんか)
(3) ジスルフィド
−S−S−

□4 ★★★ 卵白水溶液に横からレーザー光を当てると光の通路が明るく光って見える。この現象を [1 ★★★] という。

（愛媛大）

(1) チンダル現象(げんしょう)

□5 ★★★ タンパク質を加熱したり，酸，塩基，アルコール，重金属イオンなどを加えると凝固し，ゲルとなり再びもとの状態にもどらなくなることがある。この現象をタンパク質の [1 ★★★] という。（名古屋市立大）

〈解説〉

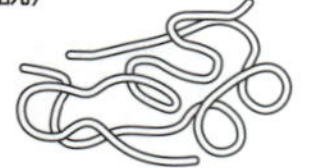

正常なインスリンの立体構造

熱 →

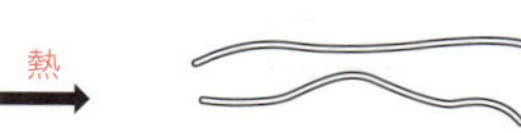

変性したインスリン

(1) 変性(へんせい)

□6 ★★★ 天然のタンパク質には，[1★★★]結合で結合した[2★★★]の配列順序と数の違いにより，多くの種類がある。その配列順序を[3★]という。（お茶の水女子大）

(1) ペプチド
[別 共有(きょうゆう)]
(2) (α-)アミノ酸(さん)
(3) 一次構造(いちじこうぞう)

□7 ★★ 動物繊維の主成分であるタンパク質は，主に図に示す2つの立体構造をとる。

らせん状を示す[1★★★]構造では分子内で，ジグザグ状を示す[2★★★]構造では分子間で[3★★★]がそれぞれ形成される。[1★★★]や[2★★★]のような部分的な立体構造をタンパク質の[4★]という。

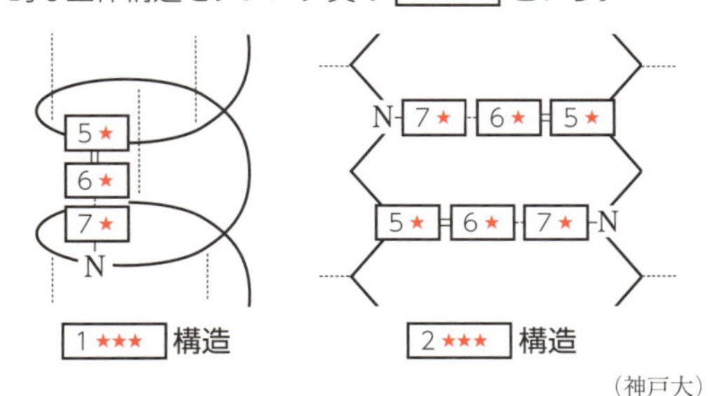

[1★★★]構造　　[2★★★]構造

（神戸大）

(1) α-ヘリックス
[別 らせんなど]
(2) β-シート
[別 ひだ状(じょう)の平面(へいめん)など]
(3) 水素結合(すいそけつごう)
(4) 二次構造(にじこうぞう)
(5) C
(6) O
(7) H

〈解説〉タンパク質の二次構造

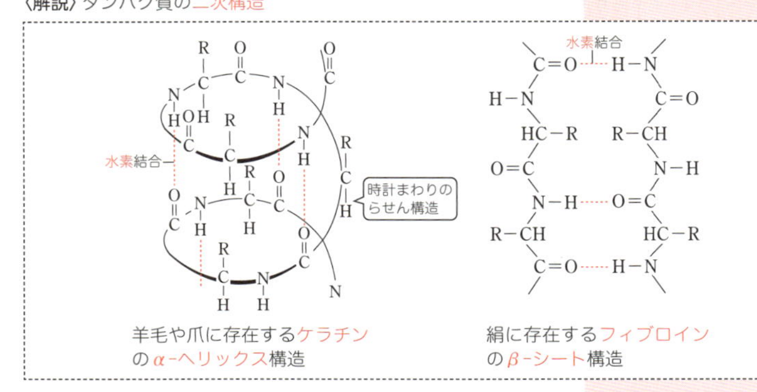

羊毛や爪に存在するケラチンのα-ヘリックス構造

絹に存在するフィブロインのβ-シート構造

□8 ★★★

タンパク質を構成する [1★★★] の配列順序をタンパク質の [2★] とよぶ。水溶液中ではタンパク質の [3★★] 鎖はらせん構造をとることがある。この構造を [4★★★] とよび，らせん1巻きに平均3.6個の [1★★★] 単位が入る。また [5★★★] とよばれる，となりあった [3★★] 鎖同士が波状に折れ曲がって並んだひだ状構造をとることもある。[4★★★] や [5★★★] のような基本構造は，タンパク質の [6★] とよばれ，[7★★] 結合に関与している官能基間の [8★★★] 結合によって形成される。タンパク質全体では，[8★★★] 結合や [9★★★] 結合の非共有結合や，共有結合である [10★★★] 結合により，分子全体が複雑な構造をとる。これをタンパク質の [11★] とよび，タンパク質の機能に重要である。（信州大）

〈解説〉二次構造以上をまとめてタンパク質の高次構造という。

(1) (α-)アミノ酸
(2) 一次構造
(3) (ポリ)ペプチド
(4) α-ヘリックス構造
(5) β-シート構造
(6) 二次構造
(7) ペプチド
(8) 水素
(9) イオン
(10) ジスルフィド −S−S−
(11) 三次構造

□9 ★★

タンパク質の立体構造（三次構造）を決定するために重要な役割を果たしているものには，アミノ酸の正の電荷をもつ置換基と他のアミノ酸の負の電荷をもつ置換基の間にはたらく [1★★] 結合や，アミノ酸の [2★] 性置換基同士が水を避けるようにして集まる [2★] 性相互作用などもある。また，2つのシステインの置換基同士の間に形成される [3★★★] 結合もタンパク質の三次構造を決定するために重要な役割を果たしているが，この結合は還元剤を作用させると切断される。（大阪大）

〈解説〉$-S-S- \underset{\text{酸化剤}}{\overset{\text{還元剤}}{\rightleftarrows}} -SH + HS-$

(1) イオン
(2) 疎水
(3) ジスルフィド −S−S−

□10 ★★

四次構造をもつタンパク質としてヘモグロビンが知られている。ヘモグロビンはα-アミノ酸以外に色素を含む [1★★] タンパク質である。

タンパク質は，温度やpHなどの条件や重金属イオンの作用などで，通常，その一次構造は変化しないが，二次構造以上の [2★] 構造が変化する。これにより，凝固や沈殿することをタンパク質の [3★★★] という。（名城大）

(1) 複合[㊕色素]
(2) 高次
(3) 変性

□11 ★★ タンパク質を分類すると，α-アミノ酸のみで構成されている［1★★］タンパク質と，アミノ酸以外に糖類，色素，リン酸などを含む［2★★］タンパク質がある。（広島大）

(1) 単純（たんじゅん）
(2) 複合（ふくごう）

□12 ★ 単純タンパク質には，卵白中の［1★］やグロブリン，動物の毛や爪を構成する［2★］，軟骨や腱を作る［3★］，絹の繊維を作るフィブロインなどがある。複合タンパク質には，牛乳中のリン酸を含むカゼインや，血液に含まれる色素タンパク質のヘモグロビンなどがある。（京都府立大）

(1) アルブミン
(2) ケラチン
(3) コラーゲン

□13 ★★ タンパク質は，加水分解したときにアミノ酸だけを生じる［1★★］と，アミノ酸以外の物質も同時に生じる［2★★］がある。［2★★］にはリン酸を含む［3★］や色素を含む［4★］などがある。（東京理科大）

(1) 単純タンパク質（たんじゅんたんぱくしつ）
(2) 複合タンパク質（ふくごうたんぱくしつ）
(3) リンタンパク質
(4) 色素タンパク質（しきそたんぱくしつ）

□14 ★★★ タンパク質は形状により，［1★★］状タンパク質と［2★★］状タンパク質に分類される。多くの場合，［1★★］状タンパク質を水に溶かすと［3★★★］溶液となる。水に溶けたタンパク質は親水［3★★★］であり，多量の電解質を加えると沈殿する。

また，［2★★］状タンパク質は一般に水に溶けず，生命体の構造維持にかかわる。［2★★］状タンパク質である［4★★］は，毛髪に含まれる。毛髪は［4★★］分子間の［5★★★］結合によって一定の形状を保っている。（千葉大）

(1) 球（きゅう）
(2) 繊維（せんい）
(3) コロイド
(4) ケラチン
(5) ジスルフィド
−S−S−

〈解説〉

親水基を外側に向けて球形になっている。水に溶け，細胞の中で移動できる。知られている酵素のほとんどは球状タンパク質である。

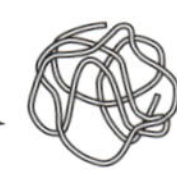

球状タンパク質
㊀ アルブミン

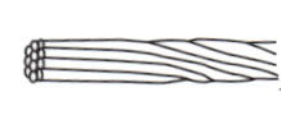

繊維状タンパク質
㊀ ケラチン，コラーゲン，フィブロイン

よじった糸のようになっており，強くて水に溶けないので，動物のひづめや筋肉などをつくっている。

9 検出反応

▼ANSWER

□1 ★★★

2分子のα-アミノ酸が [1★★] したものはジペプチド，3分子のα-アミノ酸が [1★★] したものはトリペプチドとよばれる。トリペプチド水溶液に水酸化ナトリウム水溶液と硫酸銅（Ⅱ）水溶液を加えると赤紫色となる。この反応を [2★★★] 反応という。（同志社大）

(1) (脱水)縮合（だっすい しゅくごう）
(2) ビウレット

□2 ★★

ビウレット反応は，[1★] 個以上の [2★★★] 結合を有するペプチドの検出に用いられる。（神戸大）

〈解説〉ビウレット反応は，2個以上のペプチド結合をもつトリペプチド以上のペプチドやタンパク質が呈色する。

(1) 2
(2) ペプチド

$$\begin{array}{cc} O & H \\ \| & | \\ -C- & N- \end{array}$$

□3 ★★★

タンパク質の水溶液に水酸化ナトリウム水溶液を加えて塩基性にした後，うすい硫酸銅（Ⅱ）水溶液を少量加えると，[1★★★] 色に呈色する。この反応を [2★★★] 反応という。[2★★★] 反応は，連続する2つ以上の [3★★★] 結合部位で Cu^{2+} と配位結合を形成して呈色することに基づく。（福岡大）

(1) (赤) 紫（あか むらさき）
(2) ビウレット
(3) ペプチド

$$\begin{array}{cc} O & H \\ \| & | \\ -C- & N- \end{array}$$

□4 ★★

ビウレット反応は，タンパク質中の [1★★★] 結合が Cu^{2+} と [2★] を形成することで起こる。（愛媛大）

(1) ペプチド
(2) 配位結合（はいい けつごう）
[㊀錯イオン（さく）]

□5 ★★★

[1★★] をもつアミノ酸を含むタンパク質の水溶液に濃硝酸を加え加熱すると，黄色に呈色し，冷却後にアンモニア水などを加えて塩基性にすると，橙黄色になる。この呈色反応を [2★★★] 反応という。[2★★★] 反応は，タンパク質を構成するアミノ酸に含まれる [1★★] が [3★★★] されるために起こる。（新潟大）

(1) ベンゼン環（かん）
[㊀芳香環（ほうこうかん）]
(2) キサントプロテイン
(3) ニトロ化（か）

□6 ★★★

タンパク質の水溶液に濃硝酸を加えて加熱すると [1★★★] 色になり，さらにアンモニア水などを加えて塩基性にすると，[2★★] 色に変化する。この反応を [3★★★] 反応という。[3★★★] 反応は，タンパク質を構成するアミノ酸成分として広く存在している [4★] やチロシンに含まれるベンゼン環がニトロ化されることによる。（福岡大）

〈解説〉 フェニルアラニン　$C_6H_5-CH_2-CH(NH_2)-COOH$

チロシン　$HO-C_6H_4-CH_2-CH(NH_2)-COOH$

(1) 黄（おう）
(2) 橙黄（とうおう）［㊞オレンジ］
(3) キサントプロテイン
(4) フェニルアラニン $C_6H_5-CH_2-CH(NH_2)-COOH$

□7 ★★★

タンパク質水溶液に水酸化ナトリウムを加えて加熱し，酢酸で中和後，酢酸鉛（Ⅱ）水溶液を加えると，黒色の沈殿 [1★★★] を生成する。この反応は，[2★★] 原子を含むタンパク質の検出に用いられる。（徳島大）

(1) 硫化鉛（Ⅱ）（りゅうかなまり） PbS
(2) 硫黄（いおう） S

□8 ★★★

システインなど [1★★] が含まれるタンパク質水溶液に固体の水酸化ナトリウムを加えて煮沸した後，中和し，酢酸鉛（Ⅱ）水溶液を加えると，[2★★★] 色の沈殿が生じる。（長崎大）

(1) 硫黄 S（原子）（いおう げんし）
(2) 黒（こく）

□9 ★★★

アミノ酸に薄い [1★★★] 溶液を加えて温めると，赤紫〜青紫色になる。この反応を [1★★★] 反応といい，アミノ酸の検出に用いられる。タンパク質でも [1★★★] 反応が見られる。（福井大）

(1) ニンヒドリン

□10 ★★

タンパク質水溶液にニンヒドリン水溶液を加えて温めると，ニンヒドリンが [1★★] 基と反応することで赤紫〜青紫色を呈する。（信州大）

(1) アミノ $-NH_2$

□11 ★

タンパク質を高濃度の水酸化ナトリウム水溶液中で加熱すると，生じる気体が赤色リトマス紙を青く変色させる。この方法は，タンパク質に含まれる元素である [1★] の検出反応として知られている。（横浜国立大）

〈解説〉生じる気体は NH_3。

(1) 窒素（ちっそ） N

10 酵素

▼ANSWER

□1 ★★★
反応の前後でそれ自身は変化しないが，［1★★★］を大きくするような物質を触媒という。触媒を用いると，反応のしくみが変わり，［2★★★］がより小さい新たな反応経路で反応が進む。生体内の化学反応に対して，触媒として働くタンパク質を［3★★★］という。
（お茶の水女子大）

(1) 反応速度（はんのうそくど）
(2) 活性化エネルギー（かっせいか）
(3) 酵素（こうそ）

□2 ★★★
酵素がはたらく物質を基質とよび，反応速度には，基質の濃度，および反応系の［1★★★］や［2★★★］（順不同）が大きく影響する。
（早稲田大）

(1) 温度（おんど）
(2) pH［㊞水素イオン濃度］（すいそ）（のうど）

□3 ★★★
それぞれの酵素は，特定の物質のみに作用する。その物質を［1★★★］と呼ぶ。例えば，［2★★］と呼ばれる酵素は，油脂を脂肪酸とモノグリセリドに加水分解する反応の触媒となる。また，アミラーゼと呼ばれる酵素は，［3★★★］をマルトースに分解する反応の触媒となる。アミラーゼは油脂に作用せず，［2★★］は［3★★★］に作用しない。これを酵素の［4★★★］と呼ぶ。
（富山県立大）

(1) 基質（きしつ）
(2) リパーゼ
(3) デンプン
(4) 基質特異性（きしつとくいせい）

□4 ★★★
酵素の反応速度が最大となる温度を［1★★★］といい，それより高い温度では反応速度は低下し，ほとんどの酵素は60℃以上で触媒作用を失う。これは，熱によって酵素の立体構造が大きく変化するからである。このように熱などによってタンパク質の形状が変化して性質が変わることを［2★★★］といい，［2★★★］によって酵素の触媒作用が消失することを酵素の［3★★］という。
（名古屋大）

(1) 最適温度（さいてきおんど）
(2) （タンパク質の）変性（しつ）（へんせい）
(3) 失活（しっかつ）

□5 ★★
酵素の働きはpHによって大きく変化する。ほとんどの酵素は中性付近で最もよく働くが，胃液に含まれるプロテアーゼの一種である［1★★］は，pH＝2の強酸性で最もよく働く。
（新潟大）

〈解説〉プロテアーゼ：タンパク質分解酵素

(1) ペプシン

□6 ★★★
酵素が作用を及ぼす物質(基質)は，それぞれの酵素によって決まっているが，この性質を酵素の［1 ★★★］という。酵素がこの性質を示すのは，酵素には特有の立体構造をした［2 ★★］があり，その立体構造に一致した基質だけが結合できるからである。基質は，酵素と結合して［3 ★★］をつくり，酵素の作用を受け，生成物に変化する。（長崎大）

(1) 基質特異性
(2) 活性部位
［別 活性中心］
(3) 酵素-基質複合体

□7 ★★★
酵素(E)には触媒としての作用を示す活性部位があり，ここに基質(S)を取り込んで酵素-基質複合体(ES)を形成する。ここから反応が進行して生成物(P)を与えて酵素(E)が再生する(式①を参照)。酵素-基質複合体(ES)の形成においても，［1 ★★★］結合，［2 ★★］結合(順不同)，［3 ★★］性相互作用などが重要な役割を果たしている。

$$E + S \rightleftarrows ES \longrightarrow E + P \cdots ①$$
（大阪大）

(1) 水素
(2) イオン
(3) 疎水

〈解説〉

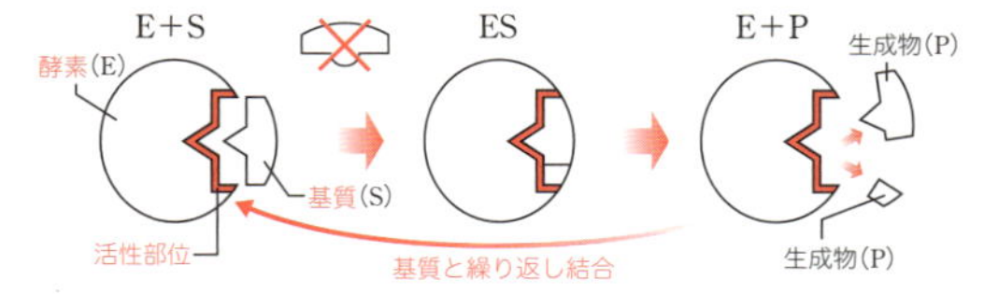

□8 ★
酵素によっては，［1 ★］とよばれる別の物質を取り込んで触媒作用を発揮するものもある。例えば，ビタミン類の多くは［1 ★］としてはたらいている。（秋田大）

(1) 補酵素

□9 ★
酵素反応には酵素反応を助ける補酵素を必要とする場合もある。補酵素は水溶性ビタミンから体内で合成される。例えばビタミン［1 ★］といわれる化合物が欠乏すると脚気になることが知られている。（鳥取大）

(1) B_1

□10 ★★★
単糖 $C_6H_{12}O_6$ は，酵母菌中に存在する［1 ★★★］という酵素群によりアルコール発酵を受ける。（長崎大）

(1) チマーゼ

〈解説〉アルコール発酵

$$\underset{\text{グルコースなどの単糖}}{C_6H_{12}O_6} \xrightarrow{\text{チマーゼ}} 2C_2H_5OH + 2CO_2$$

□11 ★★★

糖類の消化では，デンプンはだ液やすい液に含まれる酵素 [1★★★] により，グルコースが [2★★★] 個結合したマルトースに加水分解され，小腸でさらに酵素マルターゼの作用で [3★★] 結合が加水分解を受けてグルコースになる。油脂は，胆汁によって乳化され，すい液に含まれる酵素 [4★★] の作用で [5★★★] 結合が加水分解を受けて 2 分子の脂肪酸と 1 分子のモノグリセリドになる。タンパク質は，胃で酵素 [6★★] の作用と，すい液に含まれる酵素 [7★★] などの作用で，ペプチドを経て，最終的に [8★★★] にまで加水分解される。（秋田大）

(1) アミラーゼ
(2) 2
(3) グリコシド[別 エーテル] −O−
(4) リパーゼ
(5) エステル

$$\begin{array}{c} O \\ \| \\ -C-O- \end{array}$$

(6) ペプシン
(7) トリプシン
(8) (α−)アミノ酸(さん)

□12 ★★★

デンプンは [1★★★] が重合した高分子化合物である。デンプンは，ヒトの体内で [2★★★] (酵素名)によりさまざまな分子量の [3★★] に分解され，さらに，二糖である [4★★★] にまで分解される。[4★★★] は [5★★★] (酵素名) により [1★★★] に分解され，エネルギー源として利用される。（新潟大）

(1) グルコース(ブドウ糖(とう))
(2) アミラーゼ
(3) デキストリン
(4) マルトース
(5) マルターゼ

〈解説〉デンプン，デキストリン，マルトースのいずれも α-グルコースからなる。

デンプン $(C_6H_{10}O_5)_n$ —アミラーゼ→ デキストリン $(C_6H_{10}O_5)_m$ $(m < n)$ —アミラーゼ→ マルトース $C_{12}H_{22}O_{11}$ —マルターゼ→ グルコース $C_6H_{12}O_6$

□13 ★★★

セルロースもデンプンと同様に [1★★★] の重合体である。ヒトはセルロースを分解する酵素をもたないため，エネルギー源として利用できない。ウシやヒツジでは，胃に共生している微生物が産生する [2★★] (酵素名)によりセルロースは [3★★] に分解され，さらに，[4★★] (酵素名)により [3★★] は [1★★★] に分解され，エネルギー源として利用される。（新潟大）

(1) グルコース(ブドウ糖(とう))
(2) セルラーゼ
(3) セロビオース
(4) セロビアーゼ

〈解説〉セルロース，セロビオースのいずれも β-グルコースからなる。

セルロース $(C_6H_{10}O_5)_n$ —セルラーゼ→ セロビオース $C_{12}H_{22}O_{11}$ —セロビアーゼ→ グルコース $C_6H_{12}O_6$

□14 ★★★

インベルターゼ(スクラーゼ)は，スクロースを [1★★] 類である [2★★★] とグルコースに分解する。（信州大）

(1) 単糖(たんとう)
(2) フルクトース(果糖(かとう)) $C_6H_{12}O_6$

□15 ★
リパーゼは油脂を 1★ と脂肪酸に分解するが，タンパク質には作用しない。 （山形大）

(1) モノグリセリド

□16 ★★
私たちがタンパク質を食べると，タンパク質は胃液中の酵素 1★★ により加水分解され，低分子量の 2★★ になる。さらに，2★★ は酵素 3★★ やペプチダーゼによりアミノ酸にまで加水分解される。 （香川大）

(1) ペプシン
(2) ペプチド
(3) トリプシン

□17 ★★
すい液に含まれるリパーゼは糖類には作用せず，1★★ の加水分解に選択的にはたらく。また，最適 pH が 2★★ 性領域にあるペプシンや最適 pH が 3★★ 性領域にあるトリプシンも糖類には作用しないが，タンパク質を加水分解することが知られている。 （香川大）

(1) 油脂（ゆし）
(2) 酸（さん）
(3) 塩基（えんき）（アルカリ）

〈解説〉酵素の反応速度と pH との関係

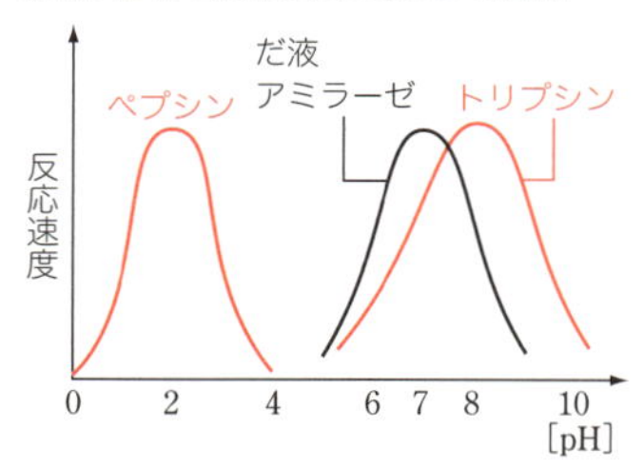

□18 ★★★
生体内で起こるさまざまな化学反応は，37℃付近という比較的穏やかな条件下で進行する。1★★★ は生体内で働く触媒である。肝臓や血液などに含まれる 2★★ は，1★★★ の一種であり，3★★ を分解して酸素と 4★★ を生成させる。実験室では，酸化マンガン（Ⅳ）を触媒とし，3★★ を分解して酸素を発生させることができる。 （慶應義塾大）

〈解説〉 $2H_2O_2 \xrightarrow{\text{カタラーゼや } MnO_2} 2H_2O + O_2$

(1) 酵素（こうそ）
(2) カタラーゼ
(3) 過酸化水素（かさんかすいそ） H_2O_2
(4) 水（みず） H_2O

11 核酸

▼ANSWER

□1 ★★ 細胞には，糖類，タンパク質，脂質などの他，核酸とよばれる酸性の高分子化合物が存在する。核酸は大きく分けて2種類あり，一方はデオキシリボ核酸(DNA)，もう一方はリボ核酸(RNA)という。DNAは[1★]を伝えるはたらきがあるのに対し，RNAは[2★★★]合成に関与している。（鳥取大）

(1) 遺伝情報（いでんじょうほう）
(2) タンパク質（しつ）

□2 ★★ 核酸は大きく分けて2種類あり，一方はデオキシリボ核酸(DNA)，もう一方はリボ核酸(RNA)という。核酸は[1★★]を構成単位とし，[1★★]は核酸塩基(有機塩基)，糖，[2★★]より構成されている。（鳥取大）

(1) ヌクレオチド
(2) リン酸（さん） H_3PO_4

〈解説〉DNAとRNAの基本構造は，窒素Nを含む核酸塩基と糖が結合したヌクレオシドがリン酸と結合したヌクレオチドである。

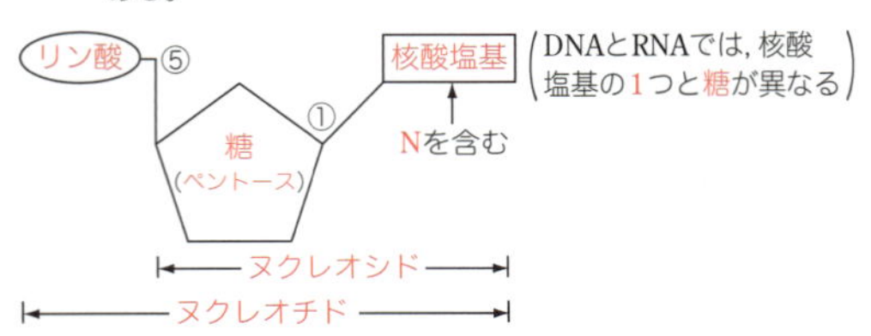

□3 ★★★ 核酸は，ヌクレオチドどうしが糖部分の－OHと，リン酸部分の－OHとの間で[1★★★]した鎖状の高分子化合物である。（千葉大）

(1) 脱水縮合（だっすいしゅくごう）

□4 ★★ DNAとRNAはともに高分子化合物で，[1★★]とよばれる単位分子が多数つながった構造をとっている。[1★★]は，[2★★]に[3★★]と有機塩基が結合した化合物で，[1★★]から[3★★]がはずれた化合物はヌクレオシドとよばれる。（早稲田大）

(1) ヌクレオチド
(2) 五炭糖（ごたんとう）(ペントース)[㊗糖（とう）]
(3) リン酸（さん） H_3PO_4

□5 ★★ DNAは糖の部分が[1★★]，RNAは糖の部分が[2★★]によって構成される。（宮崎大）

(1) デオキシリボース
(2) リボース

□6 ★★ 核酸を構成するペントースには，分子式 $C_5H_{10}O_4$ で表される [1 ★★] と分子式 $C_5H_{10}O_5$ で表される [2 ★★] の 2 種類がある。このペントースの構造の違いにより，核酸は DNA と RNA に分類される。（東京理科大）

(1) デオキシリボース
(2) リボース

〈解説〉
(a)DNA を構成するペントース　(b)RNA を構成するペントース

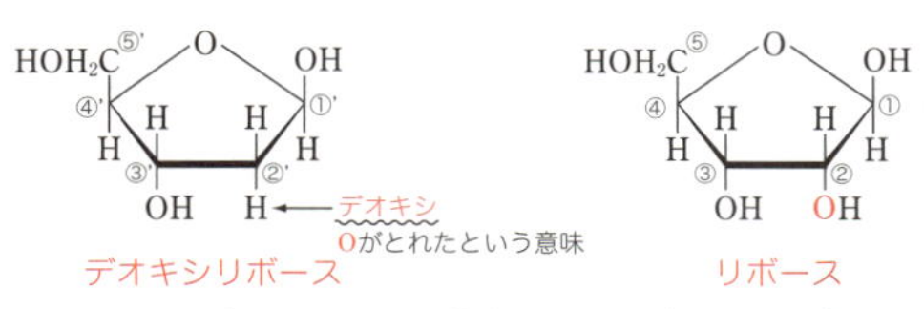

(a) の (b) との違いは，DNA を構成しているデオキシリボースが 2 位の C に −OH をもたない点である。

核酸の基本単位は，糖に塩基とリン酸が結合した化合物であり，ヌクレオチドとよばれる。核酸は，多数のヌクレオチドが脱水縮合してできた鎖状の高分子化合物であり，ポリヌクレオチドとよばれる。DNA の場合，糖は図に示すデオキシリボースであり，塩基はアデニン，グアニン，シトシンおよびチミンの 4 種類がある。図中の炭素番号で，塩基はデオキシリボースの [1 ★★] の炭素と結合し，ポリヌクレオチドでは，デオキシリボースの [2 ★★] と [3 ★★]（(2)(3)順不同）の 2 つの炭素のヒドロキシ基にリン酸が結合している。（埼玉大）

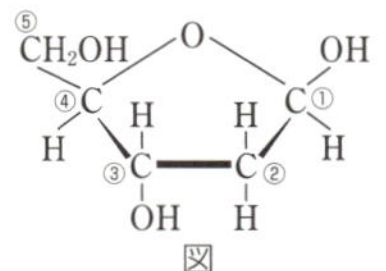

(1) ①
(2) ③
(3) ⑤

〈解説〉DNA の構造の一部

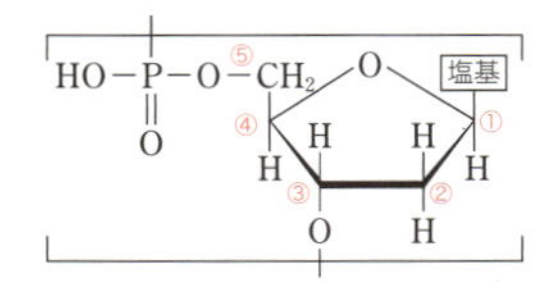

□8 ★

RNAを構成する糖であるリボースの構造式を図のデオキシリボースの構造式にしたがって記載すると 1★ となる。（熊本大）

図
デオキシリボースの構造式

〈解説〉リボースは，②の炭素に−OHをもつ。

(1) （リボースの構造式）

□9 ★★★

DNAとRNAを構成する塩基は，それぞれ4種類ずつあり，そのうち略号Aで表される 1★★★ ，略号Gで表される 2★★★ ，略号Cで表される 3★★★ の3種類は共通である。残り1つの塩基は，DNAでは略号Tで表される 4★★★ であるが，RNAでは略号Uで表される 5★★★ である。（神戸薬科大）

(1) アデニン
(2) グアニン
(3) シトシン
(4) チミン
(5) ウラシル

〈解説〉

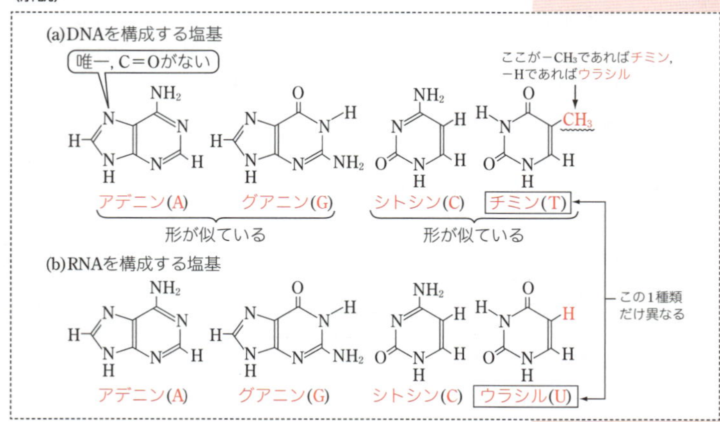

□10 ★★★

DNAには略号でA，G，CおよびTと表す4種類の塩基があり，その配列順序が遺伝情報となる。RNAにも4種類の塩基があるが，1種類だけがDNAとは異なっており，DNAの 1★★★ のかわりにRNAには 2★★★ が含まれている。（新潟大）

(1) チミンT
(2) ウラシルU

〈解説〉「チミンがうらぎる（ウラシル）」と覚えよう。

★★★

DNAは 1★★★ 構造を形成している。その構造では，アデニンと 2★★ ， 3★★ と 4★★ ((3)(4)順不同)がそれぞれ 5★★★ 結合を形成している。

（鳥取大）

(1) 二重らせん（にじゅう）
(2) チミン
(3) グアニン
(4) シトシン
(5) 水素（すいそ）

〈解説〉DNAの構造

二重らせん構造を形成している。核酸塩基AとT，GとCが水素結合によって対をなしている。

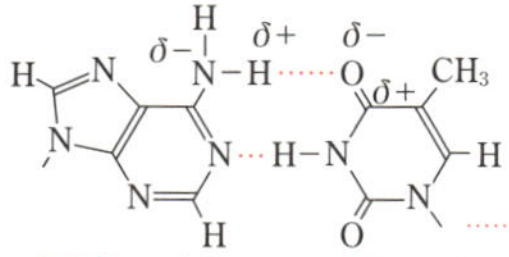

δ− δ+ δ− δ+ CH_3 ……は水素結合

アデニン(A)　チミン(T)

3.4nm　1.0nm

アデニンとチミンの間は2つの水素結合がある。

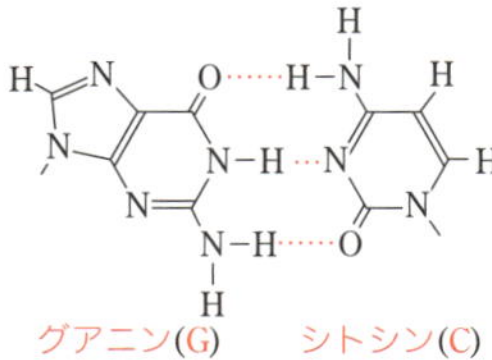

グアニン(G)　シトシン(C)

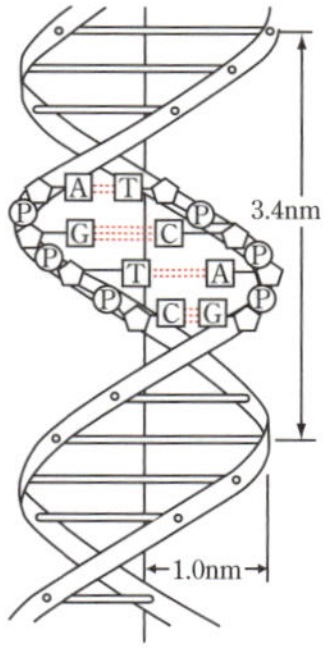

グアニンとシトシンの間は3つの水素結合がある。
そのため必ず対で存在し，AとT，GとCは常に同じmolずつ存在することになる。

★★

DNAでは，4種類の 1★★ のうちのグアニンと 2★★ ，アデニンと 3★★ が対になっており，それぞれ 4★★ つおよび 5★★ つの水素結合によって引き合っている。

（名城大）

〈解説〉ジーさんシー（G3C），エーツーティー（A2T）と覚えよう。

(1) (核酸)塩基（かくさん えんき）
(2) シトシン
(3) チミン
(4) 3
(5) 2

□13
★

一方のポリヌクレオチドが50個のヌクレオチドからなるDNA二重らせんの塩基の組成を調べたところ，シトシンが35個であった。このDNA二重らせん中のアデニンは 1★ 個，グアニンは 2★ 個，チミンは 3★ 個になる。

（千葉大）

〈解説〉DNAのもつ塩基数は，

アデニン(A)の数＝チミン(T)の数
グアニン(G)の数＝シトシン(C)の数

(1) 15
(2) 35
(3) 15

解き方

DNA は二重らせん構造なので，この DNA は 50 × 2 = 100 個のヌクレオチドからなる。

ヌクレオチド1個には核酸塩基が1個含まれているので，この DNA には 100 個の核酸塩基が含まれている。

C = G = 35 個となり，A = T = x 個とおくと，

$\underbrace{35}_{C} + \underbrace{35}_{G} + \underbrace{x}_{A} + \underbrace{x}_{T} = 100$ 個なので，$x = 15$

よって，アデニン(A) 15 個，グアニン(G) 35 個，チミン(T) 15 個

□14 ★ 細胞が分裂するとき，DNA の2本鎖がほどけ，それぞれ1本鎖を鋳型に新たなポリヌクレオチドが合成される。このとき，塩基対を形成する塩基の組み合わせが決まっているので，同じ塩基配列をもつ2本鎖 DNA が2組できる。これを DNA の [1★] といい，このしくみによって遺伝情報がどの細胞にも同じように伝わる。（埼玉大）

(1) 複製（ふくせい）

発展 □15 ★ RNA は通常 [1★] 鎖として存在し，主に伝令 RNA (mRNA)，運搬 RNA (tRNA)，[2★] RNA (rRNA) の3種類の RNA がある。（富山大）

(1) 1本（ぽん）
(2) リボソーム

発展 □16 ★★ DNA からタンパク質が合成されるとき，[1★★★] 構造の一部がほどけて，その遺伝情報が [2★] RNA に伝えられる。これを遺伝情報の [3★] という。[2★] RNA は核の外でリボソームと結合し，タンパク質の合成の準備をする。アミノ酸をリボソームに運ぶのは [4★] RNA である。このように，[2★] RNA のもつ遺伝情報にもとづいて，タンパク質が合成されることを遺伝情報の [5★] という。（千葉大）

(1) 二重（にじゅう）らせん
(2) 伝令（でんれい）[㊖メッセンジャー (m)]
(3) 転写（てんしゃ）
(4) 転移（てんい）[㊖運搬（うんぱん），トランスファー (t)]
(5) 翻訳（ほんやく）

発展 □17 ★★ タンパク質を合成するときは，まず DNA の情報が RNA (mRNA) に転写されることで，アミノ酸の結合順序が決定する。このとき，RNA の [1★] つの塩基が並ぶ順序が，1種類のアミノ酸を指定する。その順序は 64 通りあるため，タンパク質を構成する約 [2★★★] 種類のアミノ酸を指定するには充分である。（長崎大）

〈解説〉mRNA の3つの塩基の並ぶ順序をコドンという。

(1) 3
(2) 20

12 生命を維持する化学反応

▼ANSWER

発展 □1 ★★ 生物は，さまざまな化学反応を利用して物質の分解や合成を行い，その生命活動を維持している。例えば，多くの生物は，好気呼吸によりグルコースを二酸化炭素と水に分解し，その際に生成するエネルギーを用いてアデノシン三リン酸(ATP)を合成している。ATPは，［1★★］とリボースとリン酸から構成されており，［2★］個の高エネルギーリン酸結合（リン酸無水物結合）をもつ。ATPの末端のリン酸基1個が加水分解され，［3★］に変化する際に放出されるエネルギーは，エネルギーを必要とするさまざまな生命活動に利用されている。（長崎大）

(1) アデニン
(2) 2
(3) アデノシン二リン酸(ADP)

〈解説〉ATP

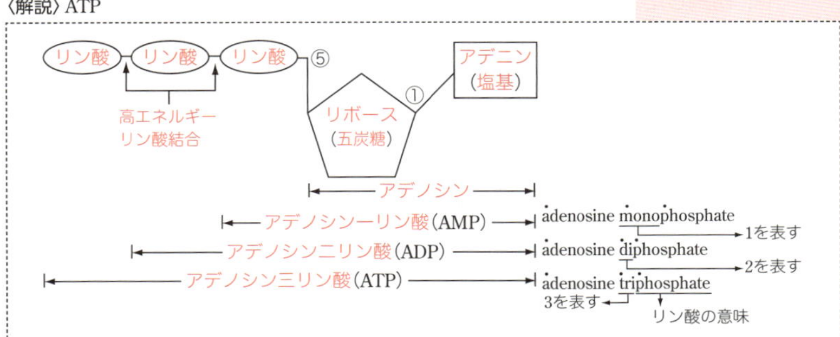

ATPは，リボース，アデニン，および3個のリン酸が結合した物質である。ATPはアデノシン二リン酸(ADP)がリン酸と脱水縮合することによって生じ，このときにエネルギーを吸収する。

発展 □2 ★ 筋肉の収縮や体温の保持など，生物がエネルギーを必要とする場合，ATPが酵素により加水分解されて［1★］とADPになる反応がおこり，このときに生じるエネルギーが用いられる。（熊本大）

(1) リン酸 H_3PO_4

第26章 合成高分子化合物

1 繊維

▼ANSWER

□1 ★★★

衣料として用いられている繊維には，天然繊維と［1★★★］繊維がある。さらに，天然繊維は植物繊維と［2★★］繊維に，［1★★★］繊維は［3★★★］繊維，半合成繊維，合成繊維に分類される。（群馬大）

(1) 化学（かがく）
(2) 動物（どうぶつ）
(3) 再生（さいせい）

□2 ★★★

天然繊維は，木綿，麻などの［1★★］繊維と，羊毛，絹のような［2★★］繊維の2つに分類される。化学繊維は，セルロースなどの天然繊維を一度溶媒に溶解させ，紡糸した［3★★★］繊維，天然繊維を化学的に処理し，置換基を結合させ，繊維状にした［4★★★］繊維，石油などを原料にして得られる高分子化合物を繊維状にした［5★★★］繊維などに分類される。（金沢大）

(1) 植物（しょくぶつ）
(2) 動物（どうぶつ）
(3) 再生（さいせい）
(4) 半合成（はんごうせい）
(5) 合成（ごうせい）

〈解説〉繊維の分類

- 繊維
  - 天然繊維
    - 植物繊維：木綿，麻(セルロース)
    - 動物繊維：羊毛，絹(タンパク質)
  - 化学繊維
    - 再生繊維：レーヨン←セルロースを原料とする
    - 半合成繊維：アセテート（←セルロースを原料とする）
    - 合成繊維：ナイロン，ポリエステルなど

□3 ★★★

植物繊維である木綿の主成分は［1★★★］である。［1★★★］は［2★★★］が脱水縮合して結びついた多糖類である。（香川大）

(1) セルロース
$(C_6H_{10}O_5)_n$［別 $[C_6H_7O_2(OH)_3]_n$］
(2) β-グルコース

□4 ★

絹は，カイコがつくるまゆ(繭)などから得られる動物繊維である。まゆから取り出される1本のまゆ糸は，2本の［1★］の繊維が［2★］によっておおわれた断面構造をしている。まゆ糸を熱水で処理すると，［2★］が溶け出して［1★］を主成分とする絹糸が得られる。（東京農工大）

(1) フィブロイン
(2) セリシン

□5 ★★
羊の体毛を原料とした天然繊維を羊毛と呼ぶ。主成分であるタンパク質の [1★] は，らせん状の二次構造，すなわち [2★★★] 構造を形成しているため，繊維の伸縮性が大きい。（東京海洋大）

(1) ケラチン
(2) α-ヘリックス

□6 ★★★
木材から得られるセルロースは，そのままでは衣料に適していないために，適当な方法により溶解し，細孔から押し出し固化することで，繊維としている。ヒドロキシ基を変化させずに繊維にしたものが [1★★★] 繊維である。（群馬大）

(1) 再生（さいせい）

□7 ★★
セルロースは水には溶けないが，これを水酸化ナトリウムと反応させた後，[1★] と反応させるとビスコースとよばれる粘い液体が得られる。ビスコースを細孔から凝固液中に押し出し，高速で引っ張ると丈夫な糸になる。この糸を [2★★] という。（熊本大）

(1) 二硫化炭素（にりゅうかたんそ） CS_2
(2) ビスコースレーヨン

□8 ★★
ビスコースからセルロースを膜状に再生すると [1★★] が得られる。（群馬大）

(1) セロハン

□9 ★★
パルプのような繊維の短いセルロースは，そのまま紡いで糸にすることができない。そこで，水酸化銅（Ⅱ）を濃アンモニア水に溶かした [1★] 試薬にセルロースを溶かし，希硫酸中に細孔から押し出して繊維を再生したものが [2★★] である。[2★★] は，非常に細かい繊維であり，柔らかい感触と絹に似た風合いがあり，光沢があってなめらかな布になる。（岡山大）

(1) シュバイツァー（シュワイツァー）
(2) 銅（どう）アンモニアレーヨン（キュプラ）

□10 ★★
セルロースを適当な試薬を含む溶液に溶かし，これを再び糸状にしたものを [1★★★] という。例えば，セルロースを水酸化ナトリウム水溶液で処理してから二硫化炭素と反応させると [2★] とよばれる高粘度のコロイド溶液が得られるが，この [2★] を細孔から希硫酸中に押し出して糸状にしたものが [3★★★] である。また，[4★] を濃アンモニア水に溶かしたシュバイツァー試薬にセルロースを浸して得られるコロイド溶液を，希硫酸中に引き出して糸状にしたものが [5★★] である。（秋田大）

(1) 再生繊維（さいせいせんい）（レーヨン）
(2) ビスコース
(3) ビスコースレーヨン
(4) 水酸化銅（すいさんかどう）（Ⅱ） $Cu(OH)_2$
(5) 銅（どう）アンモニアレーヨン（キュプラ）

〈解説〉 レーヨンは，木材からパルプとして得られる繊維の短いセルロースを「塩基性の溶液に溶かし」,「希硫酸などの酸の中で繊維として再生」してつくる。

①ビスコースレーヨン
NaOH 水溶液で処理し，希硫酸中に押し出し繊維として再生しつくる。

セルロース —濃 NaOH→ —CS_2→ —希 NaOH→ ビスコース —希 H_2SO_4→ { 繊維状にすると ビスコースレーヨン / 膜状にすると セロハン }

②銅アンモニアレーヨン(キュプラ)
シュバイツァー試薬($Cu(OH)_2$ ＋濃 NH_3 水)で処理し，希硫酸中に引き出し再生しつくる。

セルロース —シュバイツァー試薬 [$Cu(NH_3)_4]^{2+}$ になっている→ —希 H_2SO_4→ 銅アンモニアレーヨン(キュプラ)

□11 ★★★ セルロースを無水酢酸と反応させるとヒドロキシ基がアセチル化されてトリアセチルセルロースが生成する。トリアセチルセルロースの一部のエステル結合を加水分解することでジアセチルセルロースにし，ジアセチルセルロースのアセトン溶液を細孔から温かい空気中に押し出して乾燥することで [1 ★★] 繊維である [2 ★★★] 繊維が得られる。 (昭和薬科大)

(1) 半合成(はんごうせい)
(2) アセテート

〈解説〉

セルロース $[C_6H_7O_2(OH)_3]_n$ —無水酢酸 $(CH_3CO)_2O$→ トリアセチルセルロース $[C_6H_7O_2(OCOCH_3)_3]_n$ —加水分解 H_2O→ ジアセチルセルロース $[C_6H_7O_2(OH)(OCOCH_3)_2]_n$

□12 ★★ トリアセチルセルロースでは，セルロースのすべてのヒドロキシ基が [1 ★★] に変換されるので分子間での [2 ★★] の形成ができなくなり，溶媒に溶けやすくなる。 (同志社大)

(1) 酢酸(さくさん)エステル $-OCOCH_3$
[㊡アセチル基(き) $-COCH_3$]
(2) 水素結合(すいそけつごう)

□13 ★★★ セルロースは，酸と反応させてエステルをつくることができる。例えば，セルロースに濃硝酸と濃硫酸の混合物を反応させると，硝酸エステルである [1 ★★★] が得られる。 [1 ★★★] は，硝化綿といい，火薬の原料となる。 (信州大)

(1) トリニトロセルロース $[C_6H_7O_2(ONO_2)_3]_n$

〈解説〉

セルロース $[C_6H_7O_2(OH)_3]_n$ —HNO_3 [H_2SO_4] エステル化→ トリニトロセルロース(無煙火薬の原料) $[C_6H_7O_2(ONO_2)_3]_n$

□14 ★

ジニトロセルロースを主成分とする原料に，ショウノウとエタノールを加えて 1★ が合成される。 1★ は，世界最初の熱可塑性樹脂である。（浜松医科大）

〈解説〉ジニトロセルロース[$C_6H_7O_2(OH)(ONO_2)_2]_n$ は，トリニトロセルロースの一部を加水分解したもの。セルロイドは，合成樹脂登場以前に広く使われた。

(1) セルロイド

□15 ★★★

合成繊維の中でナイロン，ポリエステル，アクリル繊維は三大合成繊維とよばれている。

代表的なナイロンにナイロン 66 がある。ナイロン 66 は 1★★★ と 2★★★ ((1)(2)順不同)の縮合重合により得られる高分子であり， 3★★★ 基と 4★★★ 基((3)(4)順不同)から脱水することにより生じる 5★★★ 結合を有している。ナイロン 6 も 5★★★ 結合を有する高分子である。ナイロン 6 は環状化合物 6★★ の 7★★ 重合により得られる。

代表的なポリエステルにポリエチレンテレフタラート(PET)がある。PET は 8★★★ と 9★★★ ((8)(9)順不同)の縮合重合により得られる高分子である。

（九州工業大）

〈解説〉①ナイロン 66 (6,6-ナイロン)

ヘキサメチレンジアミンのアミノ基 $-NH_2$ とアジピン酸のカルボキシ基 $-COOH$ との間の縮合重合により合成される。

nH－N(H)－$(CH_2)_6$－N(H)－H ＋ nHO－C(=O)－$(CH_2)_4$－C(=O)－OH
（H₂O がとれる）
ヘキサメチレンジアミン　アジピン酸

縮合重合 → [－N(H)－$(CH_2)_6$－N(H)－C(=O)－$(CH_2)_4$－C(=O)－]$_n$ ＋ $2nH_2O$
アミド結合
くつ下やロープなどに使われる
ナイロン 66

②ナイロン 6 (6-ナイロン)

環状の(ε-)カプロラクタム（イプシロン）に少量の水を加え，加熱して合成する。環状構造が切れて，次のような開環重合が起こる。

nH₂C(CH₂－CH₂－C(=O)－N(H)－CH₂－CH₂)（環状） ＋ H_2O 開環重合 → [－N(H)－$(CH_2)_5$－C(=O)－]$_n$
アミド結合
(ε-)カプロラクタム　ナイロン 6

(1) ヘキサメチレンジアミン $H_2N-(CH_2)_6-NH_2$

(2) アジピン酸（さん） $HOOC-(CH_2)_4-COOH$

(3) アミノ $-NH_2$

(4) カルボキシ $-COOH$

(5) アミド －C(=O)－N(H)－

(6) (ε-)カプロラクタム
H₂C(CH₂－CH₂－C=O, CH₂－CH₂－N－H)（環状）

(7) 開環（かいかん）

(8) テレフタル酸（さん） HOOC－C₆H₄－COOH

(9) エチレングリコール[別 1, 2-エタンジオール] $HO-(CH_2)_2-OH$

③ポリエチレンテレフタラート(PET)
テレフタル酸のカルボキシ基−COOHとエチレングリコールのヒドロキシ基−OHとの間の縮合重合により合成される。

$$n\mathrm{HO}-\overset{\displaystyle O}{\overset{\|}{C}}-C_6H_4-\overset{\displaystyle O}{\overset{\|}{C}}-\mathrm{OH}+n\mathrm{H}-\mathrm{O}-(\mathrm{CH_2})_2-\mathrm{O}-\mathrm{H}$$

テレフタル酸　エチレングリコール　（H_2Oがとれる）

$$\xrightarrow{\text{縮合重合}} \left[\overset{\displaystyle O}{\overset{\|}{C}}-C_6H_4-\overset{\displaystyle O}{\overset{\|}{C}}-\mathrm{O}-(\mathrm{CH_2})_2-\mathrm{O}\right]_n+2n\mathrm{H_2O}$$

エステル結合
ワイシャツなどに使われる
ポリエチレンテレフタラート

□16 ★★★ 次の文章はナイロンがポリエステルに比べて，高い安定性と強さをもつ理由を示したものである。

「ナイロンの分子構造を見ると，その繰り返し単位には，[1 ★★★]結合があるため，分子間力である[2 ★★★]によって，ナイロン分子が強く会合するから。」(北海道大)

(1) アミド

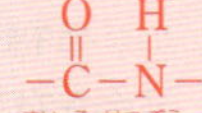

(2) 水素結合(すいそけつごう)

□17 ★★ 実験室でナイロン66の繊維を得るには，界面重合が適している。この重合は，アジピン酸の代わりにアジピン酸ジクロリドを用いて，下記のように行われる。

操作1　溶媒Aに，炭酸ナトリウムとモノマー[1 ★★★]を加え，よくかき混ぜる。
操作2　溶媒Bに，アジピン酸ジクロリドを溶かす。
操作3　操作1で得られた溶液の上に，操作2で得られた溶液を静かに注ぐ。
操作4　界面（境界面）にできた膜をピンセットで静かに引き上げ，ガラス棒に巻きつける。
操作5　得られた糸をアセトンで洗い，乾燥させる。

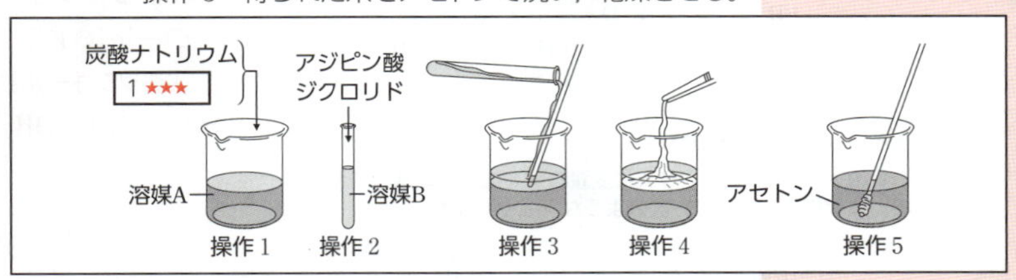

溶媒A，Bとして最も適切なものを，①〜⑤からそれぞれ1つずつ選び，その番号を記せ。

溶媒A[2★]，溶媒B[3★]

①アセトン　②エタノール　③酢酸　④ヘキサン　⑤水

(群馬大)

(1) ヘキサメチレンジアミン
$H_2N-(CH_2)_6-NH_2$
(2) ⑤
(3) ④

〈解説〉アジピン酸ジクロリド $Cl-\overset{O}{\overset{\|}{C}}-(CH_2)_4-\overset{O}{\overset{\|}{C}}-Cl$ を用いると，重合を速やかに進行させることができる。

$$n\ H-\overset{H}{\overset{|}{N}}-(CH_2)_6-\overset{H}{\overset{|}{N}}-H + n\ Cl-\overset{O}{\overset{\|}{C}}-(CH_2)_4-\overset{O}{\overset{\|}{C}}-Cl$$

$$\longrightarrow \left[\overset{H}{\overset{|}{N}}-(CH_2)_6-\overset{H}{\overset{|}{N}}-\overset{O}{\overset{\|}{C}}-(CH_2)_4-\overset{O}{\overset{\|}{C}}\right]_n + 2n\ HCl$$

ナイロン66

溶媒AとBは2層に分かれるため，混ざり合わない組み合わせになる。また，溶媒Aは Na_2CO_3 が溶解することから水とわかる。
アジピン酸ジクロリドのヘキサン溶液は上層，ヘキサメチレンジアミンの水溶液は下層になる。

□18 ★★
ナイロン6は［1★★］の［2★★］重合により得られる。ナイロン6を高温に加熱すると，［1★★］を含む平衡状態になる。この状態で，［1★★］を反応系外へと取り出すと，単量体である［1★★］が連続的に再生してくる。（九州大）

(1) (ε-)カプロラクタム

$$H_2C\begin{matrix}\diagup CH_2-CH_2\diagdown C=O \\ \diagdown CH_2-CH_2\diagup N-H\end{matrix}$$

(2) 開環（かいかん）

□19 ★★★
［1★★★］は，p-キシレンを酸化することで得られる芳香族カルボン酸であり，エチレングリコールと縮合重合させると，ペットボトルなどに利用される［2★★★］が得られる。（神戸薬科大）

〈解説〉$H_3C-C_6H_4-CH_3 \xrightarrow{KMnO_4} HOOC-C_6H_4-COOH$

p-キシレン　テレフタル酸

(1) テレフタル酸（さん）
$HOOC-C_6H_4-COOH$
(2) ポリエチレンテレフタラート (PET)

□20 ★★★
アクリルには，アクリロニトリルを［1★★★］重合させたポリアクリロニトリルを主成分とするアクリル繊維と，アクリロニトリルに酢酸ビニルを［1★★★］重合させたアクリル系繊維がある。アクリル系繊維のように，2種類以上の単量体を［1★★★］重合させることを［2★★］重合という。（新潟大）

〈解説〉$n\ CH_2=\underset{\underset{CN}{|}}{CH} \xrightarrow{付加重合} \left[CH_2-\underset{\underset{CN}{|}}{CH}\right]_n$，$CH_2=\underset{\underset{OCOCH_3}{|}}{CH}$

アクリロニトリル　ポリアクリロニトリル　酢酸ビニル

(1) 付加（ふか）
(2) 共（きょう）

□21 ★★ エステル構造を有するアクリル酸メチルと [1★★] を [2★★] 重合した共重合体はアクリル系繊維として衣料などに用いられる。（お茶の水女子大）

〈解説〉アクリル酸メチル $CH_2=CH(COOCH_3)$

(1) アクリロニトリル $CH_2=CH(CN)$
(2) 共（きょう）[📖付加（ふか）]

□22 ★ ポリアクリロニトリルを主成分とする合成繊維はアクリル繊維と呼ばれる。アクリル繊維を不活性ガス中において高温で炭化して得られる繊維は [1★] と呼ばれ，軽量で強度や弾性に優れており，航空機の機体やテニスのラケットなどに利用される。（秋田大）

(1) 炭素繊維（たんそせんい）（カーボンファイバー）

□23 ★ 合成高分子化合物はその用途に応じて，合成繊維や合成樹脂などに分類される。単量体として，芳香族ジカルボン酸クロリドと芳香族ジアミンを用いてつくられるポリアミド繊維は特に [1★] 繊維と呼ばれ，高い強度を示す。代表的なものはテレフタル酸ジクロリドと *p*-フェニレンジアミンの縮合重合によって得ることができる。（横浜国立大）

〈解説〉アラミド繊維（ポリ-*p*-フェニレンテレフタルアミド繊維）

nClOC-⌬-COCl ＋ nH₂N-⌬-NH₂

テレフタル酸ジクロリド　*p*-フェニレンジアミン

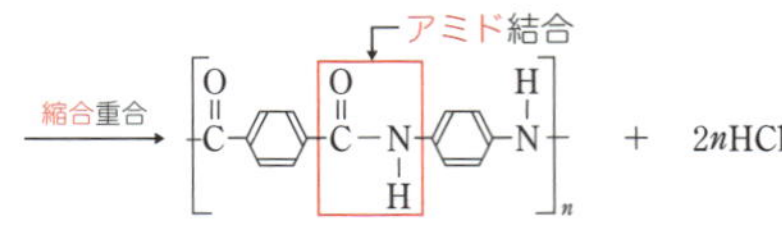

ポリ-*p*-フェニレンテレフタルアミド

(1) アラミド

□24 ★★★ 日本で初めて開発された合成繊維として有名なビニロンは優れた強度をもつ材料である。ビニロンは次のように生成される。酢酸ビニルを [1★★★] 重合させて得られるポリ酢酸ビニルを水酸化ナトリウム水溶液で [2★★] すると，水溶性高分子であるポリビニルアルコールが得られる。このポリビニルアルコールのヒドロキシ基を部分的に [3★★] すると水に不溶のビニロンができる。その分子間にはヒドロキシ基が残っているため，タンパク質と同様に [4★★★] が形成され，高い強度をもつ。（神戸大）

(1) 付加（ふか）
(2) 加水分解（かすいぶんかい）[📖けん化（か）]
(3) アセタール化（か）
(4) 水素結合（すいそけつごう）

〈解説〉ビニロンは，木綿によく似た感触をもつ合成繊維。
酢酸ビニルを付加重合して得られるポリ酢酸ビニルを NaOH 水溶液で加水分解（けん化）し，ポリビニルアルコールを得る。

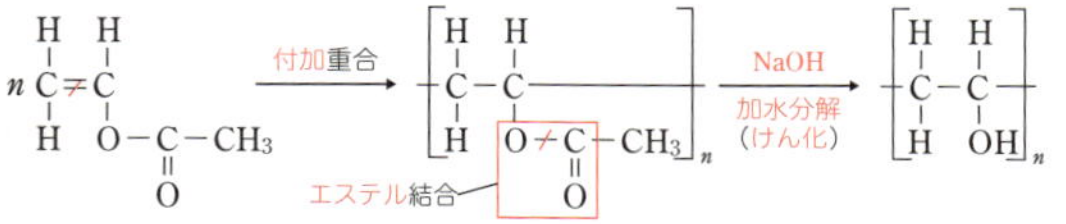

$$n\,\mathrm{CH_2{=}CH(OCOCH_3)} \xrightarrow{\text{付加重合}} \left[\mathrm{CH_2{-}CH(O{-}CO{-}CH_3)}\right]_n \xrightarrow[\text{加水分解（けん化）}]{\mathrm{NaOH}} \left[\mathrm{CH_2{-}CH(OH)}\right]_n$$

酢酸ビニル　ポリ酢酸ビニル（エステル結合）　ポリビニルアルコール

ポリビニルアルコールの多数の $-\mathrm{OH}$ 基の一部をホルムアルデヒドと反応させる（アセタール化）とビニロンが生成する。

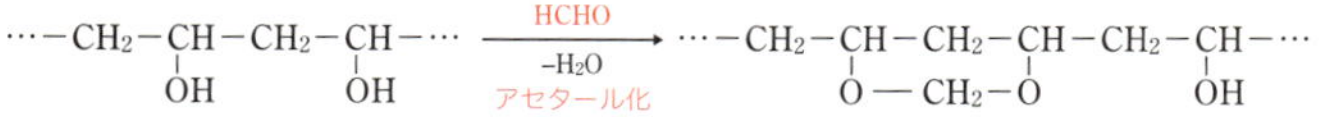

$$\cdots-\mathrm{CH_2-CH(OH)-CH_2-CH(OH)}-\cdots \xrightarrow[-\mathrm{H_2O}\ \text{アセタール化}]{\mathrm{HCHO}} \cdots-\mathrm{CH_2-CH(O-)-CH_2-CH(-O)-CH_2-CH(OH)}-\cdots\ (\mathrm{O-CH_2-O})$$

ポリビニルアルコール　ビニロン

□25 ★★★
ポリビニルアルコールは，形式的にはビニルアルコールが［1★★★］重合してできる構造をもつが，ビニルアルコールは不安定であり，生成後ただちに安定な［2★★★］に変化する。そのため，酢酸ビニルを［1★★★］重合して得られるポリ酢酸ビニルをけん化することでポリビニルアルコールを合成する。（岐阜大）

(1) 付加（ふか）
(2) アセトアルデヒド $\mathrm{CH_3-C(=O)-H}$

〈解説〉

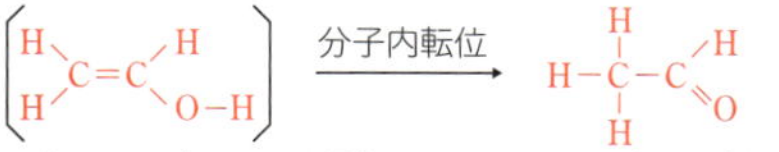

$$\mathrm{H_2C{=}CH{-}OH} \xrightarrow{\text{分子内転位}} \mathrm{H{-}CH_2{-}CH{=}O}$$

ビニルアルコール（エノール形）（不安定）　アセトアルデヒド（ケト形）

□26 ★
ポリビニルアルコールの分子量を 6.60×10^4 とすると，このポリビニルアルコール1分子中にヒドロキシ基は［1★］個（整数）存在する。H = 1.0，C = 12，O = 16 とする。（神戸大）

(1) 1500

解き方
ポリビニルアルコールの繰り返し単位 $-\mathrm{CH_2-CH(OH)}-$ の式量が 44 なので，ポリビニルアルコール $\left[\mathrm{CH_2-CH(OH)}\right]_n$ の平均分子量は $44n$ となる。
$44n = 6.60 \times 10^4$ より，$n = 1500$ になる。

□27 ★★★

ビニロンは日本で開発された合成繊維であり，次のような操作により合成される。まず，酢酸ビニルを［1★★★］重合させて［2★★★］を合成した後，水酸化ナトリウム水溶液でけん化（加水分解）して［3★★］とする。次に，［3★★］の水溶液を細孔から硫酸ナトリウム水溶液に押し出して凝固させ，紡糸する。これを酸性条件下ホルムアルデヒド水溶液で処理すると，アルデヒド基(ホルミル基)が2個のヒドロキシ基と反応して水1分子が脱離し（この反応を［4★★］化という），ビニロンが得られる。（神戸薬科大）

(1) 付加（ふか）
(2) ポリ酢酸（さくさん）ビニル

$$\left[\mathrm{CH_2-CH}\underset{\substack{|\\ \mathrm{OCOCH_3}}}{}\right]_n$$

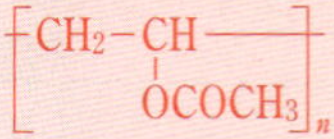

(3) ポリビニルアルコール

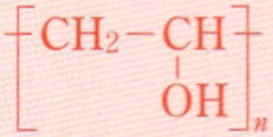

$$\left[\mathrm{CH_2-CH}\underset{\substack{|\\ \mathrm{OH}}}{}\right]_n$$

(4) アセタール

□28 ★★

グルコースの誘導体を用いて合成される高分子［1★］は，高い生分解性をもつ。また，乳酸を重合させてつくられる［2★★］は，生分解性プラスチックとして一般に広く用いられている。（岐阜大）

〈解説〉

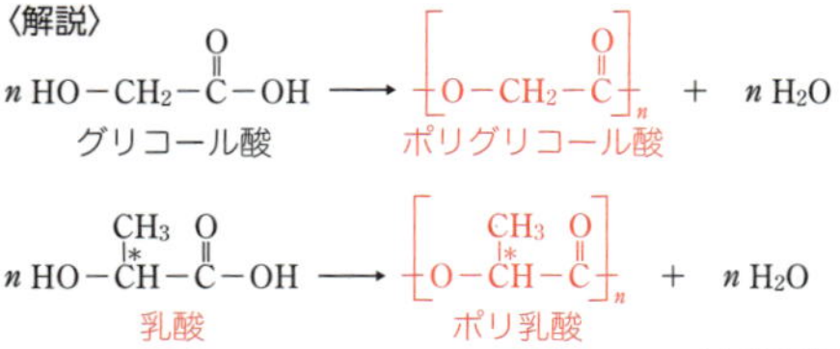

$$n\,\mathrm{HO-CH_2-\overset{\overset{\displaystyle O}{\|}}{C}-OH} \longrightarrow \left[\mathrm{O-CH_2-\overset{\overset{\displaystyle O}{\|}}{C}}\right]_n + n\,\mathrm{H_2O}$$

グリコール酸　→　ポリグリコール酸

$$n\,\mathrm{HO-\overset{\overset{\displaystyle CH_3}{|*}}{C}H-\overset{\overset{\displaystyle O}{\|}}{C}-OH} \longrightarrow \left[\mathrm{O-\overset{\overset{\displaystyle CH_3}{|*}}{C}H-\overset{\overset{\displaystyle O}{\|}}{C}}\right]_n + n\,\mathrm{H_2O}$$

乳酸　→　ポリ乳酸

（＊が不斉炭素原子）

(1) ポリグリコール酸（さん）

$$\left[\mathrm{O-CH_2-\overset{\overset{\displaystyle O}{\|}}{C}}\right]_n$$

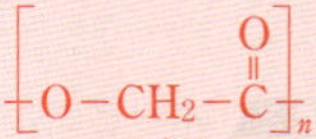

(2) ポリ乳酸（にゅうさん）

$$\left[\mathrm{O-\overset{\overset{\displaystyle CH_3}{|}}{C}H-\overset{\overset{\displaystyle O}{\|}}{C}}\right]_n$$

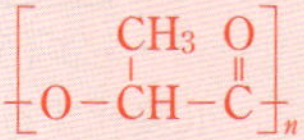

□29 ★★★

ポリ乳酸は，多数の乳酸が［1★★★］結合によって連なった高分子化合物であり，2分子の乳酸が脱水縮合した環状の［1★★★］であるラクチドを開環重合させることにより得ることができる。ポリ乳酸は，生体内の酵素や微生物によって分解される［2★★］性高分子である。ポリ乳酸でつくられた糸は，生体内で分解・吸収されるため，外科手術用の縫合糸として利用されている。（岡山大）

〈解説〉

ラクチド　—開環重合→　$\left[\mathrm{O-\overset{\overset{\displaystyle CH_3}{|}}{C}H-\overset{\overset{\displaystyle O}{\|}}{C}}\right]_n$

ポリ乳酸（高分子化合物）

(1) エステル
(2) 生分解（せいぶんかい）

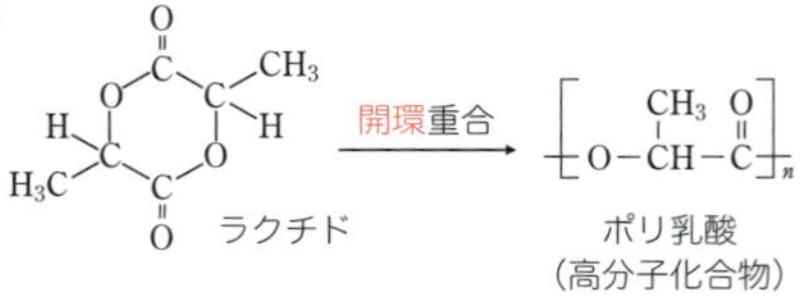

2 プラスチック

▼ANSWER

□1 ★★★ 分子量が1万を超えるような巨大な分子からなる化合物を一般に「 1★★★ 化合物」とよぶ。多くの「 1★★★ 化合物」は，小さな構成単位が繰り返し結合した構造をしている。構成単位となる分子量が小さい分子を「 2★★★ 」といい，これらが結合してできる「 1★★★ 化合物」を「 3★★★ 」という。「 1★★★ 化合物」にはタンパク質などの天然に存在している化合物と，人工的に合成された化合物が存在する。後者の中には，熱や圧力を加えることによって目的の形に成形することができる「合成 4★★★ 」や，独特の弾性をもつ「合成ゴム」，衣料等に使用される「合成 5★★★ 」などがあげられる。（慶應義塾大）

(1) 高分子（こうぶんし）
(2) 単量体（たんりょうたい）（モノマー）
(3) 重合体（じゅうごうたい）（ポリマー）
(4) 樹脂（じゅし）
(5) 繊維（せんい）

〈解説〉合成高分子の種類

n○ —重合→ ［○］$_n$（n：重合度）
単量体（モノマー）　重合体（ポリマー）
→ 樹脂状 → 合成樹脂（プラスチック）
→ ゴム → 合成ゴム
→ 繊維 → 合成繊維

□2 ★★★ 高分子化合物は，1種類または数種類の最小単位である 1★★★ が，数百から数千以上も共有結合でつながった巨大分子である。このように多数の 1★★★ が結びつき，巨大分子を形成する反応を 2★★★ といい， 1★★★ の繰り返しの数を 3★★★ という。（長崎大）

(1) 単量体（たんりょうたい）（モノマー）
(2) 重合（じゅうごう）（反応（はんのう））
(3) 重合度（じゅうごうど）

□3 ★★★ 単量体をつなぐ反応を重合といい，その反応形式により付加重合と 1★★★ 重合に分類される。付加重合は， 2★★ 結合をもつ化合物が連続的に付加する反応に基づいている。 1★★★ 重合は，水などの小さい分子がとれて結合する反応に基づいている。この際の単量体には，少なくとも2個の官能基がなければならない。（群馬大）

(1) 縮合（しゅくごう）
(2) 不飽和（ふほうわ）
［例（炭素（たんそ）-炭素（たんそ）間（かん）)二重（にじゅう）］

〈解説〉①付加重合：C=C 結合などをもつ化合物が付加反応によって次々と結びつく反応。

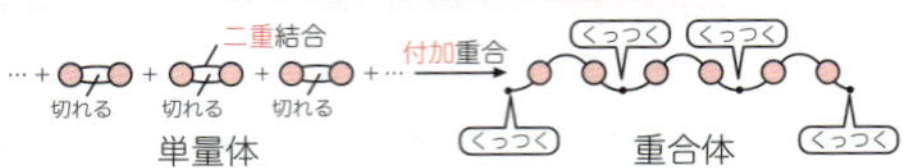

②縮合重合：H_2O などの簡単な分子がとれて次々と結びつく反応。

□4 ★★★

重合はその反応様式により付加重合と縮合重合に分けられる。[1★★★] が2種類あるいはそれ以上あるときの付加重合を特に [2★★] とよぶ。（信州大）

〈解説〉2種類以上の単量体を用いた付加重合を共重合という。

…+ ○-○ + □-□ + ○-○ +… 共重合 →

(1) 単量体（たんりょうたい）（モノマー）
(2) 共重合（きょうじゅうごう）

□5 ★★

多くの鎖状合成高分子の構造は，図に示すように，分子鎖が規則的に配列した [1★★] の部分と，分子鎖が不規則に配列した [2★★] の部分で構成され，分子間力は [1★★] の部分の方が [2★★] の部分に比べ [3★]。また，高分子化合物は明確な融点をもたず，加熱して，ある温度でやわらかくなって変形するものが多い。この温度を [4★★] 点という。

[1★★] の部分

[2★★] の部分

鎖状合成高分子の構造　（昭和薬科大）

(1) 結晶（けっしょう）
(2) 非結晶（ひけっしょう）［別 無定形（むていけい），非晶（ひしょう），アモルファス］
(3) 大きい（おお）［別 強い（つよ）］
(4) 軟化（なんか）

□6 ★★★

合成樹脂には，加熱すると軟化し，冷却すると再び硬化する [1★★★] 性樹脂と加熱により硬化する [2★★★] 性樹脂がある。[1★★★] 性樹脂は成形・加工はしやすいが，機械的強度や耐熱性などは高くない。一方，[2★★★] 性樹脂は硬く，耐熱性には優れるが，一度硬化すると加熱しても再び軟化することはない。（群馬大）

(1) 熱可塑（ねつかそ）
(2) 熱硬化（ねつこうか）

〈解説〉

プラスチック（合成樹脂）
- 熱可塑性樹脂：加熱すると軟らかくなり，冷えると固まる。
- 熱硬化性樹脂：加熱すると硬くなり，再び加熱しても軟らかくはならない。

□7 ★★★
合成樹脂は，熱に対する性質の違いにより [1★★★] 性樹脂と [2★★★] 性樹脂に分類される。[1★★★] 性樹脂は，一般に一次元 [3★★★] 構造をもち，温度の上昇に伴い軟化して流動性を示すが，冷えると再び固まる性質をもつ。一方，[2★★★] 性樹脂は，一般に三次元 [4★★★] 構造をもち，温度が上昇しても軟化せず，それ以上に加熱すると分解する性質をもつ。（名古屋工業大）

(1) 熱可塑（ねつかそ）
(2) 熱硬化（ねつこうか）
(3) 鎖状（さじょう）
(4) 網目（状）（あみめじょう）

□8 ★★★
熱を加えると軟らかくなる高分子化合物を [1★★★] 樹脂という。[1★★★] 樹脂は，一般に二重結合をもつ単量体が付加を繰り返す付加重合，2つ以上の官能基をもつ単量体が小分子の放出を伴いながら縮合を繰り返す縮合重合，そして環状の単量体が開環しながら反応する開環重合によって合成される。[1★★★] 樹脂には，分子が不規則に配置した [2★★] 部分しかないものや，[2★★] 部分と分子が規則的に配列した [3★★★] 部分の両方を含むものがある。硬い状態の [1★★★] 樹脂を加熱すると [2★★] 部分が先に軟らかくなる。この軟らかくなる温度を [4★★] 点という。

熱を加えると反応が促進し硬くなる高分子化合物を [5★★★] 樹脂という。[5★★★] 樹脂の多くは，付加反応と縮合反応を繰り返す付加縮合で合成される。例としてフェノール樹脂がある。（長崎大）

(1) 熱可塑性（ねつかそせい）
(2) 非結晶（ひけっしょう）
[別無定形（むていけい），非晶（ひしょう），アモルファス]
(3) 結晶（けっしょう）
(4) 軟化（なんか）
(5) 熱硬化性（ねつこうかせい）

□9 ★
高分子化合物を構成する繰り返し単位の数は一定ではなく，高分子化合物にはさまざまな分子量をもつものが存在する。そのために，高分子化合物の分子量を表すには，[1★] 分子量が用いられている。[1★] 分子量は，それぞれの分子の分子量の総和を，分子の総数で割ったものである。（群馬大）

(1) 平均（へいきん）

□10 ★★★
ポリエチレンは，熱可塑性樹脂である。重合度を n としてポリエチレンの構造式を示せ。[1★★★]（香川大）

(1) $\left[-\underset{\mathrm{H}}{\overset{\mathrm{H}}{\mathrm{C}}}-\underset{\mathrm{H}}{\overset{\mathrm{H}}{\mathrm{C}}}- \right]_n$

□11 ★★★
熱可塑性樹脂の一つであるポリエチレンは，エチレンを［1 ★★★］重合して得られるが，反応条件の違いにより，性質の異なるポリエチレンが合成される。［2 ★★］密度ポリエチレンは，分子に枝分かれが少ないため結晶領域が多く，不透明で強度が大きいので，ポリ容器などに用いられる。また，［3 ★★］密度ポリエチレンは，結晶領域が少なく，透明で軟らかいので，ポリ袋などに用いられる。（岩手大）

(1) 付加（ふか）
(2) 高（こう）
(3) 低（てい）

〈解説〉〈高密度ポリエチレンの例〉　〈低密度ポリエチレンの例〉

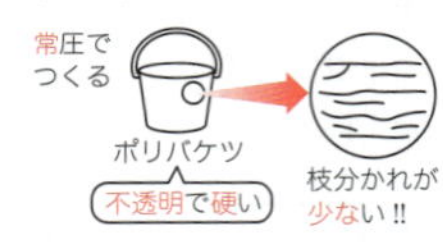

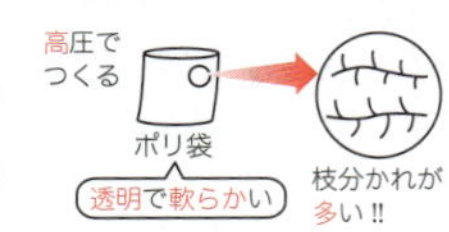

□12 ★★★
私たちの身のまわりに存在する合成樹脂（プラスチック），繊維，ゴムなどはすべて高分子とよばれる物質で構成されている。例えば，プラスチック製品としては，スーパーマーケットでレジ袋として使用されている［1 ★★★］，トレイやカップめんの容器に使用されている［2 ★★★］など多くの例があげられる。（熊本大）

(1) ポリエチレン
$\text{-}[CH_2-CH_2]\text{-}_n$
(2) ポリスチレン

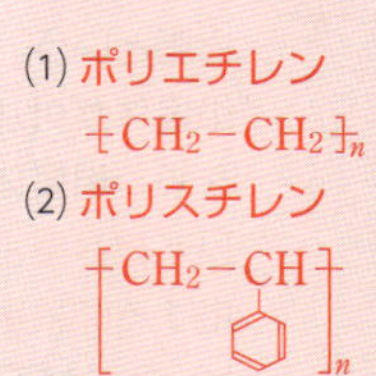

〈解説〉
$nCH_2=CH_2 \xrightarrow{\text{付加重合}} \text{-}[CH_2-CH_2]\text{-}_n$ ➡ポリ袋や容器などに利用
エチレン　　　　ポリエチレン

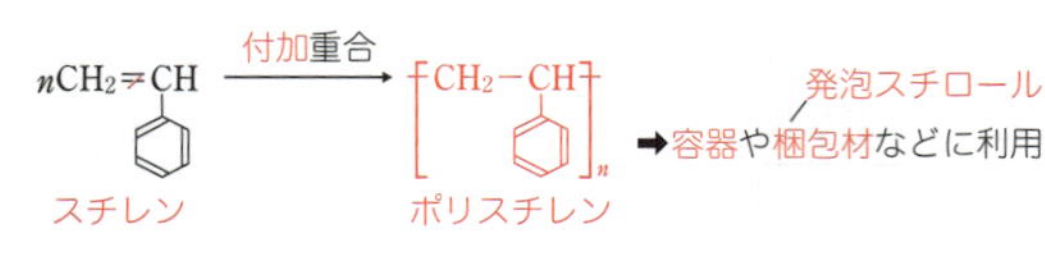

□13 ★★★

スチレン ——［1 ★★★］重合——→ ポリスチレン　（岐阜大）

(1) 付加（ふか）

□14 ★★★
塩化ビニルを［1 ★★★］重合させてつくられるポリ塩化ビニルは合成樹脂の一つである。（名古屋市立大）

(1) 付加（ふか）

〈解説〉

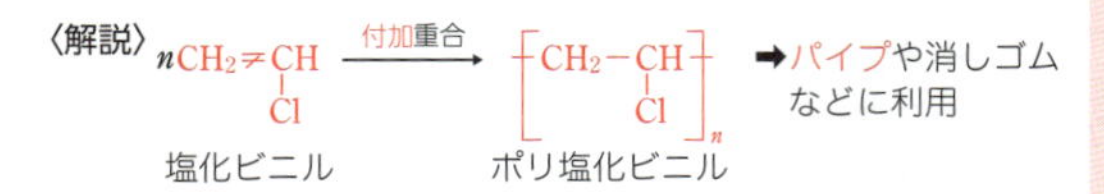

□15 ★★★
1 ★★★ は難燃性，耐薬品性という特徴があり，水まわり配管用パイプや建材などに利用されている。このポリマーは塩素原子を含むので焼却すると大気中に塩化水素(HCl)ガスなどの有毒ガスを発生する。(熊本大)

(1) ポリ塩化ビニル

$$\left[\mathrm{CH_2-CH(Cl)}\right]_n$$

□16 ★★★
アセチレンに 1 ★★★ を付加させてから付加重合させると，接着剤やガムベースなどに利用されている高分子化合物 2 ★★★ が得られる。(東京農工大)

〈解説〉

$$n\mathrm{CH{\equiv}CH} \xrightarrow[\text{付加}]{\mathrm{CH_3COOH}} n\mathrm{CH_2{=}CH(OCOCH_3)} \xrightarrow{\text{付加重合}} \left[\mathrm{CH_2-CH(OCOCH_3)}\right]_n$$

アセチレン(エチン)　酢酸ビニル　ポリ酢酸ビニル

(1) 酢酸
CH_3COOH
(2) ポリ酢酸ビニル

$$\left[\mathrm{CH_2-CH(OCOCH_3)}\right]_n$$

□17 ★★
メタクリル樹脂はメタクリル酸メチル(MMA)を 1 ★★★ 重合させて得られるポリメタクリル酸メチル (PMMA) から成る。PMMAは鎖状の高分子が規則性を持たず無秩序に絡まった 2 ★ 構造を持ち，その透明度の高さもあって，「アクリルガラス」とも呼ばれる。(東京医科歯科大)

MMA　PMMA

$$n\,\mathrm{CH_2{=}C(CH_3)-C(=O)-O-CH_3} \longrightarrow \left[\mathrm{CH_2-C(CH_3)(C(=O)-O-CH_3)}\right]_n$$

図　メタクリル酸メチルの重合反応

〈解説〉強化ガラスやコンタクトレンズなどに利用される。

(1) 付加
(2) 非結晶
[㊊無定形，非晶，アモルファス]

□18 ★★
1 ★★ はきわめて透明度が高いことから有機ガラスともいわれ，水族館の展示用水槽などに用いられる。(北海道大)

(1) メタクリル樹脂
[㊊アクリル樹脂，ポリメタクリル酸メチル(PMMA)]

□19 ★★★
テレフタル酸と1,2-エタンジオール（エチレングリコール）を反応させて得られるポリエステル高分子の名称を答えよ。 1 ★★★ (名古屋大)

(1) ポリエチレンテレフタラート(PET)

〈解説〉

nHO−C(=O)−C₆H₄−C(=O)−OH + nH−O−(CH₂)₂−O−H （H_2Oがとれる）

テレフタル酸　　エチレングリコール（1, 2-エタンジオール）

$\xrightarrow{\text{縮合重合}}$ $[\,C(=O)−C_6H_4−C(=O)−O−(CH_2)_2−O\,]_n$ + $2nH_2O$

エステル結合

ワイシャツやペットボトルなどに使われる

ポリエチレンテレフタラート（PET）

□20 ★★★

合成高分子化合物の一種であるポリエステルは，テレフタル酸などの［1 ★★★］基とエチレングリコールなどの［2 ★★★］基が［3 ★★］重合して生じる。（日本大）

(1) カルボキシ −COOH
(2) ヒドロキシ −OH
(3) 縮合（しゅくごう）

□21 ★★

ナイロン66は絹を模して開発された合成繊維であるが，アジピン酸とヘキサメチレンジアミンとが［1 ★★］したポリマーである。（鹿児島大）

(1) 縮合重合（しゅくごうじゅうごう）

〈解説〉

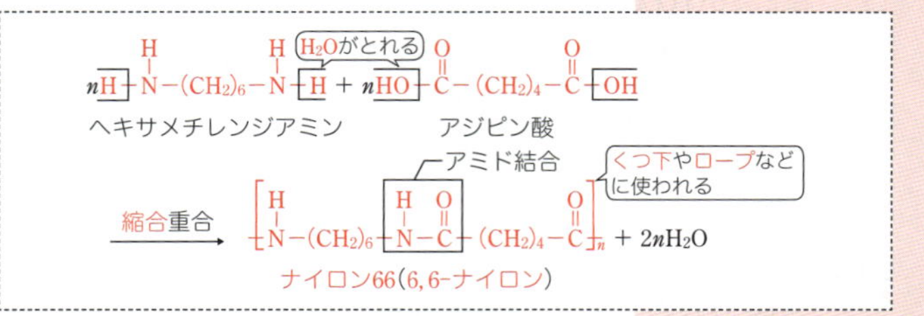

□22 ★★★

ナイロンなどのポリアミドは，ヘキサメチレンジアミンなどの［1 ★★★］基とアジピン酸などの［2 ★★★］基がアミド結合をつくっている。（日本大）

(1) アミノ $-NH_2$
(2) カルボキシ −COOH

□23 ★★★

熱硬化性樹脂には，フェノールと［1 ★★★］から合成されるフェノール樹脂や，尿素と［1 ★★★］から合成される尿素樹脂などがあり，電気機器の容器や回路基板，食器などに用いられる。（岩手大）

(1) ホルムアルデヒド HCHO

〈解説〉

ホルムアルデヒド
切れる
切れる
付加
くっつく
くっつく
フェノール
H_2Oがとれる
縮合
硬化剤
熱処理
ノボラック(n=0〜10)
酸触媒を利用するとノボラック，
塩基触媒を利用するとレゾール
を経てフェノール樹脂になる
最初に実用化された合成樹脂であり，電気絶縁性に優れ，電気部品などに使われる
フェノール樹脂(ベークライト)◀発明者がベークランドなので

□24 ★★
フェノール樹脂は，フェノールと [1★★★] の付加反応と，続いて起こる縮合反応を繰り返す [2★★] によってつくられる。酸を触媒とした場合，[3★] という中間生成物が得られ，塩基を触媒とした場合，[4★] という中間生成物が得られる。 (横浜国立大)

(1) ホルムアルデヒド HCHO
(2) 付加縮合(ふかしゅくごう)
(3) ノボラック
(4) レゾール

□25 ★★
尿素とホルムアルデヒドから得られる尿素樹脂の構造を，図に示した。図の炭素Aと炭素Bのうち，ホルムアルデヒドの炭素に由来するものは [1★] である。またこの反応で同時に生成する物質は [2★★] である。

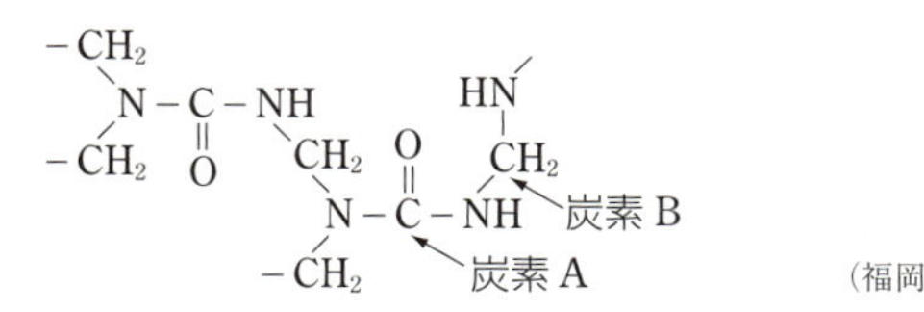

(福岡大)

(1) (炭素(たんそ)) B
(2) 水(みず) H_2O

〈解説〉尿素とホルムアルデヒドを加熱すると，付加縮合が起こる。

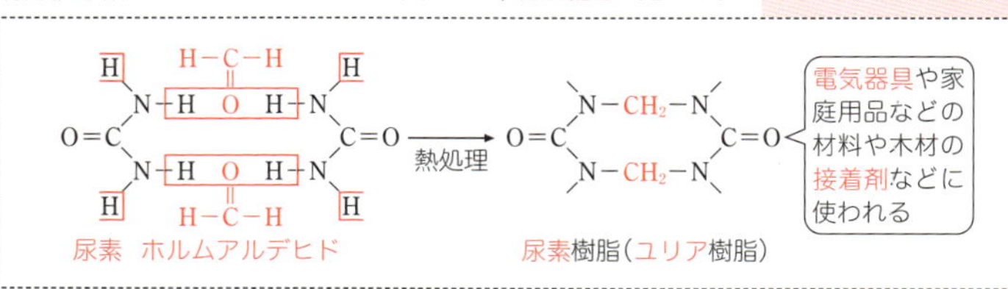

★★★

フェノール，メラミンや尿素が原料となる合成樹脂は，［1★★★］樹脂であり，立体網目状構造を形成する。そして，家庭用プラスチック製品とともに，建材用合板や内装材等の接着剤としても使用されている。いずれも［2★★★］を添加して合成される。　（名古屋大）

(1) 熱硬化性（ねつこうかせい）
(2) ホルムアルデヒド HCHO

〈解説〉①メラミンとホルムアルデヒドを加熱すると，付加縮合が起こり合成される。

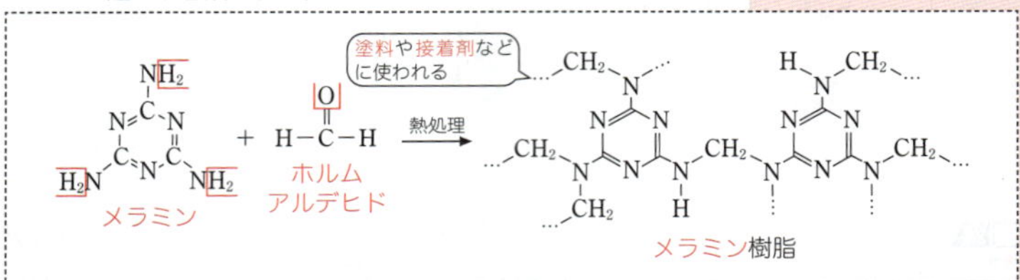

②尿素樹脂やメラミン樹脂のような樹脂は，アミノ樹脂ともよばれる。

★★

［1★★★］とグリセリンとの反応では，熱［2★★］性をもつ［3★］樹脂の代表的な化合物であるグリプタル樹脂が得られ，いろいろな硬さのものをつくることができる。　（金沢大）

(1) 無水フタル酸（むすいさん）
(2) 硬化（こうか）
(3) アルキド

〈解説〉多価カルボン酸の無水物とグリセリンなどの多価アルコールから得られる樹脂がアルキド樹脂。特に無水フタル酸とグリセリンから得られる樹脂はグリプタル樹脂とよばれる。

□28
★

グリセリンは，無水フタル酸などの酸無水物との反応により得られる比較的安価で耐熱性や耐候性に優れた［1★］樹脂の原料として重要である。　（大阪大）

(1) アルキド［別グリプタル］

〈解説〉

無水フタル酸 + グリセリン（CH_2-OH, $CH-OH$, CH_2-OH）⟶ アルキド（グリプタル）樹脂

3 イオン交換樹脂

▼ANSWER

□1 ★★★ スチレンに少量の*p*-ジビニルベンゼンを混ぜて［1 ★★］重合させると架橋構造をもったポリスチレンが得られ，これを濃硫酸によってスルホン化すると，架橋構造をもつポリスチレンスルホン酸が樹脂として得られる。この樹脂をカラム（筒状容器）に詰め，上から塩化ナトリウム水溶液を流すと，樹脂中の［2 ★★★］が水溶液中の［3 ★★★］で置換される。また，［3 ★★★］で完全に置換された樹脂を用いると，溶液中の［4 ★★★］イオンを［3 ★★★］で置き換えることができる。このような樹脂を［5 ★★★］樹脂という。（奈良女子大）

(1) 共
(2) 水素イオン H^+［例スルホ基の H^+］
(3) ナトリウムイオン Na^+
(4) 陽
(5) 陽イオン交換

〈解説〉

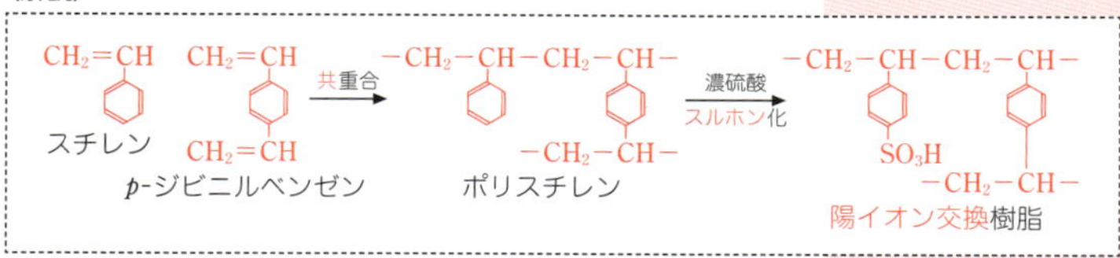

□2 ★★★ 陽イオン交換樹脂 R−SO₃H をカラムに十分な量つめ，0.01mol/L の塩化ナトリウム水溶液を通すと，流出液として pH が［1 ★★］（整数）の［2 ★★★］が得られる。（早稲田大）

(1) 2
(2) 塩酸 HCl

〈解説〉

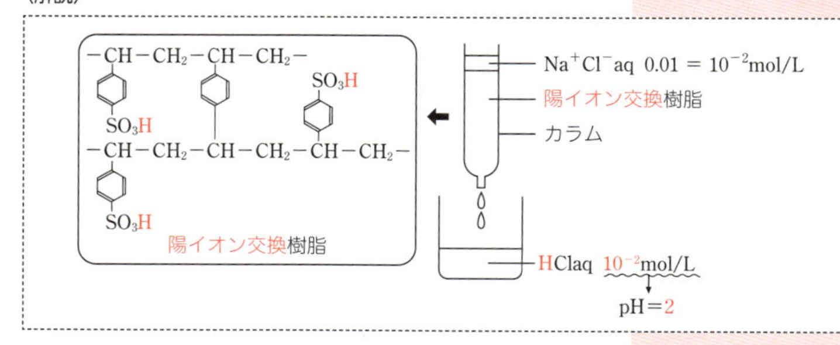

★★

アルキルアンモニウム基と水酸化物イオンが結合した樹脂$-N^+R_3OH^-$（Rはアルキル基）に，塩化ナトリウム水溶液を通すと，樹脂中の 1★★ と溶液中の 2★★ が交換される。このような樹脂を 3★★★ イオン交換樹脂という。

4★★★ イオン交換樹脂と 3★★★ イオン交換樹脂に，塩化ナトリウム水溶液を順次通じると，塩化ナトリウムが除去される。イオン交換樹脂のこの性質を利用することにより，塩を含む水溶液から 5★ が得られ，実験室などで蒸留水のかわりに用いられる。また，イオン交換は可逆的である。そのため，例えば，使用後の 3★★★ イオン交換樹脂は， 6★ 性の水溶液で処理することによって，その機能が再生される。

（金沢大）

(1) 水酸化物イオンOH^-
(2) 塩化物イオンCl^-
(3) 陰
(4) 陽
(5) 脱イオン水［別イオン交換水，純粋な水，水H_2O］
(6) 強塩基

〈解説〉

$$\text{(樹脂)}-C_6H_4-CH_2-N^+(CH_3)_3OH^- + Na^+ + Cl^- \rightleftarrows \text{(樹脂)}-C_6H_4-CH_2-N^+(CH_3)_3Cl^- + Na^+ + OH^-$$

陰イオン交換樹脂

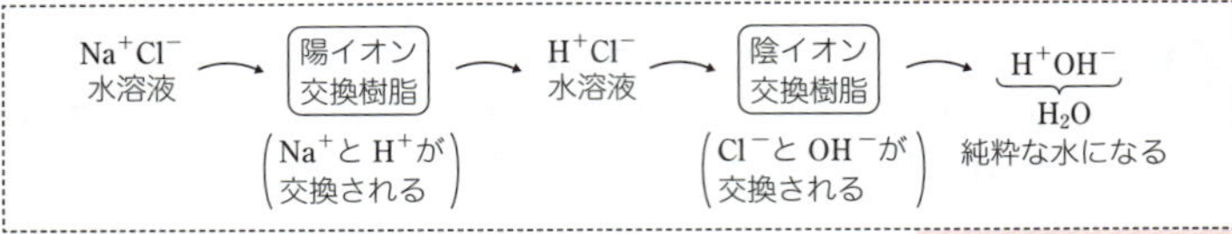

★★★

□4 イオン交換樹脂を用いてアミノ酸の分離を行うことが可能である。α-アミノ酸溶液を強酸性にすると，α-アミノ酸は 1★★ に荷電した状態になる。これを 2★★★ のつまったカラムに通すとすべて樹脂に吸着する。その後，このカラムにpHの低い緩衝液から高い緩衝液を順次流していくことにより分離できる。

（名城大）

(1) 正［別プラス］
(2) 陽イオン交換樹脂

〈解説〉流している緩衝液のpHが等電点になると，そのα-アミノ酸の平衡混合物の電荷が全体として0になり，陽イオン交換樹脂に吸着できなくなるので分離できる。

□5 ★★ 3種のα-アミノ酸A, B, Cを含む混合水溶液をpH2.5に調整し，この水溶液を$-COOH$をもつ樹脂を充填したカラムに通した。このカラムに，緩衝液をpH2.5からpH12.0まで徐々に上げながら流した。A，B，Cの等電点はそれぞれ5.7, 9.7, 3.2である。A～Cをカラムから溶出する順に並べて記号を書け。[1 ★★]

（新潟大）

〈解説〉陽イオン交換樹脂には$-COOH$を用いたものもある。pHを徐々に上げているので，等電点の小さなものから順に溶出する。

(1) C → A → B

□6 ★ 大量の水を吸収し，保持する機能をもつ高分子を吸水性高分子とよび，紙おむつなどに利用されている。吸水性高分子のポリアクリル酸ナトリウムは，$-COONa$をもつ立体網目構造の高分子である。ポリアクリル酸ナトリウムの網目のすき間に水が取り込まれると，$-COONa$が電離してイオン濃度が[1 ★]し，網目のすき間が拡大するため，水をさらに吸収することができる。

（新潟大）

〈解説〉

$n\,CH_2=CH(COONa)$ —付加重合→ $\left[CH_2-CH(COONa) \right]_n$ → 高吸水性樹脂

アクリル酸ナトリウム　　ポリアクリル酸ナトリウム（紙おむつなどに使われる）

$-COO^-$どうしの反発により網目が拡大する。

(1) 増加［別 上昇］

□7 ★★ ポリアクリル酸ナトリウム系吸水性高分子が吸水すると，分子中の$-COONa$が[1 ★★]し，網目の内側では，イオンの濃度が[2 ★]なるため，[3 ★★]が高くなり，大量の水が吸収される。吸収された水分子は$-COO^-$や[4 ★]と[5 ★★]し，この網目の内側に閉じ込められる。また，$-COO^-$同士が[6 ★]して網目の隙間が広がり，この隙間にさらに多くの水を保持することができる。この性質を利用したものに，紙おむつをはじめ，携帯トイレ，湿布薬，土壌保水剤，保冷剤がある。

（東京海洋大）

(1) 電離
(2) 高く［別 大きく］
(3) 浸透圧
(4) ナトリウムイオン Na^+
(5) 水和
(6) 反発

〈解説〉

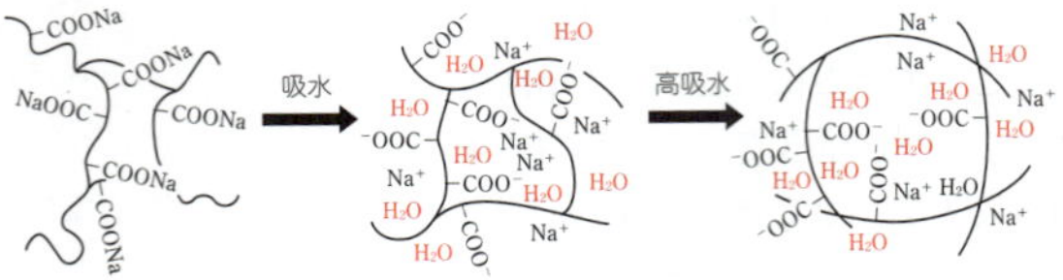

$-COONa$ →吸水→ $-COO^-$ Na^+ H_2O →高吸水→ $-COO^-$ Na^+ H_2O

□8 ★★★ 2000年にノーベル化学賞を受賞した白川英樹博士は，アセチレン分子が分子間で次々に [1★★★] 反応を繰り返しながら結びつく [1★★★] 重合により得られるポリアセチレンの薄膜に，少量のハロゲンを添加すると金属なみに電気を通すことをつきとめた。この現象は，ハロゲン原子がポリアセチレンから電子を受け取ることで分子鎖中に電子が不足した部分を生じ，別の電子が順送りで動けるようになるためと説明される。また，ハロゲン原子が用いられる理由は，原子が電子1個を受け取って1価の陰イオンになるときに放出されるエネルギーである [2★★★] が大きいためである。

（慶應義塾大）

(1) 付加(ふか)
(2) 電子親和力(でんししんわりょく)

□9 ★★ 導電性高分子の一つであるポリアセチレンの構造式 [1★] と原料モノマーであるアセチレンの構造式 [2★★★] を示しなさい。

（大分大）

(1) $\lbrack CH=CH \rbrack_n$
(2) $CH\equiv CH$

□10 ★ 乳酸を [1★] 重合させたポリマーがポリ乳酸であり，生分解性プラスチック原料として注目されている。乳酸の重合反応において，加熱により，いったん乳酸2分子からなる環状二量体構造の化合物 [2★] が得られ，続いてスズ触媒によって，それが開環すると同時に重合してポリマーになる。

（九州大）

(1) 縮合(しゅくごう)
(2) ラクチド

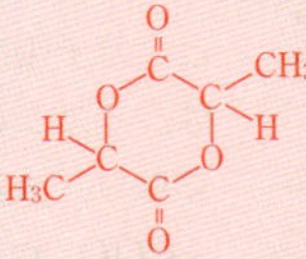

（ラクチドの構造式：O=C、O、C(H)(CH₃)を含む六員環の環状二量体）

〈解説〉

乳酸（2分子）$CH_3-\overset{*}{C}H(-O-H)(-C(=O)-O-H)$ →（脱水縮合，加熱）→ ラクチド →（開環重合，(Sn^{2+})）→ $\lbrack O-\overset{*}{C}H(CH_3)-C(=O) \rbrack_n$ ポリ乳酸

（＊が不斉炭素原子）

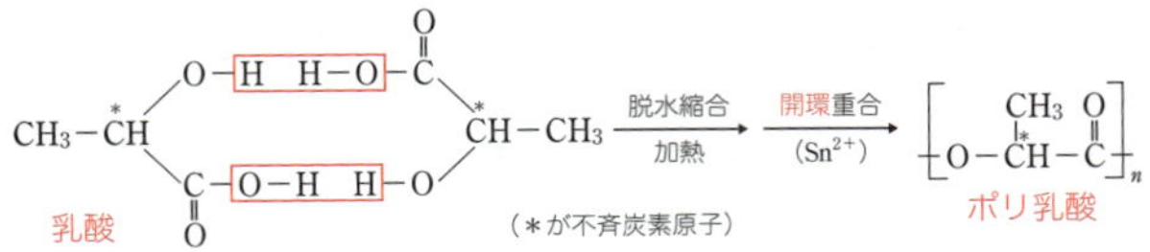

4 ゴム

▼ANSWER

□1 ★★
ゴムノキから [1★] と呼ばれる乳白色の粘性のある樹液が得られる。これは一種のコロイド溶液であり，[2★] を加えて凝固させたものを [3★★] ゴムという。[3★★] ゴムの主成分はポリイソプレンと呼ばれる高分子化合物であり，その繰り返し単位構造には二重結合が一個存在し，その立体構造は [4★★] 形である。 （名古屋工業大）

(1) ラテックス
(2) 酸
(3) 天然［別 生］
(4) シス

〈解説〉

$$CH_2=C(CH_3)-CH=CH_2 \xrightarrow{\text{付加重合}} \cdots\left[CH_2-C(CH_3)=CH-CH_2\right]\left[CH_2-C(CH_3)=CH-CH_2\right]\cdots$$

イソプレン　→　シス形　シス形

イソプレン単位

天然ゴム（ポリイソプレン）

□2 ★★★
天然ゴムはイソプレンが [1★★★] 重合したものであり，分子中に炭素-炭素二重結合をもつ。生ゴム中に数%の [2★★★] を添加して加熱するとポリマー分子どうしが [3★★★] 構造を形成し，生ゴムの弾性が向上する。この操作を [4★★★] という。 （大阪大）

(1) 付加
(2) 硫黄 S
(3) 架橋
(4) 加硫

〈解説〉弾性ゴム

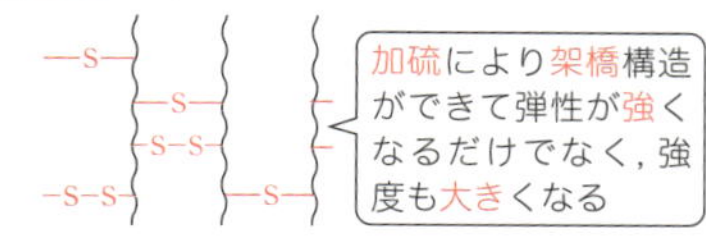

□3 ★★★
生ゴムに数%の [1★★★] を加えて加熱すると分子間に架橋構造が生成し，弾性の高いゴムが得られる。この操作を [2★★★] という。また，30～40%の [1★★★] を用いて [2★★★] を行うと，[3★] とよばれる硬い樹脂状の固体が得られる。 （愛媛大）

(1) 硫黄 S
(2) 加硫
(3) エボナイト

□4 ★
アカテツ科の樹液から採れるグタペルカ（グッタペルカ）は，[1★] 形のポリイソプレンであり，常温では硬い固体である。 （北海道大）

(1) トランス

□5 ★ 天然ゴムを空気中に放置しておくと，分子中の C=C 結合が [1★] され，ゴム弾性が失われる。（群馬大）

〈解説〉この現象をゴムの老化（劣化）という。空気中の酸素やオゾン，光により酸化される。

(1) 酸化（さんか）

□6 ★★★ タイヤなどに用いられるブタジエンゴムは 1,3-ブタジエンを [1★★★] させることにより得られる。（名城大）

〈解説〉$n\mathrm{CH_2{=}CH{-}CH{=}CH_2} \xrightarrow{\text{付加重合}} \mathrm{[CH_2{-}CH{=}CH{-}CH_2]_n}$

1,3-ブタジエン → ブタジエンゴム(BR)（ポリブタジエン）

(1) 付加重合（ふかじゅうごう）

□7 ★★ クロロプレンゴムはクロロプレンの [1★★] 重合によってつくられる。（鹿児島大）

〈解説〉$n\mathrm{CH_2{=}C(Cl){-}CH{=}CH_2} \xrightarrow{\text{付加重合}} \mathrm{[CH_2{-}C(Cl){=}CH{-}CH_2]_n}$

クロロプレン → クロロプレンゴム(CR)（ポリクロロプレン）

(1) 付加（ふか）

□8 ★★ アクリロニトリルを [1★★] とともに共重合して得られる合成高分子は，耐油性・耐熱老化性にすぐれた，NBR とよばれる合成ゴムである。（名古屋工業大）

〈解説〉$nx\mathrm{CH_2{=}CH{-}CH{=}CH_2} + ny\mathrm{CH_2{=}CH(CN)}$

1,3-ブタジエン　アクリロニトリル

$\xrightarrow{\text{共重合}} \mathrm{[(CH_2{-}CH{=}CH{-}CH_2)_x(CH_2{-}CH(CN))_y]_n}$

アクリロニトリルブタジエンゴム(NBR)

(1) 1,3-ブタジエン $\mathrm{CH_2{=}CH{-}CH{=}CH_2}$

□9 ★★ [1★★] と，1,3-ブタジエンを [2★★] 重合させた場合には，[3★★] ができ，主に自動車のタイヤに用いられている。（東京海洋大）

(1) スチレン $\mathrm{CH_2{=}CH(C_6H_5)}$

(2) 共（きょう）

(3) スチレンブタジエンゴム (SBR)

〈解説〉

$nx\mathrm{CH_2{=}CH{-}CH{=}CH_2} + ny\mathrm{CH_2{=}CH(C_6H_5)} \xrightarrow{\text{共重合}} \mathrm{[(CH_2{-}CH{=}CH{-}CH_2)_x(CH_2{-}CH(C_6H_5))_y]_n}$

1,3-ブタジエン　スチレン　スチレンブタジエンゴム(SBR)

5 合金・ガラス

▼ANSWER

□1 ★ [1★] は，加工したときの形状を覚えていて，変形しても，加熱や冷却により元の形に戻る。（富山県立大）

(1) 形状記憶合金（けいじょうきおくごうきん）

発展 □2 ★ 金属の中には，ある温度以下になると電気抵抗がゼロになるものがある。この現象を [1★] とよび，医療診断機器やリニアモーターカーに利用されている。（長崎大）

(1) 超伝導（ちょうでんどう）

□3 ★★ [1★★] は，ケイ砂，炭酸ナトリウム，石灰石などを混合し高温で融解した後，冷却し凝固したものである。原料の混合割合を変えると，生成する [1★★] の軟化点や耐水性などの性質が変化する。[1★★] は，図の SiO_4 四面体が Si－O－Si 結合で連結し，その立体構造中に Na^+ や Ca^{2+} が入りこんだ不規則な構造をしている。（広島大）

図

〈解説〉ケイ砂や粘土などを高温で焼き固めてつくられたガラス，セメントなどの固体材料は，セラミックス（窯業製品）とよばれる。

(1) ソーダ石灰ガラス（せっかい）[別 ガラス，ソーダガラス]

□4 ★★ 二酸化ケイ素だけからなるガラスを [1★★] ガラスという。（広島大）

(1) 石英（せきえい）

□5 ★★ ガラスの中で最も多く使われているのは，窓ガラスやガラス瓶に使われる [1★★] ガラスである。（明治大）

(1) ソーダ石灰（せっかい）[別 ソーダ]

発展 □6 ★ [1★] ガラスは，耐熱性に優れ，熱膨張率が小さく，ビーカーなどの理化学器具に広く使われる。（同志社大）

(1) ホウケイ酸（さん）

発展 □7 ★ [1★] ガラスは，屈折率が大きいため，装飾工芸品，光学レンズに用いられる。また X 線の吸収能に優れ，放射線遮蔽窓に利用される。（同志社大）

(1) 鉛（なまり）

6 肥料・セメント

▼ANSWER

□1 ★★★
植物が正常に生育するためには，少なくとも16種類の元素が必要であり，これらの元素のことを［1★］という。［1★］の中で，土壌中で不足しがちな窒素と［2★★★］と［3★★★］（(2)(3)順不同）の三元素は，植物を育てる際には肥料として補う必要性が高いため，［4★★★］といわれている。（岩手大）

(1) 必須元素（ひっすげんそ）
(2) リン P
(3) カリウム K
(4) 肥料の三要素（ひりょうのさんようそ）

□2 ★
植物が生育するために必要な成分の中で，特に不足しがちな元素として，窒素N，リンP，カリウムKがある。主に，Nはアンモニウムイオンや［1★］，Pは［2★］，Kはカリウムイオンの形で水とともに植物に吸収される。（長崎大）

(1) 硝酸イオン（しょうさん） NO_3^-
(2) リン酸二水素イオン（さんにすいそ） $H_2PO_4^-$

□3 ★★
窒素肥料の一つである尿素は，高温高圧下でアンモニアと二酸化炭素から合成される。この反応の反応式を書け。［1★★］（岩手大）

(1) $2NH_3 + CO_2 \longrightarrow (NH_2)_2CO + H_2O$

発展 □4 ★
アンモニアは，窒素肥料の製造に最も重要な化合物である。自然界では，マメ科植物にすむ根粒菌などが，常温・常圧下で空気中の窒素を［1★］し，アンモニアにできる。（秋田大）

(1) 固定（こてい）

発展 □5 ★★★
建築用材料として広く用いられているポルトランドセメントは，次のように製造されている。まず，石灰石に［1★］やケイ石などを混ぜ高温で焼く。ここで石灰石が分解して［2★★★］が放出されるとともに［3★★★］が生成する。［3★★★］はさらに［1★］やケイ石などと反応する。この反応物に少量のセッコウを加えて粉砕すると，セメントが得られる。（福岡大）

〈解説〉$CaCO_3 \longrightarrow CaO + CO_2$
セメント：石灰石 $CaCO_3$，粘土，セッコウ $CaSO_4 \cdot 2H_2O$ からつくられる。

(1) 粘土（ねんど）
(2) 二酸化炭素（にさんかたんそ） CO_2
(3) 酸化カルシウム（さんか） CaO
[別 生石灰（せいせっかい）]

▼ QUESTION

My 一問一答

▼ ANSWER

最後は自分で問題・正解をつくり，本書を真の【完全版】にしましょう!

▼ QUESTION

▼ ANSWER

索引

INDEX

この索引には，本書の「正解（赤文字）」として掲載された「『化学』（化学基礎・化学のうちの化学）の用語」がアルファベット順・五十音順に整理されています。選択問題の場合は，正解の選択肢に含まれている用語が掲載されています。ただし，化学用語ではない正解〔数字や日常用語〕や化学反応式，構造式は掲載していません。
用語の右側にある数字はページ数です。

ふ

へ

ほ

ま

PAGE ▼

み

む

め

も

や PAGE ▼

ゆ

よ

ら PAGE ▼

り

る

れ

ろ

※この本は「化学基礎」を前提に，高校「化学」科目に完全対応しています。

大学受験　一問一答シリーズ

化学 一問一答【完全版】2nd edition

発行日：2021年　3月28日　初版発行
2023年　1月15日　第6版発行

著　者：**橋爪健作**
発行者：**永瀬昭幸**
発行所：株式会社ナガセ
〒180-0003　東京都武蔵野市吉祥寺南町 1-29-2
出版事業部（東進ブックス）
TEL：0422-70-7456 ／ FAX：0422-70-7457
www.toshin.com/books/（東進WEB書店）
（本書を含む東進ブックスの最新情報は，東進WEB書店をご覧ください）

編集担当：中島亜佐子

カバーデザイン：LIGHTNING
本文デザイン：東進ブックス編集部
本文イラスト：新谷圭子・大木誓子
制作協力：澤田ほむら・伊奈裕貴・戸枝達紀・村山恵理子・
矢野優莉子・土屋岳弘・太田萌
DTP・印刷・製本：シナノ印刷株式会社

ISBN978-4-89085-864-4　C7343

合格の秘訣1

全国屈指の実力講師陣

東進の実力講師陣 数多くのベストセラー参考書を執筆!!

東進ハイスクール・東進衛星予備校では、そうそうたる講師陣が君を熱く指導する！

本気で実力をつけたいと思うなら、やはり根本から理解させてくれる一流講師の授業を受けることが大切です。東進の講師は、日本全国から選りすぐられた大学受験のプロフェッショナル。何万人もの受験生を志望校合格へ導いてきたエキスパート達です。

英語

日本を代表する英語の伝道師。ベストセラーも多数。

安河内 哲也先生 [英語]

予備校界のカリスマ。抱腹絶倒の名講義を見逃すな。

今井 宏先生 [英語]

「スーパー速読法」で難解な長文問題の速読即解を可能にする「予備校界の達人」！

渡辺 勝彦先生 [英語]

雑誌『TIME』やベストセラーの翻訳も手掛け、英語界でその名を馳せる実力講師。

宮崎 尊先生 [英語]

情熱あふれる授業で、知らず知らずのうちに英語が得意教科に！

大岩 秀樹先生 [英語]

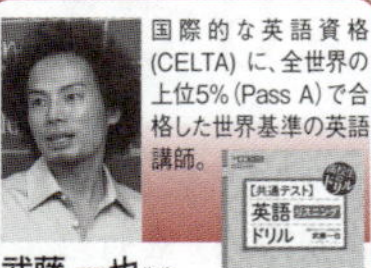

国際的な英語資格（CELTA）に、全世界の上位5%（Pass A）で合格した世界基準の英語講師。

武藤 一也先生 [英語]

関西の実力講師が、全国の東進生に「わかる」感動を伝授。

慎 一之 先生 [英語]

数学

数学を本質から理解できる本格派講義の完成度は群を抜く。

志田 晶先生 [数学]

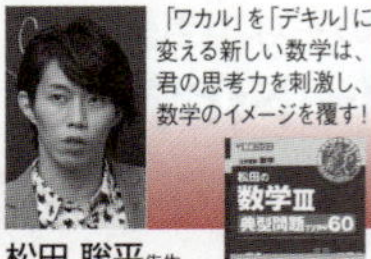

「ワカル」を「デキル」に変える新しい数学は、君の思考力を刺激し、数学のイメージを覆す！

松田 聡平先生 [数学]

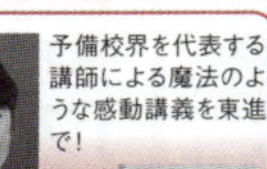

予備校界を代表する講師による魔法のような感動講義を東進で！

河合 正人先生 [数学]

短期間で数学力を徹底的に養成、知識を統一・体系化する！

沖田 一希先生 [数学]

WEBで体験

東進ドットコムで授業を体験できます！
実力講師陣の詳しい紹介や、各教科の学習アドバイスも読めます。
www.toshin.com/teacher/

国語

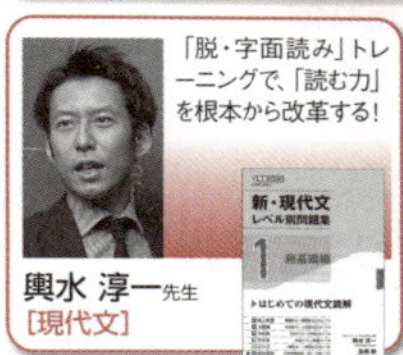

「脱・字面読み」トレーニングで、「読む力」を根本から改革する！
輿水 淳一先生
[現代文]

明快な構造板書と豊富な具体例で必ず君を納得させる！「本物」を伝える現代文の新鋭。
西原 剛先生
[現代文]

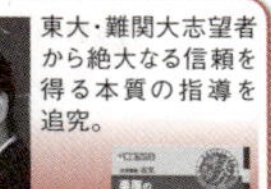

東大・難関大志望者から絶大なる信頼を得る本質の指導を追究。
栗原 隆先生
[古文]

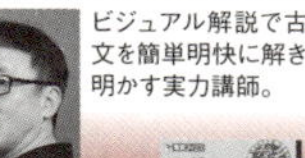

ビジュアル解説で古文を簡単明快に解き明かす実力講師。
富井 健二先生
[古文]

縦横無尽な知識に裏打ちされた立体的な授業に、グングン引き込まれる！
三羽 邦美先生
[古文・漢文]

幅広い教養と明解な具体例を駆使した緩急自在の講義。漢文が身近になる！
寺師 貴憲先生
[漢文]

文章で自分を表現できれば、受験も人生も成功できますよ。「笑顔と努力」で合格を！
石関 直子先生
[小論文]

理科

丁寧で色彩豊かな板書と詳しい講義で生徒を惹きつける。
宮内 舞子先生
[物理]

化学現象の基本を疑い化学全体を見通す“伝説の講義”
鎌田 真彰先生
[化学]

明朗快活な楽しい講義で、必ず「化学」が好きになる。
立脇 香奈先生
[化学]

全国の受験生が絶賛するその授業は、わかりやすさそのもの！
田部 眞哉先生
[生物]

地歴公民

入試頻出事項に的を絞った「表解板書」は圧倒的な信頼を得る。
金谷 俊一郎先生
[日本史]

つねに生徒と同じ目線に立って、入試問題に対する的確な思考法を教えてくれる。
井之上 勇 先生
[日本史]

“受験世界史に荒巻あり”といわれる超実力人気講師。
荒巻 豊志先生
[世界史]

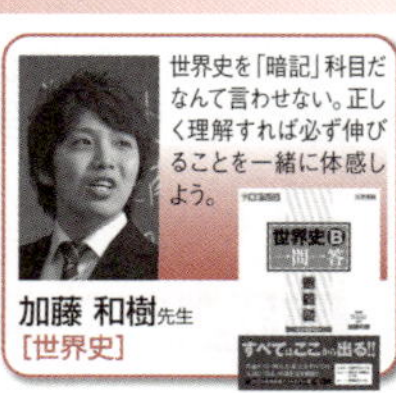

世界史を「暗記」科目だなんて言わせない。正しく理解すれば必ず伸びることを一緒に体感しよう。
加藤 和樹先生
[世界史]

わかりやすい図解と統計の説明に定評。
山岡 信幸先生
[地理]

政治と経済のメカニズムを論理的に解明しながら、入試頻出ポイントを明確に示す。
清水 雅博先生
[公民]

「今」を知ることは「未来」の扉を開くこと。受験に留まらず、目標を高く、そして強く持て！
執行 康弘先生
[公民]

合格の秘訣2 基礎から志望校対策まで合格に必要なすべてを網羅した

学習システム

映像によるIT授業を駆使した最先端の勉強法

高速学習

一人ひとりのレベル・目標にぴったりの授業

東進はすべての授業を映像化しています。その数およそ1万種類。これらの授業を個別に受講できるので、一人ひとりのレベル・目標に合った学習が可能です。1.5倍速受講ができるほか自宅からも受講できるので、今までにない効率的な学習が実現します。

1年分の授業を最短2週間から1カ月で受講

従来の予備校は、毎週1回の授業。一方、東進の高速学習なら毎日受講することができます。だから、1年分の授業も最短2週間から1カ月程度で修了可能。先取り学習や苦手科目の克服、勉強と部活との両立も実現できます。

現役合格者の声

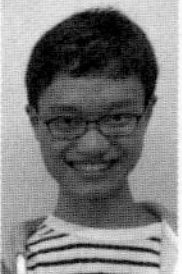

東京大学 理科一類
大宮 拓朝くん
東京都立 武蔵高校卒

得意な科目は高2のうちに入試範囲を修了したり、苦手な科目を集中的に取り組んだり、自分の状況に合わせて早め早めの対策ができました。林修先生をはじめ、実力講師陣の授業はおススメです。

先取りカリキュラム

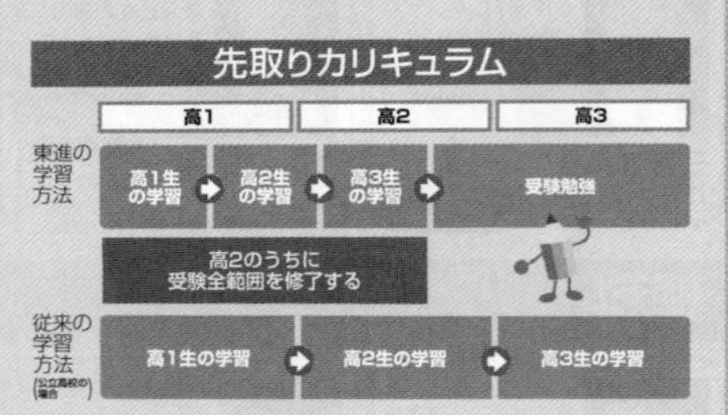

日標まで一歩ずつ確実に

スモールステップ・パーフェクトマスター

高校入門から最難関大までの12段階から自分に合ったレベルを選ぶことが可能です。「簡単すぎる」「難しすぎる」といったことがなく、志望校へ最短距離で進みます。

授業後すぐに確認テストを行い内容が身についたかを確認し、合格したら次の授業に進むので、わからない部分を残すことはありません。短期集中で徹底理解をくり返し、学力を高めます。

自分にぴったりのレベルから学べる 習ったことを確実に身につける

現役合格者の声

一橋大学 商学部
伊原 雪乃さん
千葉県 私立 市川高校卒

高1の「共通テスト同日体験受験」をきっかけに東進に入学しました。毎回の授業後に「確認テスト」があるおかげで、授業に自然と集中して取り組むことができました。コツコツ勉強を続けることが大切です。

パーフェクトマスターのしくみ

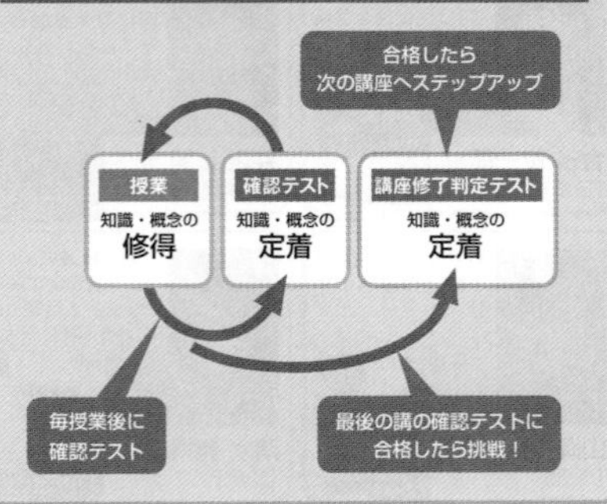

東進で
勉強したいが、
近くに校舎が
ない君は…

東進ハイスクール
在宅受講コースへ

「遠くて東進の校舎に通えない……」。そんな君も大丈夫！ 在宅受講コースなら自宅のパソコンを使って勉強できます。ご希望の方には、在宅受講コースのパンフレットをお送りいたします。お電話にてご連絡ください。学習・進路相談も随時可能です。

0120-531-104

徹底的に学力の土台を固める

高速マスター基礎力養成講座

高速マスター基礎力養成講座は「知識」と「トレーニング」の両面から、効率的に短期間で基礎学力を徹底的に身につけるための講座です。英単語をはじめとして、数学や国語の基礎項目も効率よく学習できます。オンラインで利用できるため、校舎だけでなく、スマートフォンアプリで学習することも可能です。

現役合格者の声

早稲田大学 法学部
小松 朋生くん
埼玉県立 川越高校卒

サッカー部と両立しながら志望校に合格できました。それは「高速マスター基礎力養成講座」に全力で取り組んだおかげだと思っています。スキマ時間でも、机に座って集中してでもできるおススメのコンテンツです。

東進公式スマートフォンアプリ

東進式マスター登場！
（英単語／英熟語／英文法／基本例文）

スマートフォン
アプリで
スキマ時間も
徹底活用！

1）スモールステップ・パーフェクトマスター！
頻出度（重要度）の高い英単語から始め、1つのSTAGE（計100語）を完全修得すると次のSTAGEに進めるようになります。

2）自分の英単語力が一目でわかる！
トップ画面に「修得語数・修得率」をメーター表示。
自分が今何語修得しているのか、どこを優先的に学習すべきなのか一目でわかります。

3）「覚えていない単語」だけを集中攻略できる！
未修得の単語、または「My単語（自分でチェック登録した単語）」だけをテストする出題設定が可能です。
すでに覚えている単語を何度も学習するような無駄を省き、効率良く単語力を高めることができます。

共通テスト対応 英単語1800
共通テスト対応 英熟語750
英文法 750
英語基本 例文300

「共通テスト対応英単語1800」2022年共通テストカバー率99.5％！

君の合格力を徹底的に高める

志望校対策

第一志望校突破のために、志望校対策にどこよりもこだわり、合格力を徹底的に極める質・量ともに抜群の学習システムを提供します。従来からの「過去問演習講座」に加え、AIを活用した「志望校別単元ジャンル演習講座」、「第一志望校対策演習講座」で合格力を飛躍的に高めます。東進が持つ大学受験に関するビッグデータをもとに、個別対応の演習プログラムを実現しました。限られた時間の中で、君の得点力を最大化します。

現役合格者の声

東京工業大学 環境・社会理工学院
小林 杏彩さん
東京都 私立 豊島岡女子学園高校卒

志望校を高1の頃から決めていて、高3の夏以降は目標をしっかり持って「過去問演習」、「志望校別単元ジャンル演習講座」を進めていきました。苦手教科を克服するのに役立ちました。

大学受験に必須の演習

過去問演習講座

1. 最大10年分の徹底演習
2. 厳正な採点、添削指導
3. 5日以内のスピード返却
4. 再添削指導で着実に得点力強化
5. 実力講師陣による解説授業

東進×AIでかつてない志望校対策

志望校別単元ジャンル演習講座

過去問演習講座の実施状況や、東進模試の結果など、東進で活用したすべての学習履歴をAIが総合的に分析。学習の優先順位をつけ、志望校別に「必勝必達演習セット」として十分な演習問題を提供します。問題は東進が分析した、大学入試問題の膨大なデータベースから提供されます。苦手を克服し、一人ひとりに適切な志望校対策を実現する日本初の学習システムです。

志望校合格に向けた最後の切り札

第一志望校対策演習講座

第一志望校の総合演習に特化し、大学が求める解答力を身につけていきます。対応大学は校舎にお問い合わせください。

2022年東進生大勝利！

東大・難関大現役合格史上最高！続出

※1 東大現役合格実績をホームページ・パンフレット・チラシ等で公表している予備校の中で最大。2021年JDnet調べ。

現役合格者の38.0%が東進生！※2

※2 2022年の東大全体の現役合格者は2,241名。東進の現役合格者は853名。東進生の占有率は38.0%。現役合格者の2.7人に1人が東進生です。

国公立医・医 1,032名 昨対+45名

現役合格者の29.6%が東進生！

東進生現役占有率 29.6%

2022年の国公立医学部医学科全体の現役合格者は未公表のため、仮に昨年の現役合格者数（推定）3,478名を分母として東進生占有率を算出すると、東進生の占有率は29.6%。現役合格者の3.4人に1人が東進生です。

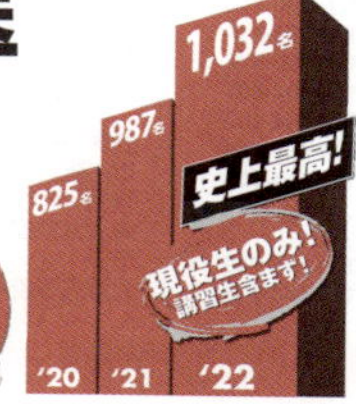

旧七帝大＋東工大・一橋大・神戸大 4,612名 昨対+246名

東京大	853名 史上最高
京都大	468名 史上最高
北海道大	438名 史上最高
東北大	372名 史上最高
名古屋大	410名 史上最高
大阪大	617名
九州大	437名
東京工業大	211名 史上最高
一橋大	251名 史上最高
神戸大	555名 史上最高

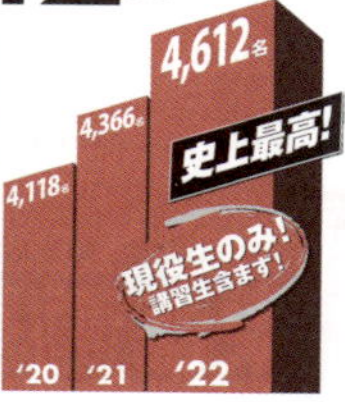

早慶 5,678名 昨対+485名

早稲田大	3,412名 史上最高
慶應義塾大	2,266名 史上最高

4,636名 5,193名 5,678名 史上最高！ 現役生のみ！講習生含まず！ '20 '21 '22

上理明青立法中 21,321名 昨対+2,637名

上智大	1,488名 史上最高
東京理科大	2,805名 史上最高
明治大	5,351名 史上最高
青山学院大	2,111名 史上最高
立教大	2,646名 史上最高
法政大	3,848名 史上最高
中央大	3,072名 史上最高

15,871名 18,684名 21,321名 史上最高！ 現役生のみ！講習生含まず！ '20 '21 '22

関関同立 12,633名 昨対+832名

関西学院大	2,621名 史上最高
関西大	2,752名 史上最高
同志社大	2,806名 史上最高
立命館大	4,454名 史上最高

10,867名 11,801名 12,633名 史上最高！ 現役生のみ！講習生含まず！ '20 '21 '22

私立医・医 626名 昨対+22名

日東駒専 10,011名 史上最高！ 昨対+917名

産近甲龍 6,085名 史上最高！ 昨対+368名

国公立大 16,502名 昨対+68名

国公立 総合・学校推薦型選抜も東進！

国公立医・医 302名 昨対+15名

旧七帝大＋東工大・一橋大・神戸大 415名 昨対+59名

東京大	33名
京都大	15名
北海道大	16名
東北大	114名
名古屋大	80名
大阪大	56名
九州大	27名
東京工業大	24名
一橋大	2名
神戸大	48名

282名 356名 415名 史上最高！ 現役生のみ！講習生含まず！ '20 '21 '22

ウェブサイトでもっと詳しく　東進　検索

2022年3月31日締切

各大学の合格実績は、東進ネットワーク（東進ハイスクール、東進衛星予備校、早稲田塾）の現役生のみ、高3時在籍者のみの合同実績です。一人で複数合格した場合は、それぞれの合格者数に計上しています。

東進へのお問い合わせ・資料請求は
東進ドットコム www.toshin.com
もしくは下記のフリーコールへ！

ハッキリ言って合格実績が自慢です！ 大学受験なら、

東進ハイスクール 0120-104-555（トーシン ゴーゴーゴー）

●東京都

[中央地区]
- □市ヶ谷校 0120-104-205
- □新宿エルタワー校 0120-104-121
- *新宿校大学受験本科 0120-104-020
- 高田馬場校 0120-104-770
- □人形町校 0120-104-075

[城北地区]
- 赤羽校 0120-104-293
- 本郷三丁目校 0120-104-068
- 茗荷谷校 0120-738-104

[城東地区]
- 綾瀬校 0120-104-762
- 金町校 0120-452-104
- 亀戸校 0120-104-889
- □★北千住校 0120-693-104
- 錦糸町校 0120-104-249
- □豊洲校 0120-104-282
- 西新井校 0120-266-104
- 西葛西校 0120-289-104
- 船堀校 0120-104-201
- 門前仲町校 0120-104-016

[城西地区]
- □池袋校 0120-104-062
- 大泉学園校 0120-104-862
- □荻窪校 0120-687-104
- 高円寺校 0120-104-627
- 石神井校 0120-104-159
- 巣鴨校 0120-104-780
- 成増校 0120-028-104
- 練馬校 0120-104-643

[城南地区]
- 大井町校 0120-575-104
- 蒲田校 0120-265-104
- 五反田校 0120-672-104
- □三軒茶屋校 0120-104-739
- □渋谷駅西口校 0120-389-104
- 下北沢校 0120-104-672
- □自由が丘校 0120-964-104
- 成城学園前駅北口校 0120-104-616
- 千歳烏山校 0120-104-331
- 千歳船橋校 0120-104-825
- 都立大学駅前校 0120-275-104
- 中目黒校 0120-104-261
- □二子玉川校 0120-104-959

[東京都下]
- □吉祥寺校 0120-104-775
- 国立校 0120-104-599
- 国分寺校 0120-622-104
- □立川駅北口校 0120-104-662
- 田無校 0120-104-272
- □調布校 0120-104-305
- 八王子校 0120-896-104
- 東久留米校 0120-565-104
- 府中校 0120-104-676
- □★町田校 0120-104-507
- 三鷹校 0120-104-149
- 武蔵小金井校 0120-480-104
- 武蔵境校 0120-104-769

●神奈川県
- 青葉台校 0120-104-947
- 厚木校 0120-104-716
- 川崎校 0120-226-104
- 湘南台東口校 0120-104-706
- □新百合ヶ丘校 0120-104-182
- □センター南駅前校 0120-104-722
- たまプラーザ校 0120-104-445
- 鶴見校 0120-876-104
- 登戸校 0120-104-157
- 平塚校 0120-104-742
- □藤沢校 0120-104-549
- □武蔵小杉校 0120-165-104
- □★横浜校 0120-104-473

●埼玉県
- □浦和校 0120-104-561
- □大宮校 0120-104-858
- 春日部校 0120-104-508
- 川口校 0120-917-104
- □川越校 0120-104-538
- 小手指校 0120-104-759
- 志木校 0120-104-202
- せんげん台校 0120-104-388
- 草加校 0120-104-690
- □所沢校 0120-104-594
- ★南浦和校 0120-104-573
- 与野校 0120-104-755

●千葉県
- 我孫子校 0120-104-253
- 市川駅前校 0120-104-381
- 稲毛海岸校 0120-104-575
- □海浜幕張校 0120-104-926
- □★柏校 0120-104-353
- 北習志野校 0120-344-104
- □新浦安校 0120-556-104
- 新松戸校 0120-104-354
- □千葉校 0120-104-564
- □★津田沼校 0120-104-724
- 成田駅前校 0120-104-346
- 船橋校 0120-104-514
- 松戸校 0120-104-257
- 南柏校 0120-104-439
- 八千代台校 0120-104-863

●茨城県
- つくば校 0120-403-104
- 取手校 0120-104-328

●静岡県
- □★静岡校 0120-104-585

●長野県
- □★長野校 0120-104-586

●奈良県
- □★奈良校 0120-104-597

★は高卒本科（高卒生）設置校
*は高卒生専用校舎
□は中学部設置校

※変更の可能性があります。
最新情報はウェブサイトで確認できます。

全国約1,000校、10万人の高校生が通う、

東進衛星予備校 0120-104-531（トーシン ゴーサイン）

ここでしか見られない受験と教育の最新情報が満載！

東進ドットコム www.toshin.com

東進 検索

大学案内

最新の入試に対応した大学情報をまとめて掲載。偏差値ランキングもこちらから！

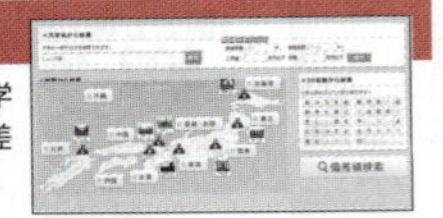

大学入試過去問データベース

君が目指す大学の過去問を素早く検索できる！2022年入試の過去問も閲覧可能！

大学入試問題
過去問データベース
185大学 最大28年分を
無料で閲覧！

東進TV

東進のYouTube公式チャンネル「東進TV」。日本全国の学生レポーターがお送りする大学・学部紹介は必見！

東進WEB書店

ベストセラー参考書から、夢膨らむ人生の参考書まで、君の学びをバックアップ！

※2022年4月現在

元素の周期表

周期＼族	1	2	3	4	5	6	7	8	9
1	1 H 水素								
2	3 Li リチウム	4 Be ベリリウム							
3	11 Na ナトリウム	12 Mg マグネシウム							
4	19 K カリウム	20 Ca カルシウム	21 Sc スカンジウム	22 Ti チタン	23 V バナジウム	24 Cr クロム	25 Mn マンガン	26 Fe 鉄	27 C コバル
5	37 Rb ルビジウム	38 Sr ストロンチウム	39 Y イットリウム	40 Zr ジルコニウム	41 Nb ニオブ	42 Mo モリブデン	43 Tc テクネチウム	44 Ru ルテニウム	45 R ロジウ
6	55 Cs セシウム	56 Ba バリウム	57~71 ランタノイド	72 Hf ハフニウム	73 Ta タンタル	74 W タングステン	75 Re レニウム	76 Os オスミウム	77 I イリジ
7	87 Fr フランシウム	88 Ra ラジウム	89~103 アクチノイド	104 Rf ラザホージウム	105 Db ドブニウム	106 Sg シーボーギウム	107 Bh ボーリウム	108 Hs ハッシウム	109 M マイトネ

典型元素　　遷移元素

アルカリ金属　　アルカリ土類

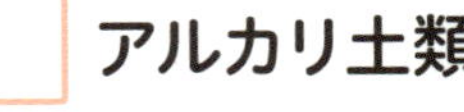

※2族元素すべてをア